Library of Western Classical Architectural Theory
西方建筑理论经典文库

帕拉第奥建筑四书

[意] 安德烈亚·帕拉第奥 著
李路珂 郑文博 译

国家出版基金项目
NATIONAL PUBLICATION FOUNDATION

Library of Western Classical Architectural Theory
西方建筑理论经典文库

帕拉第奥建筑四书

[意] 安德烈亚·帕拉第奥 著
李路珂 郑文博 译

中国建筑工业出版社

2013年度国家出版基金项目

图书在版编目（CIP）数据

帕拉第奥建筑四书/（意）帕拉第奥著；李路珂，郑文博译．—北京：中国建筑工业出版社，2014.9（2024.9重印）
（西方建筑理论经典文库）
ISBN 978-7-112-16900-9

Ⅰ.①帕… Ⅱ.①帕…②李…③郑… Ⅲ.①古典建筑–建筑艺术–研究–西方国家 Ⅳ.①TU–091

中国版本图书馆CIP数据核字（2014）第104803号

Every effort has been made to contact all the copyright holders of material included in the book. If any material has been included without permission, the publishers offer their apologies. We would welcome correspondence from those individuals/companies whom we have been unable to trace and will be happy to make acknowledgement in any future edition of the book.

Quattro libri dell'architettura/Andrea Palladio, 1570

Chinese Translation Copyright © 2015 China Architecture & Building Press

丛书策划
清华大学建筑学院　吴良镛　王贵祥
中国建筑工业出版社　张惠珍　董苏华

责任编辑：董苏华　戚琳琳
责任设计：陈　旭　付金红
责任校对：陈晶晶　姜小莲

西方建筑理论经典文库
帕拉第奥建筑四书
［意］安德烈亚·帕拉第奥　著
李路珂　郑文博　译
*
中国建筑工业出版社出版、发行（北京西郊百万庄）
各地新华书店、建筑书店经销
北京嘉泰利德公司制版
建工社（河北）印刷有限公司印刷
*
开本：787×1092毫米　1/16　印张：29½　字数：730千字
2015年4月第一版　2024年9月第二次印刷
定价：**96.00**元
ISBN 978-7-112-16900-9
（25688）
版权所有　翻印必究
如有印装质量问题，可寄本社退换
（邮政编码 100037）

目录

中文版总序

“西方建筑理论经典文库”系列丛书在中国建筑工业出版社的大力支持下，经过诸位译者的努力，终于开始陆续问世了，这应该是建筑界的一件盛事，我由衷地为此感到高兴。

建筑学是一门古老的学问，建筑理论发展的起始时间也是久远的，一般认为，最早的建筑理论著作是公元前1世纪古罗马建筑师维特鲁威的《建筑十书》。自维特鲁威始，到今天已经有2000多年的历史了。近代、现代与当代中国建筑的发展过程，无论我们承认与否，实际上是一个由最初的“西风东渐”，到逐渐地与主流的西方现代建筑发展趋势相交汇、相合流的过程。这就要求我们在认真地学习、整理、提炼我们中国自己传统建筑的历史与思想的基础之上，也需要去学习与了解西方建筑理论与实践的发展历史，以完善我们的知识体系。从维特鲁威算起，西方建筑走过了2000年，西方建筑理论的文本著述也经历了2000年。特别是文艺复兴之后的500年，既是西方建筑的一个重要的发展时期，也是西方建筑理论著述十分活跃的时期。从15世纪至20世纪，出现了一系列重要的建筑理论著作，这其中既包括15至16世纪文艺复兴时期意大利的一些建筑理论的奠基者，如阿尔伯蒂、菲拉雷特、帕拉第奥，也包括17世纪启蒙运动以来的一些重要建筑理论家和18至19世纪工业革命以来的一些在理论上颇有建树的学者，如意大利的塞利奥；法国的洛吉耶、布隆代尔、佩罗、维奥莱－勒－迪克；德国的森佩尔、申克尔；英国的沃顿、普金、拉斯金，以及20世纪初的路斯、沙利文、赖特、勒·柯布西耶等。可以说，西方建筑的历史就是伴随着这些建筑理论学者的名字和他们的论著，一步一步地走过来的。

在中国，这些西方著名建筑理论家的著述，虽然在有关西方建筑史的一般性著作中偶有提及，但却多是一些只言片语。在很长一个时期中，中国的建筑师与大学建筑系的教师与学生们，若希望了解那些在建筑史的阅读中时常会遇到的理论学者的著作及其理论，大约只能求助于外文文本。而外文阅读，并不是每一个人都能够轻松胜任的。何况作为一个学科，或一门学问，其理论发展过程中的重要原典性历史文本，是这门学科发展历史上的精髓所在。所以，一些具有较高理论层位的经典学科，对于自己学科发展史上的重要理论著作，不论其原来是什么语种的文本，都是一定要译成中文，以作为中国学界在这一学科领域的背景知识与理论基础的。比如，哲学史、美学史、艺术哲学，或一般哲学社会科学史上西方一些著名学者的著述，几乎都有系统的中文译本。其他一些学科领域，也各有自己学科史上的重要理论文本的引进与译介。相比较起来，建筑学科的经典性历史文本，特别是建筑理论史上一些具有里程碑意义的重要著述，至今还没有完整而系统的中文译本，这对于中国建筑教育界、建筑理论界与建筑创作界，无疑是一件憾事。

在几年前的一篇文章中，我特别谈到了建筑创作要“回归基本原理”（Back to the basic）的概念，这是一位西方当代建筑理论学者的观点。对于这一观点我是持赞成态度的。那么，什么是建筑的基本原理？怎样才能够理解和把握这些基本原理？如何将这些基本原理应用或贯穿于我们当前的建筑思维或建筑创作之中呢？要了解并做到这一点，尽管有这样或那样的可能途径，但其中一个重要的途径，就是要系统地阅读西方建筑史上一些著名建筑理论学者与建筑师的理论原著。从这些奠基性和经典性的理论著述中，结合其所处时代的建筑发展历史背景，去理解建筑的本义，建筑创作的原则，建筑理论争辩的要点等等，从而深化我们自己对于当代建筑的深入思考。正是为了满足中国建筑教育、建筑历史与理论，以及建筑创作领域对西方建筑理论经典文本的这一基本需求，我们才特别精选了这一套书籍，以清华大学建筑学院的教师为主体，进行了系统的翻译研究工作。

当然，这不是一个简单的文字翻译。因为这些重要理论典籍距离我们无论在时间上还是在空间上，都十分遥远，尤其是普通读者，对于这些理论著作中所涉及的许多西方历史与文化上的背景性知识知之不多，这就需要我们的译者，在准确、清晰的文字翻译工作之外，还要格外地花大气力，对于文本中出现的每一位历史人物、历史地点及历史建筑等相关的背景性知识逐一地进行追索，并尽可能地为这些人名、地名与事件加以注释，以方便读者的阅读。这就是我们这套书除了原有的英文版尾注之外，还需要大量由中译者添加的脚注的原因所在。而这也从另外一个侧面，增加了本书的学术深度与阅读上的知识关联度。相信面对这套书，无论是一位希望加强自己理论素养的建筑师，或建筑学子，还是一位希望在西方历史与文化方面寻求学术营养的普通读者，都会产生极其浓厚的阅读兴趣。

中国建筑的发展经历了30年的建设高潮时期，改革开放的大潮，催生出了中国历史上前所未有的建造力，全国各地都出现了蓬蓬勃勃的建设景观。这样伟大的时代，这样宏伟的建造场景，既令我们兴奋不已，也常常使我们惴惴不安。一方面是新的城市与建筑如雨后春笋般每日每时地破土而出，另外一个方面，却也令我们看到了建设过程中的种种不尽如人意之处，如对土地无节制的侵夺，城市、建筑与环境之间矛盾的日益突出，大量平庸甚至丑陋建筑的不断冒出，建筑耗能问题的日益尖锐，如此等等。

与建筑师关联比较密切的是建筑创作问题，就建筑创作而言，一个突出的问题是，一些投资人与建筑师满足于对既有建筑作品的模仿与重复，按照建筑画册的样式去要求或限定建筑师的创作，这样做的结果是，街头到处充斥的都是似曾相识的建筑形象，更有甚者，不惜花费重金去直接模仿欧美 19 世纪折中主义的所谓“欧陆风”式的建筑式样，这不仅反映了我们的一些建筑师在建筑创作上缺乏创新，尤其是缺乏对中国本土文化充分认知与思考基础上的创新，这也在一定程度上反映了，在这个大规模建造的时代，我们的建筑师在建筑文化的创造上，反而显得有点贫乏与无奈的矛盾。说到底，其中的原因之一，恐怕还是我们的许多建筑师，缺乏足够的理论素养。

当然，建筑理论并不是某个可以放之四海而皆准的简单公式，也不是一个可以包治百病的万能剂，建筑创作并不直接地依赖某位建筑理论家的任何理论界说。何况，这里所译介的理论著述，都是西方建筑发展史中既有的历史文本，其中也鲜有任何直接针对我们现实创作问题的理论阐释。因此，对于这些理论经典的阅读，就如同对于哲学史、艺术史上经典著作的阅读一样，是一个历史思想的重温过程，是一个理论营养的汲取过程，也是一个在阅读中对现实可能遇到的问题加以深入思考的过程。这或许就是我们的孔老夫子所说的“温故而知新”的道理所在吧。

中国人习惯说的一句话是“开卷有益”,也有一说是“读万卷书，行万里路”。现在的资讯发达了，人们每日面对的文本信息与电子信息，已呈爆炸的趋势。因而，阅读就要有所选择。作为一位建筑工作者，无论是从事建筑理论、建筑教育，或是从事建筑历史、建筑创作的人士，大约都在“建筑学”这样一个学科范畴之下，对于自己专业发展历史上的这些经典文本，在杂乱纷繁的现实生活与工作之余，挤出一点时间加以细细地研读，在阅读的愉悦中，回味一下自己走过的建筑之路，静下心来思考一些问题，无疑是大有裨益的。

吴良镛

中国科学院院士
中国工程院院士
清华大学建筑学院教授
2011 年度国家最高科学技术奖获得者

《帕拉第奥建筑四书》中文版导言

李路珂

在长达三个世纪的文艺复兴运动中，著名的建筑师以数十计，著名的理论家亦不乏其人，安德烈亚·帕拉第奥（Andrea Palladio，1508—1580 年）在其中算是晚辈，他不是开创者，但可以算是一个集大成者和承前启后的人物。他的作品和文字在晚年结集为《建筑四书》（*I quattro libri dell'architettura*）[1]，1570 年于威尼斯出版，马上受到广泛的传播，后来的几个世纪，在意大利之外的地区引发了数次后来总称为"帕拉第奥主义"（Palladianism）的建筑运动，对西方世界的建筑学产生了深远的影响。在这几个世纪中，帕拉第奥可能是史上"被模仿最多的建筑师"[2]，帕拉第奥的著作以其简洁有力的语言、带有精确比例和尺寸的图纸，以及文字和图纸之间的一种显著的均衡，成为西方建筑师通向古典主义的重要桥梁，也成为现代学者研究古典主义和古代建筑所不得不依赖的重要基础。

帕拉第奥的时代背景

帕拉第奥本名安德烈亚·德拉贡多拉（Andrea della Gondola）或迪彼得罗（di Pietro），于 1508 年生于意大利北部城市帕多瓦（Padua）的一个平民家庭，德拉贡多拉（della Gondola）是他父亲，一位泥瓦匠的名字。他的生日 11 月 30 日，恰好是圣安德烈[3]的纪念日，他的名字安德烈亚（Andrea）便由此而来。而他那广为人知的名字帕拉第奥（Palladio），则是在他 30 岁左右时才获得的。[4]

16 世纪初期的帕多瓦，对于帕拉第奥来说可谓具有天时地利，他生长在是建筑史上最具创造性的年代，却又与创造的中心地带，佛罗伦萨和罗马，保持了一定的距离，否则帕拉第奥可能会成为罗马或佛罗伦萨学派的一员。[5]

帕多瓦是意大利北部威尼托地区的一个具有深厚人文主义传统的城市，这里在 1222 年就建有一所大学，14—15 世纪，帕多瓦学派与佛罗伦萨学派分庭抗礼，成为意大利人文主义的主要阵营。[6]但在 16 世纪以前，威尼托地区的建筑与艺术并没有受佛罗伦萨和罗马古典复兴与手法主义的太多影响，而是以威尼斯为中心，

---

1 中文版书名为《帕拉第奥建筑四书》，但为简便，文内仍称《建筑四书》。

2 James S. Ackerman. *Palladio*. Harmondsworth,1966. 19 页 .

3 圣安德烈（St. Andrew，希腊语 Andreas），是圣经《新约》中的耶稣十二使徒之一，圣彼得之弟，据载因捕鱼时受耶稣召唤，成为第一个被称为使徒（Apostle）的人，耶稣死后在巴尔干半岛、黑海一带传教，最后在希腊帕特雷城被钉死在十字架上。

4 参见 Rudolf Wittkower. *Architectural Principles in the age of humanism*. London : Academy Editions. 1988. 61 页 .

5 参见 James S. Ackerman. *Palladio*. Harmondsworth,1966. 19 页 .

6 参见：加林 著；李玉成 译 . 意大利人文主义 . 北京：三联书店，1998. 导言

自成一派。绘画中的威尼斯学派，从乔尔乔内（Giorgione, 1478—1510 年）、贝利尼（Giovanni Bellini, 1430—1516 年）直到提香（Titian，约 1490—1576 年），吸收了本地拜占庭艺术的遗产，创造出宏大而富有装饰意味的、色彩绚丽、光影丰富的独特效果。

与 14、15 世纪相比，16 世纪初期意大利面临了政治和经济上的两个重大危机，而这些危机又在某种程度上转变成文化和艺术上的机遇：

其一，是 15 世纪中叶东方的奥斯曼帝国取代了拜占庭帝国，阻碍了威尼斯在东方的商路，加上 15 世纪末期的地理大发现打开了大西洋航路，使得依靠地中海贸易的威尼斯在 16 世纪初期已经丧失了大部分的商业资源。海上贸易的衰落、粮食价格的上涨，使贵族们将目光转向内陆，转向威尼托地区大片肥沃的冲积平原，这对大型农场的发展十分有利。在这一时期，威尼托地区正经历着世界史上罕见的反城市化历程。但也正因为如此，帕拉第奥的那些高贵的主顾们，有机会将有利可图的农场业，同古代形式的乡村生活结合起来。[1] 而帕拉第奥所设计的乡村别墅及郊区别墅，不但可以比文艺复兴的前辈们更加接近理想中的古代原型，而且远比他的前辈以及巴洛克时期后继者们更具持久的影响力。帕拉第奥的设计所具有的某种“高贵的简洁性”，使他的作品成为英国辉格党贵族们，或殖民时代的美国人的理想典范。[2]

16 世纪初期的第二个机遇，是以佛罗伦萨和罗马为中心的意大利中部地区在政治和经济上陷入了困境，1494 年法国军队带着新的火炮技术入侵意大利，横扫意大利的大部分地区，唯独威尼托地区得以幸免；1527 年查理五世皇帝来自西班牙的军队攻陷罗马，将城市洗劫一空，迫使许多艺术精英逃往威尼斯或附近的北部城邦。这些艺术家包括：佛罗伦萨人珊索维诺（Jacopo Sansovino, 1486—1570 年）、博洛尼亚人塞利奥（Sebastiano Serlio, 1475—1554 年）、维罗纳人圣米凯利（Michele Sanmicheli, 1484—1559 年），在那个时期来到意大利北部的还有罗马人朱利奥·罗马诺（Giulio Romano, 1499—1546 年）。也就是在这个时期，相对富裕和稳定的威尼斯共和国迎来了自己在文化和艺术上的黄金时代。外来的艺术家们为威尼斯共和国带来了古典复兴的建筑思想，也将意大利中部的建筑语汇移植到威尼斯特有的拜占庭式梦幻光影和瑰丽色彩之中。

帕拉第奥的思想来源

1521 年，13 岁的少年，安德烈亚·德拉贡多拉，在他父亲的影响下，开始在帕多瓦接受石雕工人的训练，但是在 1524 年他 16 岁时，放弃学业来到维琴察附近，在那里成为雕刻家佩德姆罗（Giovanni da Pedemuro）和皮托尼（Girolamo Pittoni）的学徒及助手，参加了当地的许多重要工程。直到 1542 年，他仍然作为一名“石匠”被记录在册。[3] 但是 30 年代末期的一件事，改变了他的一

1 参见帕拉第奥第二书第 45 页。

2 参见：[英] 彼得·默里 著；王贵祥 译 . 文艺复兴建筑 . 北京：中国建筑工业出版社，1999. 153、154 页

3 Rudolf Wittkower. *Architectural Principles in the age of humanism*. London : Academy Editions. 1988. 60 页 .

生。维琴察贵族、人文主义者詹乔治·特里西诺（Gian Giorgio Trissino, 1478—1550 年），为了容纳一个人文主义的聚会场所和学园，在 1535—1537 年间以古典复兴风格改造了自己位于维琴察郊区的克里科利（Cricoli）的别墅，很可能在改造工程的过程中，他遇见了这位名叫安德烈亚的年轻石匠，发现他在科学和数学方面有着出色的天赋，并打算“用维特鲁威的法则来训练他，激发他的天赋”。[1]

作为一个抱有古典复兴理想的文人，特里西诺一直试图复兴古希腊与罗马的文学形式，从 1528 年起，他就已经在构思一篇英雄史诗，题为《从野蛮人手中解放出来的意大利》（*L'Italia liberata dai Gotthi*，出版于 1547 年），其中还象征性地请求那位刚刚扫荡并侵占了罗马的查理五世（Charles V），从野蛮人（即奥斯曼土耳其人）手中将东罗马帝国解放出来。这部作品塑造了一位名叫帕拉第奥的大天使，他精于建筑和乐器，并将蛮族驱逐出意大利[2]，大天使“帕拉第奥”在这里，俨然象征着一种具有英雄主义色彩的理性力量——他要树立古典主义的旗帜，征服那些曾经战胜了古罗马文明的“野蛮文明”。

在这部作品中，还有一些借“帕拉第奥”之口说出的关于建筑的描述，体现出以柱高和柱径为基础的模数化思想，同时也是对维特鲁威思想的一种富有诗意的解读：

一周回廊围绕着狭促的小院，
巨大的拱门隆耸在圆形的柱子之上。
拱门的宽度和人行步道一样。
门的厚度是它高度的八分之一。
每根柱子都有一个银色的柱头，
柱头的高度和其厚度全然相同。
柱身挺立在金属的基座上，
基座之宽依然是其高度的一半。[3]

由此我们不难理解，1540 年前后，当 30 岁出头的石匠安德烈亚·德拉贡多拉获得了“帕拉第奥”这个称号时，他被赋予了一种怎样的期待。

人文主义者特里西诺所创作的“帕拉第奥”（Palladio）这个名字，还暗示了很多品质：它可能源于希腊神话中的智慧女神帕拉斯·雅典娜（Pallas Athena），或者被称为帕拉狄昂（Palladium）的雅典娜神像——它曾经是雅典和罗马等城市的守护神像，而正是那些城市孕育了古典建筑最经典的范例；“帕拉第奥”这个名字可能还与公元 4 世纪的农学家帕拉迪乌斯（Palladius）有关，因为正是维琴

---

1 Paolo Gualdo. 1958–1959. “La vita di Andrea Palladio.” Ed. G. G. Zorzi. *Saggi e Memorie di Storia dell'Arte,* 2, 91—104. 转引自 Andrea Palladio: *The four books on architecture.* Translated by Robert Tavernor and Richard Schofield. Cambridge, Mass. : MIT Press, 1997. 英译本序 . viii.

2 见 Andrea Palladio: *The four books on architecture.* Translated by Robert Tavernor and Richard Schofield. Cambridge, Mass. : MIT Press, 1997. 英译本序

3 中文翻译取自［德］汉诺 – 沃尔特·克鲁夫特 著；王贵祥 译 . 建筑理论史 . 北京：中国建筑工业出版社，2005. 54、55 页 .

察周围地区的肥沃农田孕育了许多富裕的资助人，也提供了许多设计农庄和别墅的机会，才成就了帕拉第奥杰出的作品和思想。[1]

自从有了特里西诺这样一位良师益友及资助人，帕拉第奥逐渐形成了一种四处游历的生活方式。1538 年，帕拉第奥随同特里西诺离开维琴察，在帕多瓦呆了 3 年，在这段时间，还通过特里西诺结识了帕多瓦艺术和文学圈子里的核心人物科尔纳罗（Alvise Cornaro, 1484—1566 年），以及维罗纳画家兼建筑师法尔科内托（Giovanni Maria Falconetto, 1468—1535 年）。[2] 法尔科内托和科尔纳罗都曾经造访和研究过古罗马建筑遗址，他们共同完成的位于帕多瓦的科尔纳罗花园中的两座小建筑，一座大约完成于 1524 年的五间敞廊和一座大约完成于 1530 年的带中央八角厅的小音乐厅（Odeon），首先把罗马的伯拉孟特式建筑风格带到了威尼托地区。[3] 特里西诺位于克里科利的别墅在 7 年后建成,其形式同样追随罗马文艺复兴，体现出佩鲁齐设计的法尔尼斯别墅（Villa Farnesina，1511 年建成）和拉斐尔设计的马达马别墅（Villa Madama，1525 年建成）[4] 的影响。

这两位人文主义者，科尔纳罗和特里西诺分别建于 1530 年前后的住宅建筑，成为了威尼托地区对罗马盛期文艺复兴最早的回应，而它们对帕拉第奥的影响也体现在他的一些早期作品中。帕拉第奥后期的别墅设计中经常出现在中央的一个方形或圆形的大厅，也能体现出科尔纳罗小音乐厅（Odeon）的影响。

然而，特里西诺和科尔纳罗对帕拉第奥的影响，并不仅仅在于传递了罗马文艺复兴所发展的理念和形式，还体现在他们的一些批判性的观念上，这些观念渗透到帕拉第奥的设计和著述中，使他与罗马和佛罗伦萨等地的文艺复兴艺术大师们有所不同。

首要的批判性观念，就是质疑近一个多世纪以来人们对维特鲁威著作的诠释。例如在特里西诺大约 1535—1537 年间的一份手稿中写道：

> 仔细地阅读了维特鲁威以后……我发现那些东西在他的时代是广为人知的，然而现在却变得完全陌生……这部分维特鲁威的东西被解读得非常差，而他并没有在那种艺术领域有效地教会什么人；因此，当他努力显示自己对这些事情了解得很多的时候，他所教给人们的却非常少。
>
> 阿尔伯蒂试图追随他的脚步……但是除了论文的篇幅之外，对我而言他丢失了很多的东西，却掺入了很多冗余的东西。[5]

---

1 参见 Andrea Palladio: *The four books on architecture*. Translated by Robert Tavernor and Richard Schofield. Cambridge, Mass. : MIT Press, 1997. 英译本序 .

2 James S. Ackerman. *Palladio*. Harmondsworth,1966. 21 页 .

3 科尔纳罗凉廊的设计，反映了伯拉孟特位于米兰的圣玛丽亚教堂圣器收藏室设计，以及法尔尼斯别墅的一些特征。见 (英) 彼得・默里 著 ; 王贵祥 译 . 文艺复兴建筑 . 北京 : 中国建筑工业出版社 , 1999. 128、132 页 .

4 马达马别墅（Villa Madama）的图纸，收入了塞利奥的《第三书》121 页背面，1540 年出版于威尼斯。

5 首次出版于 Nozze Peserico–Bertolini, *Dell'architettura, Frammento di Giangiorgio Trissino*, Vicenza, 1878. 转引自 Rudolf Wittkower. *Architectural Principles in the age of humanism*. London : Academy Editions. 1988. 60 页 . 并参见[德]汉诺 – 沃尔特・克鲁夫特 著 ; 王贵祥 译 . 建筑理论史 . 北京 : 中国建筑工业出版社，2005.

当时人们对维特鲁威的知识，主要是建立在维罗纳修士乔贡多（Fra Giocondo）1511 年的版本，以及师从于伯拉孟特的米兰建筑师切萨里亚诺（Cesare Cesariano）1521 年的意大利文版本基础上的。但这两个版本的编者对古罗马遗迹的知识都非常有限，因此也就免不了曲解和谬误，而这种曲解和谬误随着两个版本的大量传播和被奉为经典，已经变成了 16 世纪上半叶人们所认识的维特鲁威著作的一部分。而后来真正打破这一困局的，正是帕拉第奥的同辈人巴尔巴罗（Daniele Barbaro）与帕拉第奥本人协作完成的维特鲁威新注[1]。

第二个批判性观念，便是对功能的强调甚于形式，这意味着对住宅建筑设计的空前重视，还意味着不拘泥于古典的法则。这一观念突出地体现在科尔纳罗的文章中：

> 对那些具有简率的美，但却十分便利的建筑物，我从不吝惜赞誉之词；但对那些看上去美仑美奂，但却令人极为不便的建筑物，却另当别论。
>
> 更进一步说，一座建筑可以做到既美观又适用，而未必一定要用多立克或是别的什么柱式……。[2]

科尔纳罗认为可以放弃古典柱式及其他传统装饰而达到适用和美观，这在文艺复兴时期的理论家中属于极少数。[3] 而这样的观念对帕拉第奥影响至深，在他的早期作品中，出现了没有柱式、在窗框和门框部位也没有装饰化线脚，而檐口线脚也极度简化的设计。

在帕拉第奥得以亲身踏上罗马的土地之前，还有一个人对他影响至深，那就是 1527 年从罗马迁往北方的建筑师塞利奥。

塞利奥与特里西诺年纪相仿、互相熟识，是文艺复兴时期最重要的建筑著作家之一，他在威尼斯时，开始准备自己关于建筑学的七本书，其中首先出版的是 1537 年关于柱式的第四书，在这本书的前言中提到了科尔纳罗，并赞誉他“不仅本身是杰出的建筑师，同时，还是许多建筑师的赞助人。他在帕多瓦的住宅周边美丽的凉廊是个很好的说明”。[4] 接着在 1540 年，塞利奥又出版了关于罗马建筑的第三书。在塞利奥的书中充满了古代和现代罗马的杰出设计，这些设计被精确地绘制成带比例的平面图，以及建筑外观或局部的透视图。在欧洲印刷出版的书籍中，这些图版第一次比文字更有力地传递了信息，也史无前例地激发了外省人对罗马建筑的想象。[5]

1539 年塞利奥曾经到过维琴察，并曾为波尔蒂家族设计过一座木结构的半圆形临时观众厅，观众厅正对舞台，在舞台后部有一个巨大的拱形台口，台口两侧有

---

1 Daniele Barbaro. *I dieci libri dell'architettura di M. Vitruvio, tradotti e commentati da Daniele Barbaro*. Venice. 1556.

2 Giuseppe Fiocco. *Alvise Cornaro. Il suo tempo e le sue opera*, Vicenza, 1965. 156 页，转引自［德］汉诺－沃尔特·克鲁夫特 著；王贵祥 译．建筑理论史．北京：中国建筑工业出版社，2005.

3 James S. Ackerman. *Palladio*. Harmondsworth,1966. 22 页 .

4 塞利奥《第四书》第 2 节，刘畅译文。

5 James S. Ackerman. *Palladio*. Harmondsworth,1966. 24 页 .

画壁，绘出维特鲁威所描述的各类古典剧院布景，包括悲剧、喜剧，以及滑稽剧。[1] 虽然帕拉第奥可能没有见过塞利奥本人，但他肯定从塞利奥出版的图文并茂的书中吸收了大量关于罗马建筑设计的理念与知识，而且 1539 年他曾经短暂地回到维琴察，参观了塞利奥剧场的戏剧演出。[2]

当帕拉第奥在三十年后开始写作自己的建筑学著作时，他的体例就更多的参考了塞利奥而不是维特鲁威或阿尔伯蒂的著作。

在威尼托地区与人文主义者们的思想交流，以及维特鲁威和塞利奥的著作，构成了帕拉第奥在青年时期对于古典时代的主要知识来源，他还从科尔纳罗和特里西诺的住宅中获得了一些关于古典复兴的信息，可能还考察过维琴察和维罗纳的古遗址，以及珊索维诺和圣米凯利在威尼斯和维罗纳刚刚建成的作品。但这些零星片段及二手的知识，对于飞速成长的建筑师帕拉第奥来说，很快就显得不够了。他需要来自罗马的第一手知识，来促使自己走向成熟。[3]

1541 年，帕拉第奥得以随同特里西诺，第一次去了罗马，在此之后的十余年中他又去过四次（分别是 1545 年、1546—1547 年、1549 年和 1554 年）[4]。尽管那时的旅行是困难而危险的，但帕拉第奥一直坚持四处游历，直到 16 世纪 70 年代他的晚年，他的足迹遍及意大利各地，以及法国南部。帕拉第奥在《第一书》的前言中描述了这些考察的目的：

> 我给自己定下任务，去考察那些经过时间侵蚀、野蛮人的劫掠之后仍然幸存的古代建筑遗存，然后我发现它们远比我最初想象的更值得研究，于是我开始用最仔细的方式精密地测量它们的每一个部分。我变成一个如此勤奋的调查者，以至于我发现它们无一不拥有良好的设计和优美的比例，我一次次地拜访意大利以及国外的各个地方，就是为了从建筑的各个部分理解它们的整体，并且将它们画成图纸。（第一书第 4 页）

事实上，帕拉第奥在调查罗马古迹时有着双重的目的，他不仅是一名致力于从历史遗存中寻求历史真相的考古学家，更是一名立足于创作实践的建筑师。他把考古调查的成果与维特鲁威的叙述结合起来，变成一些理想化的设计，并且相信这样的设计能够帮助人们

> 提取出不少高贵和多样的设计；同时，在合适的时间和地点加以应用……在自己的设计中既不放弃艺术的法则，又能有所创新。（第四书第 5 页）

1　这三种戏剧场景的设计被收入塞利奥《第二书》，另参见维特鲁威《建筑十书》5.6.8.

2　参见 Andrea Palladio: *The four books on architecture*. Translated by Robert Tavernor and Richard Schofield. Cambridge, Mass. : MIT Press, 1997. 英译本序 .

3　参见 James S. Ackerman. *Palladio*. Harmondsworth,1966. 25 页 .

4　见瓜尔多 .1958—1959. 93—104 页。关于他更加广泛的旅行，参见佐尔齐 .1958. 15 页及其后；帕内 .1961. 17—38 页；普皮 .1986. 441 页。参见帕拉第奥，2002. 注 4。

从帕拉第奥的早期设计中，可以清晰地分辨出罗马建筑的直接影响，其中的一些母题一直沿用到他的成熟时期，并在实践中进行造型和比例上的细微调整，逐渐变得纯熟凝练，又带上了他的个人印记在后世广为流传。

其中最典型的例子就是后来在英国和美国广为人知的“帕拉第奥母题”（Palladian motif）或“帕拉第奥窗”（Palladian window）。这种母题是由三开间的门廊组成的单元，中间的洞口覆以拱顶，这种做法可能是由伯拉孟特所创造的，在珊索维诺的威尼斯圣马可图书馆设计（始于 1537 年）中曾经成规模地运用。但这一母题在出版物中首次出现，可能是塞利奥的《第四书》（1537 年），因此又称为塞利奥母题（serliana）。帕拉第奥于 1540 年左右设计的位于维格尔多洛的瓦尔马拉纳别墅（Villa Valmarana at Vigardolo）就尝试了这种母题，当时他对这种母题的运用还有着拼凑和生涩的痕迹。然而在数年后的维琴察巴西利卡改建设计[1]中，帕拉第奥却用自己的方案击败了包括塞利奥和珊索维诺在内的数位建筑大师，1546—1558 年帕拉第奥数易其稿，将这种母题与精细微妙的比例系统相融合，最终以其优雅、丰富和简单，变成后人模仿的范本（第三书第 41—43 页）。

在《建筑四书》第一书谢辞中，他提到了一些建筑学著作，以及古代遗迹对自己的影响：

> 许多年来，我不仅仔细地研读了那些出自最富天才的作者，并将最精妙的原则注入这门最高贵科学的伟大著作，还多次游历了罗马，以及意大利国内外的其他地方，在那些地方我亲眼目睹并亲手测量了许多古代建筑的残迹。（第一书第 3 页）

从《建筑四书》的行文来看，对他影响最大的著作者显然是 15 个世纪以前的维特鲁威（Marcus Vitruvius Pollio，约公元前 80—约公元前 15 年），以及比他早 1 个世纪的阿尔伯蒂（Leon Battista Alberti，1404—1472 年）。维特鲁威的著作是被逐章引用的，几乎构成整部书的知识框架，阿尔伯蒂的著作则被作为一种重要的补充，因此这两部《建筑十书》显然属于帕拉第奥所说的“将最精妙的原则注入建筑学的伟大著作”。如前所述，塞利奥著作的体例和观点，对帕拉第奥也存在明显的影响。

除此之外，还有两部著作可能对 1570 年出版的《建筑四书》产生了影响。首先是 1562 年由建筑师贾科莫·巴罗齐的维尼奥拉（Giacomo Barozzi Vignola，1507—1573 年）出版的《关于建筑五柱式的规范》（*La regola delli cinque ordini dell'architettura*），这是一部异常简短却流传极广的著作，只有一篇简短的导言和 32 幅带有简要说明的图纸，但是每幅图纸都绘制成精准的平、立、剖面图，并标注了柱式各部分的名称和比例，把得之于古代建筑测绘的比例和尺寸归纳为“简单、易行与快捷的规则”，使得它可以服务于“任何普通的有识之人……只需简单

---

1 参见 Andrea Palladio: *The four books on architecture*. Translated by Robert Tavernor and Richard Schofield. Cambridge, Mass. : MIT Press, 1997. 英译本序 .

地一瞥，不必大费周章”。[1]帕拉第奥的《建筑四书》，其图文并茂的系统性特征可与塞利奥相比，但是帕拉第奥的图示方法却与塞利奥有差别，他放弃了透视及断壁残垣式的表达，而是根据残存的罗马遗迹绘出完整的复原图，使用精确的平立剖面表达法，并标注关键性尺寸和某些细部的名称。这有可能得自维尼奥拉的启发，也可以与帕多瓦大学的解剖学教授安德烈亚斯·维萨里（Andreas Vesalius，1514—1564 年）1543 年出版的《人体构造》（*De fiumani corporis fabrica*）中，由提香学派的画家为他绘制的杰出的解剖学插图相对照。[2]

另一本可能存在影响的著作，是 1554 年锡耶纳建筑师彼得罗·卡塔尼奥（Pietro Cataneo，1510？—1574 年？）在威尼斯出版的《有关建筑的主要四书》（*I quattro primi libri di architettura*），这部书在 1567 年再次出版，扩充为八卷，书名叫《建筑学》（*L'architettura*）。从书名看来，两本《建筑四书》似乎有着关联，尽管其内容大不相同。卡塔尼奥是帕拉第奥的同龄人，而且他们有过交往，当帕拉第奥述及柱子收分曲线的做法时，述及自己曾经把这个方法告诉过“彼得罗·卡塔尼奥大师”，而卡塔尼奥“是如此喜爱，以至于将其用在了自己的一个建筑作品中，而他也借助该作品给建筑学带来了诸多启发。”（第一书第 14 页）

《建筑四书》的内容与思想

终其一生，帕拉第奥设计的巴西利卡、私人府邸、乡村别墅，几乎构成了整个维琴察的城区和郊区的独特景观基调。自 16 世纪 60 年代开始，帕拉第奥设计的教堂和公共建筑又开始改变威尼斯的面貌。17—18 世纪的英国建筑师成功地将帕拉第奥的个人建筑语汇，转化为一种英国的民族风格。1994 年，“维琴察城与威尼托地区的帕拉第奥别墅”（City of Vicenza and the Palladian Villas of the Veneto）[3]被注册为世界文化遗产，这是一个历史上的建筑师在当代社会所能获得的最高赞誉。然而，帕拉第奥的建筑之所以能够超越文艺复兴时期其他的建筑大师而名扬世界、经久不衰，其最重要的原因，就是《建筑四书》的出版。

帕拉第奥在第一书的献辞和前言中阐述了自己的目标，是“以一种尽可能简单、系统、清晰的方式来探讨建筑学”（第一书第 5 页）。而这种将系统的建筑学知识简单化、清晰化的努力，主要体现在两个方面：

首先是语言的简化，即用最为简明扼要、通俗易懂的语言阐明最为重要的原则：

> 要为所有迫切希望造出美好而优雅的建筑作品的聪明人写出必须遵循的原则。（第一书第 3 页）

---

1 Giacomo Barozzi da Vignola. *Regola delli cinque ordini d'architettur, 1562.* 转引自［德］汉诺－沃尔特·克鲁夫特 著；王贵祥 译. 建筑理论史. 北京：中国建筑工业出版社，2005.

2 参见 Andrea Palladio: *The four books on architecture.* Translated by Robert Tavernor and Richard Schofield. Cambridge, Mass.: MIT Press, 1997. 英译本序.

3 见 http://whc.unesco.org/en/list/712

我将避免冗长的词句，简单地提供一些我认为最要紧的建议，也会尽量使用那些当今在工匠之间广为流传的术语。（第一书第6页）

其次，是运用通过精确绘制并标注了尺寸的图纸来辅助阐述：

与文字表述相比，精选的图例让人更容易领会，因为可以在纸面上测量和观察建筑的整体和所有细部，而读者要想从文字本身获取可靠而精准的信息，就必须花大力气慢慢提炼，付诸实践也会困难重重。（第三书第5页）

需要注意的是，帕拉第奥的写作目的是尽可能“简单”，因此他依赖木版画这样一种精度十分有限的复制技术来传达最有用的尺度和比例。在大部分的尺寸标注中，帕拉第奥的图版忽略了墙体的厚度，并且在所有的建筑平面图中都忽略了对环境因素和地形高差的表达。这些图版也掩盖了维特鲁威法则与古代建筑实例之间的差异，以及设计实践与二者的差异。[1]但也正因为如此，帕拉第奥为后人提供了简便易行的设计法则。

像前辈维特鲁威和阿尔伯蒂那样，帕拉第奥原计划可能一共要出版十本书。在《建筑四书》第一书的前言里，他写到拟写著作的全部内容：

我将首先讨论私人住宅，然后由此扩展到公共建筑。我将简要地写到道路、桥梁、广场、监狱、巴西利卡（审判的地方）、室内运动场 [xysti]、体育场 [palaestrae]（人们进行体育锻炼的场所），庙宇、剧场以及圆形剧场、凯旋门、浴场、输水道，最后我将写到城防工程以及港口。

但事实上，在上面列出的内容中，剧场以及圆形剧场、凯旋门、浴场、输水道、城防工程以及港口等建筑类型均未在《建筑四书》中涉及，而《建筑四书》中关于神庙的内容，也未能扩展到古罗马之外。

在帕拉第奥《建筑四书》出版的同一年，威尼斯总建筑师珊索维诺逝世，帕拉第奥接替他的位置，在威尼斯获得了大量重要的建筑委托，以至于举家搬迁到威尼斯。在那里他又开始为两部古罗马的历史学著作绘制插图，即恺撒（1575年出版）[2]和波利比乌斯（Polybius，未出版）。[3]他在这些图纸中表现出对城市格局及军事建筑的浓厚兴趣。

据帕多瓦修士保罗·瓜尔多（Vincentine Paolo Gualdo）在1616年所著的帕拉第奥传记，帕拉第奥早已准备好了那些关于“古代神庙、拱券、陵墓、浴场、桥梁、塔楼以及古罗马的其他公共建筑”的图纸，但由于他的去世，这些图纸未能出版。1581年，在帕拉第奥去世的翌年，他的儿子着手准备将他已经完成的第五书作为增订版本内容，但是未能付印。在帕拉第奥去世的20余年后，英国建筑师伊尼戈·琼

---

1 参见 James S. Ackerman. *Palladio.* Harmondsworth,1966. 29 页 .

2 *Julius Caesar;* edited by Andrea Palladio; illustrations by Leonida and Orazio Palladio; translation by Francesco Baldelli. Venice: Pietro De'Franceschi, 1575.

3 Polybius; illustrations by Andrea Palladio, Mss. 1578. 该书的图稿和注解，被夹在一本1564年版的 Polybius 中，于1977年在不列颠图书馆被发现。

斯（Inigo Jones，1573—1652 年）先后两次（1601 年，1613—1614 年）踏上意大利的土地，给他印象最深刻的就是帕拉第奥的著作和作品，以及与帕拉第奥的后继者，年事已高的温琴佐·斯卡莫齐（Vincenzo Scamozzi，1548—1616 年）的相遇。[1] 伊尼戈·琼斯在英国的著作和作品产生了巨大的影响力，致使在他之后的两个世纪，不断有英国建筑师来到意大利，从帕拉第奥的著作和作品中寻找创作的源泉，也奉为珍宝般带回了帕拉第奥遗留的图纸。1730 年，英国建筑师伯灵顿伯爵在伦敦出版了《维琴察的安德烈亚·帕拉第奥所作的古代建筑图纸》（*Fabbriche antiche disegnate da Andrea Palladio vicentino*），其中只有关于罗马浴场的图纸；但在英国皇家建筑师学会（RIBA）的收藏中，还可以找到许多帕拉第奥绘制的各类型建筑的图纸。[2]

因此，帕拉第奥很可能已经将这些东西编成了成系列的十部书，而另外的六部可能涵盖剧场、圆形竞技场、凯旋门、浴场、陵墓和桥梁，以及相应的建筑细部[3]，只是由于手稿遗失无缘面世了。

我们所能得到的《建筑四书》，其主要内容如下：

第一书：首先概要地描述了建造开始之前所需的预备工作、基础工程、砌体工程，以及建筑材料，然后进入对建筑柱式的描述。帕拉第奥和塞利奥一样，从简单到复杂依次介绍五种柱式类型：托斯卡、多立克、爱奥尼、科林斯和混合柱式。然后，帕拉第奥介绍了关于房间布置、比例和尺度的一般性规则，以及建筑基座、楼板、拱顶、门窗、壁炉、楼梯、屋顶等各部分的构造做法。

第二书：较为系统地介绍了居住建筑，也就是私人住宅。在论述住宅设计的基本原则和基本要素之后，帕拉第奥首先介绍了希腊和罗马的私人住宅，然后通过他本人的设计图纸来说明如何在古代的范例和具体投资者的要求之间取得平衡。

第三书：关于公共设施和公共建筑：街道、桥梁、广场和巴西利卡，最后还介绍了古希腊的体育场和室内运动场。这同样是古典范例和自身设计相互平衡的产物。

第四书：关于古代神庙，包括罗马、意大利，及意大利以外地区，主要是罗马神庙。除古代神庙以外，这一书还包括了对伯拉孟特的坦比哀多小礼拜堂的描绘。

前文已经述及，帕拉第奥的大部分理论观点都引自维特鲁威和阿尔伯蒂的两部《建筑十书》，但有几处细微的变化却能反映出一些根本观念上的不同，即对住宅设计及建筑之"适用性"的高度关注：

他在开篇写到建筑所需考虑的基本因素：

> 在任何建筑中，（正如维特鲁威所说）有三个因素是必须考虑的，如果抛开了这三点，就没有什么值得一提的；这就是实用或适用 [commodità]、坚固，以及美观。（第一书第 1 章）

---

1 参见［德］汉诺－沃尔特·克鲁夫特 著；王贵祥 译．建筑理论史．北京：中国建筑工业出版社，2005.

2 见 http://www.ribapix.com/

3 Lewis, D. 1981. *The Drawings of Andrea Palladio*. Washington, D.C. 转引自 Andrea Palladio: *The four books on architecture*. Translated by Robert Tavernor and Richard Schofield. Cambridge, Mass.: MIT Press, 1997. 英译本序．

这里看似引用了维特鲁威《建筑十书》第一书第3章的著名观点，但维特鲁威的原话是：

建筑的建造必须满足坚固、适用、美观的原则。[1]

帕拉第奥显然改变了三个词的顺序，把“适用”放在了第一位。帕拉第奥的“适用”[commodità]包括了很多的内容，首先是要“特别关注那些想要建造房屋的人”，要使建筑与居住者的身份相适应，而且还要有整体和部分之间的协调[2]，主要空间与辅助空间的关系，也应明暗适度、相得益彰。他以人体机能作类比，来说明这一点：

房屋必须适用[commodo]于家庭居住，否则很难得到赞赏，反而会受到最严厉的批评。建造时不仅要特别关注最重要的元素，例如敞廊[loggia]、会客厅、庭院[cortile]、华丽的房间和照明条件好、容易上下的大楼梯，同时还应关注那些附属于较大较高贵部分的最小最鄙陋的部分。因为人类本身就有某些高贵和美丽的部分，也有不那么令人愉快的部分，我们可以看到前者绝对依赖于后者，而且绝不能脱离后者独自存在；同样，在建筑中，存在值得欣赏和赞扬的部分，也存在不那么优雅的部分，如果缺乏后者，前者就不能独立存在，而且将在一定程度上失去高贵和美感。然而，就像上帝对我们各个器官的安排，最美丽的部分总是展现在最显著的位置，而最不雅的部分则被隐藏。建筑也应该把最重要和最高贵的部分完全展现出来，把不那么美丽的部分尽量隐藏在目力所不能及的地方，因为房屋中所有不悦目的东西都放在那里，很可能会令人讨厌，使最美的部分变丑。（第二书第2章）

虽然维特鲁威《建筑十书》的第三书第1章同样将建筑与人体进行类比，但完全是通过人体比例与建筑比例的类比来探索形式美的法则。帕拉第奥在这里，则通过人体与建筑机能的类比来寻求功能合理的途径。

帕拉第奥对于房屋使用者的高度关注，也使得他成为一位重视实效的建筑师，甚至坦陈“建筑师往往不得不迎合投资者的愿望，甚于注重那些应当实现的方方面面。”（第2书第1章）

帕拉第奥还在开篇写到住宅建筑的重要性，认为住宅是公共建筑的原型，而且是对人而言最具本质意义的建筑类型：

由于我必须出版那些劳动成果，这些成果由于在我年轻的时候曾经极尽细致之能事地研究和测量那些我所知道的古代建筑，并适时地以一种尽可能简单、系统、清晰的方式来探讨建筑学，我想最适当的开端应该是私人住宅；第一个原因是，住宅似乎为公共建筑

1　All these must be built with due reference to durability, convenience, and beauty.（M H Morgan 译本，Dover 1960，第17页）

2　适用[commodo]的建筑必定与居住者的身份[qualità]相适应，而且部分与整体之间以及部分与部分之间必须协调。（第2书第1章）

提供了原型，因为，人们最初很可能是单独居住，然后由于发现自己需要靠他人的帮助来提供一些令人愉快的东西（如果有任何愉悦在这里被发现的话），他们将自然而然地希望并喜爱他人的陪伴，于是许多住宅形成了聚居地，进而形成聚居城市，那里还出现了公共空间及公共建筑；还有一个原因是，在所有建筑门类中，没有哪个对人而言比住宅更具本质意义，更加经常地被建造。因此，我将首先讨论私人住宅，然后由此扩展到公共建筑。（第一书前言）

基于上述理由，帕拉第奥用《第二书》来介绍住宅，将这一建筑类型放在所有建筑类型之首，而维特鲁威和阿尔伯蒂的《建筑十书》都遵循了先叙述神庙、公共建筑，然后才是私人住宅的次序。

又由于帕拉第奥认为"住宅是公共建筑的原型"，反过来说，现存的古代神庙也可能反映了古代住宅的外观，因此也就顺理成章地可以在住宅中引入神庙的要素，例如三角形山花：

在所有的农场建筑和某些城市建筑中，我都在主入口所在的正立面做了一个三角形山花，因为山花能够强调住宅的入口，更能极大地增加建筑的庄严和华丽，使正面比其他部分更加壮丽；此外，它们还能完美地衬托那些通常放在正面中央的出资人勋章或臂章。古人也经常在建筑中使用三角形山花，这从神庙和其他公共建筑的遗迹中可以看到；正如我在第一书的导言中所述，他们非常有可能从私人建筑，亦即住宅之中借鉴了此项发明及其特征。（第二书第69页）

当然，帕拉第奥的上述观点已经被后来的学者证明是建立在两个错误的前提之上的：一个是有关社会发展的错误理论，另一个是有关建筑起源的错误理论。[1] 但这个"错误"却使得帕拉第奥得以从形式本身出发，突破古代建筑的形式和用途之间的固有关联[2]，成为"第一个坚持将神庙立面嫁接到住宅立面上的人"[3]，从而创造了一个在后世广为传播的范式。

帕拉第奥对于"适用"的关注与他对住宅建筑的关注有一个相同的思想根源，那就是对人的关注高于对神的关注。这与文艺复兴时期的人文主义背景是分不开的。

在《建筑四书》的基本观念中还有一个柏拉图主义的内容，那就是"美德"（virtù）。在《建筑四书》的扉页中，画出一座建筑门廊，在门廊三角形山花的顶部，坐着一位身后有题铭的"美德王后"（Regina Virtus），她作为艺术之母，高高在上，统领着书中关于建筑的所有内容。这种对于"美德"的强调，应该是来自特里西

---

1 Rudolf Wittkower. *Architectural Principles in the age of humanism*. London : Academy Editions. 1988. 61—62 页 .

2 这一点曾经为阿尔多·罗西所赞誉，见《城市建筑学》葡文版引言（1971）。载：阿尔多·罗西 著；黄士钧 译 . 城市建筑学 . 北京：中国建筑工业出版社 . 2006. 171 页 .

3 在此之前亦有零星尝试，例如朱利亚诺·达·桑迦洛（Giuliano da Sangallo, 1445—1516）大约于 1485 年设计的位于波焦阿卡亚诺 (Poggio a Caiano) 的别墅。参见 Rudolf Wittkower. *Architectural Principles in the age of humanism*. London : Academy Editions. 1988. 70 页 .

诺的教育。特里西诺在克里科利（Cricoli）的别墅学园中，主要房间的三扇门饰以希腊和拉丁文的题词："Genio et studiis"、"Otio et musis" 和 "Virtuti et quieti"，即学问、艺术和美德——这三个词代表了学园的宗旨。特里西诺的学园遵循希腊的传统，通过严格的生活规律和道德训诫来培养青年人的"美德"。[1]

对建筑中"美德"的阐释，中国与西方有很大的不同。中国古代常以节俭、适度或便利为美德，如《墨子·辞过》中描述古代的"圣王"营造宫室时，"便于生，不以为观乐"，《国语·楚语》中说楚庄王营造高台时"高不过望国氛，大不过容宴豆"，《论语·泰伯》中描述大禹"卑宫室而尽力乎沟洫"，这都是中国式"美德"的样板。而在帕拉第奥所追溯的古代，"美德"意味着完美、健全，以及自律的行为，这些因素给市民们带来美好生活。在《建筑四书》第二书第 12 章《关于乡村庄园建筑的选址》中，描述了具有"美德"的古代智者，在乡村庄园中享受美好生活的场景：

> 古代的智者也习惯于时常离开城市，来到这样的地方，在这里接待好友 和亲戚；由于有着住宅、花园、喷泉，及其他类似的令人轻松愉悦的场所，而且更重要的是，有他们自身的美德 [virtù]，使得他们能轻松地在那里享受着美好生活。（第二书第 45 页）

但是，怎样的建筑才具有"美德"呢？帕拉第奥把古罗马建筑看作是"美德"的典范，这显然与希腊式的训诫是不相关的：

> 即使它们已经成为了巨大的废墟，却仍然清楚有力地证明了罗马人的美德 [virtù] 和伟大；我发现自己深深地感动和迷恋于对这种"美德" [virtù] 的深层研究，并充满希望地将自己所有的智慧灌注其中。（第一书第 3 页）

在这里，帕拉第奥并没有从正面对建筑中"美德"给出定义，但我们可以从他对背离"美德"的做法，亦即"野蛮人"引进的"滥用"（abusi）的批判，了解到建筑的"美德"包括哪些方面：

> 人们不能不诅咒那些背离事物的自然秩序，违背造物本身的简洁特性，妄图篡改自然，而背离了真、善、美的建造方式。（第一书第 51 页）

这种"滥用"的概念可能是来自阿尔伯蒂[2]，但是帕拉第奥首次单辟一章，从原理上和表现形式上系统地对其加以批判，这一做法又被后人所沿袭：

> 人们不应该用卷形饰来替代那些以承重为功能的柱子和柱墩……（将这种柔软而顺从的东西）放在坚硬而沉重的东西下面。
>
> 建筑的山墙板被门、窗或敞廊错误地从中破开，由于它们被建造用来炫耀和强调屋顶的斜坡，那第一个建房子的人，受到"需要"

---

1 Rudolf Wittkower. *Architectural Principles in the age of humanism*. London : Academy Editions. 1988. 70 页 .

2 见阿尔伯蒂第一书第 9 章 24 页：每一个部分应该是适当的、适合它的用途的……产生于需要，并且得到了便利的滋养，因其使用而得到了尊严；只有在最后才提供了愉悦，而愉悦本身绝不会不去避免对其自身的每一点滥用。（王贵祥译文）

本身的教诲，在中央做了一个屋脊；然而将建筑的这个本来意味着要保护居住者，为他们的居所遮蔽雨雪、冰雹的部件从中劈开，我想不出任何事情比这更加违背自然规律的了。

我们注意到檐板和其他装饰构件的出挑，出挑过远完全是个错误……会给那些站在下面的人们造成一种恐惧。

应该极力避免在柱子外围添加圈状饰或花环饰，使柱子看起来像是被分割成段的，使它们保持完整和坚固的外观。（第一书第51页）

从这些表述可以知道，帕拉第奥是以简洁而符合自然秩序，或者说是符合力学规律的建筑形式为"美德"。而这些规则正是帕拉第奥《建筑四书》试图传达的内容。

在1997年美国MIT出版社出版的现代英语译本[1]中，统计出这部著作在400余年来的42个不同的版本，其中包括了几乎所有主要西方语言的译本，其中最早的英译本是1663年戈弗雷·理查兹（Godfrey Richard）从意大利语译出的第一书，根据当时英国的建造实践，添加了新的文字和图像，在1663年到1733年的70年间再版了12次。随后占领市场的是来自意大利的詹姆斯·莱奥尼（James Leoni）与法裔英国人尼古拉斯·杜伯斯（Nicholas Dubois），以及旅居荷兰的法裔雕版画家伯纳德·皮卡尔（Bernard Picart）合作完成的一个完整的译本，这一版本对帕拉第奥的书作了所谓"许多必要的改正"和"改进"，其中的插图已经完全呈现出18世纪的奢靡风气。这一版本在1715—1720年间出现了一个不完整的版本，在1721年出了一个英文版，1742年又出了第三版，附上了帕拉第奥的《罗马古迹》（*Le antichità di Roma*），以及伊尼戈·琼斯根据1601版的《建筑四书》抄写并加以注释的手抄本。莱奥尼版的帕拉第奥又流行了一个世纪，并随着"帕拉第奥主义"一起蔓延到美国。后来成为总统的美国建筑师托马斯·杰斐逊（Thomas Jefferson，1743—1826年）就拥有一部这样的书，而且这成为他通向最早的建筑创作和建造的指南。

比以前的译本更加忠实于原著的，是1738年艾萨克·韦尔（Isaac Ware）的英译本，韦尔是一位曾经编撰过《伊尼戈·琼斯设计作品集》的帕拉第奥主义建筑师，为了尽可能忠实于原著，这一版的文字是"根据意大利语原文的字面意义逐字翻译的"，而插图"保持了原版的比例和尺寸，所有图版皆由作者亲手雕版"。韦尔的雕版画比原始的木刻版更精确但也更生硬。而且，在他追求精确的过程中，由于直接从木刻版仿刻，以至于他的图版相对于原作全部镜像翻转了。而且，插图呈现的顺序也偶尔变换，以保持一座建筑的图能够对称地排在对开页上。例如，万神庙的正立面（《建筑四书》，第四书，第76、77页），原版是立面的一半在左边，紧跟着剖面的一半在右边，在韦尔的版本里则被倒了过来，因而未能像帕拉第奥所明确主张的那样，按部就班由外而内展现出来。这个版本曾于1964年由多佛（Dover）出版公司以平装本发行，成为在英语世界中传播范围最广的版本。

1 Andrea Palladio: *The four books on architecture*. Translated by Robert Tavernor and Richard Schofield. Cambridge, Mass.: MIT Press, 1997. 参见本书附录2。

第一个，同时也是目前唯一的现代英语译本则是英国巴斯大学建筑学教授罗伯特·塔弗纳（Robert Tavernor）及威尼斯建筑学院教授理查·斯科菲尔德（Richard Schofield）的译本，这个版本使用波利菲罗出版公司带注释的意大利文版[1]，以及由何普利出版公司于1980年出版的初版影印本[2]作为底本来翻译，并且吸收了20世纪90年代之前的丰富研究成果，带有译注及术语解释，其中的图版由意大利文原版图纸影印，1997年由麻省理工学院（MIT）出版社出版，2002年以平装本发行，成为目前最易买到的带注释的英文版本。

《建筑四书》在亚洲的流行程度远不如西方，但也作为西方古典建筑的基本书籍而广为人知。在《北堂书目》所记载的明末至民国时期伴随基督教传播流入中国、藏于北京北堂图书馆的5千余册西方书籍目录中，有十余部建筑书籍，其中就包括一部维特鲁威《建筑十书》和两部帕拉第奥《建筑四书》。[3]

事实上，帕拉第奥的著作也曾被译介到亚洲，1986年日本东京都立大学教授桐敷真次郎出版《パラーディオ「建築四書」注解》，可能是目前亚洲国家已出版的较为完整的译本。

我们的这个《建筑四书》中文译本由中国建筑工业出版社出版，是《建筑四书》在中国大陆出版的首个译本，图版取自意大利原版，而文字则参照MIT出版社1997年的现代英语译本及1738年艾萨克·韦尔的英语译本的1965年重印本[4]译出，同时参考了美国加州大学洛杉矶分校艺术图书馆收藏的和美国国会图书馆收藏并数字化的两个1570年意大利语初版印本。[5]

我们要感谢毕业于普林斯顿大学、执教于清华大学的刘晨博士为本书的文献列表及术语解说提供了专业的审校和帮助，以及中国建筑工业出版社编审董苏华女士六年来克尽职守的督促和细心的编辑工作。在米兰理工大学获硕士学位，并于清华大学就读的杨澍博士为本书重新编订了术语索引和人名、地名索引。感谢清华大学的王贵祥教授，为本书的策划作出了贡献。还要感谢加州大学洛杉矶分校艺术史系的Dell Upton教授、Lothar Von Falkenhausen教授、Ann Bergren教授，以及执教于耶鲁大学建筑系的Amy Lelyveld博士，在本书的翻译过程中提出的建设性意见。

---

1 Andrea Palladio. *I quattro libri dell'architettura.* Milan: Edizioni Il Polifilo, 1980.

2 *I quattro libri dell'architetture di Andrea Palladio.* Milan: Ulrich Hoepli, 1945. Reprinted in 1951, 1968, 1976, 1980.

3 参见北堂图书馆藏西文善本目录．北京：北京图书馆出版社．2009.，卡片编号为1141，1157，1162。

4 *Andrea Palladio: The Four Books of Architecture.* New York: Dover Publications Inc., 1965.

5 *I quattro libri dell'architettura di Andrea Palladio.* Venice: Dominico de' Franceschi, 1570.

中文版凡例

1. 本书正文部分按照 1570 年的版本编排，因此在每页底部以“[第 x 书第 x 页]”的格式注出原书页码；
2. 原书的部分建筑学术语，以下标的方式注出意大利语原文，并在书后术语表中进行详细解释；
3. 原书的人名、地名，在首次出现时在括号中注出原文或英文，并在书后索引中给出中英文对照；
4. 1570 年版本原无图名，本书参照 2002 年英译本添加图名并编号。

美德　王后
建筑之第一书
安德烈亚·帕拉第奥
首先简单谈谈五种柱式以及建筑的一些根本性的原则[avertimento]，然后分别讨论私人住宅、街道、桥梁、广场、室内运动场，以及庙宇
威尼斯
多米尼哥·迪·弗兰切斯基
1570 年

致我最高贵、最值得尊敬的主人，贾科莫·安加拉诺[1]伯爵阁下

多年以来您慷慨相助，（我最高贵的主人）您的恩惠让我受益良多，如果我不试图表达自己心中的感激，或者至少表示我常牢记这些恩惠，我会认为自己是冒天下之大不韪的、粗鲁而忘恩负义的人。自幼年开始，我就对建筑产生了莫大的兴趣[2]，所以许多年来，我不仅仔细地研读了那些出自最富天才的作者，并将最精妙的原则注入这门最高贵科学的伟大著作[3]，还多次游历了罗马，以及意大利国内外的其他地方[4]，在那些地方我目睹并亲手测量了许多古代建筑的残迹[5]，那些残迹直到我们的时代仍然矗立着，成为野蛮人暴行的触目惊心的证据[6]，即使它们成为巨大的废墟，却仍然清楚有力地证明了罗马人的美德 [virtù] 和伟大；我发现自己深深地感动和迷恋于对这种“美德” [virtù][7] 的深层研究，并充满希望地将自己所有的智慧灌注其中；我又为自己布置了任务，要为所有迫切希望造出美好而优雅的建筑作品的聪明人写出必须遵循的原则 [avertimento]，此外，还要用图纸绘出我在各地设计 [ordinare] 的许多这样的建筑，以及迄今为止我所见过的所有符合这种要求的古代建筑。所以（这并不是因为要报答您的隆恩——它们已然泽被万物、广为传颂，我只是想通过自己的劳动创造一些难忘的东西来表达我对您衷心的感激和尊敬），我将我最初的两本讨论私人住宅的书作为礼物献给您;我承认，尽管太多任务需要我持续投入精力，而且我又患了重病，但在这之后，我终于尽了最大的努力让作品臻于完美；这些作品的内容都是根据我的长期经验而确定的，我很想说我可能在这一建筑领域发出了很多的光芒，使后来者能借鉴我的实例并运用他们自己的聪明才智，毫不困难地为他们设计的建筑在华丽中增添古典的、真正的美与优雅。因此，高贵的主人，我乞求您，以一种与您的美德相称的方式来奖赏我为您所做的一切，请您接受这件礼物，并愉快地阅读作品的第一部分，这部分体现了您的慷慨赞助，也是我第一次献给您的智慧结晶；我非常满足，得益于您的慷慨，作品已经完成，它将在您光辉形象的照耀下面向世人；我还确信，以富有智慧、思想深刻、品德高尚而声名远扬的您，将会赐予我您的认可；这些成果早就应该归功于您，而我只是希望借助由此获得的名望和权威而流芳百世，为后人所尊重。带着这些希望，最后我祝您生活幸福快乐。

1570 年 11 月 1 日于威尼斯
阁下最忠实的仆人
安德烈亚·帕拉第奥

关于建筑的第一书

安德烈亚·帕拉第奥

——致读者的前言

由于天生爱好的指引，我在年轻时献身于建筑学的研究，而且我一直坚持认为，古罗马人在建筑方面，同很多其他的方面一样，已经大大超过所有的后来者，因此我认为维特鲁威，我的主人和导师，是在这门艺术领域唯一的古代著作家。我给自己定下任务，去考察那些经过时间侵蚀、野蛮人的劫掠之后仍然幸存的古代建筑遗存[8]，然后我发现它们远比我最初想象的更值得研究，于是我开始用最仔细的方式精密地测量它们的每一个部分。我变成一个如此勤奋的调查者，以至于我发现它们无一不拥有良好的设计和优美的比例[9]，我一次次地拜访意大利以及国外的各个地方，就是为了从建筑的各个部分理解它们的整体，并且将它们画成图纸。因此，看看那些平日所见的房屋有多大的差距，相比于我从那些古代遗迹中观察到的，或相比于我从维特鲁威那里、莱昂·巴蒂斯塔·阿尔伯蒂那里，以及其他那些追随维特鲁威的优秀作者那里读到的，或者相比于那些我本人在近期建造，并得到业主极大赞扬的建筑；我将那些花了很长时间积累的建筑设计图纸公之于众，并且斗胆概括了与它们相关的那些我认为最值得深思的东西，以及那些我曾经遵循并且还在遵循的建造原则，我认为这对那些不是仅仅为他自己而生，而是还想要对别人有用的人，是有价值的；于是，那些读我的书的人将从中吸取有用的东西，也可以自行补充一些我没有注意到的东西（可能会有很多）；于是，读者将逐步学会抛开那些奇怪的误用、不规范的发明，以及无意义的花费，以及（最要紧的是）避免我们在很多建筑上看到的各种通病。我更加心甘情愿地致力于这一事业，因为我看到，今天有很多人从事这一专业的研究，他们中的许多人被杰出的画家和建筑师，阿雷佐（Arezzo）的乔治·瓦萨里在著作中给予了应有的敬意[10]；因此，我希望，这种建造方式将会很快地达到任何艺术都在追求的杰出水平——这对大家都有好处，这在意大利的这一地区似乎已经达到了：不仅仅是在威尼斯，在那里各类艺术都极大繁荣，同时那里也是罗马人伟大而壮丽的成就之仅存的样本[11]，著名的雕塑家、建筑师雅各布·珊索维诺[12]大师的杰作，正是在那里开始出现，他使一种优雅的风格广为人知，正如我们在新行政官邸（Procuratie Nuove）[13]中见到的（这里不再赘述他的许多其他的杰作），这可能是自古典时代以来最为丰富绚丽的建筑作品[14]；而且人们还可以在许多不那么著名的地方见到大量的优美的结构，特别是在维琴察，这是一个不大的城镇，然而这里的人们兼具充裕的智慧和财富[15]，在这里我首次获得了实际委托的机会，使我得以将今天出版推广的这些设计变为现实，在这里有着大量优美的建筑，还有许多在这一艺术方面极有见地的人士；他们，由于其高贵而渊博，可以问心无愧地列在最卓著者的行列：例如我们这个时代最杰出的人之一，詹乔治·特里西诺[16]，马克·安东尼奥与阿德里亚诺·蒂内伯爵兄弟[17]，以及安泰诺雷·帕杰洛爵士先生。[18]还有一些人像他们一样不懈地追求更美好的生活，于是也留下了一些被世人永远记住的优美而绚丽的建筑，他们是博学多才的法比奥·蒙扎（Fabio Monza）[19]绅士；著名的宝石雕刻师、水晶雕刻师小瓦莱里奥之子，埃里奥·德·贝利绅士[20]；还有安东尼奥·弗朗切斯科·奥利维拉绅士，他除了具有广博的科学知识，同时还是一个优秀的建筑师和诗人，这体现在他的《阿勒曼尼》(*Alemana*)，一首气势雄伟的诗歌中，还体现在位于维琴察的南托的勃斯基的建筑中[21]；还有最后一位（省略了许多本该列在这里的人），是瓦莱里奥·巴尔巴拉诺绅士，一个对这一专业领域的任何事物都极其勤勉的观察者。[22]但是，回到正题：由于我必须尽可能严谨地呈现我从年轻时持续至今的研究和测量相关古建筑的劳动成果，并借此机会以一种尽可能简单、系统、清晰的方式来探讨建筑学，我想最适当的开端应该是私人住宅；第一个原因是，住宅似乎为公共建筑提供了原型 [ragione]，因为，人们最初很可能是单独居住，然后由于发现自己需要靠他人的帮助来提供一些令人愉快的东西（如果有任何愉悦在这里[23]被发现的话），他们将自然而然地希望并喜爱他人的陪伴，于是许多住宅形成了聚居地，进而形成聚居城市，那里还出现了公共空间及公共建筑[24]；还有一个原因是，在所有建筑门类中，没有哪个对人而言比住宅更具本质意义，更加经常地被建造。因此，我将首先讨论私人住宅，然后由此扩展到公共建筑。我将简要地写到道路、桥梁、广场、监狱、巴西利卡（审判的地方）、带顶的运动场 [xysti]、体育场 [palaestrae]（人们进行体育锻炼的场所），庙宇、剧场以及圆形剧场、凯旋门、浴场、输水道，最后我将写到城防工程以及港口。[25] 在这几部书中，我将避免冗长的词句，简单地提供一些我认为最要紧的建议 [avertenza]，也会尽量使用那些当今在工匠之间广为流传的术语。[26] 我可以保证，我已经拿出了最长的时间、最大的勤奋、最大的热情，用来理解并实践那些我所提出的东西；如果上帝保佑我的工作不是徒劳，我将衷心地感谢他的恩赐；我还要感激一些人，他们通过自己的富有创造性的发明，以及他们所得到的经验，留给我们许多关于这门艺术的法则，他们为我们通向新事物的研究开辟了更加便捷的道路；拜他们所赐，我们知道了许多在过去可能一直隐而不显的东西。本书的第一部分将被分成两书；第一书关于如何准备材料，以及在准备好材料之后，如何以及通过何种形式将它们用于从基础到屋顶的各个部分；以及在何处运用那些具有普遍性的原则，那些不仅私人建筑需要遵循，在公共建筑中同样需要遵循的原则。第二书是关于各类 [qualità] 适合于不同阶层使用者的建筑。首先我将讨论城市中的建筑，然后讨论那些乡村别墅 [villa] 所需的精选出来的便利的建筑用地，以及它们如何布局 [compartire]。而且，由于在这一部分我们只有极少的古代案例可供参考，我将纳入我为各界人士精心设计 [ordinare] 的许多建筑的平面图和立面图 [impiede]，还有一些主体部分根据维特鲁威的叙述[27]而作的古代住宅复原设计。

第1章　关于在开始建造之前，哪些东西必须考虑和准备

在开始建造一座房屋之前，人们必须仔细地从各个方面考虑它的平面 [pianta] 和立面 [impiede]。在任何建筑中，（正如维特鲁威所说）有三个因素是必须考虑的，如果抛开了这三点，就没有什么值得一提的；这就是实用或适用 [commodità]、坚固，以及美观。[28] 因为如果一座建筑实用却简陋，或者带来长时间的不方便，或者既坚固又实用，却并不美，我们就不能说它是完美的。要达到“适用”，就是让每一个部件 [membro] 各得其所，既不吝于彰显尊贵，又没有功能之外的多余之物；每个部分各得其所，也就是敞廊 [loggia]、大厅、房间、酒窖以及粮仓都在适当的位置。要保证“坚固”，则是使所有的墙体横平竖直，下部比上部要厚实，并有可靠而强固的基础；还有，柱子和门窗等洞口要上下对齐：使得实体承载着实体，而空隙正对着空隙。“美观”的产生，则来自一种优雅的形状、整体与局部的关系、各部分互相之间的关系及其在整体中的效果，因为建筑必须看上去完整而轮廓鲜明，其中每一个部件 [membro] 都和其他的部分配合得天衣无缝，而且各个部分都是整体所必需的。[29] 通过绘图和模型来规划好这些以后，人们还要仔细地计算全部的花销[30]，及时地备足所需的钱，并备足那些预计需要的建材，以便在建造时没有什么东西缺失或阻碍工作的完成；如果建造过程按部就班地进行，而且所有墙体都整齐地砌到统一的高度，延伸到平齐的位置的话，建筑就不会出现那些因为分不同时期建造，或因偶然决策而产生的常见问题，这将使出资人 [edificatore] 得到很好的信誉，并且让整座建筑具备

了优越的条件。然后，就要挑选当时那些技艺最高超的匠人，以便根据他们的建议以最好的方式展开工作。一旦选定了工匠，就要开始准备木材、石头、沙子、石灰和金属了；关于这些材料，人们需要记住一些规则 [avertenza]，例如，在建造大厅和房间的木质天花板 [travamenta, solaro] 时，要保证大梁的数量，使得当它们被组装好时，彼此之间的空隙等于 $1^1/_2$ 倍梁宽。石材也有类似的情况，要注意门窗边柱 [erta] 所用石材的厚度不能大于洞口宽度的 1/5，同时不能小于其 1/6。还有，如果一座房屋饰以柱子或壁柱 [pilastro]，那么它们的基座、柱头和柱楣都应该是石质的，其他部分则可用砖 [pietra cotta]。对于墙体，注意要让它们的厚度小于高度；这些规则 [avertenza] 能够保证其花费合理，有效地节约造价。既然我还会在适当的地方详细讨论这些问题，现在只需要提到这些普遍需要考虑的事项，或者说，勾勒出整座建筑的样子。但是，在挑选最佳材料时，人们还必须考虑其类型 [quantità] 和质量 [qualità]，如果曾经体验过别人家的房屋，将会有很大的帮助，因为以此为鉴，我们更能确定哪些东西是恰当的、适合我们自身需要的。虽然关于选材，已经有维特鲁威、莱昂·巴蒂斯塔·阿尔伯蒂，以及其他优秀的作者给出了堪称金科玉律的建议 [avvertimento]，但为了使本书没有缺憾，我仍会写出其中一些，但是仅限于那些最根本的内容。[31]

第2章　关于木材

木材（见维特鲁威第二书第 9 章）必须砍伐于秋季和冬季，这样，树木在春夏两季散失在树叶和果实中的能量和力量，又得以从根系中重新恢复；应该在没有月亮的晚上砍伐，以使那些导致木材腐蚀的湿气干掉，使木材免遭谷蛾（grainmoths）和木蛀虫的破坏。砍伐的时候应该只砍到树干中部，然后让木髓变干，这样，导致木材腐蚀的湿气会渗出，可防止腐败。砍伐完毕后，木材应该被存贮在避免阳光直射、能够挡风避雨的地方；首先它应该是有顶盖的——特别是对于那些容易发芽的树种——然后用牛粪涂抹，以防止其开裂并确保干燥。搬运时不可以从露水 [32] 上面拖拽而过，只能在中午以后进行；使用木材时，不应沾满露水，也不应十分干燥，前者会使其容易腐朽，而后者会使加工变得非常困难。要使木材干燥到可以做地板 [palcho] 和门窗的程度，需要三年的时间。准备建房子的资助人 [padrone] 必须向专家咨询木材的特性，以及哪种木材最适合做什么。关于这一点，维特鲁威提供了好的建议，其他一些学者也写了大量的东西。[33]

第3章　关于石材

有些石材是天然生成的，还有些石材则是人工造出的。天然石材从采石场挖掘出来，用以造石灰或砌墙；关于采集石头制造石灰的问题，在后面的章节会详细讲到，而用来砌墙的材料，要么是大理石，要么是坚硬的或者叫作“细纹的” [pietra viva] 石头，除了这些就是软而易碎的。大理石和细纹石，一旦从采石场挖出就可以使用了，而且，由于它曝露于空气中的时间越长，就会变得越坚硬，所以，趁它还没有长时间曝露便砌筑，会更加容易；它也可以随时用来砌筑房屋。但是对于软而易碎的石头，则应该在夏天挖掘，并将其曝露于户外，特别是当我们还不清楚其特性和持久性时，例如当它采自一个从未开采过的地方时；但曝露的时间应该不超过两年。石材应该在夏天开采，是因为它可能经不起风雨和严寒，但是经过一段时间，则可能变得坚硬，并能够抵抗这些来自天气的冲击。直到过了相当长的一段时间以至于被破坏的石头分离出来，填入基础，剩下的那些完好无损的石头则被证明是可用的，它们可以坚持更长的时间，因此可以被用在地面以上。人造石块（例如砖），由于它们的形状，一般被称作方砖 [quadrelli]。这样的东西可以用一种黏土状的、略带白色的、具有可塑性的泥土来制造；而碎石或砂土则完全不行。泥土应该在秋天挖掘；经过冬天，泥土熟化，到春天，砖块将容易成型。但是如果要准备冬天或夏天急需之用，则应在冬天盖上干沙，在夏天盖上稻草。[34] 砖块一旦成型，就必须放置很长一段时间，直到干燥为止，而且最好是放于阴凉处，这样，不仅是表面，中心也能得到同等的干燥，这要用至少两年的时间。它们可以被加工成大块或小块，这要根据所建造的建筑类型，以及我们打算如何使用它们；这就是为什么古人用来造大型的、公共建筑的砖[mattone]，要比那些尺度适中的、私人建筑所用的大得多。在多数情况下，较大的砖需要穿孔，以达到更好的干燥和烧结的效果。[35]

第4章　关于沙子

沙或沙砾有三种类型：矿沙、河沙或海沙。[36] 矿沙的质地远远好于另外两种，其颜色有黑色、白色、红色或炭灰色，其中最后一种，是一种泥土被山体内部的火烧焦后产生的，出产于托斯卡纳[37] 地区。位于巴亚和库迈一带的拉沃诺地区[38] 出产一种粉状物，维特鲁威称之为火山灰[pozzolana]，这种材料遇水快速凝固，并使建筑变得非常坚固。长期的经验显示，在所有矿沙中，白色的品种是最差的，而在河沙中，急流下的沙子是最好的，特别是瀑布下的沙子最好，因为那是最纯净的。海沙是所有沙子里最差的，而且它会变黑，并像玻璃一样闪亮；最好的海沙是在离海滩最近的地方找到的，较为粗糙。矿沙是最坚硬的，由于其质地粗糙，因此用于外墙和连续拱，但是它比较容易碎裂。河沙非常适合做抹灰[intonicatura]，或者我们一般称之为灰泥层[smaltatura]。对于海沙而言，由于它比较易干，随之又迅速地吸收湿气，然后就被其中的盐分所破坏，因此承重性能不如别的沙子。不论属于哪一类，最好的沙子都具备以下特点：被压或摸的时候，发出吱吱的响声，放在白布上不会留下污迹或沉淀物。不好的沙子，是那些和水混合时变得浑浊泥泞的沙子，以及长时间曝露在空气、阳光、月光和雾气中的沙子，由于这些沙子中含有太多的泥土，以及含腐殖物的湿气，以致灌木、杂草丛生，最终将导致建筑的极大破坏。

第5章　关于石灰，以及怎样拌和石灰[IMPASTARE]

用来做石灰的石头可以从山上开采，也可以从河里开挖。[39] 山中开采的石头最好是干燥、无湿气、发脆并且不含杂质的，这样被火烧以后才会碎裂；就是说，最好的石灰要用十分坚硬的、紧实的白色的石头来烧制，这样的石头经过烧制后，会比原来的石头轻三分之一。还有几种多孔的石头，其造出来的石灰非常适合用作墙面抹灰[intonicatura]。[40] 某些产自帕多瓦山上的鳞片状石头，造出的石灰非常适合于露天和水下的结构，能迅速地固化，并且十分耐久。对于山中开采的石头而言，那些从阴暗潮湿而不是干燥的地方开采的要比从地表收集的更适合作石灰；而白色的石头要比棕色的更好。从河水或洪流中取出的石头，也就是卵石或沙砾[cuocoli]，可以造出极好的石灰，它们有着非常白净的完成面，因此最常用于墙面抹灰。[41] 任何石头，不论采自山上还是河间，其烧结所用的时间长短都取决于火的大小，一般是在60小时之内。一旦烧完，必须立刻泼水。为避免灼伤，不是一下子浇透，而是一点一点地浇，其中间隔一定的时间，直到完全熟化。然后要把它储存在潮湿阴凉处，不要掺入其他东西，只是用沙子轻轻盖住；它熟化得越好，凝结得就越好。而像帕多瓦山上出产的鳞片状石头所造的那种石灰需要在熟化后尽快使用，否则就会变质或燃烧，变得不能凝结，以致完全失效。制作灰浆时需要根据以下比例掺入沙子：使用矿沙时，将三份沙与一份石灰混合；使用河沙或海沙时，使用两份沙与一份石灰混合。[42]

第6章　关于金属

用于建筑的金属有铁、铅和铜。铁是用来造钉子、合原、门闩、门身、格栅 [ferrata] 之类的东西。纯净的铁是不能直接被采集或开采的；但是开采得来的铁矿，经过高温熔化后可以提纯，然后可以用来铸造，杂质可以在它冷却之前去除；铁一旦被提纯并冷却之后，就会变得容易加热而且柔软，而且通过锤打容易成形或延展。但铸造就不那么容易：如果它没有在烧红和炽热的时候被彻底地打造成形，就需要再次回炉，这个过程有可能造成分解和损耗。优质的铁很容易辨别，即在成形的铁条上，要有连续不断的直纹，而且铁条的端头 [testa] 是干净而没有杂质的；因为这样的纹理意味着铁质没有结块或分层，而从端头可以看出内部的材质；但是如果它已经被做成方形的铁片或其他边界为直线的形状，说明它已经能够经受铁锤在各点的敲打，从而可以说它的材质是均匀良好的。

铅可以用作重要空间 [palagio] 例如庙宇、塔楼及其他公共建筑的屋盖，或者用来做管道，或者用来运送水的所谓输水道 [fistula,canaletto]；铅用来加固合页，以及格栅 [ferrata] 位于门窗边柱 [erta] 上的部分。铅有三种颜色，白色、黑色，或一种介于二者之间的颜色，有时候称为炭灰色。黑铅虽然有这样的称呼，但并非纯黑色，而是白地局部有黑色，为了与白铅区分，古人给它取了这个恰当的名字。白铅比黑铅好得多，也珍贵得多；炭灰铅则介于二者之间。开采出来的铅，可能是独立的一大块，也可能是许多发光的、漆黑的小块，也可能是附着在岩石、大理石或矿石上的薄片。任何一种铅都很容易熔铸，因为在加热时，它会在燃烧之前熔化;但是在极热的熔炉中，它将不能保持原有形态而被分解，其中一部分变成黄丹[43]，而另一部分变成辉钼矿。[44] 对于各类铅而言，黑铅比较柔软，因而容易用锤子加工，也容易弄平；它还比较重而且致密；白铅较硬也较轻；炭灰铅比白铅还要硬得多，重量介乎二者之间。

铜有时候用来做公共建筑的屋盖，古人也用来做一种俗称“铜销”[doroni] 的钉子，用来固定在石头的上方或下方，以防石头水平移位；或者做夹子 [arpese]，用来将两块石头连接并固定在一起。通过运用这些钉子和夹子，整座建筑虽然不得不用许多块石头来砌筑，却能因此连接并固定成一体也就是一整块，从而更加坚固持久。钉子和夹子也可以用铁来做，但是古人往往用铜，因为它不生锈，也就似乎更能经受时间的侵蚀。他们还常常用铜来做建筑中楣上的题词字符；我们还在书中读到，著名的巴比伦百扇大门，以及位于鳕鱼岛[45]的高达 8 肘尺[46]的赫拉克勒斯双柱，都是用这种金属所造。最好的铜，据说应该是用火焙烤矿石而提炼出来的，呈偏黄的红色，无光泽而多孔 [fiorire]，这意味着它是纯净而且没有杂质的。铜像铁一样可以加热并熔化，因此可以被铸造：但是如果放入非常热的熔炉中，它将不胜火力而被毁掉。虽然铜比较硬，但还是可以用铁[47]来加工，并可以加工成薄片。它最好是保存在液态的树脂中，因为它虽然不会像铁那样生锈，但也会产生一种叫作铜绿的锈迹，特别是当它接触到腐蚀性液体的时候。当这种金属混合了锡、铅或黄铜，即具有铜的颜色的卡德摩斯泥土[48]，就成为一种混合物，一般称之为青铜，常常被建筑师用来做基础、柱子、柱头、雕像等等。在罗马的圣约翰·拉特兰大教堂，可以看到四根青铜柱子，其中只有一根有柱头；这些柱子是奥古斯都[49]用他在埃及从马克·安东尼[50]那里夺来的船只的金属船头建造的。今天在罗马还保存着四座古老的门，一座在原为万神庙的圆形大厅里[51]；一座在圣阿德里亚诺教堂，以前的萨杜恩神庙[52]；一座在圣科斯玛·达米亚诺教堂，以前的卡斯托尔和波卢克斯神庙，或者更准确说，是罗穆卢斯和瑞摩斯神庙；还有一座在维米那勒门外的圣阿涅塞教堂，在诺曼塔纳（Nomentana）大道上，今天叫圣阿涅塔（Agneta）教堂。它们中间最美的一座是圣马利亚圆形大厅的那一座[53]，在那里，古人竭力模仿科林斯金属的那种以黄金为主要原料而自然呈现出来的光泽；我们读到，当科林斯（现在称为科兰托（Coranto））毁于火灾时，那里的金、银和铜全都熔成一整块，又偶然地被淬火，因此合成了三种不同的金属混合物，这种金属从此被称为科林斯金属[54]；如果银在这些混合物中占据主导，则会呈白色，其光泽和银非常接近；若金占据主导，则呈黄色和金色；而第三种是三种金属比例相当；随后，所有这些类型，都被人们以不同的方式仿造。至此，我解释了那些在我看来是本质性的、必须在开始建造之前就做好准备的东西；然后还要说一说基础，只有在打好基础之后，我们才可以开始使用那些已经准备好的材料。

第7章　关于需要做基础的各类[qualità]地面

基础的准确名称是结构基础，指支撑整座建筑地面部分的地下部分；因此，在所有建造过程中可能出现的错误中，关于基础的错误是最具破坏性的，因为它会导致整个结构的崩溃，而要纠正这些错误则要克服相当大的困难。又因为在某些地方存在天然基础，而另一些地方则全靠人工，所以建筑师必须十分仔细。大自然向我们提供了天然的基础，我们可以直接在上面建造房屋，这样的地基有石头、多孔凝灰岩和斯卡兰土[scaranto]，也就是一种含有大量石头的泥土；这些地基不管是在地上还是河上都无须挖掘，也不需任何人工的支撑，就可以成为非常好的基础，适合于承托任何大型建筑。但是当基础没有大自然代劳时，则必须通过人为的方式来设计；于是，人们或者需要在硬地上建造，或者需要在一个碎石质的、沙质的，地面可滑移的，或湿软如沼泽一般的地面上建造。如果地面是牢固而坚硬的，就要挖到有经验的建筑师认为该类型的建筑以及地面保持牢固所需的深度。如果不需要酒窖或其他地下空间的话，挖掘的深度通常是建筑高度的六分之一。为了检验它的强度，需要观察井或蓄水池之类东西的挖掘；如果这里生长的植物是那些一般只生长在硬质土壤中的品种，也可以反映地质的状况。另外，如果重物落地时没有回音和震动，也说明土质坚固；还可以用放在地上的鼓膜[55]来检测，敲击地面时，如果鼓膜轻轻移动但是不共鸣，或装在罐中的水纹丝不动，都说明土质坚固。从基地周围的地质也可以得到一些关于地面是否致密和坚硬的线索。但是如果基地是沙质或碎石质的，就要看它是在地上还是河里：如果在地面上，就按照上面所说的关于坚固地面的方法来考察；而如果是在河上建造，则沙地和碎石地都是完全没有用的，因为川流不息的水会不断地改变河床，只能挖掘到坚固的基础为止，或者如果这样做实在太困难的话，就先挖出一些沙子或碎石，再打桩进去，直到橡木桩的端头抵达坚固可靠的地面，然后在桩上建造。如果在不坚固的、滑移的地面上建造，也要向下挖，直到发现足够坚固的地面为止，具体的深度要视墙厚及建筑规模的需要而定。有几种坚固的地面能够承托建筑：正如阿尔伯蒂曾精辟论述的[56]，某些地方的土用金属工具已经很难挖动，有的地方土质更加坚硬；还有的地方的土质颜色非常暗，或发白（这被看作是最柔弱的），又或者白垩质的，或像多孔凝灰岩一般的。其中最好的也最难挖开，而且在浸湿时不会溶解成泥浆。废墟上面是不能建造的，除非预先确认它们的深度，以及它们能够充分地支撑建筑。[57]但是如果地面是柔软多孔的，例如沼泽地，那么就要打桩下去，桩的长度应该是墙高的八分之一，厚度是自身长度的十二分之一。桩基必须密集到中间不能再插入其他的桩，还要连续地轻敲桩基，使周围的地面变得更加紧实坚固。跨越输水道[canale]的外墙需要建在桩上，而且桩基要落地，并将建筑分割开来；因为在内墙基础和外墙不同的情况下，往往内墙会沉降，而位于桩基上的外墙，由于先是纵向密集铺设了一层木梁，又在上面铺设了一层横梁，因此不会沉降；经常发生此种内墙沉降而有桩基的外墙没有沉降的情况，导致所有的墙体相互错位，进而使整座建筑毁坏得惨不忍睹。通过在内墙使用桩基，可避免或尽量减小这样的危险，内桩应比外桩更细，根据墙厚的比例而定。

第8章　关于基础

基础的厚度应该是其上方墙体厚度的两倍；在这方面还需要考虑地形种类和建筑尺度，确保它们在滑移不稳的地面上，或需要承托巨大荷载时，能够变得更加厚重稳定。基础的坑底必须是水平的，这样荷载分布均匀，不会导致局部沉降和墙体断裂。因此，古人在基础的坑底铺上石灰华，而我们常常铺上厚木板或木梁，再在上面建造房子。基础的建造是像堤坝一样有收分的，也就是说，基础在建造时要随着高度的增加而变窄，但两面的收分要相等，以使基础上面的墙体将与下部的轴线重合；而如果地面以上的墙体[58]要收分的话，也要采取同样的方式，因为采用这种方式建成的建筑，会比其他建筑要牢固得多。在其他的情况下（特别是沼泽地，建议采用柱子）[59]，为了节约费用，基础的建设可以是不连续的，其间用拱券连接，然后在上面建造房子。[60] 在大型建筑中，有一个很不错的做法是在厚墙的墙体内部开设通气孔，从基础直通到屋顶，它们不但可以排出那些危害建筑的湿气，还可以降低造价，而且在里面可以做螺旋楼梯从基础层直通屋顶层，非常方便。[61]

第9章　关于各类墙体

基础造好之后，接下来我要讨论地面以上的垂直墙体。[62] 古人建造墙体的方法有六种：一种叫网眼砌 [reticolata]；一种是砖或方砖 [quadrello] 砌；第三种用的是混凝土 [cementi]，一种来自崎岖山地和河床的石头；第四种是乱石砌 [pietre incerte]；第五种是方石砌；第六种是填充。[63] 网眼砌法，现在已经不再使用了，但由于维特鲁威说这种砌法在他那个年代很常用，所以我想同样把这一种画出来。他们用砖 [pietra cotta] 砌筑建筑的转角处，每 $2^{1}/_{2}$ 尺摆 3 列砖，从而将整堵厚墙紧紧拉接在一起。[64]

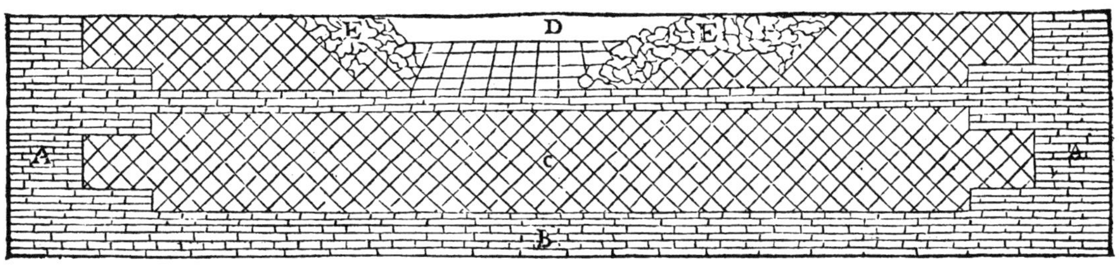

图 1–1　墙体类型：网眼砌[65]

A　砖砌的角部
B　砖砌的用来将整堵墙拉接到一起的部分
C　网状部分
D　砖砌部分延伸贯穿整个墙体的厚度
E　墙体内部用混凝土 [cementi] 造

砖砌墙体用于城墙，或者其他非常大的建筑，其内表面和外表面一样用方砖 [quadrello]，其间用混凝土 [cementi] 和碎砖填充；高度每隔 3 尺，就需要有 3 排尺寸大些的砖，要贯穿整个墙体的厚度；第一排砖作丁砌[66]，这样砖块的端面朝外[67]，第二排砖顺砌，砖的侧面朝外[68]，然后第三排又丁砌。万神庙圆厅和戴克里先浴场的墙体都是这样[69]，所有罗马古建筑都是如此。

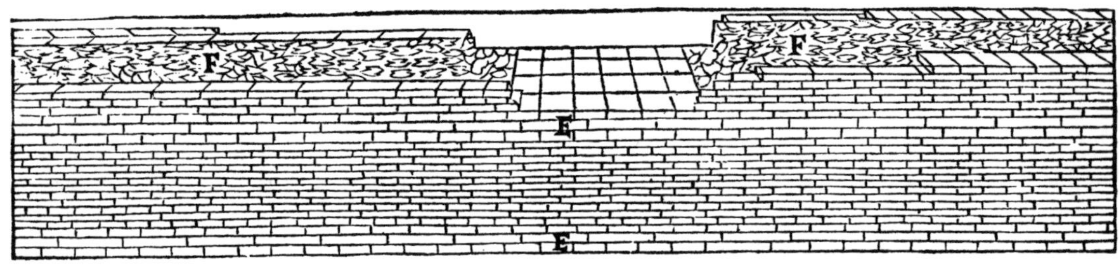

图 1–2　墙体类型：砖砌

E　将整个墙体拉接起来的砖砌带

F　墙体内部采用混凝土 [cementi] 填充在砖砌带和砖砌表皮之间 [70]

混凝土墙的砌筑，每隔 2 尺，至少要 3 排砖，其砌筑方式和上文所述的相同。在皮埃蒙特区 [71] 的都灵，墙的砌法是这样；它们是用鹅卵石 [cuocoli] 砌筑的，自中间劈开，这样的墙体用在劈开的那一边的外侧，这样可以造成非常精确而平整的外表面。维罗纳的古罗马竞技场的墙也是用混凝土造的，每隔 3 尺砌 3 排砖 [72]；还有其他的古建筑用这种方式修造，这在本书关于古建筑的部分会看到。

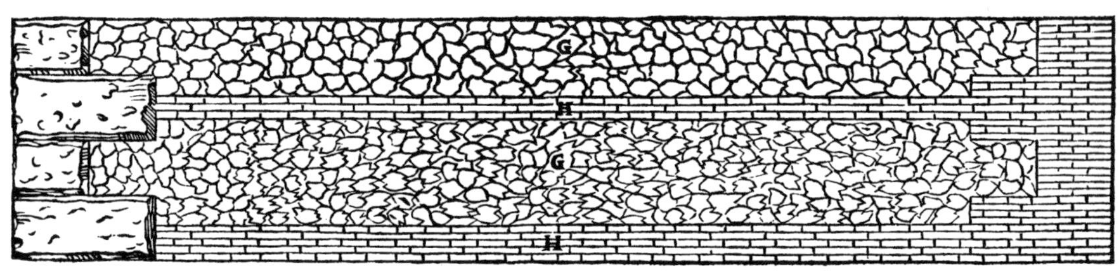

图 1–3　墙体类型：混凝土砌

G　混凝土 [cementi] 或鹅卵石

H　将整个墙体拉接起来的砖砌带

用不等边的石头砌筑的墙，我们称之为乱石砌 [pietre incerte]；他们用可调整的铅线 [squadra di piombo] 折成一定角度，据此摆放石头，并使之对齐 [73]；他们这样做是为了让石块彼此契合，而不必通过多次尝试来确认某块石头适合放在某个拟定的位置。这类墙体可以在普勒尼斯特 [74] 看到，而且古代的街道也是用这种方式铺砌的。

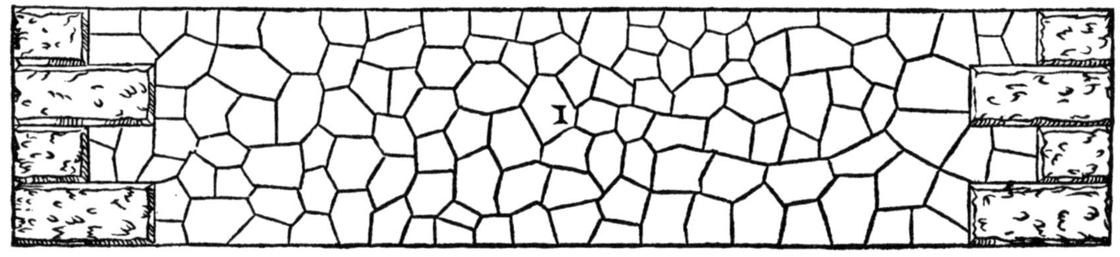

图 1–4　墙体类型：乱石砌

I　不规则的石头 [pietre incerte]

方整的石头 [pietra quadrata] 所砌的墙可以在罗马看到，罗马广场和奥古斯都庙就是这种，在砌筑时，他们将较小的石头成排插砌在整排较大的石头之间。

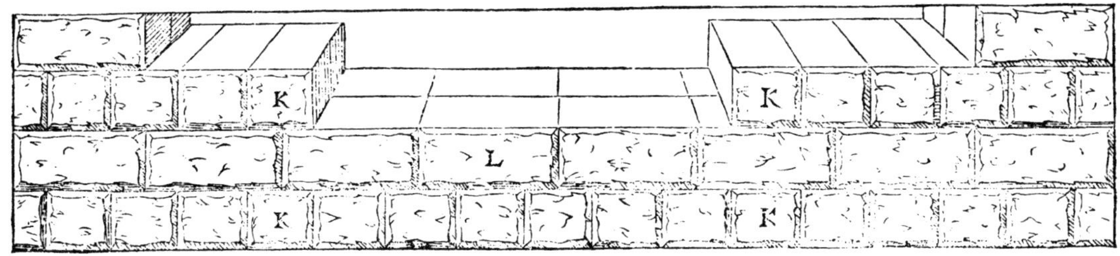

图 1–5　墙体类型：方石砌

K　整排的较小的石头
L　整排的较大的石头

古人也实践过填充的方法，又称衬砌 [a cassa]，即将厚木板夹在两边 [in coltello]，限定出墙厚所需的空间，然后灌入灰浆和各种石头的混合物；如此继续，一层接一层地往上填充。这类墙可以在加尔达湖上的锡尔苗内[75]看到。[76]

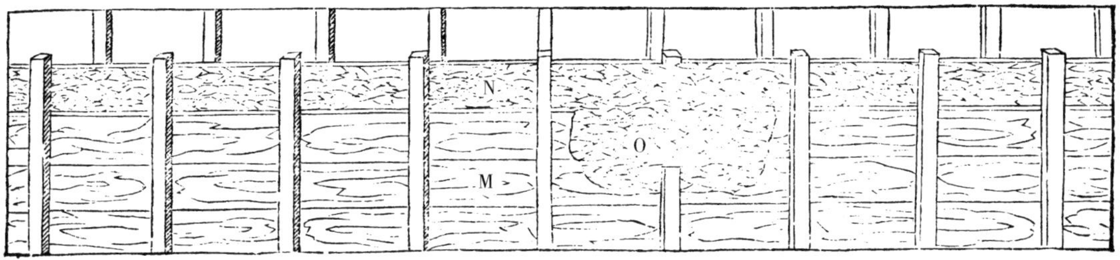

图 1–6　墙体类型：填充墙

M　置于墙体两侧的厚木板 [in coltello]
N　墙体内部
O　移除木板后的墙体表面

我们再谈谈那不勒斯的墙，那里的古代墙体由两堵方石砌的墙构成，各厚 4 尺，砌法同上所述；两堵墙之间的距离有 6 尺。这些墙由另一些纵向的墙拉接在一起，在纵墙和外墙之间的空室为 6 尺见方 [quadro]，以石头和土填充。

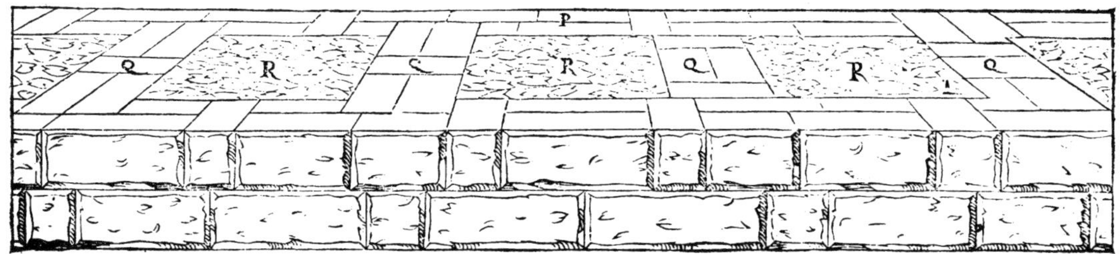

图 1–7　墙体类型：箱式

P　外侧的石墙
Q　纵向的石墙
R　填满石头和土的空室

上述这些就是目前可见的古人曾经用过的各种类型；由此可知，不管是哪种类型的墙体，都应有一些整排的部分，就像将各部分连接在一起的腱 [nervo][77]；砌筑砖墙的时候应该特别注意这一点，以保证墙体不会因年久导致结构内部沉降而塌毁：这样的事故时有发生，在很多墙体上都能见到，特别是在那些朝北的部分。

第10章　关于古代如何建造石头建筑

有时候，整座建筑，或是其中很大的一部分，是用大理石或其他的大型石材砌筑的，我要在这里描述一下古人对于这类事情的做法：如我们所见，在那些作品中，他们如此仔细地将石头拼砌在一起，以至于很多地方的接缝已经很难辨认出来；这是那些希望建筑既坚固耐久又美观的人必须特别了解的。[78] 据我目前所知，他们首先将石头凿成方形，然后仅将那些需要与别的砌块相接的表面磨平，让其他的面保持粗糙；然后，他们将石块砌筑到位；由于这样的做法，使得石材各边 [orlo] 都呈钝角 [sopra squadra]，这样比较坚固结实，也便于操作，即使在安装妥当之前需要搬来搬去也不怕碰坏。不要预先加工所有的面，否则砌块各边呈直角 [a squadra] 或锐角 [sotto squadra]，就会非常脆弱易碎。他们用这个办法首先砌出粗糙或质朴的建筑雏形；下一步（正如我已经说过的）再加工和打磨那些已经安装就位的石头的可见表面。[79] 当然，某些石头是必须预先加工好的，例如用于檐口托饰 [modiglione] 之间的玫瑰花饰，以及其他位于檐口的浮雕，在安装完毕之后就不便于加工了。[80] 关于这一点的最好例子，是在不少的古建筑上，还可以看到很多没有彻底加工和磨光的石材。在维罗纳的韦奇奥城堡拱门 [81]，以及那里所有其他的拱门与建筑，都是用这种方式砌筑的，这对于任何一个观察过挥舞铁锤，也就是石头加工过程的人，都能够很清楚地看出来。在罗马的图拉真和安东尼记功柱也是用类似的方法砌筑的 [82]，否则他们不可能将石头如此精确地固定在一起，以至于那些接缝穿过雕像的头颅等部位，还能衔接得天衣无缝；对于在罗马可以见到的其他拱门，我也可以说同样的话。对于某些超大型的建筑而言，例如维罗纳的大竞技场及普拉 [83] 的半圆剧场等 [84]，只对支撑拱架的拱墩，以及柱头和檐口进行了加工，而让其他部分保持粗糙以节省工料耗费，只关注整体外表的美观。但是对于神庙和其他要求精致的建筑，他们并不急于将其完成，而是连柱子的凹槽 [canale] 都要擦拭、磨平，并精确地打磨。然而，在我看来，所有的砖墙和墙外皮 [nappa, camino] 都不应保持粗糙；而应该被加工到最精致，因为，如果保持粗糙的话，不但误用了材料，还会导致那些本应该浑然一体的东西显得支离破碎。根据建筑尺度和类型的不同，它们可以粗加工，也可以高度精细地加工；但是古人的做法，往往是由于建筑规模巨大而迫不得已，在我们建造那些追求精雅的建筑时，则不可以模仿。

第11章　关于墙体及其组件的收分

需要注意的是，墙体越往上砌就越窄；所以那些地面以上的部分，其厚度应该是基础部分的一半；而那些建于二层的部分 [secondo solaro] 就要比一层 [primo] 的墙体要薄半块砖 [quadrello]，依此类推，直到建筑的顶部；但是它们必须经过仔细的计算，以免顶部太薄。上部墙体的轴线必须竖直，准确地与下部的轴线重合，使整个墙体呈梯形。[85] 如果要做上下齐平的墙面 [faccia]，则只用于内侧，因为内侧的地板托梁 [pavimento]、拱顶和其他结构支撑物可以让墙体免于倒塌或移位。而墙体外侧产生的缩进 [relascio]，则将覆以一层饰带 [procinto] 或线脚，以及一个檐口，这些饰带环绕整座建筑，既富有装饰美，又可以加强建筑的整体性。[86] 转角部位必须非常牢固，要用长条形的、坚硬石材，像手臂一样（交错环抱）[87]，因为它们连接着两个面，而且要使其交界线保持竖直及密合。但是窗户和洞口必须离角部尽量的远，或者，在角部和开口之间至少要保持一个与洞口等宽的距离。现在我们已经说完墙体本身 [muro semplice]，该要来谈它们的装饰。其中，柱子如果位置合理，并且与建筑的整体比例相协调的话，那么将是一座建筑最重要的附加部分。[88]

第12章 关于古人所用的五种柱式

古人使用五种柱式，分别是托斯卡、多立克、爱奥尼、科林斯和混合柱式。[89] 在建筑中，必须把最结实有力的放在最底层，因为它最具承重能力，而且将使建筑拥有一个牢固的基础；所以，多立克柱式常常被放在爱奥尼柱式的下方，而爱奥尼柱式在科林斯柱式的下方，而科林斯柱式在混合柱式的下方。托斯卡柱式，由于比较粗糙，很少用于地面以上。[90] 但是也有例外，如在农场棚屋 [coperto di villa] 等单层建筑中的运用，又如在圆形剧场等巨型多层构筑物 [machina] 中，将用托斯卡柱式代替多立克柱式，放在爱奥尼柱式的下方。而如果人们想要省去这些柱式中的一种，例如将科林斯柱式直接放在多立克柱式的上方，只要保持低层比上层坚固（原因已经说过）即可。[91] 我将分别给出这些柱式的尺度，它们和维特鲁威的教导并非完全吻合，但是符合我从古代建筑中观察到的情况 [92]；但是，首先我要谈一谈那些通常适用于所有柱式的东西。

第13章 关于柱子的凸肚线和收分，关于柱间距，以及壁柱

对于任何一种柱式而言，都必须遵循这样的形状，即上部比下部要细，而且中部鼓凸 [gonfiezza]。[93] 对于收分而言，可以发现，柱子越长，则收分越少，因为高度本身就会造成一种因为距离远而缩小的视觉效果；所以，若柱高 15 尺，以柱底径 [grossezza] [94] 为 $6^1/_2$ 份，柱顶径取 $5^1/_2$ 份。若柱高介于 15—20 尺之间，则以柱底径为 7 份 [95]，柱顶径取 $6^1/_2$ 份；依此类推，对于 20—30 尺高的柱子，以底径为 8 份，顶径取 7 份；更高的柱子同样可以用这种方法作相应的收分，正如维特鲁威在第三书第 2 章所教导的。[96] 但是至于中部鼓凸 [gonfiezza] 的处理，我们除了维特鲁威所作的空泛描述之外，并没有其他的资料，因而人们对此众说纷纭，莫衷一是。[97] 我常常为此做法画出这样一张侧面图 [sacoma]。我将柱中线分成三等份，其中位于底部的三分之一保持竖直，在柱子底部的一侧，我沿柱边 [in taglio] 放置一把与柱子等长或比柱子略长的非常细的尺子 [riga]，然后使这把尺子从柱子底部的三分之一以上开始向内弯曲，使其端头 [capo] 置于柱顶收分之后位于颈状部 [collarino] 之下的点：我对那根线条的曲线做了标记，于是得到一根柱子，在中部略有鼓凸，同时又非常优雅地向上收细。我想不到还有什么比这更简洁高效，或者更成功的方式，而且有一件事极大地加强了我的信心——当我告诉彼得罗·卡塔尼奥大师时，他是如此喜爱，以至于将其用在了自己的一个建筑作品中，而他也借助该作品给建筑学带来了诸多启发。[98]

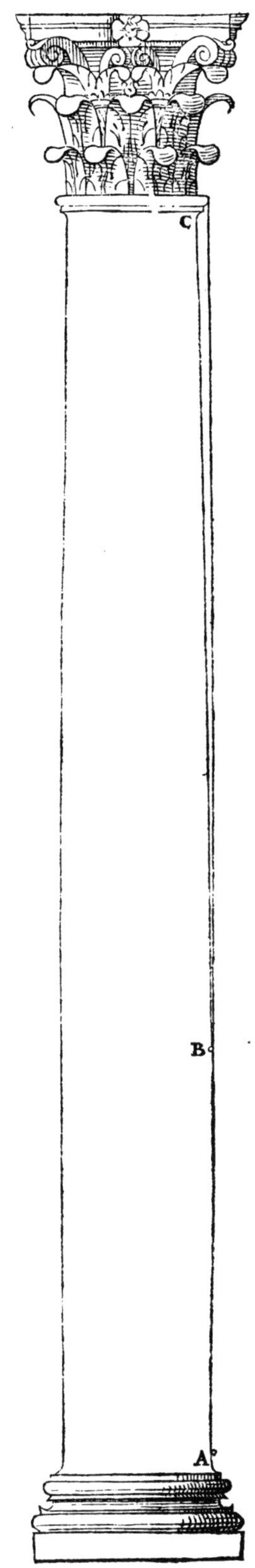

图 1–8　柱子的凸肚和收分

A，B， 保持竖直的 1/3 段柱子；
B，C， 内收的 2/3 段柱子
C， 位于颈状部 [collarino] 之下的收分端点

柱间距 [intercolumno]，也就是柱子之间的空隙 [spazio]，可以是柱径的 $1\frac{1}{2}$ 倍（柱径指柱底部的直径），也可以是 2、$2\frac{1}{4}$ 或 3 倍柱径 [99] 或更大；但是古人从未使柱间距大于 3 倍柱径——除非采用托斯卡柱式，这种柱式采用木制楣梁，可以有更大的柱间距；古人也从未使柱间距少于 $1\frac{1}{2}$ 倍柱径，当他们建造很大的柱子时，常采用这样的间距。但是他们最为垂青的柱间距，是 $2\frac{1}{4}$ 倍柱径，他们将此描述为一种优美而典雅的柱间距形式。我们必须注意到，对于柱间距，应该存在一种比例上的关系 [100]，也就是说，柱间和柱体要成比例，因为如果人们将纤细的柱子放在宽阔的空间里，过大的间隔 [101] 就会明显地削减柱子的厚重感，使它们显得太小；相反，粗大的柱子放在窄小的空间里，其间隔的狭窄和紧张会使得柱子看起来 [aspetto] 臃肿而不优雅。所以，如果空隙大于 3 倍柱径，则柱径应该是柱高的 1/7，也就是前面提到的采用托斯卡柱式的情况。但是如果柱间距是柱径的 3 倍，则柱高应取柱径的 $7\frac{1}{2}$ 或 8 倍，相当于多立克柱式；而如果柱间距是 $2\frac{1}{4}$ 倍柱径，则柱高取 9 倍柱径，相当于爱奥尼柱式；而如果柱间距为 2 倍，则柱高取 $9\frac{1}{2}$ 倍，相当于科林斯柱式；最后，如果柱间距为 $1\frac{1}{2}$ 倍柱径 [diametro]，则柱高应为 10 倍柱底径 [testa]，相当于混合柱式。我已经费了很大的力气使这些柱式与维特鲁威在前面引用过的有关章节中提到的柱间距相对应。建筑正立面 [fronte] 的柱子应是均匀排布的，但中央的柱间距要大于其他，以突出大门或入口，它们通常设在中央 [102]；这些对于独立柱廊 [colonnato semplice] 而言已经够了。但如果要建造带柱墩 [pilastro] 的敞廊 [loggia] [103]，则在排布时应使柱墩的厚度不小于柱墩间距的 1/3，为了使建筑的转角部位更稳固，角部厚度应为柱间距的 2/3。如果是在巨型建筑中需要承受巨大重量的情况，柱墩厚度取其间距的 1/2，例如维琴察的大剧场 [104]，以及卡普阿 [105] 的圆形剧场 [106]；有的甚至取到 2/3，例如罗马的马切卢斯剧场 [107]，以及古比奥剧场（现在属于城中的一位绅士，路德维柯·德·加布里埃利阁下）。有时候，古人甚至会使柱墩的厚度与整个间距相等，例如维罗纳那座并非依山而建的剧场 [108]。但是在私人建筑中，它们的厚度应该不小于间距的 1/3，不大于间距的 2/3，其截面应该是方形 [quadro]；但是为了节约造价，也为了使通道更加宽敞，那些位于侧面的柱墩应该比正面 [fronte] 的更薄，而为了立面 [facciata] 的美化，它的中部还要加上半柱或壁柱 [pilastro]，以支撑敞廊拱顶上方的檐口；它们的厚度将视其高度和柱式的不同而定，这些将会在下面的章节和图版中看到。为了理解这些，需要首先注意（为了不在后面多次重复），当划分和测量这些柱式的时候，我并不希望采用任何固定的和预设的度量单位，这些度量单位都属于某个特定的城市，例如臂尺 [braccio] [109]、步尺 [piede] [110]，或掌 [111] [palmo]，因为我知道，城市和地区不同，度量单位就会不同：但我们可以仿照维特鲁威的做法，他采用柱底径 [grossezza] 作为多立克柱式的度量单位，称这种普遍适用的方法为模度 [112]，我也要为所有的柱式采用这样一个单位；这个模度就是柱子底部的直径，又可分为 60 份，多立克柱式除外，后者的模度应为柱径的 1/2，然后分为 30 份，更适用于这一柱式的各要素 [compartimento]。根据建筑类型的不同，模度常会因地制宜增减，但在任何情况下，本书为各种柱式所提供的比例以及绘制的侧面图 [sacoma] 都是合用的。

第14章 关于托斯卡柱式

根据维特鲁威所述，及在实例中所见，托斯卡柱式是建筑中最为朴素简单的柱式，因为它保留了一种原始的气息，而不像其他柱式那样拥有令人赞叹而美妙的装饰。[113] 它产生于意大利最杰出的地区，托斯卡地区，其名称亦由此而来。柱子包括基座和

图 1-9　托斯卡柱式的独立式柱廊

图 1-10　附加于拱廊的托斯卡柱式

柱头，总高必须为 7 倍模度，其顶部内收的距离是柱底径 [grossezza] 的 1/4。以这种柱式建造的独立柱廊 [colonnato semplice]，其间距可以相当大，因为它们的柱上楣梁是木造的，因此特别适合由农户用手推车和其他农用器具运送，并且花费不高。[114] 但如果要建造大门和带拱券的敞廊 [loggia]，则应按照图 1–11 所示的尺度，可以看到，图中的敞廊是由石头垒砌而成，我相信在用石头的时候，它们应该如此；在画其他 4 种柱式时，我也是这样做的。我从许多古代拱门中得出这个摆砌与粘接石头的方法，这会在我的书中关于拱的部分看到；我为此付出了极大的努力。

A 木制楣梁
B 挑檐梁

对于这种柱式，柱子下方的基座高度为 1 倍模度，表面素平。柱础高度是柱底径 [grossezza] 的一半，这一高度又分为 2 等份：一段是基底石 [orlo]，采用圆柱形 [115]，另一段则被分为 4 份，其中 1 份（也可适当缩短）是平缘 [listello]，又名“柱平缘” [cimbia] [116]——只有这个柱式在柱础部分有柱平缘 [cimbia]，而在其他柱式中，柱平缘是柱身的一部分——另外 3 份作圆盘饰 [bastone]。这种柱础比柱身突出 1/6 个柱径 [diametro]。柱头的高度是柱底径 [grosseza] 的 1/2，分为 3 等份：1 份作柱顶板，它常常被形象地称为骰形饰或方块饰 [dado]；另一份是钟形饰 [ovolo]，而最后的第 3 份又被分为 7 份，其中 1 份做钟形饰 [ovolo] 下面的平缘 [listello]，剩下 6 份作颈状部 [collarino]。再往下是小凸圆线脚 [astragalo]，其高度是钟形饰下平缘 [listello] 的两倍，而它的圆心与平缘的铅垂线对齐，而柱平缘 [cimbia] 的厚度与上面的平缘相同，其外凸后则与柱身 [vivo] 底部外皮齐平。[117] 它的木制楣梁，其高与宽相等；它的宽度不超过柱身 [vivo] 顶部的宽度。挑檐梁出挑（或者我们更愿意说成是凸出）的距离为柱高的 1/4。这些是维特鲁威告诉我们的关于托斯卡柱式的尺寸。

A 柱顶板
B 钟形饰 [ovolo]
C 颈状部 [collarino]
D 小凸圆线脚
E 柱身顶部
F 柱身底部
G 柱平缘 [cimbia]
H 圆盘饰 [bastone]
I 基底石 [orlo]
K 基座
在柱础和柱头的平面旁边，是拱墩的侧面图 [sacoma]。

但是如果楣梁是用石头造的，则应采用前面所说的柱间距。[118] 我们可以看到一些算是用这种柱式修造的古建筑，因为它们在一定程度上符合这些尺寸关系，例如维罗纳的大竞技场、普拉的剧场 [119]，以及很多其他的建筑，在本章末尾的木刻画中，我画下了它们的柱础、柱头、楣梁、中楣、檐口，以及拱墩的图解；我又将所有这些建筑图纸纳入到我关于古代建筑的书中。[120]

A 正波纹线脚 [gola diritta]
B 檐冠 [corona]
C 檐冠 [gocciolatoio] 与正波纹线脚 [gola diritta]
D 凹弧线脚 [cavetto]
E 中楣
F 楣梁
G 柱头的檐板 [cimacio]
H 柱头的柱顶板
I 柱头的正波纹线脚 [gola diritta]
K 柱头的颈状部 [collarino]
L 小凸圆线脚
M 柱身顶部
N 柱身底部
O 柱平缘 [cimbia]
P 柱础的圆盘饰 [bastone] 与波纹线脚 [gola]
Q 柱础的基底石 [orlo]
楣梁（标注 F）旁边的，是更细致的楣梁做法的侧面图 [sacoma]。

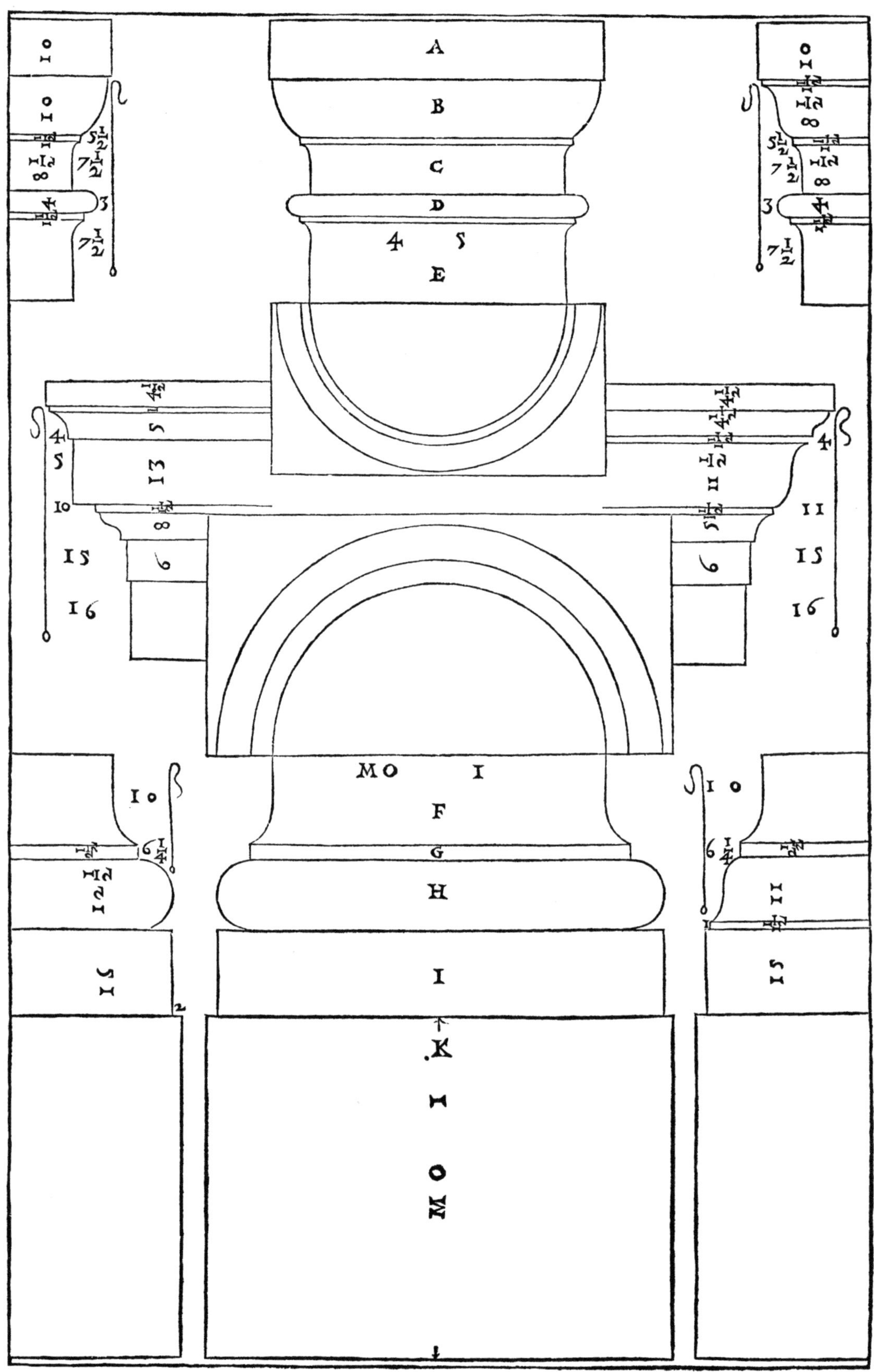

图 1–11　托斯卡柱式的基座、柱础、拱墩，以及柱头细部[121]

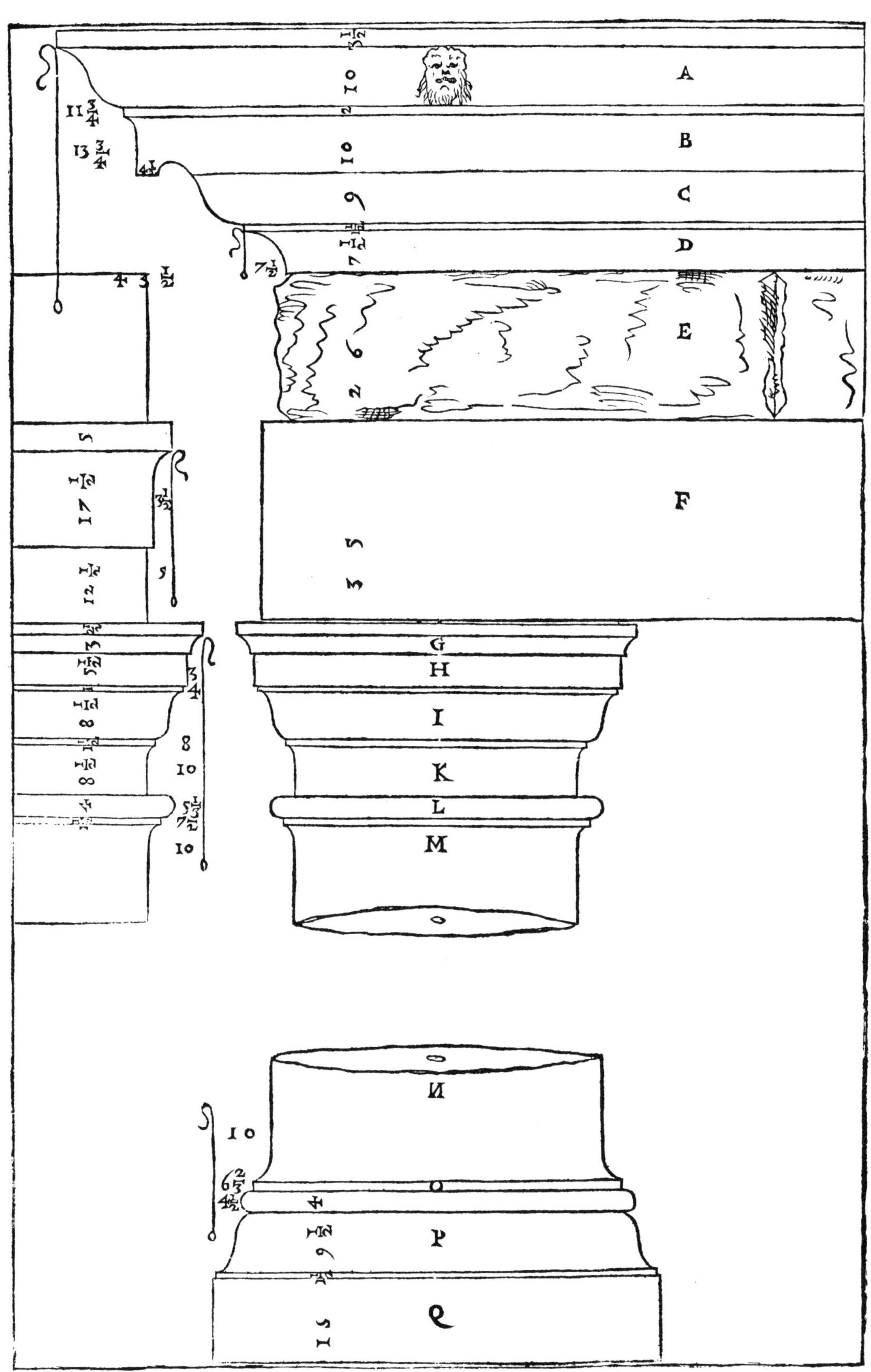

图 1–12　托斯卡柱式的柱础、柱头，以及柱顶盘细部

第15章　关于多立克柱式

多立克柱式由亚洲的希腊部族多利安人[122]创造，并因此得名。[123]这种柱子，如果是独立式[semplice]而非柱墩式[pilastro]，其长度应为$7^{1}/_{2}$或8倍柱底径[testa]。柱间距略小于3倍柱径[diametro]，维特鲁威把这种柱廊称为三径间式。[124]但若由柱墩支撑，则包括柱础和柱头的长度应为$17^{1}/_{3}$倍模度；而且大家应该记住（正如我在第13章曾说过的），仅对于该柱式，模度是柱径的一半，再分为30份，在其他柱式中，模度取整个柱径，然后分为60份。

这一柱式在古建筑中使用时，从来没有基座[piedestilo]，但是现代人会采用基座；因此，如果要做基座的话，必须首先使其墩身[dado]呈正方形[quadro]，在此基础上再设置其他装饰的尺度——首先它要被分成4等份；其中柱础及其础座[zocco]占2份，留1份作基座顶板[cimacia]，柱础的基底石[orlo]必须附着于此。这类基座同样可以在那个被称为德莱奥尼拱门[125]的维罗纳拱门中的科林斯柱式上找到。我已收入了一切可能适合作该柱式之基座的图解；它们都很美，都出自古人，并且测量得精细入微。这一柱式没有专门属于自己的柱础，所以在很多建筑中，可以看到这一柱式没有柱础，例如在罗马的马切卢斯剧场，以及在那个剧场旁边的怜悯神庙[126]，维琴察的大剧场，等等。但是有时候它也会采用简朴的柱础，这会大大增添美感。其尺寸如下：高度为半个柱径[diametro]，分为3等份：第一份是方形基底石或础座，另外两份又分为4份：一份是上圆盘饰[bastone]；剩下的部分分为两份，其中一份是下圆盘饰[bastone]，剩下的作凹弧线脚[cavetto]。柱础外突的距离为柱径的1/6。如果柱平缘[cimbia]不属于柱础的话，其高度为上圆盘饰[bastone]之半；其突出的距离是整个柱础的1/3。但是如果柱础和柱子的一部分是一体的，则柱平缘[cimbia]应该做得很薄，在这个柱式的第三张图纸中可以看到，其中还有另外两种拱墩的做法。[127]

A　柱身
B　柱平缘[cimbia]
C　上圆盘饰[bastone]
D　带平缘[listello]的凹弧线脚[cavetto]
E　下圆盘饰[bastone]
F　方形基底石或础座[plinto overo zocco]
G　基座的顶板[cimacia]
H　基座的墩身[dado]
I　基座的底座
K　拱墩

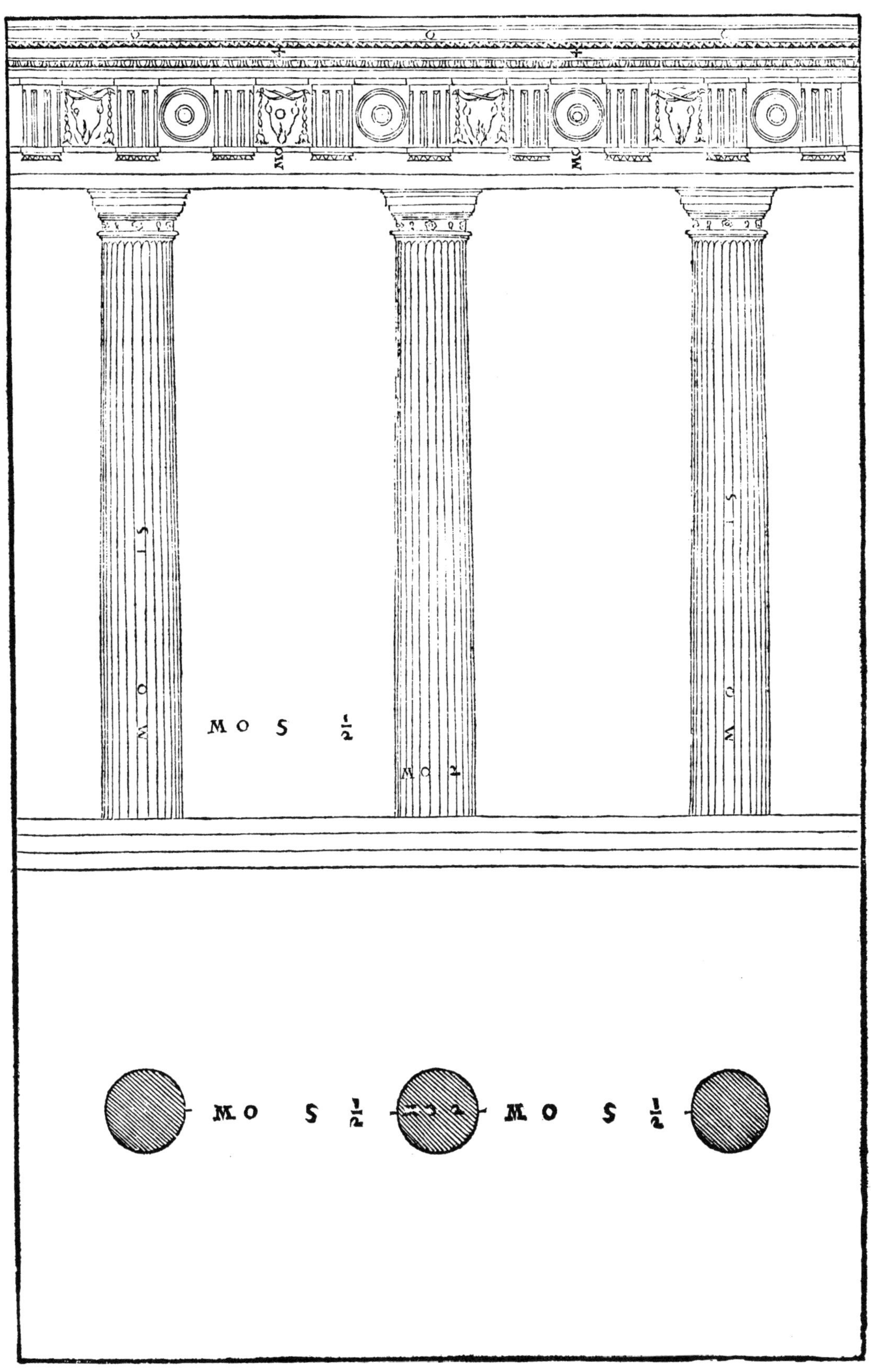

图 1-13　多立克柱式的独立式柱廊

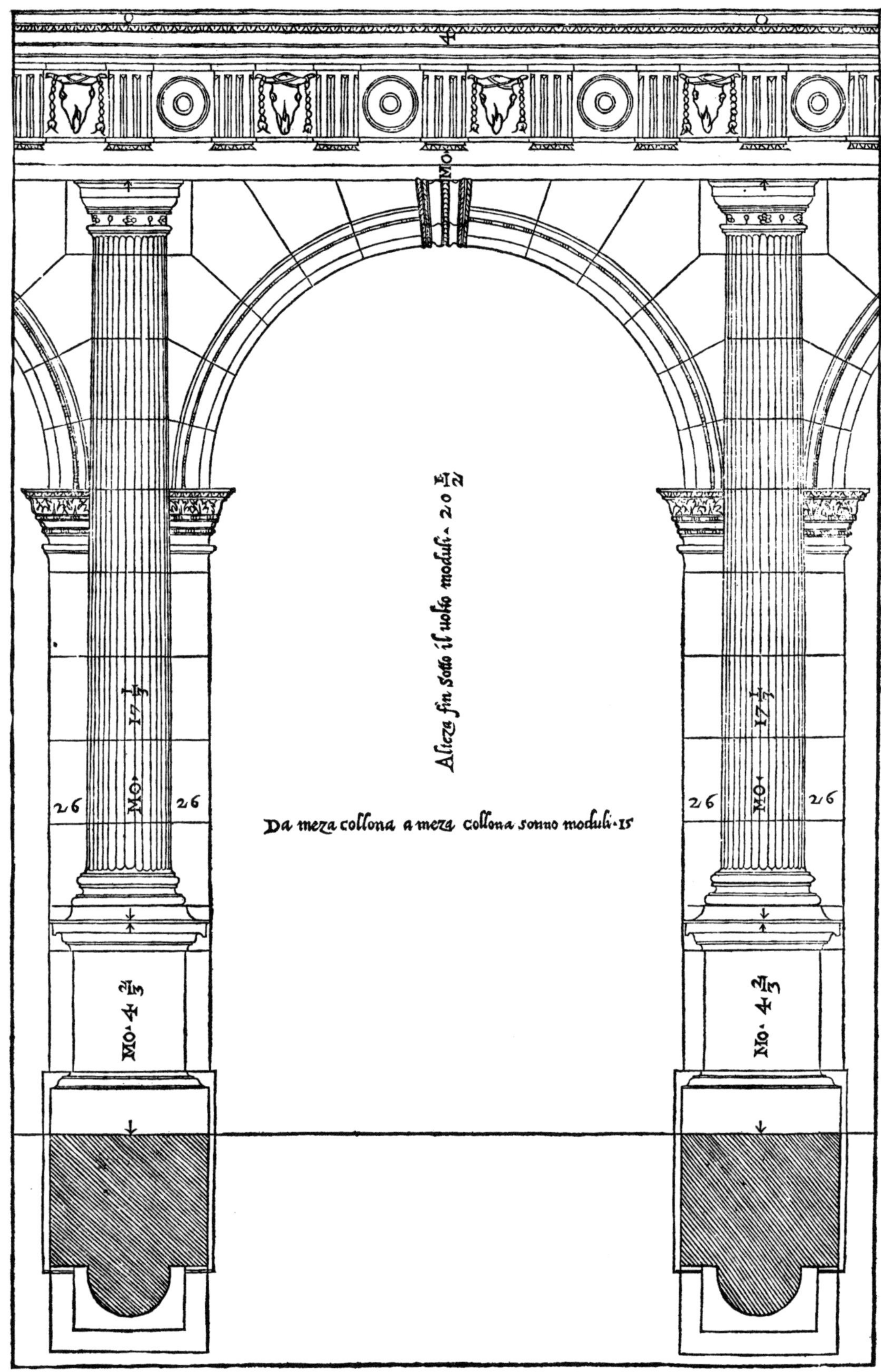

图 1–14　附加于拱廊的多立克柱式

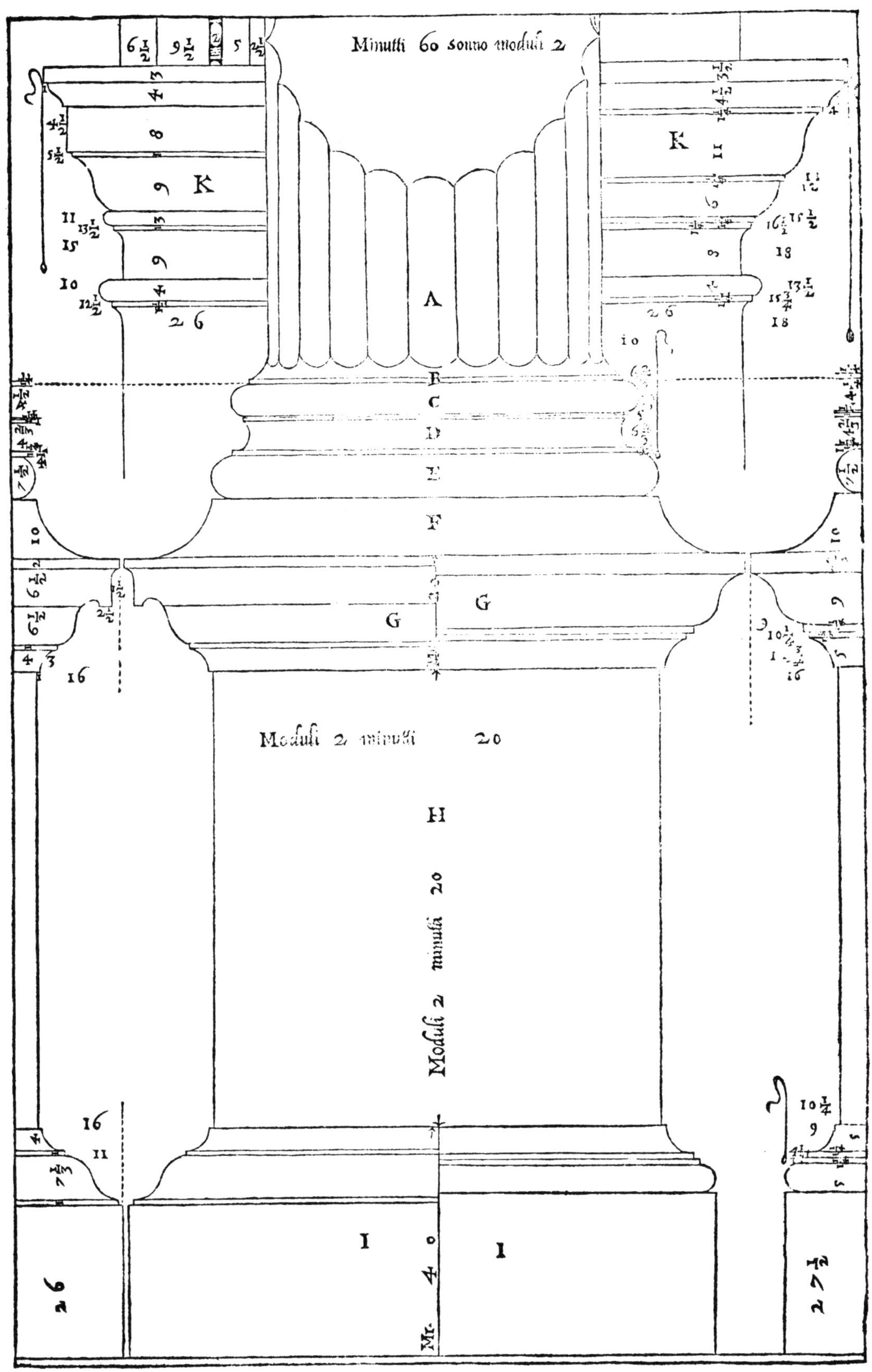

图 1-15　多立克柱式的基座、柱础，以及拱墩细部

柱头的高度应为柱径的一半，分为 3 段。最上面的一段是柱顶板和檐板 [cimacio]；其中檐板占 2/5，分为 3 份：一份是平缘 [listello]，剩下两份作波纹线脚 [gola]。第二大段被分为 3 等份：一份作为三重环形饰 [anello] 或阶梯形线脚 [quadretti][128]，每重高度相等；剩下两份作钟形饰 [ovolo]，其突出的距离为自身高度的 2/3。第三段是颈状部 [collarino]。整个柱头的突出距离为柱径的 1/5。半圆饰或小凸圆线脚 [tondino][129] 与三重环形饰 [anello] 同高，而且往外突出，以至于它的竖直投影在柱身底部之上。柱平缘 [cimbia] 的高度是小凸圆线脚 [tondino] 的一半，其突出的轮廓线与小凸圆线脚 [tondino] 的圆心在一条垂直线上。建造在柱头之上的楣梁，其高度必须是柱底径 [grossezza] 的一半，也就是一倍模度。它被分为 7 份：其中 1 份是束带饰 [tenia, benda]，束带饰的出挑值与它的高度相同。接下来，我们要重新将整个楣梁分为 6 份：1 份是滴珠饰 [goccia]，每组应该有 6 个，安装在束带饰下方的平缘 [listello] 上，平缘 [listello] 的高度是滴珠饰的 1/3。自束带饰以下的部分又被分为 7 份：其中 3 份为首层 [prima] 饰带，4 份为第二层 [seconda]。中楣高 $1^{1}/_{2}$ 倍模度；三陇板宽 1 个模度，其端头为 1/6 模度。将三陇板分为 6 份；其中 2 份是中间的两道凹槽 [canale]，1 份是两侧各半条凹槽，剩下 3 份则是这些凹槽之间的部分。陇间壁 [metopa]，也就是三陇板之间的部分，其宽度与高度相等。檐口高度应为 $1^{1}/_{6}$ 模度，分为 $5^{1}/_{2}$ 份：其中 2 份是凹弧线脚与钟形饰 [ovolo][130]；凹弧线脚比钟形饰 [ovolo] 要小一个平缘 [listello] 的宽度。其余 $3^{1}/_{2}$ 份用作檐冠 [corona] 或檐口 [cornice]（更常见的称呼是 gocciolatoio），反波纹线脚 [gola riversa] 以及正波纹线脚 [gola diritta]。檐冠 [corona] 应出挑 4/6 模度，其腹部（soffit），即在出挑至三陇板外的部分的底面上，有由平缘 [listello] 环绕的一组滴珠饰，长度方向有 6 个，宽度方向则有 3 个，而在陇间壁的上方则是一些玫瑰花饰 [rosa]。这些滴珠饰是圆形的 [rotondo]，与束带饰下方的钟形滴珠饰相对齐。波纹线 [gola] 比檐冠 [corona] 要厚 1/8，分为 8 份：其中 2 份作平缘 [orlo]，剩下 6 份作波纹线脚，波纹线脚的出挑为 $7^{1}/_{2}$ 份。因此，楣梁、中楣以及檐口加起来为柱高的 1/4。这里的檐口尺寸，我依照维特鲁威的描述满怀敬意地作了一些调整，修改了部分细节，并稍微加大了一些。[131]

A 正波纹线脚
B 反波纹线脚
C 檐冠 [gocciolatoio]
D 钟形饰 [ovolo]
E 凹弧线脚 [cavetto]
F 三陇板顶板
G 三陇板
H 陇间壁
I 束带饰
K 滴珠饰
L 首层饰带
M 第二层饰带 [132]
Y 檐冠 [gocciolatoio] 底面

柱头部分：
N 檐板 [cimacio]
O 柱顶板
P 钟形饰 [ovolo]
Q 阶梯形线脚 [gradetti]
R 颈状部 [collarino]
S 小凸圆线脚
T 柱平缘 [cimbia]
V 柱身 [vivo]
X 柱头平面，以及分为 30 份的模度尺。

图 1–16　多立克柱式的柱头，以及柱顶盘细部

第16章　关于爱奥尼柱式

爱奥尼柱式产生于亚洲的爱奥尼亚[133]，我们可以读到，以弗所[134]的狄安娜[135]神庙就是用的这种柱式。[136]柱子，包括柱头和柱础，高九头 [testa]，也就是 9 倍模度，因为“头” [testa] 的意思就是柱底径。[137]楣梁、中楣和檐口的高度是柱子的 1/5。在设计时，画出独立柱廊 [colonnato semplice]，柱间距是 $2^{1}/_{4}$ 倍柱径；这是最美、最合适的一种柱间距法，并被维特鲁威称为“正柱间式”。[138]在设计拱廊时，拱墩的宽度取其间距 [vano] 的 1/3，而拱门的净高 [in luce] 为净宽的两倍。[139]

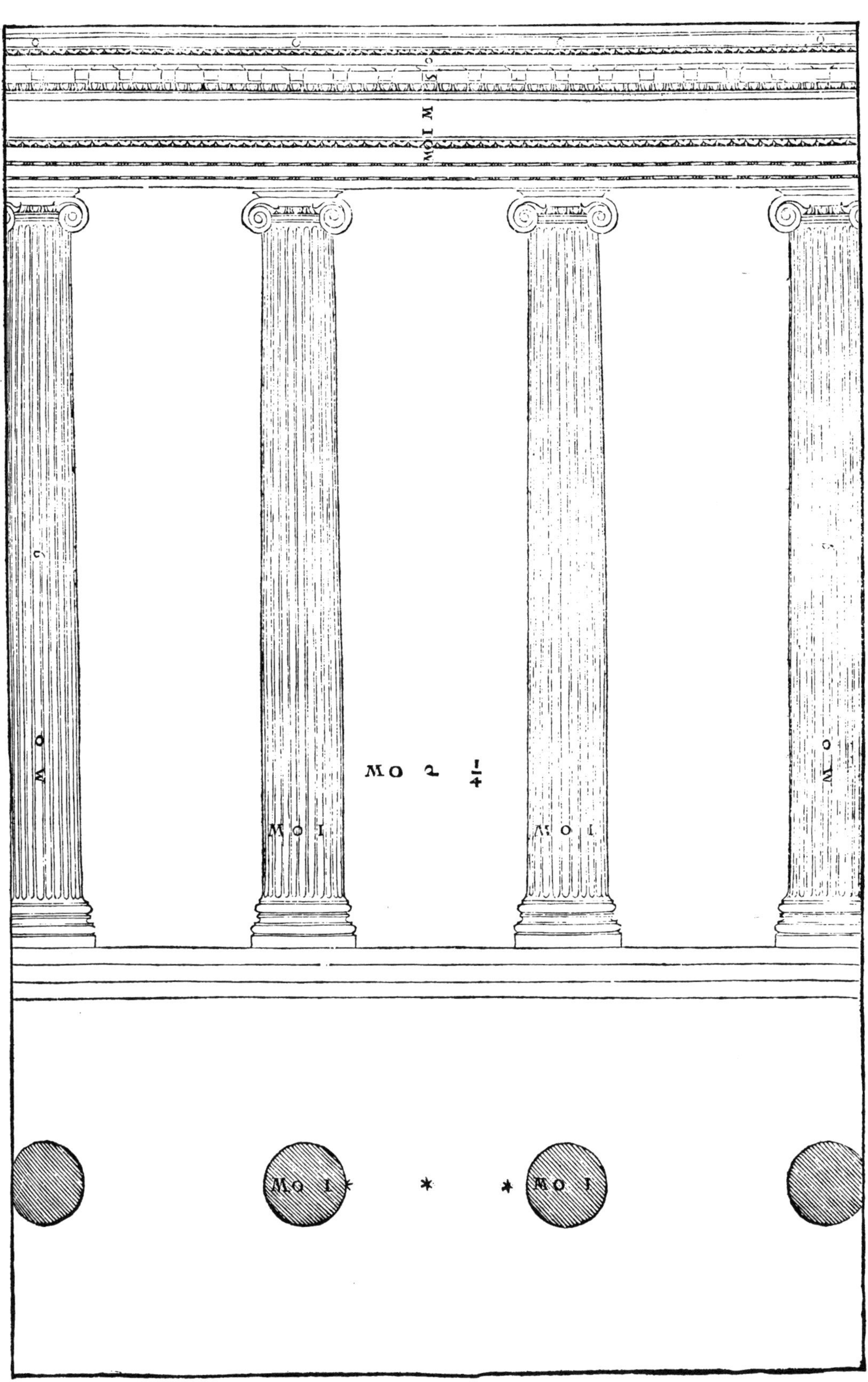

图 1–17　爱奥尼柱式的独立式柱廊

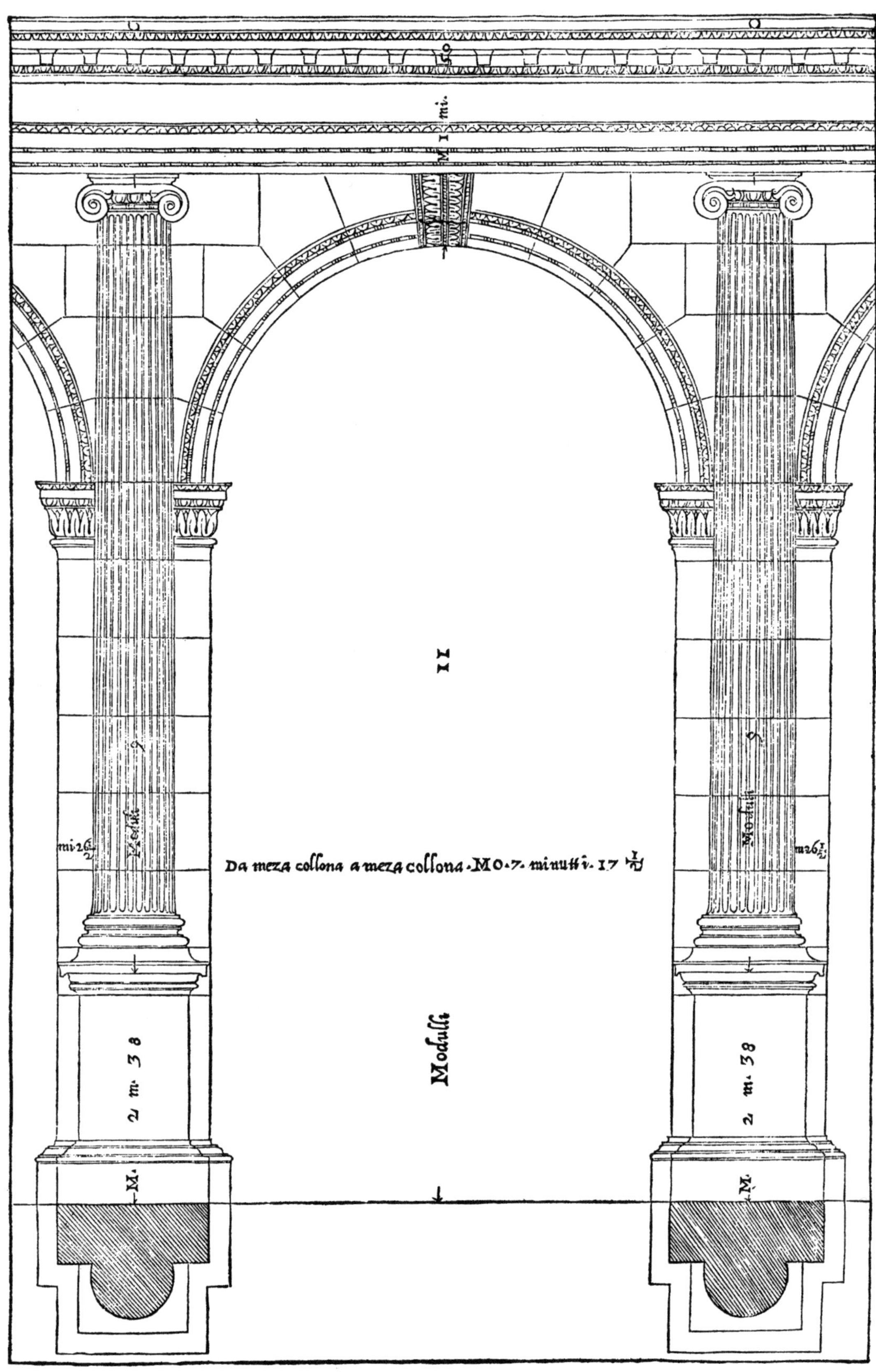

图 1–18　附加于拱廊的爱奥尼柱式

如果在爱奥尼式的半柱下方加一个基座，就像在拱廊图中所画的那样，基座的高度将为拱券净宽的一半[140]；它将被分成 $7^{1}/_{2}$ 等份，其中 2 份是基础，1 份为基座顶板 [cimacia]，$4^{1}/_{2}$ 份留作墩身 [dado]，也就是前二者之间的竖直部分。爱奥尼柱式的柱础高 [grosso][141] 1/2 模度，分为 3 份：一份作础座 [zocco]，向外突出 3/8[142] 模度。另外两份又分为 7 份：其中 3 份是圆盘饰，另外 4 份又分为两半，其中一份作上凹弧线脚 [cavetto]，另一份作下凹弧线脚[143]，后者的突出应大于前者。小凸圆线脚的高度应为凹弧线脚的 1/8；柱平缘 [cimbia] 的高度为柱础圆盘饰的 1/3；但是如果柱础和柱身相连，则柱平缘会更薄一些，我说过，多立克柱式也有这样的做法。柱平缘 [cimbia] 的出挑值是前者[144]的一半。这些是根据维特鲁威描述所知的爱奥尼式柱础的尺寸。[145] 但我们还可以看到许多古建筑的这种柱式中还用了极其惹人喜爱的阿提卡式[146]柱础，所以我在图中的基座上方画的是阿提卡式柱础，即柱平缘下方有小凸圆线脚 [bastoncino] 的柱础，虽然我也没忘了画出维特鲁威所述的那种柱础。标注“L”的图纸，是两种不同的拱墩轮廓，其中相应尺寸都已经用数字标出，单位是模度之下的“分”，我的所有其他图纸都是如此。这些拱墩的高度也是承托拱券的柱墩 [pilastro] 宽度的一半。

A　柱身
B　柱平缘 [cimbia] 和小凸圆线脚 [tondino]；它们是立柱的一部分
C　上圆盘饰 [bastone]
D　凹弧线脚 [cavetto]
E　下圆盘饰
F　基座顶板 [cimacia] 上附的柱基底石 [orlo]
G　两种不同的基座顶板 [cimacia]
H　基座的墩身
I　两种不同的基座底部
K　基座底部的基底石 [orlo]
L　拱墩

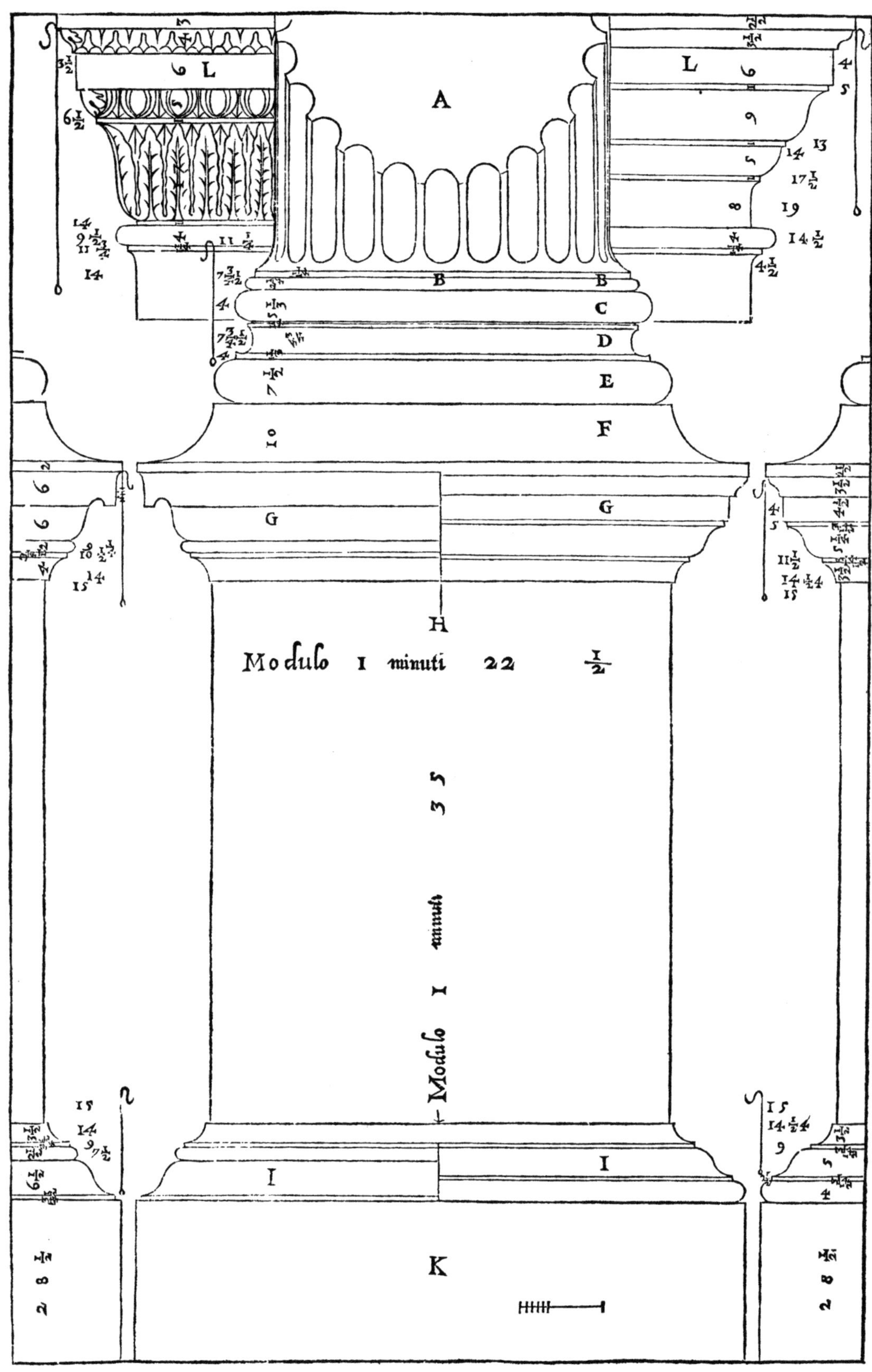

图 1–19　爱奥尼柱式的基座、柱础，以及拱墩细部

建造柱头时，要将柱底径 [piede] 分成 18 份；柱顶板的长宽均为 19 份，而带有卷涡饰的柱头高度是它的一半，也就是说，柱头总高 $9^{1}/_{2}$ 份。其中 $1^{1}/_{2}$ 份是带檐板 [cimacio] 的柱顶板，剩下 8 份是卷涡饰，其做法如下。[147] 从柱顶板檐板的一端往内取 19 份中的一份，从该点作铅垂线，称为卡塞托 [catheto]，这条线将卷涡饰分成两半；在这条线上，上部为 $4^{1}/_{2}$ 份、下部为 $3^{1}/_{2}$ 份的分割点，就是卷涡饰的卷眼中心，卷眼直径取这条线高度 8 份之一份；从该点作卡塞托 [catheto] 的垂线，将卷涡饰分成 4 份。在卷眼之内，作一个边长为卷眼直径之半的正方形，在其中作对角线，沿对角线取（圆心）点，在用这些点做卷涡时，圆规的两脚 [piede] 之一要保持不动；算上卷眼的圆心，一共有 13 个这样的圆心，而它们的顺序要根据图中数字所示。柱子的小凸圆线脚与卷眼平齐。卷涡饰中点的厚度与钟形饰的出挑距离相等，而钟形饰突出于柱顶板的距离与卷眼直径相等。卷涡饰的凹槽面 [148] 与柱身平齐。如图 1–20 所示，柱子的小凸圆线脚在卷涡饰的下方，而且总是可见的；很自然，卷涡饰所表现的那种柔软的东西，要屈服于一些坚硬的东西，例如小凸圆线脚：所以卷涡饰总是和小凸圆线脚保持着相等的距离。在爱奥尼式柱廊或门廊 [colonnato, portico] 的转角部位，柱头通常的做法是，不仅要朝向前方做卷涡饰，还要朝向侧面做卷涡饰，这样它们在相邻的两个面上都有卷涡饰；它们被称为角柱头，我将在关于神庙的书中解释如何做这种柱式。[149]

A　柱顶板
B　卷涡饰的凹槽或凹形线脚 [incavo] [150]
C　钟形饰 [ovolo]
D　钟形饰 [ovolo] 下方的小凸圆线脚 [tondino]
E　柱平缘 [cimba]
F　柱身 [vivo]
G　称为卡塞托 [catheto] 的线

在柱头平面中，这些部件 [membro] 被标上了同样的字母。

S　卷眼放大图

符合维特鲁威描述的柱础部件 [membro]：
K　柱身
L　柱平缘 [cimba]
M　圆盘饰
N　第一道凹弧线脚
O　小凸圆线脚 [tondini]
P　第二道凹弧线脚
Q　基底石 [orlo]
R　柱础突出（于柱身的）距离

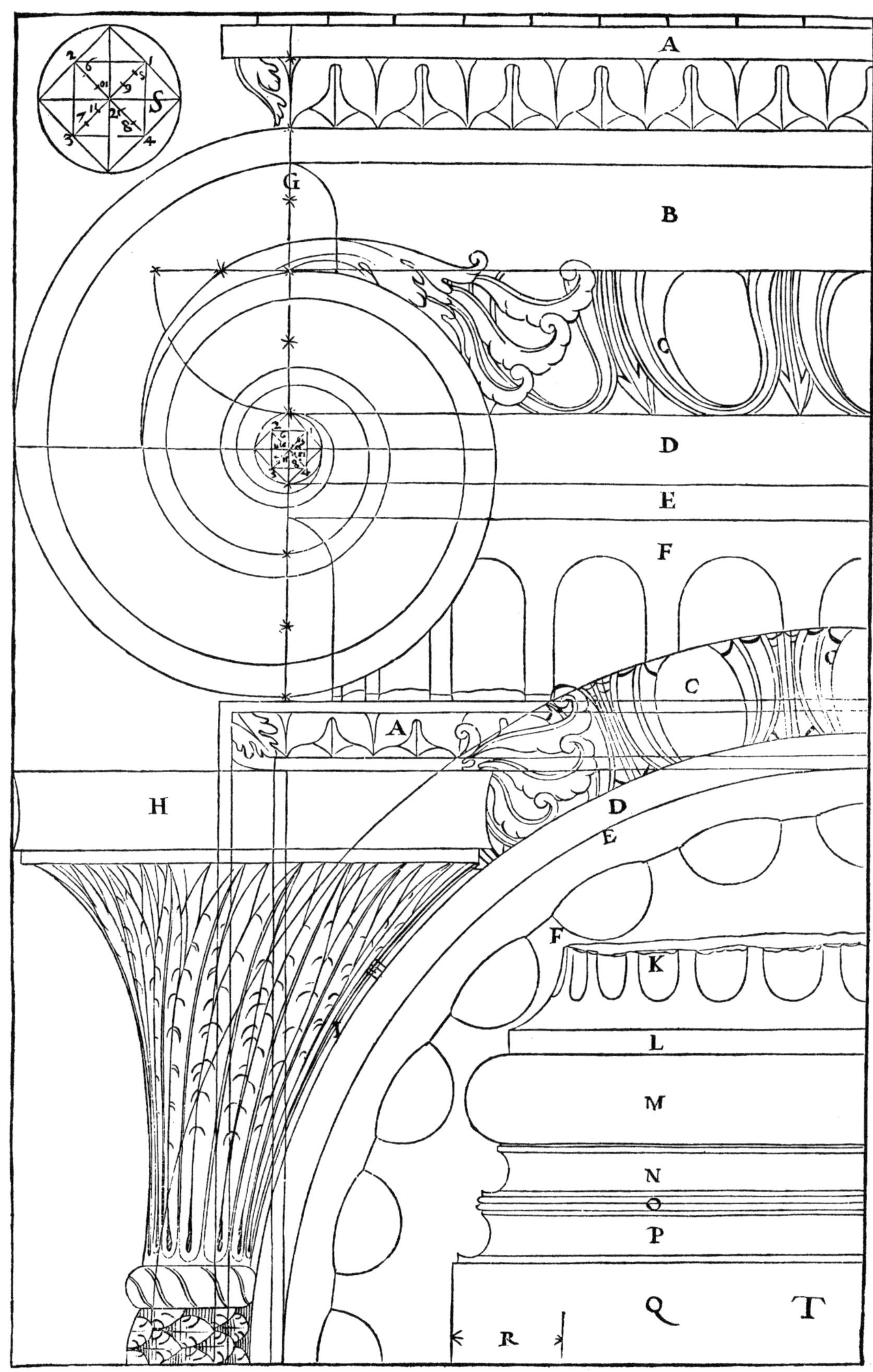

图 1-20　爱奥尼涡形饰的立面、平面，以及底座局部大样

楣梁、中楣和檐口（我已经说过），为柱高的 1/5。它们的总高分为 12 份，楣梁为 4 份，中楣 3 份，檐口 5 份。楣梁分为 5 份，取 1 份为檐板 [cimacio]，其余部分又分为 12 份：取 3 份为首层 [prima] 饰带及其小凸圆线脚，4 份为第二道饰带及其小凸圆线脚，5 份为第三道。檐板分为 $7^3/_4$ 份，其中 2 份用作凹弧线脚和钟形饰，2 份作檐口托饰 [modiglione]，$3^3/_4$ 份作檐冠 [corona] 和波纹线 [gola]；其出挑距离与高度相等。[151] 我画出了柱头和楣梁、中楣以及檐口及其浮雕的正面图、侧面图，以及平面图。

A 正波纹线脚 [gola diritta]
B 反波纹线脚 [gola riversa]
C 檐冠 [gocciolatoio]
D 檐口托饰的檐板 [cimacio]
E 檐口托饰
F 钟形饰
G 凹弧线脚
H 中楣
I 楣梁的檐板 [cimacio]
K 最低的一道饰带 [152]
L 第二道饰带
M 第三道饰带

柱头部件
N 柱顶板
O 卷涡饰的凹槽 [incavo]
P 钟形饰
Q 柱子的小凸圆线脚 [tondino, Astragalo]
R 柱身

玫瑰花饰位于檐板底部，檐口托饰之间。

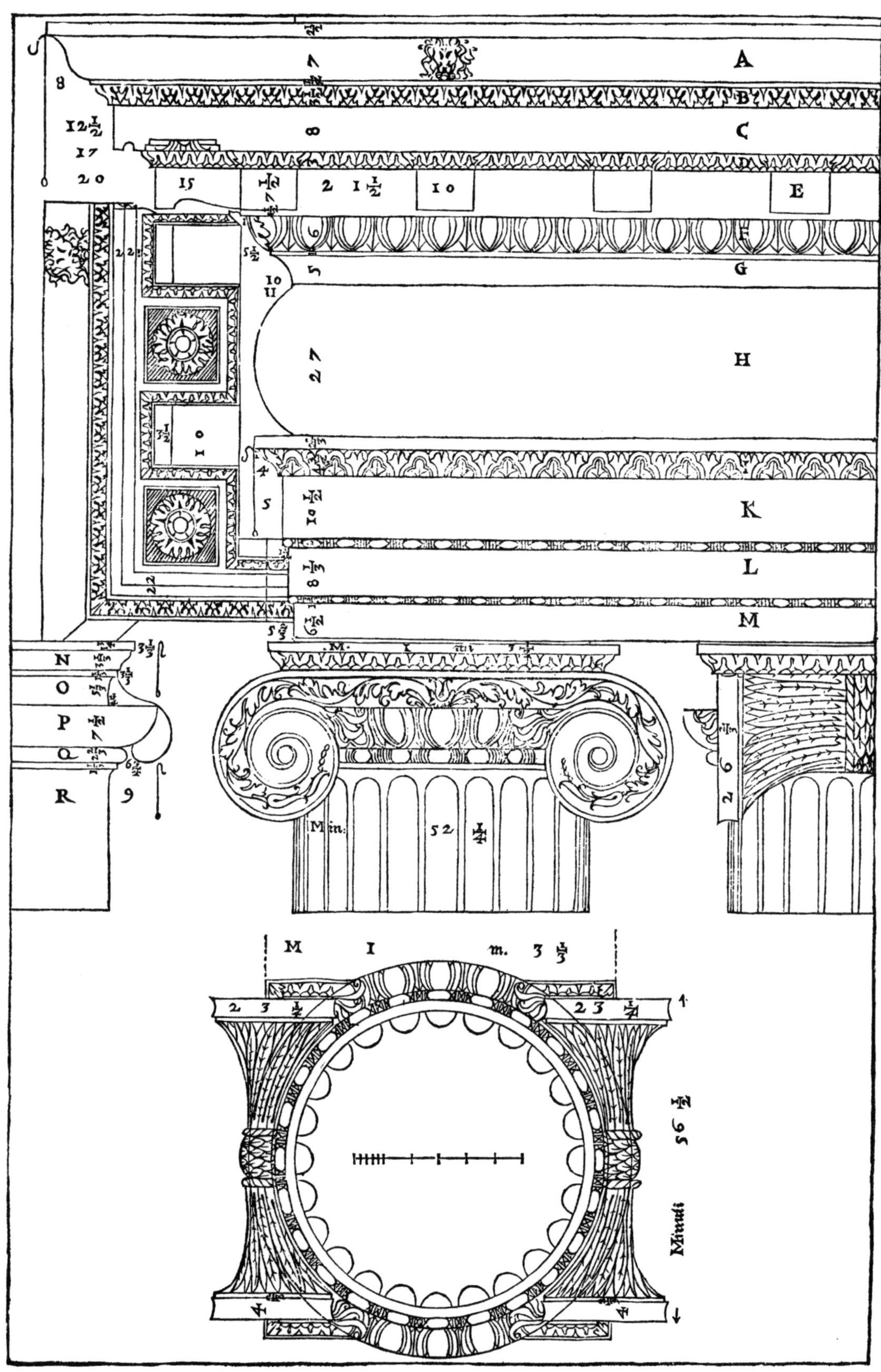

图 1-21　爱奥尼柱式的柱头，以及柱顶盘的平面和立面图

第17章　关于科林斯柱式

我们所知的科林斯柱式，比前面讨论过的诸种柱式更加富有装饰而且修长，首先出现于伯罗奔尼撒半岛最著名的城市科林斯。[153、154] 这种柱式与爱奥尼式相似，包括柱础和柱头在内，高 $9^1/_2$ 个模度。如果它们有凹槽 [canale]，则应是 24 条，凹槽的深度为宽度的一半。边棱 [pianuzzi]，即凹槽间的空隙，宽度是凹槽的 1/3。楣梁、中楣和檐口的总高是柱高的 1/5。在独立式柱廊 [colonnato semplice] 的图纸中，柱间距为 2 倍柱径，罗马万神庙 [155] 的门廊就是如此：这种柱廊被维特鲁威称作两径间式。[156] 而在拱廊中，柱墩宽度 [pilastro] 为拱门净宽 [in luce] 的 2/5，含拱券的拱门净高为净宽的 $2^1/_2$ 倍。

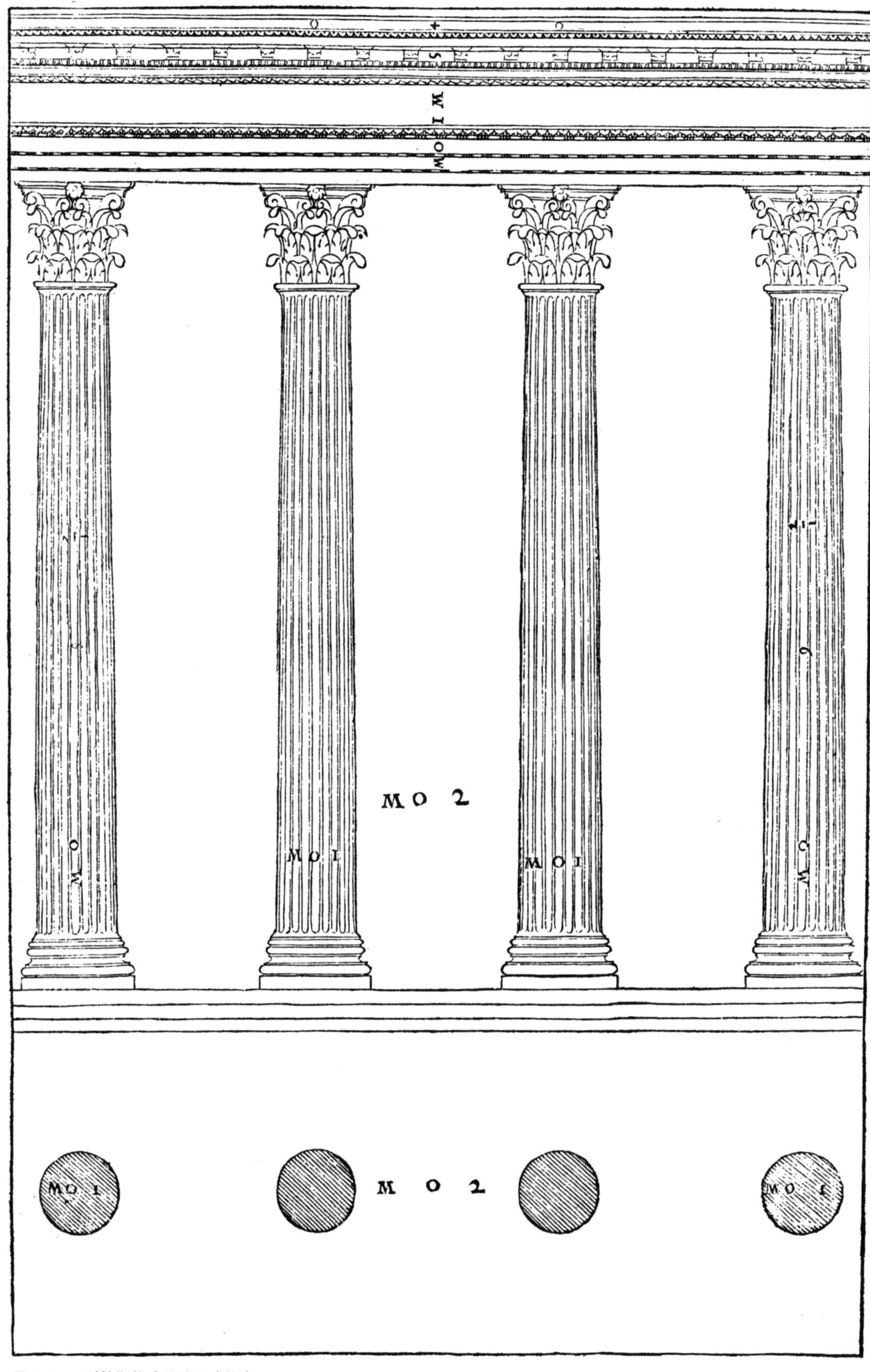

图 1-22　科林斯柱式的独立式柱廊

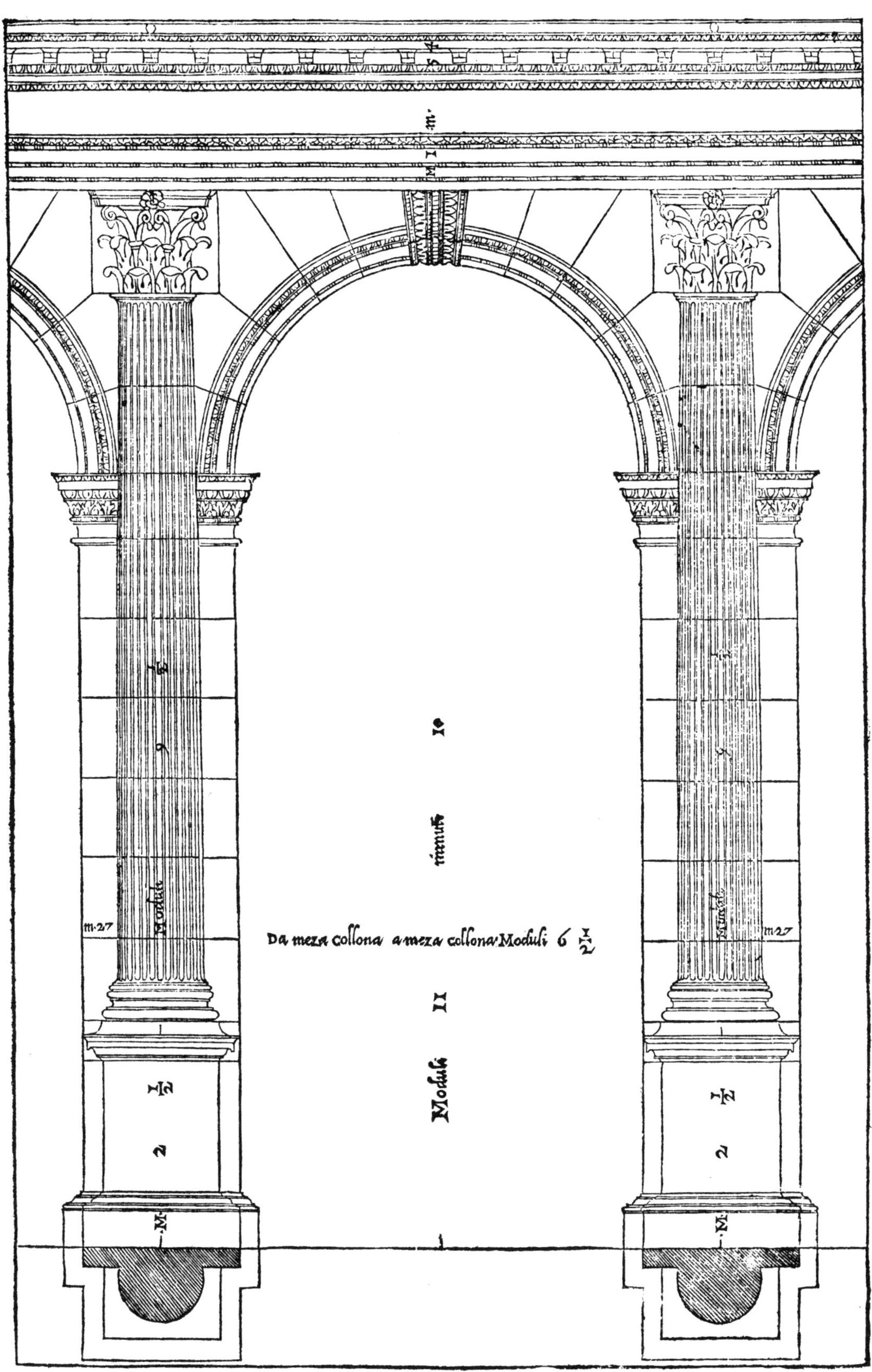

图 1-23　附加于拱廊的科林斯柱式

在科林斯柱下方应作基座，基座的高度应为柱高[157]的1/4，又分为8份：1份是基座顶板 [cimacia]，2份作基座底部，剩下的5份是基座墩身。基座底部又分为3份：其中2份作基底石 [zocco]，1份作檐板。柱础为阿提卡式的，但在这里，柱础向外突出的距离为柱径的1/5，与多立克柱式中的情况有所不同。[158]它还会有一些其他细节上的变化，如图1–24所示。图中还标明了拱墩的做法，同样作为支撑拱券的柱墩的一个小部件 [membretto]，拱墩的高度是厚度的一半。

A 柱身
B 柱子的柱平缘 [cimbia] 和小凸圆线脚 [tondino]
C 上圆盘饰
D 带小凸圆线脚的凹弧线脚
E 下圆盘饰
F 基座檐板上附的柱础基底石
G 基座檐板
H 基座墩身 [dado]
I 基座底部的檐板
K 基座底部的基底石 [plinth]

拱墩的图纸在立柱旁边。

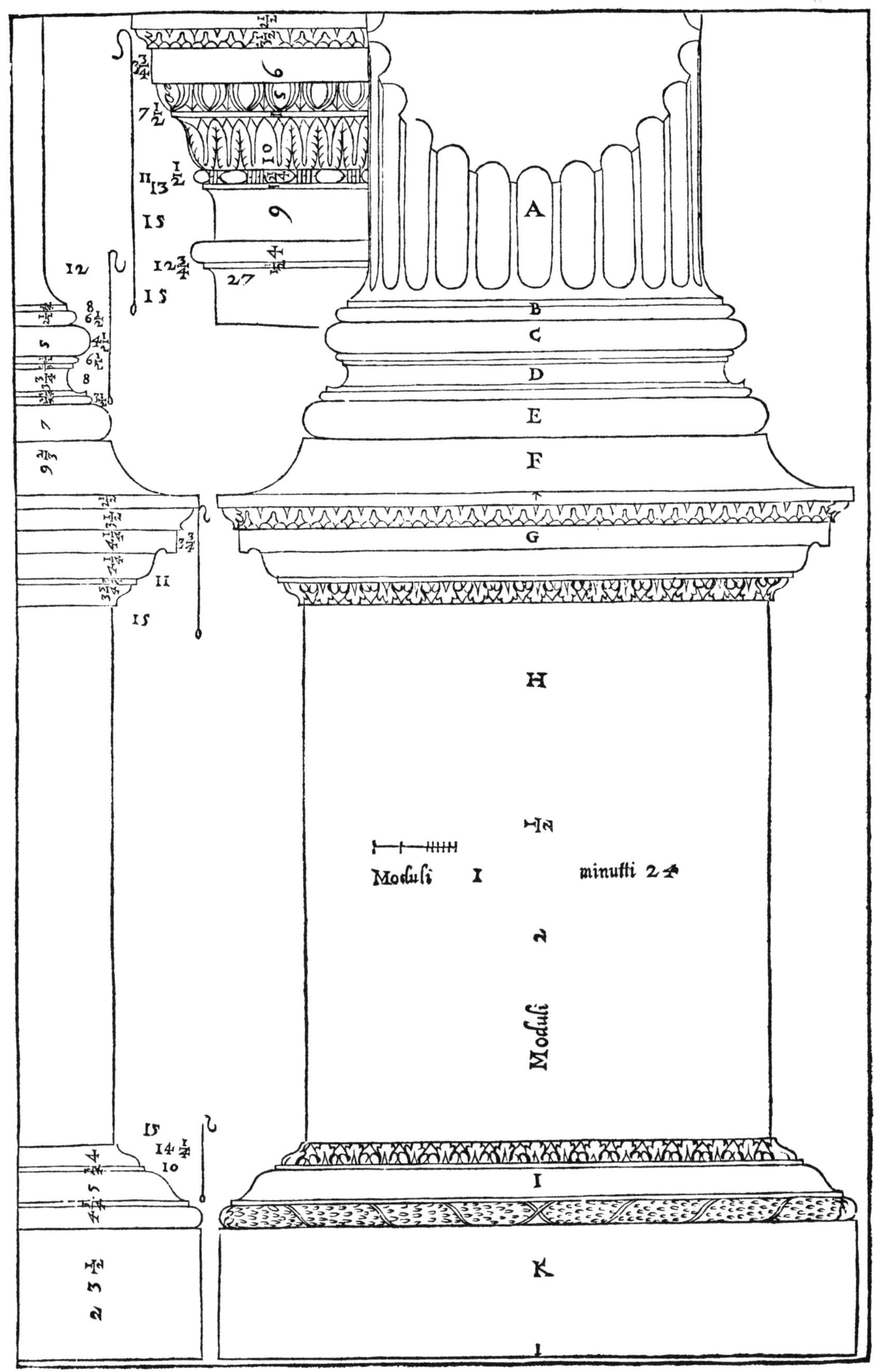

图 1–24　科林斯柱式的基座、柱础，以及拱墩细部

科林斯柱头的高度应与柱底径相等，另加 1/5 倍柱头高度的柱顶板[159]：剩下的部分作三等份。第一份作第一层卷叶 [prima foglia]，第二份作第二层，到第三层，又分为两份；紧挨着柱顶板的是卷叶茎饰 [caulicoli] 和一些看上去像是支撑着它们的叶片，这些卷叶茎饰似乎是从卷叶之中冒出来的；那些从叶片中生出的茎干要做得比较厚，而卷叶茎饰 [caulicoli] 会盘旋而上 [avolgimento]，逐渐变细；在这一方面，我们可以参考植物的例子，它们的下部会比上部更粗。钟形柱头 [campana] 的外缘，也就是掩映在卷叶饰之下的柱头主体部分 [vivo]，应与柱身凹槽内壁垂直对齐。为了确保柱顶板的出挑距离正确，需要作一个边长为 $1^1/_2$ 模度的正方形 [quadrato]，画出其对角线；两条线的交点即为中心点，将圆规的一只脚 [piede] 固定于这个点上，自中心点向正方形各个角的方向取 1 模度，自交点画对角线的垂线，与正方形的四边相交；这几条线是柱顶板出挑的端线，线条的长度也就是柱顶板角状物 [corno] 的宽度。要得到（角状物的）曲率，也就是凹曲度 [scemità]，可以在两个角状物 [corno] 之间拉一条直线，再取一个点形成三角形，三角形的底边就构成了曲率（的半径）。[160] 然后，在角状物的端点与柱子的小凸圆线脚 [tondino] 的端点之间作一条直线，使叶舌 [lingua] 触到这条线，或略为超出这条线，这就确定了它们的出挑。玫瑰花饰 [rosa] 的直径应为柱子底径 [da piedi] 的 1/4。楣梁、中楣以及檐口的总高（我已经说过），是柱高的 1/5，而它们又分成 12 份，和爱奥尼式一样[161]，但是在这里所不同的是，檐口被分成 $8^1/_2$ 份：第一份[162]作连锁叶饰 [intavolato]，第二份是齿状饰 [dentello]，第三份是钟形饰 [ovolo]，第四份和第五份是檐口托饰，剩下的 $3^1/_2$ 份用作檐冠和波纹线脚 [gola]。檐口的出挑距离和它的高度相等。在檐口托饰之间带玫瑰花饰的镶板应为正方形 [quadro]，而檐口托饰的宽度应为其间放置玫瑰花饰的空隙的一半。这一柱式的部件没有像前面一样标注字母，因为人们通过前面的图，就可以很容易地认出它们。

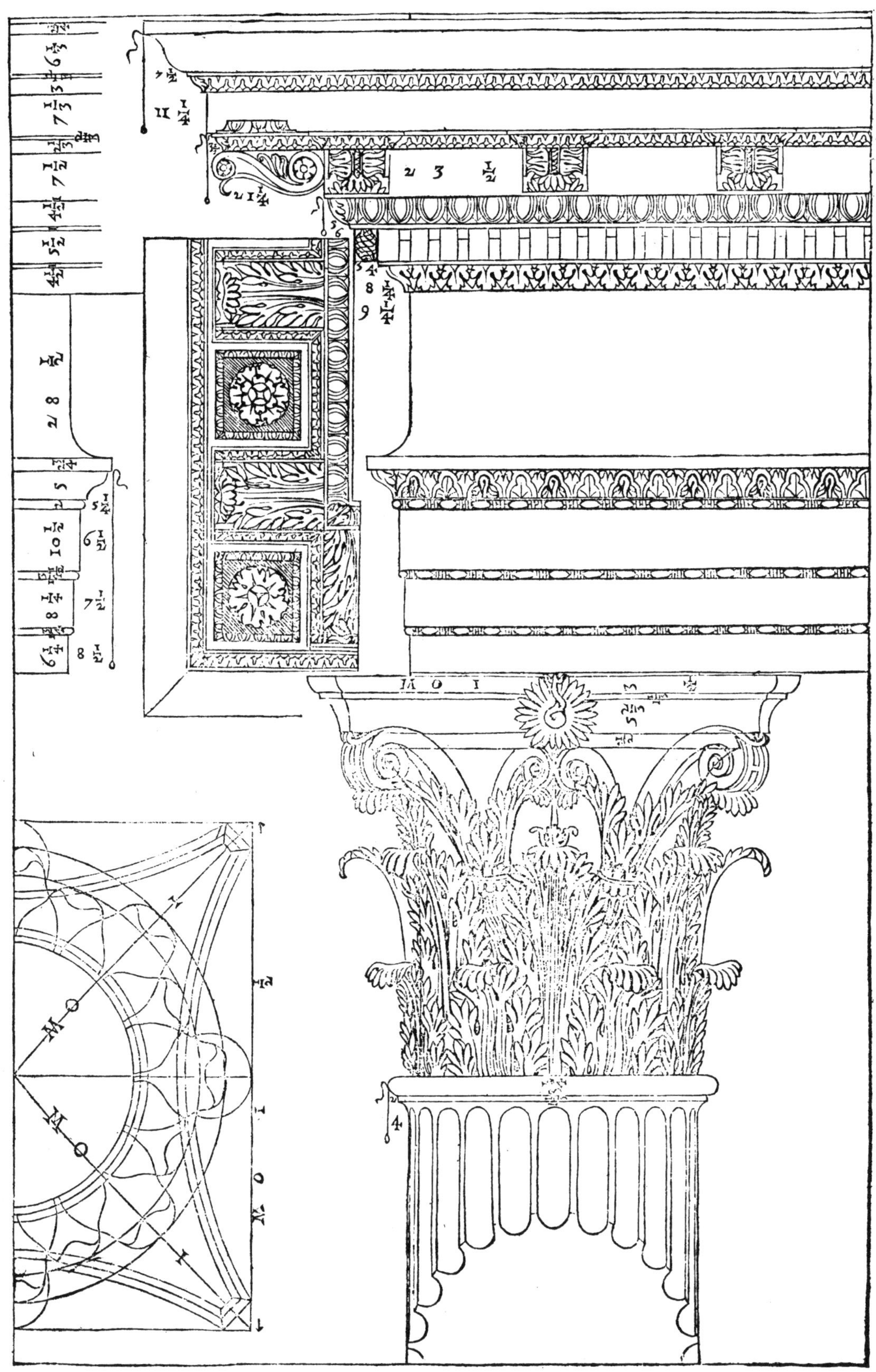

图 1-25　科林斯柱式的柱头，以及柱顶盘的立面及局部大样

第18章　关于混合柱式

混合柱式，因为是古罗马人发明的，因此又称拉丁柱式；而它之所以得名混合柱式，因为是两种已有柱式的混合物；它是由爱奥尼式和科林斯式组成的柱式，是最为美观的最佳组合。[163] 它比科林斯式更加纤细，除柱头以外的各部分都与科林斯式相似。柱高须为 10 模度。在独立式柱廊 [colonnato semplice] 的图纸中，柱间距是 $1\frac{1}{2}$ 倍柱径，而这一类型被维特鲁威称为密柱间式。[164] 在拱廊的图中，拱墩的宽度是拱门净宽的一半，而拱门在拱顶以下的部分，高宽比为 $2\frac{1}{2}$。[165]

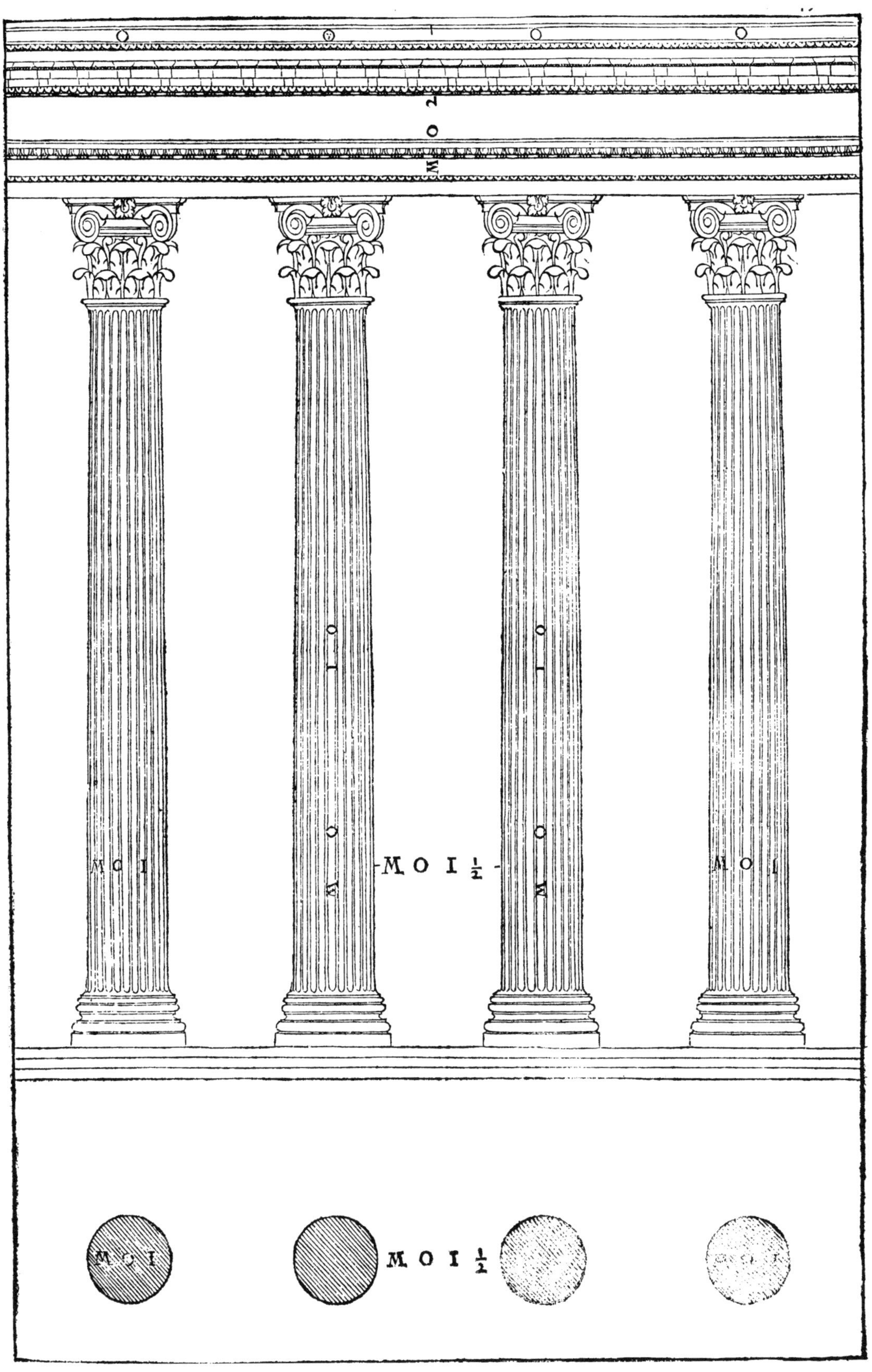

图 1–26　混合柱式的独立式柱廊

图 1–27　附加于拱廊的混合柱式

由于（我已经说过）这种柱式比科林斯柱式更纤细，因此它的基座是柱高的 1/3，分为 $8^{1}/_{2}$ 份。一份作基座顶板 [cimacia]，$5^{1}/_{2}$ 份作墩身 [dado]。基座底部又被分为 3 份：2 份作基底石 [zocco]，一份作它的圆盘饰和波纹线脚 [gola]。像科林斯式一样，柱础可以是阿提卡式的，或者它还可以由阿提卡式和爱奥尼式的元素复合而成，就像图纸中所画的。拱墩的侧面图 [sacoma]，在基座垂直面 [piano] 的一侧，其高度与那个小部件 [membretto] 的宽度相等。[166]

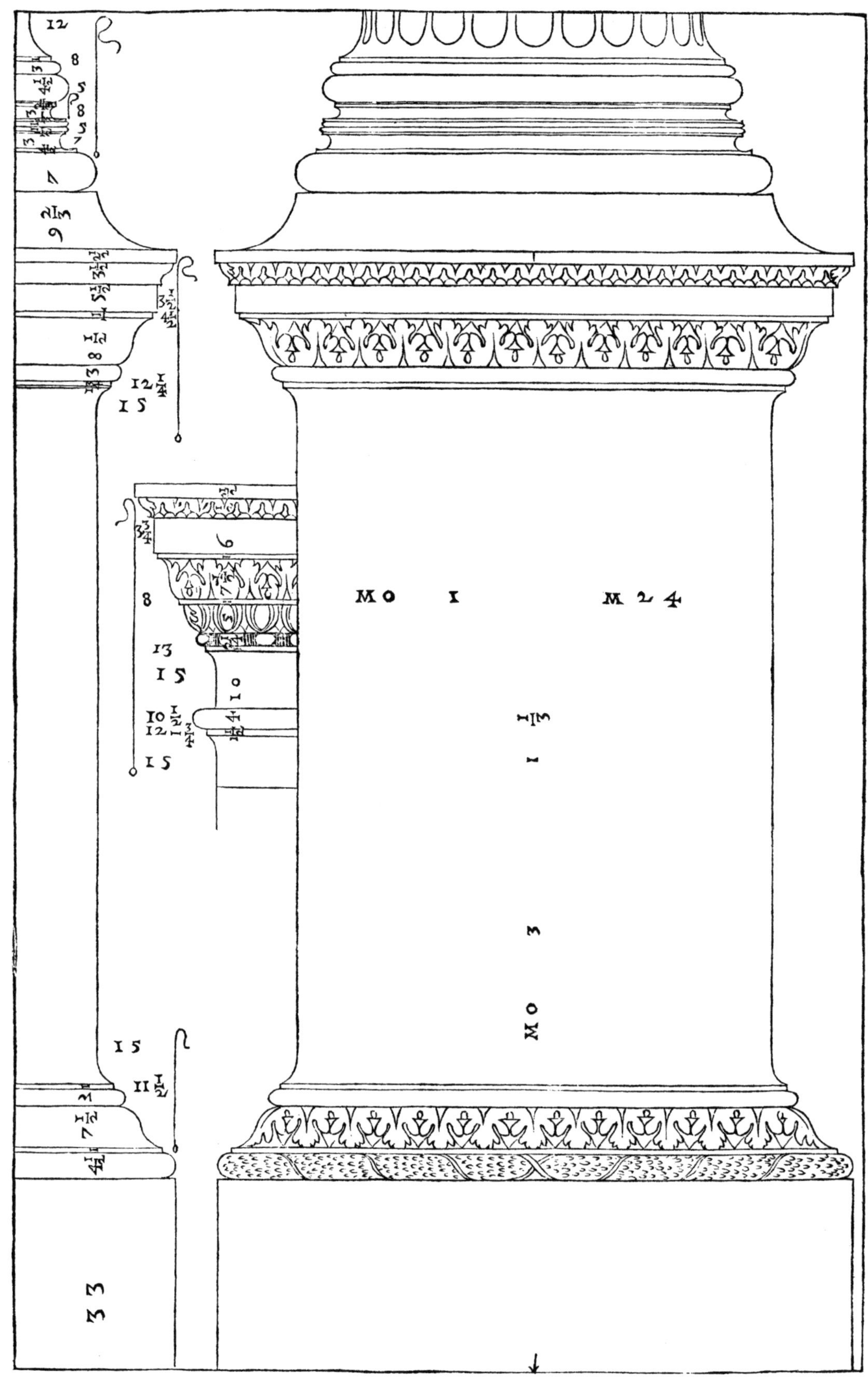

图 1–28　混合柱式的基座、柱础，以及拱墩细部

混合柱式的柱头与科林斯式的尺寸相同，但它的卷涡饰、（带有卵锚饰的）钟形饰 [ovolo][167]、珠盘饰 [fusarolo]，都是爱奥尼式特有的元素 [membro]。这种柱式的做法如下：和科林斯式一样，从柱顶板往下，将柱头分为 3 份。最下面的那一份作底层的卷叶饰，第二份作第二层卷叶饰，第三层作卷涡饰，其制作方法以及圆规基点的取法，和前文所述的爱奥尼式的情况相同；卷涡饰会占据柱顶板的相当一部分，它就像是从柱顶板下方的钟形饰中生长出来，并蔓延到柱顶板曲线中央的花形饰 [fiore] 两侧；正面的卷涡饰的厚度，与柱顶板四角的倒角 [smusso] 宽度相等或稍大一点。钟形饰 [ovolo] 的厚度是柱顶板的 3/5：其底边与卷涡饰的卷眼底部齐平；它向外突出的距离是其自身高度的 3/4，钟形饰的出挑，又与柱顶板的曲线[168]在垂直方向对齐，或者略往外突出一些。珠盘饰 [fusarolo] 的厚度是钟形饰的 1/3；它向外突出的距离略大于它自身高度的一半，它在卷涡饰下方环绕着柱头，而且总是可见的。珠盘饰下方的阶梯形线脚 [gradetto]，形成了钟形柱头的平缘 [orlo]，其尺寸是珠盘饰的一半。柱头主体 [vivo] 的外表面与柱身凹槽的内壁在垂直方向对齐。我曾经在罗马见过这种柱头，极富美感，做工精致，因此我还特意做了测量。我们还可以看到一些用其他方法做的柱式，也可以看作混合柱式，在我关于古代建筑的书中将会写到并且展示它们的图纸。

楣梁、中楣，以及檐口的总高度是柱高的 1/5，人们通过前面对其他柱式的描述，以及图纸中标注的数字，可以很好地理解它们是如何分配的。[169]

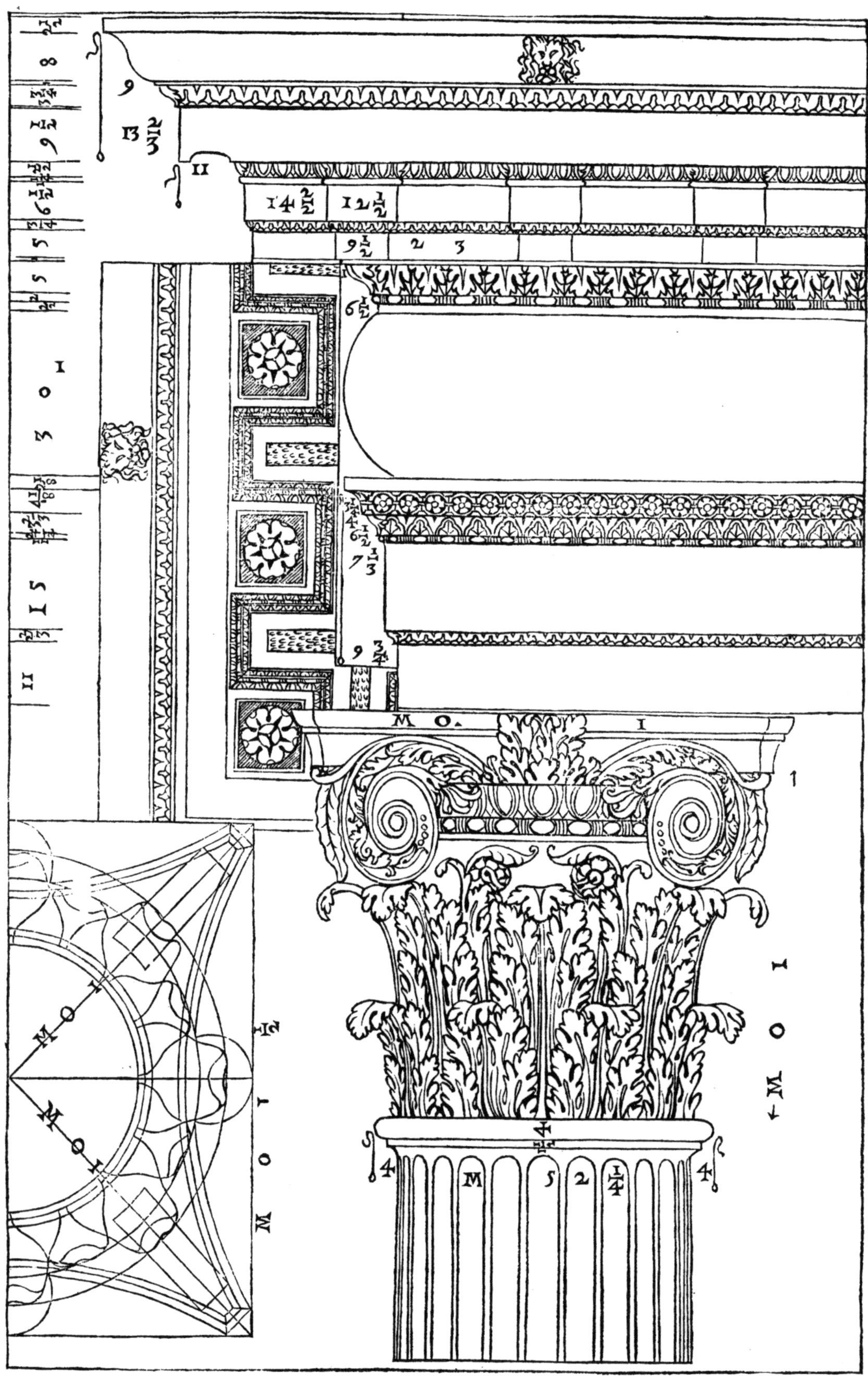

图 1-29　混合柱式的柱头，以及柱顶盘的立面及局部大样

第19章 关于基座

迄今为止我所说过我认为关于墙体本身[muro semplice]的本质要素以及它们的装饰，偶尔会涉及各种柱式所用的基座。似乎古人并没有提出一种规则[avertenza]，要求某一种柱式的基座要做得比另一种大些；不过，如果配置得当，而且与其他部分比例协调，则这一部件[membro]将对美观作出很大的贡献；所以，为了让建筑师能够对基座有充分的认识，并且根据环境的不同而能灵活运用，人们应该了解，古人有时会做高宽相等的方形[quadro]基座，例如维罗纳的德莱奥尼拱门：我曾经为多立克柱式设计过这样的基座，因为这种柱式需要力量。有时候，古人根据净空来设计基座，使基座高度为拱券净高的一半，例如罗马的新圣马利亚教堂里的提图斯拱门[170]，以及安科纳港[171]的图拉真拱门[172]；我将这种基座设计用于爱奥尼柱式。有时候古人根据柱高确定尺度，这样的例子可以在苏萨[173]的奥古斯都·恺撒纪念拱门[174]中看到，那个小镇位于一座将意大利和法国隔开的山脉脚下；还可以在普拉的拱门中看到，那座城市位于达尔马提亚[175、176]；我们还可以在罗马大斗兽场的爱奥尼柱式和科林斯柱式中看到[177]；在这些建筑中，基座高度是柱高的1/4，和我在科林斯柱式中所用一致。维罗纳的韦奇奥城堡拱门，这是一座极美的建筑，它的基座是柱高的1/3[178]；我在混合柱式中采用了这种比例。这是非常美的基座类型，而且与其他要素在比例上配合得很好。在维特鲁威关于剧场的第四书[179]中，提到高度为柱高1/3的墩座[poggio]，是用来修饰舞台的部件，我们应该知道，墩座[poggio]就是基座。但是在罗马的康士坦丁拱门中可以看到，基座的高度大于柱高的1/3[180]，达到柱高的1/2.5。[181]在几乎所有的古代基座中，可以发现一个惯例，即基座底座的高度为基座顶板的两倍，在我的关于拱门的书中可以看到这个比例。

第20章 关于滥用

在通晓了建筑的装饰，即五种柱式，考虑过它们如何建造，并展示了它们与我所找到的古代实践相符的各部分的图解之后，似乎该做一件并非完全多余的事，那就是提醒读者注意那些由野蛮人引进的误用，这些东西人们现在仍然可以见到。这样，从事建筑艺术的专家们就可以在自己的作品中避免这些滥用的出现，而且能够从其他人的作品中分辨出这些东西。所以我认为，既然建筑是模仿自然的（正如其他的艺术形式一样），那么它就不能容忍任何背离自然本身所允许的做法；我们看到，那些古代建筑师刚开始用石头来建造那些过去用木头建造的房屋时，他们建立了一种规则，那就是柱子的顶部应该比底部更窄，这是因为他们作为范本的树木，树梢部分总会比树干和树根附近更细。同样的，由于那些上面放置了重物的东西会被压缩，这是很正常[convenevole]的，因此古人在柱子下面放置了基座，它们的凸圆线脚[bastone]和凹弧线脚[cavetto]似乎是被上方的重量压成的形状。所以，他们还在檐板下面嵌入三槽板、檐口托饰和齿状饰，以代表那些用以支撑屋顶而在天花[palcho]里面设置的梁的端头[testa]。[182]如果带着这样的思考，人们还可以欣赏到，建筑的其他部分也存在同样的处理；如是，人们便不能不诅咒那些背离事物的自然秩序，违背造物本身的简洁特性，妄图篡改自然，而背离了真、善、美的建造方式。[183]因此，人们不应该用那种被称作cartocci的卷形饰[cartella]来替代那些以承重为功能的柱子和柱墩[pilastro]；卷形饰是一种复合的形式[involgimento]，它混淆视听，给那些不明就里的人们带来更多的混乱而不是愉悦；它们的功劳莫过于提升了出资人[edificatore]的花费。所以，我们不能使任何这样的卷形饰[cartoccio]带突出超过檐口[184]，既然从本质上来讲，檐口的各部分的设置都是出于一种刻意的努力，并且应该是模仿了人们在用木头造房子的时候看到的范例；此外，它还需要坚硬而牢固，以适用于承托荷载；但毫无疑问，这样的卷形饰 [cartoccio] 是完全没有意义的，因为木梁或木块不可能产生它们所表现的效果，它们意味着柔软而顺从的，我想不出任何理由让人把这样的东西放在坚硬而沉重的东西下面。但是我认为重要的是，建筑的山墙板 [tympanum] 被门、窗或敞廊错误地从中破开，由于它们被建造用来炫耀和强调屋顶 [piovere] 的斜坡，那第一个建房子的人，受到“需要”本身的教诲，在中央做了一个屋脊 [colmo]；然而将建筑的这个本来意味着要保护居住者，为他们的居所遮蔽雨雪、冰雹的部件从中劈开，我想不出任何事情比这更加违背自然规律的了。虽然多样性和新奇事物肯定会给人们带来愉悦，但人们还是不能做任何违背这种艺术的律令、违背一些很显然的道理的事情；所以我们可以看到，古人同样做出多样的变化，但他们从来不背离这种艺术的某些广泛而本质的规律，我们将在我的关于古迹的书中看到这些例子。[185] 我们注意到檐板和其他装饰构件的出挑，出挑过远完全是个错误，因为，当它们出挑远远超出原理上恰当的范围，即使不考虑在一个围合空间里会使其显得狭窄而令人不快，还是会给那些站在下面的人们造成一种恐惧，因为它们看上去总像是要坍塌了一般。同样的，人们还必须防止檐板与柱子之间的比例关系不恰当，因为如果你把庞大的檐板放在小小的柱子上，人们将怀疑这样一座建筑是否会面目可憎，反之亦然。此外，人们应该极力避免在柱子外围添加圈状饰或花环饰，使柱子看起来像是被分割成段的，使它们保持完整和坚固的外观 [186]，因为柱子显得越完整健壮，它们看起来就越能表达那种它们之所以要被放在那里的效果，使得那些上部的结构看起来安全而坚固。我还可以详述很多类似的误用，例如檐口的某些要素的比例关系出现错误，我可以把这些错误留给你们自己去识别，有我的图纸和前面说过的话作为帮助，这很容易。下面我们应该谈谈建筑的首要空间和次要空间。

第21章　关于敞廊、入口、大厅，以及房间及其形状

敞廊常常建造在住宅的正面和背面，而且，如果在中央，就只有一个，而如果在侧面，就会有两个。这些敞廊有很多的用途，例如用来散步、就餐或其他休闲活动，可以根据建筑的尺度和功能造得大一些或小一些；但在大多数情况下，它们的宽度介于10—20尺之间。除此之外，所有经过良好设计的住宅，在中央和最美的部分都有一些空间，是其他部分与之协调、与之连通的。这样的空间在底层，一般是门厅，而在上层，一般是大厅。门厅，一般是作为公共空间，供那些等候主人走出住处 [casa] 的人，能够站着迎接他并与他洽谈，而且这里是任何被接见的人进入这座房子所抵达的第一个部分（除敞廊之外）。大厅是为了聚会或宴会而设计的，作为一个上演喜剧、举办婚礼或此类娱乐活动的场所，这样的空间必须比其他的空间要大很多，而且其形状必须是尽可能宽阔的，这样可以让很多人在里面舒服地聚会，有很好的视野。[187] 我设计的大厅，其长度一般不会超过宽度的 2 倍，而它们越接近正方形 [quadrato]，就越值得赞美而且实用。

房间 [stanza] 必须分布在门厅或大厅的一侧，而且必须确保右边的房间与左边的协调并且均等，这样建筑的一侧就会与另一侧相同，而墙体也可以均等地承受屋顶的重量；这样做的理由是，如果一侧的房间大而另一侧房间小，那么前者由于墙体更厚因此承受荷载的能力更强，后者则相应弱一些，这将导致严重的问题，经过时间的迁移将毁掉整座建筑。有 7 种房间形状是最美的、比例最好的，而且效果较好：可以是圆形 [ritondo]，虽然很少见；或正方形 [quadrato]；或者长度等于以宽度为边长的正方形 [quadrato] 的对角线长度 [188]；或 $1^{1}/_{3}$ 个正方形 [quadro]；或 $1^{1}/_{2}$ 个正方形；或 $1^{2}/_{3}$ 个正方形；或 2 个正方形。[189]

第22章　关于铺地和顶棚

在了解敞廊、大厅和房间的形状以后，我们该谈谈铺地，以及与之相称的顶棚 [soffittato]。铺地的材料常常用水磨石 [terrazzo]，如威尼斯人所用的，或用砖，或细纹石材 [pietra viva]。水磨石 [terrazzo] 是用碎石、细砂或河石制成的灰浆（又称帕多瓦地板）制成，压平后最好；它们必须在春天或夏天制造，这样才能真正干透。砖地面看起来非常美丽悦目，因为它们有着多样的颜色，因为砖块可以由不同的黏土做成不同的形状和颜色。那些用细纹石材 [pietra viva] 做的铺地，很少用于房间内，因为它们在冬天会使房间非常寒冷，但它们非常适合敞廊和公共空间。人们应该留意，所有相互连通的房间[190]都应该把楼板 [suolo] 或地面设置在同一高度，这样，门槛 [sottolimitare] 就不会比另一个房间的地面高太多[191]；而且，如果一些小房间的层高不够，就要在它的上方做夹层 [mezato] 或假层。顶棚 [soffitato] 也同样有多种做法；许多人喜欢顶棚上能看见着雕饰精美的梁，那么就要注意，这些梁之间的距离应该是 $1\frac{1}{2}$ 倍梁宽，这样做出的天花就比较好看，而且在梁端之间还留出了足够的墙体来承托上部的重量。如果它们的间距过大，看起来就会不恰当，而如果它们过于密集，则会使墙体几乎被分割成上下两个部分，此时如果梁朽坏或着火，上部的墙体就必然会坍塌。还有人喜欢用彩绘的灰泥或木制嵌板 [compartimento]，并通过各种设计来装饰它；但对此很难说有什么固定的和预设的规则。

第23章　关于房间的高度

建造一个房间，需要有一个拱顶或者天花板 [in solaro]；如果用天花板，则从地面到横梁的高度应该等于房间的宽度，而上层的房间应该比下层的要低 1/6。如果用拱顶（这在底层的房间中较为常用，因为显得更加美观，而且不易着火），拱顶的高度在正方形的房间里，应该比宽度多 1/3。但是在那些长大于宽的房间里，应该从宽度和长度共同得出高度，使得它们彼此成良好的比例。[192] 人们可以这样算出高度：将宽和长相加，将它们的和分成 2 等份，其中一份就是拱顶的高度。所以，举个例子，设 BC 是需要做拱顶的空间；将长边 AB 延长宽度 AC 的距离，得出直线 EB，作点 F，将其分成相等的两段；那么我们说，FB 就是我们所要的高度。或者，设要做拱顶的房间长 12 尺，宽 6 尺；6 加 12 得 18，等分得 9，所以拱顶[193]的高度应该是 9 尺。[194]

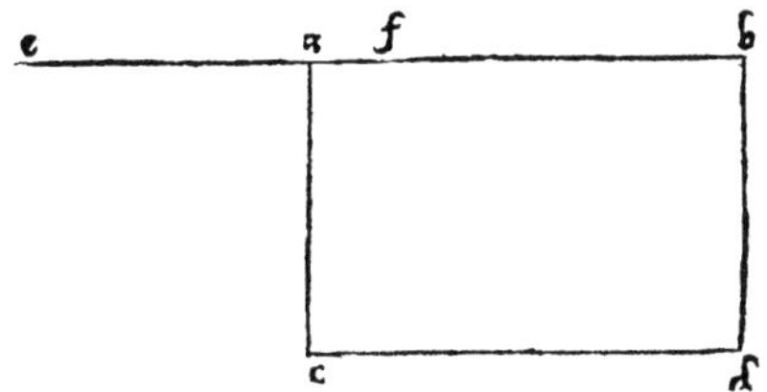

还有另一种与房间的长宽成比例求高度的方法：设需要做拱顶的空间是 CB，将长度与宽度相加，得直线 BF；分成 2 等份，中点为 E，以 E 为圆心作半圆 BGF 与 AC 的延长线交于 G；AG 即为 CB 拱顶的高度。如果用数字来表示的话，高度可以这样计算：如果已知房间的宽度和长度的尺数，我们要找出一个数字，它与宽度所成的比例，和长度与它所成的比例是相同的，让我们这样确定它的值：将短边乘以长边，其乘积的平方根即为我们所求的高度。[195] 所以，例如，若我们要做拱顶的空间为 9 尺长、4 尺宽，则拱顶的高度为 6 尺，就比例而言，9：6 与 6：4 相等，即所谓黑米奥拉比例 [sesquialtera]。[196] 但

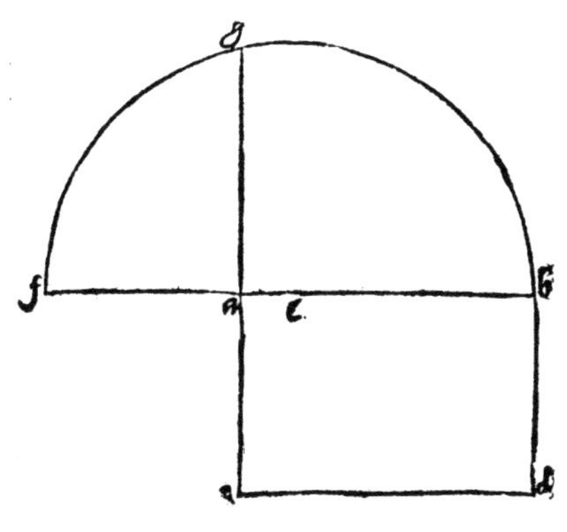

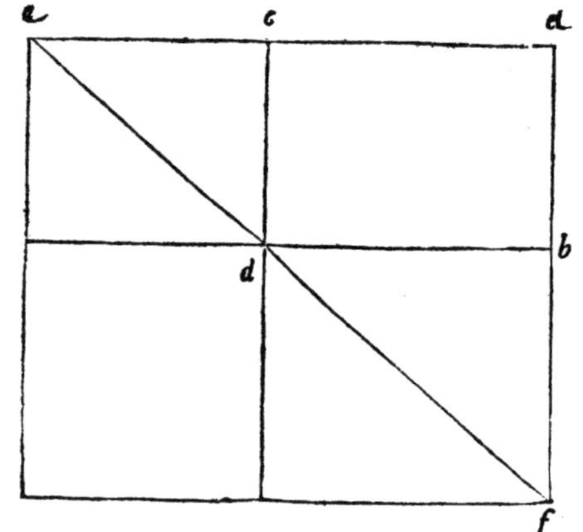

图 1–30　确定房间高度比例所用的 3 个图示

是要注意，这种算法不是每次都能得到整数的高度。

人们还可以用下面的方法算出另一种高度，会矮一些，但是同样可以与房间达到适合的比例：已知直线 AB，AC，CD，BD，分别代表房间的宽度和长度，可以首先用第一种方法求出高度，按此高度做出 CE，为 AC 的延长线；然后画直线 EDF，与 AB 的延长线交于 F 点；则 BF 为拱顶高度。[197] 如果采用整数，可以这样求出高度：设按照第一种方法从房间的宽度和长度求出高度，按照前面给出的实例，为 9，将长、宽和高并排放置如图所示；然后将 9 与 12 的乘积放在数字 12 下面，将 9 与 6 的乘积放在数字 6 下面；然后将 6 与 12 的乘积 72 放在数字 9 的下面；找到一个数，乘以 9 得 72，在这个例子里，就是 8，我们得出拱顶的高度是 8 尺。

12	9	6
108	72	54
	8	

这些高度具有如下的相互关系：第一种大于第二种，它们又大于第三种；所以，我们应该选用这几种高度之一，选取一个效果较好，能够保证大部分不同尺寸的房间有着相同高度的拱顶，而这些拱顶又都能与它们成比例，这样，它们就能形成一个既悦目，同时又适合房间顶部的楼板或地板的要求，它们需要在同一个高度上。还有一些别的拱顶高度，不符合任何规则，建筑师可以根据他本人的判断和实际情况来选用。

第24章　关于拱的类型

一共有 6 种拱顶的类型[198]：交叉拱 [volto a crociera][199]，筒形拱 [volto a fascia][200]，弓形拱 [volto a remenato]（这是他们对于一种拱顶的称呼，包含圆弧的一部分，小于半圆）[201]，圆形拱 [ritondo][202]，

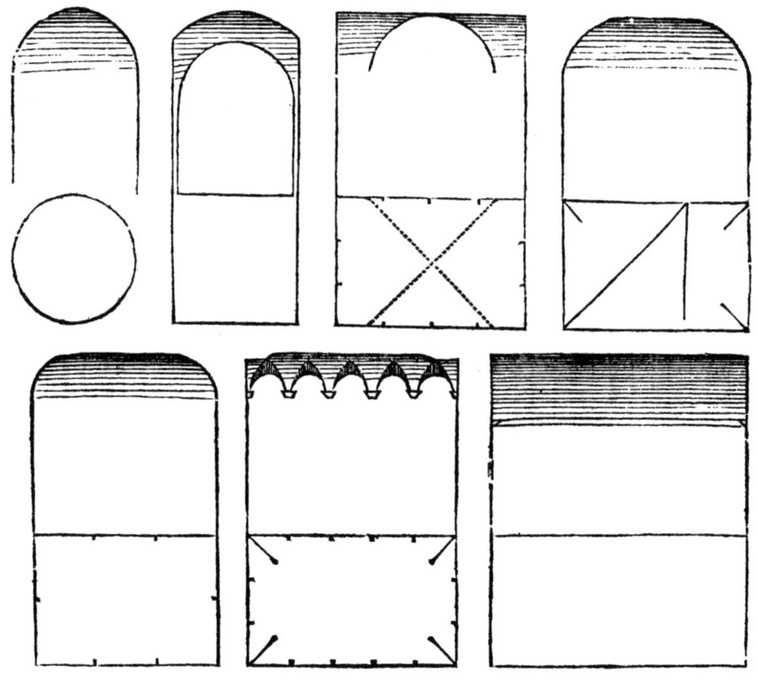

图 1–31　关于房间及拱顶的平、剖面形状的 7 个图示：圆形基座上方的圆形拱；拱肩上方的圆形拱；交叉拱；弓形拱；穹窿；半圆拱；筒形拱

半圆拱 [volto a lunette] [203]，以及穹隆 [volto a conca]，有一个房间宽度之 1/3 的拱高 [frezza]。[204] 最后两种是由现代人发明的，而前 4 种，古人也曾使用。圆形拱建造在正方形房间上方，而它们的建造方法如下：使拱肩 [smusso] 位于房间的角部，使其承托半圆拱顶的重量，拱的中部会受压 [a remenato]，离角部越近，它的曲线就越趋向于圆形 [ritondo]。在罗马的提图斯浴场 [205] 有这种类型的实例，我看到的时候，一部分已经变成废墟。我已经给出这些附加于不同房间形状的不同做法的图示。

第25章　关于门和窗的尺度

我们无法给出一个确定的、预设的规则来规定建筑的大门或房间门窗的长和宽；所以，建筑师必须使主要入口与建筑尺度、业主身份，以及需要运送出入的物品相称。[206] 似乎对我来说，有一个不错的办法，那就是将地板或楼层 [piano, suolo] 以及木屋面之间的空间分为 $3^1/_2$ 份（维特鲁威在第四书第 6 章中提到过）[207] 并以其 2 份为净高，以 1 份为宽度，再减去高度的 1/12。古人一般会将上方的门做得比下方窄，就像在蒂沃利的神庙中看到的 [208]；维特鲁威提出这些忠告，或许是为了更好的坚固程度。人们必须为主要的大门选择一个位置，使得人们能够从房子的任何一个部分到达这里。房间的门必须不超过 3 尺宽、$6^1/_2$ 尺高，不小于 2 尺宽，5 尺高。在做窗户的时候，要确保采光不会太多也不会太少，而且布置要疏密得当。所以应该十分关注那些需要开窗采光的房间的尺寸，因为很明显，一个较大的房间比较小的房间需要更多的光线才能显得明亮；如果窗户太小，或数量不够，则会产生阴沉的氛围；而如果它们太大的话，房间就会变得不适于居住，至少是对于那些气候并非四季如春的地方，冷空气或热空气会长驱直入，于是在不同的季节就会太冷或太热。因此，窗户不能宽于房间长度的 1/4，不窄于 1/5，它们的高度应该是宽度的 $2^1/_6$ 倍。因为住宅中的房间分为大、中、小几种，而某一组或层 [ordine, solaro] 的窗户必须保持相同的尺寸；当计算这些窗户的尺度时，我非常喜欢这些房间的长度比宽度大 2/3 倍；也就是说，如果宽度为 18 尺，则长度应为 30。我将其宽度分为 $4^1/_2$ 份；取 1 份为窗户的净宽，再取 2 份加上宽度的 1/6，我将其他房间的所有窗户都按这个尺寸来设计。上方的窗户，也就是二层的窗户，其净高应该比下层的窗户小 1/6，而如果上面有多层窗户，则应该每层递减 1/6。右边的窗户必须与左边的窗户相称，而上层的窗户必须和下面的垂直对齐；相应的，所有的门也要垂直对齐，使得洞口对洞口、实墙对实墙；它们还可以设计成面对面的，这样当人们站在房子的某一部分时，视线就能一直贯穿，看到另一部分，这样会带来美感、带来夏天的新鲜空气，以及其他的好处 [commodo]。为了更加坚固，通常要做一些拱，这样，门窗的过梁或顶部 [sopralimitare] 就不会过载；这些一般称作弓形拱 [remenati]，对建筑的耐久性极有好处。正如我在前面已经解释过的 [209]，窗户必须远离建筑的墙角或转角处，因为建筑的这个部分必须使其他部分对齐并紧密结合，不能开敞或薄弱。门窗的小壁柱 [pilastrata] 或侧柱 [erta] 不应窄于净宽的 1/6，不应宽于 1/5。下面我们来看看它们的装饰。

第26章　关于门和窗的装饰

人们可以容易地从维特鲁威在第四书第 6 章的建议 [210] 中学会如何装饰建筑的主入口，此外还可以参考最可敬的巴尔巴罗对那段话的解释和图示 [211]，以及我在前面关于五柱式的说明和图示。除此之外，我只画了几种门窗装饰的侧面图 [sacoma]，表示它们还可以做出什么其他的样子，我还指出了如何设计 [segnare] 每一个部件 [membro] 的细节，使得它们显得

雅致并且出挑恰当。门和窗的装饰包括楣梁、中楣和檐板。楣梁横跨整个门，而且必须和侧板或壁柱 [erta, pilastrata] 一样厚，我已经说过，不得小于门净宽的 1/6，不大于净宽的 1/5；中楣和檐板根据楣梁确定宽度。下面两张设计图中的第一张，也就是上面那张的尺寸如下。以楣梁为 4 份，中楣高度取 3 份，檐板高度取 5 份。然后将楣梁分为 10 份；其中 3 份给第一道饰带，4 份给第二道，剩下 3 份又分成 5 份。其中 2 份分配给平缘 [regolo, orlo]，剩下的 3 份作反波纹线脚 [gola riversa] 或称连锁叶饰 [intavolato]；它的出挑与高度相等，平缘 [orlo] 的出挑小于其宽度的 1/2。连锁叶饰 [intavolato] 是这样设计 [segnare] 的：在平缘 [orlo] 之下、第二道饰带之上画一道直线，在连锁叶饰 [intavolato] 的一端结束；将其中分，以其两半为侧边相等的三角形之底边 [212]，在与底边相对的顶点 [213] 固定圆规的一脚 [piede]，然后画弧线，即得连锁叶饰 [intavolato]。中楣的高度是楣梁的 3/4，轮廓作圆弧状鼓出，鼓起之后的外沿与楣梁顶板 [cimacio] [214] 垂直对齐。作为檐板的那 5 份，依次分配如下：1 份做成带平缘 [listello] 的凹弧线脚 [cavetto]，平缘高度是凹弧部分的 1/5。凹弧线脚的出挑是其高度的 2/3；其轮廓可以这样确定 [segnare]：以凹弧线脚为底边作等腰三角形，以（三角形的顶点）G[215] 为圆心（作圆弧）。1 份是钟形饰 [ovolo]；它的出挑是其高度的 2/3，可以这样确定 [segnare]：作一等腰三角形，以 H 点为圆心。另外 3 份又被分成 17 份；其中 8 份作檐冠 [corona]，或称 gocciolatoio，最上方的 1 份是檐冠所附的平缘 [listelli]，檐冠下方做凹槽 [incavo]，凹槽的高度为钟形饰的 1/6。剩下 9 份做正波纹线脚 [gola diritta] 及其平缘 [orlo]，后者为前者的 1/3。为了好看和优雅，可以画一条直线 AB，在 C 点将其分成相等的两半，将其中一半分成 7 份，取其中 6 份的位置为点 D；然后形成两个三角形 AEC 和 CBF，以 E、F 为圆心作圆弧 AC 和 CB，就画出所需的波纹线 [gola]。

类似的，在第二种设计中，楣梁被分为 4 份；中楣高 3 份，檐板高 5 份。然后将楣梁分为 3 份，将其中的 2 份又分为 7 份，3 份作第一道饰带，4 份为第二道。（楣梁的）第 3 份分为 9 份；其中 2 份作小凸圆线脚 [tondino]，剩下 7 份分为 5 份；其中 3 份作连锁叶饰 [intavolato]，2 份作平缘 [orlo]。檐板的高度分为 $5^3/_4$ 份；第一份被分为 6 份，5 份作中楣上方的连锁叶饰 [intavolato]，1 份作平缘 [listello]。连锁叶饰 [intavolato] 的出挑和高度相等，平缘 [listello] 也是这样。第二份分配给钟形饰，其出挑是高度的 3/4。钟形饰 [ovolo] 上方的阶梯形线脚 [gradetto]，是钟形饰 [ovolo] 的 1/6，出挑和高度相等。接下来的 3 份分成 17 份，其中 8 份作檐冠 [gocciolatoio]，檐冠的出挑为高度的 4/3；剩下的 9 份分为 4 份，3 份作波纹线脚 [gola] 而 1 份作平缘 [orlo]。剩下的 3/4 份 [216] 分为 $5^1/_2$ 份，1 份作阶梯形线脚 [gradetto]，$4^1/_2$ 作檐冠 [corona] 上方的连锁叶饰 [intavolato]。这种檐板的出挑与它的高度相等。

第一张设计图中的檐板部件：

I　凹弧线脚 [cavetto]
K　钟形饰 [ovolo]
L　檐冠 [gocciolatoio, corona]
N　波纹线脚 [gola]
O　平缘 [orlo]

楣梁部件：

P　连锁叶饰 [intavolato] 或反波纹线脚 [gola riversa]
Q　第一道饰带
V　第二道饰带
R　平缘 [orlo]
S　中楣鼓出的部分
T　中楣在墙体内的部分

人们可以据此理解第二张设计图中的部件 [membro]。

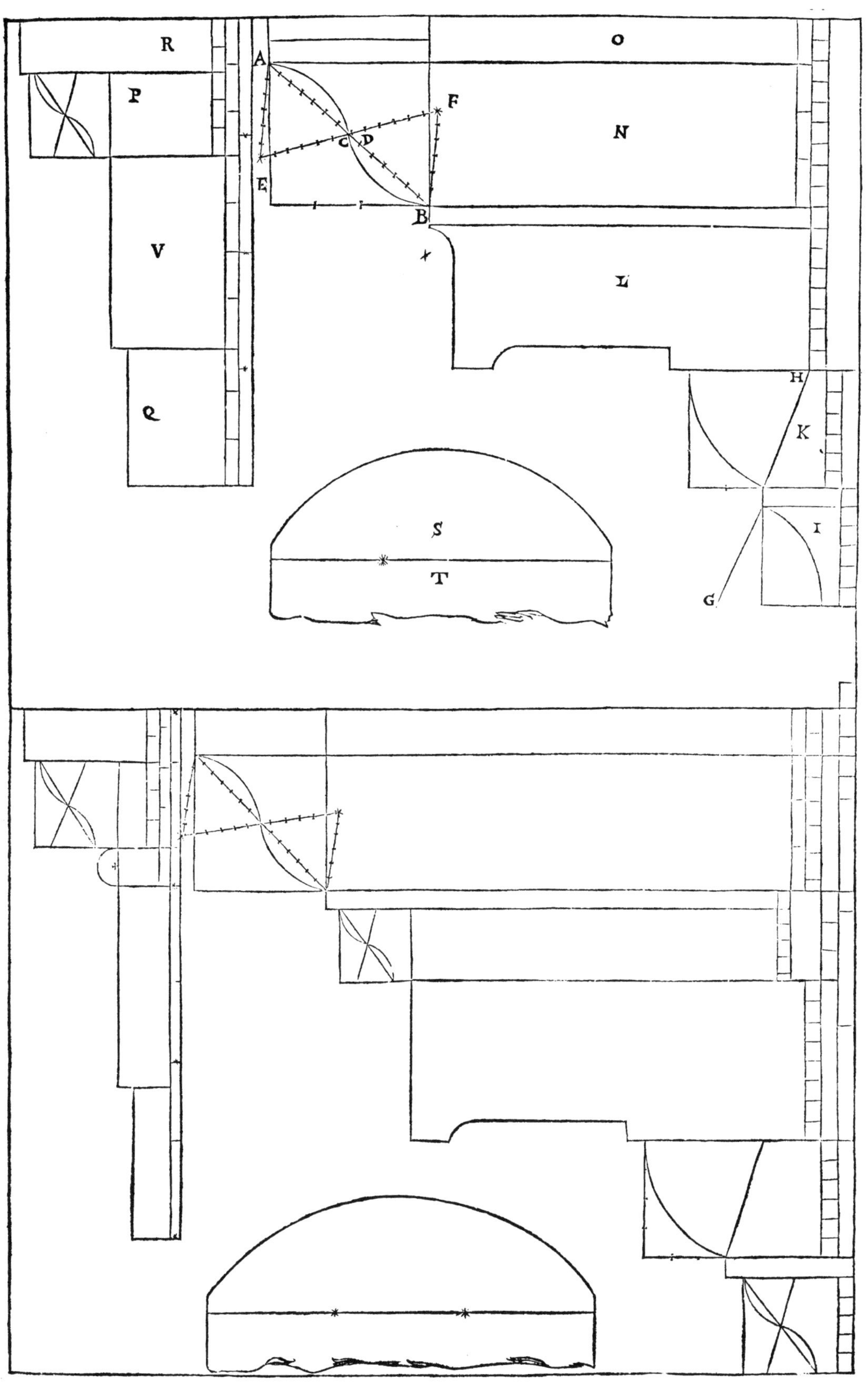

图 1-32　门窗顶部，两种可选择的细部做法

在这另外的两个设计中，第一个设计的楣梁，标 F 处，同样被分为 4 份；中楣高度取 $3^1/_4$ 份，而檐板的高度取 5 份。将楣梁分为 8 份，其中 5 份作垂直面 [piano]、3 份作檐板 [cimacio]。檐板又分为 8 份，3 份作连锁叶饰 [intavolato]，3 份作凹弧线脚 [cavetto]，2 份作平缘 [orlo]。檐板的高度分为 6 份，2 份作带平缘 [orlo] 的正波纹线脚 [gola diritta]，1 份作连锁叶饰 [intavolato]。然后将波纹线脚 [gola] 分为 9 份，取 8 份作檐冠 [gocciolatoio] 和阶梯形线脚 [gradetto]。中楣上方的半圆饰或小凸圆线脚 [tondino]，取（檐板的）6 份中 1 份的 1/3，剩下的介于檐冠 [gocciolatoio] 和小凸圆线脚 [tondino] 之间的部分，留给凹弧线脚 [cavetto]。

在另一个设计中，标为 H 的楣梁分为 4 份，中楣的高度取 $3^1/_2$ 份，檐板高度取 5 份。将楣梁分为 8 份，其中 5 份作垂直面 [piano]，3 份作（楣梁的）檐板 [cimacio]。（楣梁的）檐板又分为 7 份，其中 1 份作小凸圆线脚，再将剩下的分为 8 份；其中 3 份作反波纹线脚 [gola riversa]，3 份作凹弧线脚 [cavetto]，2 份作平缘 [orlo]。将檐板高度分为 $6^3/_4$ 份。3 份作连锁叶饰 [intavolato]，齿状饰 [dentello] 和钟形饰 [ovolo]；连锁叶饰 [intavolato] 的出挑与其宽度相等，齿状饰 [dentello] 的出挑是其高度的 2/3，钟形饰 [ovolo] 则出挑 3/4。在波纹线脚 [gola] 和檐冠 [gocciolatoio] 之间的连锁叶饰 [intavolato] 为 3/4 份。将剩下的 3 份分为 17 份，其中波纹线脚 [gola] 和平缘 [orlo] 占 9 份而檐冠 [gocciolatoio] 占 8 份。和前面提到的一样，檐板的总出挑与其高度相等。

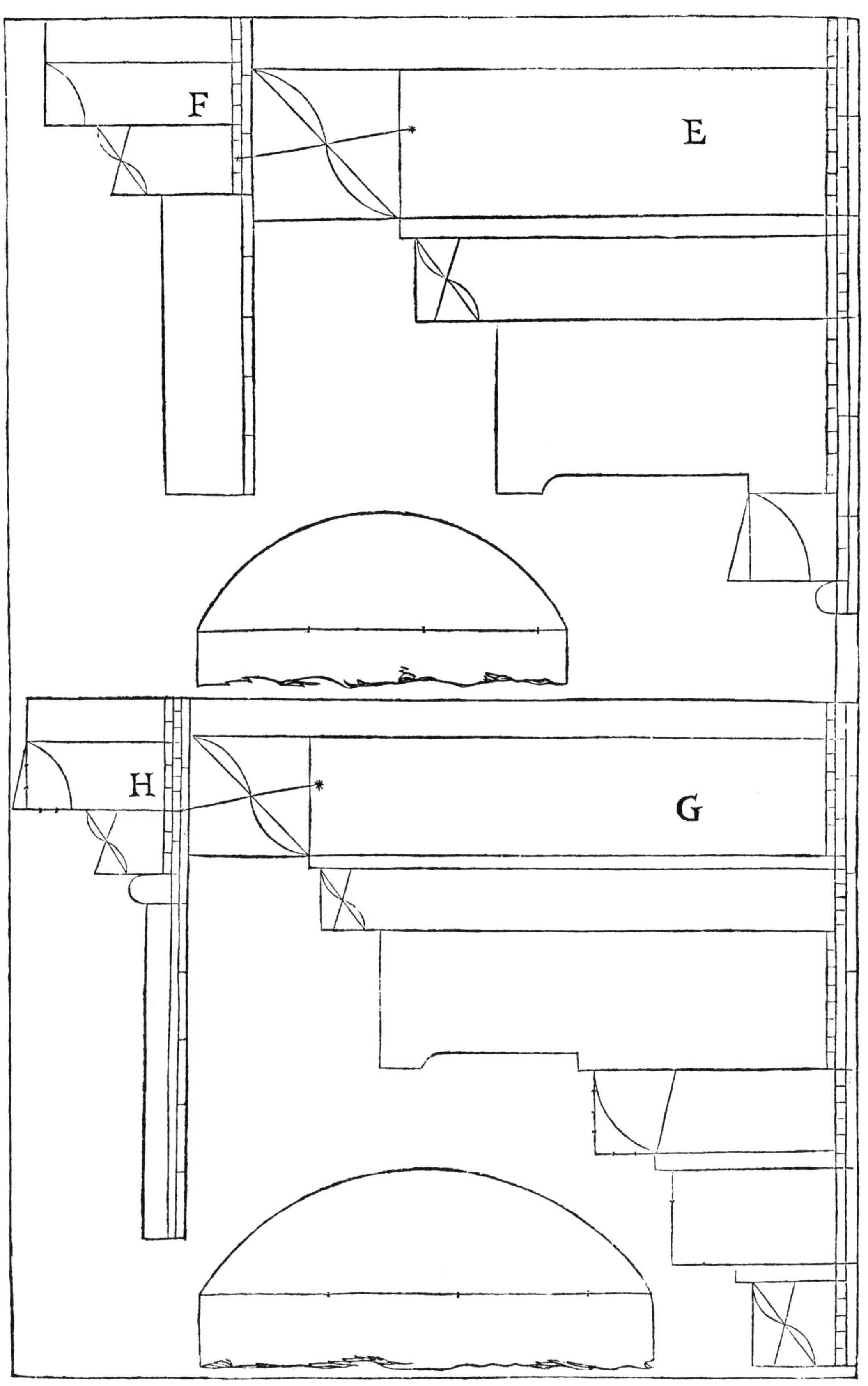

图 1-33　门窗顶部的另外两种细部做法

第27章　关于壁炉

古人曾经这样给房间供暖：他们在中央建造带有柱子或檐口托饰的壁炉，上面是锥形的烟囱腹，烟从这里出来，就像人们在巴亚[217]的尼禄游泳池旁边所见的，还有另一个例子在奇维塔韦基亚[218]附近。[219]当他们不想要壁炉时，就在厚墙体的内部建造烟囱或管道 [canna, tromba]，炉火的热气可以从房间的低处上升，然后从烟囱顶部的某个通风孔或洞口排出。维琴察的特伦托家的绅士们，在夏天用同样的方法让他们位于科斯托扎的房间变得凉爽。由于在那个庄园的小山上有一些大的山洞，古时是采石场，当地居民称之为科瓦利 [covali]——我想维特鲁威在第二书关于石材处理的部分曾经提到过，他说，在特雷维索的三月，他们采出一种石头，能够像木材一样用锯子切割[220]——这里面产生了非常凉爽的风，这些绅士将微风引入他们的房子，通过某种地下拱顶，他们称之为通风管 [ventidotto]，然后用一种类似前面所述的管道，将新鲜空气送入所有的房间，随着季节的变化，还可以根据他们的喜好开合，带来或多或少的凉爽。这个地方由于这个极度实用的设计而变得棒极了，但是甚至还有更有趣、更值得看的，就是“风牢”，是由卓越的弗朗切斯科·特伦托先生建造的一个地下室[221]，他称之为艾奥利亚，在那里，许多这样的通风管向外开口，他并没有劳民伤财地装饰和美化这些东西，使它们跟这个名字相称。但是回到壁炉的话题，我们在厚墙体中间建造它们，使它们的烟囱拔起于屋顶之上，以便将烟排入大气之中。人们必须小心地使烟囱做到合适的尺寸，因为如果它们太大，周围流动的空气就会将烟气带下来，并严重阻止烟气升起和消散；而如果它们太细，则烟气不能自由地穿过烟囱向上，就会阻塞并再次回流。所以，房间内壁炉的烟囱不得窄于半尺，不得宽于9英寸，而它们的长度应该是$2^1/_2$尺；锥体与烟囱的连接口应该窄一些，这样，如果烟气往回跑，就会被挡住而不会进入房间。有些人建造螺旋形的烟囱，这样烟气由于旋转的同时被火焰往上推，就不会再往回跑。烟囱的烟道 [fumaruolo]，也就是烟气排出的孔道，必须要大，并且远离所有的易燃性材料。用来架设锥形烟囱接口的墙体必须精工细作，不能有丝毫的粗制滥造，原因前面已经解释过了，粗糙的做法仅适合于非常大的建筑。[222]

第28章　关于楼梯及其各种类型，以及关于踏步的数量和尺度

人们必须对楼梯的位置给予特别的注意，因为很难找到一个位置适合它们，同时又不干扰建筑的其他部位。[223]所以，为它们挑选一个位置是非常重要的，让它们既不碍路，又不会被其他的空间所打扰。楼梯必须有三个开口：第一个，是由此上楼的门；对于那些进入房子的人们来说，它越不隐蔽越值得称赞；而且我特别喜欢那种位置安排，使人在还未到达之前就先看到房子里最美的部分，这样，即使房子可能很小，但它看上去也会大不少；但是楼梯仍然要明显而且容易找。第二个开口是窗，这对于照亮踏步非常重要；这些窗户必须高敞并居中，以使光线均匀散布。第三个开口，是由此到达上部楼层的门。这需要引入宽敞、美丽、装饰华美的空间。照明良好、宽敞，可以舒适地走上去的楼梯，是值得赞赏的，因为它们好像是在邀请人们去攀登它们。如果有直射的光线，或者如我前面所说，如果光线均匀分布于整个楼梯，则它们将会被照耀得生气勃勃。如果它们和建筑的尺度及类型相比，不显得狭窄和受约束，那么就是足够大的，但是宽度不应小于4尺，这样可以供两个面对面的行人舒服地擦肩而过。它对于整座建筑也可以具有其他的实用性，支撑楼梯的拱可作储藏间，存放基本的家居物品；而且，要使上行或下行不会感觉困难和陡峭，它

们的长度应为宽度的 2 倍。每步梯级不得高于半尺[224]，而且，特别是对于长而连续的楼梯，做得矮一些会更易攀登，这样拾级而上的时候，腿就不会那么累[225]；但也不要使其矮于 4 寸。每步梯级的宽度不得小于 1 尺，不得大于 $1^1/_2$ 尺。[226]古代人还有一个规矩，就是令踏步数为奇数，这样，若他们以右脚开始攀登，他们将以同一只脚结束攀登——这在进入神庙时，被认为代表着幸运和崇敬。[227]但是楼梯最多不应超过 11 或 13 步；如果人们还需上到更高，则要建造一个平台，称为休息平台 [requie]，让体弱者和疲倦者可以找个地方休息，而如果某物突然从上面坠落，它也有个地方可以停下来。楼梯可以做成直的或螺旋形的。直梯可以有两个梯段[228]，或做成正方形 [quadrato]，变为 4 个梯段。为了修造它们，人们将整个空间分成 4 个部分；其中两份作梯段，而另外两份为它们之间的空隙，如果这部分没有屋顶，则楼梯可以从中获得采光。它们可以依内墙而建，而这堵墙的两侧分别为楼梯的两部分；也可以中间没有墙。最近，高贵的先生路易吉·科尔纳罗[229]，一位品位极佳的绅士，发明了这两种类型的楼梯，这可以在他位于帕多瓦的家中所建造的炫目的敞廊和装饰华美的房间中看到。[230]旋转楼梯，他们又称之为螺旋楼梯 [chiocciola]，有时做成圆形，有时做成椭圆形，其中央有时做一根柱子，有时则是空的。它们常用于空间特别有限的地方，因为它们比直楼梯占据更少的空间，但无疑更难攀登。那些中空的螺旋楼梯要好得多，因为它们可以从上方采光，而且位于楼梯顶端的人可以看见向上走或打算向上走的人们，同时也可以被他们所看见。那些中央有柱子的楼梯可以这样做：其直径分成 3 份，其中 2 份用来做梯段，1 份用来做柱子，如图 A 所示；或者可以把直径分为 7 等份，其中 3 份作中心柱，4 份作梯段；图拉真记功柱的楼梯间就采用了这种做法。如果做成旋转形的踏步，如图 B，看起来就会非常漂亮，其最终的长度也将大于直线形的做法。但是对于中空的楼梯，可以将其直径分成 4 份，2 份作梯段，剩下 2 份留作中央的空隙。除了普通的楼梯种类以外，杰出的马克·安东尼奥·巴尔巴罗先生，一位具有高度智慧的威尼斯绅士[231]，发明了一种在局促狭小的地方十分好用的旋转楼梯。它的中心没有柱子，而且它的踏步，虽然是旋转的，却变得非常长；它可以像前面提到的那样来划分。同样的，椭圆形的楼梯可以像圆形楼梯一样的划分。因为所有门窗都在椭圆两端 [testa] 的中央，它们看起来非常优雅明亮，而且非常方便。[232]我在威尼斯的慈善修女院建造过一个中空的楼梯间，效果好极了。[233]

A　中央有柱的旋转楼梯间
B　中央有柱并且踏步呈螺旋状的旋转楼梯间
C　中空的旋转楼梯间
D　中空并且踏步呈螺旋状的旋转楼梯间
E　中央有柱的椭圆形楼梯间
F　无柱的椭圆形楼梯间
G　中间有墙的直跑楼梯
H　中间无墙的直跑楼梯

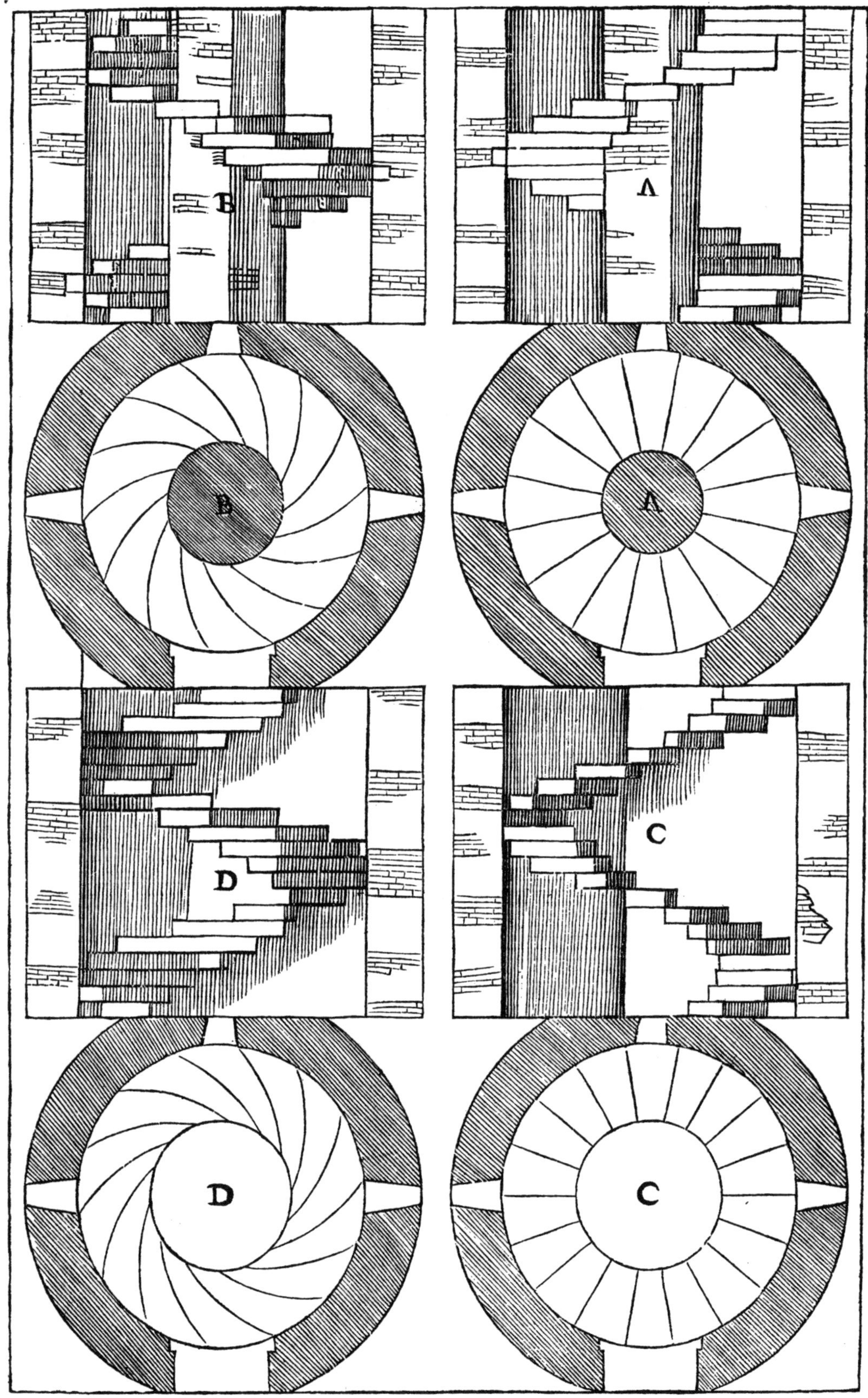

图 1–34　4 种可供选择的圆形楼梯间，平面图及剖面投影图

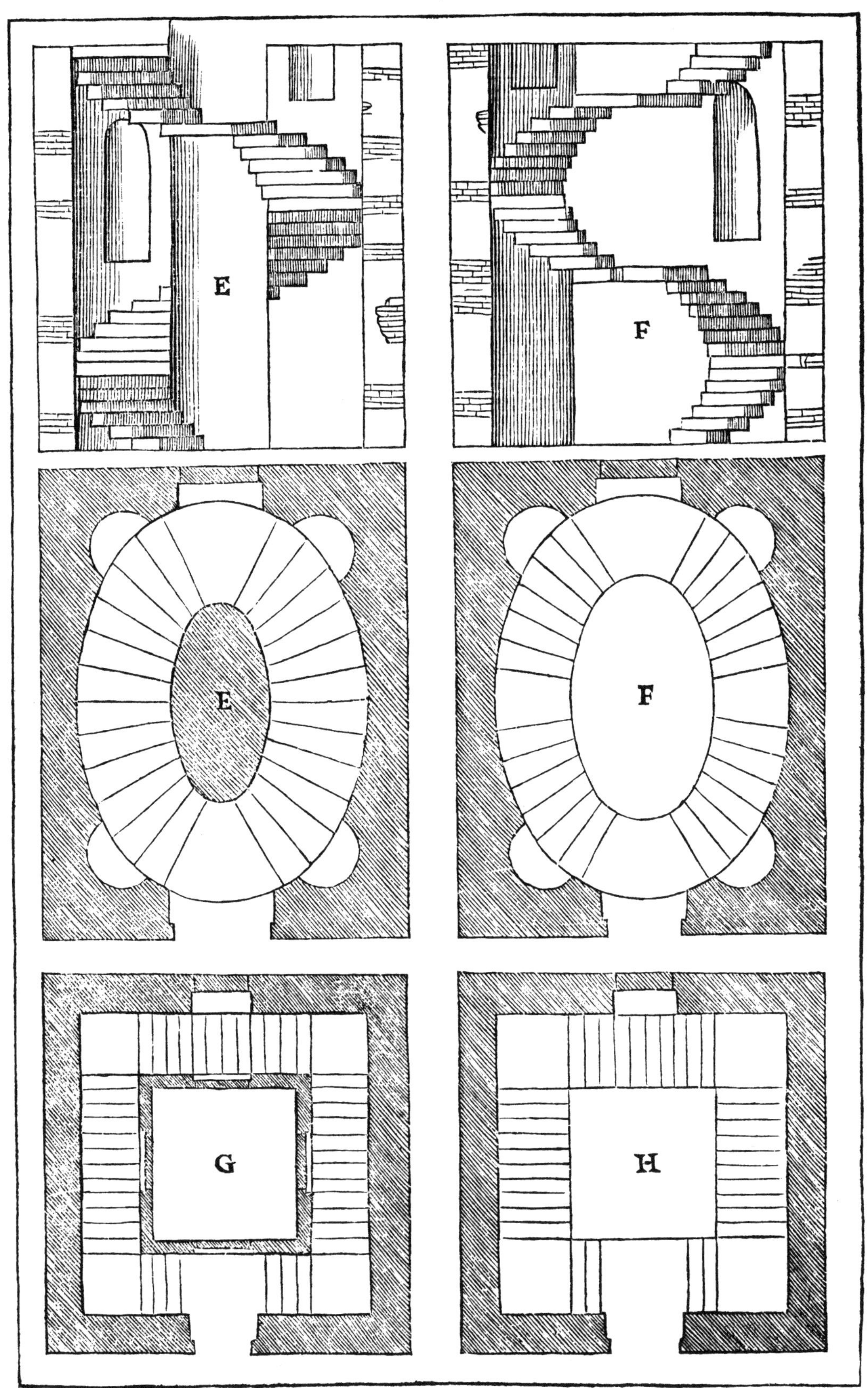

图 1–35　两种椭圆形楼梯间，平面图及剖面投影图，以及两种方形楼梯的平面

近来，慷慨的国王弗朗西斯（Fancis）在法国商堡森林中的一座宫殿 [palagio] 中建有另一种美丽的旋转楼梯间[234]，它是这样的：它们建在建筑物的中央，因此可以服务于 4 个套房 [appartamento]，而任何一套房子中的人却不与别的套房共用楼梯；由于楼梯中央有空井，因此每个人既能看见其他上下楼的人，却又极少互相干扰。这个发明是如此的美妙而新颖，所以我收入了这个例子，并在楼梯的平面和立面上标注了字母，这样人们可以看到它们在哪里开始，又是如何攀爬上升。在罗马的通向朱迪亚广场的庞贝柱廊[235]中，也有三种旋转楼梯，其设计是非常值得赞赏的，它们被放在建筑物的中央，因此只能从顶部采光，它们的中央有柱，因此光线自然地洒落下来。伯拉孟特，我们这个时代最杰出的建筑师之一，仿照这个范例在望景楼也建造了一个没有踏步的楼梯，他选用了四种柱式，包括多立克、爱奥尼、科林斯和混合柱式。[236]在建造这种楼梯间时，将空间分为 4 份；其中两份作中间的空井，两侧的梯段与柱子各占一份。在古代建筑中还可以看到许多其他的楼梯类型，例如三角形；在罗马，登上万神庙[237]穹顶的楼梯，就是这种类型，它中空，并且由顶部采光。同样也在罗马的圣使徒教堂通向卡瓦洛山的楼梯也非常宏伟。这些楼梯是双向的，许多人以之为样板；它们通向一座位于山顶的庙宇，收录在我关于神庙的书中[238]；在最后一张设计图中可以见到这种楼梯。

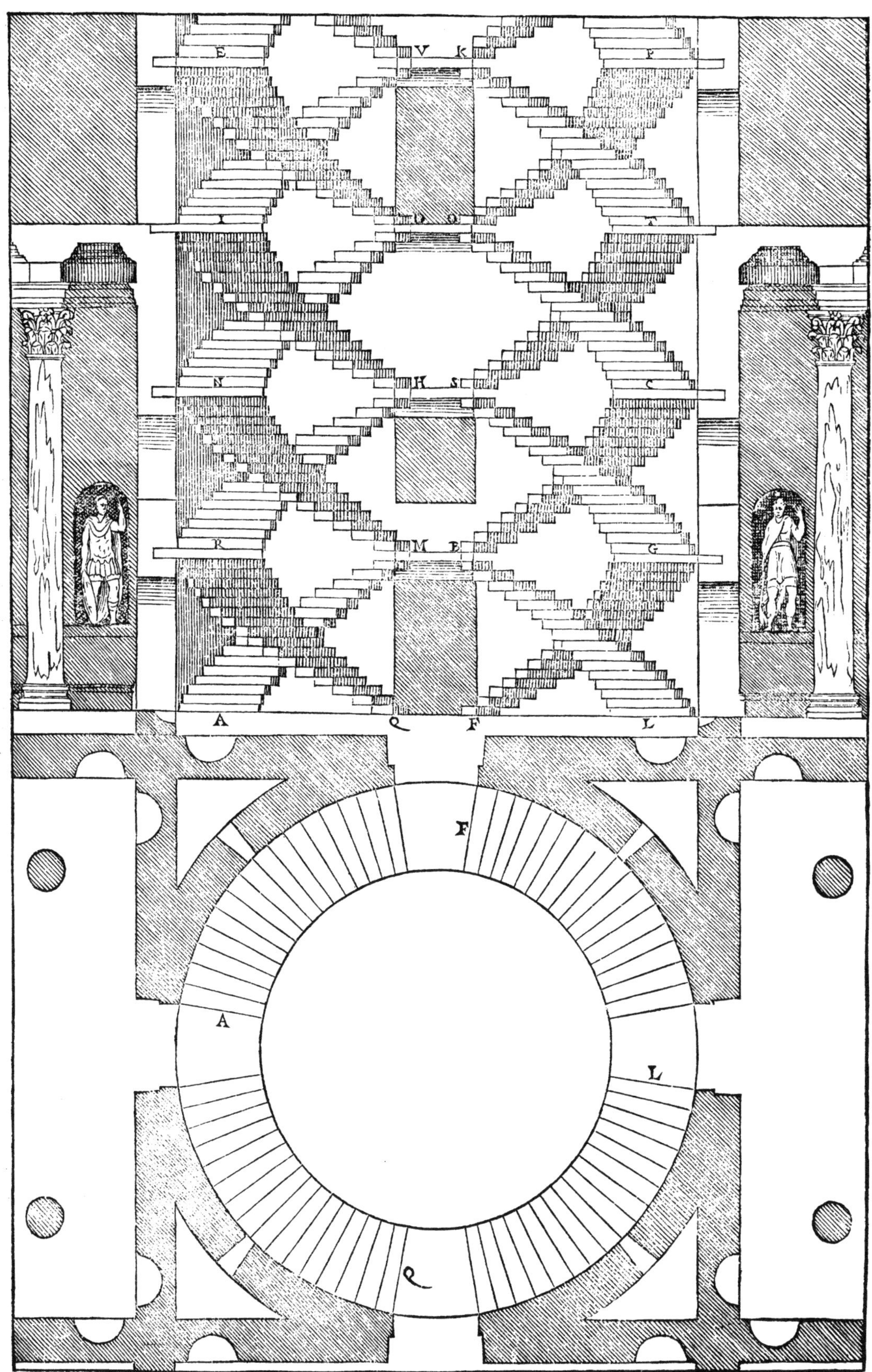

图 1–36　一个四螺旋楼梯的设计，平面图及剖面投影图（根据法国商堡的例子）

图 1–37　一个双重楼梯的设计，平面图及剖面投影图

第29章　关于屋顶

在墙体直砌到顶之后，拱顶建起来了，地板梁到位，楼梯被装入，以及我前面提到的一切别的东西都准备好了，就到了建造屋顶的时候了。它将房屋所有的部分笼罩其下，又将其所有的重量均匀地压在墙体之上，对于整个结构来说它起到了绑定的作用；除了保护居住者不受雨雪、太阳炙烤和夜晚湿气的侵袭，对于房屋非常重要的一点是使降水远离墙体，这降水虽然看似无害，但随着时间的流逝将导致严重的破坏。我们从维特鲁威的书中读到[239]，最早的人为他们居住的地方所建的屋顶是平的，但是，当认识到它们不能防雨之后，由于需要的驱使，他们开始建造山形墙，其中央有屋脊[colmo]。根据建造房屋的地域不同，这些屋脊可以被建造得高一些或矮一些，在日耳曼，由于大量降雪，他们将屋顶建造得十分陡峭，并且覆以小块木片做成的木瓦[scandola]，或者很薄的石板；否则他们的房子就会毁于积雪。但是像我们这样生活在较为温和的气候中人们需要考虑的是，如何使屋顶看上去悦目、形状迷人，同时又能防雨。所以需要覆盖屋顶的区域的宽度需要被分成 9 份，其中 2 份作为屋脊的高度，因为如果它的高度等于宽度的 1/4，那么屋顶[coperta]将过于陡峭，以至于瓦片[coppi]很难挂住；如果它的高度是宽度的 1/5，则屋顶将过于平缓，使得瓦片[coppi]和木板，以及降雪时的积雪重量太大。屋顶四周常筑有檐沟[gorna]，水从瓦顶排入水沟，再经雨水管排出，便可以远离墙体；在这些排水沟的上方要有 $1^{1}/_{2}$ 尺的墙体，以使其固定，同时可以防止屋顶木料毁于雨水。有很多技术可以将屋顶木料放到正确的位置，但如果位于中央的墙体能够承托梁的重量，则会更容易固定；我赞成这样做，因为能使外墙减少负荷，而且即使某些木梁的端头腐朽，屋顶[coperta]仍然可以安然无恙。[240]

第一书完。

第一书译注

1 最初的两本书是献给贾科莫·安加拉诺的，第三书和第四书则是献给萨伏依的伊曼纽尔·菲利贝托（Emanuel Filiberto）。关于帕拉第奥和安加拉诺，参见佐尔齐 1965 年，263–266 页；佐尔齐 1968 年，78–80 页；普皮 1986 年，25 页，注 83。参见帕拉第奥 2002 年，注 1。

2 关于帕拉第奥的早年，参见普皮 1986 年，第 7 页及其后；福斯曼 1965 年，12–18 页；巴尔别里 1967 年；塔弗纳 1991 年，18 页及其后。参见帕拉第奥 2002 年，注 2。

3 有四部著作是帕拉第奥最主要的思想来源：维特鲁威的《建筑十书》（关于这一著作，帕拉第奥曾与达尼埃莱·巴尔巴罗合作过一个带批注的版本：巴尔巴罗译注 1987 年）；阿尔伯蒂的《建筑论》（具体可参见威特科尔（Wittkower）1977 年，13, 18–19, 74, 83, 123 页）；塞利奥的第三书和第四书（普皮 1986 年，12 页；塔弗纳 1991 年，多处），以及维尼奥拉《关于建筑五柱式的规范》（*Regola delli cinque ordini d'architettura*）（福斯曼 1962 年，33 页）参见帕拉第奥 2002 年，注 3。

4 帕拉第奥最有可能是在 1541、1545、1546–1547、1549 和 1554 年访问了罗马：见瓜尔多 1958–1959 年，93–104 页。关于他更加广泛的旅行，参见佐尔齐 1958 年，15 页及其后；帕内 1961 年，17–38 页；普皮 1986 年，441 页。参见帕拉第奥 2002 年，注 4。

5 关于帕拉第奥的图纸，参见佐尔齐 1958 年，33 页及其后；洛茨 1962 年，64–65 页；福斯曼 1965 年，168 页及其后；施皮尔曼（Spielmann）1966 年，多处；伯恩斯 1973 年 a，136–137 页；伯恩斯等，1975 年，85 页；刘易斯 1981 年。参见帕拉第奥 2002 年，注 5。

6 这段话的意思不是十分清楚，帕拉第奥可能是说（1）这些废墟，正因为是废墟，所以证明了野蛮人的破坏性；或者他是要说（2）这些废墟尽管遭到野蛮人的破坏，仍然因为罗马人的技艺而显得十分壮观？在第一句话里他似乎是要说第一个意思，而在接下来的这句话里他是说的第二个意思。在别的地方他很明确地说罗马人之后的野蛮人的所作所为是恶劣的，而且在第一书第 5 页他提到了“野蛮人的劫掠”（barbara crudeltà）和“野蛮人的引进”（barbare inventioni）。其他人也持类似的看法：塞利奥 1566 年第三书卷首，5 或 v 页；另参见《文艺复兴建筑文集》（*Scritti rinascimentali di architettura*）1978 年，473 页及其后。参见帕拉第奥 2002 年，注 6。

7 virtù 这个词在这里很难直译。virtus 对于建筑实践的重要性，在卷首页的“美德王后”形象中表达得很清楚。关于 virtù 以及对建筑师教育，参见巴尔巴罗译注 1987 年，2–5 页；阿尔伯蒂 1988 年，3、315 页（9.10）；鲁斯科尼（Rusconi）1590 年，I。另参见阿尔伯蒂 1988 年，426 页；塔弗纳 1991 年，20 页。参见帕拉第奥 2002 年，注 7。

8 参见前文英译本注 6，帕拉第奥在这里将罗马人的成就与后来对优秀建筑的“野蛮的”毁坏进行对比。参见帕拉第奥 2002 年，注 8。

9 关于比例对于当时帕拉第奥建筑的重要性，参见霍华德与隆盖尔 1982 年；塔弗纳 1991 年，37–42 页。参见帕拉第奥 2002 年，注 9。

10 瓦萨里 1566 年在威尼斯，可能见过帕拉第奥在那里建成的建筑，甚至还可能曾与他会面：普皮 1973 年 b，174 页；普皮 1973 年 c，329–330 页。参见帕拉第奥 2002 年，注 10。

11 关于威尼斯的故事（myth），参见普皮 1978 年，73 页及其后；还可参见贝蒂尼 1949 年 55 页及其后；帕内 1961 年，多处；福斯曼 1965 年，130 页以后及多处；阿克曼 1966 年，多处。参见帕拉第奥 2002 年，注 11。

12 通常叫做雅各布·珊索维诺（Jacopo Sansovino，1486–1570 年）。参见帕拉第奥 2002 年，注 12。

13 指圣马可广场和新行政官邸的图书馆。参见帕拉第奥 2002 年，注 13。

14 关于珊索维诺和帕拉第奥，参见佐尔齐 1965 年，47 页；洛茨 1961，1966 和 1967 年；巴尔别里 1968 年；塔夫里 1969 年 b，54 页；塔夫里 1973 年。参见帕拉第奥 2002 年，注 14。

15 普皮 1973 年 d，多处；伯恩斯等 1975 年，9–12 页；普皮 1986 年，8 页及其后；布歇 1994 年，39 页及其后。参见帕拉第奥 2002 年，注 15。

16 莫索里（Morsolin）1878 年和 1894 年；普皮 1966 年，7–9 页；普皮 1971 年；普皮 1973 年 d，79–86 页；阿克曼 1972 年，4 页及其后；塔夫里 1969 年 a，120 页；塔弗纳 1991 年，19 页及其后；布歇 1994 年，

13 页及多处；莫雷西 1994 年。参见帕拉第奥 2002 年，注 16。

17 佐尔齐 1965 年，204 页及其后；佐尔齐 1968 年，109 页；普皮 1986 年，252 页。参见帕拉第奥 2002 年，注 17。

18 关于安泰诺雷・帕杰洛，我们所知甚少，但可参见达斯基奥（Da Schio）。参见帕拉第奥 2002 年，注 18。

19 佐尔齐 1965 和 1966 年，多处。参见帕拉第奥 2002 年，注 19。

20 关于埃里奥・贝尔，以及被称为"维琴察的瓦莱里奥"的瓦莱里奥・贝尔—— 一位米开朗琪罗和拉斐尔的密友——参见巴尔别里 1965 年。参见帕拉第奥 2002 年，注 20。

21 参见达斯基奥，《阿勒曼尼》（*La Alamanna*）出版于 1567 年。参见帕拉第奥 2002 年，注 21。

22 参见达斯基奥。参见帕拉第奥 2002 年，注 22。

23 指在这里的人间而不是天堂。参见帕拉第奥 2002 年，注 23。

24 还可参见第二书 45 页下部；或参见阿尔伯蒂 1988 年，23 页（1.9），119–121 页（5.2）；塔夫里 1969 年 a，123–124 页。参见帕拉第奥 2002 年，注 24。

25 事实上，帕拉第奥并没有出版关于这些主题的作品——这一野心可能因为他的去世而终止了。他数次地提到他的"关于古代遗迹的书"（第一书 12, 19, 49, 52 页；第三书前言）；还提到"关于神庙的书"（第一书 33, 64 页；第三书 32 页）；关于"浴场"（第三书 45 页）；以及"圆形剧场"（第四书 25, 98 页）。据瓜尔多 1958–1959 年，93–94 页，他已经准备好资料要写一卷关于"古代神庙、凯旋门、陵墓、浴场、桥梁、塔楼，以及其他公共建筑"的书：这些资料组成了一部图册，后来到了伯灵顿伯爵手中，这位伯爵后来出版了《维琴察的安德烈亚・帕拉第奥所作的古代建筑图纸》（*Fabbriche antiche disegnate da Andrea Palladio vicentino*），伦敦，1730 年：参见刘易斯 1981 年。参见帕拉第奥 2002 年，注 25。

26 在这里，帕拉第奥明确了他的读者群：参见本书术语表的导言。与此相反，阿尔伯蒂也同样明确地提出并不是为工匠写作，而是为了更有学问的读者："我已经告诉过你们，我想要用拉丁语来写作，并尽可能地清晰，因此也是易懂的"（I have told you that I desire to make my language Latin, and as clear as possible, so as to be easily understood）（阿尔伯蒂 1988 年，186 页 (6.13)）。参见帕拉第奥 2002 年，注 26。

27 主要是指维特鲁威《建筑十书》6.3。参见帕拉第奥 2002 年，注 27。

28 维特鲁威《建筑十书》1.3，1.2；巴尔巴罗译注 1987 年，27 对开页；参见阿尔伯蒂 1988 年，9 页（1.2）。参见帕拉第奥 2002 年，注 28。

29 参见维特鲁威《建筑十书》1.2 和 1.4；阿尔伯蒂 1988 年，156 页（6.2），301 页及其后（9.5），以及 420 页的术语表条目"美与装饰"（Beauty and ornament）。参见帕拉第奥 2002 年，注 29。

30 参见阿尔伯蒂 1988 年，34 页（2.1）；巴尔巴罗译注 1987 年，26 页及其后。参见帕拉第奥 2002 年，注 30。

31 维特鲁威《建筑十书》2.3–10；阿尔伯蒂 1988 年，38–58 页（2.4–12），65–66 页（3.4），75–79 页（3.10–11）。参见帕拉第奥 2002 年，注 31。

32 指拂晓时。参见帕拉第奥 2002 年，注 32。

33 维特鲁威《建筑十书》4.2；阿尔伯蒂 38–46 页（2.4–7）。参见帕拉第奥 2002 年，注 33。

34 卡塔尼奥 // 论文集 ,1985，266 页及其后。参见帕拉第奥 2002 年，注 34。

35 维特鲁威《建筑十书》2.3；阿尔伯蒂 1988 年，50–52 页（2.10）。参见帕拉第奥 2002 年，注 35。

36 另参见卡塔尼奥 // 论文集 ,1985，269 页及其后。参见帕拉第奥 2002 年，注 36。

37 托斯卡纳（Tuscany），意大利西北部的一个地区，位于亚平宁山脉北部、利古里亚海和第勒尼安海之间。

38 维特鲁威《建筑十书》2.6 及 5.12。巴亚和库迈（Cumae）一带的拉沃诺地区（Terra di Lavoro），位于卡塞塔（Caserta）附近，沃尔图诺（Volturno）和坎皮・佛莱格瑞（Campi Flegrei）之间。参见帕拉第奥 2002 年，注 37。

39 卡塔尼奥 // 论文集，1985，270 页及其后。参见帕拉第奥 2002 年，注 38。

40 那是指一种类似灰泥的、肥沃的白土。参见帕拉第奥 2002 年，注 39。

41 维特鲁威《建筑十书》有更详细的阐述：7.3–4。参见帕拉第奥 2002 年，注 40。

42 维特鲁威《建筑十书》2.5；巴尔巴罗译注 1987 年，79 对开页。参见帕拉第奥 2002 年，注 41。

43 一氧化铅。参见帕拉第奥 2002 年，注 42。

44 二硫化钼，据普林尼《自然史》（*Pliny NH*）34.18.173；另见《药物》（*De medicina*）5.15。参见帕拉第奥 2002 年，注 43。

45 鳕鱼岛 (Islands of Gades)，见于普林尼《自然史》2.67.167，2.108.242，2.1.5，等处。参见帕拉第奥 2002 年，注 44。

46 肘尺（cubit），古代的一种长度测量单位，等于从中指指尖到肘的前臂长度，或约等于 43—56 厘米。

47 指用铁锤。参见帕拉第奥 2002 年，注 45。
普林尼《自然史》34.100 及其后：卡德摩斯泥土（Cadmean earth）呈深黄色，更正确的名称是硫化镉。

48 参见帕拉第奥 2002 年，注 46。
"Cadmean"源自希腊神话中的勇士卡德摩斯（Cadmus）。

49 奥古斯都（Augustus），罗马帝国第一任皇帝（公元前 29 —公元 14 年在位）。

50 维吉尔《田园诗》（Virgil *Georgics*）3.28–29。参见帕拉第奥 2002 年，注 47。

51 参见第四书，73 页及其后，下部。参见帕拉第奥 2002 年，注 48。

52 帕拉第奥的意思其实是指元老院，后来变成一个教堂，被霍诺利乌斯教皇一世（Pope Honorius I）敬献给圣阿德里亚诺（S. Adriano）。而萨杜恩庙（Saturn，农神）则被帕拉第奥误作肯考迪娅庙（Concordia，协和女神），参见第四书，124 页，下部。参见帕拉第奥 2002 年，注 49。

53 指万神庙。参见帕拉第奥 2002 年，注 50。

54 普林尼《自然史》9.40.139，34.3.6，特别是 34.3.8。参见帕拉第奥 2002 年，注 51。

55 字面意思是"纸"。参见帕拉第奥 2002 年，注 52。

56 阿尔伯蒂 1988 年，63 页（3.2）。参见帕拉第奥 2002 年，注 53。

57 正如帕拉第奥在弗拉塔 – 波莱西（Fratta Polesine）的巴多尔别墅（Villa Badoer）所做的那样。参见帕拉第奥 2002 年，注 54。

58 参见第一书 14 页下部。参见帕拉第奥 2002 年，注 55。

59 "柱"（Colonne）在这里不是指柱墩（piers），需要注意，和很多建筑学的作者不同，帕拉第奥从来不用"方柱"（colonne quadrate）来表示柱墩。参见本书译本所附的《术语表》。参见帕拉第奥 2002 年，注 56。

60 正如帕拉第奥在洛尼多（Lonedo）的格蒂别墅（Villa Godi）所做的那样；参见第二书，65 页下部。参见帕拉第奥 2002 年，注 57。

61 参见阿尔伯蒂 1988 年，64–65 页（3.3），68–70 页（3.6）。参见帕拉第奥 2002 年，注 58。

62 关于这一章的内容，参见维特鲁威《建筑十书》2.8，以及普林尼《自然史》36.51.171–173。参见帕拉第奥 2002 年，注 59。

63 维特鲁威《建筑十书》1.5，1.8，2.8；阿尔伯蒂 1988 年，68–70 页（3.6）。参见帕拉第奥 2002 年，注 60。

64 维特鲁威《建筑十书》2.8。参见帕拉第奥 2002 年，注 61。

65 原书无图号及图名，该图号及图名为中文版译者根据英译本图版目录所加。

66 指作为丁砖垂直于墙面插入。参见帕拉第奥 2002 年，注 62。

67 实际上这些砖并不总是长方形，也可以是正方形：参见阿尔伯蒂 1988 年，52 页（2.10）。参见帕拉第奥 2002 年，注 63。

68 指平行于墙面的顺砖。参见帕拉第奥 2002 年，注 64。

69 参见塞利奥 1566 年第三书，94–96 页及其后。参见帕拉第奥 2002 年，注 65。

70 指在墙体的加固带之间。参见帕拉第奥 2002 年，注 66。

71 皮埃蒙特区（Piedmont），意大利西北一历史地区，与法国和瑞士接壤。

72 参见塞利奥 1566 年，第三书，82–84 页及其后。参见帕拉第奥 2002 年，注 67。

73 普林尼《自然史》36.51.172。参见帕拉第奥 2002 年，注 68。

74 普勒尼斯特（Praeneste）故址即今意大利罗马城东南的帕莱斯特里纳（Palestrina）。曾多次与罗马人交战，在公元前 340 ~ 前 338 年的拉丁战争中战败，成为罗马的盟国。

75 加尔达（Garda）湖，位于意大利北部，是意大利最大的湖泊。锡尔苗内（Sirmione）是位于加达尔湖南岸的半岛城市。

76 维特鲁威《建筑十书》2.8.7。参见帕拉第奥 2002 年，注 69。

77 这里回应了阿尔伯蒂在第三书对人体和建筑所作的类比：参见阿尔伯蒂 1988 年，421 页，术语表条目“骨骼与嵌板”（Bones and paneling），阿尔伯蒂在第 79 页（3.12）还使用了术语“韧带”（ligaments），相当于帕拉第奥所说的“腱”（nervi）。参见帕拉第奥 2002 年，注 70。

78 再一次的，这相当于维特鲁威的美观、适用和坚固，帕拉第奥第一次使用是在第一书 6 页上部：维特鲁威《建筑十书》1.3 和 1.2；以及巴尔巴罗译注 1987 年，26 页及其后；参见阿尔伯蒂 1988 年，9 页（I.2）。参见帕拉第奥 2002 年，注 71。

79 阿尔伯蒂 1988 年，181–182 页（6.12）。参见帕拉第奥 2002 年，注 72。

80 Pellegrino 1990 年，418，189 页；德拉·托雷（Della Torre）和斯科菲尔德（Schofield）1994 年，207 页。参见帕拉第奥 2002 年，注 73。

81 加维拱门（The Arco dei Gavi）。参见塞利奥 1566 年第三书，112 右页 –113 及其后。参见帕拉第奥 2002 年，注 74。

82 图拉真记功柱位于图拉真广场的中央（参见塞利奥 1566 年第三书，76–77 页及其后）。帕拉第奥所说的“安东尼圆柱”（“Antonine” column）是指克罗纳广场（Piazza Colonna）的马库斯·奥勒利乌斯圆柱（Column of Marcus Aurelius）。参见帕拉第奥 2002 年，注 75。

83 普拉（Pula），意大利语 Pola，南斯拉夫西北部城市，濒临亚德里亚海。公元前 178 年被罗马占领，1919 年划归意大利，1947 年划归南斯拉夫。

84 对于这个大竞技场（amphitheater），更准确的名称是“维罗纳的圆形竞技场”（Arena of Verona）。参见塞利奥 1566 年第三书，82 左页 –85 左页及其后。参见帕拉第奥 2002 年，注 76。

85 参见科尔纳罗 // 论文集，1985，94 页；阿尔伯蒂 1988 年，72–73 页（3.8）。参见帕拉第奥 2002 年，注 77。

86 参见阿尔伯蒂 1988 年，73–75 页（3.9）。参见帕拉第奥 2002 年，注 78。

87 英文译文是 held with long, hard stones like arms...

88 阿尔伯蒂 1988 年，420 页，在术语表条目“美与装饰”（Beauty and ornament）中，非常明确地区分了美和装饰。帕拉第奥对这两个术语的运用并没有那么精确：参见本书术语表导言后部。参见帕拉第奥 2002 年，注 79。

89 像维尼奥拉一样，帕拉第奥忽略了维特鲁威、阿尔伯蒂和塞利奥的柱式类型中关于神人同性论的思想基础，参见奥奈恩斯（Onians）1988 年。关于帕拉第奥在后面的 14–18 章阐明的柱子尺寸、间距，以及所对应的神庙类型之间的关系，可列出简表如下：

柱式类型	柱高	神庙类型	神庙类型中译	柱间距
托斯卡柱式	7 倍柱径	Areostyle	疏柱间式	4 倍柱径
多立克柱式	7–8 倍柱径	Diastyle	三径间式	$2\frac{3}{4}$倍柱径
爱奥尼柱式	9 倍柱径	Eustyle	正柱间式	$2\frac{1}{4}$倍柱径
科林斯柱式	9 倍柱径	Sistyle	两径间式	2 倍柱径
混合柱式	10 倍柱径	Picnostyle	密柱间式	$1\frac{1}{2}$倍柱径

参见帕拉第奥 2002 年，注 80。神庙类型中译参照《建筑十书》高履泰译本 2001 年。

90 指在建筑的地面层以上。参见帕拉第奥 2002 年，注 81。

91 参见卡塔尼奥 // 论文集，1985，328 页。参见帕拉第奥 2002 年，注 82。

92 参见第一书 22–50 页下方；参见阿尔伯蒂 1988 年，25–26 页 (I.10) 及 183–188 页 (6.13)。参见帕拉第奥 2002 年，注 83。

93 这是帕拉第奥有意避开技术术语的一个典型例子，他将维特鲁威的从希腊语中得来的术语 *entasis* 替换成 gonfiezza——意大利语中的“膨大”。参见维特鲁威《建筑十书》3.4.13 和 5.1.3。他这样说也是受了阿尔伯蒂的影响：阿尔伯蒂 1988 年，186 页 (6.13)："腹部的径围在柱中点以下，之所以这样称呼是因为柱子看上去似乎往外胀大了。"参见帕拉第奥 2002 年，注 84。"*entasis*"(ἔντασις),本意为"tension"、"intensive"，即作柱身凸线，使之显得紧绷有力的意思。高履泰译本音译为"恩塔西斯"，并以《营造法式》的中文建筑术语"卷杀"对其进行解释。(高履泰译本 2001 年,84 页。)《营造法式》中的"卷杀"，指木构件侧面或柱身轮廓用多段直线近似求得曲线的方法，其中"杀梭柱之法"与西方古典建筑中确定柱身曲线的方法类似，但目的是为了使木构件"生势圜和"(《营造法式》卷 5)，与"*entasis*"包含的意图有所不同。

94 Grossezza 的英文译文是 thickness，在文中通常指柱子底部的直径，直译为"柱宽"或"柱厚"费解，这里统一译为"柱底径"。见本书术语表。

95 按照文中描述，这里似应为"$7^1/_2$ 份"。

96 实际上帕拉第奥指的是维特鲁威《建筑十书》3.3。参见帕拉第奥 2002 年，注 85。

97 例如，阿尔伯蒂 1988 年，186 页 (6.13)。参见帕拉第奥 2002 年，注 86。

98 参见 E. 巴锡在《论文集》1985 版中的文章，165 页及其后。参见帕拉第奥 2002 年，注 87。

99 分别指以下间距类型：密柱间式、两径间式、正柱间式和三径间式，参见维特鲁威《建筑十书》3.3。参见帕拉第奥 2002 年，注 88。

100 维特鲁威《建筑十书》3.3 及 3.11。参见帕拉第奥 2002 年，注 89。

101 原文"Aere, che sar à tra i vani",字面意思是"空间之间的空气",其意思可理解为"柱间流动的空气"。

102 维特鲁威《建筑十书》3.3; 阿尔伯蒂 1988 年 , 200 (7.5). 参见帕拉第奥 2002 年，注 91。

103 帕拉第奥的意思似乎是指一个带有柱墩的敞廊,术语 pilastro 指柱墩 (pier)(参见本书译本所附的《术语表》: pilastro)；而柱墩的整体宽度应该不小于其间距的 1/3。具体例子参见帕拉第奥的 Caldogno 别墅和 Marcello 别墅（不在《四书》里），以及 Pisani、撒拉切诺和格蒂别墅。参见 阿尔伯蒂 1988 年，200–201 页 (7.6) 和 298 页及其后 (9.4)。参见帕拉第奥 2002 年，注 92。

104 帕拉第奥指的是维琴察附近的一个古代剧场。帕拉第奥曾经和达尼埃莱·巴尔巴罗一起提出了一个古罗马剧场理想形式的复原设计（巴尔巴罗译注 1987 年，249 页）。亦可参见英国皇家建筑师协会收藏的图纸，RIBA X 1 页正面和 2 页反面。参见帕拉第奥 2002 年，注 93。

105 卡普阿，意大利南部城镇，位于那不勒斯北部。

106 指罗马的 S. Maria Capua Vetere，位于大斗兽场的后面，帕拉第奥第一次访问这里可能是在他第二次去罗马旅行的时候：佐尔齐 1958 年，18 页。参见帕拉第奥 2002 年，注 94。

107 参见塞利奥 1566 年，III，69–71 页及其后。参见帕拉第奥 2002 年，注 95。

108 帕拉第奥根据这个剧场的遗迹做了几个复原设计，参见 RIBA IX 4, IX 10, IX 11,X 13, XII 22v; 施皮尔曼 1966 年，112 页及其后；佐尔齐 1958 年，218 页及其后。参见帕拉第奥 2002 年，注 96。

109 **braccio**，英文对译为 arm（手臂），对应的服装用尺度为 0.69 米，但建筑中所用尺度可能有所不同。参见本书译本所附的《术语表》：**braccio[1]**。

110 **piede**，英文对译为 Vicentine foot，即维琴察尺，相当于 0.357 米，这里为了与"arm"所译的"臂尺"相对应，译为"步尺"，但在其他地方以此为单位时，一律译为"尺"。参见本书译本所附的《术语表》: **piede[1]**。

111 **palmo**，英文对译为 palm（掌），其数值在不同的城市各不相同。参见本书译本所附的《术语表》: **palmo**。

112 维特鲁威《建筑十书》I.2.4, 3.1, 3.3, 3.7, 4.3，以及阿尔伯蒂 1988 年，197 对开页 (7.5)，他们描述了柱间距，但并未采用模度。参见帕拉第奥 2002 年，注 97。

113 RIBA X 8，可能是为这个章节所作的图纸草稿。参见帕拉第奥 2002 年，注 98。

114 例如位于弗拉塔 – 波莱西的巴多尔别墅。参见帕拉第奥 2002 年，注 99。

115 原文是"Il quale si fa à sesta"，他在这里指圆规作出的圆形，这也是在描述所有柱式之前首次设计的细节。参见帕拉第奥 2002 年，注 100。

116 **cimbia**，柱身两端的小平线脚，参见本书译本所附的《术语表》。从图纸标注来看，**cimba** 和 **listello** 的形状完全一样，但 **cimba** 专指柱身两端的平缘，**listello** 则可以用于基座、檐口等任意位置。因此

在这里一律将 **cimba** 译为“柱平缘”，以示区别。按照帕拉第奥的描述，托斯卡柱式的柱平缘高度是 1/16 柱径或可更小些。

117 根据第一书第 13 章对于柱身曲线的图示，与柱底外皮齐平的似应是小凸圆线脚（astragal）外皮。

118 即不能大于 3 倍柱径。

119 帕拉第奥在第一书第 12 页已经提到过。普拉的古代剧场中较大的那一座，在帕拉第奥之后的时代被毁。其图像可参见塞利奥 1566 年，III，71 页反面 –73 页正面及其后，以及帕拉第奥 RIBA X 3, X 5。参见帕拉第奥 2002 年，注 101。

120 帕拉第奥关于古代遗迹的书并未出版，参见英译本注 25。参见帕拉第奥 2002 年，注 102。

121 本图和下页图的数字标注，单位是 1/60 MO（柱径）。其中柱头尺寸，按照文字描述自上至下应为 10，10，$1^3/_7$，$8^4/_7$，$2^6/_7$，$1^3/_7$，可能是维特鲁威对于尺寸的规定，与帕拉第奥的图面标注略有差别，图中将 1/7 的倍数简化处理成整数及 1/2 的倍数，并将小凸圆线脚（astragal）的尺寸调大了一些。

122 多立安人（Dorian），古希腊民族，约公元前 1100 年入侵希腊。

123 维特鲁威《建筑十书》4.3.1–2。RIBA X 9 和 X 6 正面（左）的图可能是为这张所作的图稿。梵佐罗的埃莫别墅的楣梁带有三个饰带，其柱高范围内为多立克式的，但没有这种柱式特有的三陇板和陇间壁。参见帕拉第奥 2002 年，注 103。

124 维特鲁威《建筑十书》3.3 和 4；巴尔巴罗译注 1987 年，146 页及其后。Chiericati 府邸的多立克柱，间距为 3 倍柱径，但是埃莫别墅门廊的间距则为 $2^1/_2$ 倍柱径。参见福斯曼 1978 年，多处。参见帕拉第奥 2002 年，注 104。

125 参见塞利奥 1566 年，III，113 页反面 –117 页正面及其后，帕拉第奥，RIBA XII 17, XII 18, XII 19, XII 20. 参见帕拉第奥 2002 年，注 105。

126 帕拉第奥，RIBA VIII 5, XI 5 正面 –6, XIV 3 反面；塞利奥 1566 年，III，58 反面 –60 正面及其后。参见帕拉第奥 2002 年，注 106。

127 维特鲁威《建筑十书》3.5；参见 阿尔伯蒂 202–204 (7.7); 巴尔巴罗译注 1987 年，III, 3; 卡塔尼奥 // 论文集，1985，352 页及其后；塞利奥 1566 年，IV，对开页 139 页正面。参见帕拉第奥 2002 年，注 107。

128 此处正文中所述的 anello 或 quadretti，在图中相应位置 Q，标注为 gradetti，这三个词在帕拉第奥的书中意思几乎相同，指多立克柱头的钟形饰下方的环形线脚，其剖面为阶梯形。参见本书术语表。anello 的字面意思是“环形”，quadretti 的字面意思为“小方盒子”，gradetti 的字面意思为“阶梯”，均可对应该细部的某一方面特征。中文版将这三个词译为环形饰（anello）或阶梯形线脚（quadretti 或 gradetti）。

129 原文是 astragalo o tondino。在帕拉第奥的书中，tondino、bastoncino 及 astragalo 的意思几乎完全相同，均表示凸圆形轮廓的小装饰线脚，也可称为“小凸圆线脚”或“半圆饰”，中译本统一译为“小凸圆线脚”，但书中有几次出现“astragalo o tondino”的表述，专指位于柱身顶部的 collarino（颈状部）下方的凸圆线脚，中译本译为“半圆饰或小凸圆线脚”。

130 ovolo 指用于柱头和檐口的凸四分之一圆形线脚，柱头的相应部位在英语中称为 echinus，但英译本采用 echinus 作为 ovolo 的对译，并不能涵盖 ovolo 的全部意思。相对来说，中文的“钟形饰”弱化了特定位置的意味，可用来做 ovolo 的对译。

131 “Facendola”：“使它”，应指檐口。与维特鲁威《建筑十书》4.3 所述相比，帕拉第奥将檐口改得大了些。参见帕拉第奥 2002 年，注 108。

132 文中，帕拉第奥使用短语“prima fascia”，代指较小的，位置也较低的饰带，而“seconda”是指较大的，位置也较高的饰带。标注中的字母 L 和 M 似乎与此相反，可能是标错了。另参见本书译本所附的《术语表》中的 **primo**。参见帕拉第奥 2002 年，注 109。

133 爱奥尼亚（Ionia），古代小亚细亚西部沿爱琴海海岸的一个地区。希腊人在公元前 1000 年以前在这儿建立了殖民地。爱奥尼亚的海港从公元前 8 世纪开始繁荣起来，直到公元 15 世纪土耳其人的征服。

134 以弗所（Ephesus），位于小亚细亚（今土耳其西部）的希腊古城。

135 狄安娜 (Diana)，罗马神话中的处女守护神、狩猎女神和月亮女神，相当于希腊神话中的阿耳忒弥斯（Artemis）。

136 参见帕拉第奥，RIBA X 6 正面（右），X 6 反面（左），X 7, X 10, XIII 19 正面（左），是为本章所作的图稿。关于以弗所的狄安娜神庙，参见维特鲁威《建筑十书》7，扉页，12，16 页。帕拉第奥对这一柱式采用的基本实例，主要来自罗马的雄浑的福尔图娜神庙和马切卢斯剧场，以及维特鲁威《建筑十书》的 3.5、4.1。帕拉第奥还在他的别墅门廊设计中采用了这些。参见帕拉第奥 2002 年，注 110。

137 Testa 的字面意思为“头部”，在帕拉第奥的书中常用来指柱底径，与 Grossezza 同义。但若译成“柱高九头”而没有特别解释的话则非常费解。因此除了需要特别说明的地方之外，中译本统一译为柱底径。

138 维特鲁威《建筑十书》3.3.6；巴尔巴罗译注 1987 年，134 页及其后。参见帕拉第奥 2002 年，注 111。

139 英译本为 the clear height of the arches is two squares，直译为“拱门净高两方”。

140 这一比例同样适用于罗马的提图斯拱门，以及安科纳的图拉真拱门，参见第一书，51 页下部。参见帕拉第奥 2002 年，注 112。

141 高：**grossa** 在这里肯定是指高度，因为当他描述基座的划分时，他说的是竖向划分。参见本书译本所附的《术语表》。参见帕拉第奥 2002 年，注 113。

142 原文“La quarta e ottava parte”，字面意思是“四分之一又八分之一”。参见帕拉第奥 2002 年，注 114。

143 带有上下两道凹弧线脚的柱础做法不在第一书第 32 页的柱础图中，而是在第一书 34 页的柱头图右下角。

144 “前者”可能是指上圆盘饰（upper torus）。参见帕拉第奥 2002 年，注 115。

145 维特鲁威《建筑十书》4.5.3；巴尔巴罗译注 1987 年，153 页。参见帕拉第奥 2002 年，注 116。

146 阿提卡的（Attic），属于古代希腊中东部阿提卡地区（雅典周围）的、雅典或雅典人的或具有相关特征的。

147 参见巴尔巴罗译注 1987 年，152–153 页。参见帕拉第奥 2002 年，注 117。

148 这里的凹槽面（channel）应该指第一书 34 页柱头平面图中标注 H 的部分，在图纸的文字标注中未注明。

149 第四书，48 页下方及以后。参见帕拉第奥 2002 年，注 118。

150 原文作“**canale** overo **incavo**”，其中的 **canale** 和 **incavo** 在书中的意思几乎完全相同，均指连续凹形装饰线脚或凹槽，中译本统一译为“凹槽”，但是两个词同时出现时译为“凹槽或凹形线脚”。

151 **Grossa**：这里指高度而不是厚度。参见本书译本所附的《术语表》。参见帕拉第奥 2002 年，注 119。

152 在这里帕拉第奥使用了“prima fascia”指最小也最低的饰带，用“Tertia”指最大也最高的饰带。标注中的字母 K 和 M 与此相反，似乎是错了。（参见英译本注 109，以及本书译本所附的《术语表》**primo**。）参见帕拉第奥 2002 年，注 120。

153 科林斯（Corinth），希腊南部的一个城市，位于伯罗奔尼撒半岛东北，古城建于荷马时代，在公元前 7 和 6 世纪时是一个富裕的海上强国。

154 参见维特鲁威《建筑十书》4.1，本章的图稿，参见 RIBA X II, XIII 17, XIII 19 正面，XIII19 反面（左）。参见帕拉第奥 2002 年，注 121。

155 原文作 Santa Maria Ritonda，直译为“圣马利亚圆庙”，即罗马万神庙。

156 维特鲁威《建筑十书》3.3.2；巴尔巴罗译注 1987 年，123 页及其后。参见帕拉第奥 2002 年，注 122。

157 参见第一书 51 页下部。参见帕拉第奥 2002 年，注 123。

158 参见第一书 22 页，多立克式柱础外突的距离为柱径的 1/6。

159 英译本作 a further sixth is given to the abacus，直译为“第 6 份高度给了柱顶板”，应指柱头高度分为 5 份，柱顶板取 1 份，因此是“第 6 份”。检查第一书 43 页的科林斯式柱头图纸，柱顶板高度确为柱头高度的 1/5。

160 在数学上，曲率（curvature[**scemità**]）和曲率半径（radius of curvature）互为倒数。第一书 43 页的科林斯柱头平面图纸较为准确地显示，角状物曲线边缘的曲率半径与该曲线的弦长相等，而弦长正是“在两个角状物之间拉一条直线”的长度，因此这里的“curvature [**scemità**]”应该就是指曲率半径。这里所说的“三角形”可能是指一个等边三角形，其顶点就是角状物曲线的圆心。

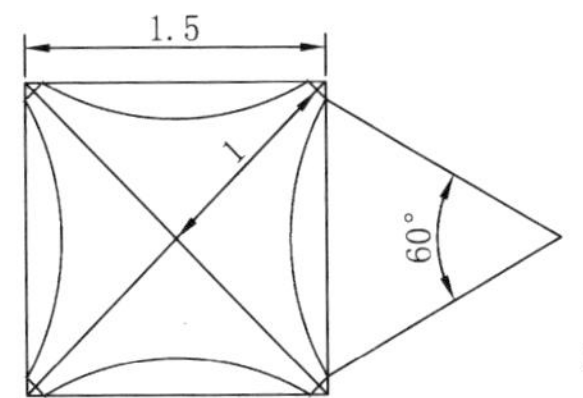

科林斯柱头角状物平面轮廓示意图

161 见第一书 35 页：指三个部件的总高为 12 份，楣梁为 4 份，中楣 3 份，檐口 5 份。

162 这里说的“第一份”、“第二份”等等，顺序是由下至上。

163 本章在很大程度上基于阿尔伯蒂 1988 年，200–202 页 (7.6)，帕拉第奥的图稿可参见 RIBA X 6 反面(右)，XIII 14, XIII 19 正面(右), XIII 19 反面(右)。参见帕拉第奥 2002 年，注 124。

164 维特鲁威《建筑十书》3.3.2；巴尔巴罗译注 1987 年，123 页及其后。参见帕拉第奥 2002 年，注 125。

165 英译本作 two and a half squares tall，直译为“$2^1/_2$ 方”。

166 在第一书第 42 页，帕拉第奥用术语 **membretto**（部件）指附加在柱墩上的壁柱；所以在这里他所指的是拱墩高度与壁柱宽度相等。参见帕拉第奥 2002 年，注 126。

167 原文仅为 ovolo，卵镭饰（egg–and–dart）为英译本所加，强调爱奥尼式柱头钟形饰的特有做法，以便读者理解。

168 帕拉第奥似乎是指钟形饰突出的距离超过了柱顶板弧形部分的最内侧。参见帕拉第奥 2002 年，注 127。

169 参见 RIBA X 6 反面(右)。参见帕拉第奥 2002 年，注 128。

170 塞利奥 1566 年，III，对开页 99 正面；巴尔巴罗译注 1987 年，207–209 页。参见帕拉第奥 2002 年，注 129。

171 安科纳（Ancona），意大利东部的港口城市，现为安科纳省的首府。

172 图拉真（Trajan）拱门，塞利奥 1566 年，III，107 反面 –109 正面及其后。参见帕拉第奥 2002 年，注 130。

173 苏萨（Susa），意大利西北部城市，位于皮埃蒙特大区。

174 参见 RIBA XII 8, VIII 20 反面。参见帕拉第奥 2002 年，注 131。

175 达尔马提亚（Dalmatia）南斯拉夫西部一历史地区，濒临亚得里亚海。公元前 1 世纪时被罗马征服。

176 又称 Sergii 拱门，或 Aurea 门，参见 RIBA XII 9, XII 10 正面；XII 10 反面，VIC, D 29, D 23 正面，塞利奥 1566 年，III，109–111 页及其后。参见帕拉第奥 2002 年，注 132。

177 大斗兽场，帕拉第奥，RIBA VIII 14 正面 –17；塞利奥 1566 年，III，77–81 页及其后。参见帕拉第奥 2002 年，注 133。

178 巴尔巴罗译注 1987 年，207–209 页。参见帕拉第奥 2002 年，注 134。

179 事实上是维特鲁威《建筑十书》5.6.6——维特鲁威用的是“podium”；巴尔巴罗译注 1987 年，223 页及其后。参见帕拉第奥 2002 年，注 135。

180 帕拉第奥，RIBA XII 5, XII 5 正面 , VIC, D 14 正面 , D 15；巴尔巴罗译注 1987 年 207–209 页；塞利奥 1566 年，III，105 反面 –107 正面及其后。参见帕拉第奥 2002 年，注 136。

181 这似乎是说基座是“1/2.5”柱高，比 1/3 柱高的那种要高一些；但还是没有清楚这 1/2.5 是谁的一小半：Ware 1738 年译本第 25 页，将这一小半译为柱高的 2/5，似乎缺乏根据。参见帕拉第奥 2002 年，注 137。

182 这一观点来自维特鲁威关于建筑最初状态的论述：维特鲁威《建筑十书》4.2。参见帕拉第奥 2002 年，注 138。

183 参见阿尔伯蒂 1988 年，119–121 页 (I.9)。参见帕拉第奥 2002 年，注 139。

184 意思可能是“突出距离超过檐口”，而不是“从檐口突出”。参见帕拉第奥 2002 年，注 140。

185 关于阿尔伯蒂及其他（*varietas*）对帕拉第奥此段造成影响的，见阿尔伯蒂 1988 年，20 页及其后，及 313 对开页 (1.8 和 9.9)，以及 426 页。术语表中的条目“Variety”。参见帕拉第奥 2002 年，注 141。

186 例如罗马的 Cancelleria 的转角柱墩。参见帕拉第奥 2002 年，注 142。

187 参见阿尔伯蒂 1988 年，119–121 页 (5.2)，但在那里，译文用“salon”（沙龙）比“hall”（大厅）更恰当，因为阿尔伯蒂指出这个词来自动词“*saltare*”，是用来跳舞的。阿尔伯蒂认为，门廊和前厅是向所有人开放的，而庭院、前庭和大厅则仅供房屋的居住者使用。参见帕拉第奥 2002 年，注 143。

188 即长宽比为 $\sqrt{2}$。

189 帕拉第奥建议使用圆形、方形，以及采用以下比例的矩形：$\sqrt{2}$ ：1，3：4，2：3，3：5，1：2。参见前人著作中提出的各种比例：维特鲁威《建筑十书》6.3.3；阿尔伯蒂 1988 年，306–308 页 (9.6)，弗朗切斯科·迪乔治 1967 年，II, 346 页；以及塞利奥 1566 年，I，15 对开页正面，并参见霍华德与隆盖尔 1982 年。参见帕拉第奥 2002 年，注 144。

190 字面意思是“在别的房间背后的房间”。参见帕拉第奥 2002 年，注 145。

191 字面意思是“比别的房间的地板 / 地平面”。参见帕拉第奥 2002 年，注 146。

192 这一计算方法是阿尔伯蒂算法的简化，见《建筑论》1988 年，296 对开页和 306 对开页（9.3 和 6）：另参见巴尔巴罗译注 1987 年，314–317 页。参见帕拉第奥 2002 年，注 147。

193 在帕拉第奥的手稿中是“il volto”，而不是论著所印刷的“in volto”。参见帕拉第奥 2002 年，注 148。

194 简而言之，第一种拱顶高度计算法即取房间长宽的算术平均值，h=（a+b）/2。（设 h 为拱高，即拱顶到地面的高度；a 为房间宽度；b 为房间长度）。

195 简而言之，第二种拱顶高度计算法即取房间长宽的几何平均值，$h=\sqrt{a\times b}$。（设 h 为拱高，即拱顶到地面的高度；a 为房间宽度；b 为房间长度）。

196 黑米奥拉比例（sesquialtera），音乐术语，指 3/2。

197 简而言之，第三种拱顶高度计算法即 h=2a·b/(a+b)。（设 h 为拱高，即拱顶到地面的高度；a 为房间宽度；b 为房间长度）。

198 帕拉第奥在这里列举了 6 种拱券，但是给出了 7 张图；在书中的其他地方，他还提到了其他类型的拱，因此导致了理解的困难：参见本书译本所附的《术语表》，**volto**。参见帕拉第奥 2002 年，注 149。

199 在第三个图示中，帕拉第奥画出了一个房顶所用的交叉筒形拱，宽 × 长为 3×4 单位尺寸。参见帕拉第奥 2002 年，注 150。

200 在最后一个图示中，帕拉第奥显然是画了一个筒形拱；如果这是对他所表述的“volto a fascia”的正确图示，那是比较特别的；大部分作者会用“volto a botte”来表述。参见帕拉第奥 2002 年，注 151。

201 第四个图示似乎是“volto a remenato”的图示——被切分或降低的拱——因为它的拱高（freccia）大于下部房间宽度的 1/3（因此不是他所描述的“volto a conca”），但又小于 1/2（因此它比半圆形要小，也就不是“volto ritondo”）。帕拉第奥的图有些令人困惑，因为他在拱的两端都画了穹隆，所以它也可以说是表示“volto a schiffo”（参见第二书，38，52 页）。参见帕拉第奥 2002 年，注 152。

202 前两个图示分别是“ritondi”或“tondi”的拱。在第一个图示中，房间和圆屋顶的底部都是圆的，而拱并不是真正的半圆形，但可能原是要做成半圆形；在第二个图示中，房间是方形而拱的底部是圆形。因此术语“rondo”和“ritondo”和屋顶底部的平面形状而不是立面形状有关。帕拉第奥在接下来的文字中，在提到提图斯（图拉真）浴场（Baths of Titus（Trajan））中的例子时解释了第二类拱顶的形式：拱的底部是圆形，落在拱肩上，每条拱肩大约承托圆形拱底的一半；拱的顶点被降低（remenato）了，而拱的曲线距离底部越近就越弯曲。这张图画出了拱顶与房间墙壁平行的剖面。因此这种拱是一种帆拱（sail vault，亦即 a volto a vela）。参见帕拉第奥 2002 年，注 153。

203 第六个图示画的是一个由房间上方的半圆壁支撑的穹隆，宽 × 长为 3×5 单位尺寸。参见帕拉第奥 2002 年，注 154。

204 第五个图示似乎是画的“volto a conca”或穹隆，据他的描述，其拱高（frezza）——即拱的顶点到拱的底边的垂直高度——是下部房间宽度的 1/3。根据帕拉第奥图纸中的尺寸，这张图应该就属于上述情况。参见帕拉第奥 2002 年，注 155。

205 实际上是图拉真浴场。参见帕拉第奥，RIBA IV 1–3，IV 4，IV 5；塞利奥 1566 年，第三书，对开页 92 左页。参见帕拉第奥 2002 年，注 156。

206 这里清楚地显示出，帕拉第奥想要在比例与几何的完美和具体情况下的使用要求之间寻求平衡。另参见伯恩斯等 1975 年，225 页；切韦塞 1972 年。参见帕拉第奥 2002 年，注 157。

207 关于本章内容，参见维特鲁威《建筑十书》4.6.1 及其后，巴尔巴罗译注 1987 年，182 页及其后。参见帕拉第奥 2002 年，注 158。

208 关于蒂沃利的维斯塔神庙，参见第四书，90 页下部。参见帕拉第奥 2002 年，注 159。

209 参见第一书 14 页上部。参见帕拉第奥 2002 年，注 160。

210 维特鲁威《建筑十书》4.6.1–6。参见帕拉第奥 2002 年，注 161。

211 关于巴尔巴罗，参见英译本导言中关于他的对维特鲁威著作的翻译和注释的介绍（巴尔巴罗译注 1987 年）；以及塔夫里 1966 年，200–210 页；塔弗纳 1991 年，46–52 页。参见帕拉第奥 2002 年，注 162。

212 亦即等腰三角形。参见帕拉第奥 2002 年，注 163。

213 指三角形的顶点。参见帕拉第奥 2002 年，注 164。

214 这里应该是指的楣梁的平缘 [orlo]，即第一书 57 页上图中标注 R 的部分。

215 帕拉第奥实际上写的是“角 C”，但他在这里显然是指的凹弧线脚（cavetto），在图中标注为 G。参见帕拉第奥 2002 年，注 165。

216 指檐板总高度的 $5^3/_4$ 份中的最后 3/4 份。从图纸看来，这一部分并不在檐板的末端，而是位于檐冠（高为 3 份的 8/17）与波纹线脚（高为剩下的 9/17 再乘以 3/4）之间。

217 巴亚（Baiae），意大利西南部坎帕尼亚区的古城，现称为 Baia。

218 奇维塔韦基亚（Civitavecchia），位于意大利中部的一个海港，有伊特鲁里亚和古罗马遗迹以及米开朗琪罗设计的城堡。

219 这一观察可能是来自《建筑十书》巴尔巴罗译注 1987 年，300–304 页。参见 弗朗切斯科 · 迪乔治 1967，II，332 页。帕拉第奥可能是指的巴科利（Bacoli）的“piscina mirabilis”，他画的图纸见 RIBA XIV 3 正面。参见帕拉第奥 2002 年，注 166。

“piscina mirabilis”是一个古罗马时期的蓄水池。

220 参见维特鲁威《建筑十书》2.7.1，维特鲁威在这里谈到软质的石头；巴尔巴罗译注 1987 年，81–83 页。参见帕拉第奥 2002 年，注 167。

221 弗朗切斯科 · 特伦托的艾奥利亚别墅，位于隆盖尔的科斯托扎（Longare di Costozza）。参见帕拉第奥 2002 年，注 168。

222 参见第一书，14 页上部；参见阿尔伯蒂 1988 年，145–150 页（5.17）。参见帕拉第奥 2002 年，注 169。

223 参见阿尔伯蒂 1988 年，294–296 页（9.2）；科尔纳罗 // 论文集，1985，97–98 页；卡塔尼奥 // 论文集，1985，328 页。关于它们的结构，参见阿尔伯蒂 1988 年，31–32 页（1.13），这一段落被帕拉第奥充分吸收并加以拓展。参见帕拉第奥 2002 年，注 170。

224 字面意思是，“一尺（或一步）中的六寸”（six inches of a foot）。参见帕拉第奥 2002 年，注 171。

225 字面意思是，“会更少地使你的脚劳累”。参见帕拉第奥 2002 年，注 172。

226 参见维特鲁威《建筑十书》9.2 和 3.4.4。参见帕拉第奥 2002 年，注 173。

227 维特鲁威《建筑十书》3.4.4；参见阿尔伯蒂 1988 年，31–32 页（1.13）；塞利奥 1566 年，第五书，203 对开页正面；维奥拉 · 扎尼尼（Viola Zanini）1629 年，I，35，111 页。参见帕拉第奥 2002 年，注 174。

228 “Rami”，字面意思是“分支”。参见帕拉第奥 2002 年，注 175。

229 更常见的称呼是阿尔维斯 · 科尔纳罗（Alvise Cornaro，1475–1566 年），Alvise 还可作 Aluisio 和 Luigi：Fiocco 1965 年；普皮 1966 年，9–11 页；普皮 1973 年 a，12 页及其后。参见帕拉第奥 2002 年，注 176。

230 塞利奥 1566 年，VII，218–219 页及其后；塔弗纳 1991 年，21–24 页；布歇 1994 年，12 页及其后。参见帕拉第奥 2002 年，注 177。

231 马克 · 安东尼奥 · 巴尔巴罗（Marc' Antonio Barbaro，1518–1595 年），达尼埃莱 · 巴尔巴罗（Daniele Barbaro）的兄弟：意大利人物辞典（*Dizionario biografico degli Italiani*），6（罗马，1964 年），110 页及其后；普皮 1986 年，380。参见帕拉第奥 2002 年，注 178。

232 关于帕拉第奥的椭圆形楼梯设计，参见沙泰尔 1965 年，15–16 页；巴锡 1978 年。参见帕拉第奥 2002 年，注 179。

233 参见帕拉第奥在第二书 30 页下部的平面图。参见帕拉第奥 2002 年，注 180。

234 由法国国王弗朗西斯一世（Francis I）于 1520–1550 年间建造。参见帕拉第奥 2002 年，注 181。

235 关于庞贝柱廊（Portico of Pompei）以及 Porticus Minucia 的图纸，参见 Peruzzi U. A. 484 页正面（Uffizi）；塞利奥 1566 年，III，75 页正面 –76 页正面及其后；帕拉第奥，RIBA XI 1，XI 2；金特 1981 年。参见帕拉第奥 2002 年，注 182。

236 关于梵蒂冈这一楼梯间的柱式，参见登克尔・内塞纳夫（Denker Nesselrath）1990 年，27 对开页，60 对开页，78 对开页，另参见塞利奥 1566 年，III，120 对开页正面。参见帕拉第奥 2002 年，注 183。

237 原文作 S. Maria Rotonda，直译为“圣马利亚圆庙”，即罗马万神庙。

238 帕拉第奥指的是奎里纳尔山上的塞拉皮斯神庙（the Temple of Serapis on the Quirinal Hill）；参见他在第四书中的图，41 页下部及其后；以及塞利奥 1566 年，III，86 对开页背面。参见帕拉第奥 2002 年，注 184。

239 维特鲁威《建筑十书》2.1.3，4 和 7；巴尔巴罗译注 1987 年，68 对开页。参见帕拉第奥 2002 年，注 185。

240《建筑四书》大不列颠图书馆藏本的注释，曾属于史密斯执政官（Consul Smith），参见费尔贝恩（Fairbairn），载于伯恩斯等 1975 年，108–110 页。参见帕拉第奥 2002 年，注 186。

美德 王后
建筑之第二书
安德烈亚·帕拉第奥
本书包含了作者所设计的城市内外
多栋住宅的图纸，以及古希腊和
古罗马人的住宅图纸
威尼斯
多米尼哥·迪·弗兰切斯基
1570

关于建筑的第二书

安德烈亚·帕拉第奥

第1章　关于那些在私人建筑中必须遵守的“得体”[DECORO][1]或“适用”[CONVENIENZA][2]

在前一本书中，我解释了建造公共建筑和私人住宅最值得注意的各个方面，以此实现作品的美观、优雅、经久耐用；另外我也提出，关于私人住宅，本书将着重讨论适用性 [commodità] 的相关方面。适用 [commodo] 的建筑必定与居住者的身份 [qualità] 相适应，而且部分与整体之间以及部分与部分之间必须协调。[3] 但最重要的是，建筑师必须注意，如维特鲁威在第一书和第六书中所述[4]，大人物和公职人员的房屋，要有敞廊和宽敞华丽的会客厅，使得等待拜访房屋主人或向房屋主人寻求帮助的那些人可以舒适地停留；同样，较小的建筑，花费较小、装饰较少，适合于地位较低的人。法官和律师的房屋，其建筑方式也应如此，能保证其住宅有着装饰华美的区域可供散步，使其客户可以毫不沉闷地打发时间。商人的房屋应有朝北的地方存放货物，其布局能使屋主不必担心被盗。[5] 如果建筑的局部与整体相协调，做到建筑规模大，建筑部件 [membro] 就大，建筑规模小，部件就小，建筑规模居中，部件就居中，则可谓得体 [decoro]；如果狭小的厅堂或房间置于宏大的建筑之中，必然不能令人快适，反之，在小型建筑中，两三个房间就占满了整个空间也不恰当。因此，我们必须（就像我已经说过的）特别关注那些想要建造房屋的人，而不必过分在意那些可能与他们相配的建筑类型 [qualit à]；然后，在做出选择之时，各个局部的配置应该做到与整体相配，且各部分彼此相配，并施以合适的装饰；但是建筑师往往不得不迎合投资者的愿望，甚于注重那些应当实现的方方面面。

第2章　关于房间及其他空间的平面布置[compartimento]

房屋必须适用 [commodo] 于家庭居住，否则很难得到赞赏，反而会受到最严厉的批评。建造时不仅要特别关注最重要的元素，例如敞廊 [loggia]、会客厅、庭院 [cortile]、华丽的房间和照明条件好、容易上下的大楼梯，同时还应关注那些附属于较大较高贵部分的最小最鄙陋的部分。因为人类本身就有某些高贵和美丽的部分，也有不那么令人愉快的部分，我们可以看到前者绝对依赖于后者，而且绝不能脱离后者独自存在；同样，在建筑中，存在值得欣赏和赞扬的部分，也存在不那么优雅的部分，如果缺乏后者，前者就不能独立存在，而且将在一定程度上失去高贵和美感。然而，就像上帝对我们各个器官的安排，最美丽的部分总是展现在最显著的位置，而最不雅的部分则被隐藏。建筑也应该把最重要和最高贵的部分完全展现出来，把不那么美丽的部分尽量隐藏在目力所不能及的地方，因为房屋中所有不悦目的东西都放在那里，很可能会令人讨厌，使最美的部分变丑。[6] 所以我喜欢把酒窖、木材库 [magazino da legne]、备餐间 [dispensa]、厨房、小餐室 [tinello]、洗衣房 [luogho da liscia o bucata]、烤炉以及日常使用的重要部分安排在底层，这有两个适用之处 [commodità]：一是房屋的上层部分完全不受妨碍，其次的好处，是使上层远离泥土的湿气，有利于健康居住；同时，上层抬高还有一个好处，就是能从远处被看到，并且拥有好的视野。然后还需注意，在建筑中的其他部分，应该有大、中、小不同尺度的房间 [stanza grande, mediocre, e picciola] 彼此相邻，这样它们可相互利用。小房间还可以分割 [amezare] 成

更小的房间 [camerino]，用作书房或图书室，或放置马具和其他不宜放在睡觉、吃饭或待客处的日常用具 [invoglio]。另外，为了舒适，夏季使用的房间宜较大、宽敞、朝北，冬天使用的房间宜较小、朝南、朝西，因为夏天我们需要阴凉和微风，冬天则需要阳光[7]，而且小房间比大房间容易变暖。在春秋使用的房间宜朝东，这样可向外看到花园和绿景。书房和图书室也应该布置在房屋的朝东部分，因为其早上使用的时间最多。[8]但是，正如我已说过的，以一种建筑各部分相互协调的方式，将大房间与中型房间并置 [compartire]，将中型房间与小房间并置，使建筑物全身 [corpo] 各部件 [membro] 的配置都具有了一种内在的恰当性，这使其在整体上优美而端庄。然而，在城市中，界墙、街道和公共广场往往预先确定了建筑不能超越的界限，所以建筑师还须遵守场地的限制[9]，以下关于平面和立面的探讨将着力反映这些限制（除非我弄错了），并作为我在前一书中所述的例证。

第3章　关于城市中的住宅设计

我确信那些参观下文所述建筑的人，以及知晓创新之艰难的那些人——特别是在建筑这个领域，每一个人都认为自己略知一二——都将认为我极度幸运，因为我遇到了具有如此高尚慷慨、独具慧眼的绅士，能够接受我的观点，放弃不优雅也不美观的陈旧建筑方式;的确，我不得不从心底感谢上帝（不论做什么，我们总是要从心底感谢上帝），让我能够将漫长旅途中的不懈工作和广泛研究所得付诸实践。尽管实际上设计的有些建筑尚未完成，但从那些已经完成的工作中，可以略知将来完成时的样子；我已经在各作品中注明了出资人 [edificatore] 的名字和建筑地点，使那些希望看到建成效果的人能如愿。读者会在本章中发现，当我提到这些设计时，忽略了我所提到的绅士的地位或阶层，尽管他们所有人都非常杰出，但他们在文字中只是在适于我提到时才出现。现在我们回过头来谈建筑，符合上述情况的第一栋建筑在弗留利[10]的首府乌迪内[11]，由城中的绅士弗洛里亚诺·安东尼尼先生出资建造。[12]正立面的第一层 [primo ordine] 采用粗琢石面；正面、入口和敞廊的柱子为爱奥尼式。第一层房间 [prima stanza] 覆以拱顶；大拱顶的高度，根据前一书所述的针对长度大于宽度的房间的第一种方法来确定。[13]由于墙壁的收分，上层的带有木质天花板 [in solaro] 的房间，比下层的要宽，而且天花梁的高度与宽度相同。天花板上面还有其他房间，可以用作谷仓。大厅向上延伸到屋顶。厨房在房屋外面，但是仍然方便使用。厕所在楼梯的侧面，尽管位于建筑的机体之内，但不会散发很大气味，因为厕所的位置远离阳光，而且有从坑位底部通过墙体夹层排出屋顶的通风口。[14]

图 2–1　半维琴察尺，被分为寸和分

上图的线条是 1/2 维琴察尺 [piede vicentino][15]，下面的建筑都是以此来度量的。每尺分成 12 寸 [oncie]，每寸分成 4 分 [minuto]。

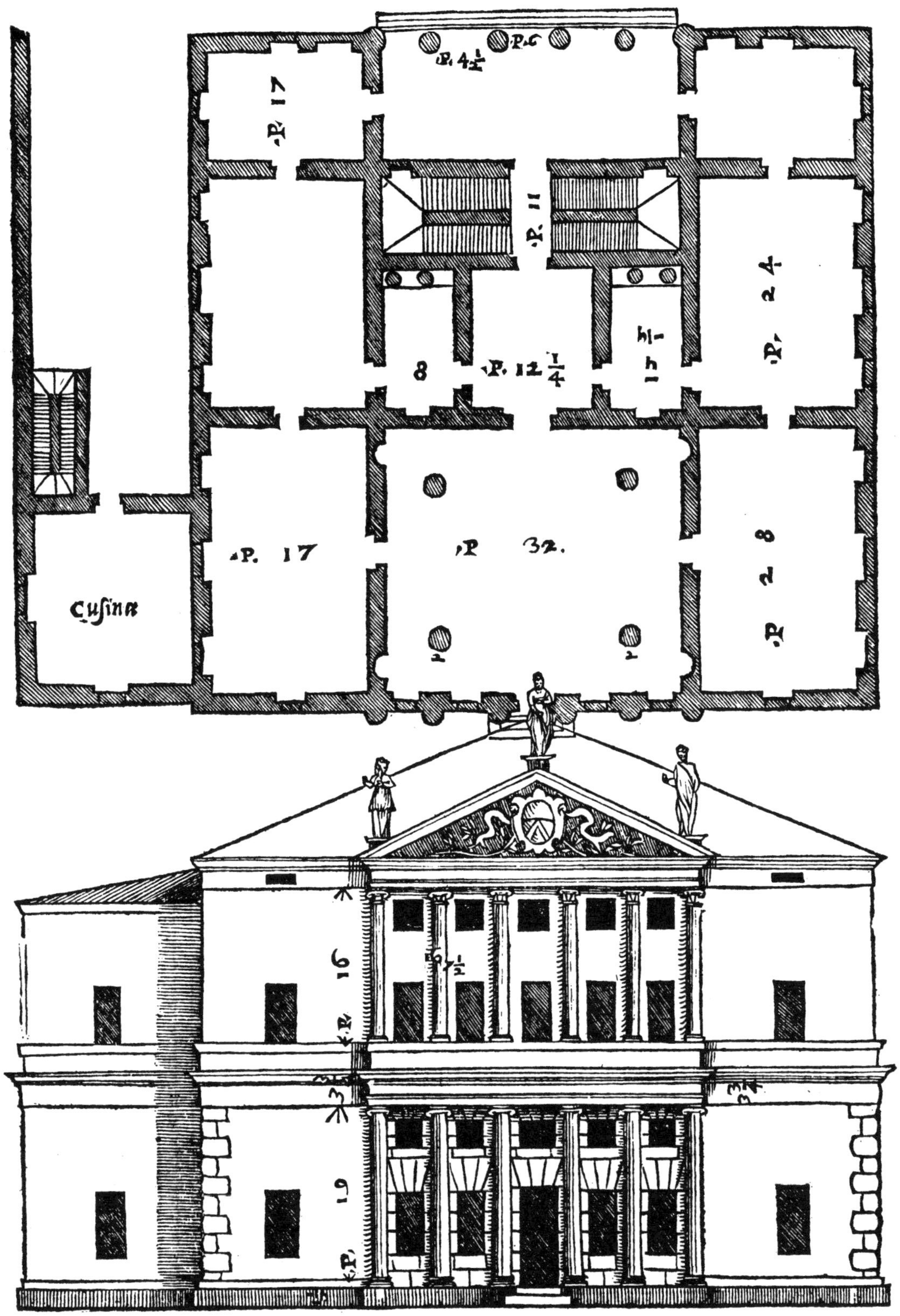

图 2-2　位于乌迪内的安东尼尼府邸，首层平面和立面

在维琴察通常被称为艾兹兰德（Island）的广场，城中的武士和受尊敬的绅士，瓦莱里奥·基耶里凯蒂伯爵，根据以下的设计建造了一栋建筑。[16] 建筑底层的正面有一个敞廊，构成了整个正立面。[17] 首层地坪比地面抬高五尺；这不仅仅是为了安放酒窖和其他日常所需——房屋离河不远，不能完全放在地下——也有利于上面的楼层更好地欣赏到前方的美景。[18] 较大的房间有拱顶，拱顶的高度通过第一种方法确定；中等大小的房间用半圆拱，其拱顶高度与大房间的相同；小房间 [camerino] 也施拱顶，并被分割 [amezato] 成若干区域。所有这些拱顶装饰有维罗纳雕塑家巴尔托洛梅奥·里多尔菲大师 [19] 所作的灰泥饰面嵌板 [20] [compartimento]，以及多梅尼科·里佐大师 [21] 和威尼斯的巴蒂斯塔大师 [22] 的绘画，这些人在其各自领域都非常杰出。大厅 [sala] 位于正面中央，占据了底层敞廊的中段；其高度与屋顶相同，因为它稍向前突出，因此在转角处用双柱。有两个柱廊 [loggia] 隔着大厅彼此相望；两边各一个柱廊，每个柱廊都有装饰了精美彩绘的腹板或嵌板 [soffitto, lacunare]，美不胜收。正立面首层 [primo ordine] 用多立克柱式，二层 [secondo] 用爱奥尼柱式。

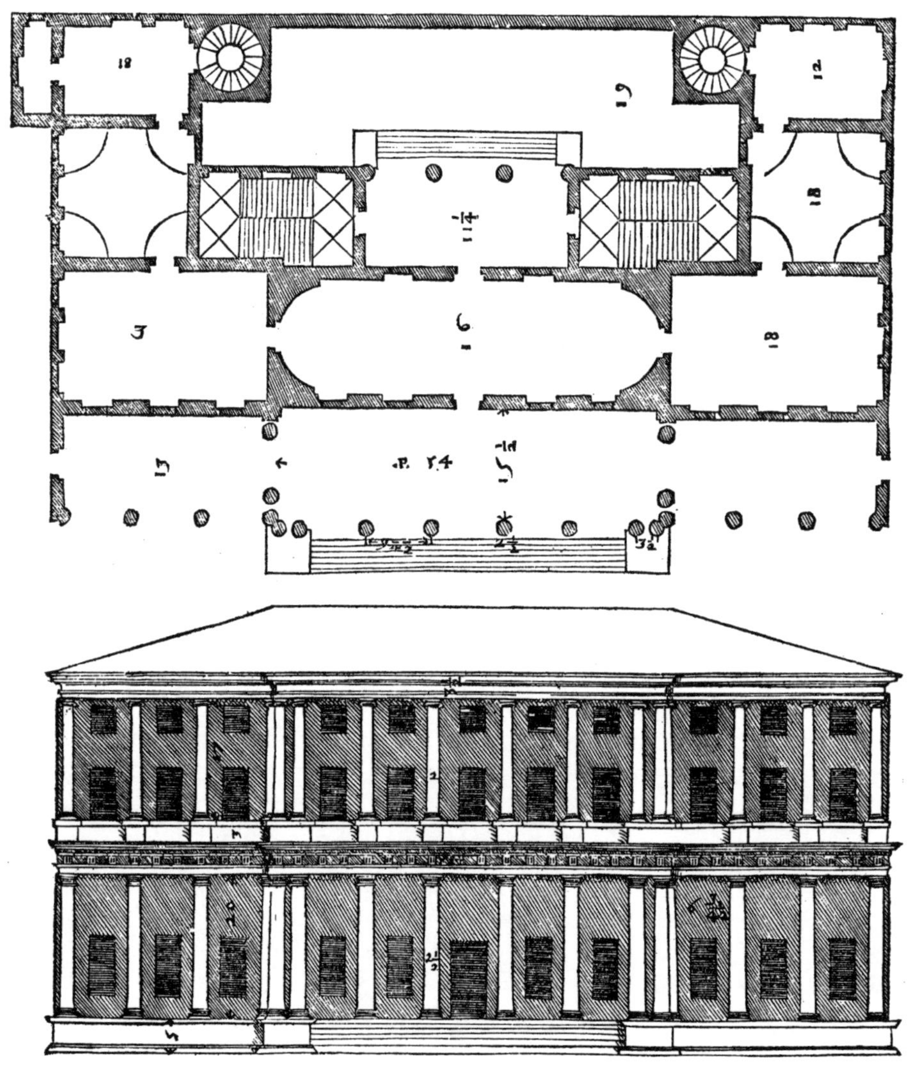

图 2–3　位于维琴察的基耶里凯蒂府邸，首层平面和立面

下面的设计图采用较大的比例尺展示了正立面局部

图 2-4　基耶里凯蒂府邸的正立面局部

下面的设计图所展示的，是本城[23]贵族伊斯普·德波尔蒂伯爵的住宅。[24]房屋两面临街，相应地有两个入口，每个入口有四个柱子支撑拱顶，使上面的房间稳固。[25]首层房间 [stanza prima] 覆以拱顶。位于入口侧面的房间的高度，通过最后一种拱顶高度法来确定。[26]"第二"房间 [stanza seconda]，也就是二层 [secondo ordine] 的房间，覆以木质天花板 [in solaro]，而且建筑中已经完工的部分的首层和二层房间，都装饰有前述优秀大师和杰出画家维罗纳的保罗大师的绘画和精美石膏作品。[27]庭院 [cortile] 有柱廊环绕，可从入口穿过走廊到达，柱子有 $36^1/_2$ 尺高，这相当于首层和二层的高度之和。这些柱子的下面是柱墩 [pilastro]，宽 3/4 尺，厚 1 尺 2 寸，支撑上方敞廊的地板。这个庭院将整个房屋分成两部分；前部供主人及其女眷所用，后部用于招待客人，这样家庭成员和客人将在各方面感觉自在，而这一点正是古人，尤其是希腊人煞费苦心来实现的。[28]若主人的后代希望拥有自己独立的空间，这种分割亦能发挥作用。我想将主楼梯沿庭院侧面的柱廊放置，这样上楼的人能看到建筑最美的部分；而且楼梯放在中间，可兼顾两部分的使用。酒窖之类的空间位于地下。厕位于房屋主体之外，由楼梯下方的入口进入。大比例尺图纸的第一张展现了正立面局部，第二张展现了庭院立面的局部。

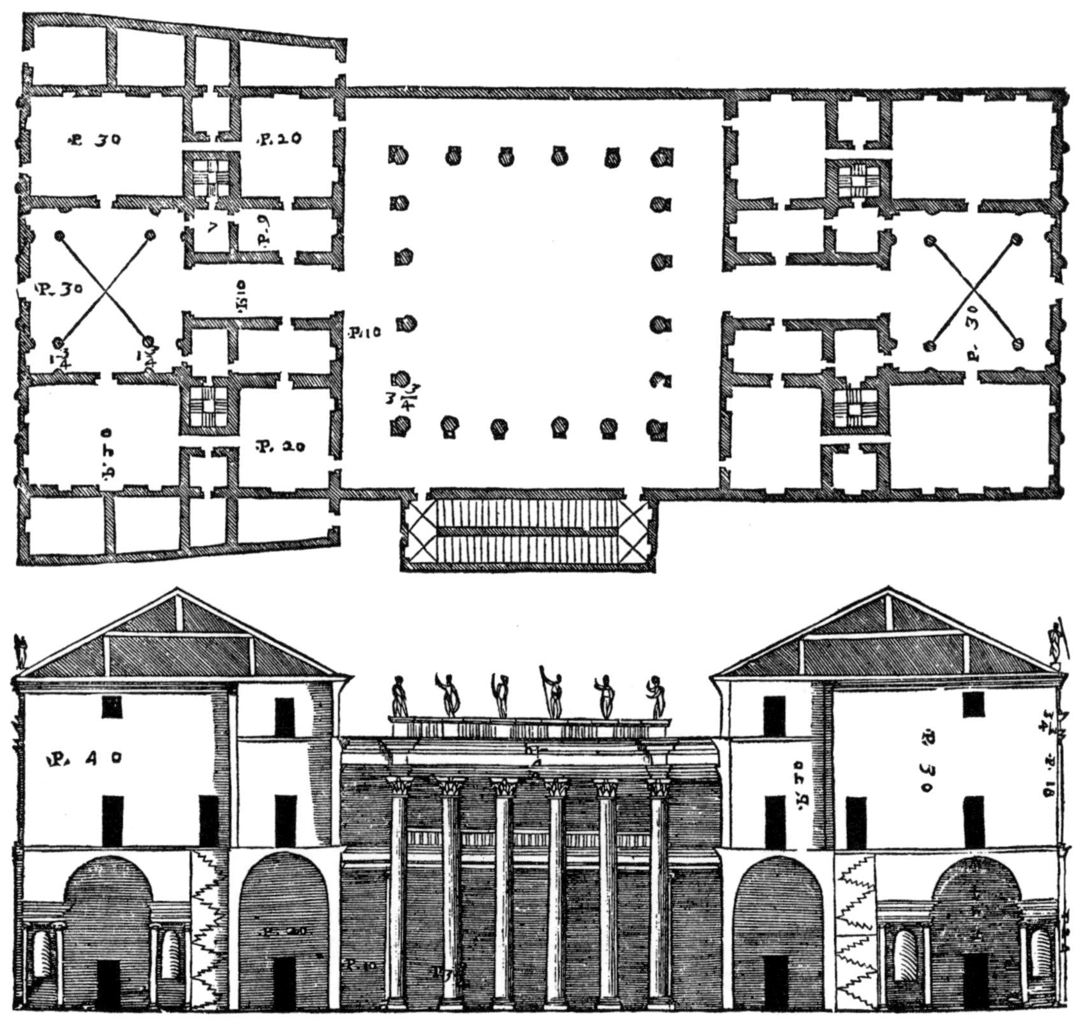

图 2–5　位于维琴察的波尔蒂府邸，首层平面和长向立面

图 2–6　波尔蒂府邸的主立面之半

图 2-7　波尔蒂府邸的主庭院剖立面之半

下面的这座建筑位于维罗纳，由该城市的绅士乔瓦尼·巴蒂斯塔·德拉托雷伯爵开始建造，但由于他的意外去世而未能建成；但是他确实完成了一大部分。[29] 人们从两侧的10尺宽的走廊进入；通过走廊可到达两边的庭院，长度各为50尺，然后进入一个敞厅，内有四根柱子为上面的大厅提供更好的稳定性。从敞厅可通往楼梯，楼梯呈椭圆形，中央开门。庭院周围有走廊或阳台 [corritore, poggiuolo]，连接这一层的二楼房间。其他楼梯使房屋在整体上更便于使用。对于狭长而有一条短边临近主要道路的地段，这种布置被证明是极好的。

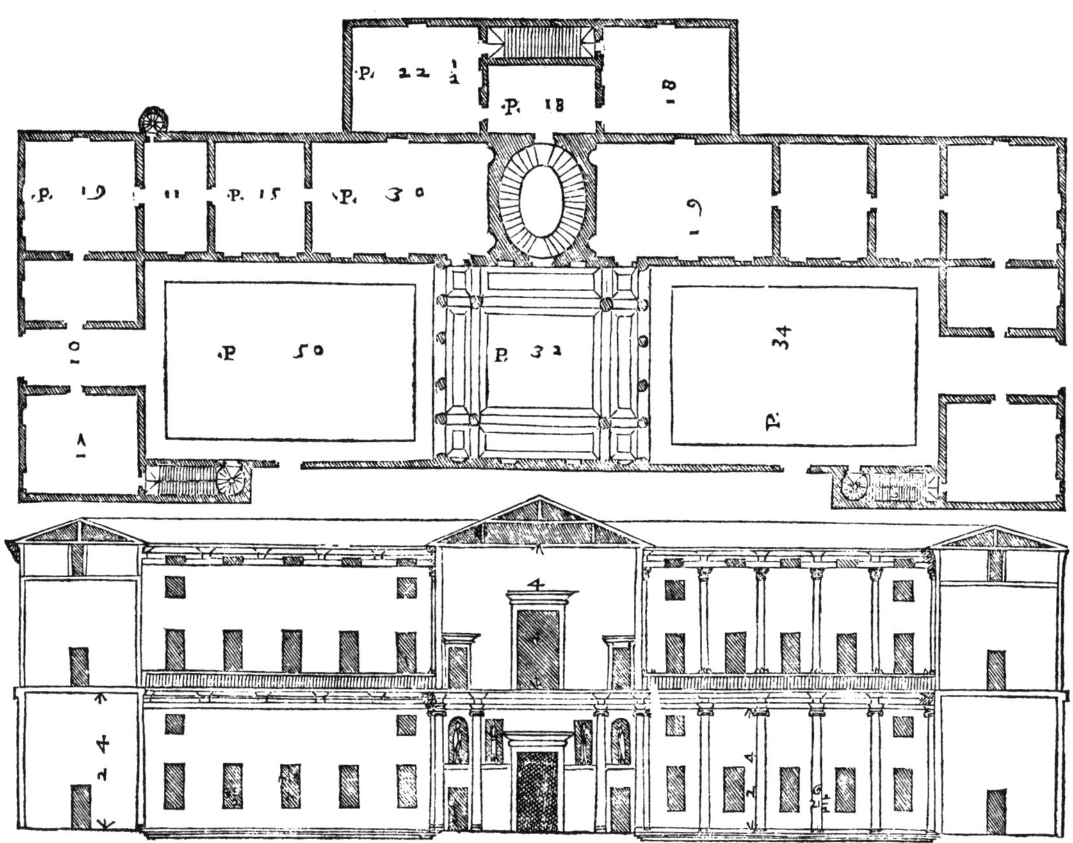

图 2-8　位于维罗纳的托雷府邸，平面图和横剖面图

下面的设计图，是一座位于维琴察的建筑，属于奥塔维奥·德蒂内伯爵，该建筑曾属于开始建造的马克·安东尼奥伯爵。[30] 房屋位于市中心广场的附近，所以我认为在面向广场的部分布置一些商店是一个好的想法，因为作为建筑师还必须考虑，什么事情是对主人 [fabricatore] 有用的，让他在场地足够大的时候能够舒服地做到这些。[31] 每个商店上面有个夹层 [mezato] 供店主使用，再上面是主人的房间。该房屋形成了一个街区，四面临街。主要入口(或被称为大门)前有一个敞廊，位于城市最繁忙的街道上。大会客厅位于其上，向外突出，直接与敞廊相连。侧面有另外两个入口，中间有柱子，主要不是为了装饰，而是为了使上面的房间稳固，并使其宽度与高度成比例。入口通往内庭院 [cortile]，院内环绕着柱墩 [pilastro] 围成的回廊，其首层是毛石面，二层是混合柱式。转角部位是八角形房间，它的优越之处不仅仅在于形状，而在于其适合于不同用途。建筑中已经完工的房间装饰有亚历山德罗·维多利亚大师和巴尔托洛梅奥·里多尔菲大师卓越的灰泥饰面作品，以及维罗纳的安塞尔莫·卡内拉大师和伯纳迪诺·因迪亚大师 [32] 的绘画，这些大师的成就在我们这个时代无人能及。酒窖一类空间位于地下，因为该建筑位于城市的最高处，不必担心水淹。

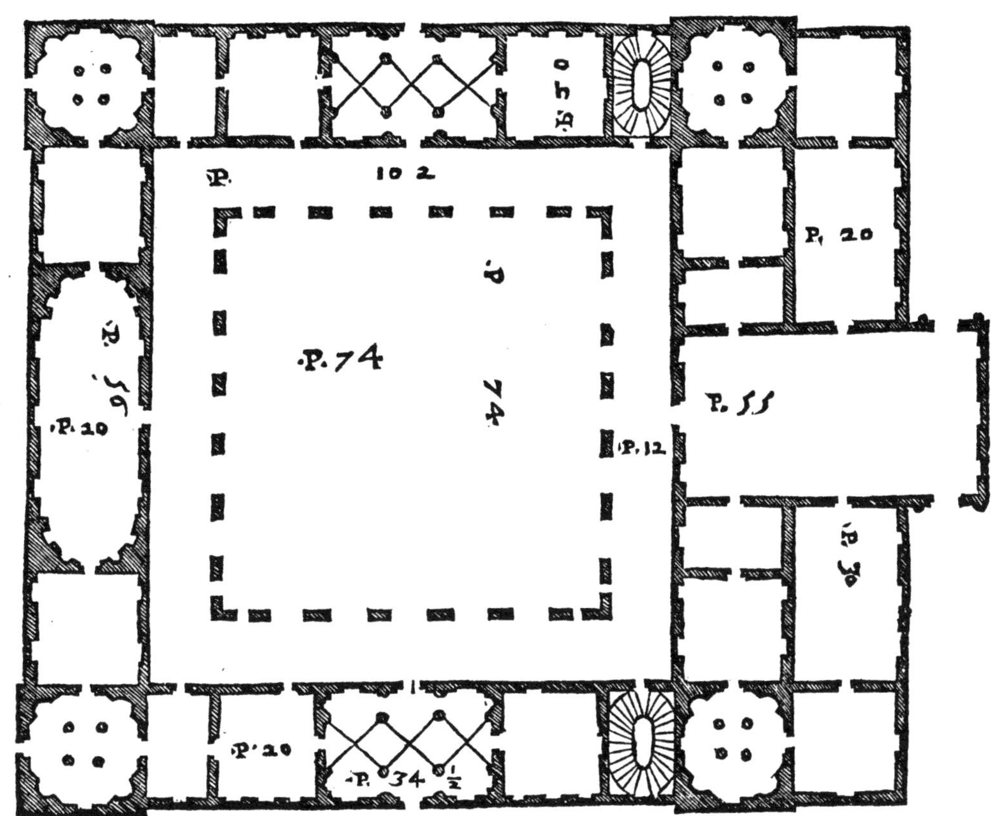

图 2-9　位于维琴察的蒂内府邸，首层平面和剖立面

在以下更大比例尺的设计图中，第一张展示了上述建筑的正面部分，第二张展示了建筑的庭院部分。[33]

图 2–10　蒂内府邸，尽端一间的局部立面

图 2-11　蒂内府邸庭院剖立面局部

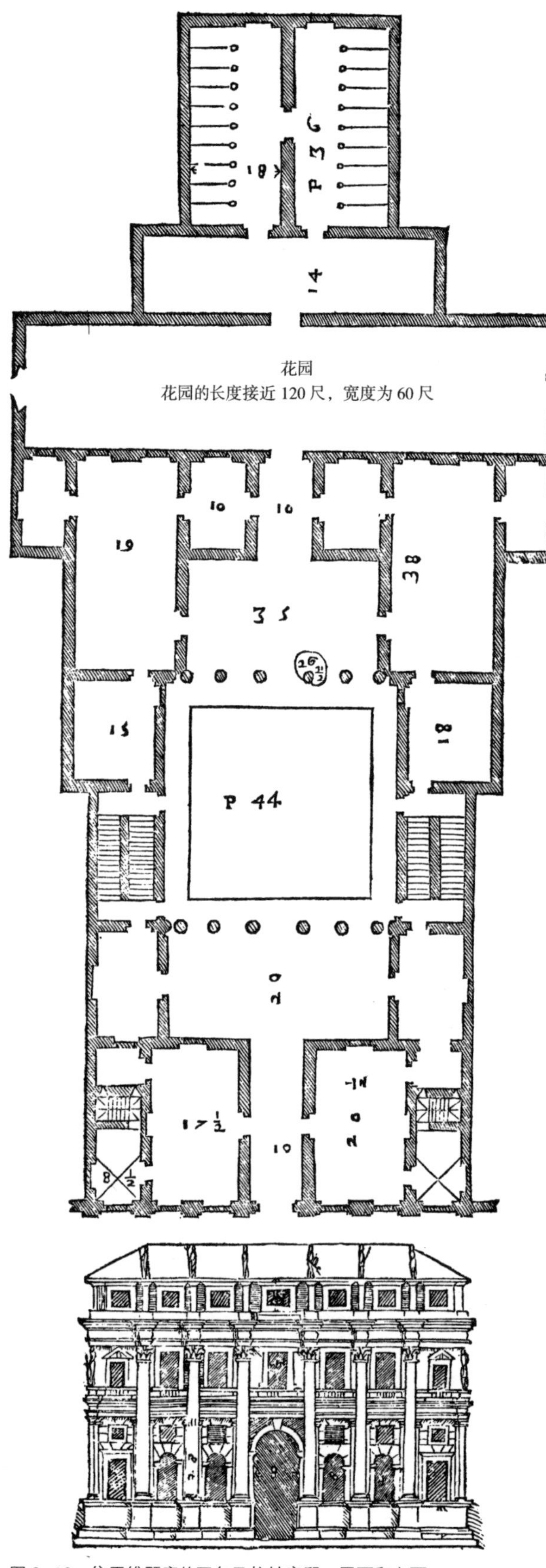

图 2-12　位于维琴察的瓦尔马拉纳府邸，平面和立面

为了自身的荣誉，也为了美化和方便自己的家乡，那些最出色的绅士，瓦尔马拉纳伯爵家族，还在这座城市中根据以下设计建造了房屋，房屋中有着丰富而不可缺少的装饰，例如灰泥饰面和绘画。[34] 房屋被中间的庭院分成两部分，庭院周围是走廊或阳台 [corritore, poggiuolo]，从建筑的前部通往后部。首层房间 [prima stanza] 覆以拱顶，二层房间 [seconda] 有木质天花板 [in solaro]，二层房间的高度与宽度相同。花园位于厩的前方，比平面图所示花园要大得多，但已经被缩小，否则页面尺寸不足以将厩和其他部分包含进去。对于该建筑要说的就是这些，我已标明了各部分的尺寸。随后的大比例设计图展现了正立面的一半。

图 2-13　瓦尔马拉纳府邸的主立面之半

最受尊敬的维琴察绅士之一，保罗·阿梅里克先生[35]，他是两个罗马教皇庇护四世和五世的咨询官，由于良好的声望而与其家人一起成为罗马公民。[36]这位绅士为了荣誉旅行了很多年，最终回到家乡时，他所有的亲戚都已去世；为了享受生活，他隐居在离城市不到四分之一里的郊外 [suburbano] 山中，在那里根据以下的设计建造了房屋，我认为不能将这处建筑算作庄园 [fabricha di villa] 建筑，因为它离城市太近了，也算是在城市中。这是我们所能找到的最令人惬意和愉快的地方之一，它位于一座缓缓升起的小山上；山的一边沐浴在适宜航行的巴基廖内河中，另一边则被群山环绕，就像一个巨大的剧场，漫山遍野栽种和生长着美味的水果和诱人的葡萄[37]；每个方向都能欣赏到最美的景致，只是其中有的幽深，有的开阔，还有的则一望无际，消失在地平线上，正因为如此，房屋的四面都建造了敞廊；在敞廊和大厅的楼下，是便于仆人使用的房间。[38]大厅位于中央，呈圆形 [ritondo]，自屋顶采光。小房间被分割成几部分。大房间的拱顶高度是按照第一种方法确定的[39]，在大房间的上方，有 $15^1/_2$ 尺宽的空间可供人们围绕大厅行走。在敞廊台阶两侧起支撑作用的墩座 [fare poggio] 端头，是最卓越的雕塑家之一，维琴察的洛伦佐大师的雕像作品。[40]

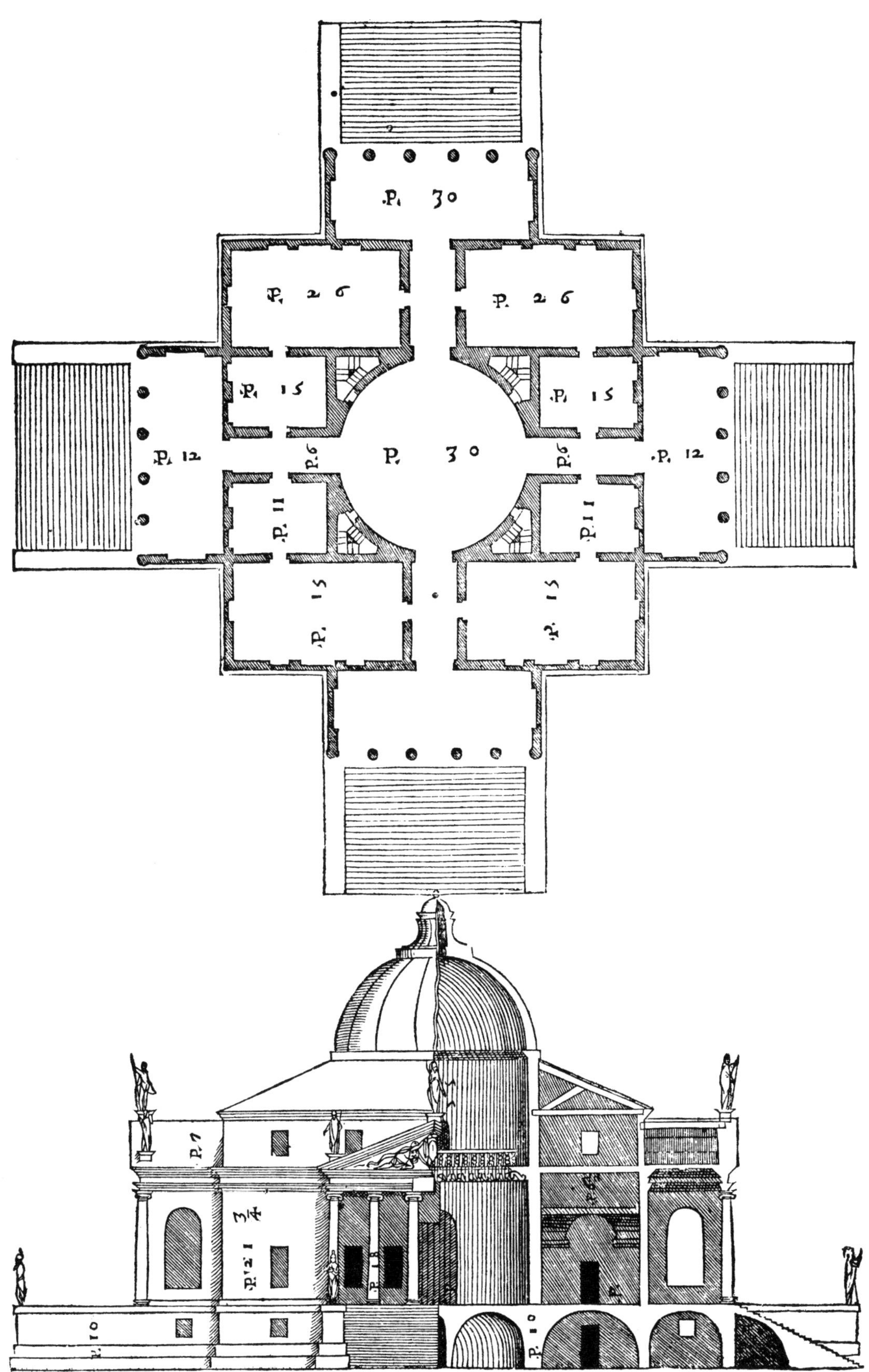

图 2-14　维琴察附近的阿梅里克别墅（圆厅别墅），平面图，以及半立面、半剖面图

为了自己的需要，更为了美化家乡，朱利奥·卡普拉先生[41]，维琴察这位最受尊敬的武士和绅士，还准备了建筑所需的材料，开始根据下面的设计在城市主街上最美的地方建造房屋。[42]这座房屋将有庭院、敞廊、大厅和房间，房间有大、中、小三种规模。其形状将是美丽而且各不相同的，这位绅士无疑将拥有一座令人称羡的华丽房屋，与其高贵的形象相称。

C　无顶的小庭院 [corte]
D　近似于无顶的小庭院
L　庭院 [cortile]
S　底层有柱，上层自由 [libero]，也就是没有柱子的大厅

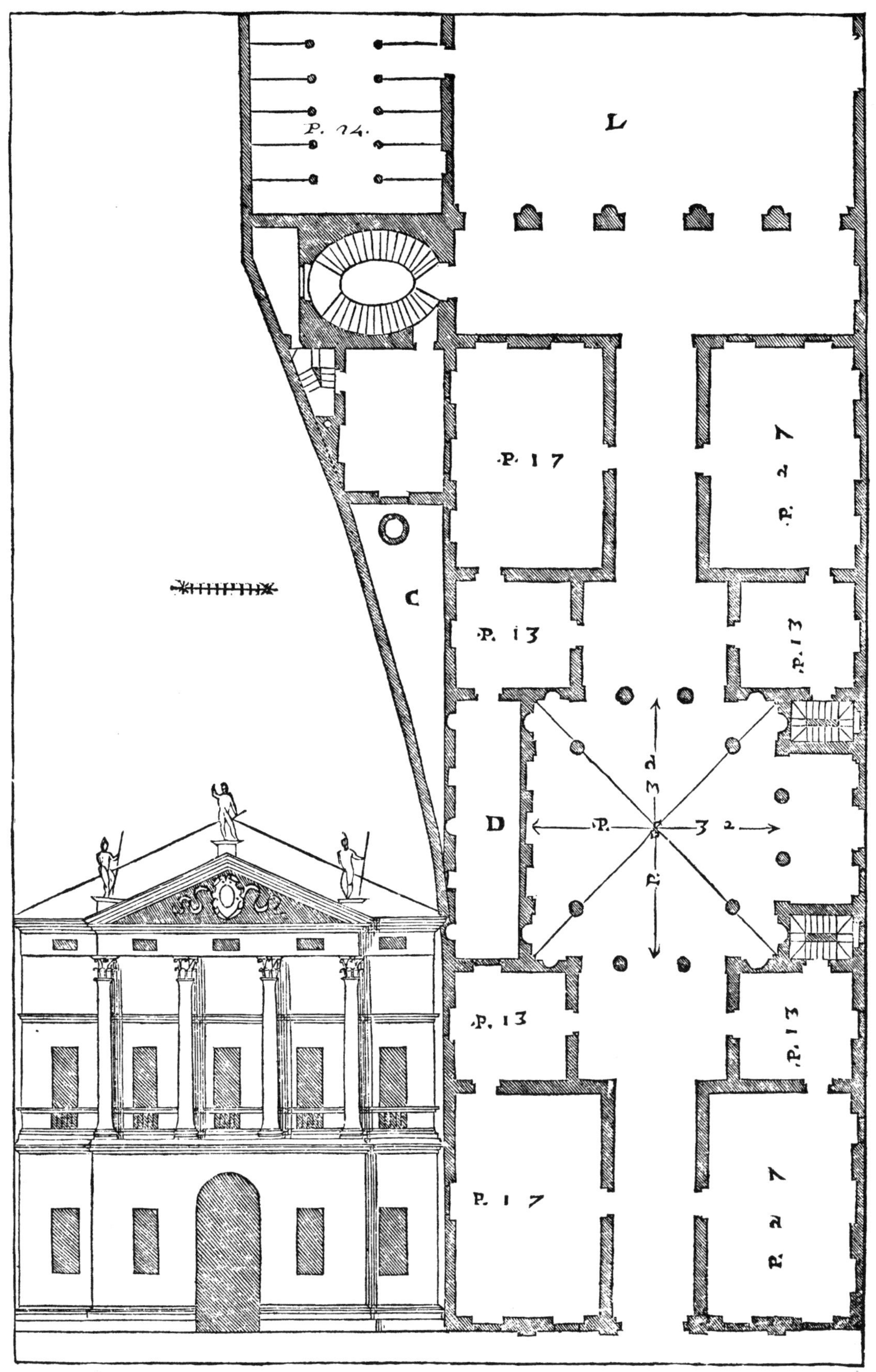

图 2–15　位于维琴察的卡普拉府邸，平面图和立面图

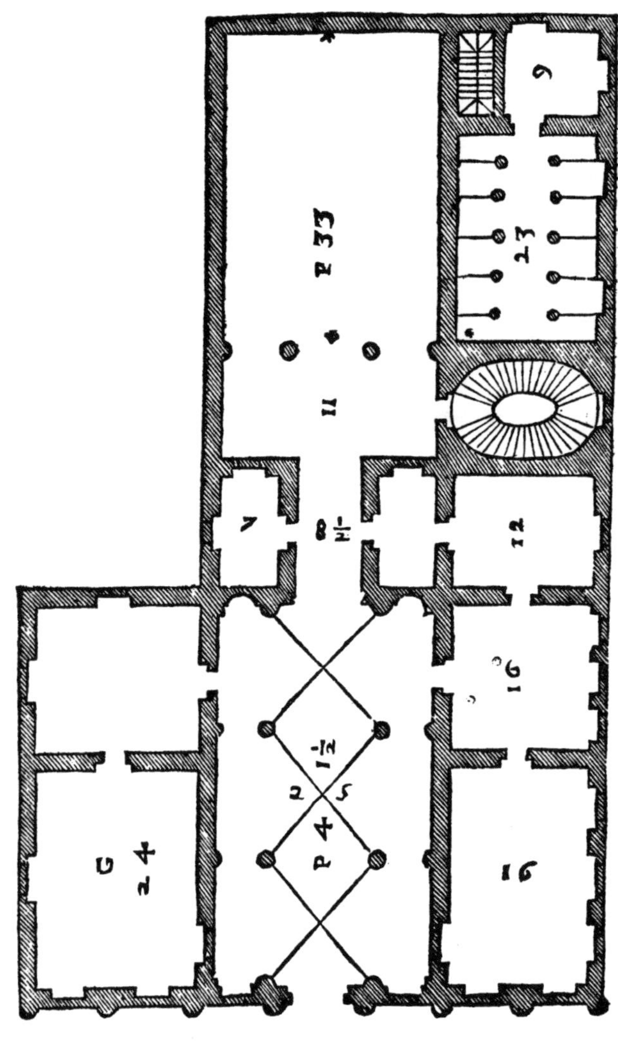

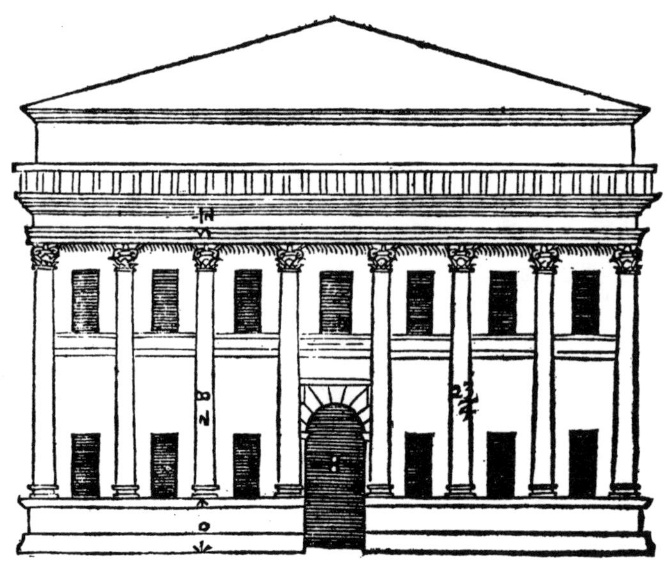

图 2-16　位于维琴察的蒙塔诺·巴尔巴拉诺府邸，平面图和立面图

我为蒙塔诺·巴尔巴拉诺伯爵[43]位于维琴察的地段作出了下面的设计，在设计中，根据用地形状，我没有采用两边对称的布局 [ordine]。[44]但是现在这位绅士已经买下了相邻的地块，因此两侧得以采用相同的布置，即一边是厩和仆人房间（这在设计图中可看到），另一边也有类似的房间，用作厨房、女仆住处，以及其他功能。他们已经开始建造房屋，正在根据后面的大比例图纸建造正立面 [facciata]。由于印刷时未能及时完成刻版，我没有将刚完成的平面图收入书中，现在已经根据平面图打好了地基。建筑的门厅中有一些柱子，同样是用来支撑拱顶的；其左右两侧有两个长宽比为 $1^1/_2$ 的房间；紧邻这两个房间还有两个方形的房间，然后是两个小房间。在入口对面有走廊通向庭院上方的敞廊。走廊两侧各有一个小房间，房间上面有夹层，可从房屋的主要大楼梯进入。所有这些房间的拱顶为 $21^1/_2$ 尺高。楼上的大厅和其他房间覆以木质天花板，只有小房间有拱顶，拱顶高度与较大房间的天花板高度相同。正立面的柱子底部有基座，柱顶支撑着阁楼 [soffitta] 所伸出的阳台。正立面没有按照上面我所说的来建造，而是根据下面的大比例尺设计图所建造的。

图 2–17　蒙塔诺·巴尔巴拉诺府邸的主立面之半

第4章　关于托斯卡式的前庭[atrio][45]

考虑到已经在书中介绍了我设计的一些城镇上的房屋，我似乎应该实现前面的承诺，介绍古代房屋某些最重要部分的设计；前庭是古代建筑最显赫的部分之一，我将首先介绍前庭 [atrio]，然后介绍挨着前庭的房间，再介绍大厅。维特鲁威在第六书中介绍了 5 种前庭类型，即托斯卡式、四柱式、科林斯式、有顶式 [testugginato]、无顶式。我不打算在书中讨论其中的无顶式。以下设计图展示了托斯卡式前庭。前庭的宽度是长度的 2/3。画厅 [Tablinum, tablino] 的宽度是前庭宽度的 2/5，长度与前庭相同。从画厅可通往回廊院 [peristyle, peristilio]，回廊院是周围有柱廊 [portico] 的庭院，长度比宽度要长 1/3。柱廊的宽度与柱子长度相等。在前庭的侧面，可建造能看到花园的小厅 [salotto]，如果打算按照设计所示内容建造，那么柱子为爱奥尼柱式 [ordine]，长 20 尺，柱廊进深与柱间距相等；上层是另一种柱式，科林斯式，其长度比底层的柱子要短 1/4，柱子之间有窗户采光。走廊上面应该没有屋顶 [coperta]，但周围应该有栏杆 [poggio]，房间数目取决于场地特征和居住者的需要与便利，可在我设计的基础上随宜增减。

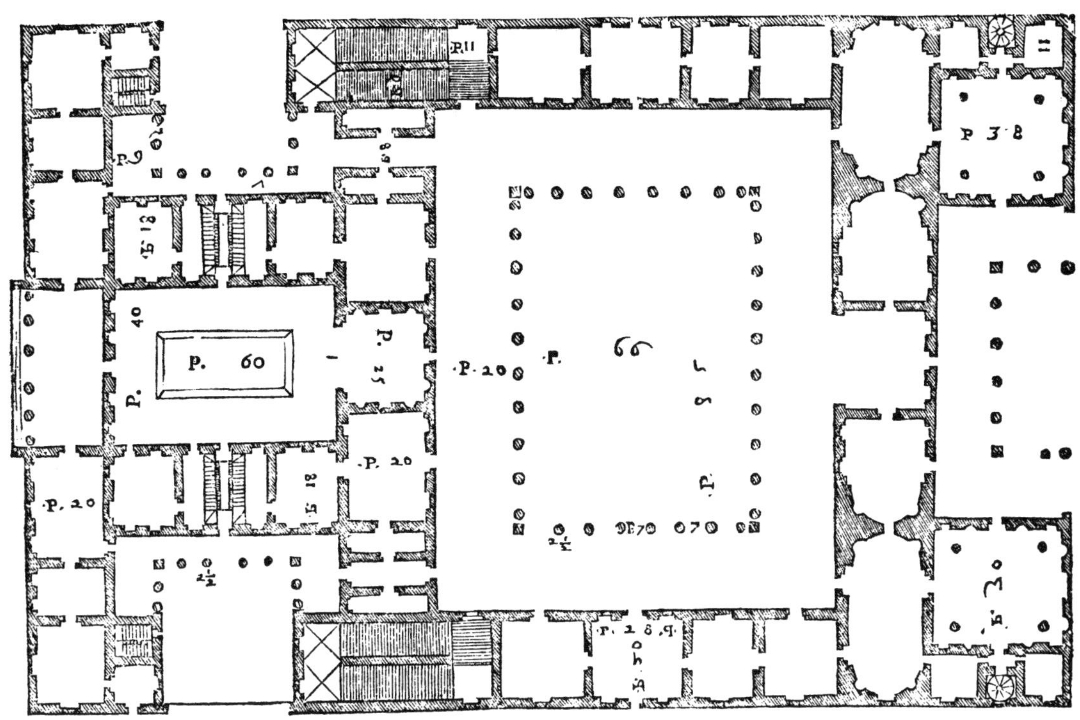

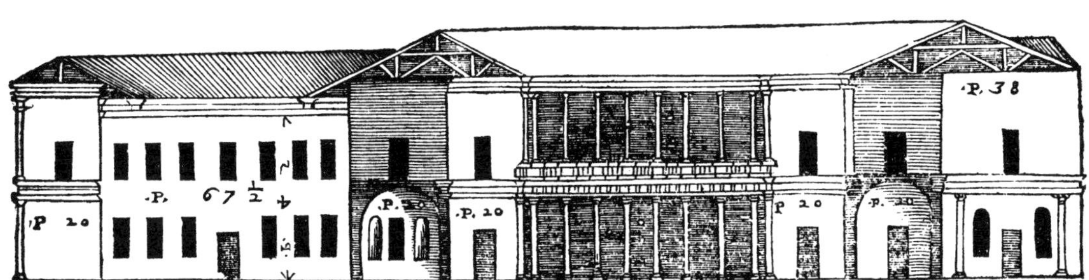

图 2–18　古代住宅的平面图和长剖面图

后面是较大比例尺的前庭设计图。

B　前庭

D　中楣或尽端梁 [fregio overo trave limitare]

G　画厅的门

F　画厅

I　回廊院的柱廊

K　前庭前的敞廊，可称之为门廊 [vestibulo]

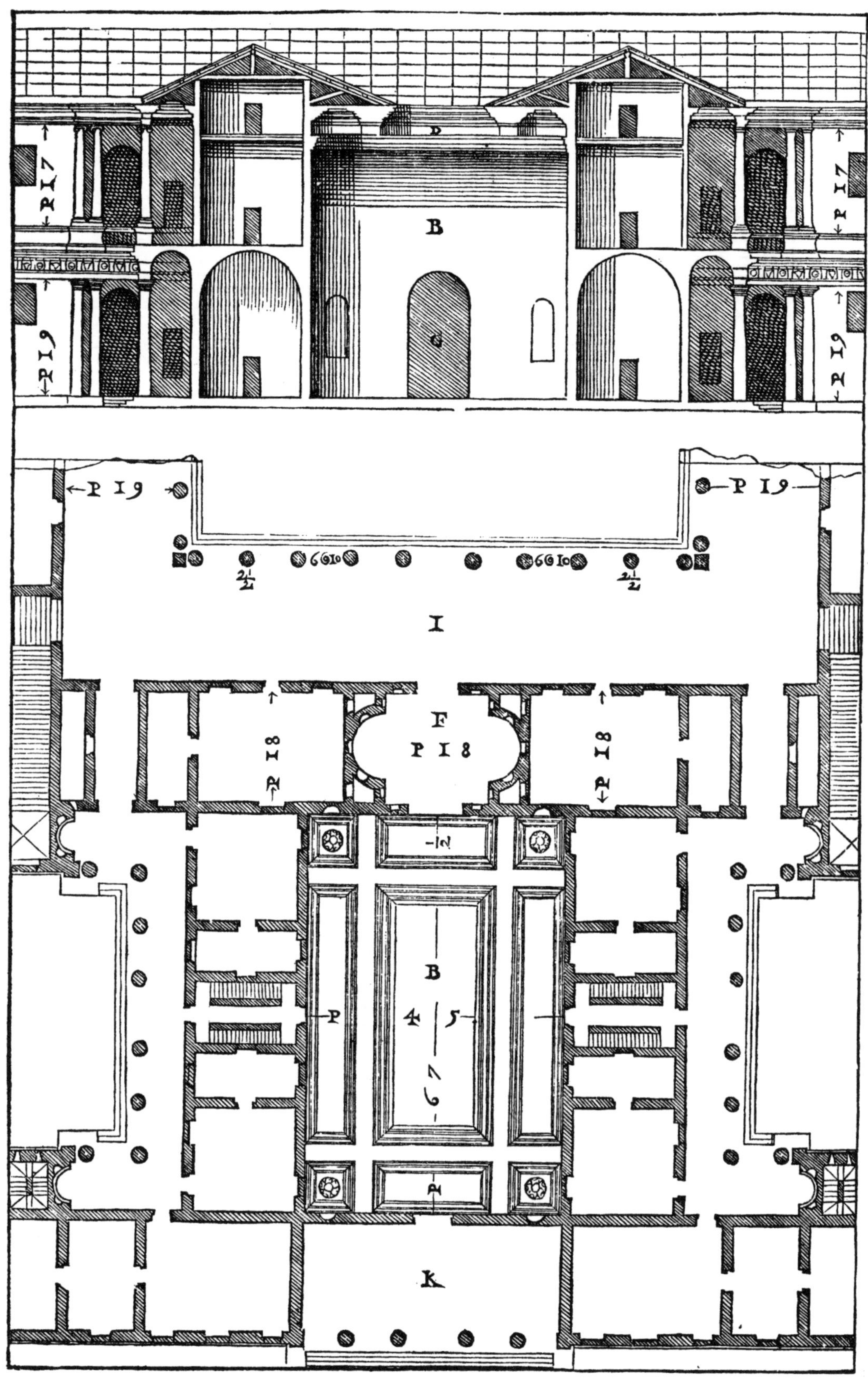

图 2-19　托斯卡式前庭，平面图和立面图

第5章　关于四柱式前庭

后面的设计图展示了四柱式前庭，前庭宽度是长度的 3/5。[46] 侧廊 [ala] 是前庭长度的 1/4。柱子为科林斯式，直径是侧廊宽度的一半；露天部分是前庭宽度的三分之一；画厅的宽度是前庭宽度的一半，长度与前庭长度相等。穿过前庭和画厅，可到达长宽比为 $1\frac{1}{2}$ 的回廊院，底层柱子为多立克式，柱廊宽度与柱子长度相等；二层的柱子为爱奥尼式，比首层的柱子细 1/4，柱子底部是 $2\frac{3}{4}$ 尺高的墩座 [poggio] 或基座。

A　前庭
B　画厅
C　画厅的门
D　回廊院的柱廊
E　前庭旁的房间
F　通往前庭的敞廊
G　带栏杆的前庭露天部分
H　前庭的侧廊 [ala]
I　前庭檐口的中楣
K　柱子上方的实墙 [pieno]
L　10 尺长的比例尺

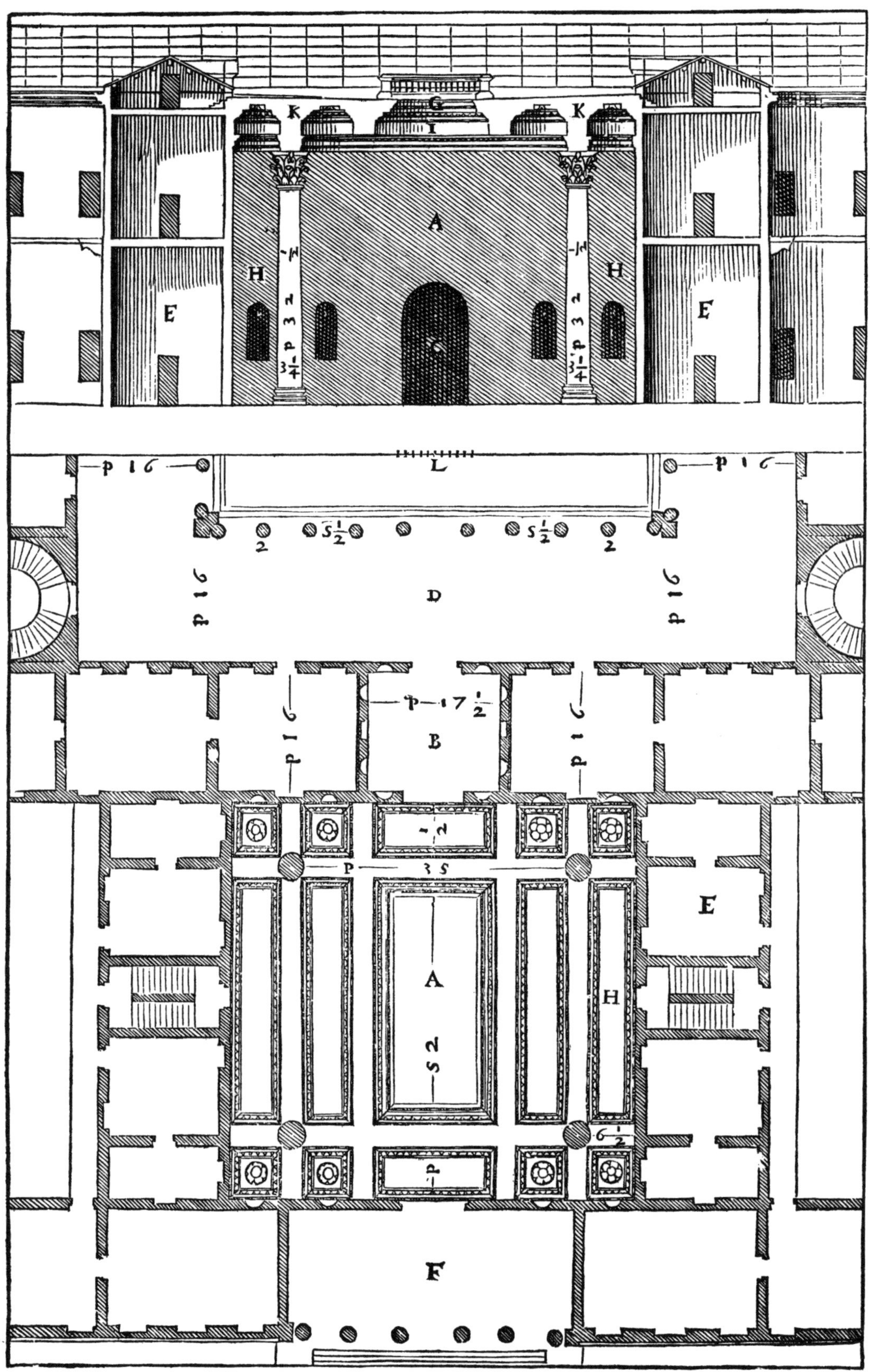

图 2-20　四柱式前庭，平面图和立面图

第6章　关于科林斯式前庭

下面的建筑属于威尼斯修道会的慈善修女院。[47] 我尽力使之看似古代建筑，因此建造了一个科林斯式前庭，前庭长度与以宽度为边长的正方形的对角线长度相同。[48] 侧廊 [ala] 占长度的 2/7[49]；柱子为混合柱式 [Composite]；$3\frac{1}{2}$ 尺宽 [grosso]，35 尺长。中间的露天部分占前庭宽度的 1/3；在柱子上方与回廊第三层 [terzo ordine] 地板齐平的位置上有露天阳台 [terrazzato]，第三层的那里是修士的单人间。与前庭相邻的一侧是圣器收藏室，以多立克式的檐口支撑周围的拱顶；其柱子支撑回廊上方房间和敞廊之间的隔墙。圣器收藏室又用作画厅（指放置祖先画像的房间），我发现将其置于前庭一侧也非常方便。在另一侧是用于教会礼堂的空间，与圣器收藏室对称布置。在与教堂相邻的位置，有椭圆形楼梯，楼梯中间是空的，既实用又漂亮。[50] 我们从前庭来到回廊院，这里的柱子共有三种柱式 [ordine]；第一种是多立克式，柱子从柱墩 [pilastro] 突出大半个柱径的距离；第二种是爱奥尼式，柱子比第一种柱式短 1/5；第三种是科林斯式，比第二种柱式短 1/5。这一层 [ordine] 只有连续墙而无柱墩，在较低楼层 [ordine] 的拱门正上方，有将光线引至单人间门口的窗户，这一层的拱顶由芦苇 [canna] 做成，不会增加墙壁的荷重。在前庭和回廊院的对面，夹道 [calle][51] 的另一侧，是食堂 [refectory][52]，食堂长为宽的 2 倍，其高度与回廊第三层地板齐平；食堂两侧各有一个敞廊，其下方建有一个作为蓄水池的地窖，通常要使水流不进去。在食堂的一侧，有厨房、烤炉、鸡圈 [corte]、柴火库、洗衣房，还有一个漂亮的花园；而在另一侧则是其他一些东西。整座建筑中有 46 个单人间和 44 个房间，包括客房和满足其他各种需要的各种房间。

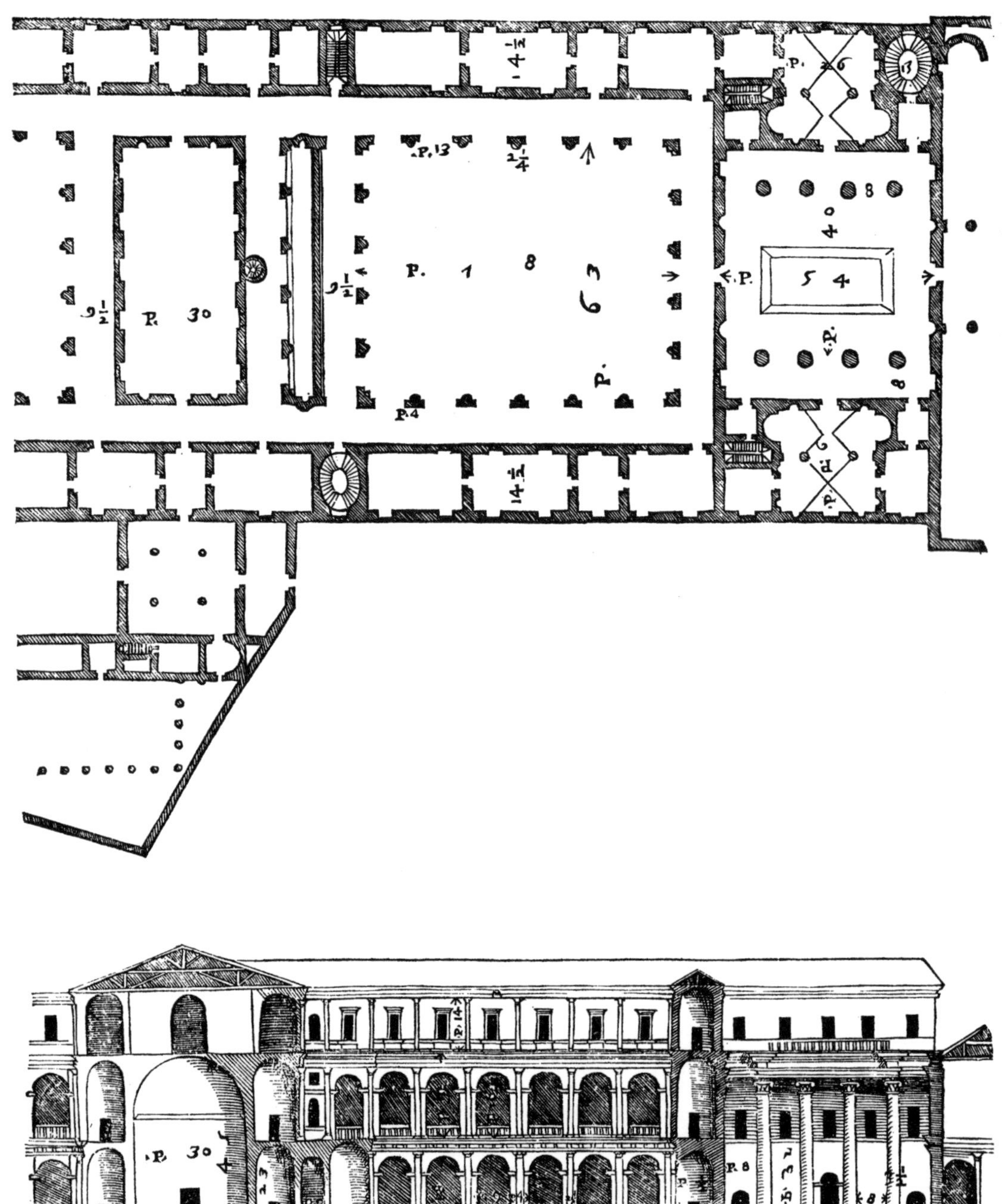

图 2-21　位于威尼斯的慈善修女院的平面图和长剖面图

后面的设计图，第一张以大比例尺展现了前庭的局部，第二张则展现了回廊院的局部。[53]

图 2–22　慈善修女院前庭的局部剖立面图

图 2–23　慈善修女院回廊院的局部剖立面图

第7章　关于古罗马带顶的前庭，以及私人住宅

除了前述的前庭类型，还有另一种古人常用的前庭，称为带顶的 [testugginato] 前庭[54]；因为维特鲁威有关段落极其晦涩、难懂，但值得仔细留意，我将提出关于厅 [oeci][55] 或较小的厅 [salotto]、办公室、仆人饭厅 [tinello]、浴室及其他房间的想法，并附上布局，使得维特鲁威提到过的私人住宅的各部分皆在恰当的位置。[56] 前庭的长度与以其宽度为边长的正方形的对角线长度相同，而到末端木梁 [trave limitare] 的高度则与其宽度相同。前庭侧面房间的高度小于 6 尺，在墙的上方将它们与前庭隔开的是一些柱墩 [pilastro]，其上承托前庭的屋顶 [testudine, coperta][57]；光线通过柱墩之间的空隙照射到房间内，而且在房间上方有露天的平台 [terrazzato]。入口对面是画厅 [tablinum]，画厅的宽度是前庭的 2/5[58]，我已经说过，画厅是用于摆放祖先的画像和雕像的房间。再往前就是回廊院 [peristyle]，周围有柱廊，柱廊宽度与柱高相等。周围房间的宽度一致，到拱墩的高度与宽度相等；拱墩的高度 [frezza] 是其宽度的 1/3。还有另一些不同的厅也出现在维特鲁威的描述中（他们就是在这些厅 [halls, salotti] 中举行宴会和聚会，妇女也在这工作）[59]：四柱式厅 [tetrastyle]，得名于厅中有四根柱子；科林斯式厅则以半柱环绕；埃及式厅要比前者小四分之一，在首层柱子的上方围一道墙，沿首层柱的轴线作半柱，柱间有窗户，阳光可通过窗户照射到中央的空间；围廊的高度不得超过首层柱高，其顶部开敞，作环通的走廊或阳台 [corritore, poggiuolo]。这些不同特征的设计将分别确定。在夏天，方形的厅 [oeci] 是用来在新鲜空气中度过闲暇的地方，在这里可以看到花园和其他绿景。他们还建造另一种称为西齐切尼式 [Ciziceni][60] 的厅，这种厅也具有前述的种种功能。办公室和图书室在朝东的合适位置，正餐厅 [triclinia][61]，即吃饭的地方，也是如此。另外还有男女浴室，我设计在了房屋的最远端。[62]

A 前庭
B 画厅
C 回廊院
D 科林斯式厅 [saloto]
E 四柱式厅 [saloto]
F 巴西利卡
G 夏房
H 房间
K 图书室

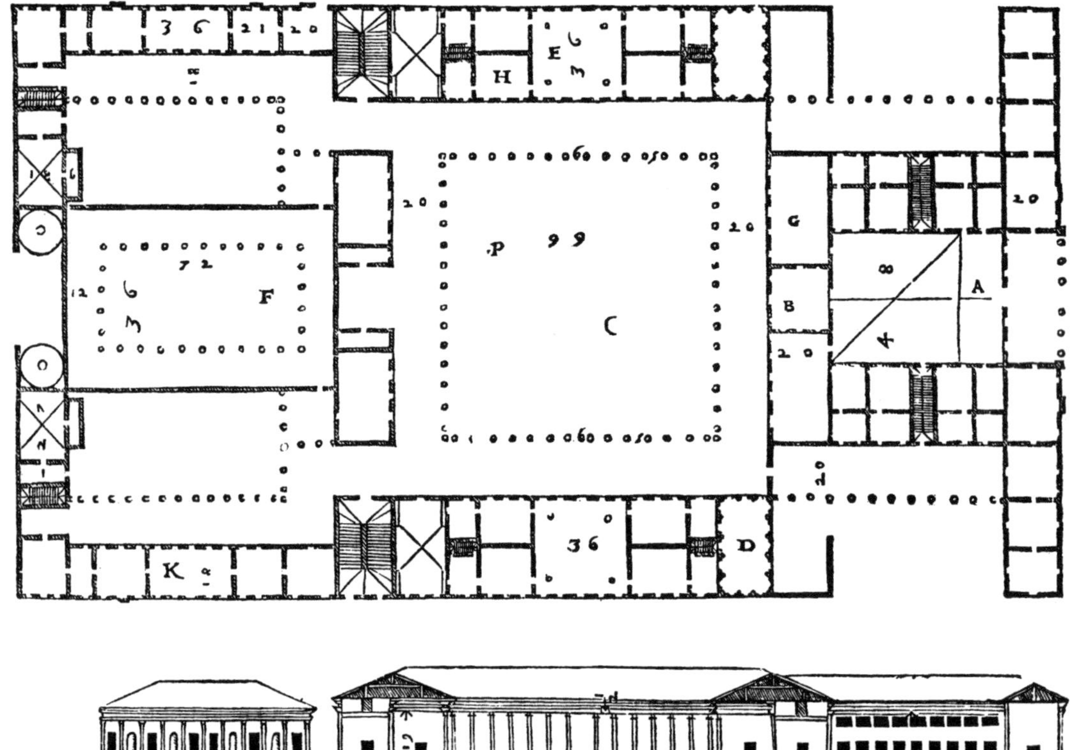

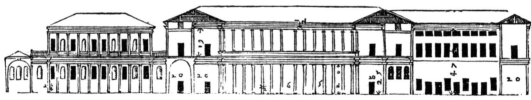

图 2-24 一座古罗马的私人住宅，平面及纵剖面图

以下设计图展现了较大比例尺的同一前庭。

D 前庭
E 照亮前庭的窗户
F 画厅的门
G 画厅
H 庭院的柱廊
I 前庭前的敞廊
K 庭院 [cortile]
L 前庭周围的房间
M 敞廊
N 前庭尽端的梁或中楣
O 科林斯式厅的一部分
P 光线由此进入前庭的开敞空间

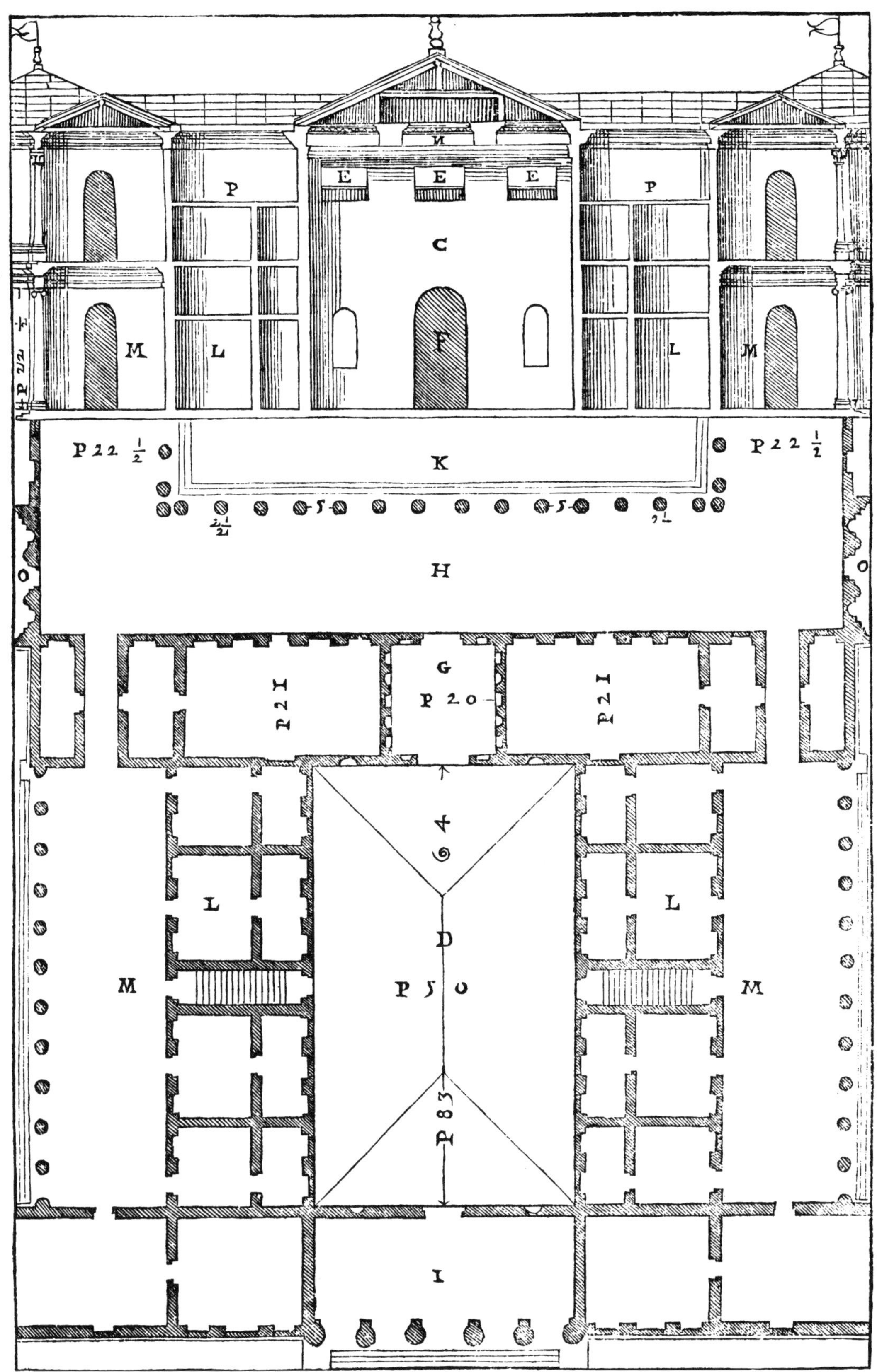

图 2-25　古罗马住宅的前庭，平面及剖面

第8章　关于四柱式厅

以下设计展现了因有四根柱子而被称为“四柱式”的厅。[63] 他们将厅建成方形 [quadro]，通过四根柱子使宽度与高度成恰当的比例，并使其上方的结构稳定；在许多建筑中我也采用了这种方式，这在前面的设计中可以体现出来，也将体现在后面的设计中。[64]

图 2-26　四柱式厅的平面和剖立面

第9章　关于科林斯式厅

他们建造了两种形式的科林斯式大厅：一种如第一个设计所示，柱子立在地面，另一种如第二个设计所示，柱子立在基座上。[65] 在这两种形式中，他们都建造了墙体的附柱，并用灰泥刷饰或木头来建造楣梁、中楣和檐口；只有一个有柱子的楼层 [ordine]。他们将拱顶做成半圆形或穹形 [volto a schiffo][66]，这样，拱高 [frezza] 为大厅宽度的 1/3；大厅的饰面应该是由灰泥刷饰和绘画相间而成。当这些厅的长度为 $1^{2}/_{3}$ 倍于宽度时，比例最为优美。[67]

图 2–27　一个带半柱的科林斯式厅，局部平面与剖立面

图 2–28　一个带半柱和基座的科林斯式厅，局部平面与剖立面

第10章　关于埃及式厅

以下设计是埃及式厅，埃及式厅与巴西利卡 [basilica] 相似——巴西利卡是执行审判的地方，这在讨论广场的时候我将谈及——因为他们在这些大厅中做了柱廊，并将室内的柱子布置在离墙有一定距离的地方，就像在巴西利卡中一样；在柱子上方有楣梁、中楣和檐口。[68] 柱与墙之间的空间 [spazio] 覆以楼板 [pavimento]；这层楼板的上面没有顶，形成大厅周围的走廊或阳台。柱子上有连续的墙体，墙的室内部分作半柱，其尺寸比前面提到的那些柱子小1/4，柱间有窗，使光线得以照进大厅，通过这些窗户可以从前述的无顶楼层望见大厅内部。这些大厅必定美轮美奂，因为那些柱子不仅华丽，而且还显得很高，拱腹高高地位于第二层的檐口；这样的配置非常适合聚会和宴请等场合。

图 2–29　一个埃及式厅，局部平面与横剖面

第11章 关于古希腊的私人住宅

与拉丁人的建造方式有所不同，希腊人（如维特鲁威所述）的建筑没有敞廊和前庭 [atrio]，而且把房屋的入口做得又窄又小；他们在入口的一侧布置厩，另一侧布置门房。[69] 从这第一个通道可进入庭院，庭院三面环绕柱廊，朝南的一面形成两边的柱墩 [anti][70]，由柱墩 [pilastro] 来支撑向内延伸的天花 [solaro] 梁；这样就在两侧留出了一些空间，使得家中的女主人们有宽敞的空间可以带着她们的男女仆人居住。沿着这些柱墩有一些房间，可称为接待室、会客室和密室 [anticamera, camera, postcamera]，它们彼此串联。在柱廊周围有供仆人吃饭、睡觉和其他基本生活的场所。在这个建筑之外，又增建了另一个尺度更宏大、装饰更华丽、庭院更宽敞的建筑，在庭院四边布置等高的柱廊，或其中一面，也就是朝南的那一面做得高一些；带有这种高柱廊的庭院被称为罗得岛式[71] 庭院，可能因为这种庭院最初是由罗得岛人设计的。这些庭院的正面有华丽的敞廊和大门；只有男性住在这里。在前述建筑的左右两侧，他们建造了另一些带有独立出入口和家庭舒适设备的房间；他们将宾客安置在这里，因为根据当地人的风俗，客人到访时，主人会在第一天邀请客人一起用餐，然后安排他们住在这些房间，并送去所有基本生活用品，使客人在各方面都好像是在自己家里一样。[72] 关于希腊人的住宅和城市住宅，我要说的就是这些。

希腊住宅的各部分：

A 入口通道
B 厩
C 门房
D 第一进庭院
E 通往各个房间的过厅
F 妇女们工作的地方
G 第一个大房间，可称为接待室 [anticamera]
H 中等大小的房间
I 小房间
K 用餐的厅 [salotto]
L 各种房间
M 第二进庭院，比第一进要大
N 柱廊，这一列比另外三列要大，因此称为罗得岛式 [Rhodian]
O 从小庭院到大庭院所经过的地方
P 柱子较小的三列柱廊
Q 西齐切尼式正餐厅 [Cyzicene triclinia] 和办公室，或有壁画的地方
R 厅
S 图书室
T 用餐的方厅 [sala quadrata]
V 客人的房间
X 将客人住处和主人住处隔开的通道
Y 不带顶的小庭院 [corticella]
Z 主路

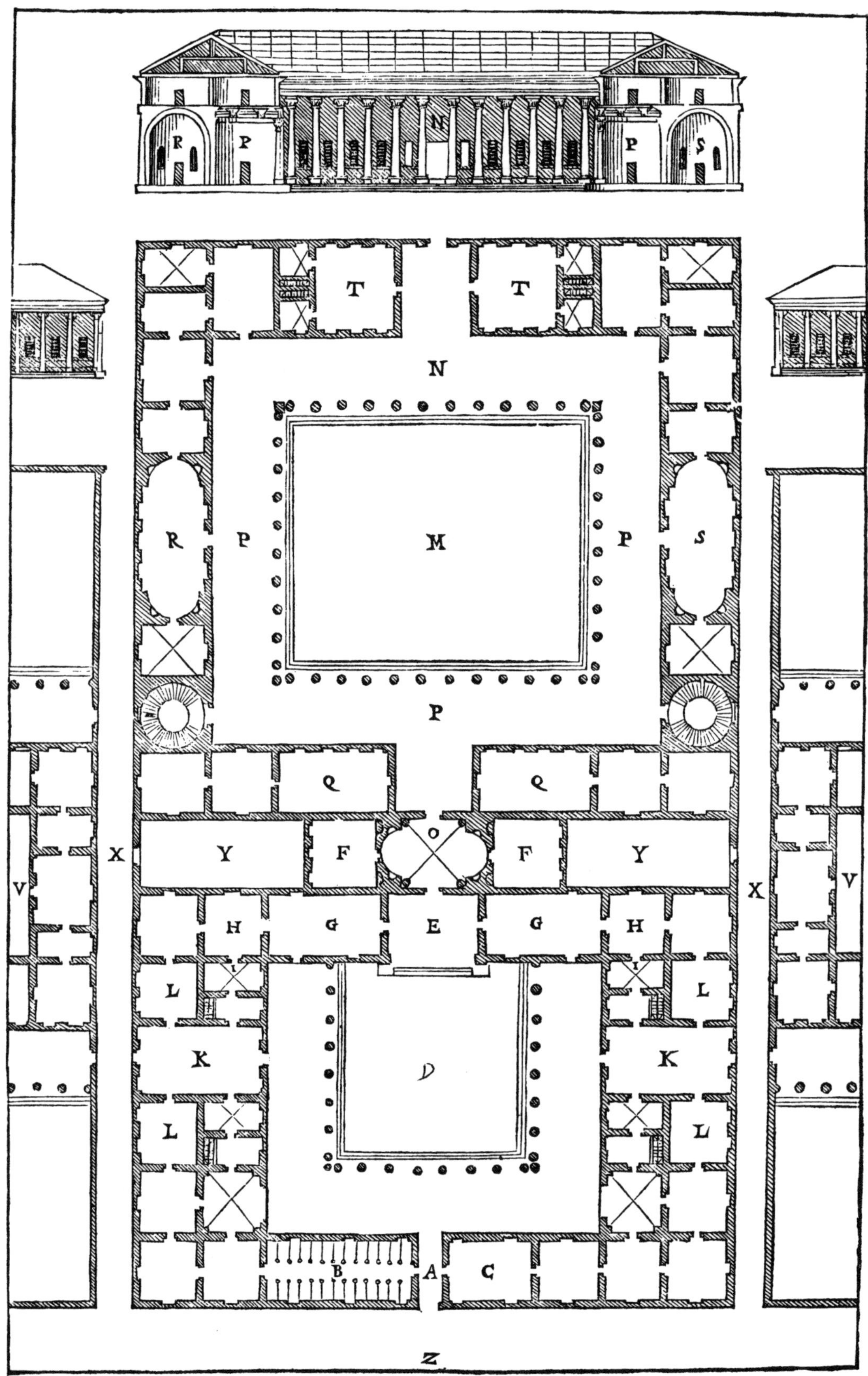

图 2-30　一座古希腊的私人住宅及其相邻的建筑，平面和剖面

第12章 关于乡村庄园[73]建筑的选址

城中的房屋对于绅士来说，确实华美而且便利，因为他必须在管理社会团体和处理个人事务的那段时间住在这里。[74] 但是他可能会发现，在自己庄园中的住宅 [casa di villa] 里，不仅在实用和舒适方面毫不逊色，而且他还可以利用闲暇时间关注和培植自己的财产，并凭借农艺增加财富；在这里，他们还可以像人们常在乡村庄园 [villa] 所做的那样，通过散步或骑马锻炼，更好地保持身体健康强壮；最后，对于那些在精神上极度厌倦城市之困扰的人们，这里让他们能够恢复元气、得到抚慰，能够静下心来钻研文学和沉思。同样因为这些，古代的智者也习惯于时常离开城市，来到这样的地方，在这里接待好友[75] 和亲戚；由于有着住宅、花园、喷泉，及其他类似的令人轻松愉悦的场所，而且更重要的是，有他们自身的美德 [virtù]，使得他们能轻松地在那里享受着美好生活。因此，当我们在万能的上帝帮助之下完成城市住宅的讨论之后，现在宜于把话题转移到乡村建筑中来，这里是发生家庭和私人事务的主要场所。但是，在我们讨论具体设计之前，我觉得似乎特别需要首先讨论一下如何选择建筑及其领地 [compartimento] 的场地和位置；和城市中通常的情况不同，乡村建筑的选址不会受限于那些固定的和原有的边界，例如公共围墙或邻居家的墙[76]；而且我们住在乡村的时候常常是夏季，这时即使是在最健康的地方，我们的身体也会由于酷热而变得虚弱而不适；因此就需要敏锐的建筑师们付出最大的细心和勤奋，去调查和选出一个方便而健康的建筑地点。[77] 住宅场地的选择首先要考虑尽可能的方便，最好选择庄园的中心位置，这样主人可轻松地照看和改善周围的土地，农产品也可以方便地由劳工运往主人的住宅。如果能把住宅建在河边，则是最方便、最美妙的了，因为农产品可以在任何时候通过廉价的水路送达城市，而且河流还能满足家庭生活和家畜养殖之所需；它还会给夏天带来凉爽和美景，它还会给灌溉土地、花园和果园 [bruolo] 带来方便和乐趣，这正是庄园的灵魂和妙处所在。如果没有可供航行的河流，则应尽量把房屋建造在其他形式的流动水体附近，而一定要远离不流动的死水，因为死水会散发污秽的气体；如果我们将房屋建在健康的高地，则易于避开污秽的空气，在高处，空气因为不断有风吹过而流动[78]，而地面的湿气和有害蒸气则随着坡地上行而减少，因此有利于居住者保持身体健康、心情愉快、面色红润，也不会受到死水或沼泽中腐烂物质所产生的蚊子和其他小虫的侵扰。[79] 因为水对人类生活非常重要，不同类型的水对我们产生不同的影响（例如有些水会导致脾脏疾病、甲状腺肿、胆结石和其他疾病），所以人们应该尽最大努力将房屋建在水质好的地方，房屋基址附近的水不能有异味，不能有异常的颜色，而应该是透明、清澈、纯净的，洒在白布上不会留下污点。维特鲁威介绍了许多种鉴别水是否可用的方法；这样选出的优质水能做出上好的面包，能快速烹饪出蔬菜，煮沸后在瓶底不会留下沉淀。如果在水流动的地方没发现苔藓和灯芯草，而且这地方干净舒适，河床上有沙子或砾石，不浑浊不泥泞，则表明水的纯度高。[80] 如果动物也习惯饮用那些水，而且它们健壮有力、毛色好，也表明水的纯度高且利于健康。[81] 除此之外，如果这里的古代建筑没有碎裂和损坏，则能够很好地证明空气质量好；如果这里树木茂盛、健康，迎风面不粗糙多瘤，而且树种不是宜于沼泽的类型，如果这些地方所产的鹅卵石或石头的上表面不开裂，而且居民面色自然，则表明这里的气候条件好。不能在山峦环绕的谷地建造房屋，因为隐藏在山谷中的建筑，不仅没有开阔的视野和从远处观赏建筑的角度[82]，进而有碍其体面壮美，而且也非常不利于健康，因为这里的泥土充满了雨水，散发出有害身心的湿气；湿气使得热情消减、关节筋骨受损，而且过度潮湿会使粮仓中的粮食腐烂。此外，如果这里有阳光照射，则会由于光线反射而产生过多的热量；如果没有阳光，则连续的阴影使人面相呆滞、缺乏光彩。[83] 另外，山谷中的风也会很大，尽管要经过狭窄的通道，但风一旦进入山谷就会很大；而如果没有风，空气就会变得集中而稠密，不利于健康。[84] 当我们不得不在山上建造房屋时，其选址必须朝向天空中较为温和的区域，不能位于群山的连续阴影之中，也不能是因为阳光在附近地表的岩层来回反射而加倍地受到阳光热量侵袭的地方[85]；因为这两种地方都不适宜居住。关于庄园建筑选址的最后一点就是，人们必须考虑所有关于在城市中选址的因素。因为城市本身无非就是某种大的房子，或者也可以反过来说，房子就是一个小的城市。[86]

第13章　关于庄园建筑的规划布局[compartimento]

选好令人愉悦、美好、方便、利于健康的建筑地点后，人们必须着手做出一个优雅而实用的规划。庄园里需要两种建筑：一种供主人及其家眷居住，另一种用于看管和照料农作物和牲畜。[87] 而建筑的场地布置必须使前者和后者互不干扰。主人住宅的建造必须根据城市的习惯考虑其家庭成员和他们的身份，这在前面已经讨论过了。[88] 而用于农场的棚舍[coperto]则必须为农作物和牲畜建造，又和主人的住宅以一种恰当的方式相连，使主人能在有屋顶遮蔽的情况下到达任何地方进行监管，既不会被雨淋湿，也不会受骄阳的炙烤；这种布置还将特别有利于在屋顶下面储藏木材及其他各种害怕日晒雨淋的农场物品；而且，这些柱廊还非常美观。我们还要考虑给男性农场劳工、牲畜、农产品和工具提供舒适宽敞的空间。庄园农场管理者[fattore]、庄园管家[gastaldo]和劳工住宿的位置必须可以便捷地抵达其他各部分的大门和保卫设施。[89] 用于劳作的动物（牛马等）的厩必须与主人住处分开，使动物粪便远离主人住处，而且这些动物必须安置在温暖明亮的地方。饲养动物（例如猪、羊、鸽子、家禽之类）的屋舍，应根据动物的种类和习性来布置，还应遵守不同地区的风俗。[90] 酒窖应建在地下，封闭而且远离喧哗[Strepito][91]、潮湿或异味，应向东面或北面采光，因为如果酒窖采取其他朝向则会被太阳炙烤，然后那些酒的酒力就会变弱，并因为过热而坏掉。酒窖的地面必须稍向中间倾斜，地板用水磨石[terrazzo]或类似的铺装材料做成，以保证洒出的酒还能够被收回。[92] 酿酒的大桶必须放在酒窖的顶板[coperto]下，底部垫高，使得它们的龙头刚好比酒桶上沿高一点，这样酒就能够顺畅地通过皮管或木管从大桶流入酒桶。[93] 粮仓必须向北面采光，因为这样谷物不会被很快地加热，而通风降温也能使谷物储存得更久；那里不能饲养具有破坏性的动物。这些建筑的地板或铺装必须尽量用水磨石[terrazzo]，或者至少用厚木板，因为谷物一旦接触石灰就会变坏。[94] 同理，其他的储藏用房[salvarobba]也应采取同样的朝向。干草棚应该朝南或朝西，这样就能被太阳烤干，而不至于发霉或着火。[95] 农场工人的工具应放在朝南的带顶处。打谷场必须曝露在阳光下，还应宽阔平坦，中部稍高；在谷场的四周围或至少周围局部应该有柱廊，这样突然下雨时能快速地将谷物转移到有顶的地方；谷场离主人的住宅不宜太近，以免灰尘飘过去，也不宜太远，以免主人从屋里看不到这里。[96] 总之关于选址和规划我已经说得够多了。接下来我该（正如我已经许诺过的）介绍我在乡村中根据不同的规划布局所设计[ordinare]的一些建筑的图纸。

第14章　关于一些威尼斯贵族的庄园住宅的设计

以下建筑位于巴尼奥洛，距维琴察的洛尼戈城堡 2 里 [miglio][97]，属于伟大的维托雷（Vittore）、马可，以及达尼埃莱伯爵（即比萨尼兄弟）。[98] 庭院 [cortile] 两侧有厩、酒窖、粮仓和其他农场用房。柱廊的柱子为多立克式。建筑的中心部分是主人住处。首层房间的地面高于地面 7 尺，下面是厨房之类供仆人所用的地方。大厅 [sala] 覆以拱顶，高度为宽度的一倍半；敞廊的拱顶也达到这个高度。房间有木制天花板，其高度与宽度相等；较大的房间，长宽比是 $1^2/_3$，其他房间则为 $1^1/_2$。我在第一书中已经提到过，我不太赞成把较小的楼梯布置在有直接采光的位置，因为它们仅供底层和顶层的房间使用，而这些房间一般用作粮仓或阁楼；我把重点放在中间层 [ordine] 的妥善安排上，这里是供主人和客人居住的地方；在设计图中可以看到，通向这个楼层的台阶被布置在最佳位置。为了向聪明的读者叙述方便，可以说，上述原则适用于下面所有的单层建筑；在拥有两个装饰精美的楼层的建筑中，我特意将楼梯安排在明亮的好位置；我说的两个楼层，并未将酒窖之类空间所在的地下层和粮仓及阁楼所在的顶层定义为一个主要楼层 [ordine principale]，因为这两层都不供绅士居住。

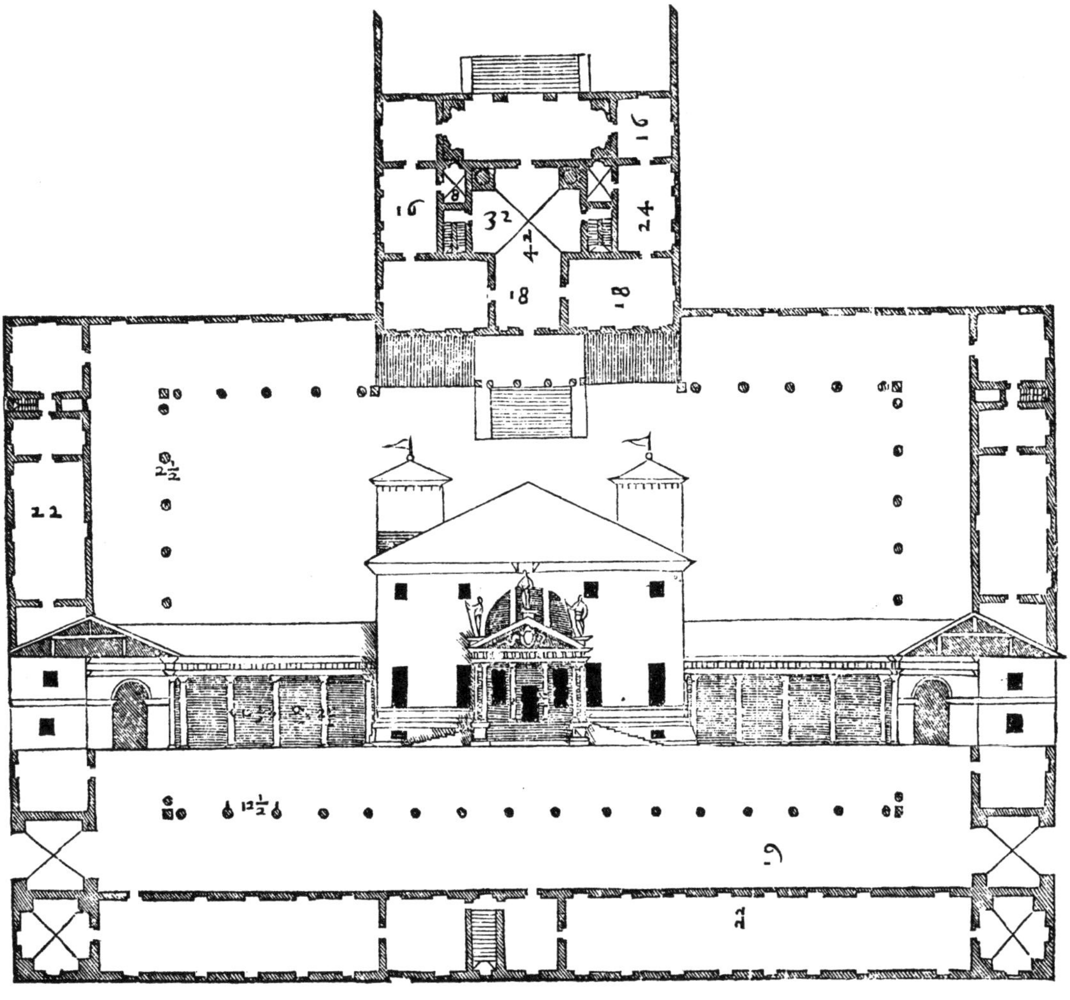

图 2–31　位于洛尼戈附近的巴尼奥洛的比萨尼别墅，平面图和立面图

以下建筑属于伟大的弗朗切斯科·巴多尔先生，位于一个叫作弗拉塔（Frata）的地方，建于阿迪杰河支流旁的高地上，以前这里是萨林格拉·德伊斯特（埃泽里诺·达·罗马诺的内弟）的城堡。[99]5 尺高的基座构成整个建筑的底座；房间的铺装地面位于这一层，每个房间都有木制的天花板，饰有贾洛·菲奥伦蒂诺[100]的精心创作。这一楼层的上面是粮仓，下面是厨房、酒窖和其他功能用房。主人房间敞廊的柱子为爱奥尼式，整个房屋以檐口环绕，就像一个王冠。敞廊上方的三角形山花[frontespicio][101]异常华美，因为它使中间的部分高于两旁。往下走到底层[piano]，有庄园农场管理者[fattore]和庄园管家[gastaldo]的房间，还有厩和其他庄园所需的办公室。

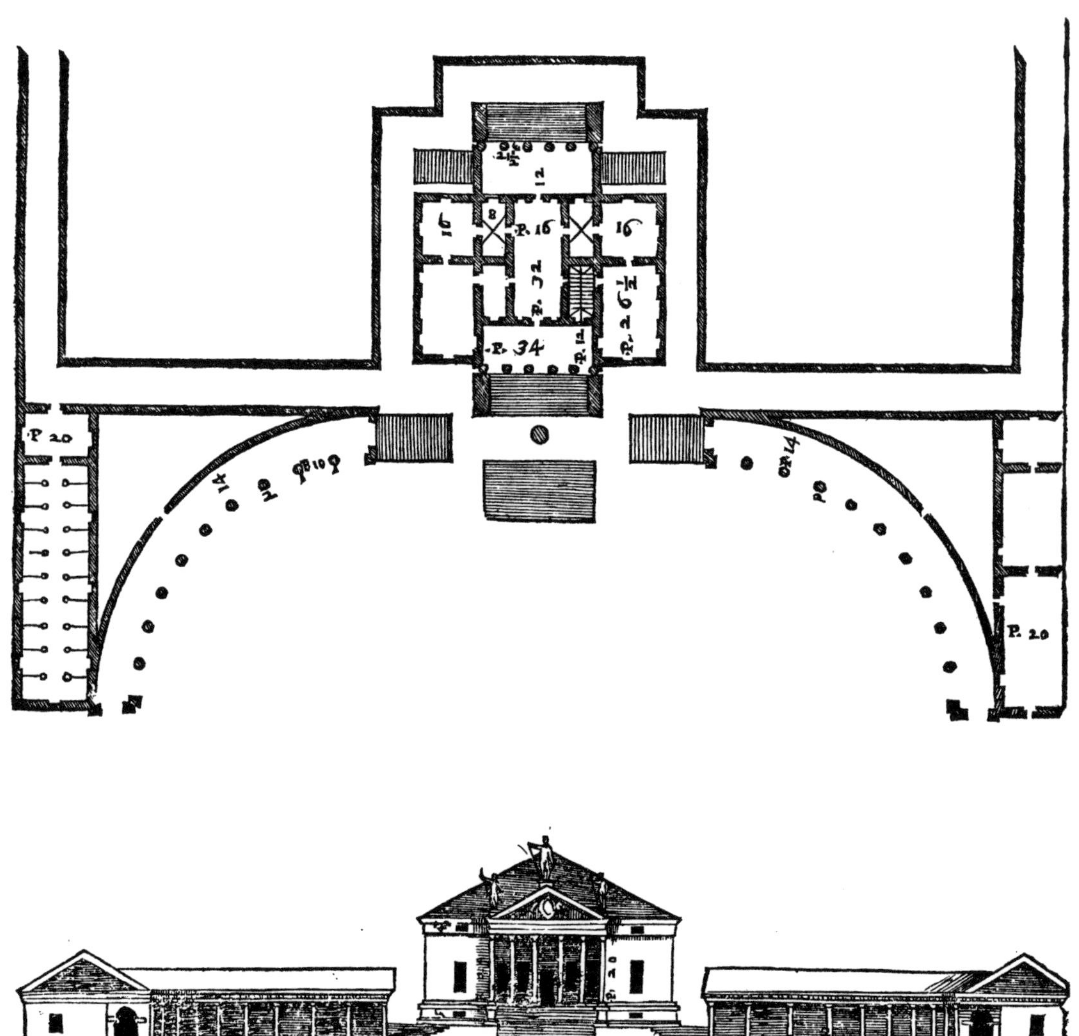

图 2–32　位于弗拉塔－波莱西的巴多尔别墅，平面图和立面图

在特雷维佐安诺的莫塔（Motta）城堡附近的切萨尔托，伟大的马可·泽诺先生根据以下设计建造了房子。[102] 在基座之上，是全部做了地面铺装的带拱顶的房间。大房间的拱顶高度根据第二种拱顶高度确定法确定 [103]；方形房间 [quadra] 在转角处的窗户正上方作半圆形拱 [lunette] [104]；敞廊附近的小房间和大厅都覆以筒形拱 [volto a fascia]；敞廊拱顶与大厅拱顶高度相同，都比房间要高。此建筑有花园、庭院、鸽房，以及农场所需种种。

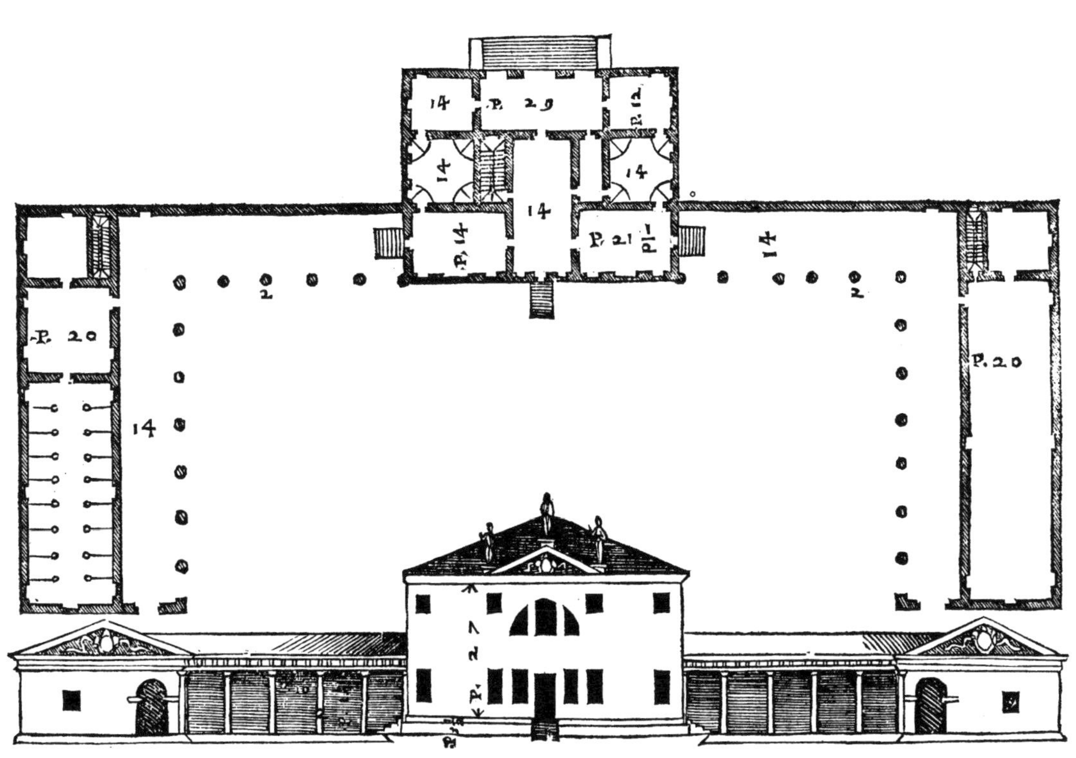

图 2–33　位于切萨尔托的多内格尔的泽诺别墅，平面图和立面图

离勃伦塔的加姆巴拉里不远处是以下属于伟大的尼可洛和路易吉·德·弗斯卡里先生的建筑[105]。此建筑抬高于地面 11 尺，下面有厨房、小餐厅 [tinello] 之类的空间，上下层都有拱顶。大房间的拱顶高度用第一种拱顶高度确定法来确定。[106] 方形房间 [quadra] 用带穹顶的拱 [volto a cupola][107]；小房间上方作夹层 [mezato]；大厅的拱顶采用半圆形交叉拱，拱墩顶部距地面的高度与大厅的宽度相等[108]；大厅饰以威尼斯的巴蒂斯塔大师的精美绘画。巴蒂斯塔·弗朗哥大师是我们这个时代最伟大的艺术家之一，他还着手为这里的另一个大房间作画，但由于中途去世，作品没有完成。敞廊为爱奥尼式，房屋四周以檐口环绕，构成敞廊上方和房屋背面的三角形山花。[109] 在檐槽[110]下方有另一道檐口，位于三角形山花的上方。上层的房间 [camera] 比较矮，和夹层差不多，只有 8 尺高。

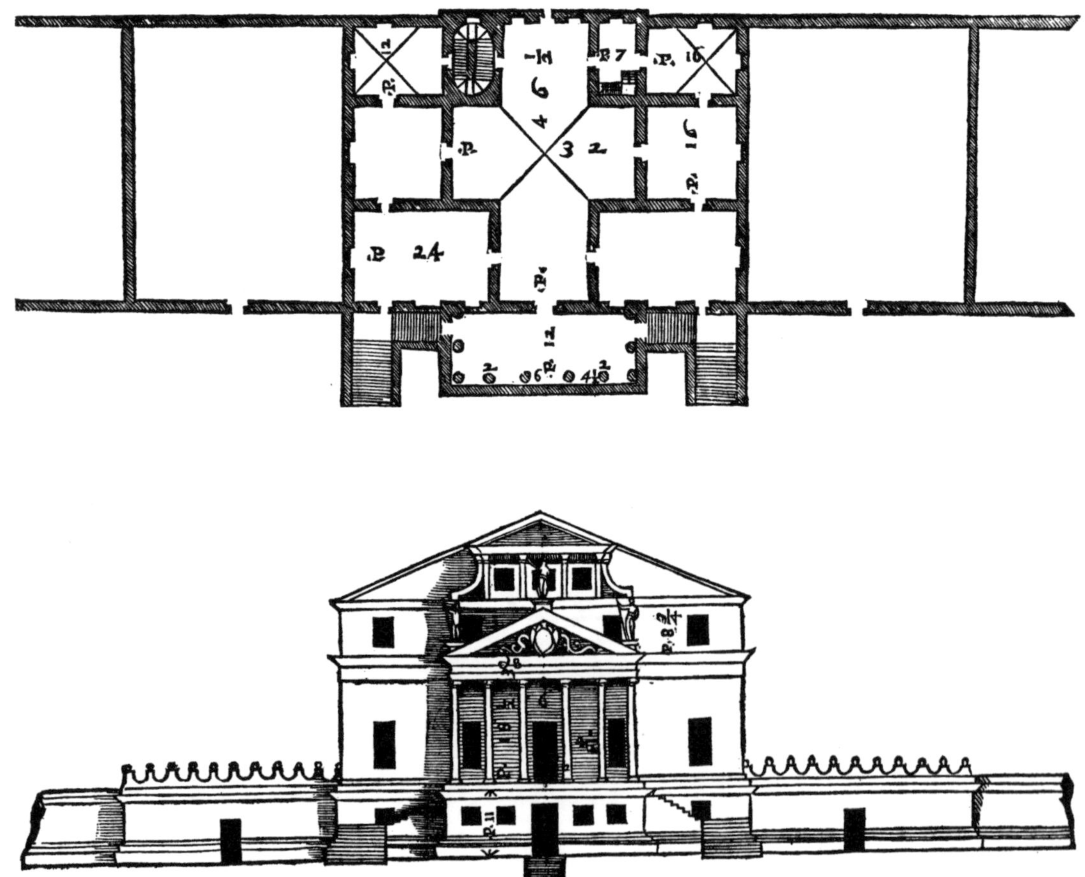

图 2-34　位于米拉的加姆巴拉里的弗斯卡里别墅，平面图和立面图

以下建筑位于特雷维佐安诺的阿索罗（Asolo）城堡附近的马泽尔庄园，属于阿奎莱亚最伟大的教皇和伟大的马克·安东尼奥（巴尔巴罗兄弟）。[111] 建筑中向前突出的部分有二层楼；上层与后部的庭院等高，庭院中有一个喷水池，上面装饰着大量的灰泥饰面和绘画，这个庭院就嵌在住宅背后的小山坡上。[112] 喷水池形成一个小湖，里面可以养鱼；水从这里流入厨房，灌溉那条缓缓向上通向建筑的道路左右的花园，然后形成两个鱼塘，中间留出可供马匹通过的公共道路；水继续下行灌溉果园 [bruolo]，果园很大，满是丰美的水果和各种野生植物。主人房屋的立面有四根爱奥尼式柱子；角柱的柱头在相邻两侧都有涡卷。[113] 我将在关于庙宇的书中描述如何建造这种柱头。[114] 建筑的两边都有敞廊，敞廊尽头有鸽房，敞廊下面是酿酒的地方、厩和其他农场所需。

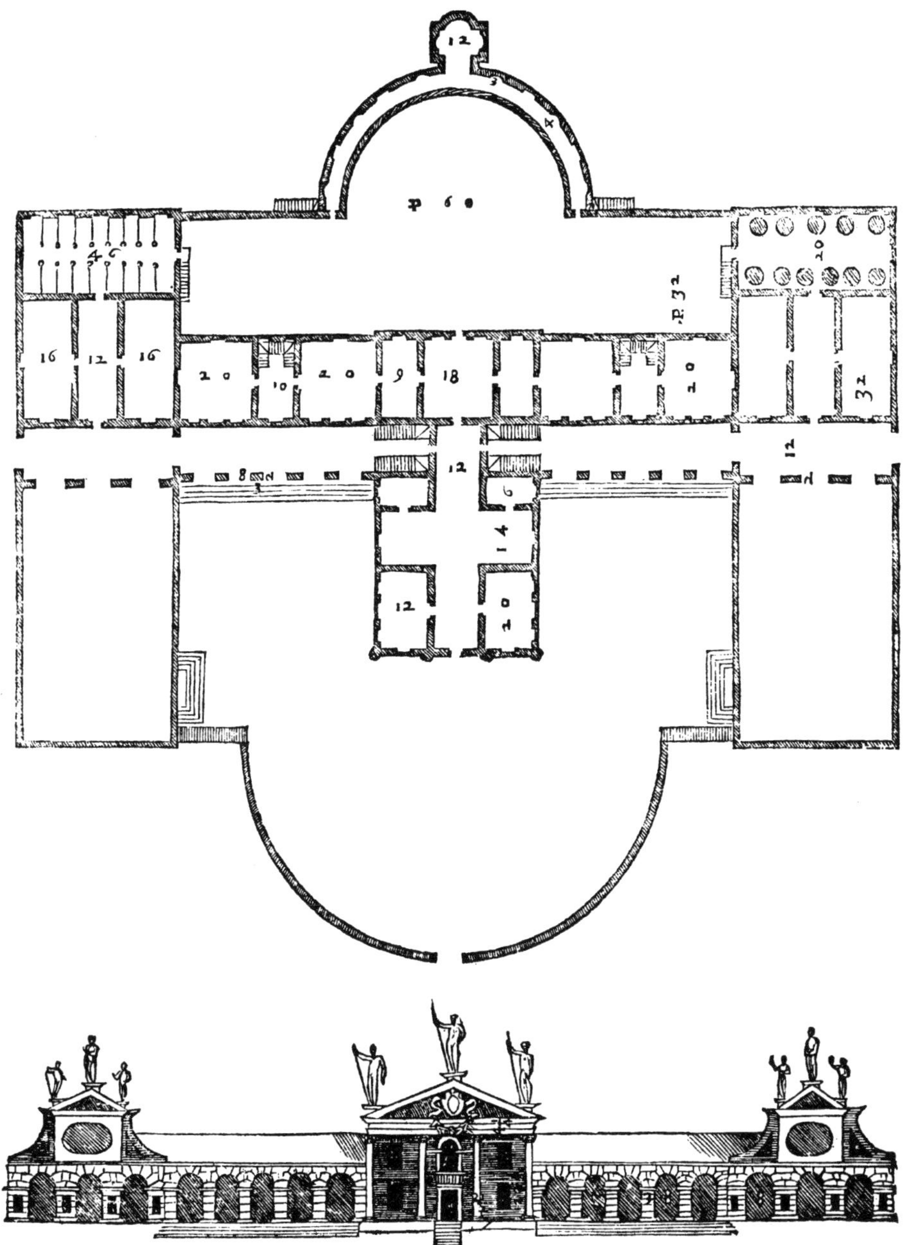

图 2-35　位于马泽尔的巴尔巴罗别墅，平面图和立面图

以下建筑位于帕多瓦的蒙塔尼亚纳城堡的大门口，由伟大的弗朗切斯科·比萨尼先生建造，但由于他的中途仙逝，这座建筑未能完成。[115] 这座建筑中的大房间 [stanza maggiore] 长宽比为 $1^3/_4$，其拱顶做成穹形 [volto a schiffo]，其拱顶高度通过第二种拱顶高度确定法来确定 [116]；中型房间 [stanza mediocre] 呈方形，有穹顶 [involtate a cadino]；小型房间 [camerino] 和过道的宽度相同，其拱顶高度是宽度的 2 倍。门厅内有四根柱子 [117]，比外面的柱子要小 1/5，它们支承大厅的铺装地面，使高处的拱顶美观、稳固。在四个壁龛里，可以看见杰出的雕刻家亚历山德罗·维多利亚大师雕刻的《四季》。第一层柱子为多立克柱式，第二层柱子为爱奥尼柱式。楼上的房间有木制天花板；大厅的高度则直达屋顶。在这座建筑的两侧有两条街道穿过，在那儿开了两个门，门洞上方有通往厨房和仆人房间的通道。

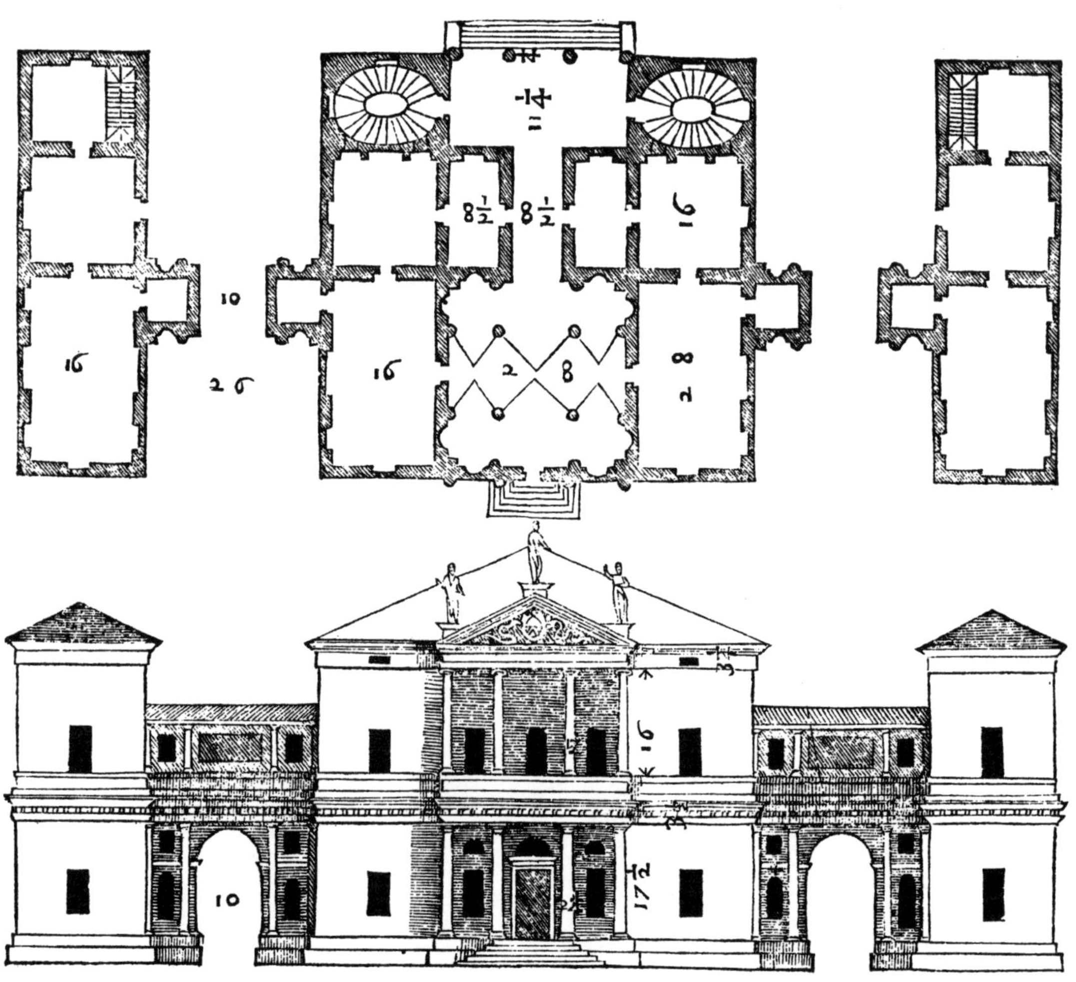

图 2-36　位于蒙塔尼亚纳的比萨尼别墅，平面图和立面图

以下建筑位于佛朗哥堡附近的皮奥姆彼诺，属于伟大的乔治·科尔纳罗先生[118]。敞廊的第一层为爱奥尼式。大厅位于房子的正中央，以便能远离冷源和热源；带壁龛的侧廊 [ala][119] 长度为大厅的 1/3；侧廊的柱子与敞廊两端的第二根柱子对齐，柱间距与柱高相等。较大的房间，长度是宽度的 $1^3/_4$ 倍，其拱顶高度用第一种拱顶高度确定法确定。[120] 中型房间是方形的，其高度比宽度要大 1/3；其拱顶为半圆形 [volto a lunette]；小房间上方有夹层。敞廊的上层为科林斯式，其柱子比下层的柱子短 1/5。房间有木制天花板，上面有若干夹层。在一侧有厨房和女仆 [massara][121] 的房间，在另一侧有男仆的房间。

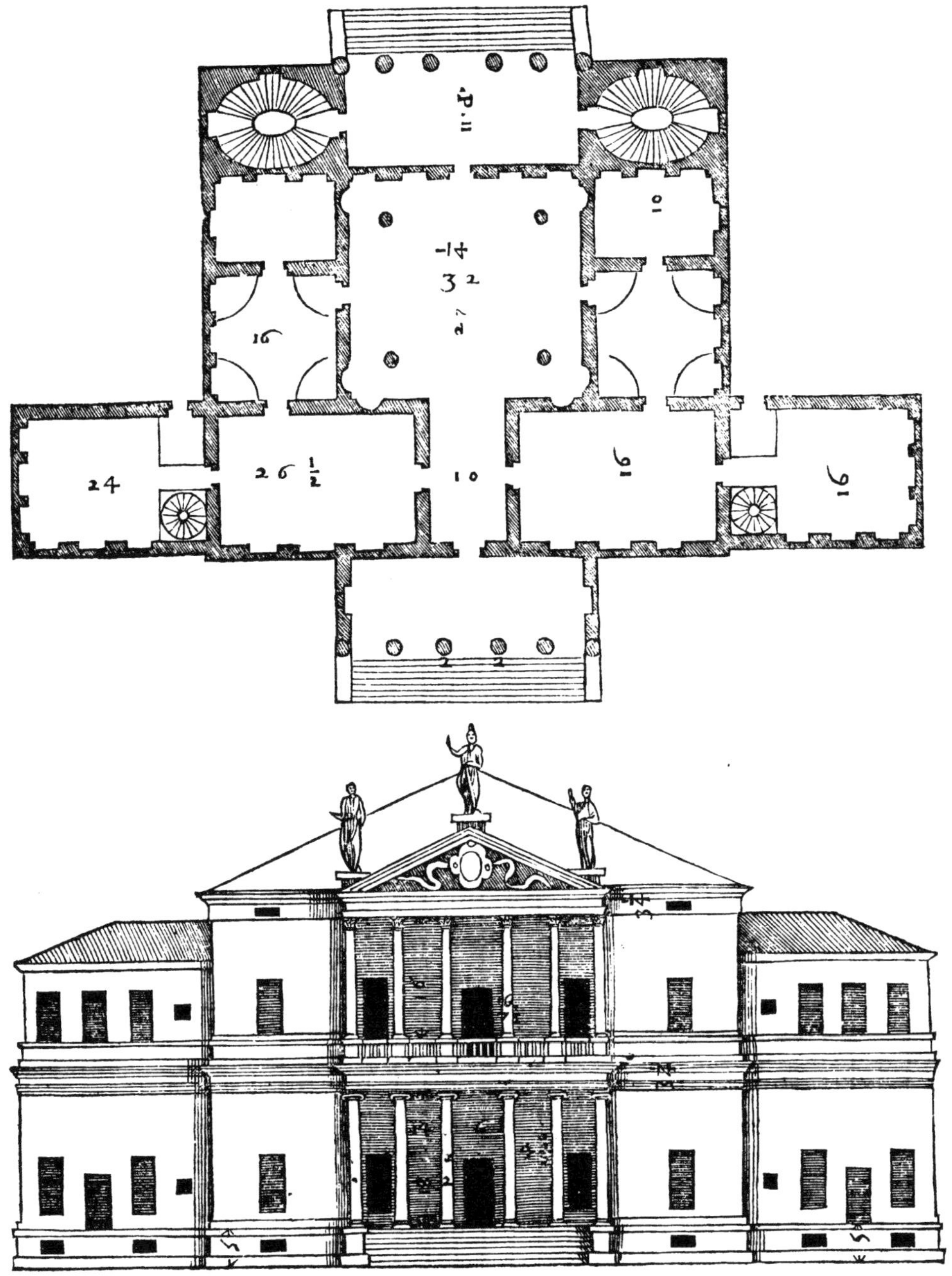

图 2–37　位于皮奥姆彼诺 – 德斯的科尔纳罗别墅，平面图和立面图

下述建筑属于著名的莱昂纳多·莫契尼哥武士，位于从威尼斯通往特雷维索的路上的一座被称为摩洛哥[122]的庄园里。[123]酒窖位于底层，上面一边是粮仓，一边是仆人用房；再往上是分为四个套间 [appartamento] 的主人用房。大房间的拱顶高 21 尺，为了减轻重量而用苇芊 [canna][124]建造；中型房间的拱顶高度和大房间相同；小房间也就是更衣间 [camerini]，拱顶高 17 尺，为交叉拱 [a crociera]。敞廊的一层为爱奥尼式；在大厅的首层有四根柱子，使其高度与宽度成比例。敞廊的上层是科林斯式，有一个 $2^3/_4$ 尺高的墩座 [poggio]。两道楼梯位于中央，将大厅与敞廊隔开，分别从相反的方向上行，所以从任何一边都可以上下；其效果非常实用、美观而明亮。建筑的两侧是酿酒的地方、厩、柱廊，以及其他庄园所需的设施。

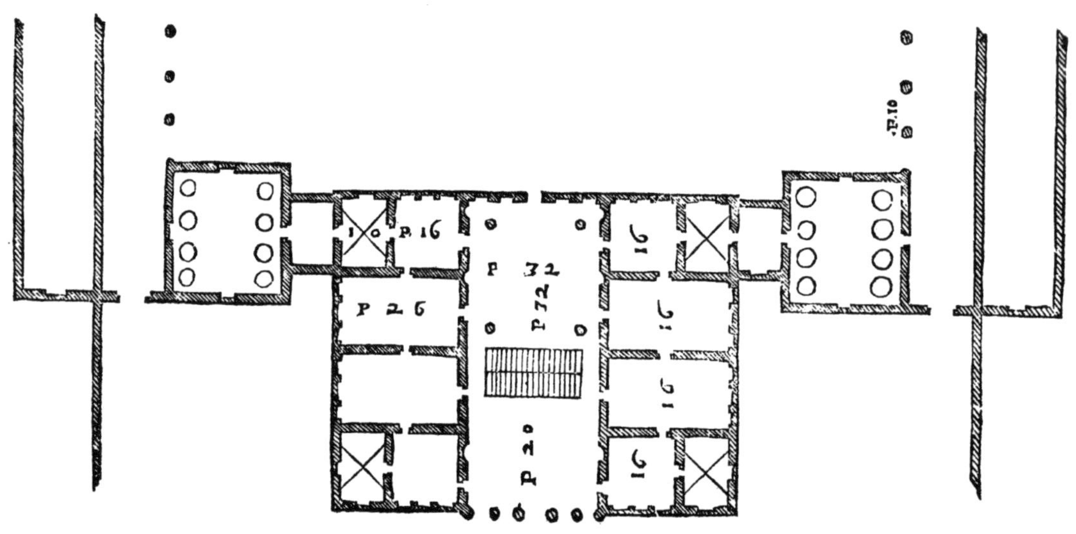

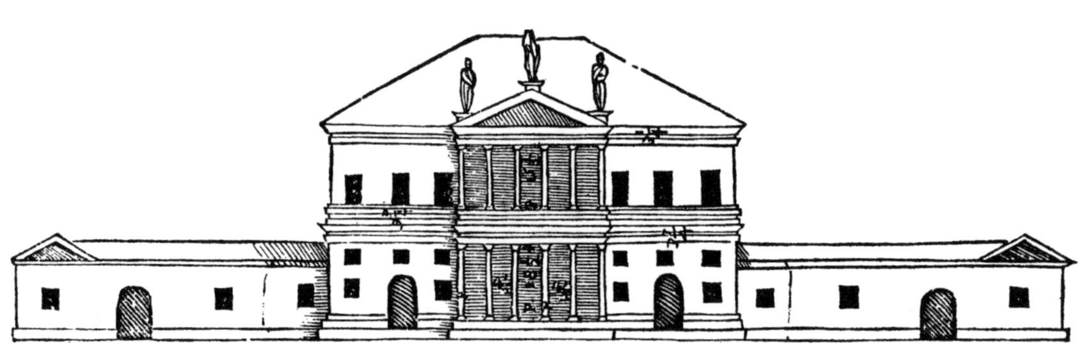

图 2–38　位于摩洛哥的莫契尼哥别墅，平面图和立面图

在梵佐罗，位于离佛朗哥堡三里的特雷维佐安诺的一座庄园，有一栋属于伟大的莱昂纳多·埃莫先生的建筑，如下所述。[125] 酒窖、粮仓、厩和其他农场用房列于主人住宅 [casa dominicale] 的两侧，尽头是供主人使用的鸽房，为这地方增色不少；人可在屋檐下环游整座建筑，前面已经说过，这也是庄园建筑需要具备的主要特征之一。在建筑的后面，是一个面积为 80 特雷维索面积单位 [campi trevigiani][126] 的方形花园，中间有条溪流穿过，把这里点缀得非常美丽而富有情趣。建筑装饰有威尼斯的巴蒂斯塔大师的绘画。

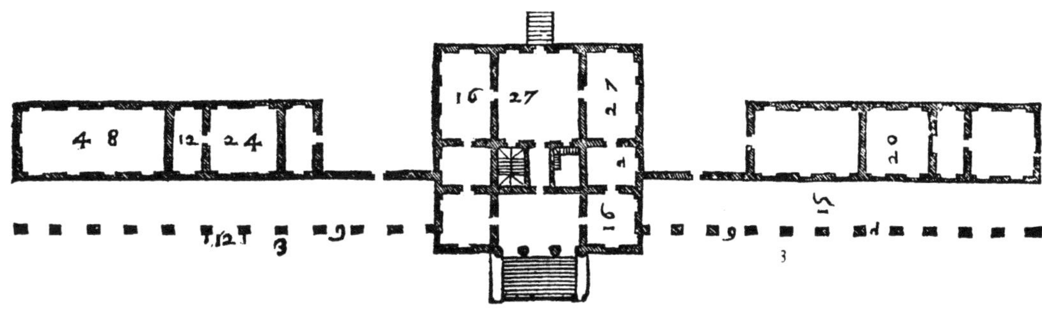

图 2-39　位于梵佐罗的埃莫别墅，平面图和立面图

第15章　关于一些内陆[TERRA FIRMA]绅士的庄园住宅设计

以下建筑属于比亚焦·撒拉切诺先生，位于维琴察一个叫作菲纳莱的地方。[127] 房间地面抬高 5 尺；大房间的长度是宽度的 $1^{5}/_{8}$ 倍，高度与宽度相等；有木制的天花板。大厅的高度与此相同；敞廊两侧的小房间有拱顶，拱顶的高度与其他房间的高度相同；底部是酒窖，顶部是粮仓，酒窖和粮仓覆盖了房屋主体 [corpo] 的全部范围。厨房在外面，但仍与房屋相连，便于使用。两侧是农场用房。

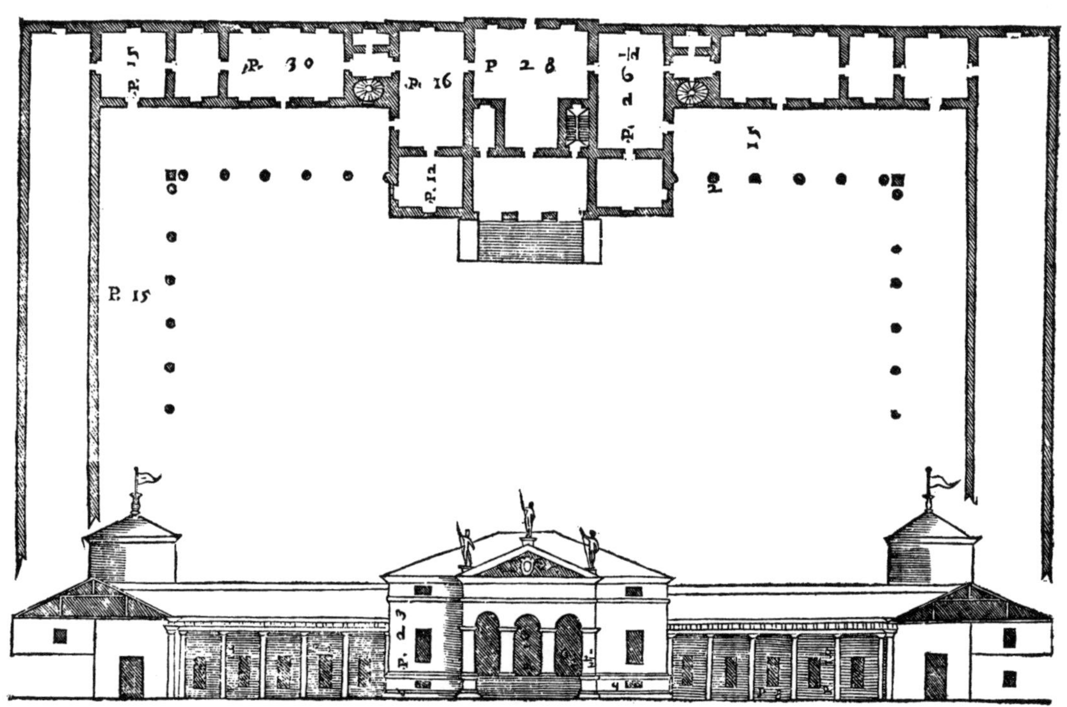

图 2–40　位于阿古利亚罗的菲纳莱的撒拉切诺别墅，平面图和立面图

以下设计展现了维琴察绅士吉罗拉莫・拉戈纳先生在其位于吉佐尔的庄园里建造的建筑。[128] 建筑有上文所述的便利 [commodit à]，即人们可以通过有顶的空间到达任何地方。主人房间的铺装地面离地 12 尺；其下方是便于 [commodita] 仆人使用的房间，上方的其他房间可用作粮仓，也可用作临时居住的房间。主楼梯位于房屋前方的正面，呈对称式布置，向下通往庭院的柱廊。

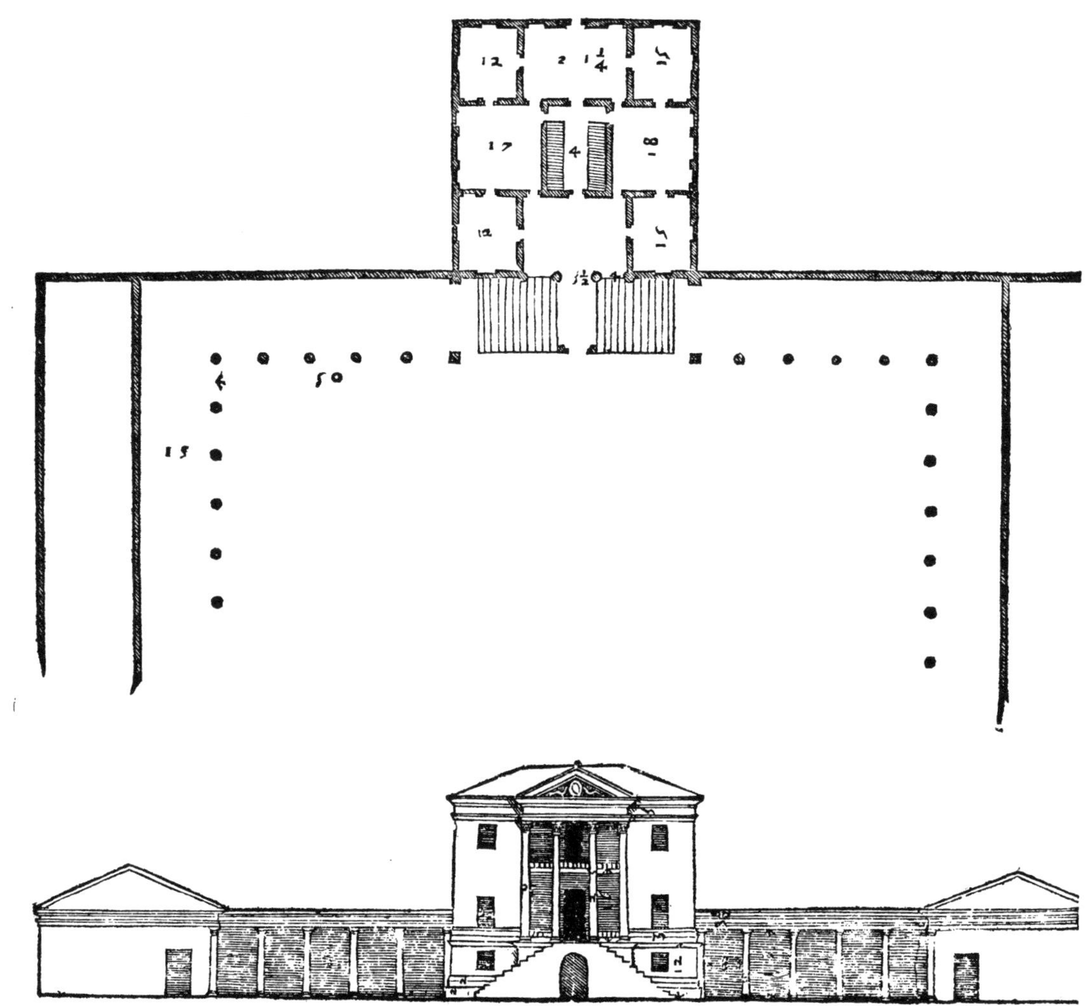

图 2–41　位于吉佐尔的拉戈纳别墅，平面图和立面图

下面的这座建筑位于维琴察的波纳庄园，属于卡瓦列雷·波亚纳。[129] 房间饰以绘画和极精美的灰泥饰面，其手笔出自维罗纳画家伯纳迪诺·因迪亚大师、安塞尔莫·卡内拉大师，以及维罗纳雕塑家巴尔托洛梅奥·里多尔菲大师。[130] 较大的房间长度是宽度的 $1^2/_3$ 倍，作拱顶；方形房间 [quadra] 的转角处作半圆形拱 [lunettes]；小房间的上方有夹层。大厅的高度也是宽度的一半，与敞廊高度相等；大厅作筒形拱顶 [a fascia]，而敞廊作交叉拱顶；所有这些房间的上方是粮仓，下方是酒窖和厨房，因此房间地板高出地面 5 尺。建筑的一侧是庭院和其他农场生活所需的场所，另一侧是花园，与庭院相呼应，在建筑的背后还有果园 [bruolo] 和鱼塘。这就是一个以高贵品质惠及他人的绅士，在力所能及范围内创造出的所有美观实用的事物，使得他的家园迷人、悦目、有趣，而且方便。

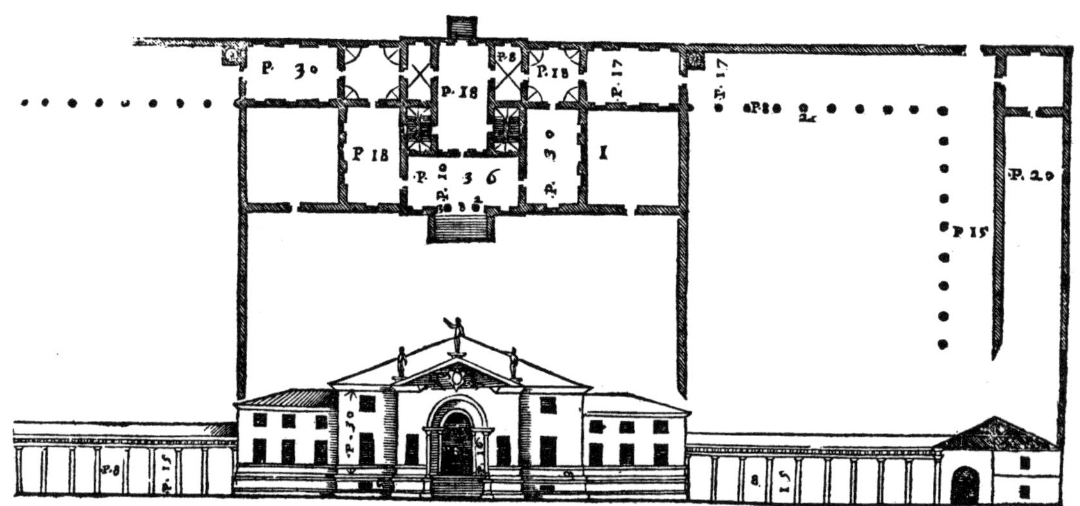

图 2–42　位于波亚纳 – 马焦雷的波亚纳别墅，平面图和立面图

下面这座建筑位于维琴察附近的里斯埃拉，由已故的乔瓦尼·弗朗切斯科·瓦尔马拉纳先生建造。[131] 敞廊为爱奥尼式，柱子立在整个房屋底部的方形基座上 [132]；敞廊，以及有木制天花板的房间，都在这一层。房屋四角有四个塔楼，都作拱顶；大厅也作筒形拱顶 [a fascia]。这座建筑有两个庭院，一个位于前面，供主人使用，另一个位于后面，作为打谷场；此外还有带顶的独立附属房屋 [coperto]，供农场使用。

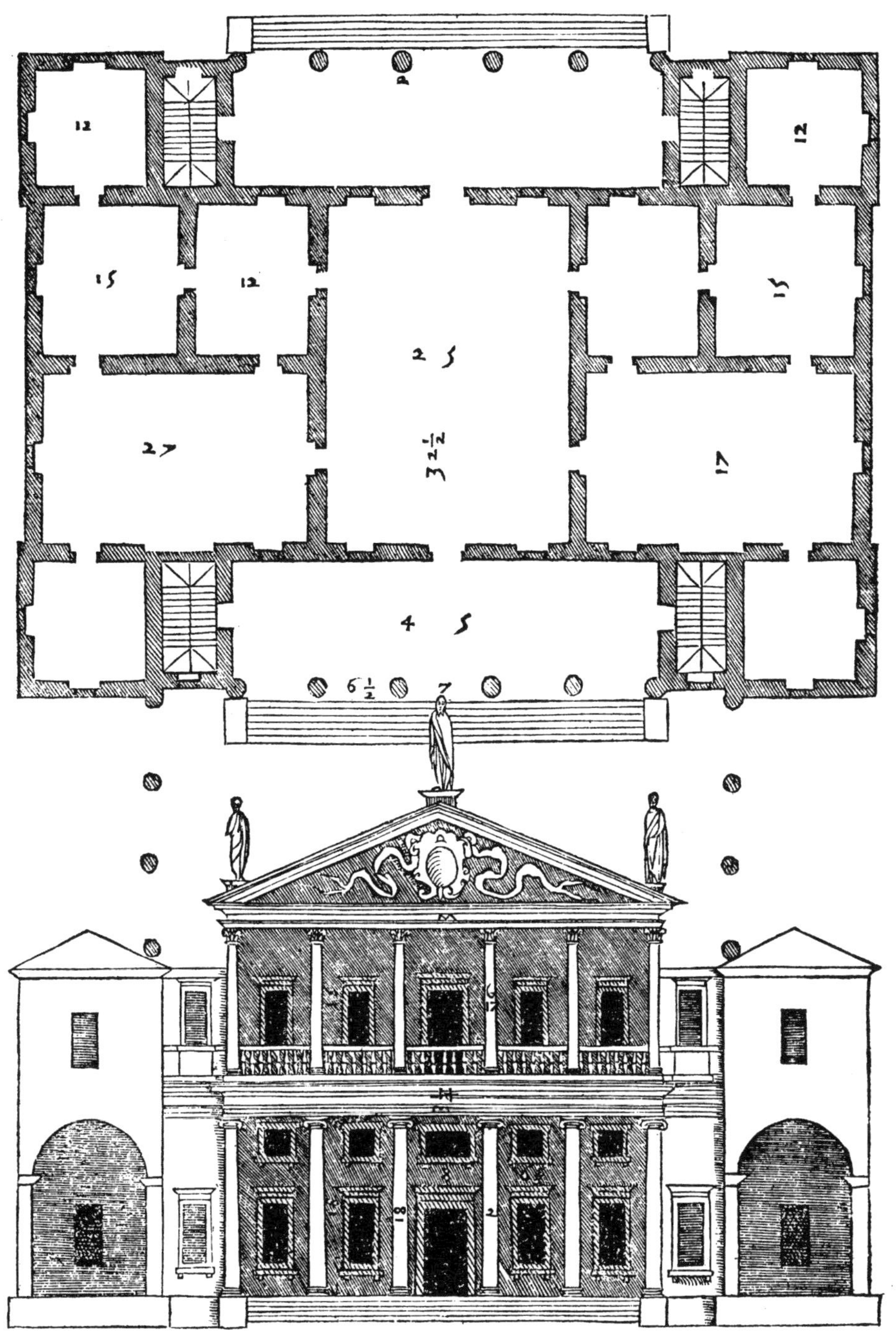

图 2-43 位于里斯埃拉的瓦尔马拉纳别墅，平面图和立面图

以下建筑由弗朗切斯科伯爵和洛多维科伯爵（特里西诺兄弟）在维琴察的梅勒多庄园开工建造。[133] 建筑位于一座小山上，有一条美丽的小河从这里淌过，环境十分优美；小山位于大平原的中部，一侧是繁忙的大道。在小山的顶部，将建造一个圆形 [ritondo] 大厅，周围环绕其他房间，而大厅的高度足以从其他房间的上方采光。在大厅内部有一些半柱，用来支撑上层房间的阳台 [poggiuolo]，因为这些半柱只有 7 尺高，所以被用在夹层。在首层房间的下方，是厨房、仆人饭厅 [tinello] 和其他地方。因为房子每边的景色都很好，所以有四个科林斯式敞廊，大厅的穹顶就矗立在敞廊的三角形山花上方。前方的圆弧形 [134] 敞廊，营造出无限悦目的景观；再往下一层是干草棚、酒窖、厩、粮仓、会计 [gastaldo] 的房间，以及其他农场用房。这一层的柱廊为托斯卡式；在庭院角落的河流上方，还有两个鸽房。

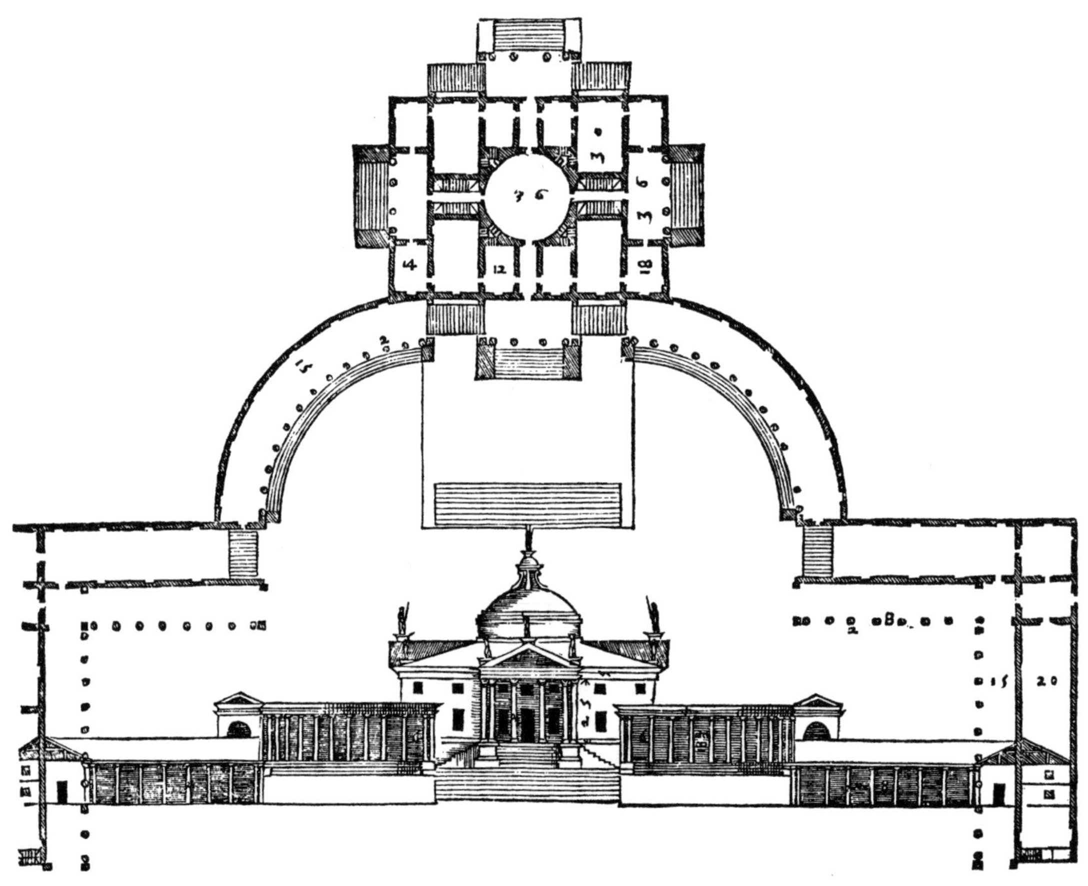

图 2-44　位于萨雷戈的梅勒多的特里西诺别墅，平面图和立面图

以下建筑位于维琴察的一个叫作坎皮利亚的地方，属于马里奥·雷彼塔先生，在这座建筑上，他实现了已故的父亲弗朗切斯科先生的遗愿。[135] 门廊 [portico] 的柱子为多立克式，柱间距为四倍柱径 [diametro]；在门廊两端，可以看到其与侧面房屋的整面敞廊相连，在那里还有两个带敞廊的鸽房。在侧面的房屋中，有一些房间位于厩的对面，其中一间用于“禁欲” [Continence]，一间用于“审判” [Justice]，剩下的房间则用于其他“德行” [Virtues]，每个房间中都有示范相关意义的颂词和绘画，其中有些是维琴察著名画家和诗人巴蒂斯塔·马冈札大师的作品 [136]；通过这些布置，好客的马里奥·雷彼塔可以将其访客和朋友根据各自的性情和爱好安排在具有相应“德行”的房间。这栋建筑同样具有这一便利 [commodit à]，即可以通过有顶的空间到达任何地方；另外，由于主人住房和农场用房在同一层，因此住宅未能比农场更壮丽，也就没有那么庄严，但相应的，农场用房由于与主人用房等高，所以得到了基本的装饰而显得高贵，这样，建筑的整体反而更富于美感。

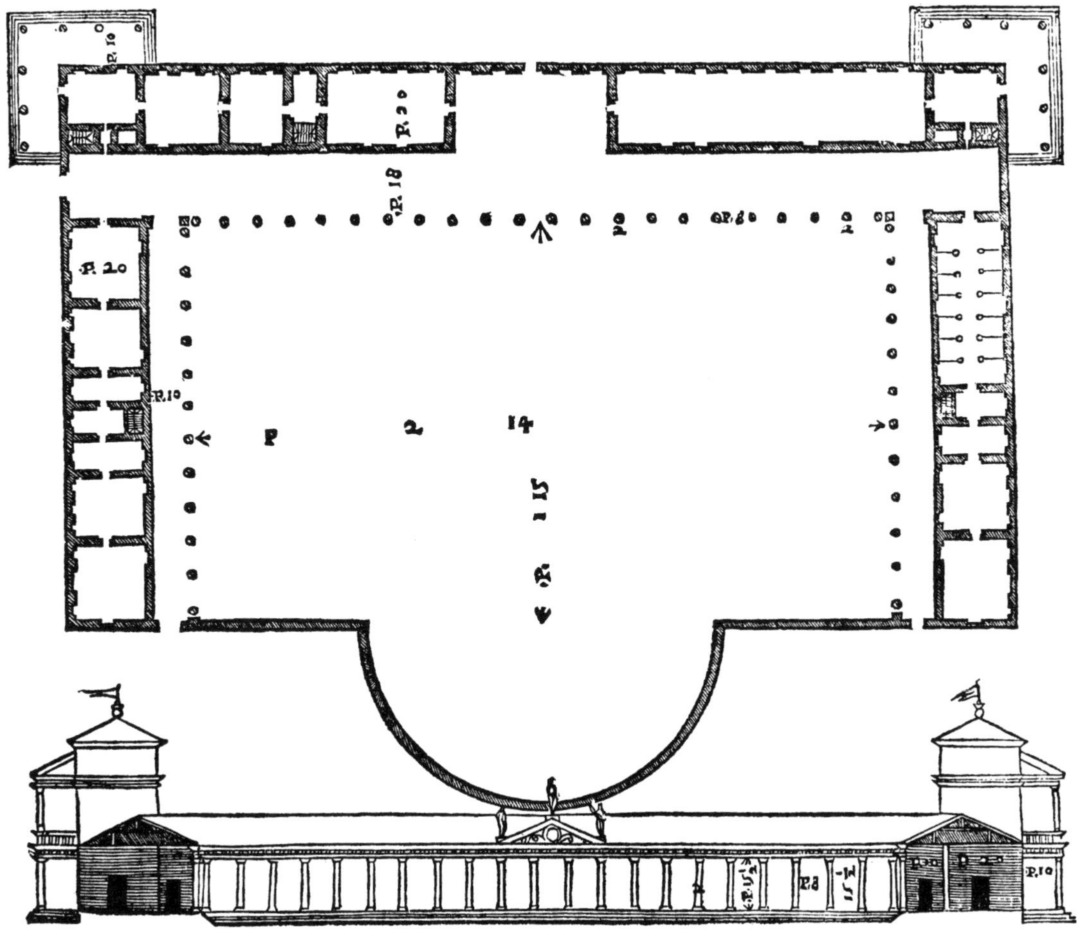

图 2-45　位于贝里奇的坎皮利亚的雷彼塔别墅，平面图和立面图

以下建筑属于蒂内兄弟，即奥多阿多和特奥多罗伯爵，位于他们在奇科尼亚的庄园里；建筑由他们的父亲弗朗切斯科伯爵开始建造。[137] 大厅位于房屋的中央，周围是爱奥尼式柱子，柱子的上方是阳台，阳台与顶层房间的地面等高。大厅的拱顶向上直达屋顶；大房间作穹形拱顶 [volto a schiffo]，而四角的方形房间覆以穹顶 [volto a mezo cadino]，高高矗立，形成四个小型的塔楼；在小房间的上面是夹层，夹层的入口高度与楼梯休息平台地面齐平。楼梯在中间没有墙壁，由于大厅能获得上部的采光而非常明亮，因此楼梯也能有足够的光线；而且因为中间没有任何遮挡，它还能特别获得顶部的采光。在庭院两侧的带顶的独立式附属建筑 [coperto] 中，一边有酒窖和粮仓，另一边是厩和农场用房。两个敞廊像是从建筑中伸出的手臂，将主人住宅 [casa del padrone] 与农场用房连接起来；在这座建筑中，还有两个利用了较早的结构的带柱廊的庭院，一个用于打谷，另一个供较低等的仆人使用。[138]

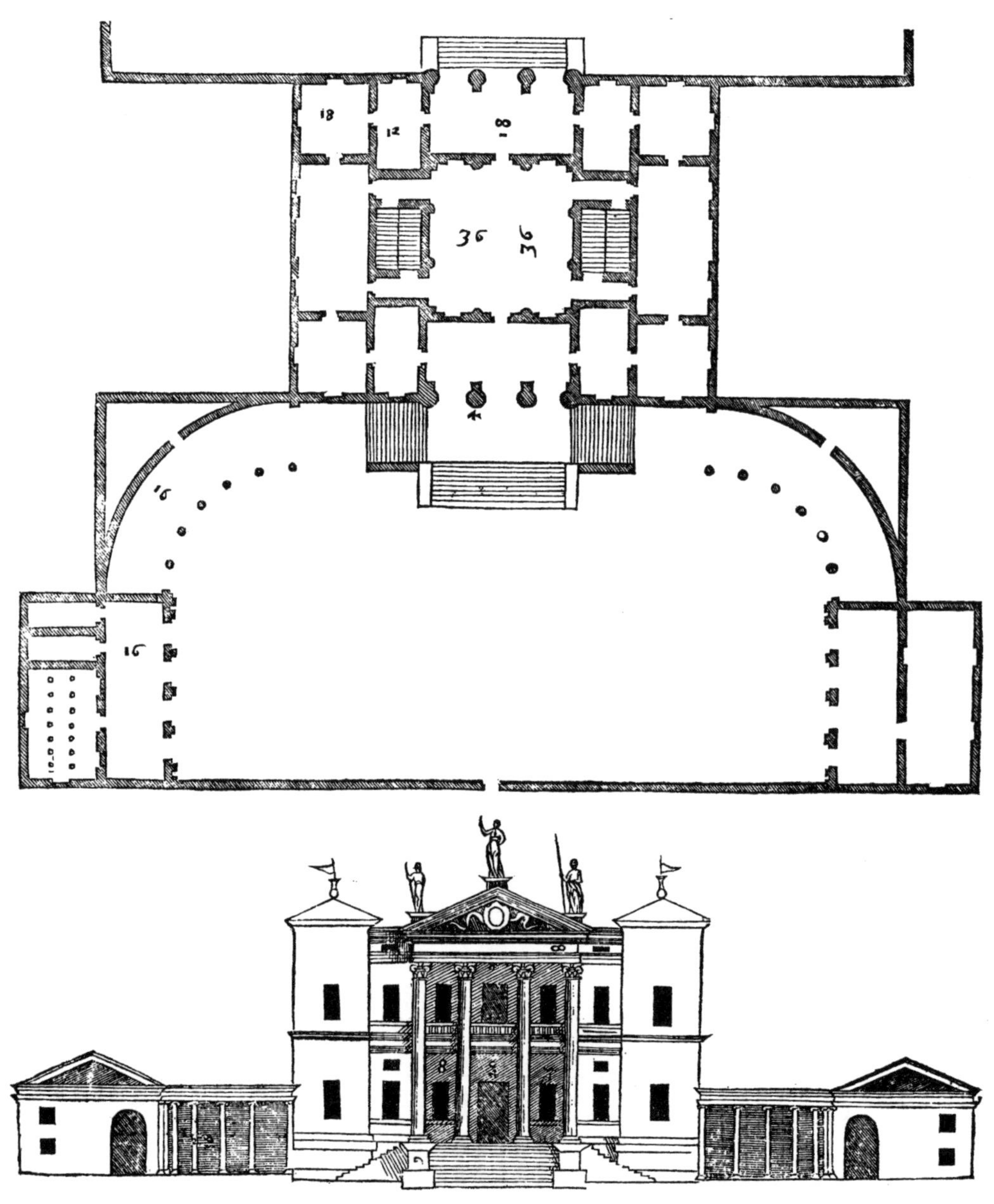

图 2–46　蒂内别墅，位于帕多瓦自由镇的奇科尼亚，平面图和立面图

以下建筑属于贾科莫·安加拉诺伯爵，建在他位于维琴察的安加拉诺的庄园中。[139] 在庭院两侧，有酒窖、粮仓、酿酒的地方、庄园管家的房间 [gastaldo]、厩，以及鸽房；在这些设施以外又有跨院，一侧是农场，而另一侧是花园。主人的住宅位于中央，底层用拱顶，上层用木制天花板；上下都有分隔好的小房间；勃伦塔河，一条满是肥美的鱼儿的河流，从房子的附近流过。这个地方之所以有名，是因为出产美酒和水果，更因为有着如此慷慨而文雅的主人。

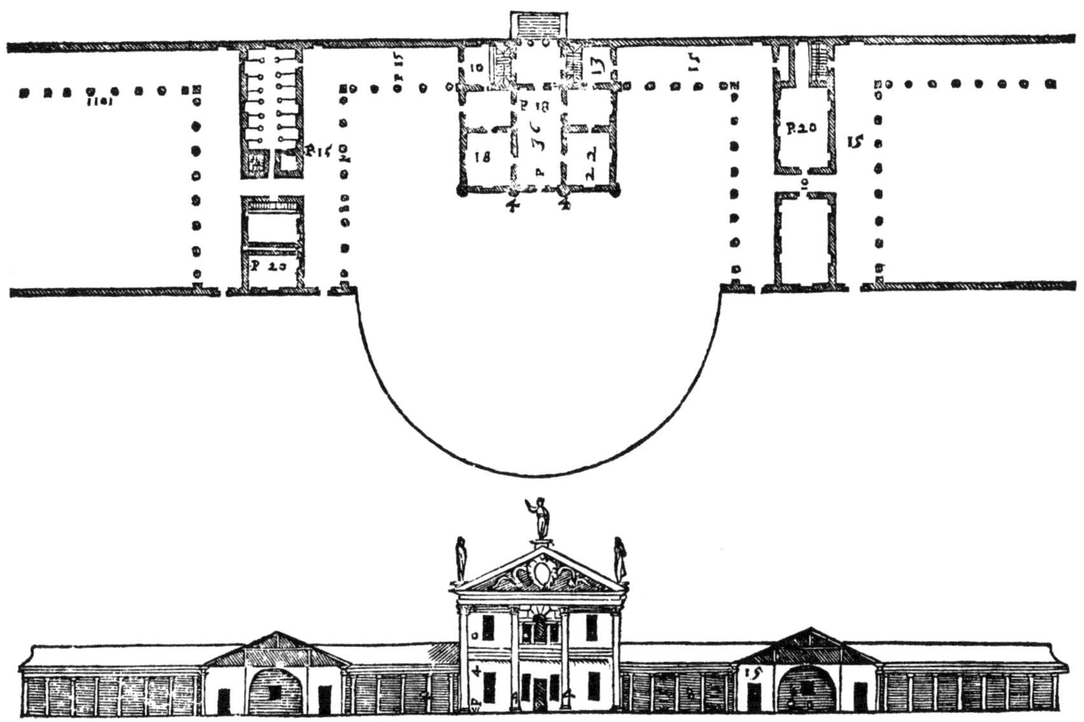

图 2-47 安加拉诺别墅，位于安加拉诺，平面图和立面图

以下设计展现了奥塔维亚诺·蒂内伯爵在昆托的庄园里的建筑。建筑的建造始于他已故的父亲马克·安东尼奥伯爵，以及他的叔父阿德里亚诺伯爵。[140] 地段的一边是提契诺河（Ticino），另一边是这条河的一条很大的支流，非常美丽。这座宫殿 [palagio] 在大门前有多立克式的敞廊；穿过这个敞廊就到了另一个敞廊，然后就到了一个两侧都有敞廊的庭院，在这些敞廊的两头是套房 [appartamento delle stanze]，其中有些套房装饰了维琴察杰出人物，乔瓦尼·因代米奥大师的绘画。[141] 在入口敞廊的对面，还有一个类似的敞廊，从这个敞廊可以通往一个四柱式前庭，然后就到一个庭院，庭院有多立克式柱廊，内有农场所需的设施。没有服务于 [142] 整栋建筑的主楼梯，因为楼上只用作库房 [salvarobba] 和仆人的住处。

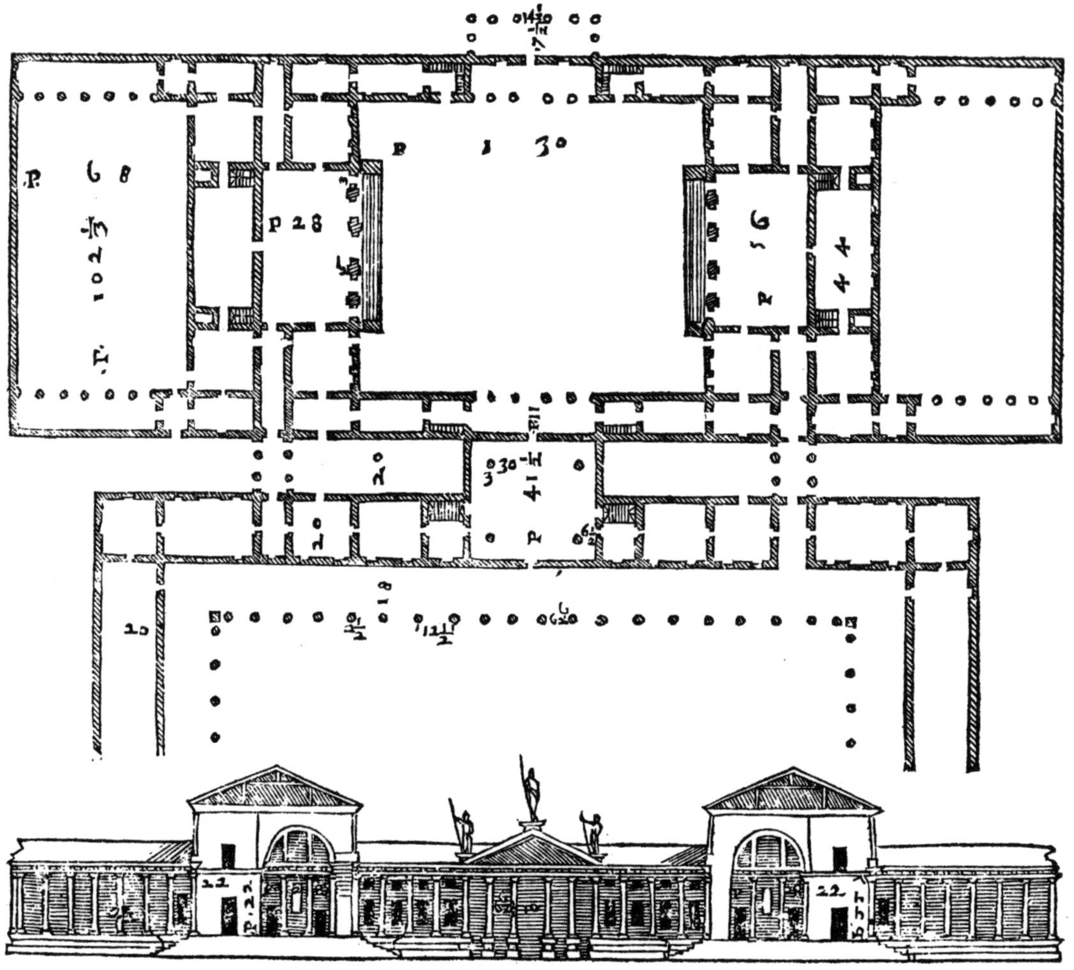

图 2–48　蒂内别墅，位于维琴察的昆托，平面图和立面图

以下建筑位于维琴察的一个叫洛尼多的地方，属于吉罗拉莫·德·格蒂先生，这座建筑位于一座拥有极佳视野的小山上，旁边有一条河可以养鱼。[143] 为了使这个地段满足农场的需求，已经花了不小的代价在拱顶上修建庭院和道路。中间的建筑供主人及其家眷居住。主人的房间有木制天花板，地板抬高于地面 13 尺；房间上面是粮仓，房间下方 13 尺高的基座内布置了酒窖、酿酒的地方，以及厨房之类的房间。大厅的高度直达屋顶，有两排 [ordine] 窗户。在主体建筑的两边有庭院，以及农场所用的棚屋。这座建筑装饰着极富想象力的绘画作品，其手笔出自帕多瓦的瓜尔蒂耶罗大师、维罗纳的巴蒂斯塔·德尔莫罗大师和威尼斯的巴蒂斯塔大师[144]；这位绅士品味高雅，完全不考虑造价，而选择了我们这个时代最卓越的天才画家的作品，因此使得这座建筑尽可能地杰出而完美。

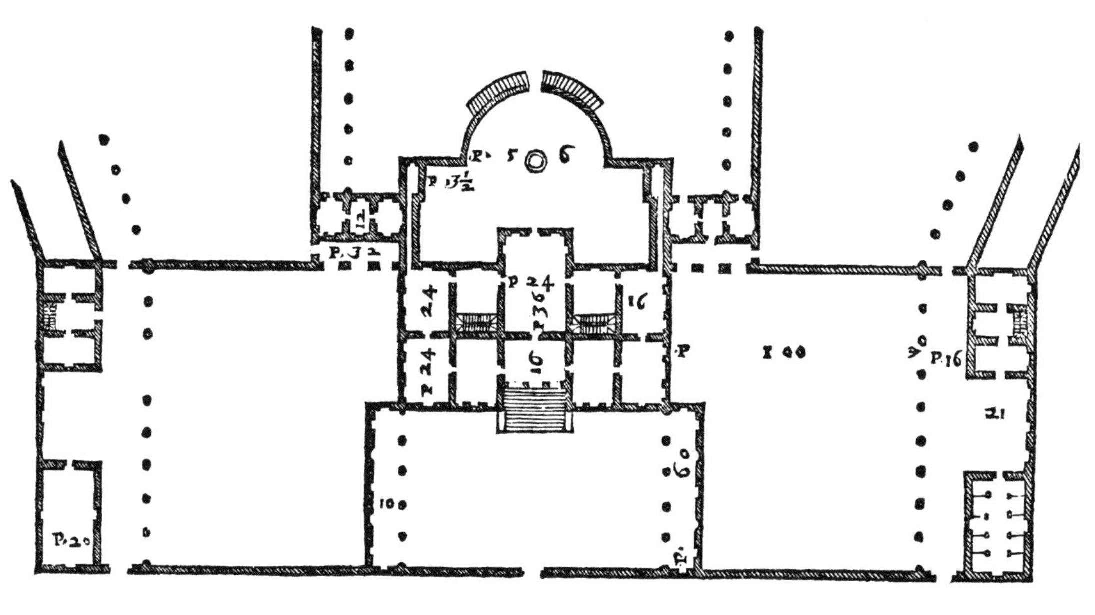

图 2-49　格蒂别墅，位于维琴察鲁格地区的洛尼多，平面图和立面图

以下建筑属于马克·安东尼奥·萨雷戈[145]伯爵，位于离维罗纳只有5里的一个叫圣索非亚的地方；建筑地点非常好，位于一座坡度平缓的小山丘上，这座山丘位于两个小山谷之间，能看到城市的一部分[146]；这一带的山丘由于拥有优质的水源而美丽富饶，这座建筑也因此能够有美妙的花园和喷泉。德拉·斯卡拉家族喜欢这个地方，因为这里景色宜人，还因为可以怀着敬仰的心情欣赏这里留存的古罗马遗迹。建筑中供主人全家使用的部分有一个庭院，庭院周围有柱廊；柱子为爱奥尼式，由未经雕琢的石头建成，由于农场给人的感觉是需要这样朴实无华的东西，因此它们放在这里再合适不过了；这些柱子支撑着顶部的檐口，檐口用作檐槽，水可顺着檐口从屋顶流注其中；在柱子的后面，柱廊的下部，有一些壁柱 [pilastro] 支撑着上层（即二楼 [solaro]）敞廊的地板。在二楼有两个大厅彼此相对，其尺寸见平面图中从建筑外墙延伸到内柱的交叉线。与这个庭院相邻，还有一个供农场使用的庭院，庭院两边有供农场所用的棚屋。

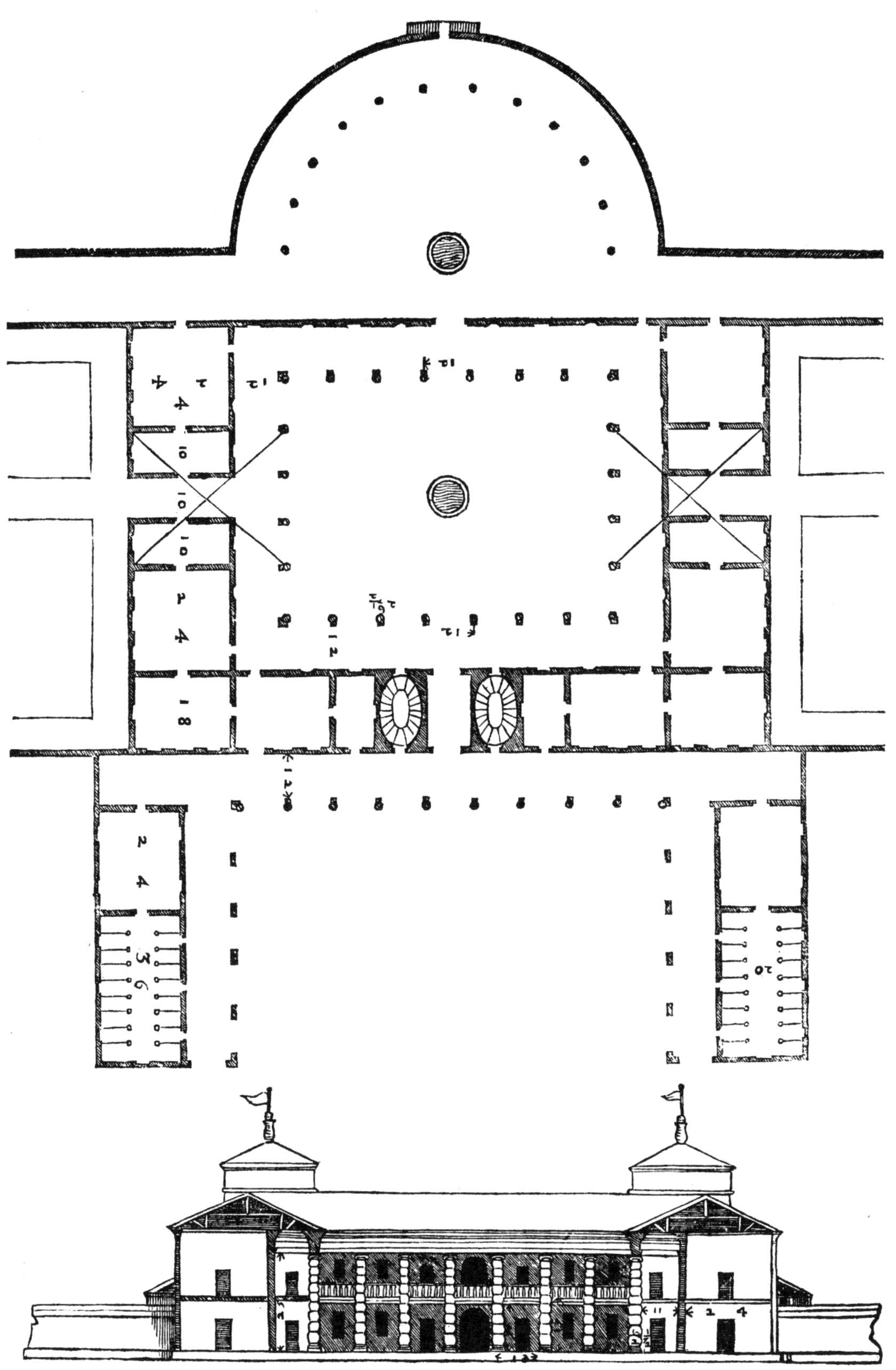

图 2-50　位于维罗纳附近的圣索非亚的萨雷戈别墅，平面图和立面图

以下建筑属于安尼巴莱·萨雷戈伯爵先生，位于克洛格纳[147]的一个叫米埃格的地方。[148]一个高4尺半高的基座构成了整个建筑的底座，在这个高度是首层 [prima] 的房间，在这一层的下面是酒窖、厨房和其他供仆人使用的房间。上述房间都用拱顶，而二层 [seconda] 房间使用木质天花板。与这座建筑相邻的是供农场所用的庭院，有这一功能所需的种种场所。

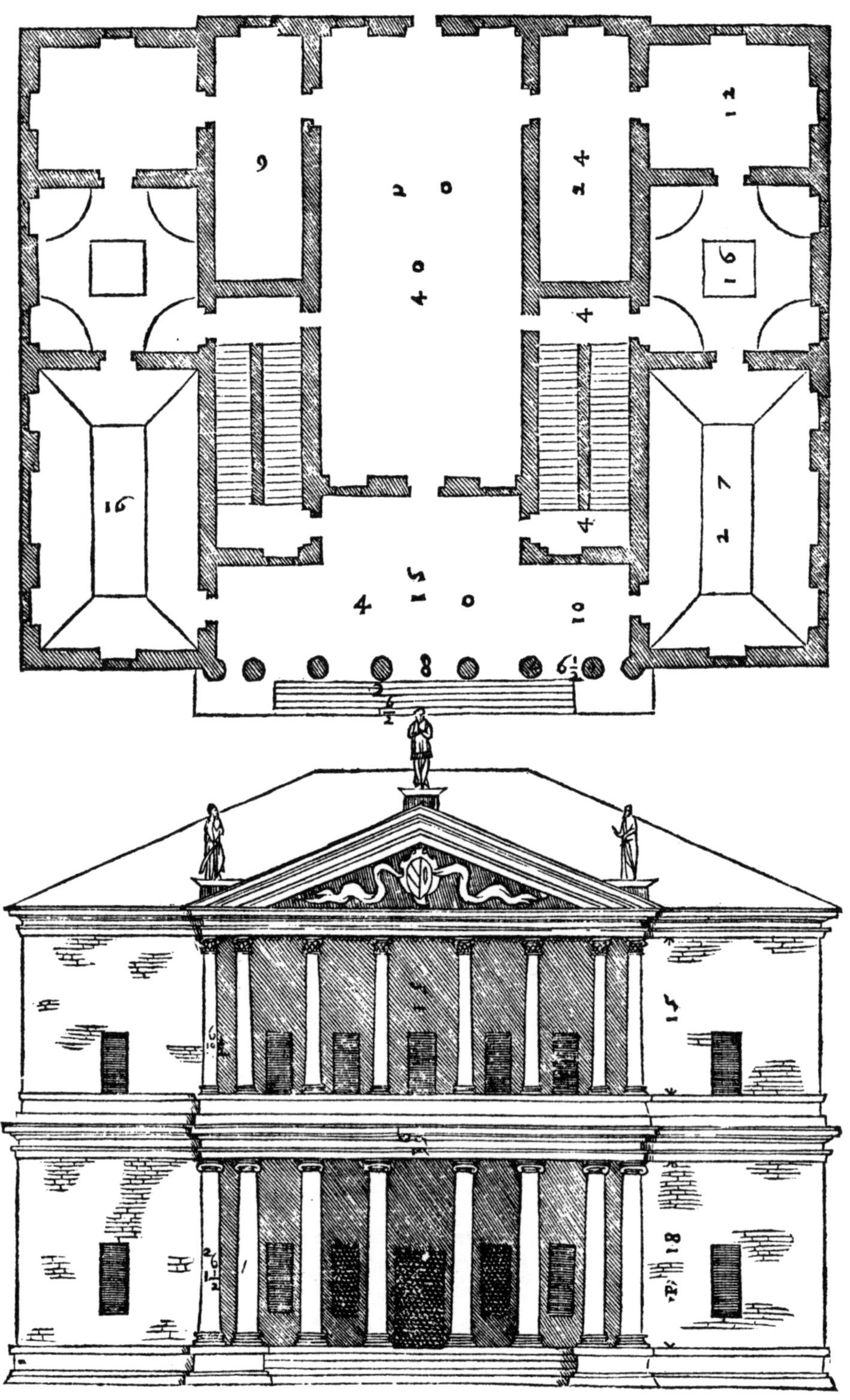

图2–51　位于克洛格纳 – 威尼托的米埃格的萨雷戈别墅，平面图和立面图

第16章 关于古代庄园建筑

我已经在书中介绍了不少由我本人设计 [ordinare] 的庄园建筑的图纸；现在该介绍古代庄园中的建筑了，根据维特鲁威在这方面的阐述，在建筑中我们应该让每一个房间都恰当地朝向天空的某个方位，从而使之适宜于居住或者适宜于农场使用[149]；在书中我不会介绍普林尼的观点，因为现在我的主要目的只是阐述应该如何理解维特鲁威关于这个主题的观点。[150] 主立面朝南，带有一个敞廊，从敞廊经过一个通道可以进入厨房，厨房中央有壁炉，可以从相邻房间的上方采光。厨房的左侧是牛棚，牛棚的食槽朝东，朝向温暖的阳光；在这部分还建有浴室，考虑到需要使用浴室的房间类型，浴室到厨房和浴室到敞廊之间的距离相等。在厨房的右侧与浴室对称的位置，有磨坊 [press] 及其他用来生产油的地方，这些房间朝东、朝南和朝西。这些房间后面是酒窖，酒窖向北采光，远离喧哗 [Strepito][151] 和太阳的热量；酒窖上面是粮仓，朝向天空的同一部位。[152] 庭院的左右两侧是马、羊和其他动物的厩，还有干草和稻草棚以及磨谷场，所有这些都必须远离热源。再往后，就是主人的住宅，住宅的主立面 [faccia principale] 与农场建筑的立面 [facciata] 相对，所以，在建于城外的这些住宅中，前庭 [atrio] 位于建筑的后端。在这里，我们可以看到前文所述的古代私人住宅设计中必须满足的所有东西[153]；但到现在为止，我们还只是讨论了农场的部分。

在所有的农场建筑和某些城市建筑中，我都在主入口所在的正立面做了一个三角形山花 [frontespicio]，因为山花能够强调住宅的入口，更能极大地增加建筑的庄严和华丽，使正面比其他部分更加壮丽；此外，它们还能完美地衬托那些通常放在正面中央的出资人 [edificatore] 勋章或臂章。古人也经常在建筑中使用三角形山花，这从神庙和其他公共建筑的遗迹中可以看到；正如我在第一书的导言中所述，他们非常有可能从私人建筑，亦即住宅之中借鉴了此项发明及其特征 [ragione]。[154] 维特鲁威在其第三书的最后一章中教导了我们应该如何建造三角形山花。[155]

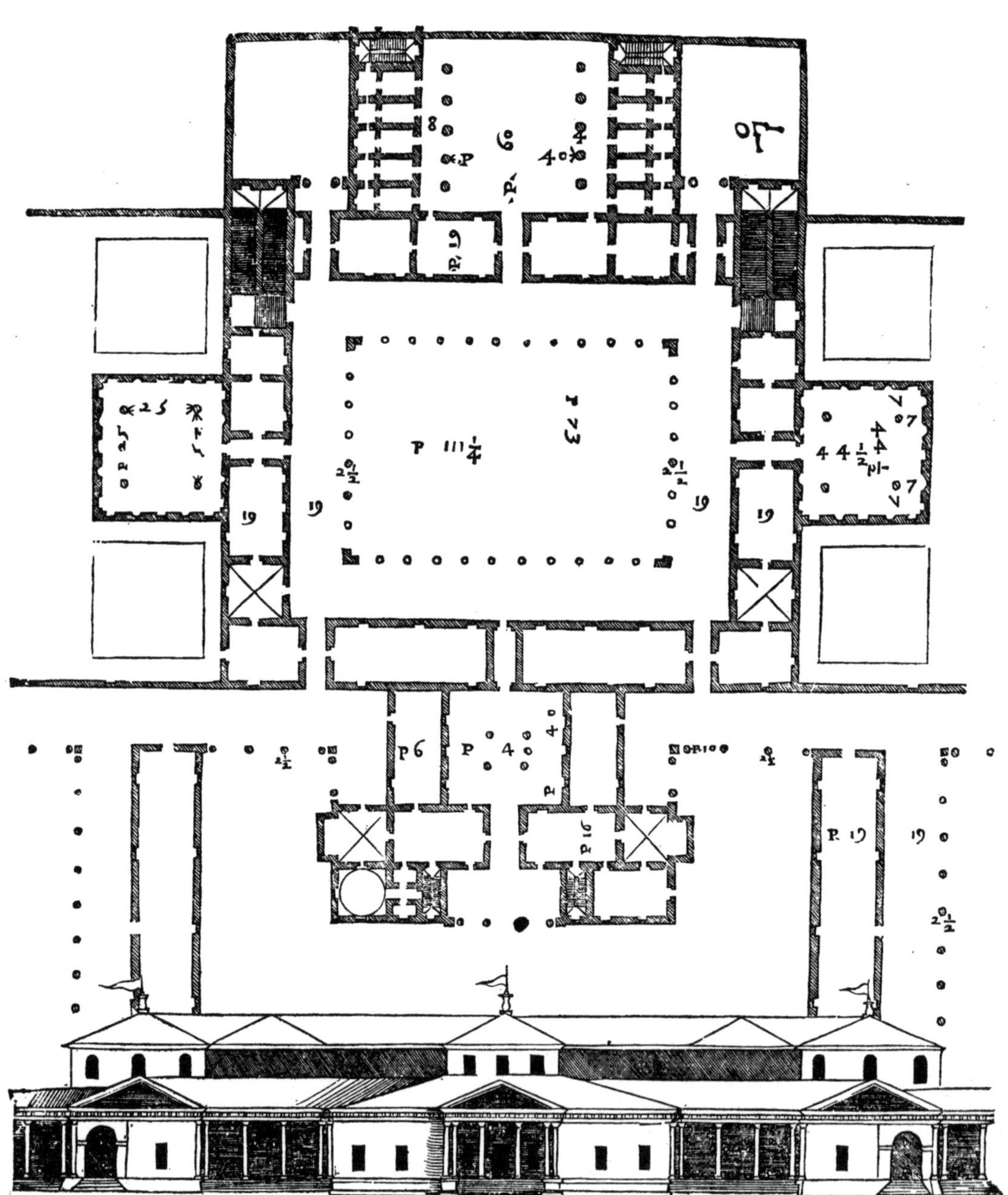

图 2-52　一座古代庄园住宅的平面图和立面图

第17章　关于其他一些地段的设计方案

我原本打算只讨论那些要么已经完成，要么已经开工并即将完工的建筑。但是我们要充分地意识到，人们并不总是在开敞的空地上造房子，大多数时候都必须使建筑与环境相适应；因此，我想在前面介绍的建筑设计之外，再附加介绍一些并非无关主题的建筑方案，这些方案是我应各位绅士的要求而设计的，但由于出现种种困难而未能随即建成。这些建筑的地段都是很难使用的，我想了一些办法，运用布局和比例的手法把房间和其他空间妥善地放进去，使它们彼此之间有很好的联系，我相信，这将使得以下设计非常有用。

第一栋建筑的用地呈三角形[156]；三角形的底边成为房屋的主立面，主立面用了三种柱式 [ordine]，即多立克式、爱奥尼式和科林斯式。门厅呈方形 [quadro]，里面有四根柱子支撑着拱顶，同时使高度与宽度成比例；门厅的两侧是两个长宽比为 $1^2/_3$ 的房间，其高度根据第一种拱顶高度确定法确定[157]，在它们的隔壁还各有一个小房间和一个可以上到夹层的楼梯。在门厅的另一端 [capo]，我打算做两个长宽比为 $1^1/_2$ 的房间，紧挨着再做两个同比例的小房间和通往夹层的楼梯；再往前就是大厅了，大厅的长宽比为 $1^2/_3$，里面的柱子和门厅相同；再往前就应该是敞廊，在敞廊的一侧应该有椭圆形楼梯，再往前就是庭院，庭院的一侧是厨房。第二 [seconda] 房间，也就是二楼的房间，高 20 尺，三层的房间高 18 尺。但是两个大厅都和屋顶同高[158]；这些大厅在上层房间的地板高度上有阳台，而上层的这些房间可以用于招待参加聚会、宴会和类似娱乐活动的贵宾。

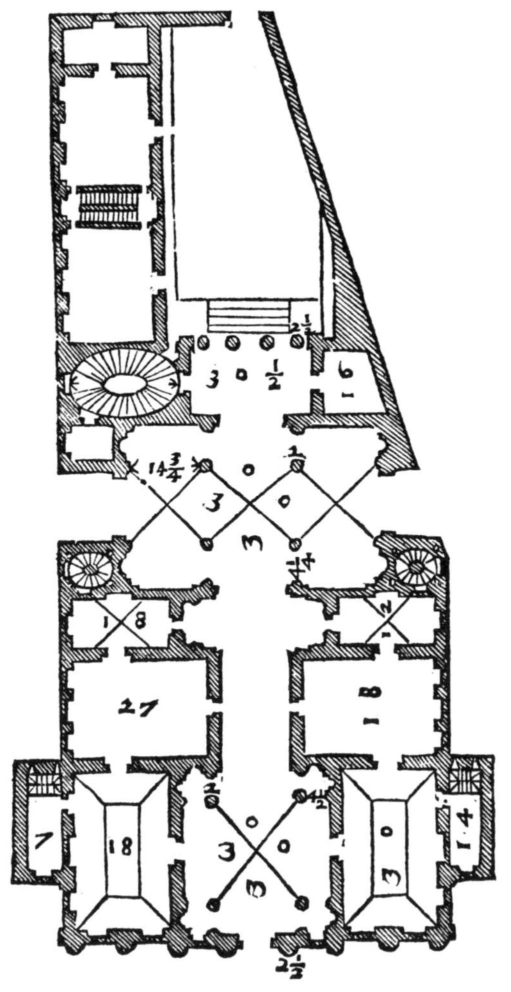

图 2-53　一个位于三角形地段的府邸方案，平面图和立面图

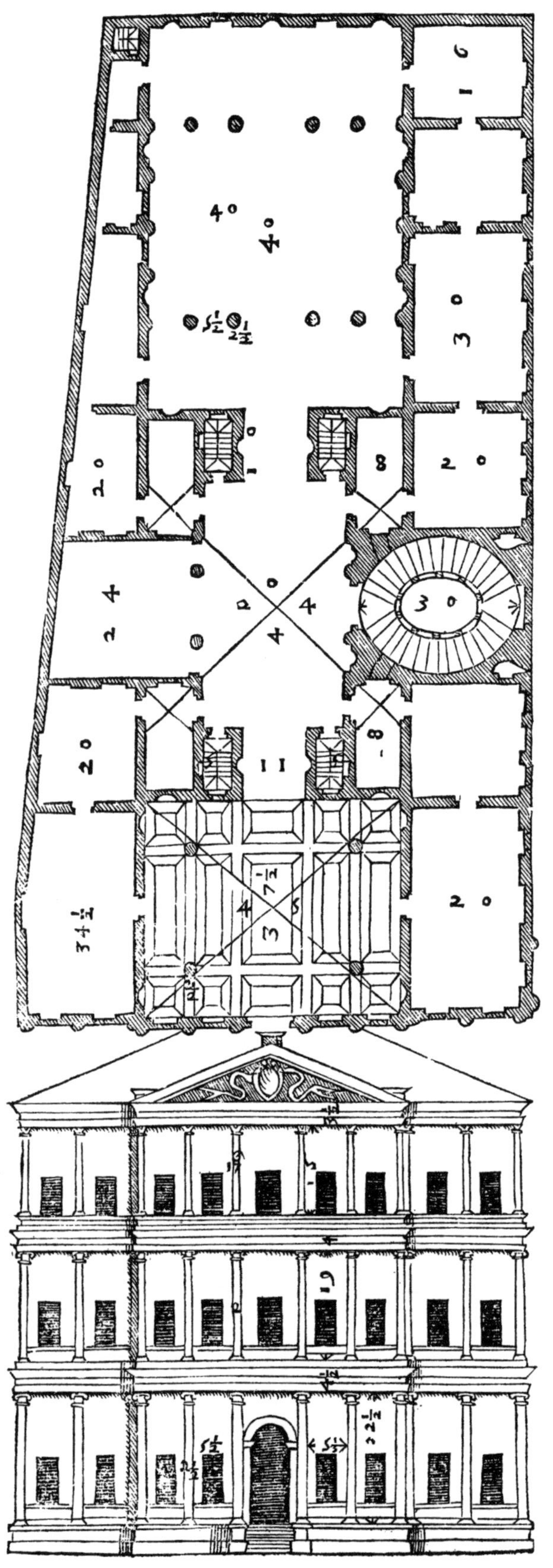

图 2–54　一个位于威尼斯某地段的府邸方案，平面图和立面图

我为一个位于威尼斯的建筑用地提出了以下设计方案。[159] 主立面有三种柱式：第一层是爱奥尼式、第二层是科林斯式，第三层是混合式。门厅微微向外突出，内有四根柱子，其尺度和样式均与正立面的柱子相同。两边的房间有拱顶，拱顶高度根据第一种拱顶高度确定法确定 [160]；这些房间的旁边是小房间和极小的房间，以及通往夹层的楼梯。入口的对面是一条走廊，通往另一个较小的厅 [sala minore]，在厅一侧有一个小庭院 [corticella]，可供采光，在厅的另一侧是大型主楼梯，楼梯呈椭圆形，中央开敞，周围有支撑踏步的柱子 [161]；继续往前走，再经过一个走廊，就到了一个敞廊，敞廊的柱子为爱奥尼式，尺度与入口处的柱子相同。敞廊的两边是套房 [appartamento]，和入口处一样，但是因为场地原因，左边的套房稍小；紧接着有一个周围有柱子，形成回廊的小庭院 [corte]，回廊通往后面的房间，女人们在这里度过她们的时光，厨房也在这里。楼上的部分与楼下的部分相似，但门厅上方的大厅没有柱子，与屋顶同高，在第三层 [terza stanza] 房间的高度有走廊或阳台 [corritore, poggiuolo]，从这里也可以通往大厅的第二层窗户 [162]——因为这个大厅有两排窗户。较小的厅 [sala minore] 应该在二层房间拱顶的高度有一个木质天花板，这些拱顶高 23 尺；三层房间的天花板高 18 尺。所有的门窗彼此呼应、上下对齐，所有墙壁共同承重。酒窖、洗衣房和其他存储用房 [magazino] 则应放在地面以下。[163]

应特里西诺兄弟弗朗切斯科伯爵和洛多维科伯爵的要求，我针对他们位于维琴察的地块设计了以下方案，其中的住宅有一个方形的门厅，用科林斯式柱子划分成三个空间，这样拱顶会非常坚固，而且成比例。[164] 在门厅的两侧有两组套房 [appartamento]，每组有 7 个房间，其中包括 3 个夹层，要通过小房间旁边的楼梯抵达。大房间高 27 尺，中型房间和小房间高 18 尺。再往里，是环绕爱奥尼式敞廊的庭院 [corte]。正立面第一层柱子为爱奥尼式，柱高与庭院柱子相同，第二层柱子为科林斯式。大厅内部完全没有柱子 [libero]，厅的大小与门厅相同，高度直达屋顶；在天花板的高度有一个阳台 [corritore]。大房间有天花板，中型房间和小房间用拱顶。在庭院两侧有女人的房间、厨房，以及其他房间；然后在地下有酒窖、木材库及其他功能用房。

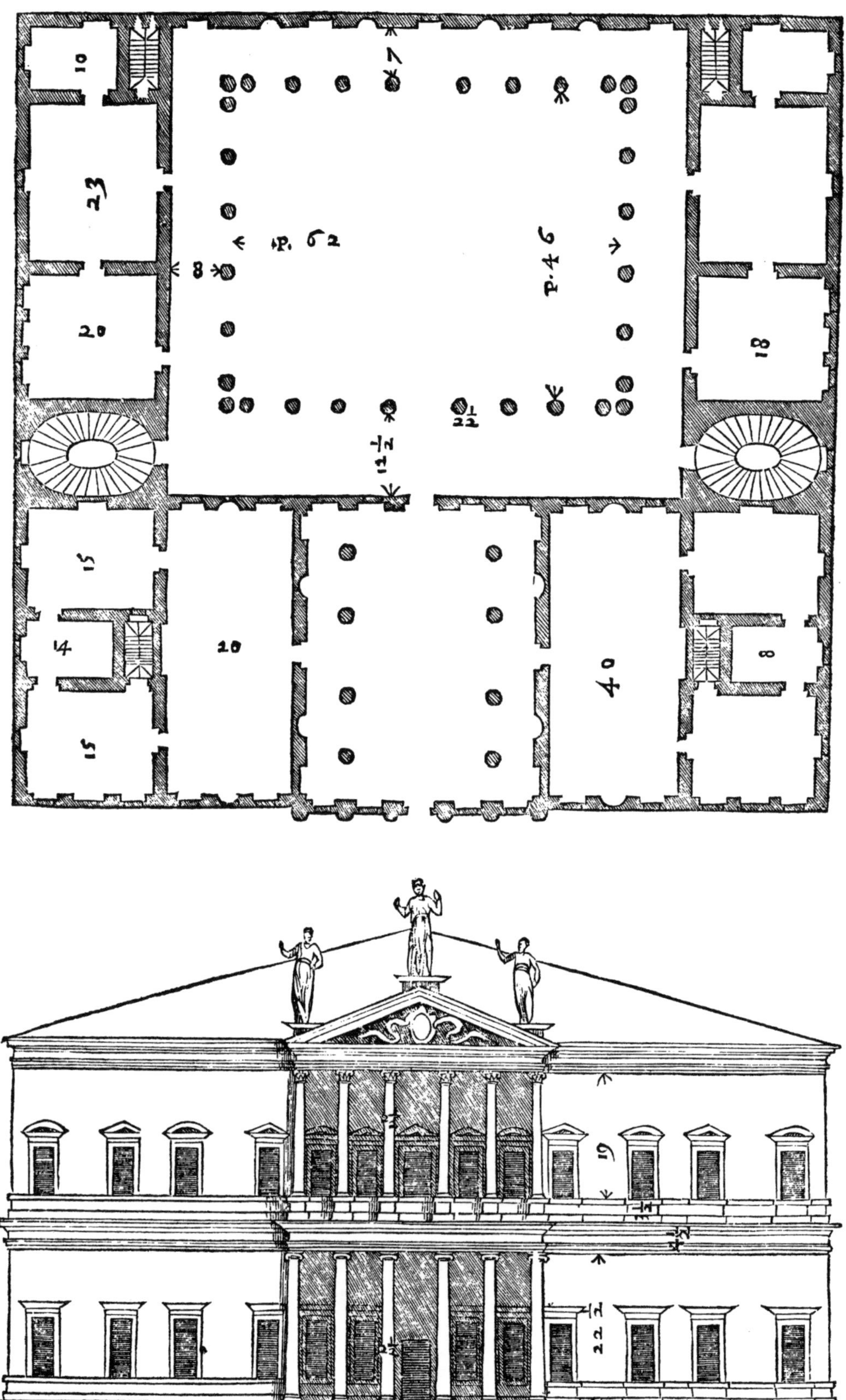

图 2-55　一个位于维琴察的府邸方案，为特里西诺兄弟所作，平面图和立面图

这里介绍的方案是为贾科莫·安加拉诺伯爵在维琴察的地块而设计的。[165]正立面的柱子是混合式。门厅两侧的房间长度是宽度的 $1^{2}/_{3}$ 倍；旁边是带夹层的小房间。再往里走就是柱廊围绕的庭院 [corte]；柱廊的柱子高 36 尺，后面有壁柱，维特鲁威称之为附柱 [parastatice][166]，支撑二层敞廊的地面，在二层敞廊的上方还有一个露天的敞廊，即住宅顶部天花板 [solaro] 的高度环绕了一圈阳台。再往前，是另一个同样被柱廊环绕的庭院 [corte]；第一层柱子是多立克式，第二层为爱奥尼式；楼梯在这个庭院里。在楼梯对面是厩，以及建造厨房和仆人住处的地方。楼上的部分则是这样的，大厅没有柱子，天花板直达屋顶；房间的高度和宽度相同，还有带夹层的小房间，和楼下一样。在正立面柱子的上方可以做阳台，那通常是非常有用的。

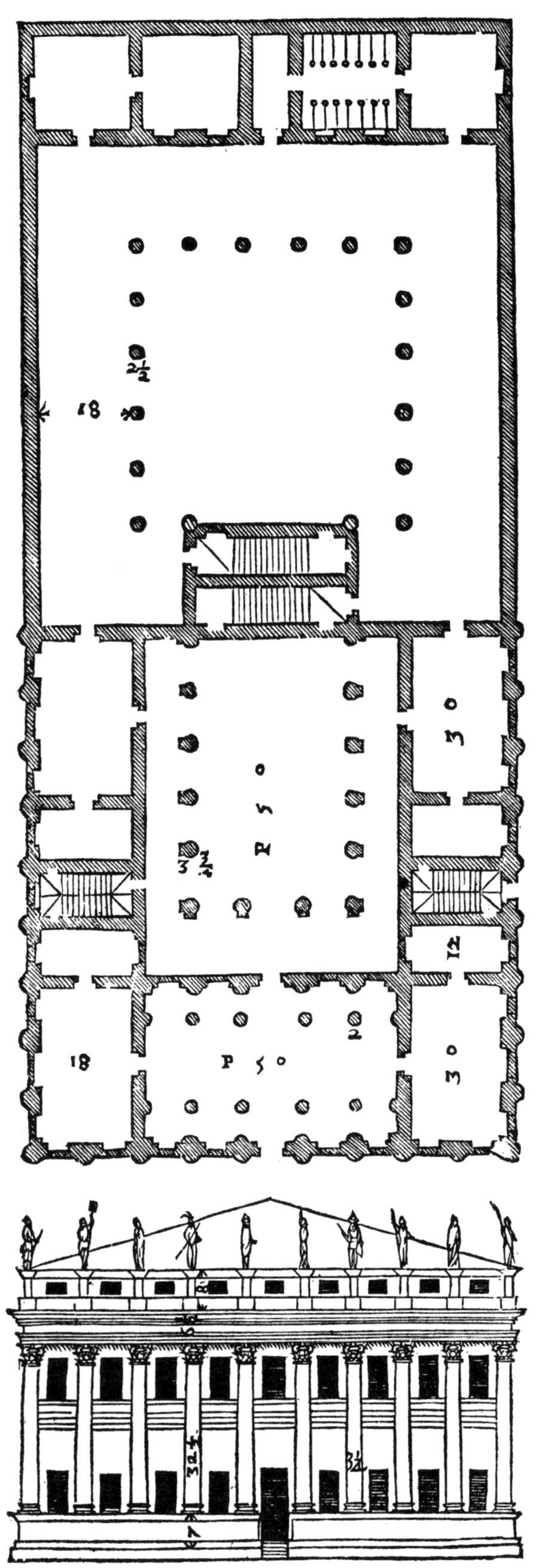

图 2–56　位于维琴察的安加拉诺府邸方案，平面图和立面图

在维罗纳最著名的景点之一，德拉·布拉（Della Brà）大门的附近，乔瓦尼·巴蒂斯塔·德拉托雷伯爵曾经想要在这里建造一座如下图所示的建筑。该建筑有一个花园，以及人们在一个舒适宜人的地方想要的一切。[167] 首层的房间带拱顶，所有的小房间都带有夹层，有小楼梯通往夹层。二层的房间，也就是在上面的房间，有木制的天花板。大厅的高度直达屋顶，在天花板的高度有过道或阳台，大厅通过敞廊和侧面的窗户采光。

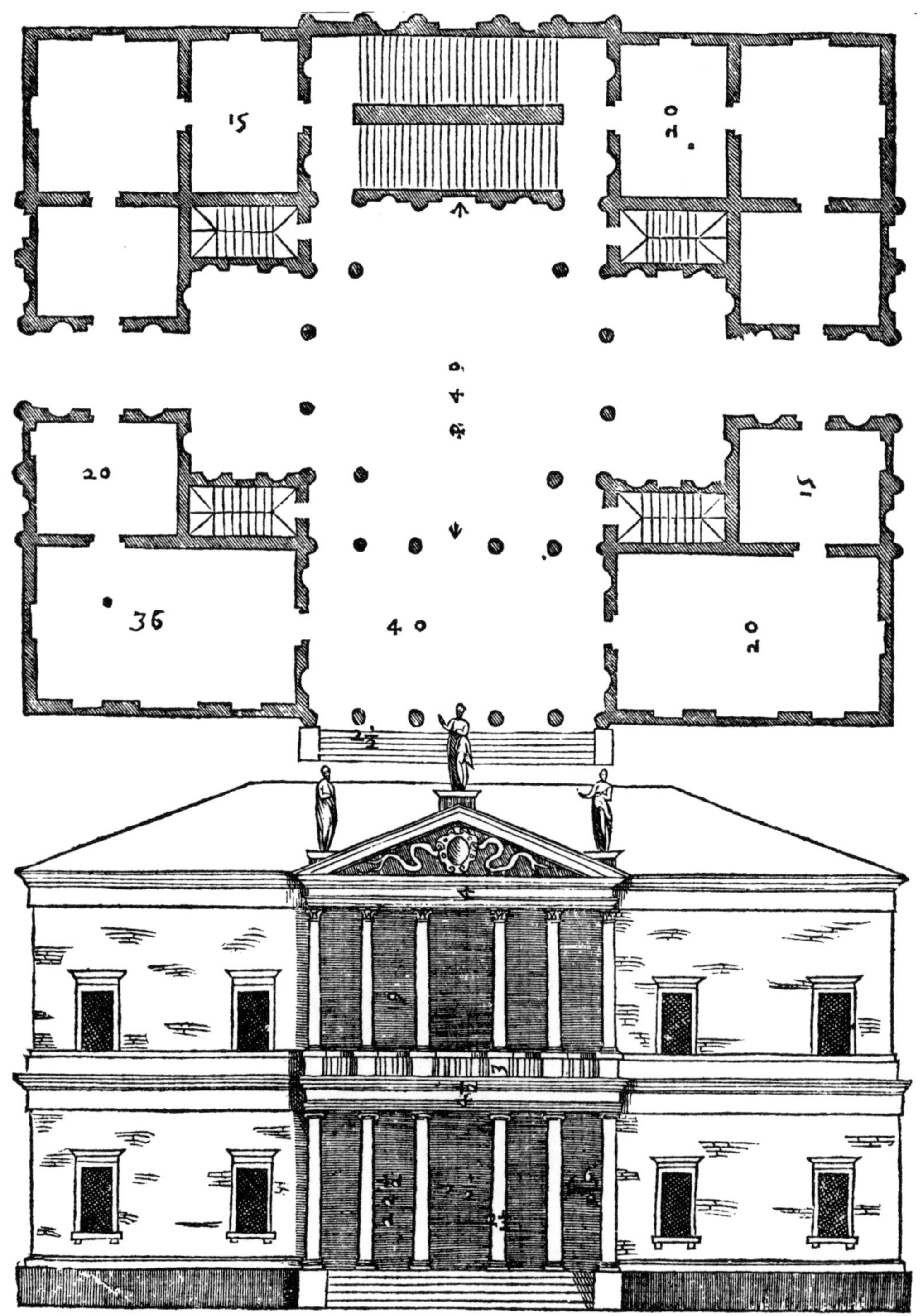

图 2-57　维罗纳的德拉·托雷府邸方案，平面图和立面图

我还为维琴察绅士乔瓦尼·巴蒂斯塔·格扎多里武士设计了以下方案，建筑前后各有一个科林斯式的敞廊。[168] 这些敞廊有木制的天花板，首层的大厅也有天花板，大厅位于房屋中央，这样夏天会很凉爽，大厅有两排窗户。大厅内有四根柱子支撑着天花板，并使楼上大厅的地板坚固而稳定；楼上的大厅呈方形，没有柱子，高度比宽度多出的部分与檐口进深相等。大房间的拱顶高度通过第三种拱顶高度确定法确定；小房间的拱顶高16尺。楼上的房间有天花板，第二层敞廊为混合柱式，比一层敞廊矮五分之一。这个敞廊有三角形山花（正如我在上文提到的），使得建筑显得十分壮丽，使中间高于两侧，并为徽章提供了安放之处。

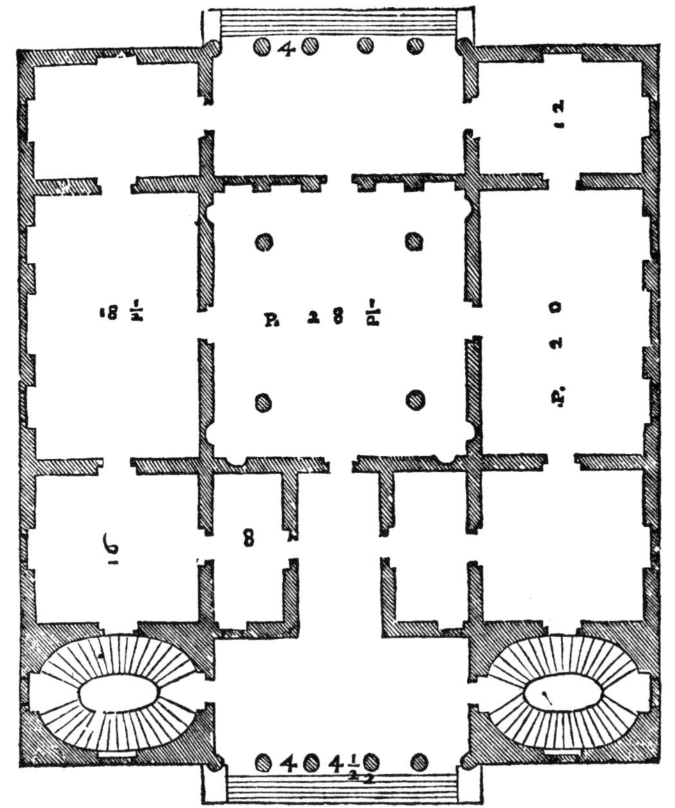

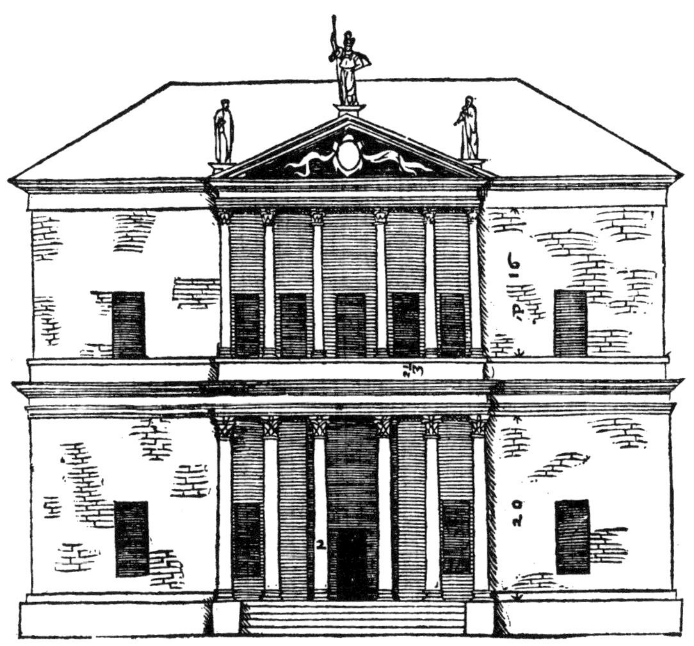

图 2-58　位于维琴察的格扎多里府邸方案，平面图和立面图

根据著名武士莱昂纳多·莫契尼哥先生的要求，我为其位于勃伦塔的建筑用地提出了以下方案。[169] 周围有四个敞廊，像手臂一般将来客怀抱 [170] 其中；在这些敞廊的侧面，紧挨着临河的前廊的是厩，挨着后廊的是厨房，以及庄园农场管理者 [fattore] 和庄园管家 [gastaldo] 的房间。位于立面中央的敞廊，柱子排布较密 [di spesse colonne]，柱高 40 尺，背后有壁柱 [pilastro]，壁柱宽 2 尺，深 $1^{1}/_{4}$ 尺，支撑着二层敞廊的地板；往里走，是环绕爱奥尼式敞廊的庭院 [cortile]。柱廊的宽度等于柱子的长度减去一个柱径；敞廊与可以看见花园的房间等宽，因此隔墙放置在中分的位置，刚好可以支撑屋脊 [colmo del coperto]。一层的房间尺寸加倍，非常便于很多人来访时共同用餐。转角处的房间呈方形，顶部用穹形拱 [volto a schiffo]，地面至拱墩的高度与房间宽度相等；拱高 [freccia] 是拱宽的 1/3。大厅的长度是宽度的 $2^{1}/_{2}$ 倍，里面有柱子，使长宽与高度成比例；只有一层大厅才有柱子，楼上的大厅则完全无柱 [libero]。庭院敞廊上层的柱子为科林斯式，比下层柱子小 1/5。上层房间的高度与宽度相等。楼梯位于庭院的尽端，从相反的两边都可以上楼。

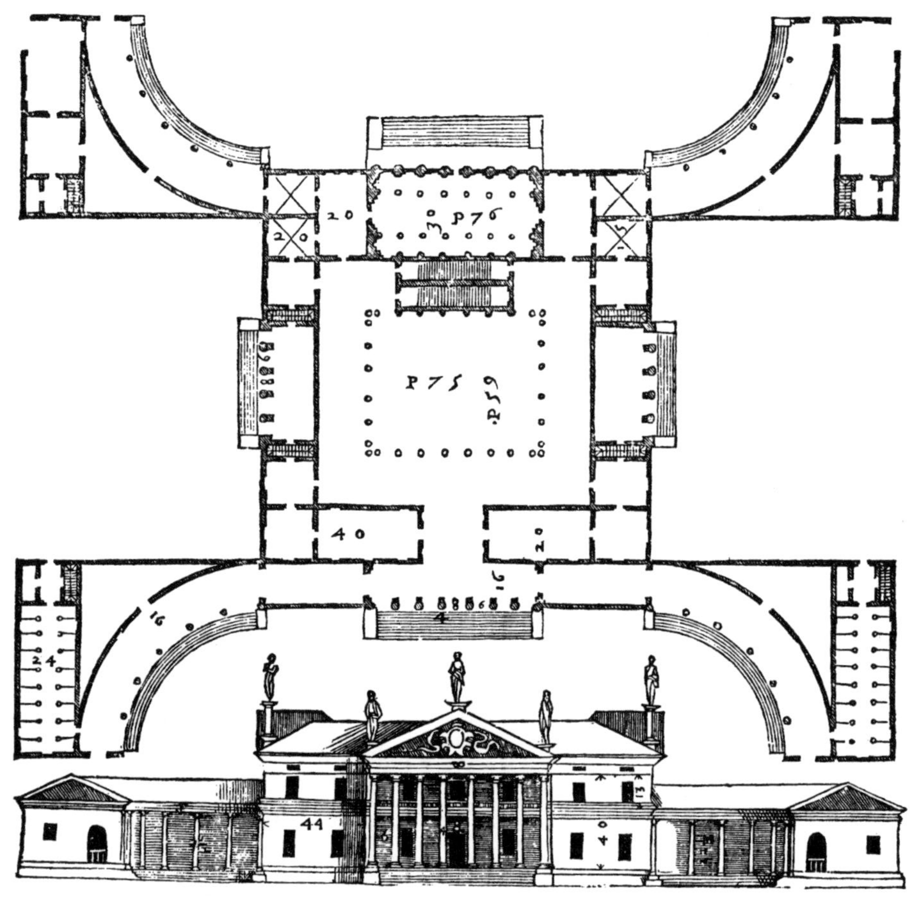

图 2-59　莫契尼哥别墅方案，位于勃伦塔，平面图和立面图

介绍完这个方案，这本书就接近尾声了，感谢上帝赐予我这种天分，使我能够在这两本书中运用尽可能简明的词汇和图像来汇集和传达那些对于建造好的建筑最为重要的方方面面，特别是关于如何建造 [171] 那些具有内在美，同时既实用，又能为出资人 [edificatore] 带来荣耀的私人住宅。

第二书完

第二书译注

1 意大利文 decoro，塔弗纳英译本译作 decorum，与维特鲁威对于建筑美的范畴中的六个基本概念之一 décor 相对应，参照王贵祥译《西方建筑理论史》，中文版统一译为“得体”。

2 意大利文 convenienza 与 commodità，英文对译均为 convenience，塔弗纳英译本译作 suitability，与维特鲁威的建筑三原则之一“适用”（convenience / *utilitas*）相对应，参照高履泰译《建筑十书》，中文版统一译为“适用”。

3 参见卡塔尼奥 // 论文集 ,1985，325 页及其后。参见帕拉第奥 2002 年，注 1。

4 维特鲁威《建筑十书》I.2.5–7,6.5.1–3。参见巴尔巴罗译注 1987 年,相应章节。参见帕拉第奥 2002 年，注 2。

5 参见维特鲁威《建筑十书》6.5.1–3；巴尔巴罗译注 1987 年，相应章节。参见帕拉第奥 2002 年，注 3。

6 著名的关于建筑与人体之间的类比，参见维特鲁威《建筑十书》3.1；菲拉雷特 1972 年，190–191 页；阿尔伯蒂 1988 年，146 页，301 对开页，309 对开页（5.17；9.5；9.7）；科尔纳罗《论文集》（Cornaro in *Trattati*），1985 年，93，103 页；卡塔尼奥 // 论文集 ,1985，302 对开页。参见帕拉第奥 2002 年，注 4。

7 帕拉第奥的原文是“i soli”，我们不确定为什么他采用复数。参见帕拉第奥 2002 年，注 5。“soli”是意大利文“sole”的复数，意为“太阳”或“阳光”。

8 关于房间及其与四时年节的关系，参见维特鲁威《建筑十书》6.4;阿尔伯蒂 1988 年,145–153 页（5.17、18）；巴尔巴罗译注 1987 年，295 页。参见帕拉第奥 2002 年，注 6。

9 阿尔伯蒂 1988 年，140–141 页（5.14）。参见帕拉第奥 2002 年，注 7。

10 弗留利地区（Friuli），位于今意大利的东北和南斯拉夫西北，原属意大利公爵领地。

11 乌迪内（Udine），位于威尼斯的东北部。

12 位于乌迪内的安东尼尼府邸，动工于 1556 年，但是直到 17 世纪，经过多次改动后才建成。见佐尔齐 1965，227 对开页（图纸参见 RIBA VII 25）；普皮 1986，147–149 页。参见帕拉第奥 2002 年，注 8。

13 参见第一书，53–54 页上半部。参见帕拉第奥 2002 年，注 9。第一书第 24 章。

14 参见阿尔伯蒂 1988 年,140–141 页(5.17);科尔纳罗 // 论文集 ,1985,98、109 页。参见帕拉第奥 2002 年，注 10。

15 1 维琴察尺（Vicentine foot）[piede vicentino] = 34.75 厘米，后文的图版中所用的单位“P”，即指维琴察尺。

16 基耶里凯蒂府邸（Palazzo Chiericati），动工于 1551 年，1554 年中止，完工于 17 世纪末。见佐尔齐 1965 年，196 页及其后，哈里斯 1971 年（内有伍斯特（Worcester）大学的图纸）；切韦塞 1973 年，100 页及其后；伯恩斯等 1975 年，39 页；普皮 1986 年，125–129 页；还可参见 RIBA VIII 11, XVII 5 和 8。帕拉第奥提到的瓦莱里奥・基耶里凯蒂（Valerio Chiericati），是错当成了他父亲的名字，实际应是 Girolamo。参见帕拉第奥 2002 年，注 11。

17 意思是，一个长度与整个正立面相等的敞廊。帕拉第奥的双柱门廊来自前人关于希腊广场的描述，见维特鲁威《建筑十书》5.1.1 及 6.8；阿尔伯蒂 1988 年，264 页（8.6）；巴尔巴罗译注 1987 年，207 页。还可参见第三书，32–33 页下部。参见帕拉第奥 2002 年，注 12。

18 帕拉第奥的短语“bel sito”似乎奇怪而夸张，事实上，在府邸的前面是一个卖家畜的集市。参见帕拉第奥 2002 年，注 13。“bel sito”，意大利语，意为“美丽的地方”。

19 关于里多菲(Ridolfi)艺术活动的专门叙述,可参见佐尔齐 1951 年,145 页;佐尔齐 1965 年,198 对开页；马加尼亚托 1968 年，174–175 页。参见帕拉第奥 2002 年，注 14。

20 stucco compartments

21 关于多梅尼科・布鲁萨佐尔齐，参见巴尔别里 1962 年，1、48 页；克罗萨托 1962 年，42–43 页；佐尔齐 1965 年，199 页，注释 27；卡尔佩贾尼 1974 年；巴廖利 1977 年。参见帕拉第奥 2002 年，注 15。

22 Giambattista Zelotti，参见巴尔别里 1962 年，I，50–53 页；帕卢基尼 1968 年。参见帕拉第奥 2002 年，

注 16。

23 指作者所在的城市，维琴察。

24 关于波尔蒂（聚会）府邸（Palazzo Porto）（Festa），参见帕内 1961 年，159–160 页；巴尔别里 1964 年 a，332–333 页；福斯曼 1965 年，88 页；佐尔齐 1965 年，190 对开页；阿克曼 1967 年 b，58 页；福斯曼 1967 年，247–48 页；鲁普雷希特（Rupprecht）1971 年，306–307 页；佐科尼（Zocconi）1972 年；普皮 1986 年，120 对开页。这座建筑大约动工于 1550 年，但未完成。相关图纸可参见 RIBA XVI 8d，XVII 3，9r–v，12，17；还可参见切韦塞 1973 年，102–106，127 页；福斯曼 1973 年 a，13–21 页。参见帕拉第奥 2002 年，注 17。

25 普林兹（Prinz）1969 年。参见帕拉第奥 2002 年，注 18。

26 参见第一书，54 页上部。参见帕拉第奥 2002 年，注 19。

27 plaster-work。

28 维特鲁威《建筑十书》6.7.4；巴尔巴罗译注 1987 年，300 对开页。参见帕拉第奥 2002 年，注 20。

29 这座府邸现在已经几乎完全被毁了，关于它我们仅能获得的一点资料，参见 Bertotti-Scamozzi 1776–1783 年著作中的图纸，4:35–36；佐尔齐 1965 年，213 页；普皮 1986 年，129 对开页。参见帕拉第奥 2002 年，注 21。

30 关于其建造时间和所有人的资料，参见佐尔齐 1937 年，122、173 页；切韦塞 1952 年，39–50 页；福斯曼 1962 年，33 页；巴尔别里 1964 年 b；佐尔齐 1965 年，213 页及其后；马加尼亚托 1966 年，16 页；阿克曼 1967 年 b，57 页；切韦塞 1973 年，95 页；伯恩斯 1973 年 b，181–182 页；切韦塞 1976 年，9 页；普皮 1986 年，93 页及其后；H. 伯恩斯《朱利奥·罗马诺》（*Giulio Romano*），1989 年，502 对开页；布歇 1994 年，49 对开页。关于这座建筑的设计，还可参见 RIBA XIV 4，XVII 6–7，10。参见帕拉第奥 2002 年，注 22。

31 参见阿尔伯蒂 1988 年，152 页（5.18）。参见帕拉第奥 2002 年，注 23。

32 关于这些艺术家的作品，参见切韦塞 1952 年；克罗萨托 1962 年，47–49 页；马加尼亚托 1966 年和 1974 年；佐尔齐 1965 年，209 页；佐尔齐 1968 年，209 页；萨可曼尼（Saccomani）1972 年，68 页。参见帕拉第奥 2002 年，注 24。

33 参见 RIBA XVII 10。参见帕拉第奥 2002 年，注 25。

34 瓦尔马拉纳府邸（Palazzo Valmarana）设计于 1565 年，动工于 1566 年。参见马格里尼 1845 年，XXIV，注释 47；佐尔齐 1965，247 对开页；阿克曼 1967 年 b，58 页；焦塞菲 1972 年，61 页；切韦塞 1973 年，107 页及其后；伯恩斯等 1975 年，15 页；普皮 1986 年，211 页及其后；布歇 1994 年，266 页；RIBA XVII 4r–v，载于伯恩斯 1973 年 a，以及伯恩斯等 1975 年，235 页。参见帕拉第奥 2002 年，注 26。

35 马尔扎里 1604 年，204 页；曼泰塞 1964 年；佐尔齐 1968 年，131–132 页。参见帕拉第奥 2002 年，注 27。

36 阿梅里克别墅（Villa Almerico）动工于 1566（？）年，参见马格里尼 1845 年，238–239 页；伊泽迈尔 1967 年；曼泰塞 1967 年；塞门扎托（Semenzato）1968 年；佐尔齐 1968 年，127 页及其后；切韦塞 1971 年，153–154 页；切韦塞 1973 年，82 页；伯恩斯 1973 年 a，136、148 页，载于 RIBA XVII 9v；伯恩斯等 1975 年，198 页；普皮 1986 年，222 对开页；安德烈亚·帕拉第奥 1990 年；布歇 1994 年，290 对开页。参见帕拉第奥 2002 年，注 28。

37 福斯曼 1969 年，160 页；可参照阿尔伯蒂在《郊区别墅》（*villa suburbana*）中的描述，见阿尔伯蒂 1988 年，145–147、294–296 页（5.17 和 9.2）。参见帕拉第奥 2002 年，注 29。

38 famiglia 一词在这里可能指仆人，因为事实上，帕拉第奥明确指出，阿梅里克自己的家人在当时已经全部去世了，而在帕拉第奥其他的别墅设计中，那些位于主要层以下的房间常常是供仆人所用的。参见本书的术语表。参见帕拉第奥 2002 年，注 30。

39 参见第一书，53 页上部。参见帕拉第奥 2002 年，注 31。

40 Lorenzo Rubini，参见佐尔齐 1951 年。参见帕拉第奥 2002 年，注 32。

41 马尔扎里 1604 年，169 页；佐尔齐 1965 年，260–261 页；曼泰塞 1968–1969 年，235–238 页。参见帕拉第奥 2002 年，注 33。

42 伯恩斯等 1975 年，42 页；普皮 1986 年，191 对开页。参见帕拉第奥 2002 年，注 34。

43 马尔扎里 1604 年，160 页；佐尔齐 1965 年，255–256 页；曼泰塞 1970–1973 年，39 页及其后参见帕拉第奥 2002 年，注 35。

44 蒙塔诺·巴尔巴拉诺府邸（Palazzo Montano Barbarano）动工于 1570 年，见佐尔齐 1965 年，255 对开页；阿克曼 1967 年 b，59 页；切韦塞 1973 年，109–110 页；普皮 1986 年，234 对开页；RIBA XVI 14。参见帕拉第奥 2002 年，注 36。

45 关于托斯卡式的前庭，参见维特鲁威《建筑十书》6.3.1，巴尔巴罗译注 1987 年，282–288 页讨论了维特鲁威提到的五种前庭形式；帕拉第奥在这里说他要讨论四种；他去掉了其中的“无顶式”（atrio discoperto）。参见帕拉第奥 2002 年，注 37。

46 参见维特鲁威《建筑十书》6.3.1，巴尔巴罗译注 1987 年，284、288 页。当讨论比例时，帕拉第奥把侧廊（ala）同前庭的中心空间区分开来。（参见维特鲁威《建筑十书》6.4）参见帕拉第奥 2002 年，注 38。

47 佐尔齐 1965 年；福斯曼 1971 年；卡尔博内里 1971 年；巴锡 1971 年；切韦塞 1973 年；普皮 1986 年，173 对开页;布歇 1994 年，172 对开页。慈善修女院于 1561 年开始建造。参见帕拉第奥 2002 年，注 39。

意大利语单词 *convento* 直译为英文是 convent,表示修女会或女子修道院,与表示修士或（主要是男子）修道院的 monastery 有区别。

48 参见维特鲁威《建筑十书》6.3.1 和 6.3.8，以及巴尔巴罗译注 1987 年，283 页及其后。要注意这里所说的科林斯式前庭，并不是因为其中使用的柱式（事实上用的是混合柱式），而是因为其在两侧各有一排柱子。参见帕拉第奥 2002 年，注 40。

49 字面意思是“长度分为三份半，占其中一份”（“una delle tre parti, e meza della lunghezza”）参见帕拉第奥 2002 年，注 41。

50 关于这种楼梯，参见巴锡 1978 年。参见帕拉第奥 2002 年，注 42。

51 参见术语表,韦尔（Ware）把这个词翻译成“尺度”（scale）,但帕拉第奥所说的“calle”大概是指过道。参见帕拉第奥 2002 年，注 43。

52 refectory，专指修道院、学院等处的食堂、餐厅。

53 参见佐科尼 1972 年关于帕拉第奥图纸中显示的几种屋顶结构类型的内容。参见帕拉第奥 2002 年，注 44。

54 参见维特鲁威《建筑十书》6.3.2；巴尔巴罗注释 1987 年，282 对开页。参见帕拉第奥 2002 年，注 45。

55 oeci，大厅，希腊拉丁词汇。

56 指维特鲁威《建筑十书》6.3.8–10 关于厅（oeci）的部分。参见帕拉第奥 2002 年，注 46。

57 testudine 是 coperto（屋顶）的拉丁文形式。

58 字面意思是“两份半中的一份”（per una delle due parti e meza）参见帕拉第奥 2002 年，注 47。

59 维特鲁威《建筑十书》6.3.8–10 提到了四柱式（tetrastyle）、科林斯式（Corinthian）、埃及式（Egyptian）和西齐切尼式（Cyzicene）的厅（oeci）。参见帕拉第奥 2002 年，注 48。

60 Ciziceni，即维特鲁威所用的希腊文术语 Cyzicene，指一种朝北的、可看到花园景致的大厅，大厅的窗户都是落地的，因此躺在睡椅上就可以看到花园的绿色。该词得名于希腊城市 Cyzicus。（《建筑十书》第六书第 3 章 cyzicenos，高履泰译本译为“库基喀诺斯”）

61 triclinia 是 triclinium 的复数形态，指古罗马建筑中的正式餐厅，源自希腊语 triklinion，tri- 为“三个”，klinē 是一种躺椅，每一张躺椅的宽度可以坐三个人，就餐者通常独自倚靠在左侧的垫子上，留出位置让奴隶们提供服务。一个 triclinium 就是有三个这样的躺椅三面围绕一个方桌。

62 维特鲁威《建筑十书》6.4.1–2。参见帕拉第奥 2002 年，注 49。

63 参见维特鲁威《建筑十书》6.3.8。英国皇家建筑师协会杂志 RIBA XIII 20 左页有帕拉第奥图纸的准备图，带有一个类似的题注（didascalia）（佐尔齐，1958 年，315 页；施皮尔曼 1966 年，39 页）。关于帕拉第奥所述的这些厅的类型，参见 普林兹 1969 年，373 对开页。参见帕拉第奥 2002 年，注 50。

64 普林兹 1969 年。参见帕拉第奥 2002 年，注 51。

65 参见维特鲁威《建筑十书》6.3.9。RIBA XIII 20 页帕拉第奥图纸的准备图（佐尔齐 1958 年，314–315 页；施皮尔曼 1966 年，39 页）。参见帕拉第奥 2002 年，注 52。

66 帕拉第奥所说的半圆形，实际上是指一个椭圆弧的拱；在“volto a schiffo”（穹形）的拱中，这一椭圆形在顶部被天花板截断变成平的，于是就在两侧各产生一段拱形。参见帕拉第奥 2002 年，注 53。

67 参见维特鲁威《建筑十书》6.3.3 的度量方式。参见帕拉第奥 2002 年，注 54。

68 参见维特鲁威《建筑十书》6.3.9，关于 RIBA XIII 20 右页，参见佐尔齐 1958 年，314 页，以及施皮尔曼 1966 年，39 页。参见帕拉第奥 2002 年，注 55。

69 参见维特鲁威《建筑十书》6.7；切萨里亚诺 1521 年，103 右页；巴尔巴罗注释 1987 年，294 页。参见帕拉第奥 2002 年，注 56。

70 anti 作为前缀时与 ant- 类似，源自拉丁语 ante，指“在……之前”。从图纸上看来，这里指的是庭院朝南的墙上，与回廊连接的部分。

71 罗得岛（Rhodes），希腊东南部岛屿，位于爱琴海畔，土耳其西南面。Rhodian，指“罗得岛人的”。

72 参见波尔蒂（Porto）府邸、瓦尔马拉纳（Valmarana）府邸，以及卡普拉（Capra）府邸：福斯曼 1965 年，102 页；佩厄 1941 年，102 对开页。参见帕拉第奥 2002 年，注 57。

73 原文为“fabriche di villa”，英译本作“buildings on country estates”，与国内通常用的“别墅”（villa）相区分，强调其拥有乡村庄园或领地（estate）。

74 关于这一章的资料，参见福斯曼 1969 年，154 对开页；维特鲁威《建筑十书》1.4；阿尔伯蒂 1988 年，151–153 页（5.18）。参见帕拉第奥 2002 年，注 58。

75 原文是“Vertuosi amici.”参见帕拉第奥 2002 年，注 59。

76 维特鲁威《建筑十书》6.6；阿尔伯蒂 1988 年，140–141、294 对开页（5.14、9.2）。参见帕拉第奥 2002 年，注 60。

77 维特鲁威《建筑十书》1.4，在巴尔巴罗 ,1987 中翻译为“当地”（ad loc.）；阿尔伯蒂 1988 年，140–141 页（5.14）。参见帕拉第奥 2002 年，注 61。

78 阿尔伯蒂 1988 年，12–15 页（1.4）。参见帕拉第奥 2002 年，注 62。

79 维特鲁威《建筑十书》1.6.3；阿尔伯蒂 1988 年，9–15 页（1.3–4）；卡塔尼奥 // 论文集 ,1985，193 页。参见帕拉第奥 2002 年，注 63。

80 维特鲁威《建筑十书》8.4；阿尔伯蒂 1988 年，13–14 页，331–334 页（1.4、10.6）。参见帕拉第奥 2002 年，注 64。

81 维特鲁威《建筑十书》1.4.6 对开页；阿尔伯蒂 1988 年，15–17 页（1.5）。参见帕拉第奥 2002 年，注 65。

82 卡塔尼奥 // 论文集 ,1985，193 页。参见帕拉第奥 2002 年，注 66。

83 这里应该是指位于山谷地段的向阳面或背阴面皆有弊端。

84 参见阿尔伯蒂 1988 年，12–13 页（1.4）。参见帕拉第奥 2002 年，注 67。

85 “两倍太阳”（Two suns）的意思是，这座住宅会受到来自太阳的直射光，再加上来自附近岩石的反射光。参见帕拉第奥 2002 年，注 68。

86 这一观点出现在阿尔伯蒂 1988 年，23、140 页（1.9、5.14），沿袭自亚里士多德的《政治学》（*Politics*）第一章以及柏拉图的《法律》（*Laws*）。参见帕拉第奥 2002 年，注 69。

87 参见阿尔伯蒂 1988 年，141–143 页（5.15）。参见帕拉第奥 2002 年，注 70。

88 参见第二书第 3 页上部；并参见维特鲁威《建筑十书》6.6，以及巴尔巴罗 ,1987 的翻译，297 对开页。参见帕拉第奥 2002 年，注 71。

89 帕拉第奥在这里的措辞类似于《建筑十书》巴尔巴罗注释 1987 年，298 页（注释）。参见帕拉第奥 2002 年，注 72。

90 参见阿尔伯蒂 1988 年，143 对开页（5.16）；巴尔巴罗注释 1987 年，298–299 页（注释）。参见帕拉第奥 2002 年，注 73。

91 “Strepito”：帕拉第奥这个词语的来源见巴尔巴罗注释 1987 年，299 页——但为什么酒窖要远离噪声和喧哗（如果他是这个意思的话）还是不清楚。参见帕拉第奥 2002 年，注 74。

92 维特鲁威《建筑十书》6.6.2；巴尔巴罗注释 1987 年，299 页。参见帕拉第奥 2002 年，注 75。

93 参见阿尔伯蒂 1988 年，150–151 页（5.17）。参见帕拉第奥 2002 年，注 76。

94 维特鲁威《建筑十书》6.6.4；巴尔巴罗注释 1987 年，299 页。参见帕拉第奥 2002 年，注 77。

95 阿尔伯蒂 1988 年，150–151 页（5.17）。参见帕拉第奥 2002 年，注 78。

96 巴尔巴罗注释 1987 年，298 页。参见帕拉第奥 2002 年，注 79。

97 **miglio**（里），英文版译为 miles，但 miglio 是维琴察度量单位，并不是 1 英里，约相当于 1.5 公里。见本书《术语表》。

98 巴尼奥洛的比萨尼别墅建于 1542~1545 年，但是有很大的变动：达拉波扎 1964—1965 年，203 页及其后；佐尔齐 1968 年，52 页；普皮 1986 年，97 对开页；布歇 1994 年，89 对开页。对于 RIBA XVI 7，XVII 2 左页，17 和 18 右页，另参见巴尔别里 1970 年，70–72 页；切韦塞 1973 年，56 页；伯恩斯等 1975 年，187–189 页。参见帕拉第奥 2002 年，注 80。

99 巴多尔别墅于 1556 年开始建造：佐尔齐 1968 年，94 页；伯恩斯等 1975 年，237 页；普皮 1972 年；普皮 1986 年，149 对开页；布歇 1994 年，141 对开页。参见帕拉第奥 2002 年，注 81。

100 参见普皮 1972 年，67 对开页关于这一画家身份的介绍。参见帕拉第奥 2002 年，注 82。

101 帕拉第奥采用了单数形式的“frontespicio”，但他肯定倾向于认为前后敞廊都有山花。但他也很有可能是在一般性地谈论敞廊上做“一个”山花的愿望。参见帕拉第奥 2002 年，注 83。

102 泽诺别墅建于 1566 年之前：佐尔齐 1968 年，184 页；普皮 1986 年，214 对开页。参见帕拉第奥 2002 年，注 84。

103 参见第一书，53–54 页上部。参见帕拉第奥 2002 年，注 85。即拱顶高度取房间长宽的几何平均值。

104 原文为“hanno le lunette ne gli angoli, al diritto delle finestre”，英译本作“have lunettes in the corners directly above the windows”不清楚这种半圆拱是位于每个墙角附近的窗户上方，还是与墙面成 45°，位于墙角的正上方。从图纸看来应该是后者。据 CISA 官方网站，该建筑在 18 世纪经历了较大改动。

105 弗斯卡里别墅建于 1560 年前：里多菲 1648 年，I,367 对开页；瑞艾瑞克（Rearick）1958—1959 年；克罗萨托 1962 年，139 页；帕卢基尼 1968 年，212 页；佐尔齐 1968 年，151 页；切韦塞 1973 年，125 页；切韦塞 1976 年，59–60 页；普皮 1986 页，167 对开页；布歇 1994 年，162 对开页。参见帕拉第奥 2002 年，注 86。

106 参见第一书，53–54 页上部。参见帕拉第奥 2002 年，注 87。即拱顶高度取房间长宽的算术平均值。

107 英译本作“vaults with cupolas”，《术语表》中将“volto a cupola”解释为“由拱肩支撑的拱顶，不一定是半球形”。（a vault, not necessarily hemispherical, on spandrels），推测其形式可能类似于上覆穹顶的帆拱（sail dome）。

108 书中提到的别墅尺寸与别墅的实际情况非常符合：福斯曼 1973 年 c。参见帕拉第奥 2002 年，注 88。

109 帕拉第奥说是檐口构成了山花；但是说“檐口构成了山花的底边”可能更自然些：另参见第四书英译本注 143。参见帕拉第奥 2002 年，注 89。

110 原文为“gronda”（直译为“屋檐”），英译本作“gutter”，指排水槽，这里应该是指屋顶周围的排水槽，可做成檐口线脚的一部分。

111 巴尔巴罗别墅的建造始于 1557~1558 年：切西 1961 年；切西 1964 年；阿克曼 1967 年 a；佐尔齐 1968 年，171–173 页；法焦洛 1972 年；切韦塞 1973 年，78 对开页；刘易斯 1973 年载于 RIBA XVI 5 左页；休斯 1974 年；伯恩斯等 1975 年，196 页；普皮 1986 年，155 对开页；布歇 1994 年，148 对开页。书中令人惊诧地只字未提维罗纳的保罗（Paolo Veronese）对室内装饰的重要贡献，这也引起了很大的争议：帕卢基尼 1960 年；奥贝尔于贝（Oberhuber）1968 年，等等。参见帕拉第奥 2002 年，注 90。

112 这座带喷水池的花园（nymphaeum）建于 1565—1566 年。参见帕拉第奥 2002 年，注 91。nymphaeum

指古希腊、古罗马时期为水中女仙宁芙（Nymphs）所造的纪念物，通常有喷水池，早期常利用自然的山洞。

113 字面意思是“在两边都形成了正面”。参见帕拉第奥 2002 年，注 92。

114 参见德拉·托雷（Della Torre）和斯科菲尔德（Schofield）1994 年，89 页关于这种柱头的内容。参见帕拉第奥 2002 年，注 93。

115 比萨尼别墅建于 1555 年前后：马加诺（Magagnò）1610 年，3，55 页；泰曼扎（Temanza）1778 年，318 页；佐尔齐 1965 年，219 对开页；马加尼亚托 1966 年，45，92–93 页；切韦塞 1973 年，125 页；普皮 1986 年，131 对开页；布歇 1994 年，129 对开页。参见帕拉第奥 2002 年，注 94。

116 参见第一书，53–54 页上部。参见帕拉第奥 2002 年，注 95。即拱顶高度取房间长宽的几何平均值。

117 参见第二书，8 页上部。参见帕拉第奥 2002 年，注 96。

118 科尔纳罗别墅于 1552—1553 年开始建造：佐尔齐 1968 年，192–193 页；普林兹 1969 年，380 页；刘易斯 1972 年，382 对开页；切韦塞 1973 年，69 页；普皮 1986 年，135 对开页；布歇 1994 年，134 对开页。另参见 RIBA XI 22 左页和 XVI 5 右页。参见帕拉第奥 2002 年，注 97

119 即大厅两侧的柱廊。参见帕拉第奥 2002 年，注 98。

120 参见第一书，53–54 页上部。参见帕拉第奥 2002 年，注 99。即拱顶高度取房间长宽的算术平均值。

121 “massara”是“massaro”的妻子，可能分别指仆人、女仆和家庭主妇。参见帕拉第奥 2002 年，注 100。

122 Marocco，意大利语，英文翻译为 Morocco，通常指位于非洲西北部地中海沿岸的国家摩洛哥。这里是意大利北部的庄园名，也按通常的中文译名译为摩洛哥。

123 莫契尼哥别墅建造始于 1559（？）年之后，但是被毁掉了：佐尔齐 1968 年，90 页；伯恩斯等 1975 年，222 页；普皮 1986 年，138 页。参见帕拉第奥 2002 年，注 101。

124 canna，英译本译为“reed”，意为芦苇、芦苇或其他植物的杆茎。

125 埃莫别墅的年代不确定而且有争议：可能是 1564 年。克罗萨托 1962 年，31 页及其后；帕卢基尼 1968 年，214 对开页；博尔迪尼翁·法韦罗 1970 年；切韦塞 1973 年，126 页；博尔迪尼翁·法韦罗 1978 年；普皮 1986 年，194 对开页；布歇 1994 年，157 对开页。参见帕拉第奥 2002 年，注 102。

126 campi trevigiani，这里应指一种面积单位。campi 是拉丁语 campus 的复数形式，指平地、平原、田地。trevigiani 的英文对译为 Treviso，即意大利北部城市特雷维索。因此这里暂将 campi trevigiani 译为“特雷维索面积单位”。

127 撒拉切诺别墅的时代不确定，归在 1545 年前到 1560 年的文献中：佐尔齐 1968 年，72 页；切韦塞 1971 年，124 对开页；切韦塞 1973 年，63 页；普皮 1986 年，100 页；布歇 1994 年，97 对开页。参见帕拉第奥 2002 年，注 103。

128 拉戈纳别墅的时代大约是 1553—1555 年，不确定这座别墅是帕拉第奥新建的（*ex novo*）还是参与改建一座已有的建筑。文中提到的这座建筑可能已经完全毁掉了，或者幸存但被改造得面目全非了。马格里尼 1845 年，241 页；佐尔齐 1968 年，74 对开页；普皮 1986 年，137 对开页。参见帕拉第奥 2002 年，注 104。

129 波亚纳别墅的时代不确定：可能设计于 1550 年前，1555 年前建造了一部分。达拉波扎 1964—1965 年，56 页；切韦塞 1968 年；佐尔齐 1968 年，84 页；切韦塞 1973 年，123 页；伯恩斯 1973 年 a，147 页，载 RIBA XVI 4 页正反面；伯恩斯等 1975 年，193 页，载 RIBA XVI 3 页；普皮 1986 年，117 对开页；布歇 1994 年，100 对开页。参见帕拉第奥 2002 年，注 105。

130 关于印第亚（India）和卡内拉（Canera），参见克罗萨托 1962 年，170 对开页；马加尼亚托 1968 年，180 页。参见帕拉第奥 2002 年，注 106。

131 利西拉的瓦尔马拉纳别墅建于 1563—1564 年（？），但并没有按照设计完成：佐尔齐 1968 年，198–199 页；切韦塞 1971 年，341 页；普皮 1986 年，192 对开页。参见帕拉第奥 2002 年，注 107。

132 帕拉第奥的意思是柱子下方的柱础或基座是方的，而它们构成了整座住宅的基座的一部分。参见帕拉第奥 2002 年，注 108。

133 关于特里西诺兄弟，参见佐尔齐 1965，268 对开页；佐尔齐 1968 年，143–144 页。这座建筑的年代有争议（c. 1567？），更有争议的是当年帕拉第奥所建造的结构究竟是否存在，如果有的话又是哪些：佐尔齐 1955 年，109 对开页；切韦塞 1971 年，587 页；库布利克 1974 年，449 页及其后；伯恩斯等 1975 年，251 页；切韦塞 1976 年，54 页；普皮 1986 年，228 对开页。参见帕拉第奥 2002 年，注 109。

134 “Tendono alla circonferenza” 的字面意思是“沿着（圆弧形）周围伸出的”。参见帕拉第奥 2002 年，注 110。

135 雷彼塔别墅于 1557—1558 年（？）开始建造，1566 年还在施工；大部分毁于火灾。佐尔齐 1968 年，119 对开页；库布利克 1974 年，460–461 页；库布利克 1975 年；伯恩斯等 1975 年，83 页；切韦塞 1976 年；普皮 1986 年，158–159 页。参见帕拉第奥 2002 年，注 111。

136 特别参见班迪尼 1989 年，16 对开页。参见帕拉第奥 2002 年，注 112。

137 位于奇科尼亚的蒂内别墅显然是在 1556–1563 年间建造的，但未完成；佐尔齐 1968 年，101 页及其后；曼泰塞 1969—1970 年；普皮 1986 年，152 对开页。参见帕拉第奥 2002 年，注 113。

138 “La famiglia più minuta”：参见本书的术语表。参见帕拉第奥 2002 年，注 114。

139 安加拉诺别墅于 1548 年（？）开始建造，但未完成；它现在是比安基·米希尔（Bianchi Michiel）别墅。佐尔齐 1968 年，77 对开页；普皮 1986 年，115 页。参见帕拉第奥 2002 年，注 115。

140 昆托的蒂内别墅于 1545—1546 年开始建造，但未完成：伯恩斯等 1975 年，191 页；普皮 1986 年，105 页；布歇 1994 年，96 对开页。关于牛津大学伍斯特（Worcester）学院的图纸（HT 89），参见 哈里斯 1971 年，34 页；巴尔别里 1971 年，45 页及其后；伯恩斯 1973 年 a，149 对开页；切韦塞 1973 年，56 页；伯恩斯等 1975 年，191 页。参见帕拉第奥 2002 年，注 116。

141 乔瓦尼·德米奥（Giovanni Demio）或德·米奥（De Mio）：参见 博拉 1971 年。参见帕拉第奥 2002 年，注 117。

142 字面意思是“符合于”。参见帕拉第奥 2002 年，注 118。

143 格蒂别墅约建于 1542 年：达拉波扎 1943—1963 年，120 页；切韦塞 1965 年，306 页；佐尔齐 1965 年；霍费尔 1969 年；普皮 1986 年，80 对开页；布歇 1994 年，78 对开页。参见帕拉第奥 2002 年，注 119。

144 参见克罗萨托 1962 年，45 页；马加尼亚托 1968 年，181 页；帕卢基尼 1968 年，208 页；切韦塞 1971 年，83 对开页；萨尔托里（Sartori）1976 年，78 页；科斯格罗夫 1989 年。参见帕拉第奥 2002 年，注 120。

145 Sarego 又作 Serego，英译本和意大利文原版均有混用的情况，中文版统一译为“萨雷戈”。

146 约于 1565 年开始建造，但未完工：阿克曼 1967 年 a，67 页；佐尔齐 1968 年，115 页；切韦塞 1973 年，57 页；伯恩斯等 1975 年，201 页；博雷利 1976—1977 年；切韦塞 1976 年，40 页；普皮 1986 年，233 对开页；布歇 1994 年，270 对开页。参见帕拉第奥 2002 年，注 121。

147 Cologna（克洛格纳）一般称为 Cologna Veneta（克洛格纳 – 威尼托），是意大利北部威尼托地区的一个自治市。

148 米埃格的萨雷戈别墅设计于 1562 年，动工于 1564 年，未完成并且大部损毁：佐尔齐 1968 年，187 对开页；普皮 1986 年，190 页。参见帕拉第奥 2002 年，注 122。

149 维特鲁威《建筑十书》6.6.1–4，以及巴尔巴罗注释 1987 年，298—299 年（注释）。参见帕拉第奥 2002 年，注 123。

150 普林尼《书信集》（*Letters*）2.17 和 5.6；并参见阿克曼 1990 年。参见帕拉第奥 2002 年，注 124。

151 “Strepito”：参见前文英译本注 74。参见帕拉第奥 2002 年，注 125。

152 参见维特鲁威《建筑十书》6.6.2；巴尔巴罗注释 1987 年，298—299 页。参见帕拉第奥 2002 年，注 126。

153 参见第二书，29–33 页上部。参见帕拉第奥 2002 年，注 127。

154 参见维特鲁威《建筑十书》巴尔巴罗 ,1987281 页，帕拉第奥对古代住宅的复原；福斯曼 1962 年，36 对开页；布歇 1994 年，146 对开页。参见帕拉第奥 2002 年，注 128。

155 维特鲁威《建筑十书》3.5.12。参见帕拉第奥 2002 年，注 129。

156 这一府邸方案和下一个位于威尼斯的府邸方案相似，因此前者可能也是为一个威尼斯的地块而设计的。参见帕拉第奥 2002 年，注 130。

157 参见第一书，53-54 页上部。参见帕拉第奥 2002 年，注 131。

158 不清楚帕拉第奥为什么说“两个大厅”与屋顶同高，据下面的设计图推测，可能在门厅上方还有另一个厅。参见帕拉第奥 2002 年，注 132。

159 年代不明；佐尔齐 1965 年，35 对开页推测是 1548 年；普皮 1986 年，132 对开页推测是 1553 年，而原来的建筑用地可能在 Contrada S. Samuele。关于 RIBA XVI 19 左页，参见德安杰利斯·德奥萨（De Angelis d’Ossat）1956 年。参见帕拉第奥 2002 年，注 133。

160 参见第一书，53-54 页上部。参见帕拉第奥 2002 年，注 134。

161 这种楼梯踏步的想法来自伯拉孟特的望景楼(Belvedere)，以及帕拉第奥在第一书 64 页中提到的“庞贝门廊”（portico of Pompey）。参见帕拉第奥 2002 年，注 135。

162 原文是“Che（指阳台）servirebbe anco alle finestre di sopra”：我们不清楚这样翻译是否正确。参见帕拉第奥 2002 年，注 136。

163 似乎可以乐观地认为，这座府邸在威尼斯建成了。参见帕拉第奥 2002 年，注 137。

164 参见普皮 1986 年，163 对开页，将这一方案的年代定为 1558 年，并确定其拟建地点在康塔拉·里亚莱（Contrà Riale），被特里西诺·兰扎府邸（Palazzo Trissino Lanza）占用。参见帕拉第奥 2002 年，注 138。

165 关于贾科莫·安加拉诺，参见第一书的献辞。参见普皮 1986 年，196 对开页，关于这一约作于 1564 年，并未建造的设计。参见帕拉第奥 2002 年，注 139。

166 维特鲁威《建筑十书》4.2.1。参见帕拉第奥 2002 年，注 140。

167 一个未建成的方案，年代约为 1565 年；马加尼亚托 1979 年，7 页；普皮 1986 年，181 页；参见第二书 11 页上部为乔瓦尼·巴蒂斯塔·德拉托雷（Giovanni Battista Della Torre）所作的设计。参见帕拉第奥 2002 年，注 141。

168 一个未建成的方案，时间地点不清楚（1555—1556 年？）；佐尔齐 1965 年，270 页；普林兹 1969 年，378 页；普皮 1986 年，146 页。参见帕拉第奥 2002 年，注 142。

169 时间和拟建地点不确定；加洛 1956 年；伯恩斯 1973 年 a，223 页，RIBA X IV，以及 X 2 右页；普皮 1986 年，200 页；另参见 RIBA XVI 1 和 2。参见帕拉第奥 2002 年，注 143。

170 “Tendono alla circonferenza”的字面意思是“沿着（圆弧形）周围伸出的”。参见帕拉第奥 2002 年，注 144。

171 帕拉第奥写的是“edicare”，系“edificare”之误。参见帕拉第奥 2002 年，注 145。

美德
王后
建筑之第三书
安德烈亚·帕拉第奥
本书描述了道路、桥梁、广场、
巴西利卡、带顶的运动场
威尼斯
多米尼哥·迪·弗兰切斯基
1570

致最尊贵、最宽厚的王子、萨伏依公爵伊曼纽尔·菲利贝托 [Emanuel Filiberto]

安德烈亚·帕拉第奥

最尊贵的王子[1]，呈现在您面前的是我所写的建筑书稿的一部分，里面是我竭尽微薄之力绘制的那些最宏伟壮观的建筑，这些建筑的遗迹至今存在于世界上的很多地方，而罗马是其中保存最多的。现在，在书稿的一部分即将面世之际，我诚惶诚恐地将其敬献给您，因为您的不朽、声望和卓越，因为您就是现今最具古罗马英雄智慧与气概的独一无二的王子。英雄之所为让读史之人惊叹，也存乎古代遗迹本身。尽管我所取得之成绩何其卑微，我所赠出之礼物何其微小，但我仍要斗胆敬献。[2] 因为在受到您的召唤前去皮埃蒙特之时[3]，您的慷慨让我受宠若惊，您对我能力的宝贵称赞让我振奋，同时也让我希望和相信，拥有宽宏大量的高贵灵魂和崇高美德及品位的您决不会在意我本人和礼物之低下[4]，您只会看到我在您面前无限的仰慕和忠诚。带着这份感情，我为您呈上这份薄礼，这份在某种程度上代表我内心之感激的礼物，只是期盼（出于您的高贵礼节和慷慨个性），您至少不会拒绝，即使它并非对您有最高的价值；但是，在您日理万机之余若得些许闲暇，我也愿您屈尊一读，从中获得一点乐趣，因为在其中，您将会看到众多了不起的古代建筑设计，我费尽心力描绘这些建筑，介绍建造的年代，谁建造了它们，以及为何要建造。正是为那些爱它们的人。我所做之事是要为热衷建筑之人提供参见，通过插图展现平面图、立面图、剖面图及所有细部，还加上了精确而恰当的尺寸，已经到了只要付出足够的劳动即可据此重建的程度。[5] 殿下在艺术与科学上的极高造诣一定会让您在阅读此书之时，在思考人们微妙而优美的发明和艺术真谛之时获得满足与愉悦，因为您对这一切了然于心。您在广袤富饶的国土上曾经和正在主持修建的建筑中也体现了这样一种近乎完美的状态。[6] 所以作为您最忠心最赤诚的奴仆，我衷心地请求您一如既往地慷慨接受这部关于建筑的作品[7]，这将给予我莫大的鼓舞，继续在这项崇高事业中前行，并为接下来要开展的剧场、竞技场以及其他伟大建筑的记述工作做好充分的准备。[8] 正如全世界都注意到我们对罗马军事理论和实践的认识无不来自您的博大胸怀和广阔胸襟，人们也将意识到我通过耕耘而再现的关于古代优秀建筑的辉煌同样来自您的慷慨。这一切都将归功于您，您是一切成就唯一和最关键的原因。

威尼斯，1570

关于建筑的第三书

安德烈亚·帕拉第奥

——致读者的前言

此前我已详细探讨了私人建筑，记录了所有最为重要的建筑原则 [avertimento][9]，并收录了我在城市内外设计 [ordinare] 的不少房子的图纸，还描述了一些古代建筑（就像维特鲁威一样）。既然如此，现在该转到那些最负盛名、最为富丽堂皇的建筑上来，开始讨论公共建筑了。由于公共建筑和私人建筑相比，规模更宏大，装饰更复杂，为众人提供了实用和便利，为王子们提供了更大的空间展现他们灵魂的伟大，为建筑师则提供了借助漂亮华丽的设计展示技艺的机会。因此，在这部书和之后的书中，我希望能拿出和过去同样多的精力来做出[10]简明的文字描述和制图，经过长时间的辛劳，将古代建筑的零星遗存整理成对古物爱好者能有启发，对献身于建筑的人们又很实用的形式；事实上，与文字表述相比，精选的图例让人更容易领会，因为可以在纸面上测量和观察建筑的整体和所有细部[11]，而读者要想从文字本身获取可靠而精准的信息，就必须花大力气慢慢提炼，付诸实践也会困难重重。[12]稍有常识的人都能明显感受到古代建筑方法之精湛，因为在意大利内外的许多杰作在经历岁月更替、帝国兴衰之后仍有部分得以保存；凭这一点就足见罗马人的卓越能力 [virtù]，否则或许会有人不信。因此，在第三书中，我在呈现那些建筑设计时将作如下安排。首先，我会收入道路和桥梁的图纸，因为它们构成了建筑的一部分，与城市和乡村的美化有关，并且对公众有益。有人可能注意到，跟我们现在相比，古代人在建造各种建筑之时，往往不惜工本力求完美，我们很容易理解这一点；在设计道路时，建筑师竭力保证人们从中体会到想象力的伟大壮阔；为了保证道路的高效便捷，他们遇山开山，遇水搭桥，使那些被山谷和洪流阻滞的险路成为坦途。然后，我会讨论广场（跟维特鲁威教导我们的古希腊人和古罗马人的方法一致）及其周围空间[13]；还有为什么在这些场所中，古人所称的巴西利卡，也就是主持公道的地方地位最高；我会特别讨论这方面的设计。但是，对于乡村和城市而言，光有正确的规划和神圣不可侵犯的法律来管理，执法者即地方法官来统治还是不够的。因为这些人有可能并没有经过教育而充满智慧，也没有通过锻炼拥有强健体魄，因而不足以统治自身及他人，并使人们免于压迫。这就是为什么一些地区分散成众多小群体的居民，联合起来组成城邦，这也是为什么古希腊人（这是维特鲁威告诉我们的）在城市中建造他们称作体育场和带顶的运动场的特定建筑[14]，供哲学家讨论科学、年轻人日常锻炼，并在规定时间为集体观赏竞技运动提供场所；这些建筑的设计也是将要讨论的内容。这些就是第三书的内容，之后将是宗教意义重大的神庙，而宗教正是任何文明得以传承保持的关键所在。

上图的线条是 1/2 维琴察尺 [piede vicentino]，下面的建筑都是以此来度量的。每尺分成 12 寸 [oucie]，每寸分成 4 分 [minuto]。

图 3–1　半维琴察尺，被分为寸和分

第1章　关于道路

道路必须是近捷、实用、安全、舒服和让人愉悦的。[15] 只要保证道路长度和宽度足够马车和驮畜并行不悖，就可以修得近捷而实用 [commodo]；事实上，当时的法律规定了，笔直的道路不得窄于 8 尺，曲折的道路不得窄于 16 尺。[16] 此外，对于道路而言，只要都是平坦的（也就是说，没有哪条路是令军队感到难以穿过的），只要没有水体或河流挡道，就可以做到实用。因此我们看到图拉真皇帝在著名的阿庇亚大道年久失修后对其进行重建时，把这两个必需的特点 [qualit à] 考虑在内，在必要处抽干沼泽、削低土山、填平山谷、架设桥梁，保证沿途旅行便捷无阻。[17] 在山中修建道路是较为安全的，如果必须在空旷的野外修建道路，则可按照古老的习俗修筑堤道，还要保证周围没有强盗和敌人的容身之所，过路的旅人或军队环顾四周便可知道附近是否有埋伏。具备以上三个特点 [qualit à] 的道路对于旅人来说一定是迷人而舒适的；由于这些道路地处郊外、笔直、方便、视野开阔、周围景致一览无遗，有助于解除疲劳，带来满足和愉悦感（因为我们可以在途中欣赏到郊外不断涌现的新的风景）。在城市中，美好的景象则来自笔直、宽阔和整洁的道路以及道路两旁的宏伟建筑，这些建筑的装饰我们在前两书中已经谈过。若在城中，道路的美感因精美建筑的加入而得以彰显；若在郊外，道路的魅力 [ornamento] 则可得益于两旁种植的树木，满目的绿色让人心旷神怡，成片的树荫让身心无比舒畅。[18] 在维琴察有很多这样的道路，其中最有名的是位于奥多阿多・蒂内伯爵的领地奇科尼亚的道路，以及来自同一家族的奥塔维奥伯爵的领地昆托的道路。这些道路由我设计 [ordinare]，并在他们的关照和努力下加以完善和修饰。[19] 照此修筑的道路非常实用，笔直通达，略高于郊野的其他地面。因此，如前所述，在战争年代，那些郊野道路能让人及早发现敌情，使统帅能够最好地作出决定；在和平时期，能极大地保证商旅往来的便捷 [commodità]。因为道路有城内和城外之分，所以我要首先重点讨论城内道路的修筑特点 [qualità]，然后再谈城外的道路。此外还有一些其他类型的道路，如军用路，穿城而过并将城市彼此相连，满足军队的实际需要；军队和马车在这些道路上穿行；还有非军用路，从军用路上分叉出来，连接另一条军用路或服务于乡间别墅 [villa]。在接下来的章节中，只谈军用路，不谈非军用路，因为后者可如法炮制，而且越相似越好。

第2章　关于城内街道的规划[compartimento]

设计城中的街道必须考虑天气条件和城市所在的地区。[20] 在气候寒冷或温和的地区，街道必须宽阔，以保证城市更加健康、方便和美观，因为空气越能流通和扩散，它对感官的不良刺激就越少 [21]；同理，气温越低，城市空气越流通，建筑物越高，道路就应当越宽阔，以保证各处都有阳光。[22] 在实用性 [commodità] 方面，毫无疑问，不管对人、驮兽还是马车而言，都更为适应宽阔的街道，因此宽阔的街道要实用得多。同样，很明显，开阔的街道拥有更充足的光线，一侧光线不至于被另一侧阻挡太多，人们就能更好地欣赏庙宇和宫殿 [palagio] 的美，这带给人满足感，城市也因此更美。[23] 但如果城市位于炎热地区，街道就应该狭窄，房屋 [casamento] 就应该高大，这样，当地的炎热便会被道路的阴影和狭窄所减轻，城市因此变得更健康；这一点可以看罗马的例子（根据科尔涅利乌斯·塔西陀的记述）[24]，在尼禄为了美观而拓宽街道之后，罗马变得非常炎热而且不健康。同样地，为了增进城市的魅力和便捷，还应该保证主要商业街和交通要道的宽阔，并用美轮美奂的建筑物装饰两旁，如此，路过的旅人就会认为该城市的其他街道也是一样的宽阔和美观。[25] 我们称作军用路的主路，必须妥善布局，让道路笔直通达，从城门直接通往主要广场上的站点，有时（如果条件许可）则直接通往对面的城门；同时，根据城市规模，在这些连接主广场和某个城门之间的街道沿途，还应修建比主广场略小的一个或数个广场。除了主广场以外，在最宏伟的庙宇、大门、拱廊和其他公共建筑之前也应参见主路的规制修建其他道路。但在设计街道布局时必须小心考虑（就像维特鲁威第一书第6章中所说），为居民健康着想，保证这些道路不会朝向任何风口，不但防止大风穿街而过，相反还可以分散和减弱风力[26]；要避免古人在莱斯沃斯[27]岛的米蒂利尼[28]市（此后整座岛屿以这座城市命名）布置街道时犯下的错误。[29] 城中的街道应当铺装；我们从文献中读到，在马库斯·埃米利乌斯·李必达[30]执政期间，督查官就已经开始在罗马使用路面铺装[31]，这里至今仍可见到完全平坦，用不规则石块铺成的街道；接下来我将阐述他们是怎样做的。[32] 但你若要将人行道与车马道分开，我认为在布置街道时应在两侧修建柱廊 [portico]，这样市民就能在带顶的廊下往来生意，免受日晒和雨雪的影响[33]；在那座以大学闻名于世的古城帕多瓦，几乎所有的街道都是如此。或者，如果不想修柱廊的话（这样能使街道更加宽阔美观），也可以在两旁修建一些人行道 [margine]，表面铺上马托尼砖 [mattoni]—— 一种比方砖 [quadrelli] 更厚更长的砖[34]，因为在这种路面上行走完全不伤脚；中间的部分则用石灰石 [selice] 或其他坚硬的石头铺成，供车马驮兽使用。为防止雨水积聚、造成淤塞，街道必须略呈凹面，中间略低，这样从屋顶上流下的雨水就能汇在一起，快速顺畅地排出，以此保持街道清洁，防止滋生臭气。[35]

第3章　关于城外的道路

城外的道路应当宽阔、实用，两旁种树，夏天为行人遮挡阳光，用满目绿色提供视觉享受。古代人对这些道路极为重视，乃至在完工后还指定专职的监工和管理者进行日常维护；虽然很多道路年久失修，但其实用和美观仍被人们记起。其中最著名的有弗拉米尼古道和阿庇亚古道；前者由执政官弗拉米尼乌斯[36]在击败热那亚人之后修建。这条路的起点在弗鲁蒙塔城门，即现在的人民门（Porta del Popolo），穿过托斯卡纳和翁布里亚[37]，抵达里米尼[38、39]，后来又由他的同事马库斯·埃米利乌斯·李必达延伸至博洛尼亚，最终抵达阿尔卑斯山脚沼泽附近的阿奎莱亚。[40] 阿庇亚古道得名于那位投入了大量财力和技艺的建造者阿庇乌斯·克劳狄，因其外观壮丽和技艺精湛被诗人们称为“道路中的皇后”。[41] 这条路始于大斗兽场，穿过卡佩纳城门，一直延伸到布林迪西；在阿庇乌斯手中只修到卡普阿为止，没有人确切地知道是谁修建了其余的部分；有些人认为是恺撒，因为据普卢塔赫（Plutarch）的记述，当恺撒接管此路时，对其投入了巨资。[42] 此路最后一次修缮由图拉真皇帝完成，（正如我在上文提到的）他在必要处抽干沼泽、削低土山、填平山谷、架设桥梁，让沿途旅行变得快捷舒适。[43] 奥雷利亚古道也非常著名，因其修建者是罗马人奥勒利乌斯[44]而得名；这条路的起点是奥雷利亚城门，今天名为圣潘克拉奇奥门[45]，沿托斯卡纳海岸，一直抵达比萨。同样久负盛名的还有努门塔那古道、普拉内斯蒂纳古道和里比坎那古道；第一条起始于现为圣阿涅塞教堂的维米那勒城门，最远延伸至努门托（Numento）市；第二条始于现为圣洛伦佐教堂的埃斯奎利那城门；第三条始于尼维耶城门，也就是现在的马焦雷教堂；这两条路都通往今天称为帕莱斯特里纳的普勒尼斯特，以及著名的里比坎那（Labicana）市。同样还有很多别的因为常在记载中被提起而著名的道路，比如萨拉里亚古道、科拉蒂纳古道（the Collatinian）、拉丁那古道等，这些道路的名称或取自规划者，或取自起点或终点。但在所有道路中，从罗马到奥斯蒂亚的波图恩西斯古道无疑是最美观实用的；因为（阿尔伯蒂曾亲眼见到并记述）它分有两条道[46]，中间有一排石头，高起一尺，作隔断之用；人们去程和回程分道而行，避免了相撞。这一发明创造极大地方便了当时从世界各地来到罗马的人们。古人修建军用道路有两种方法：用石头铺平，或完全用碎石和沙子填平。用前一种方法修的路（从遗迹中可以判断）可分为三条道；行人沿中间的道路行走，中路高于两侧，而且路中央又高 [colmo] 一些，利于排出雨水、防止积水；道路用不规则的石块 [pietre incerte] 砌成，这些石头不是正多边形；在铺路时，就像我在其他地方说过的，工匠们使用一种可调节长度的铅条 [squadra di piombo]，通过一开一合来契合石头的边角，这样就能迅速地将其拼合。[47] 两侧的路面要稍低一些，用沙子和碎石填实，供马匹行走。两侧路 [margine] 的宽度分别是中路的一半，在边上 [in coltello] 用石板 [lasta] 隔开；每隔一段距离还修有高出地面的石台，人们可以从上面翻身上马，因为古人不用马镫。除了这些前面说的石头外，还间隔修建一些更高的刻字石，用以标记各点的道路里程；格涅乌斯·格拉古测量了道路长度并修建了这些里程碑。[48] 第二种军用路也就是用沙子和碎石修建的道路，古代人使其中间略高，为避免积水，所以用料是速干型的，这些路永远都很干净，没有泥水和尘土。我们可以在弗留利（Friuli）[49] 看到这类道路，当地居民称作波斯图米亚（Postumia），通往匈牙利；另外还有一条在帕多瓦附近，从城中一处叫勒阿尔热尔（L'Argere）的地方开始，从奇科尼亚、蒂内兄弟奥多阿多和特奥多罗伯爵的宅邸之间穿过，通往意大利和日耳曼之间的阿尔卑斯山。下图展示了第一种类型，奥斯蒂恩西斯古道应该就是这样修建的。我认为没有必要就第二种类型给出图纸，因为它们只是中间高起以防雨水聚集，这很简单，无须费力。

A 中间的人行路
B 供人们上马的石头
C 两侧的路 [margine]，覆以沙子和碎石，供马匹行走

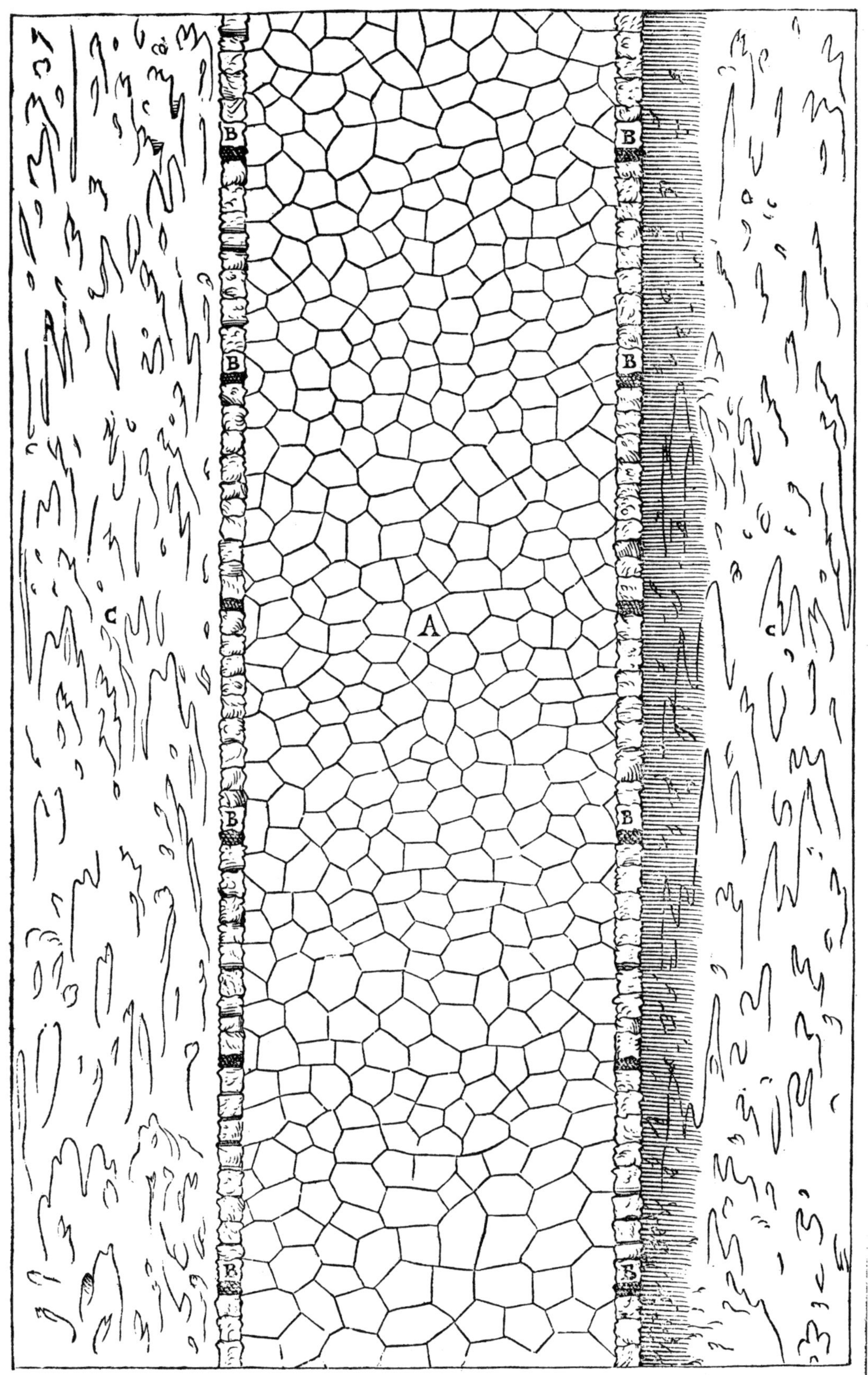

图 3-2　一种用石块铺装的军用道路的平面图

第4章　关于建造桥梁，以及选址时要记住的

很多河流由于较宽、较深或水流较急时，无法徒步涉水而过，这时人们马上就想到了桥的好处；桥，可以说是道路的一个重要组成部分，从本质上看，也就是架设在水上的街道。[50] 桥完全具备了前面说过的建筑基本特点 [qualità]；即实用、美观、耐用。[51] 要做到实用，桥梁就不能高出其他道路，即使高出，也要易于攀登；桥梁的选址应视其建于城墙之内或城墙之外，考虑整个郊区或城区的方便，而不是选择那些只能供少数人使用的偏远地点——如巴比伦女王妮托克莱 [52] 在幼发拉底河上造桥 [ordinare] 时所做的那样。[53] 桥梁只需按照我在下文详细讨论的方法和要素来建造，就可以做到美观和耐用。但在选址时，要注意尽量选择永久性的且造价最低的地方。因此建造地点应选在河水较浅、河床或河底平坦稳固之处，这种河床是由岩石或凝灰岩所形成的，因为（正如第一书中谈到地基选址时所说）岩石和凝灰岩是水下的理想地基；桥梁的选址还应避开漩涡和过深之处，以及碎石质和沙土质河床，因为沙子和碎石在水流作用下不停地移动并改变河床，而基础一旦毁坏，整座构筑物自然难保。但是，如果整个河床都是碎石和沙子，则应按照下文所介绍的石桥建法来建造基础。选址时应注意选择河道较直之处，因为河岸的拐弯迂回之处易被河水冲蚀，一旦河岸改变，所造之桥就只能独自矗立，失去支撑；还有一个原因就是，洪水会裹挟杂物冲刷拐弯处的河岸和附近区域；这些杂物无法沉底，又继续裹挟其他杂物顺流而下，停滞在桥墩周边，阻塞桥拱之间的开口，最终使桥梁在水力冲击之下崩塌。综上所述，桥梁的选址应在郊区或城区中央，以方便所有居民，并应选择河道较为平直，河床较为浅近、平坦而稳固之处。由于桥梁建造可以用木材或石材，所以我将以此区分，讨论各种类型，文中将引用一些古代及现代的设计样例。

第5章　关于木桥及其建造时必须遵循的原则 [avertimento]

建造木桥有两种情况，一种是为了一时之需，比如战争中经常出现的战略需要（最著名的要数尤利乌斯·恺撒在莱茵河上所造 [ordinare] 之桥），另一种情况则是长期服务大众。据记载，台伯河上的第一座桥就是木桥，为赫拉克勒斯在杀死革律翁（Geryon）大获全胜后率领部属穿越意大利时所建 [54]，后来的罗马城即在此修建，这座桥被称作萨塞尔桥，它所在的这个河段，后来由安库斯·玛尔提乌斯国王 [55] 建造了一座同样是全木结构的苏布利休斯桥 [56]；这座桥的木梁连接十分巧妙，可任意拆换，而且既未用铁，又未用钉。没人知道这座桥是怎么造出来的，只有一些文章称其用一些彼此承托的巨型木梁搭建而成，苏布利休斯这名字也来源于此，因为在沃尔西语 [57] 中，这样的木梁就称作“苏布利西斯” [*sublices*]。[58] 这就是霍拉提乌斯·科克列斯为国家利益和个人荣誉而极力捍卫的大桥。这座桥在里帕附近，河中央至今仍留有一些残迹，是后来执政官埃米利乌斯·李必达用石头重建，提比略和安东尼·庇护皇帝 [59] 又重修之后的遗存。[60] 建造木桥时必须做到非常稳固，要设法把巨大而结实的木梁绑固在一起，使之即使有大量人畜，或者很重的车辆或炮兵部队过桥时，也不会有散架的危险，

也不会因为洪水或暴雨的冲刷而倒塌。在城门处修建的桥梁通常我们称作吊桥，因为可以根据需要随时起落，吊桥通常用铁杆或铁块铺成，这样就不会因车轮碾压或动物踩踏而破坏。作为水中的桩基或者决定桥面长宽的木梁，其长度和宽度必须适应河水深度、宽度和速度的要求。但由于实际情况变化无常，也就无法制定出简单一律的规定。因此，我将介绍一些实例的具体尺度，便于人们因地制宜、敏锐而明智地作出决策，造出令人称赞的构筑物。

第6章　关于恺撒大帝曾在莱茵河上建造[ordinare]的桥梁

当尤利乌斯·恺撒决定穿越莱茵河（在其《高卢战记》第4部中有记述）以保证罗马势力也能进驻日耳曼时[61]，他认为坐船过河对他本人和罗马人而言都是不安全也不合适的，于是下令造桥。由于河流又宽又深又湍急，这一宏大工程的难度可想而知。尽管他本人对此有过描述，但由于一些用来描述建造[ordinare]过程的词汇难以理解，根据不同的意思作图时就出现了不同版本。[62]鉴于此，由于我和前人一样这个问题上倾注了大量思考，也就不想错过这个机会，解释我年轻时阅读这部分《高卢战记》所想象出来的样子[63]，因为我的一些知识与恺撒的描绘吻合得非常好，而且在实践中也得到了很好的印证，我在维琴察城外附近的巴基廖内河[64]上设计的桥就是一个很好的例子。[65]但我也不想去反驳他人的观点，因为他们都是功力深厚的大家，在各自著述中所作的阐述都是非常值得尊敬的。而且，正是他们的聪明才智和勤奋工作为我提供了极大的便利，使我能够得出新的见解。但是，在展示设计图纸之前，还是让我们首先来看一下恺撒的原话：

Rationem igitur pontis hanc instituit. Tigna bina sesquipedalia paululum ab imo praeacuta dimensa ad altitudinem fluminis intervallo pedum duorum inter se iungebat. Haec cum machinationibus immissa in flumine defixerat fistucisque adegerat, non sublicae modo directa ad perpendiculum, sed prona ac fastigiata, ut secundum naturam fluminis procumberetn, his item contraria duo ad eundem modum iuncta intervallo pedum quadragenum ab inferiore parte contra vim atque impetum fluminis conversa statuebat. Haec utraque insuper bipedalibus trabibus immissis, quantum eorum tignorum iunctura distabat, binis utrinque fibulis ab extreme parte distinebantur; quibus disclusis atque in contrariam partem revinctis tanta erat operis firmitudo atque ea rerum natura ut, quo maior vis aquae se incitivasset, hoc arctius illigata tenerentur. Haec directa iniecta materia contexebantur ac longuriis cratibusque consternebantur; ac nihilo secius sublicae ad inferiorem partem fluminis oblique adiungebantur, quae pro ariete subiectae et cum omni opere coniunctae vim fluminis exciperent, et aliae item super pontem mediocri spacio, ut, si arborum trunci sive naves deiicendi operis causa essent a barbaris missae, his defensoribus earum rerum vis minueretur, neu ponti nocerent.[66]

此段文字的大意是说他这样建造 [ordinare] 这座桥梁：将两根厚一尺半、底部削尖、长度达到水深要求的木梁连在一起，中间相隔 2 尺；然后，用机械将其固定在河床上，用一个打桩机 [battipolo]，顺着水流方向，成一定角度而不是垂直地打下去。在离此处 40 尺的下游处对称位置，用同样的方法固定另两根木梁，倾斜方向与水流相反。在这两条木梁之间打入另一条木梁，其厚 2 尺，等于两木梁之间的距离，上下两端用两个拉条 [fibula] 加固，这是一种在木料上开口的结构，相对紧扣，由于这一特点，水流力量越大，装置连接就越紧。这些木梁和其他木材连接在一起，上方覆以木杆和木栅。此外，在下游一侧还打了斜桩作为冲击桩 [ariete]，与其他部分紧密相连，以抵挡水流冲击。同样，还在上游处增设了另一些木桩，在桥体之前留出一定空间，即使敌军顺流放出树干或船只来破坏桥梁，其冲击力也被这些设施所化解，由此确保大桥完好无损。这就是恺撒关于他在莱茵河上所建大桥的描述；下页是我认为非常符合该描述的图纸，所有部分都用字母标出。

A　绑在一起的两根木梁，厚一尺半，底部略削尖，顺着水流方向倾斜而非垂直地插入河床，间距 2 尺

B　另两根木梁，安置在下游与前述木梁相对称的位置，距离 40 尺，倾斜方向与水流方向相反

H　单独一条这种木梁的图纸 [forma]

C　高、厚均为 2 尺的木梁，横贯整个桥面宽度，长 40 尺

I　单独一条这种木梁

D　带开口的拉条 [fibula]，分开排列，相对扣紧，即一个在内，一个在外，在横贯桥身的两尺厚的木梁上下各一；拉条保证了整个结构的安全，水流力量越大，桥面负荷越重，拉条扣合越紧，装置越牢固

M　单独一个拉条 [fibula]

E　纵贯整个桥面长度的木梁，上方覆以木杆和木栅

F　在下游打的桩，斜向桥面并与整个结构相扣，抵挡水流力量

G　大桥上游一侧打的木桩，用以抵挡敌军顺水冲下用于破坏大桥的树干或船只

K　彼此相连的两根木梁，倾斜而非垂直插入河床

L　横贯桥身的木梁端头 [testa]

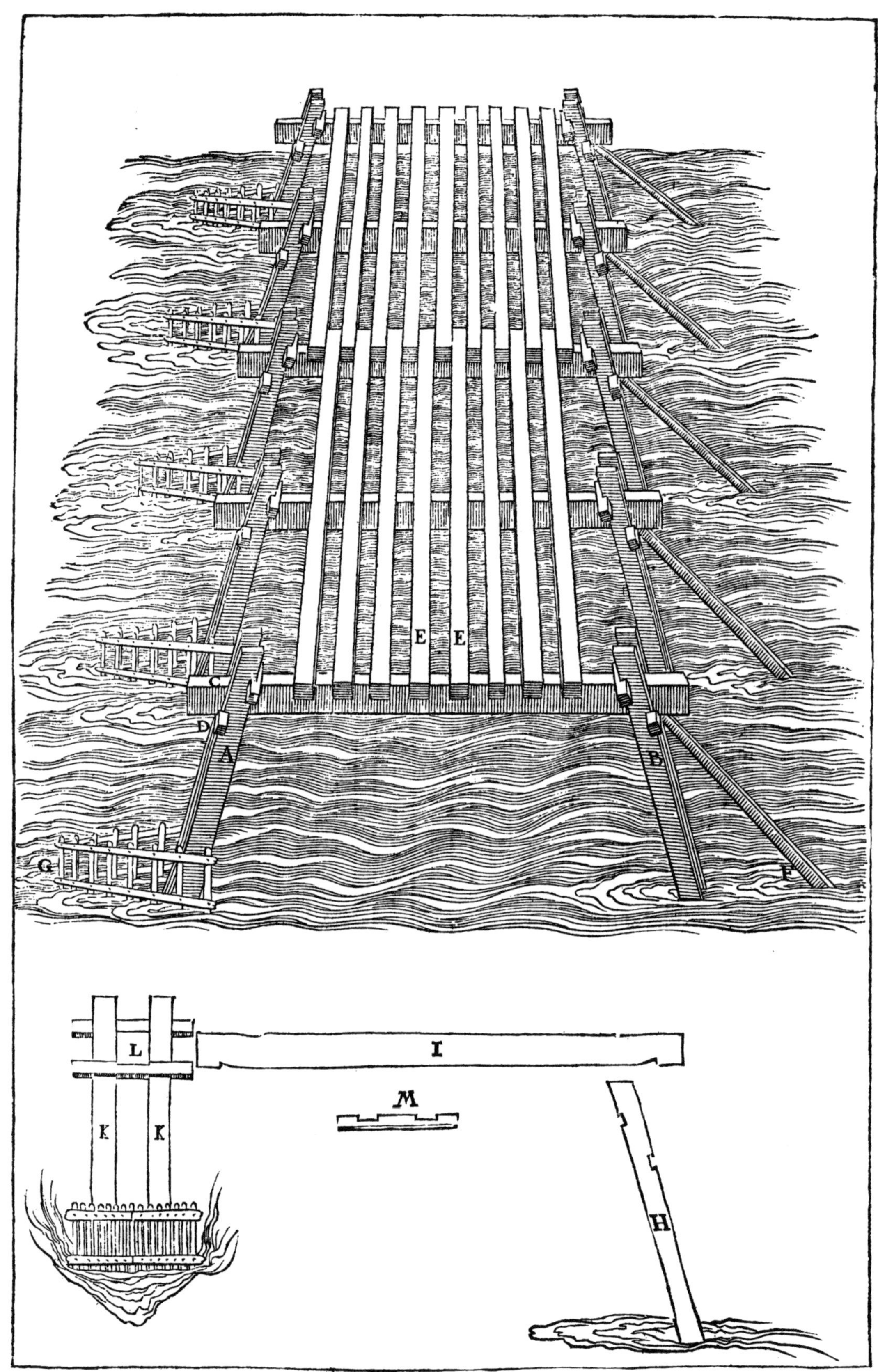

图 3–3　恺撒在莱茵河上所建桥梁的外观以及结构细部

第7章　关于奇斯蒙内河上的大桥

奇斯蒙内河（Cismone）发源于意大利和日耳曼交界处的群山，最后流入略高于巴萨诺的勃伦塔河；由于水流湍急，山里人又需要沿河运送大量木材，因此人们决定在此修建一座无桩的桥，因为此前打入的木桩在奔涌的河水和时常冲进河中的岩石树木冲击下无不遭到破坏和损毁；于是大桥的出资人 [patrone] 贾科莫·安加拉诺伯爵不得不年年重修。[67] 在我看来，大桥的设计值得一提，因为该设计不但解决了刚才我所提到的各种问题，而且大桥落成之后确实做到了坚固、美观和实用；坚固是因为各个部分彼此支撑，美观是因为木结构部件的组合十分典雅，实用是因为表面平坦，各部件和路面其余部分处在同一平面。[68] 建造 [ordinare] 大桥之处的河面总宽 100 尺。这一宽度等分为六段，在每段的分界点架设一条横贯桥面宽度的木梁，用以支承桥面地板 [letto]（河岸处不设木梁，用两个石墩加固）；在此之上，沿桥面长度架设一层木梁，每根之间留一点空隙，组成桥的侧边 [sponda]；再往上，在第一层木梁的两端安装小立柱 [colonnello]（我们通常这样称呼这类结构中竖向摆放的木梁）。[69] 这些小立柱与横贯桥宽的木梁相连，连接体是一种叫作 arpici 的铁销钉，为此，桥体侧边凸起的每根纵向的木梁之间留有一个孔隙，供这销钉穿过。这些连接件位于桥体上部、沿着小立柱侧面的部分，外表平直，在从多处打孔连接；而位于下部靠近木梁的部分较粗，从这里留出的稍大的孔隙穿过，钉入小立柱，并在其下方连上特制的铁块。这些装置牢牢固定了整个结构，桥体横向和纵向的木梁，以及小立柱被连成了一个整体；这样，小立柱竖向支撑了横贯桥面的木梁，其自身又由连接不同小立柱的斜撑 [braccia] 所加固 [70]，各个部件相互支持；由于这样的特点，桥上负重越大，木梁连接越紧，整个结构越牢固。所有组成大桥木结构的斜撑和其他木梁都不超过 1 尺宽，3/4 尺厚。但是组成大桥桥面 [letto] 的木梁即纵向的木梁，还要更细。[71]

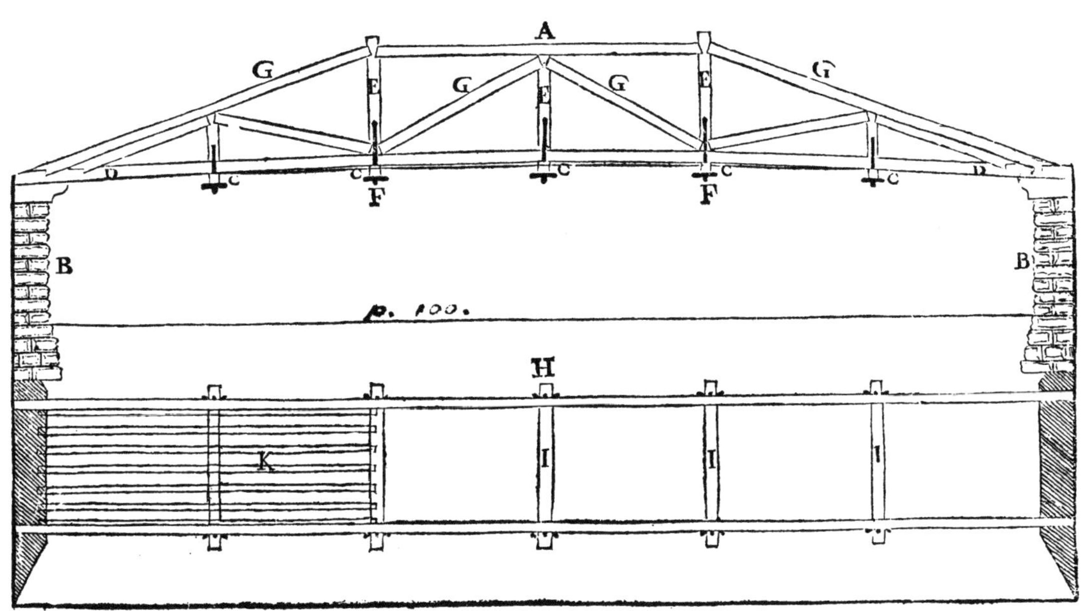

图 3-4　一座横跨奇斯蒙内河的木桥的设计方案，位于巴萨诺－德尔格拉帕 [Bassano del Grappa]，为贾科莫·安加拉诺伯爵修建，平面图及立面图

A 桥体的侧边
B 河岸的桥墩 [pilastro]
C 横贯桥宽的木梁端头
D 组成桥体侧边 [sponda] 的木梁
E 小立柱 [colonnello]
F 镶有小铁块的销钉末端
G 相互扣合支撑整个结构的斜撑 [braccia]
H 桥的平面图
I 横贯桥宽的木梁，突出于桥体侧边之外，其上有为销钉留出的洞
K 组成桥面的小木梁

第8章 关于可以不在河床上打桩的另外三种木桥设计

另外还有三种修建木桥的方法，像奇斯蒙内河大桥一样可以不在河床上打桩。我不想忽略这些设计，因为这些发明如此伟大，而且已掌握了和奇斯蒙内桥有关的语汇的人，都能轻松理解这几种方法，这些语汇包括横贯桥宽的木梁、小立柱、斜撑 [braccia]、连接件和沿着桥身纵向排列，组成桥体侧边的立柱。第一种桥梁的建造方法如下[72]：首先，视需要用桥墩加固河岸，在离桥墩一定距离处设一根横贯桥宽的木梁；然后把组成侧边的木梁一头锚固在这根梁的一端，另一头延伸到河岸；然后，再往上一层，在横贯桥宽的木梁上垂直打上小立柱，用铁制连接件钉牢，用斜撑固定在桥体末端，也就是与河岸相连的侧梁；然后再隔开相等的距离架设第二条横贯桥宽的木梁，再用同样的方法将它与纵向木梁及小立柱固定在一起；小立柱用斜撑加固，此种桥梁可以像这样根据需要逐节修建，保证两边的斜撑在中间相遇处的那根小立柱刚好位于河宽的中点；在小立柱的上部再架设木梁连接各个相邻的小立柱，和桥两端的斜撑一起，组成一段小于半圆的弧。[73] 如此依序进行，每个斜撑独立承托各自的小立柱，每个小立柱独立支撑横向和纵向的木梁，各部分独立承重。如此修建的大桥两头略宽，中间略窄。在意大利尚无此类样例，但在与米兰多拉的亚历山德罗·皮切罗尼交谈中[74]，他说他曾在日耳曼见过一座。

A 桥的侧 [alzato] 立面图
B 组成桥宽的木梁端头
C 沿桥长排列的木梁
D 小立柱
E 固定在纵梁上，用以支撑小立柱的斜梁
F 连接相邻的小立柱，组成弓形的木梁
G 河床
H 桥的平面图
I 第一组 [prima] 木梁，一头搭在河岸上，另一头搭在第一根横贯桥宽的木梁上
K 第二组木梁，搭在第一根和第二根横贯桥宽的木梁上
L 第三组木梁，搭在第二根和第三根横贯桥宽的木梁上

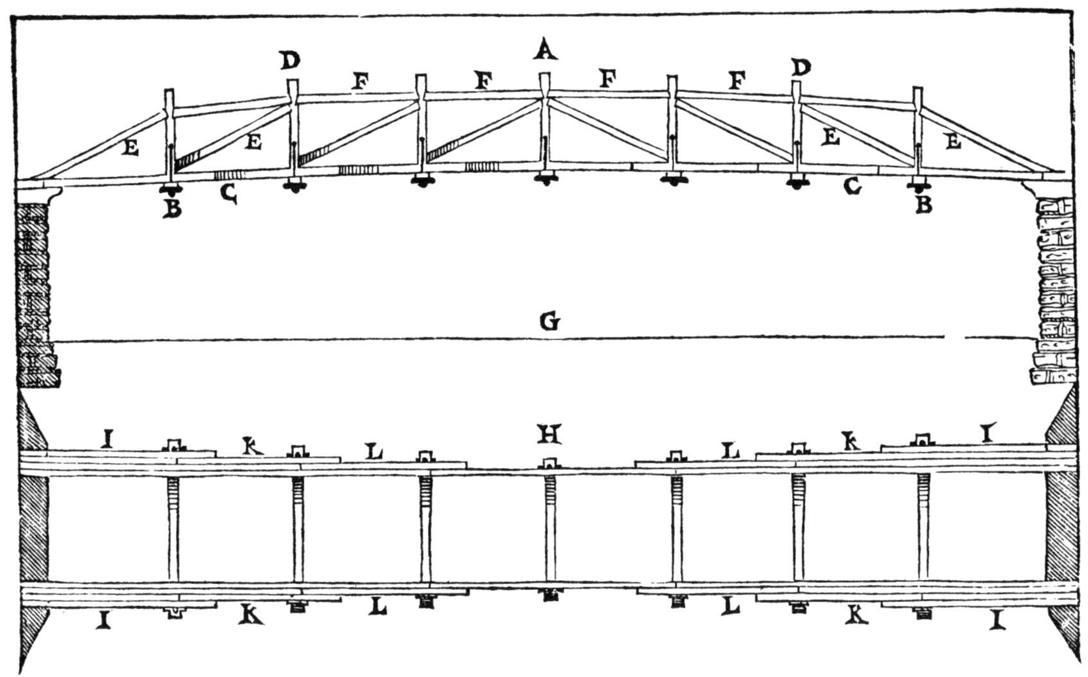

图 3-5　三种可选择的木桥设计之一：平面图及立面图

此外还有横贯桥宽的木梁（如前所述），靠小立柱支撑和固定，小立柱则由斜撑支撑。

接下来这座桥是这样设计的：上半部分支撑整个重量，组成弓形，各个相邻的小立柱之间用交叉的斜撑相连接。[75] 和前述的例子一样，组成桥面 [suolo] 的木梁用连接件与小立柱相连。为加大强度，桥两端可再加两根木梁，一头连桥墩，一头连接第一个小立柱底端，如此可大大提高桥梁抵抗冲击的能力。

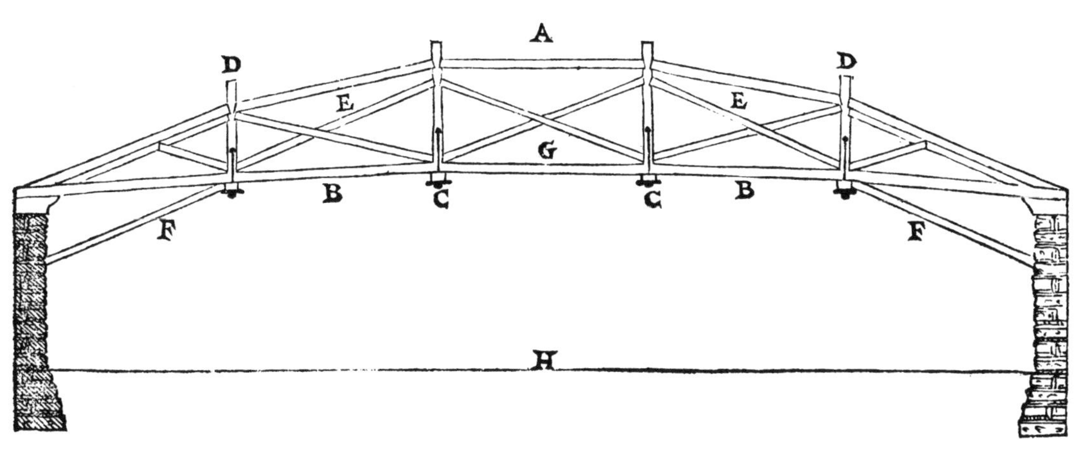

图 3-6　三种可选择的木桥设计之一：立面图

A 桥的侧立面图 [diritto]
B 组成桥体侧边的木梁
C 横贯桥宽的木梁端头
D 小立柱
E 斜撑，桥梁的加固件
F 桥两端帮助承重的木梁
G 桥面 [suolo]
H 河床

最后一个设计在付诸实践时可比下图所示的弯度更大或更小，视建造地点和河流大小而定。[76] 桥高可以是河宽的 1/11，其中包括连接小立柱的加固件，或者应该称之为斜撑。每一个由小立柱形成的楔形 [cuneo] 都应对准一个中心点，以保证整个结构的牢固；如前所述，小立柱要支撑纵向与横向的木梁。上述四种类型的桥梁均可建造成实际需要的长度，根据比例扩大即可。

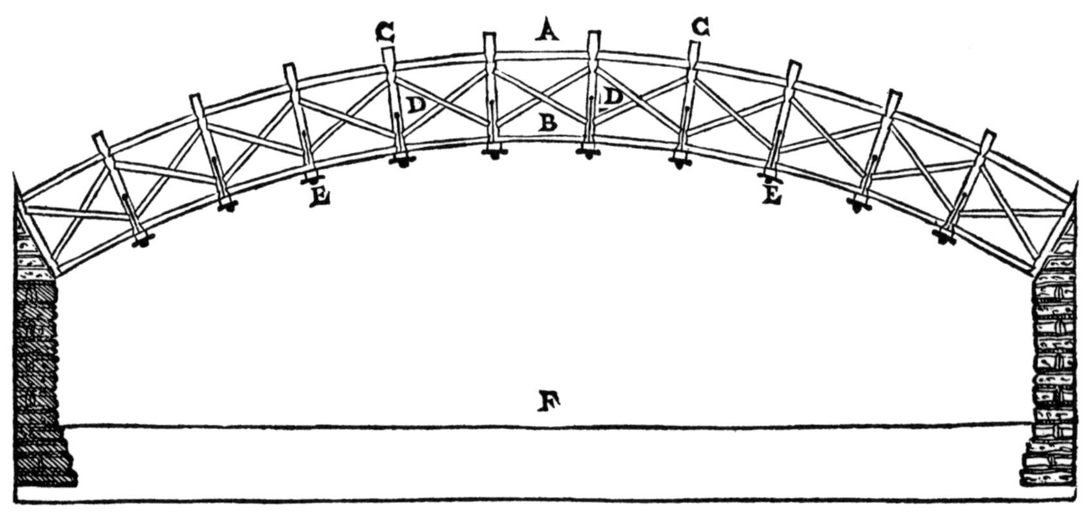

图 3-7　三种可选择的木桥设计之一：立面图

A 桥的侧立面图 [diritto]
B 桥面
C 小立柱
D 加固和支撑小立柱的斜撑
E 横贯桥宽的木梁端头
F 河床

第9章　关于巴萨诺的桥梁

在意大利和日耳曼分界处的阿尔卑斯山麓，巴萨诺小镇附近的勃伦塔河上[77]，我设计了 [ordinare] 下面这座木桥。勃伦塔河水流速度极快，汇入威尼斯附近海域，古人称之为梅杜阿可（Meduaco），特洛伊战争前，斯巴达人克劳尼莫斯[78]曾率领舰队经过（据李维《建城以来史》第一部中的记述[79]）。[80]建桥处河宽 180 尺，被等分为 5 份，因为在用橡木和松木牢牢加固两侧河岸，也就是桥的两端后，在河床上每隔 $34^{1}/_{2}$ 尺打一排桩，共打了四排。每一排由八根长 30 尺、径 $1^{1}/_{2}$ 尺的木梁间隔 2 尺排列而成。这样，整座桥的长度就被分为 5 段，桥宽 26 尺。在桩上架设木梁，其长度由桥宽决定（这个位置的木梁通常称作长平梁 [correnti]），这些木梁钉在水中的桥桩上，将整个结构连为一体；在长平梁之上，与已有的两组木梁垂直铺设另外八根木梁组成桥的长度，将各排木桩连接在一起；由于各排桥桩的间隔较大，尤其在负载较重时，沿桥的长向铺设的木梁难以承受，因此在纵向木梁与长平梁之间，还架设了另一道相当于檐托 [modiglione] 的木梁[81]，用以分担部分重量。出于同样的考虑，在各排桥桩之间还设有一组木梁，其中两段梁的端头分别固定在桥桩上，相对斜支，另一端则与设在纵向木梁中央下方的一条木梁相连。这样的装置使木梁看起来像拱券，其拱高为拱长的 1/4；这样就保证了整个结构形态优美，而且又因为纵向的木梁在中部加粗了一倍而愈发坚固。再往上是组成桥面地板的另一组木梁，其端头略为突出于主体结构，类似于檐托。桥的两侧设计了 [ordinare] 柱列，上面有屋顶 [coperta]，成为柱廊；这些要素使得整个结构非常实用而且美观。

✛ 表示水面的横线
A 桥的侧立面图 [diritto]
B 河床上成排 [ordine] 打入的木桩
C 长平梁的端头
D 纵向组成桥长的木梁，其上方是桥面木梁的端头
E 相对斜支，并与设在两排桩之间的纵向木梁中央下方的一条木梁相连的木梁，这样可以使纵向木梁的中点加粗一倍
F 支撑屋顶 [coperta] 的柱列[82]
G 桥一端的立面图
H 桥桩的平面图，带有扶壁 [sperone]，以使桥桩免遭顺流而下的树干撞击
I 长为 10 尺的比例尺，可据此度量整座结构的尺寸

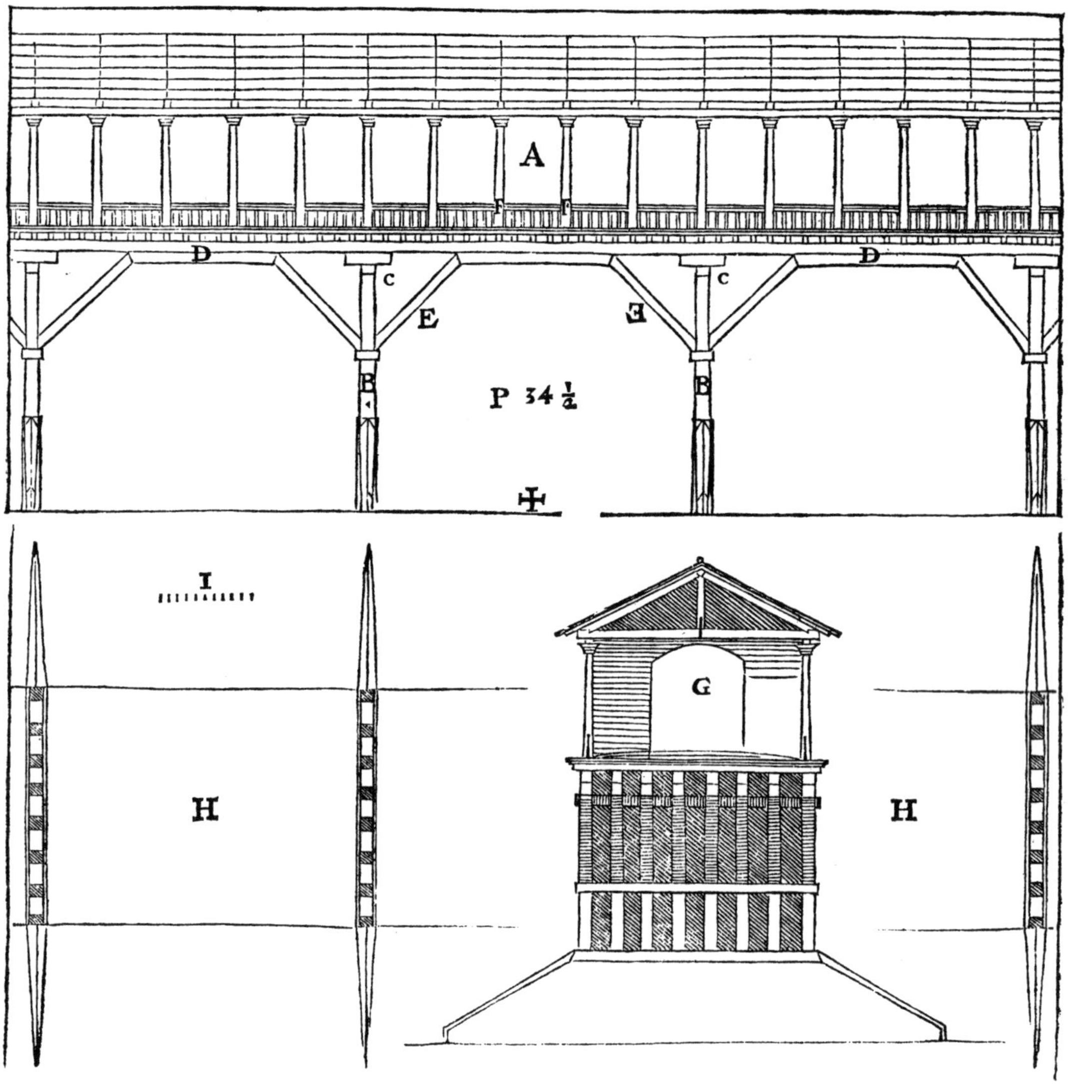

图 3-8　位于巴萨诺－德尔格拉帕 [Bassano del Grappa] 的带顶的木结构桥梁，局部平面、立面及横剖面

第10章　关于石桥，以及建造时的备忘

最初建造木桥是为满足当下的需要，但随着人们越来越渴望万古流芳，并且有更多的财富可以激发新的灵感，又有条件 [commodità] 实现更宏伟的项目，就开始建造更加持久，花费更高，也更能为出资人 [edificatore] 提高声望的石桥。[83] 石桥有四个组成要素：建在河岸上的端部，架在河床的桥墩 [pilastro]，用桥墩支撑的桥拱，以及桥拱之上的地面铺装 [pavimento]。桥梁两端需做到极其坚固厚实，不仅要能像其他桥墩一样承受桥拱重量，而且尤为重要的是，

要能支撑整个桥体，防止桥拱受力后裂开；因此，建造石桥的地方必须是石头河岸或至少是土质坚硬的河岸；在自然条件不合适时，需额外建造桥墩和桥拱，人为地加固和夯实河岸，这样，万一河岸被水冲坏，通向桥梁的道路也能完好无损。横跨河流修建的桥墩 [pilastro] 必须是偶数，一是我们通过对自然的观察发现，一切承重体，其数量若大于一，则均是偶数，譬如人或一切其他动物的腿脚；二是设计因此更加美观，也更为坚固，因为中间的河水离岸最远，流速最快，让其自由通过桥拱可避免持续冲击破坏桥墩。桥墩应选在水流速度稍缓之处。当水位上涨，河上漂浮物聚集之时，可以观察得出河流最主要的流动情况。[84] 桥的基础应在一年中水位最低时也就是秋天建造；如果河床是石质、凝灰岩或斯卡兰土 [scaranto]，（如我在第一书所言）也就是半岩石质的土层 [85]，桥基就不必再大费周章挖掘整理，因为这类河床本身就是理想的地基。但如果河床为沙质或碎石质的，就必须向下挖掘直到坚实的地面；如果挖掘难度太大，可以先向沙或碎石层中掘入少许，再将削尖的硬橡木桩打入地下，使之牢牢地固定在硬质土层中，这还可以稳固河床。[86] 在打桥墩的时候，必须在河中辟出一块封闭的作业区域，并让河水从未被拦断的部位顺利通过；这样一段一段依次作业。桥墩宽度不应小于桥拱宽度的 1/6，也不应大于桥拱宽度的 1/4。[87] 造桥用的大石块要用销钉、铁钉或金属钉夯实，使之加固成为一个整体。桥墩表面通常削尖，使之端头呈直角或呈半圆弧状，以便于分水，并使那些顺流而下、撞上桥墩的物体能够离开桥墩，从桥拱中间通过。桥拱必须坚实稳固，组成桥拱的大石头必须彼此紧扣，这样才能支撑川流不息的车马重量。半圆形的桥拱在理论上最为坚固，因为其架在桥墩上不会互相挤压 [88]，不过考虑到建造地点的自然条件和桥墩的位置，完全的半圆桥拱毫无意义，因为这种桥拱太高，为上桥徒增难度，我们应该使用压低的桥拱 [archo diminuito]，建造拱高 [frezza] 为直径 1/3 的桥拱；这种情况下，河岸桥基必须十分坚固。桥的地面铺装 [pavimento] 和前文所述普通道路的建造要求相同。[89] 关于建造石桥必须牢记的事项就是这些，现在我们来看看设计图纸。

第11章 关于一些古代的著名桥梁，以及里米尼的桥梁设计

古代人在不同地点修造了无数的桥梁，但在意大利的数量不算太多，主要是在台伯河上，其中一些至今完好无损，另一些只能见到残留部分。台伯河上的桥梁目前完好无损的有：圣安吉洛桥，之后称为埃利乌斯桥，得名于在此修建陵寝的埃利乌斯·哈德良皇帝 [90]；由法布里修斯建造的法布里修斯桥，现在因为上桥时左手边有雅努斯 [91] 的四个头而被称为四头桥 [Ponte Quattro Capi] [92] 或泰尔米内（Termine）[93]，台伯河中的岛屿靠此桥与城市相连；切斯提奥桥，现称为圣巴尔托洛梅奥桥，从岛屿的另一端通向特拉斯泰韦雷（Trastevere）；还有以参议员命名的西纳托里厄斯桥，后又以附近山脉命名为帕拉蒂尼桥，这座桥用粗琢的石头建造，现称圣马利亚桥。[94] 但现在台伯河上可见部分古代遗存的桥梁只有以下这些：苏布利休斯桥，又因埃米利乌斯·李必达重建而称为李必达桥，此桥先用木头建造，之后被其用石头重建，靠近里帕；特里昂凡利桥，现在在圣灵（S.Spirito）教堂对面能看到此桥的桥墩 [95]；贾尼库兰桥，因其靠近贾尼库兰山而得名，又因由教皇西克斯图斯四世主持修缮而称为西斯托桥；米尔

维斯桥，现称莫里桥，位于距罗马不到两里的弗拉米尼古道上，现在只有桥基得到保存；相传此桥在苏拉（Sulla）[96] 时期由督查官马库斯·司考路斯所造。[97] 同样，在纳尔尼（Narni）水流湍急的涅拉河（Nera）上，还能见到由恺撒大帝主持，用粗琢的石头修建的大桥遗址。在翁布里亚的卡尔吉（Calgi）的梅陶罗河（the Metauro）上，可以见到类似于乡间的另一座桥，河岸部分用支墩 [contraforte] 支撑路面，使其异常坚固。在所有这些名桥之中，有一座尤其让人叹为观止，那就是卡尼古拉皇帝在波佐洛（Pozzuolo）到巴亚之间海面上修建的不到 3 里长的大桥，据说此桥耗费了整个帝国的财富。[98] 同样壮观而且了不起的还有图拉真皇帝在特兰西瓦尼亚（Transylvania）对面的多瑙河上修建的防御外族用的大桥，桥上刻有如下文字：

PROVIDENTIA AVGVSTI VERE PONTIFI-
CIS VIRTVS ROMANA QUID NON DOMET?
SUB IVGO ECCE RAPIDVS ET DANVBIVS.[99]

这座大桥之后被哈德良皇帝所毁，以防外族穿桥而过、攻击罗马的城市；河中间仍能见到此桥的桥墩。但是，在我见过的所有桥梁中，我认为位于弗拉米尼古道上的里米尼大桥就其坚固程度和构造 [compartimento] 而言，是最美、最值得研究的，我认为这座桥为恺撒大帝所建；因此我决定在接下来的篇幅中讨论它的设计。这座桥分为 5 个桥拱；中间 3 个等宽，为 25 尺；靠近岸边的两个小一些，仅宽 20 尺；所有桥拱均为半圆，且拱缘饰带 [modeno][100] 的宽度为大拱净宽的十分之一、小拱净宽的八分之一。桥墩宽度略小于大拱净宽的一半。支撑体插入水中的部分呈直角；我注意到古代所有桥梁都这样设计，因为直角比锐角要牢固得多，也更能抵挡顺流而下的树枝或其他物体的破坏。在桥的侧面，桥墩的正上方有一些神龛，过去立面一定有雕像；在这些神龛的上方，沿着桥体的纵深方向有一个檐口，尽管没有装饰内容，但仍为整个构筑物增添了美丽的点缀。

A 在神龛上方沿着桥体的纵深方向的檐口
B 水面
C 河床
D 代表 10 尺，可以用来度量整座桥的尺寸

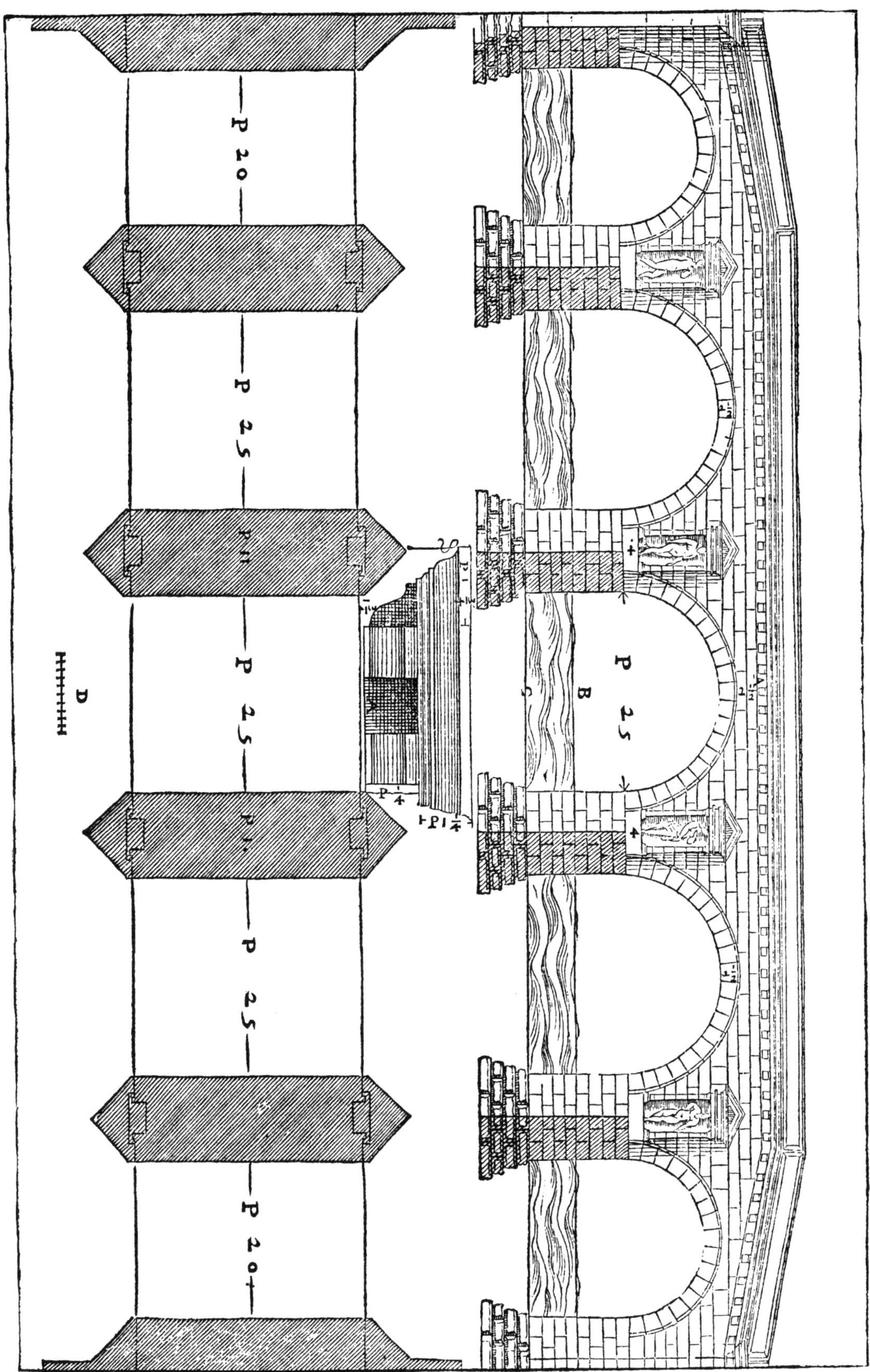

图 3-9　位于里米尼的古代石桥，平面图和立面图

第12章　关于维琴察巴基廖内河上的桥梁

维琴察有两条河流过，一条是巴基廖内河，另一条是雷托尼河。流出城后雷托尼河就汇入巴基廖内河，不再有此河之称。在这两条河上有两座古桥；至今仍可见到其中一座桥在巴基廖内河上的全部桥墩和一个桥拱，该桥位于天使的圣马利亚教堂旁边；其余的部分为近代修复。[101] 这座桥有三个桥拱，中间的桥拱有30尺宽，另两个则只有$22^1/_2$尺宽，这是为了让中间的河水毫无阻碍地流过。桥墩宽度为小桥拱净宽的五分之一，大桥拱净宽的六分之一。桥拱的拱高 [frezza] 是拱径的三分之一；其拱缘饰带 [modeno][102] 的宽度为较小拱径的九分之一，中间大拱的十二分之一；拱圈饰带按照楣梁的做法打造。在桥墩顶部，在桥拱的支点下方，有一些向外出挑的石头，在上面搁木梁，修桥时可用来摆放拱顶支架，以避免河水上涨时把柱子带走、冲坏结构；如果用别的方法，就得在河床上打桩建造支架。

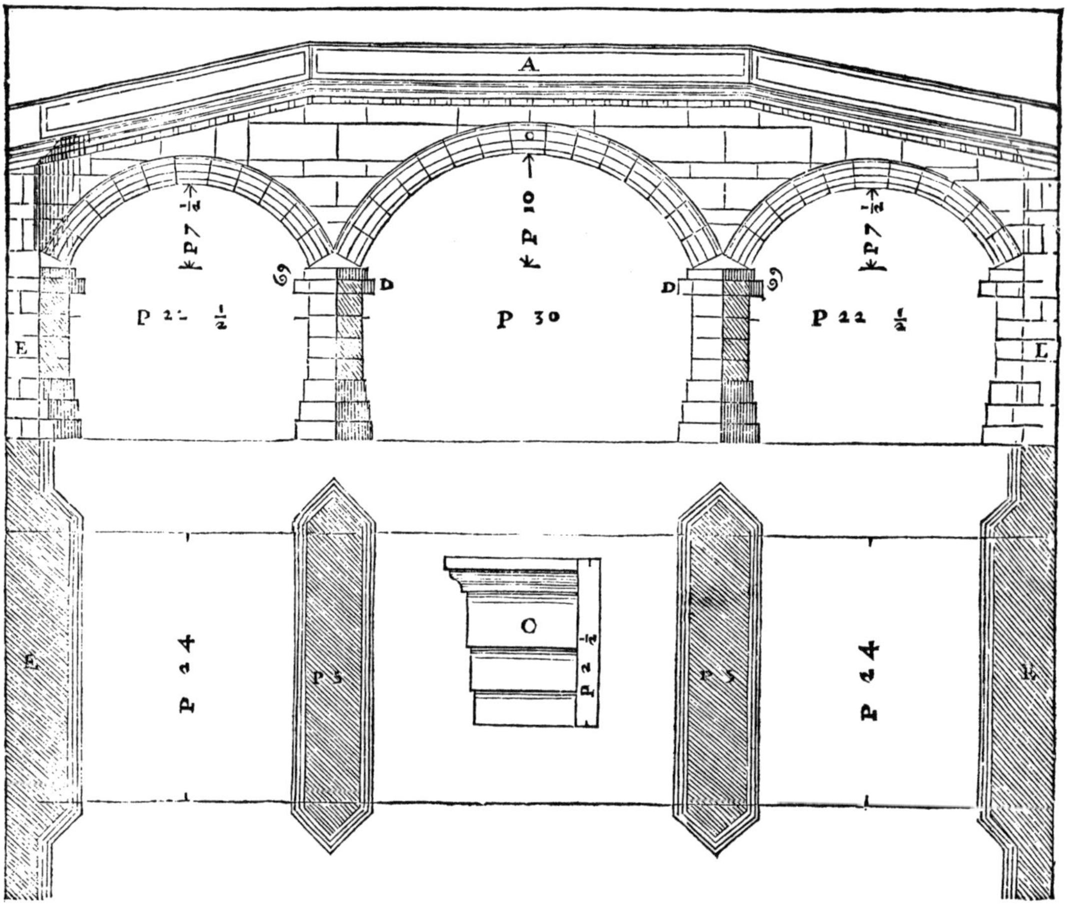

图 3-10　位于维琴察的石桥，平面图和立面图

A　桥的栏板 [sponda]
C　桥拱的拱缘饰带 [modeno]
D　从桥墩上挑出的石头，用来为拱顶搭建支架
E　桥的两端

第13章　我本人创作的一座石桥

我认为下面这座桥的设计极美，而且十分切合建造地点的实际情况[103]；这座桥建在意大利的一座最大也最壮观的城市的中心地带，这座城市是许多其他城市的源头；从世界各个角落汇集至此的车马人流让这里的交通异常繁忙。河水宽阔，而桥梁应当建在商人们集中进行交易的地点。因此，为了与这座城市的规模和地位相称，同时也让桥梁带来更多的收益，我设计了三条道路纵贯桥面；中间的又宽阔又迷人，两侧的则略窄。在每条道路的两侧都设计了 [ordinare] 商铺，这样一共是 6 排 [ordine]。另外，在桥的两端和中央，即大桥拱上方，均建造了柱廊，既可供商人们集会交易，又可大大增益桥梁的实用和美观。人们可以从桥两端的台阶登上柱廊，而桥上其余部分的地板或铺装地面都在同一层高。带柱廊的石桥并不算新奇，因为我在前面有关章节提到过的罗马的埃利乌斯桥，在古代就曾带有柱廊，还有铜柱、雕像和其他富丽堂皇的装饰[104]；在本例中，基于上述原因，修建柱廊是必不可少的。上文所述的关于各种桥梁的布局法 [ordine] 和规则同样可以和本例的壁柱和拱门的比例设计相适应，这一点大家一看便知。

平面图的组成部分：

A　桥中间修建的美丽宽阔的街道[105]
B　略窄的街道
C　商铺
D　桥两端的柱廊
E　登上柱廊的台阶
F　在中央的主桥拱上方建造的柱廊

立面图 [alzato] 和平面图的元素一一对应，因此无须注解就能理解

C　商铺外立面 [diritto]，也就是从河上观看的视图；另一张木刻画上展示的是另一边，是同一排商铺的沿街立面
G　表示水面的线条

图 3–11　一座带柱廊的石桥设计，平面图和立面图：两幅木刻画，每幅表示设计的一半

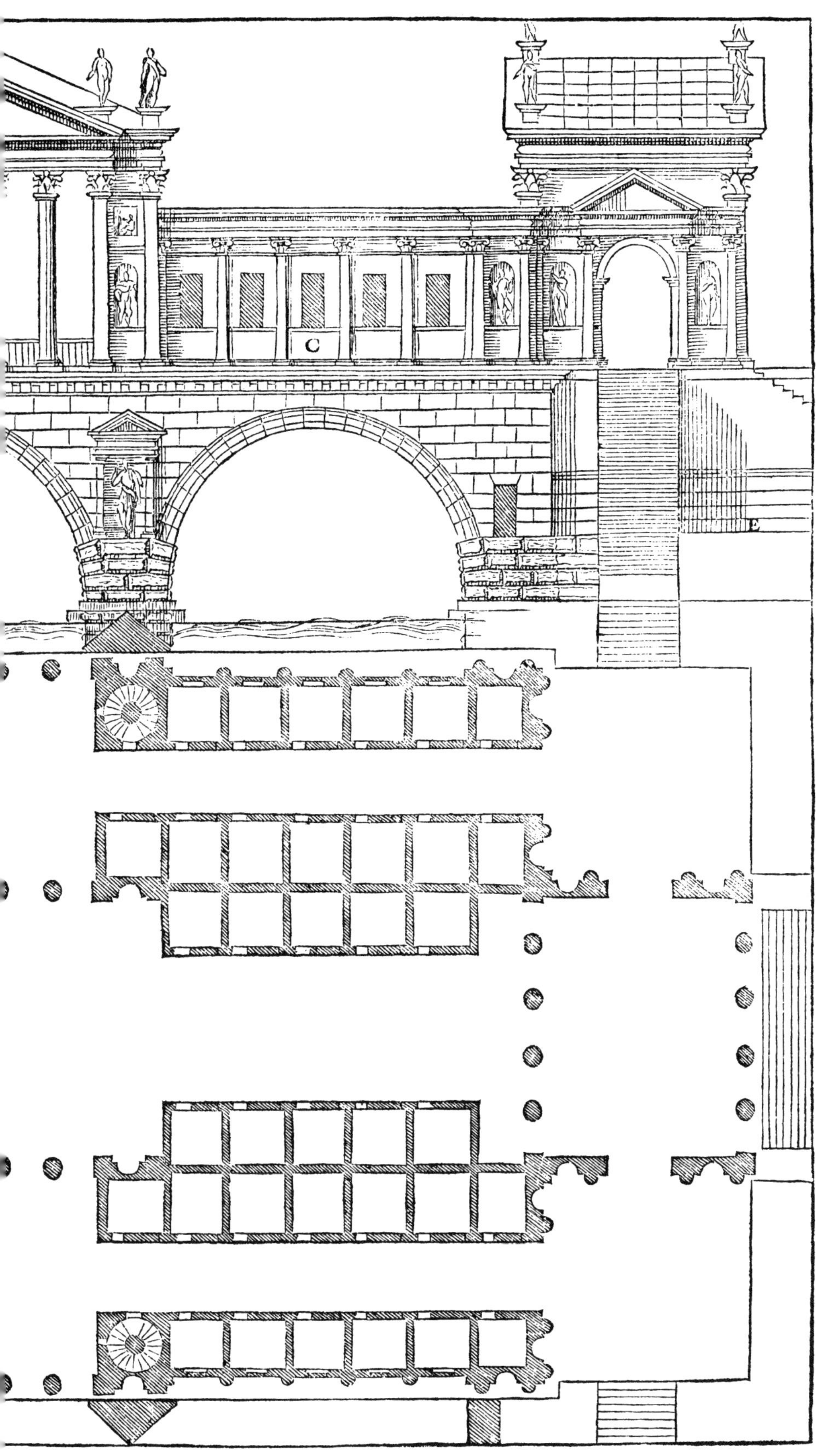
C
E

第14章　关于我本人创作的另一座石桥

有几位绅士请我对他们计划建造的一座石桥给些意见，我就为他们作了如下的设计。造桥处的河宽是 180 尺。[106] 我把整个宽度分为 3 个桥洞，中间的宽 60 尺，另两个各宽 48 尺。支撑拱顶的桥墩宽 12 尺，为中间大桥洞宽度的 1/5、两侧较小的桥洞宽度的 1/4；我对通常的尺度做了一点调整，把桥墩设计得更厚实、比桥体本身还要宽，以至于从桥下突出 [107]，这样可以更好地经受湍急的河水，以及被这些河水从上游冲下的石块和树干的冲击。桥拱是一段小于半圆的圆弧，这样上桥的道路就平缓好走。桥拱的拱缘饰带 [modeno] 宽度是中间大拱净宽的 1/17、两侧小拱净宽的 1/14。在桥墩上方要饰以壁龛和雕像，在桥体侧面最好还要做个檐口，就像我们所见到的古罗马人有时候会做的那样，此前我们讨论过的奥古斯都・恺撒在里米尼所建 [ordinare] 的桥就是如此。[108]

A　水面
B　河床
C　向外挑出的石头，原因如前文所述
D　长为 10 尺的比例尺，可据此度量整座结构的尺寸

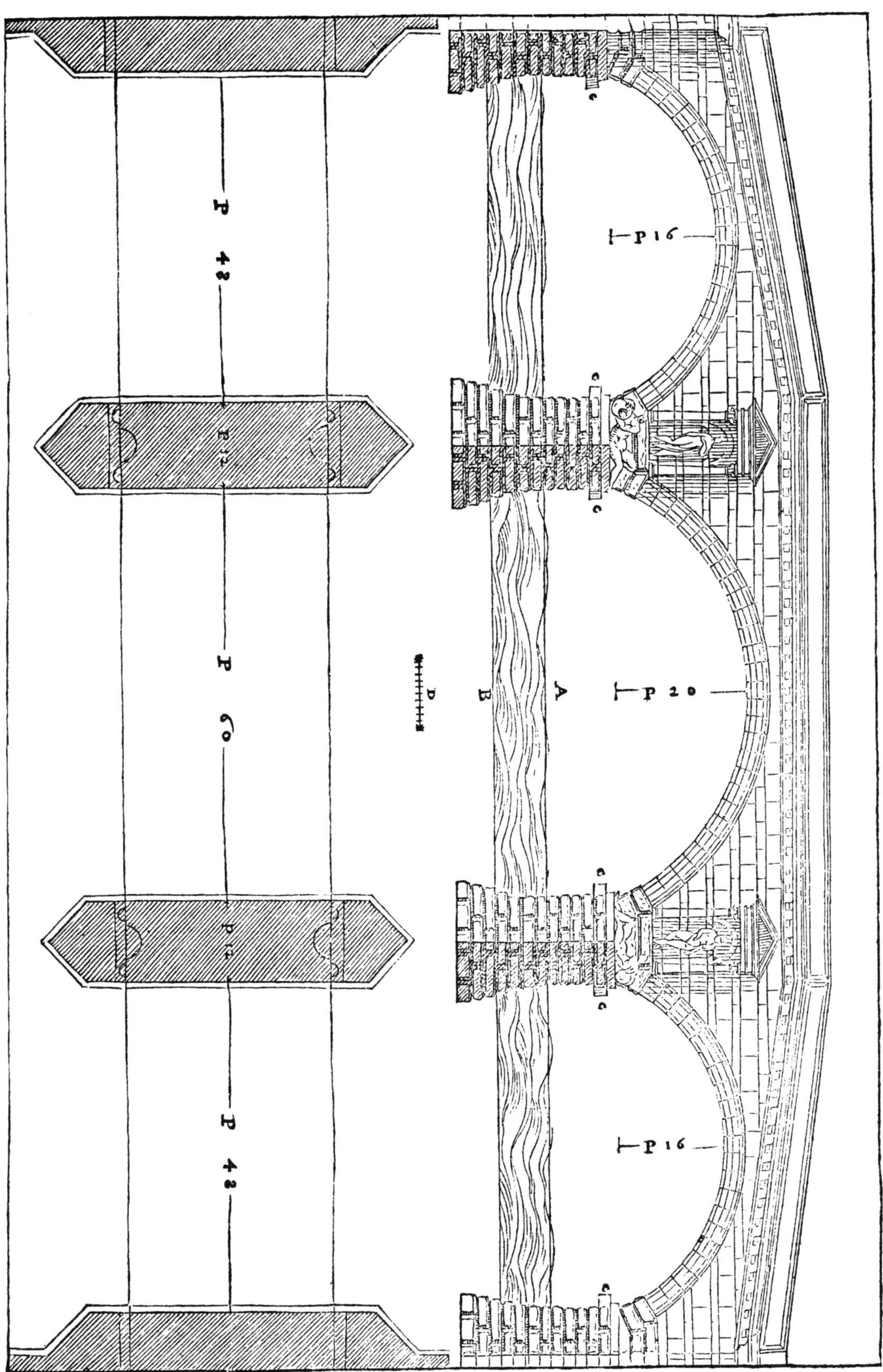

图 3-12　另一座石桥的设计图，平面图和立面图

第15章　关于维琴察雷托尼河上的桥梁

前面已经提到过，还有一座古桥位于维琴察的雷托尼河上，因其靠近城内最大的屠宰场而俗称贝卡里附近的桥（the Ponte dalle Beccarie）。这座桥很完整，跟巴基廖内河上那座很像，也是分为三个拱，中间的拱比两边的大。所有桥拱均呈小于半圆的圆弧，上面没有任何装饰；两边小拱的拱高 [frezza] 为拱宽的 1/3，中间的则略小些。拱墩宽度为小拱直径的 1/5，在拱墩的顶部、桥拱支点之下，有向外挑出的石头，原因上文已作解释。这两座桥都用科斯托扎的石头建成，这种石头材质较软，可像木头一样锯开。在帕多瓦，还有 4 座和维琴察这两座桥有着同样比例的桥梁，其中三个只有三个拱；即阿尔蒂纳桥（Altinà bridge）、圣洛伦佐桥和所谓的科尔武桥（Ponte Corvo）；另一个有五个拱，称作莫利诺桥（Ponte Molino）。从所有这些桥梁中，我们都可以看到建造者们是如何竭力确保石头固着在一起，而这（正如我有机会在别处所见到的）正是人们在所有建筑中希望做到的。

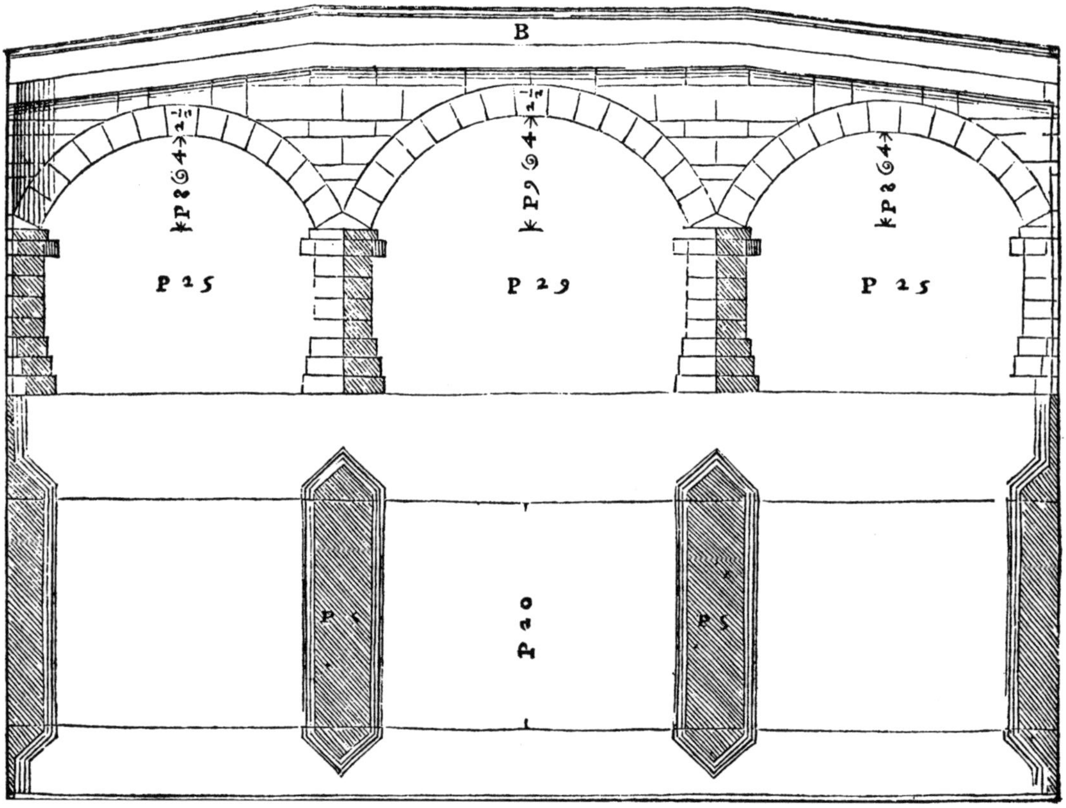

图 3–13　维琴察的另一座石桥，平面图和立面图

第16章　关于广场及其周边的建筑

除了前面已经讨论过的街道之外，人们还应保证在城市中有一些广场供往来贸易之用，其具体数量则可根据城市的规模而定，这对满足市民需要至关重要而且切实有利；而且，鉴于广场的用途各有不同，应根据需要选择适当和方便的地点。[109] 除提供场所供人们漫步、谈话和交易以外，这些遍布全城的宽敞而开放的空间同样美化了城市，是街道尽头一条美丽而开阔的风景线。人们还可以从这里欣赏壮丽的建筑，尤其是神庙。城中广场遍布固然不错，但关键是要有一个宏大而庄严的主广场作为真正的公共广场。这类主广场的规模应适应市民人数的需求，不能因过于窄小而不便使用，也不能因人数稀少而显得空空荡荡。[110] 在沿海城市，广场通常临港而建 [111]，在内陆城市，广场通常建在市中心，以照顾城市的各个部分。如古代人所为，广场四周应有柱廊，其宽度与柱高相等，供人们躲避暴风骤雨或烈日炎炎之苦。但是，围绕广场而建的建筑（根据阿尔伯蒂的观点）不应高过广场宽度的 1/3 或矮于其 1/6；人们经过台阶登上柱廊，台阶的高度是柱高的 1/5。[112] 街道尽头矗立的拱门，即广场的入口，是广场最重要的装饰 [ornamento]；在我关于拱门的书中，将详细介绍拱门的建造方法、古代修建拱门的原因，及其为何被称为凯旋门，书中还有不少图纸，相信能给现在或将来需要为王子、国王和皇帝修建拱门的人提供很多信息。但是，回到主广场的话题，在广场附近修建亲王还是执政团 [signoria][113] 的宫殿，取决于这里是元首制还是共和制 [114]，还有造币厂，存放公共珍宝和钱的公共珍宝库，以及监狱，都必须与广场相连。[115] 古代有三种类型的监狱：一种是关押堕落的和误入歧途的人，直到他们改邪归正、重新做人，这种类型现在主要关押精神病人；另一种关押欠债之人，我们现在也在用；第三种监狱关押变态者和罪犯，包括已经定罪的或即将定罪的；这三种类型已经足够，因为人之罪恶要么就是因为精神错乱，要么就是狂妄自负，要么就是故意为之。造币厂和监狱必须建在广场周边较为安全的地方，筑高墙、防暴力、防止共谋背叛。监狱必须卫生和舒适，因为其目的在于防御，而不是纠缠或折磨犯了错的人；因此其中部的高墙应用大块的细纹石材 [pietra viva] 用榫钉和铁钉或金属钉固结在一起，而两侧面 [intonichare] 的墙体则用砖块 [pietra cotta] 砌筑，如此建造可以保证内部湿度不会影响犯人健康，同时又不会让他们逃脱。监狱的周围需建走廊，附近需建保卫室，这样如果犯人密谋起事就能及时发现。[116] 除公共珍宝库和监狱外，广场附近还应建有元老院，供元老讨论国事之用。元老院应当建得富丽堂皇，要配得上这里人们的杰出和众多；如果它是正方形 [quadrato]，则取一倍半边长作为高度；如果它的长大于宽，则将长宽相加，总和除以二，就可以得出地面到屋顶木梁的高度。在墙体高度的一半位置，应作大型檐口向外挑出，这样辩论的声音就不会在元老院的上半部分被削弱，而是经过折返，让观众听得更清楚。[117] 在广场附近还应朝向较为温暖的方向修建巴西利卡；这是正义得到伸张的地方，也是很多普通人和头面人物聚集的地方。我将在描述古希腊人和古罗马人如何修建广场时进一步讨论巴西利卡的建造；并分别给出例子。[118]

第17章　关于古希腊的广场

据维特鲁威在第五书第 1 章中的叙述[119]，古希腊人在他们的城市中间修建 [ordinare] 方形广场，并在周边建造宽阔的，柱间距较窄 [spesse colonne] 的双重柱廊，也就是采用 $1^1/_2$ 倍或至多 2 倍柱径的柱间距。这些柱廊的宽度等于柱高，由于是双重的，因此可供通行的宽度可达两倍柱高，非常方便和宽敞。在首层 [prima] 立柱之上（请记住它们的位置），也就是我认为是科林斯式的立柱之上，还有另一层立柱，比第一层小 1/4[120]；在这一层立柱的下方有一个高度适当的基座，因为这上层柱廊同样要供人们行走其中，不论是在那里处理事务还是舒服地观看广场上的活动，不论是怀着虔敬的心情抑或只是为了好玩。[121] 所有这些柱廊一定要用壁龛和雕像装饰，因为古希腊人非常喜欢这种装饰。在这些广场附近——尽管维特鲁威教我们如何布置这些建筑的时候并没有提到它们位于何方—— 一定要有一座巴西利卡、一座元老院，还有监狱，以及所有我在上文提及应出现在广场周边的各种建筑。[122] 因为（如他在第一书第 7 章所言）[123] 古代人习惯于在广场边修建献给墨邱利和伊西斯的神庙，因为他们是主管商业和贸易的神，而且我们可以看到，在伊斯特里亚半岛[124] 上的普拉城的广场上，有两座形状、大小和装饰都彼此相似的神庙，因此我在这些广场的图纸中，将神庙放在巴西利卡两旁；这些神庙的平面图、立面图和所有细节都能在我关于神庙的书中清晰地看到。[125]

A　广场
B　双重柱廊
C　巴西利卡，法官们在此断案 [tribunale]
D　伊希斯神庙
E　墨邱利神庙
F　元老院
G　造币厂前的柱廊和小庭院
H　监狱前的柱廊和小庭院
I　通往元老院的大厅的门
K　元老院周围的走廊，通向广场的柱廊
L　广场柱廊的转角处 [voltar]
M　内侧柱廊的转角处 [voltar]
N　神庙院墙的平面图
P　造币厂和监狱周围的走廊

平面图下页[126] 的立面图是广场的一部分

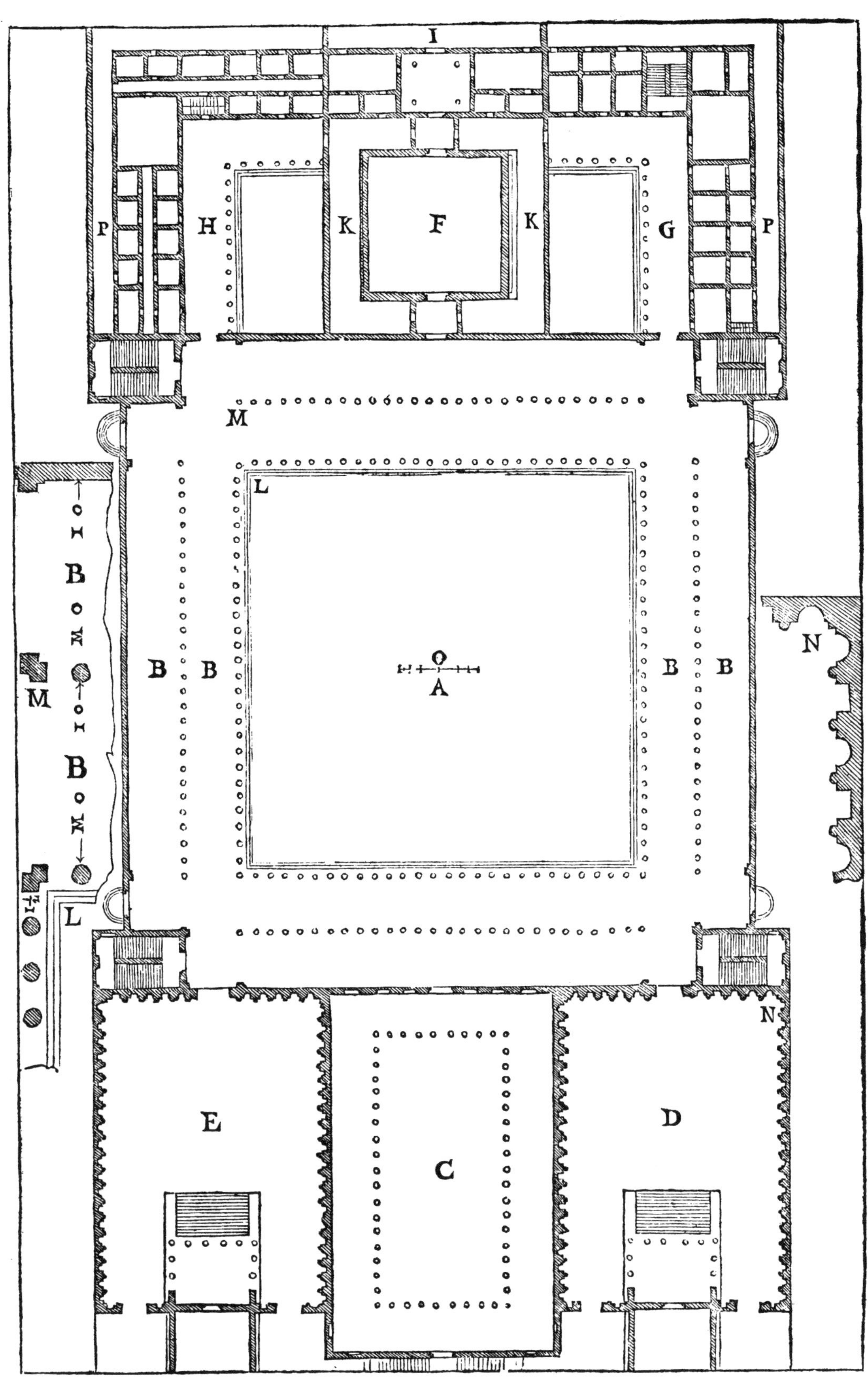

图 3-14　希腊的公共广场，平面图及局部放大平面图

图 3-15　希腊广场的柱廊部分，剖立面图

第18章 关于拉丁时期的广场

古罗马人和拉丁人（如前引维特鲁威的段落中提到的）[127]，放弃了古希腊的传统，建造了长大于宽的广场，他们把长度分为三份，以两份为宽度，因为在颁奖给角斗士时，这种长方形的广场比正方形 [quadrato] 的广场要方便 [128]；出于同样的原因，他们将广场周围柱廊的柱间距做成 $2^1/_4$ 倍或 3 倍柱径，这样就不会因立柱过密而阻碍视线。柱廊的宽度与柱高相等，柱廊后面有银行家的位置。上层的立柱比下层的短 1/4，因为下层的立柱就承重而言，应当比上层的更坚固，这在第一书已有叙述。[129] 他们在广场上朝阳的区域布置巴西利卡，我在这些广场的图纸中已经画出；巴西利卡的长宽比例为两个正方形 [quadro]，内部有一圈柱廊，柱廊宽度为内庭空间的 1/3。巴西利卡的柱高与柱廊宽度相等，可以采用人们喜欢的任何一种柱式 [ordine]。在朝南的区域我认为是元老院，长宽比例为 $1^1/_2$ 个正方形 [quadro]；其高度为长宽之和的一半，这就是（如前所述）元老们一起讨论国事的地方。[130]

A 中空的旋转楼梯，通向上层部分
B 进入广场柱廊的过道
C 巴西利卡旁边的柱廊和小庭院
D E 银行家，以及城中最有声望的行会专用的地方
F 秘书处，元老院意见存档处
G 监狱
H 广场柱廊的转角处 [voltar]
I 巴西利卡侧面的入口
K 巴西利卡侧面小庭院柱廊的转角处 [voltar]

以上部分做出了放大图，并用相同字母标注

之后是放大的立面图，展示了广场柱廊的一部分

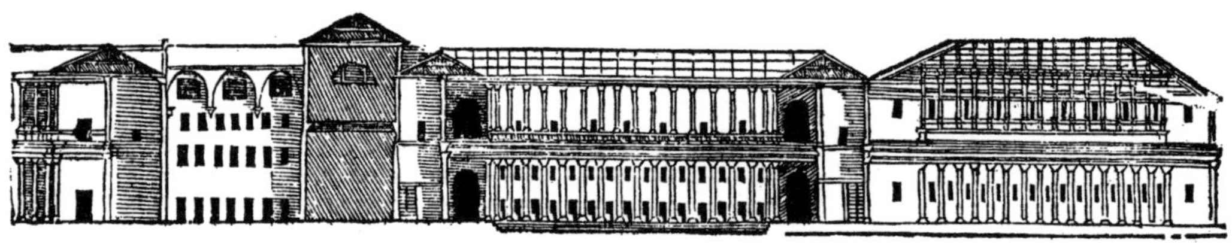

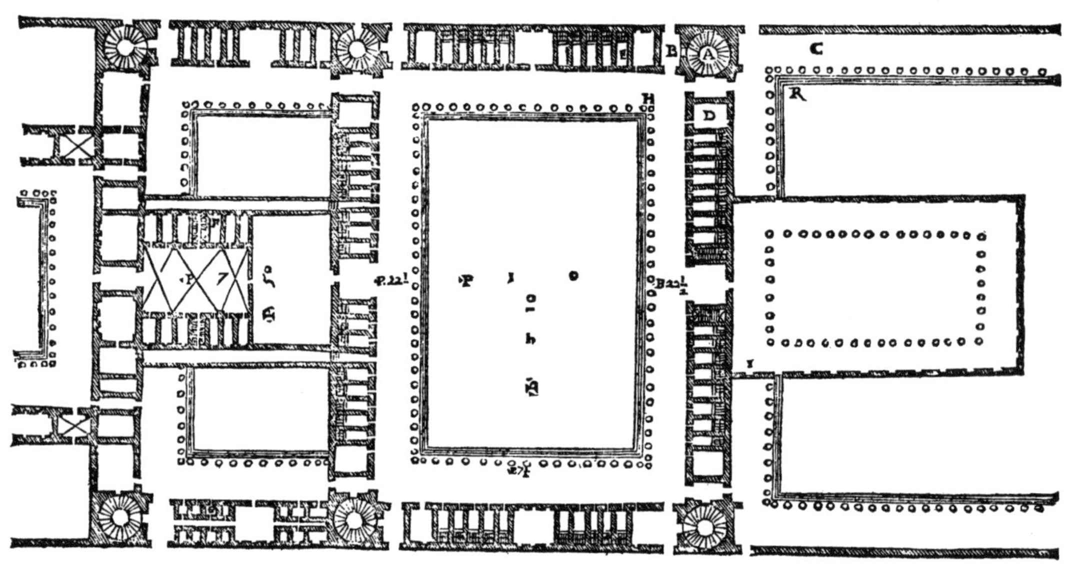

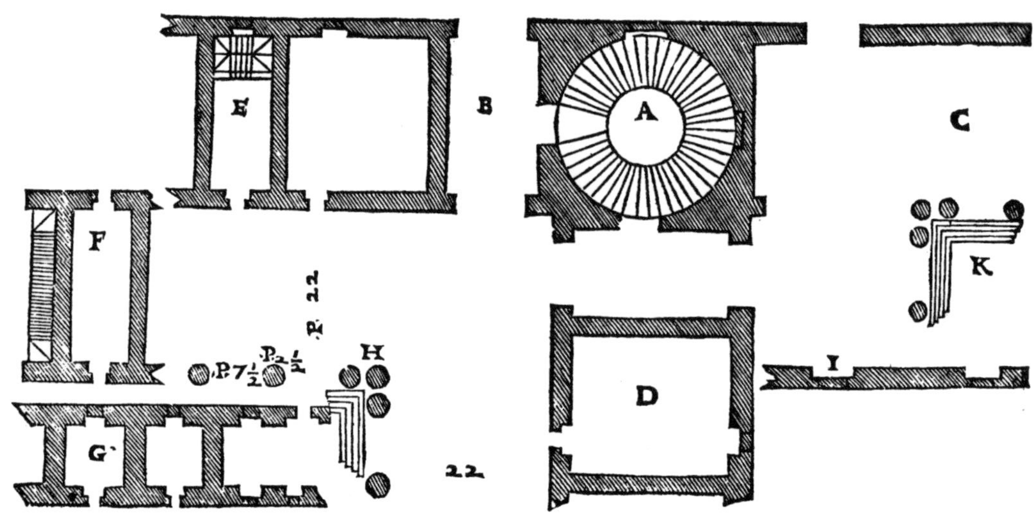

图 3–16　罗马的公共广场，剖立面、平面和局部平面放大图

图 3-17　主要广场的柱廊部分，剖立面

第19章　关于古代的巴西利卡

在古代，供法官主持正义，并时常举行重要活动的室内场所称作巴西利卡；据记载，护民官曾撤走保西亚巴西利卡（Basilica Porzia）挡在座位前的柱子，这是在罗马紧挨罗穆卢斯和瑞摩斯神庙的一座巴西利卡，现在是圣科斯玛·达米亚诺教堂，在古代是伸张正义的地方。[131] 在所有的古代巴西利卡中，埃米利乌斯·保卢斯巴西利卡最负盛名，被认为是城市之光；它位于萨杜恩神庙和福斯蒂娜神庙之间，为之恺撒大帝派出了 1500 个能工巧匠，相当于花了 90 万斯库多[132]的银币。[133] 如前所述，巴西利卡必须建在广场上，而这两座巴西利卡都位于罗马广场，朝向天空中最温暖的部分，这样商人和诉讼当事人可以来到这里，在这里舒适地打发时光，即使在冬天也可免遭风雪之苦。只要用地的自然条件没有差到必须修改布局尺寸的地步，巴西利卡的宽度应不小于长度的 1/3，亦不大于长度的 1/2。[134] 这种类型的古代建筑已无遗迹幸存；因此，根据维特鲁威在上述段落中给我们的教导，我做出了以下设计，在这个设计中，位于巴西利卡中央的空间，也就是立柱所围绕的空间，长宽比为 2 个正方形 [quadro]。两侧和入口处的柱廊宽度为中央部分宽度的 1/3。柱高与柱廊宽度相等，可采用任意柱式 [ordine]。[135] 我没有在入口对面设计柱廊，因为在我看来，一个弧度小于半圆的大型凹龛应该会十分令人满意；凹龛里应该是执政官或法官的席位，可以布置很多个，随台阶依次升高，愈发显得肃穆宏伟；当然我不否认，也可以在厅内四周布满柱廊，就像我在广场设计图纸中展示的巴西利卡一样。穿过柱廊到达凹龛两侧的楼梯，可以继续去往上层的柱廊。上层柱廊的柱高比下层柱高减 1/4；上下层立柱之间的支撑体或基座的高度应比上层立柱减 1/4，这样，在上层柱廊走动的人就不会被在巴西利卡活动的人看到。[136] 维特鲁威本人在法诺设计 [ordinare] 了一座带有额外房间 [compartimento] 的巴西利卡，从他所给的尺寸数据来看，这一定是座极其美丽高贵的建筑；最受尊敬的巴尔巴罗在他对于维特鲁威的解读中已经给出了精准的图示[137]，否则我在这里是一定要给出这一图纸的。

下面给出的图纸，第一幅是平面图，第二幅是立面图 [alzato] 的局部。

平面图的元素包括：
A　巴西利卡的入口
B　正对入口的法官席 [tribunale]
C　周围的柱廊
D　通向上层的楼梯
E　辩护席

立面图 [alzato] 的元素包括：
F　正对入口的法官席区域的剖面 [profilo]
G　下层柱廊的立柱
H　高度比上层柱廊柱高减去 1/4 的基座部分
I　上层柱廊的立柱

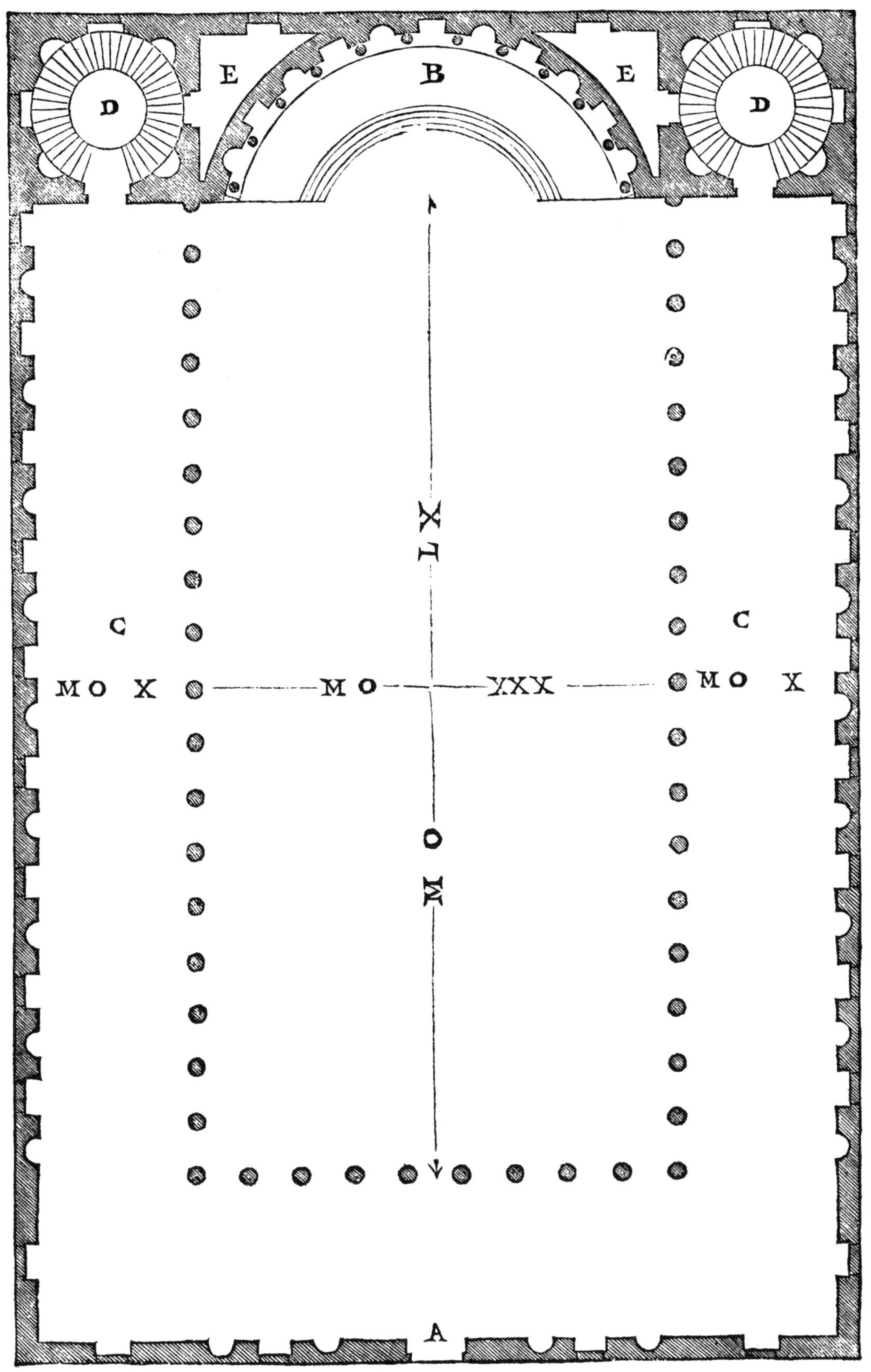

图 3-18　古代巴西利卡的平面

图 3-19　古代巴西利卡的法官席，以及双层柱廊的局部，剖立面

第20章 关于当代的巴西利卡，以及维琴察的一个设计案例

正如古代建造巴西利卡供人们在冬夏两季集会，处理诉讼和事务一样，我们现在在意大利和别的地方修建的市政厅也可以称为巴西利卡，因为里面有大法官的席位，满足巴西利卡的功能要求[138]；而且根据术语定义，巴西利卡是“皇家场所”的意思；还有，这里也正是法官为公众伸张正义的场所。当代和古代巴西利卡的区别在于：古代巴西利卡位于地面层，或许我们可以说是“脚踏实地”[à pie piano]，而当代的则建在我们为城市各种贸易和活动所设计[ordinare]的商店拱顶之上；对公众生活至关重要的监狱和其他场所也放在里面。此外，我们在前面的图纸中已经看到，古代巴西利卡的内部有柱廊，而我们现在的则要么没有柱廊，要么柱廊位于广场以外。在帕多瓦这座以古迹和大学而闻名于世的城市，就有这样一座现代殿堂的典范，供绅士们每天在这里聚集；对他们而言，这就像一座有屋顶的广场。另一座这样的建筑不久前刚刚在富有活力的城市布雷西亚[139]落成，规模和装饰均很出众。[140]而在维琴察也有一座[141]；我只收录了这座的图纸，因为它周围的柱廊由我设计，而且我深信，不管是就规模或装饰而言，抑或是就材料而言，这座巴西利卡堪比古代杰作，完全可以跻身于古往今来最伟大最美的建筑之列[142]；该建筑完全采用最坚硬的细纹石材[pietra viva][143]；所有石头经过仔细的榫接和压实。图中在相应位置标出了各个部分，就没有必要再一一给出尺寸了。

第一幅木刻图是平面图和立面图，以及部分壁柱的放大平面图。
第二幅是放大后的部分立面图。

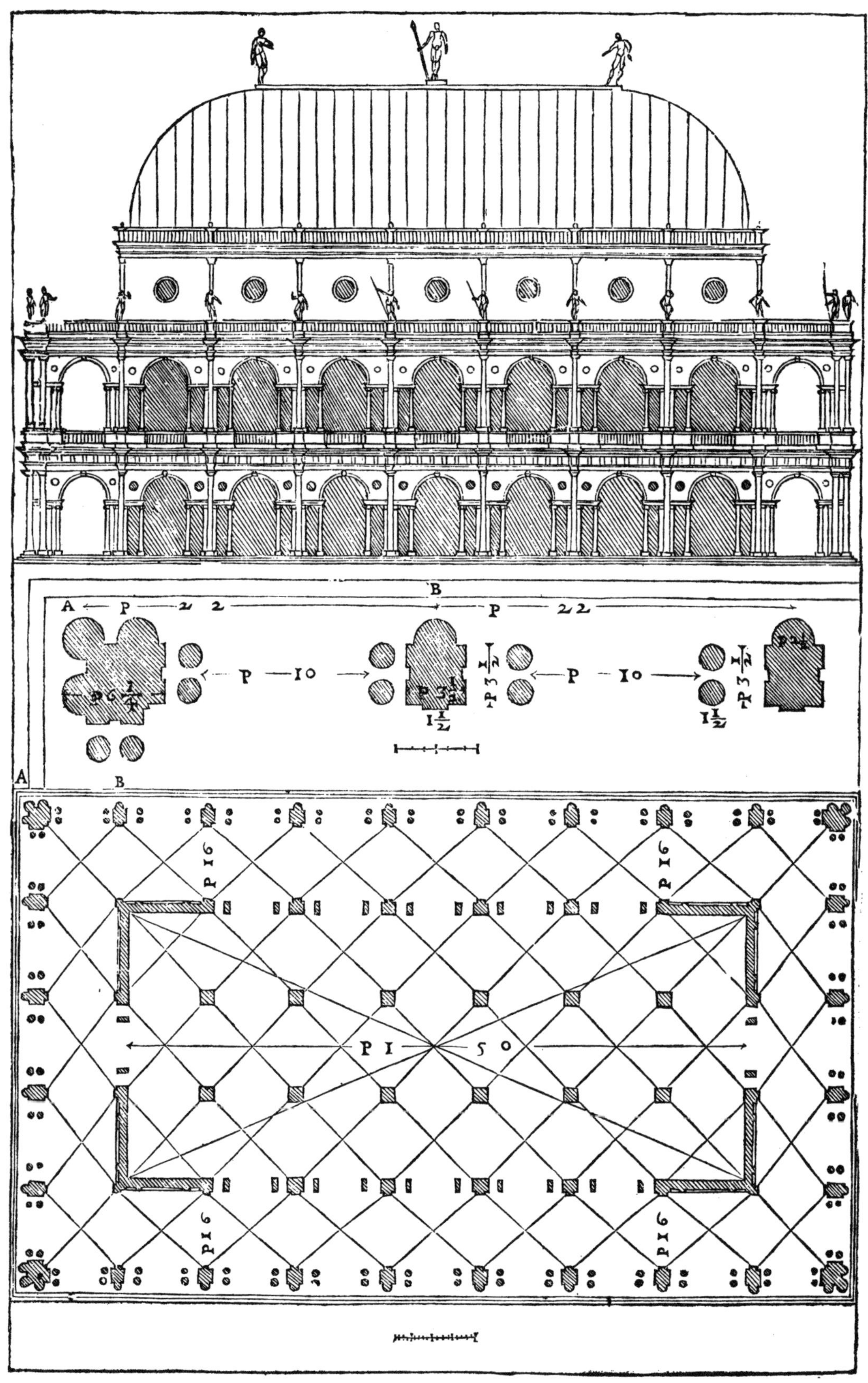

图 3-20　维琴察的巴西利卡，立面图，首层平面以及柱廊部分的平面放大图

图 3-21　维琴察的巴西利卡，柱廊尽间的局部立面图

第21章　关于古希腊的体育场[palestra]和运动场[xisto]

谈过了道路、桥梁和广场，就该谈谈古希腊人为体育运动而修造的建筑了；在古希腊共和制时期，很可能每座城市都有一座这样的建筑，年轻人在里面一边学习科学，一边接受身体训练以备军队的需要，比如执行命令、投掷长矛、摔跤、操作武器、负重游泳等等，以应对战争中所有可能出现的考验和磨难；这样即使在人数上处于劣势，也能凭借过人的勇敢和严格的军事训练战胜敌人。罗马人延续这一传统，建造了战神广场，使年轻人普遍地接受军事训练，创造出了杰出的成绩和胜利。[144] 恺撒在他的《高卢战记》里写道，当内尔维（Nervi）的军队突然来袭时，他发现第七和第十二军团被团团包围以致无法迎战，就下令士兵分散排开、并肩站好，这样每个人都有空间来运用手中的武器，也不会被敌军包围；士兵们立即执行之后，不但为恺撒大帝带来了胜利，也为他们自己赢得了骁勇善战和纪律严明的永世英名。[145] 因此在两军交战，极度危险和混乱之时，他们仍能努力实现那些对我们现在的很多人而言仍然极其困难的事情，即使是在敌军兵临城下，而且拥有天时地利的情况下。差不多整个希腊和拉丁的历史都写满了这些辉煌的胜利，其原因无疑就在于对年轻人持之以恒的训练。古希腊人修建的场所（根据维特鲁威在第五书第 11 章中的记载）[146] 从这些运动中得名，称为体育场和带顶的运动场。其布局如下：首先，设计一个周长为 2 斯塔季奥 [stadio]，也就是 250 帕索 [passi] 的方形广场；其中三面修建单层柱廊，在柱廊后面是哲学家之类的文化人交谈和争论的大厅；在朝南的第四面则修建双重柱廊，这样在冬天被大风裹挟着的暴雨就不会洒入柱廊深处，而在夏天也能够尽可能距离烈日远一些。在这个柱廊的中部是一个巨型大厅，长宽比为 $1\frac{1}{2}$ 个正方形，是青少年受教育的地方；在这个大厅的右边是青年女子受教育的地方，再往后是一个供运动员搽粉的区域；再往后则是洗冷水浴的地方，今天我们称之为冷水浴场，位于柱廊的转角处。在青少年大厅的左边有一个房间，供人们涂油以强健体魄；旁边是一个用于更衣的常温室；往后是一个可以生火的中温室，再往后是高温室；这个房间的一侧是发汗室 [laconico]（这是人们发汗的地方），另一侧是洗热水浴的地方；因为这些敏感的人们不希望突然从常温室进入高温室，而是要以中温室作为过渡，仿佛自然界中由冷到热的变化方式。在这些房间之外有三个柱廊；一个朝东或朝西，位于入口一侧；另两个，一个在入口的右边，一个在左边；也就是一个朝北，一个朝南。朝北的为双重，宽度与柱高相等。朝南的柱廊为单重，但是比前面几条都要宽，并作如下分隔：在立柱和墙之间留有一个 10 尺宽的空间，也就是维特鲁威所说的空隙 [margin]；然后下两级台阶到达一块平地，每层台阶宽 6 尺，平地的宽度不小于 12 尺，冬天运动员可以在这里的遮蔽下训练，而不会受到柱廊下面站着的观众的影响；而且因为运动员所在的区域略低，观众们能够看得更清楚。这一柱廊准确的名称是带顶的运动场。带顶的运动场建成后，要在两层柱廊中间做小树林和种植园，树中间的道路也用马赛克铺就。紧挨带顶的运动场和双层柱廊，还设计了供人们步行进入的无顶区域，古希腊人称之为帕刺德罗弥得斯 [peridromides]，如果天气条件允许，运动员冬天也可以在这里练习。体育场就在这一建筑旁边，供人们舒服地观看运动员比赛。罗马皇帝们在修建浴池供人们放松和享受时，以这类建筑作为模板，因为浴池是人们享受和洗浴的场所；如果上帝允许的话，我将在接下来的书中讨论浴池的建造。[147]

A 年轻男人训练的地方
B 年轻女人训练的地方
C 运动员搽粉的地方
D 冷水浴室
E 运动员涂油的地方
F 常温室
G 中温室，人们通过这里进入烘烤室
H 高温室，称为带拱顶的发汗室
I 发汗室 [laconico]
K 热水浴室
L 入口前的外廊
M 朝北的外廊
N 朝南的外廊，供运动员冬季训练，称为带顶的运动场
O 柱廊之间的小树林
P 供步行进入的无顶区域，称为帕刺德罗弥得斯 [peridromides]
Q 观众观看运动员比赛的体育场
+ 东
O 南
P 西
∵ 北

图纸中的其余部分为带有座位的谈话间 [exedras] 和学校。

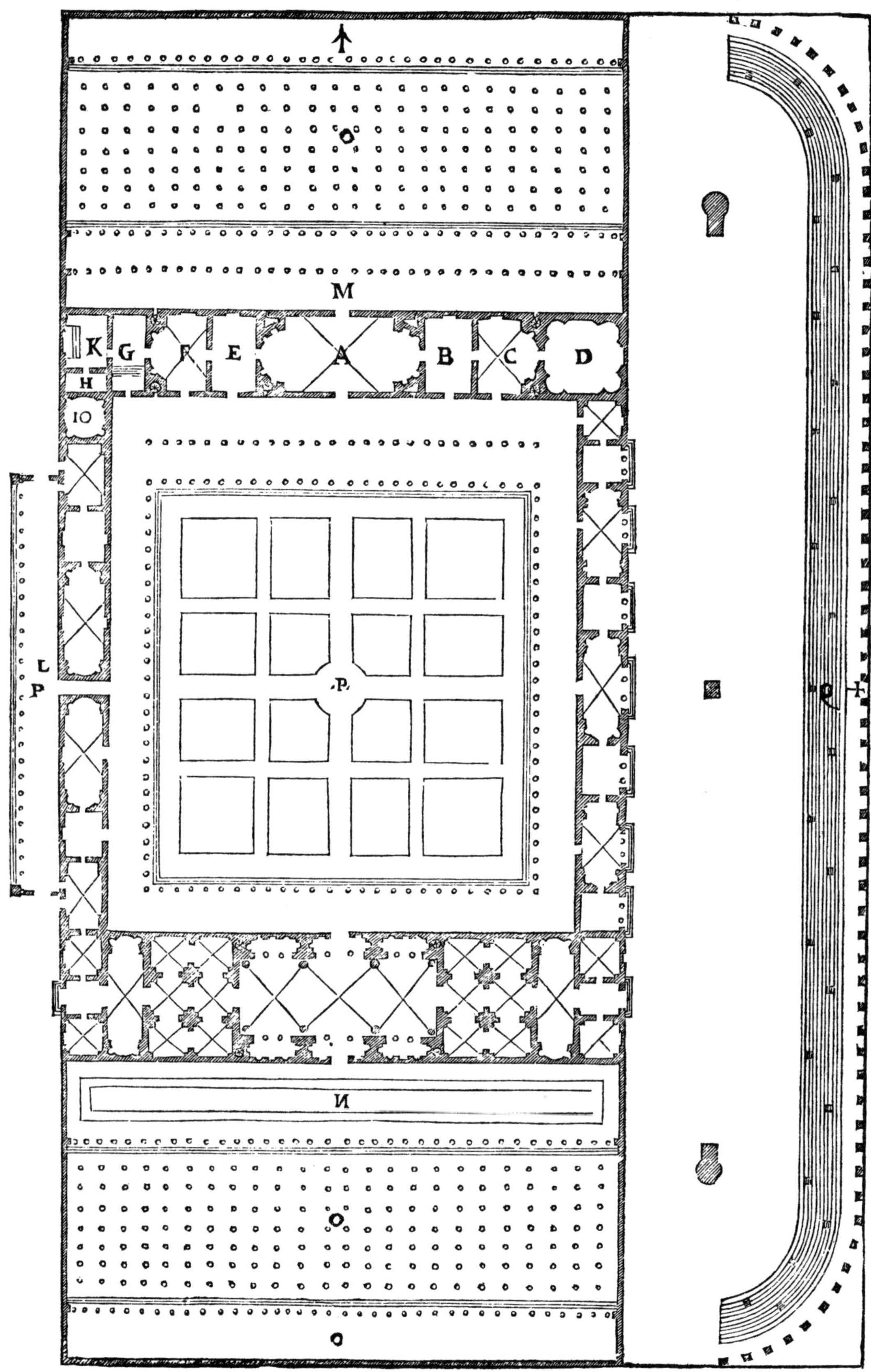

图 3-22　希腊的体育场和带顶的运动场，平面图

安德烈亚·帕拉第奥　关于建筑的第三书完

第三书译注

1 帕拉第奥将第三书和第四书献给萨伏依公爵伊曼纽尔·菲利贝托。关于他们之间的来往，参见威特科尔 1977 年，118 页。参见帕拉第奥 2002 年，注 1。
2 即将书敬献给公爵这一行动。参见帕拉第奥 2002 年，注 2。
3 帕拉第奥父子在 1556 年曾是萨伏依公爵伊曼纽尔·菲利贝托的座上宾：参见马格里尼 1869 年，75 页；普皮 1973 年 a，380 页。参见帕拉第奥 2002 年，注 3。
4 即帕拉第奥“卑微的成绩”和“微薄的礼物”。参见帕拉第奥 2002 年，注 4。
5 还可参见帕拉第奥第一书献辞。参见帕拉第奥 2002 年，注 5。
6 文丘里，1928 年。参见帕拉第奥 2002 年，注 6。
7 “Con la solita serena sua fronte”：字面意思是“像您过去一样给予肯定。”参见帕拉第奥 2002 年，注 7。
8 这些书没有出版，参见第一书前言。参见帕拉第奥 2002 年，注 8。
9 “Ericordato tutti quelli pi ù necessarii avertimenti，che in loro si devono havere”；本句很难翻译，因为很难说建筑拥有或包含法则。我们只希望至少能传达出部分意思。参见帕拉第奥 2002 年，注 9。
10 字面意思是“一点点表述。”参见帕拉第奥 2002 年，注 10。
11 字面意思是“在一小幅图纸上。”参见帕拉第奥 2002 年，注 11。
12 参见第一书前言。参见帕拉第奥 2002 年，注 12。
13 参见维特鲁威《建筑十书》5.1。参见帕拉第奥 2002 年，注 13。
14 参见维特鲁威《建筑十书》5.2。参见帕拉第奥 2002 年，注 14。
15 本章根据阿尔伯蒂 1988 年，105–107 页（4.5）。参见帕拉第奥 2002 年，注 15。
16 根据阿尔伯蒂 1988 年，105–107 页（4.5）。参见帕拉第奥 2002 年，注 16。
17 在阿尔伯蒂的书中并未找到这一段；但可以参见普林尼 帕内 *gyricus* 29；Dio Cassius 68.7；Galen *Mat. med.* 8;《拉丁铭文集成》（*Corpus Inscriptionum Latinarum*）X，6833–5、6839、6853 页。关于阿庇亚大道，还可参见第三书，9 页下部。参见帕拉第奥 2002 年，注 17。
18 阿尔伯蒂并没有表达过这种感觉。参见帕拉第奥 2002 年，注 18。
19 参见第二书，62 页上部。参见帕拉第奥 2002 年，注 19。
20 参见菲拉雷特 1972 年，166 页；阿尔伯蒂 1988 年，106–107 页（4.5）。参见帕拉第奥 2002 年，注 20。
21 “La testa”：字面意思是“头”，参见帕拉第奥 2002 年，注 21。
22 参见卡塔尼奥 // 论文集，1985，202 页。参见帕拉第奥 2002 年，注 22。
23 参见卡塔尼奥 // 论文集，1985，202 页。参见帕拉第奥 2002 年，注 23。
24 塔西佗《编年史》（Annales）15.43；参见阿尔伯蒂 1988 年，106 页（4.5）；卡塔尼奥 // 论文集 ,1985，200–203 页。参见帕拉第奥 2002 年，注 24。
25 卡塔尼奥 // 论文集 ,1985，202 页。参见帕拉第奥 2002 年，注 25。
26 参见卡塔尼奥 // 论文集 ,1985，188–189 页和 202 页。参见帕拉第奥 2002 年，注 26。
27 莱斯沃斯（Lesbos/Lesvos/Nisos），今爱琴海中的岛屿，属希腊莱斯沃斯州，是爱琴海早期居民点之一。
28 米蒂利尼（Mytilene），今希腊莱斯沃斯岛上的城镇名，公元前 7 世纪为该岛政治经济中心，在罗马统治下为自由城，公元 1462 ~ 1912 年由土耳其统治，此后加入希腊王国，为东正教大主教驻地。
29 维特鲁威《建筑十书》1.6。参见帕拉第奥 2002 年，注 27。
30 马库斯·埃米利乌斯·李必达（Marcus Aemilius Lepidus，?—前 13 年），罗马共和国末期统帅，凯撒派领袖之一，公元前 46 年与凯撒同为执政官。
31 李维 41.27。参见帕拉第奥 2002 年，注 28。
32 第三书，9 页下部。参见帕拉第奥 2002 年，注 29。
33 菲拉雷特 1971 年，168 页；阿尔伯蒂 1988 年，262 页（8.6）。参见帕拉第奥 2002 年，注 30。
34 Mattoni 即意大利语的“砖”，mattoni 和 quadrelli，参见本书的术语表。
35 菲拉雷特 1971 年，168 页。参见帕拉第奥 2002 年，注 31。

36 弗拉米尼乌斯（Gaius Flaminius，？—前 217 年），古罗马政治家和统帅，前 232 年任保民官，前 223 年为执政官。公元前 220 年任执政官时，修建弗拉米尼大道 (Flaminian Way)，从罗马通往意大利北部，于公元前 217 年当选为领袖。

37 翁布里亚（Umbria），意大利中部一内陆山区，首府为佩鲁贾。

38 里米尼（Rimini），位于意大利北部的艾米利亚—罗马涅大区，在亚得里亚海北岸。

39 参见普皮 1988 年对帕拉第奥的描述，13 页。参见帕拉第奥 2002 年，注 32。

40 斯特拉博（Strabo）5.1.2。参见帕拉第奥 2002 年，注 33。

41 斯塔提乌斯《诗草集》（Statius *Silvae*）2.2，12；普皮 1988 年对帕拉第奥的描述，13 页。参见帕拉第奥 2002 年，注 34。

42 普鲁塔克《恺撒》（*Caes.*）5.9。参见帕拉第奥 2002 年，注 35。

43 第三书，7 页上部。参见帕拉第奥 2002 年，注 36。

44 奥勒利乌斯（Marcus Aurelius，121—180 年），161—180 年为罗马皇帝。

45 圣潘克拉奇奥门（Porta S. Pancrazio），该门遗址位于今圣潘克拉奇奥教堂（S. Pancrazio）。

46 阿尔伯蒂 1988 年，105-107 页（4.5）。参见帕拉第奥 2002 年，注 37。

47 参见阿尔伯蒂 1988 年，69 页（3.6）；和第一书，12 页上部关于 squadra di piombo 的描述。参见帕拉第奥 2002 年，注 38。

48 普皮 1988 年对帕拉第奥的描述，13 页。；根据普鲁塔克《C·格拉古》（C. *Gracchus*）7；阿庇安《内战记》（Appian *Bellum civile*）1.23。参见帕拉第奥 2002 年，注 39。

49 弗留利（Friuli），意大利东北端一地区。

50 关于帕拉第奥的桥梁，参见布歇 1994 年，205-229 页。参见帕拉第奥 2002 年，注 40。

51 帕拉第奥再次对应了维特鲁威所说的三点，即 firmitas、utilitas、venustas，或按不同顺序用意大利语所表述的 commodi，belli e durabili。本章根据阿尔伯蒂 1988 年，107 页及其后（4.6）。参见帕拉第奥 2002 年，注 41。

52 河水将城市分为两半，巴比伦女王妮托克莱（Nitocre the Queen of Babylon）所建之桥将两部分连接起来。

53 Herodotus 1.186；Diodorus Siculus 2.8.2；参见阿尔伯蒂 1988 年，109 页（4.6）。参见帕拉第奥 2002 年，注 42。

54 赫拉克勒斯成功夺取革律翁的红牛，完成国王交给的任务，在归途中经过台伯河（Tiber）。

55 安库斯王（公元前 640—616 年），罗马第四任国王。

56 李维 1.33。参见帕拉第奥 2002 年，注 43。

57 沃尔西语，意大利语的一支。

58 赛韦尔斯 8.646。参见帕拉第奥 2002 年，注 44。

59 安东尼・庇护（公元 86 年 -161 年），公元 138 至 161 年间任罗马皇帝。

60 帕拉第奥实际上是想说 Emilio 桥：这一错误在第三书，22 页再次出现。参见帕拉第奥 2002 年，注 45。

61 恺撒《高卢战记》（*Bell. gall.*）4.17；参见 Dio Cassius 39.48。参见帕拉第奥 2002 年，注 46。

62 参见科西莫·巴托里在 1550 年给出的图纸，阿尔伯蒂 1988 年，108 页，以及巴托里 1565 年威尼斯版，114 页。参见帕拉第奥 2002 年，注 47。

63 参见普皮 1973 年 b，180-181 页。参见帕拉第奥 2002 年，注 48。

64 巴基廖内河（Bacchiglione），意大利东北部布伦塔河（Brenta）的支流。

65 佐尔齐 1966 年，202-207 页；普皮 1973 年 a，327-328 页。参见帕拉第奥 2002 年，注 49。

66 恺撒《高卢战记》（*Bell. gall.*）4.17；参见阿尔伯蒂 1988 年，108-109 页（4.6）。参见帕拉第奥 2002 年，注 50。

67 关于安加拉诺，参见第一书献辞。参见帕拉第奥 2002 年，注 51。

68 “Sotto una istessa linea”：很可能不是“低于”而是“依据”、“等同”的意思，否则“istessa”的意思就无法解释。普皮 1973 年 a，287 页。参见帕拉第奥 2002 年，注 52。

69 类似于中国古代建筑中的“望柱”。

70 这里我们将 braccia 翻译成斜撑（strut）；就结构而言，这类横梁及可以是斜撑（受压），也可以是连杆（受拉）。参见帕拉第奥 2002 年，注 53。

71 关于这里采用的结构体系，参见德·富斯科 1968 年，596–598 页。参见帕拉第奥 2002 年，注 54。

72 帕内 1961 年，305–306 页；佐尔齐 1966 年，215 页。参见帕拉第奥 2002 年，注 55。

73 即弓形

74 一位帕拉第奥很可能在威尼斯遇到的能工巧匠：切雷蒂 1904 年，127–129 页。参见帕拉第奥 2002 年，注 56。

75 佐尔齐 1966 年，215–216 页。参见帕拉第奥 2002 年，注 57。

76 佐尔齐 1966 年，216 页。参见帕拉第奥 2002 年，注 58。

77 普皮 1973 年 a，389–390 页。参见帕拉第奥 2002 年，注 59。

78 克劳尼莫斯，雅典将军，公元前 424 年因在一场战役中临阵脱逃，被当作懦夫。

79 李维（Titus Livius，公元前 59 年 ~ 公元 17 年），古罗马著名历史学家，著有罗马史书《建城以来史》（意大利文：Ab urbe condita libri）。该书共 142 卷，十卷为一部，但目前仅存 35 卷，即卷 1~10（第一部）及卷 21~45（三、四部以及第五部的前半），其中“前言”和“卷 1”有中译本，上海人民出版社 2005 年出版。本文所指的部分，《建筑四书》原文作 prima Deca，英译本作 first *decados*，应指《建城以来史》的“第一个 10 卷”，即“第一部”。

80 李维 10.2.6。参见帕拉第奥 2002 年，注 60。

81 modillions [modiglione]，在描述柱式时一般翻译为“檐口托饰”，这里指柱与梁之间为增大跨度而设置的托梁，没有装饰作用，故译为“檐托”。

82 图注 F，在原图中漏标了。

83 本章根据阿尔伯蒂 1988 年，109–112 页（4.6）。参见帕拉第奥 2002 年，注 61。

84 参见阿尔伯蒂 1988 年，110–111 页（4.6）。参见帕拉第奥 2002 年，注 62。

85 第一书，10 页上部。参见帕拉第奥 2002 年，注 63。

86 参见第一书，10 页上部。参见帕拉第奥 2002 年，注 64。

87 桥墩尺寸与阿尔伯蒂所述不同：参见阿尔伯蒂 1988 年，11 页（4.6）和 262 页（8.6）。参见帕拉第奥 2002 年，注 65。

88 即没有侧推力。

89 参见第三书，8.9 页上部；以及阿尔伯蒂 1988 年，112 页（4.6）。参见帕拉第奥 2002 年，注 66。

90 还可参见阿尔伯蒂 1988 年，262 页（8.6）和 346 页（10.10）；塞利奥 1566 年，第三书，对开本第 90 页右页。参见帕拉第奥 2002 年，注 67。

91 雅努斯（Janus），罗马神话中的门神，辖大小门户及过道，其形象是两面人，一面看着过去，一面看着未来。

92 塞利奥 1566 年，III，对开本第 90 页右页。参见帕拉第奥 2002 年，注 68。

93 Termine 意大利语，意为界限，这里可能指门户。

94 和西斯托桥一样，被塞利奥误认，1566 年，第三书，对开本第 89 页左页。参见帕拉第奥 2002 年，注 69。

95 在 *Mirabilia urbis Romae* 中，苏布利休斯桥常常与 Emilio 桥混淆 . 参见第三书，11 页上部。参见帕拉第奥 2002 年，注 70。

96 苏拉（Sulla Felix, Lucius Cornelius，前 138—前 78），古罗马政治家、军事家，公元前 94 年任市政官，翌年任大法官，期满后出任奇里乞亚总督，公元前 88 年当选为执政官。

97 塞利奥 1566 年，第三书，对开本第 89 页左页。参见帕拉第奥 2002 年，注 71。

98 参见 Suetonius *Cal.* 19；Josephus *Ant. Iud.* 19.1.1；Dio Cassius 49.17。参见帕拉第奥 2002 年，注 72。

99 原文为拉丁文，意思可能是：神灵眷顾的奥古斯都是真正的王，罗马人的德行驯服在束缚之下，看，多瑙河，我已经等不及了。

100 这里 modeno 应指拱缘饰带，即拱缘本身，厚 2.5 尺，恰好是中间 3 个桥拱直径的 1/10。参见术语表。参见帕拉第奥 2002 年，注 73。

101 关于雷托尼河上桥梁，参见第三书，30 页下部。参见帕拉第奥 2002 年，注 74。
102 这里 modeno 仍然应该指拱缘的饰带，即拱圈本身。参见术语表。参见帕拉第奥 2002 年，注 75。
103 佐尔齐 1966 年，223–263 页；普皮 1973 年 a，299–302 页；伯恩斯 1973 年 a，153–154 页；伯恩斯等 1975 年，124–128 页。参见帕拉第奥 2002 年，注 76。
104 参见第三书，21 页上部；以及阿尔伯蒂 1988 年，262 页（8.6）。参见帕拉第奥 2002 年，注 77。
105 字面意思是“在桥两宽幅中央。”参见帕拉第奥 2002 年，注 78。
106 帕拉第奥也许是指他本人在 Torri di Quartesolo（维琴察）的 Tessina 上设计的桥梁，尽管 180 尺宽似乎表明是一条更大的河流，比如勃伦塔河：佐尔齐 1966 年，189–192 页；普皮 1973 年 a，257–258 页和 326–327 页。参见帕拉第奥 2002 年，注 79。
107 这里措辞不够严密，意思可能是指桥墩呈锥形，越往底部越厚，或者是桥墩比一般情况下向外伸出更多，超出了桥宽。参见帕拉第奥 2002 年，注 80。
108 第三书，21–22 页上部。参见帕拉第奥 2002 年，注 81。
109 在描写古罗马的广场和建筑时，帕拉第奥受到维特鲁威《建筑十书》5 的影响。参见菲拉雷特 1972 年，166 页；卡塔尼奥 // 论文集 ,1985，199 页及其后；阿尔伯蒂 1988 年，263 页及其后（8.6）。参见帕拉第奥 2002 年，注 82。
110 参见维特鲁威《建筑十书》5.1.2；以及巴尔巴罗注释 1987 年，207–209 页。参见帕拉第奥 2002 年，注 83。
111 参见维特鲁威《建筑十书》1.7；阿尔伯蒂 1988 年，115 页（4.8）；卡塔尼奥 // 论文集 ,1985，202 页。参见帕拉第奥 2002 年，注 84。
112 阿尔伯蒂 1988 年，265 页（8.6）；以及巴尔巴罗注释 1987 年，207–209 页。参见帕拉第奥 2002 年，注 85。
113 执政团（signoria），中世纪晚期意大利城邦的政权形式，由于各派之间的斗争引起公社政权崩溃而产生，统治权由一贵族执政人执掌。
114 参见阿尔伯蒂 1988 年，120 及其后（5.2 以及 3）；卡塔尼奥 // 论文集 ,1985，203 页。参见帕拉第奥 2002 年，注 86。
115 参见卡塔尼奥 // 论文集 ,1985，203 页；巴尔巴罗注释 1987 年，207–209 页。参见帕拉第奥 2002 年，注 87。
116 关于监狱，参见阿尔伯蒂 1988 年，139–140 页（5.13）；菲拉雷特 1972 年，275 页及其后；巴尔巴罗注释 1987 年，220–222 页。参见帕拉第奥 2002 年，注 88。
117 参见维特鲁威《建筑十书》5.2.1.2；巴尔巴罗注释 1987 年，220–222 页；阿尔伯蒂 1988 年，283–284 页（8.9）。参见帕拉第奥 2002 年，注 89。
118 第三书，38 页下部及其后。参见帕拉第奥 2002 年，注 90。
119 维特鲁威《建筑十书》5.1.1；巴尔巴罗注释 1987 年，207–209 页；参见阿尔伯蒂 1988 年，230 页及其后（7.14）。参见帕拉第奥 2002 年，注 91。
120 维特鲁威《建筑十书》5.1.3。参见帕拉第奥 2002 年，注 92。
121 “Devozione”：虔诚之心，很可能是因为帕拉第奥认为广场既可作宗教活动之用，也可举办世俗活动。参见帕拉第奥 2002 年，注 93。
122 参见第三书，31 页上部。参见帕拉第奥 2002 年，注 94。
123 维特鲁威《建筑十书》1.7.1。参见帕拉第奥 2002 年，注 95。
124 伊斯特里亚半岛（Istria），又译伊斯特拉半岛，位于意大利的东北方向，南临地中海，今属克罗地亚。
125 参见第四书，107 对开页下部。参见帕拉第奥 2002 年，注 96。
126 字面意思是“平面图后面的 [dietro] 立面图”；意思就是在 33 页平面图之后的 34 页。参见帕拉第奥 2002 年，注 97。
127 维特鲁威《建筑十书》5.1.1–2；巴尔巴罗注释 1987 年，207–219 页；阿尔伯蒂 1988 年，263 页及其后（8.6）。参见帕拉第奥 2002 年，注 98。
128 我们不确定这里奖品 [doni] 是什么意思，或者为什么颁奖会影响广场的布局，有可能帕拉第奥所说的是赌注。因此或许也可以翻译成："在人们对场内的角斗士下注时。"参见帕拉第奥 2002 年，注 99。

129 第一书，15 页上部；根据维特鲁威《建筑十书》5.1.3。参见帕拉第奥 2002 年，注 100。

130 关于元老院，参见第三书，31 页上部。参见帕拉第奥 2002 年，注 101。

131 普鲁塔克 *Cat. Min.* 5.I；阿尔伯蒂 1988 年，230 页及其后（7.14）。参见帕拉第奥 2002 年，注 102。

132 斯库多（scudo），19 世纪以前的意大利银币单位。

133 普鲁塔克 *Caes.* 39.3，根据巴尔巴罗注释 1987 年，211–215 页引述。参见帕拉第奥 2002 年，注 103。

134 阿尔伯蒂 1988 年，232 页（7.14）提出了 1∶2 的比例。参见帕拉第奥 2002 年，注 104。

135 维特鲁威《建筑十书》5.1.5；阿尔伯蒂 1988 年，234–236 页（7.14）。参见帕拉第奥 2002 年，注 105。

136 维特鲁威《建筑十书》5.1.5。参见帕拉第奥 2002 年，注 106。

137 维特鲁威《建筑十书》5.1.6；巴尔巴罗注释 1987 年，216 页及其后。参见帕拉第奥 2002 年，注 107。

138 字面意思是"因此它们 [市政厅] 可以归为这一类 [巴西利卡]。"参见帕拉第奥 2002 年，注 108。

139 布雷西亚（Brescia），意大利北部城市，位于伦巴第地区，是该区仅次于首府米兰的第二大城市。

140 切韦塞 1964 年，338–339 页；佐尔齐 1965 年，90–109 页；普皮 1973 年 a，286、347–348、409–411 页；伯恩斯等 1975 年，239–241 页；普皮 1986 年，189–190、252–253 页；赫塞尔 1988 年；赫塞尔 1992–1993 年；卢波 1991 年。参见帕拉第奥 2002 年，注 109。

141 巴尔别里 1968 年；伯恩斯等 1975 年，27–31 页；普皮 1986 年，109 页及其后；布歇 1994 年，107–125 页。参见帕拉第奥 2002 年，注 110。

142 字面意思是"由古人和后人建造的。"参见帕拉第奥 2002 年，注 111。

143 石材来自皮奥韦内（Piovene）。参见帕拉第奥 2002 年，注 112。

144 帕拉第奥的原话是"vittorie delle giornate，"如果翻成今天的英文却没有什么意义：他是说古代人像绅士一样进行搏斗，并且只在白天而不是晚上杀死对方，这和今天是一样的。参见帕拉第奥 2002 年，注 113。

145 凯撒《高卢战记》（*Bell. gall.*）2.25。参见帕拉第奥 2002 年，注 114。

146 维特鲁威《建筑十书》5.11：巴尔巴罗注释 1987 年，265–267 页；阿尔伯蒂 1988 年，128 页及其后（5.8）。参见帕拉第奥 2002 年，注 115。

147 参见巴尔巴罗注释 1987 年，265–267 页。帕拉第奥的关于浴室建筑的书直到 1730 年才由伯灵顿伯爵在伦敦出版；参见第一书，英译本注 25。参见帕拉第奥 2002 年，注 116。

美德 王后
建筑之第四书
安德烈亚·帕拉第奥
本书描述了在罗马，意大利其他地方
以及意大利以外地区的古代神庙，
并给出图纸
威尼斯
多米尼哥·迪·弗兰切斯基
1570

关于建筑的第四书

安德烈亚·帕拉第奥

——致读者的前言

如果说建筑是需要花费心力、精心测量和布局的，那么毫无疑问，神庙的建造就更是如此。我们只有竭尽所能，才能表达对万物的缔造者和给予者上帝、宇宙的主宰 [O.M.][1] 的仰慕和称颂，并对惠赐给我们的无尽关爱表示感激。因此，如果在盖自己的住宅时都要煞费苦心地寻找最杰出最能干的建筑师和能工巧匠，在修建教堂时，就必然要付出更多的努力；在盖自家房屋时，主要考虑的是方便 [commodit à]，在修建教堂时，则首先要考虑上帝的威严和无上光辉，代表着至善至美，是万民敬仰和祷告的对象；任何献给上帝的东西力求完美都是理所应当的。[2] 的确，如果我们想想世界是多么神奇的创造 [machina]，充满了多么了不起的点缀，天地万物如何根据大自然的需要变幻万千四时更替，以及时空如何富有节奏地和谐运转，我们就会深信，既然这些小小的神庙，应当尽力去模仿上帝用无尽的慷慨，无言地引领的这个巨大空间[3]，我们就必须用上全部可能的装饰，并采用完美的比例，让各个部分加在一起为观者带来美妙的和谐感受，并保证每个教堂都要恰当地满足其建造初衷。[4] 相应地，尽管教堂的修建者，带着最虔诚的心在过去和现在为万能的上帝修建教堂和神庙，应当受到赞许，但是如果他们没能百分之百地运用人类智慧建造出杰出高贵的作品，就还是难逃批评。由于古希腊和古罗马的建筑师在为诸神修建神庙时，付出了全部的心力，创作出点缀着最富丽堂皇的装饰[5]，拥有着最为适合供奉之神的完美比例的顶级作品，因此我在本书中将给出很多遗迹尚存的古代神庙的形式和装饰，这样大家就能了解建造教堂时形式和装饰该是怎样。尽管有些我们只能见到地面上露出部分的一部分，我还是推断了它们落成时的样子，并将可以观察到的地基也考虑在内。维特鲁威在这方面惠我良多，因为，通过比较我的观察和他的记述，对我而言了解这些神庙的外表和形式变得没那么困难。但是，就装饰而言，即柱础、立柱、柱头、檐口等等，我没有妄加揣测，而是根据神庙遗址残留的片断精心测量后得出结果。我也深信本书的读者如果认真研究图纸，一定能够理解维特鲁威著作中通常让人感到困难的部分，从而得以欣赏神庙的魅力与形式比例的精妙之处，从中提取出不少高贵和多样的设计[6]；同时，在合适的时间和地点加以应用，就能在自己的设计中既不放弃这一艺术的法则，又能有所创新[7]，类似的多样变化是值得称道的。但是，在我们进入图纸部分之前，我会像往常一样，简单描述修建神庙的一些规则 [avertenza]，这些规则同样来自维特鲁威和其他曾为这门高雅艺术著述的大家。

第1章　关于庙宇建造的选址

托斯卡纳不仅是意大利第一个将建筑当作尊贵客人一样迎接的城市，托斯卡柱式正是由此得名，而且在关于几乎全世界都在摸索中敬神的时候，托斯卡纳也是周围城市学习的对象，并展示了如何根据诸神的特质 [qualità] 选择庙宇类别、建造地点和采用何种装饰。尽管不少庙宇包含了这些惯例，但并未成为规范，因此我将简要报告其他诸书中相关的描述，这样热衷于古迹的人才会对本书这部分满意，在修建教堂时大家也就能够注意并愿意检视相关要点；我们如此追求真理，如果要被那些蒙昧之人在这方面赶超就颜面尽失了。由于为神圣的庙宇选址是首要任务，我在本章就先谈这个。[8] 古代托斯卡人布局 [ordinare] 神庙时，将献给主管来自灵魂的欲望、战争和火的维纳斯、玛斯和伏尔肯的神庙建在城外；而将敬献给主管纯洁、和平和实用艺术等诸神的神庙建在城内；对于那些专门保护城市的朱庇特、朱诺、密涅瓦等诸神的庙宇建在高处、城中以及城堡中。在广场附近或有时在广场上是帕拉斯[9]、墨邱利和伊西斯的神庙，因为他们主管工匠和商人；阿波罗和巴克斯的神庙靠近戏院，赫拉克勒斯的神庙靠近马戏团和竞技场。为阿斯克勒庇俄斯、萨卢斯等治病救人的医药之神建造的神庙位于特别卫生，临近纯净之水的地方，这样病人从污秽和空气污浊的环境来到这里，呼吸新鲜干净的空气，饮用洁净的水，就能更快更容易地恢复健康，这样宗教热情就增加了。就这样，人们根据诸神特质和祭祀仪式为其他诸神也挑选合适的地点建造庙宇。[10] 但是，今天的我们，在神的特别庇护下已经免于黑暗，抛开愚蠢和错误的迷信，也应当选取城市中最高贵的地方来建造神庙，远离名声不好的区域，选择几条街道交汇的美丽华贵的广场，这样对每一个欣赏和崇拜者而言，都能欣赏到神庙的每个细节，欣赏到神庙的宏伟，并心生敬畏。如果城中有山，就应该选择最高的地点；如果没有高地，则应在可行 [convenience] 的范围内，把地面 [piano] 垒高一些建神庙，人们拾级而上进入神庙，这样就有一种敬仰和庄严之感。[11] 神庙前部 [fronte] 应当面朝城市最壮丽的部分，让宗教看起来就像市民们的守卫和保护者。但如果建在城外，神庙前部 [fronte] 就应当面朝公共街道和河流，如果附近有的话，这样来往之人都能看见，并来到面前表示尊敬。[12]

第2章　关于庙宇的形状，以及必须注意的原则

庙宇的形状包括圆形 [ritondo]、四边形 [quadrangulare]、六边形、八边形等——上述种种，都带有圆形的特点，即十字对称——以及其他各种体现了人类无尽创造力的形状和布局[13]；无论建于何时，这些庙宇都高贵华丽，各具魅力，带有各自恰到好处的比例，值得称赞。但其中又以圆形 [ritondo] 和四边形 [quadrangulare] 最为壮观和规则，也是其他形状的灵感源泉；这就是为什么维特鲁威只谈到这两种类型的架构方法，对此我将在介绍神庙平面图时阐述。[14] 如果不是圆形 [ritondo]，则不管是四角、六角或更多边角，都必须保证所有角相等。古人非常在意地选择与神灵匹配的设计，不仅如前所述在选择场址时，而且在选择形状时也非常小心；因此他们为日神和月神选择了圆形 [di forma ritondo]，或者至少是接近圆形的神庙，因为日月沿着圆形轨迹环绕地球运转，并对万物产生显著的影响；因此对于被看作大地女神的维斯塔，其庙宇主体也采用圆形。[15] 为守护空气和天空的朱庇特，人们修建了四周环绕柱廊 [portico]，中间无顶的神庙，后面我还会谈到这个例子。[16] 同样在选择装饰时，也要根据诸神特点选择；为密涅瓦、玛斯和赫拉克勒斯选择的是多立克式，因为人们认为简洁朴素的建筑适合它们的几位守护神，他们都是战士。但是，为维纳斯、福洛拉[17]、缪斯、宁芙和其他温柔的女神所建的神庙，就必须与童贞年纪的蓬勃与纤柔相符，因此选择适合这一年龄的科林斯式，繁复而华丽，装饰以花朵和卷涡饰。而为朱诺、狄安娜、巴克斯和其他既不如前者[18]那么厚重又不如后者[19]那么纤柔的诸神修建的神庙，则是介于多立克和科林斯式中间的爱奥尼式。[20] 从典籍中我们了解到，古代人殚精竭虑地保持礼仪，这也形成了建筑之美的一部分。[21] 为维持神庙形状中的礼仪，摆脱了迷信的我们也应当选择最完美、最杰出的方式；又因为圆是个公正的形状，在所有形状中最为简单、一致、均匀、富于张力、包容宏阔，我们就把神庙修建成圆形吧；这是神庙最适合的形状，因为它只有一个界限，其始端和末端相连，难以辨明，处处相同又共同组成整体形态，圆上各点都与圆心保持相同的距离，因此是完美的形状，展现着统一、无穷的存在、连贯性和上帝的公正。[22] 而且，无可否认，神庙之稳固和持久要远胜其他建筑，因为神庙是献给宇宙的主宰 [O.M.][23]，一个城市最尊贵、最有价值的宝藏也保存于此；也正因如此，无棱无角的圆形是唯一最适合神庙的形状。神庙必须宽敞，让人们在祈祷时能舒适地站在这里，而在所有一条线可以做出的形状中，圆形 [ritondo] 是面积最大的。同样值得特别推荐的是十字形的教堂，入口开在主圣坛和唱诗坛对面的十字架底部，两侧像手臂一样另开两个入口或两个分圣坛[24]，因为十字形的布局看起来正代表着悬挂我们就赎的十字架。[25] 我在威尼斯设计的圣乔治·马焦雷教堂就是这样。[26]

和其他建筑相比，神庙的柱廊应该更宽、更高，而且空间应该宽敞和宏伟（但是不要超过与城市相配的程度），比例应当够宽而且美观；原因是崇拜神灵要求庄严宏大的氛围，而建造庙宇的目的正在于此。庙宇中必须有柱式优美 [ordine] 的立柱，每种柱式都必须有合适和恰当的装饰。材料应当贵重并具有最高品质，这样我们才得以借助形式、装饰和材料完全彻底地表达对神的敬畏；建造时应尽可能做到想象中最完美的程度，让人身处其中任何一处都会不由得惊叹于这里的庄严和美丽，站在里面感受灵魂的提升。就颜色而言，白色是最合适的，因为色彩和生命的纯净是最符合献给神的。如果要加上图画，则应避免那些主题偏离神之感悟的图画，因为在神庙里，我们不可以远离庄严肃穆，也不可以游移到从精神上鼓舞我们祈祷并向善的事物之外。[27]

第3章　关于庙宇的外观

外观 [aspetto] 在这里是指庙宇给人的第一印象。有七种最规则，也最容易辨认的庙宇外观；我认为有必要在这里引述维特鲁威在第一书第 1 章中就这一问题发表的观点，因为通过我的讲解和把文字化为具体的图纸的帮助，这一很多人抱怨由于缺乏对古代遗迹的调查而显得过于艰深至今难以理解的段落就会变得简单明了[28]；我还决定沿用维特鲁威的术语，这样读者就可以对照原著，而不会感到驴唇不对马嘴，我也希望读者能够对照着读。言归正传，神庙可以有柱廊 [portico]，也可以没有。不带柱廊的神庙可以有三种样式；一种称为壁柱间式（in antis），即立面 [faccia] 带有壁柱，因为在建筑转角部位 [angolo，cantone] 的壁柱称作 *ante*；另外两种的第一种是前柱廊式（prostyle），也就是有一个带立柱的立面，另一种是前后柱廊式（amphiprostyle）。称为壁柱间式的类型，在两个转角处各有一个壁柱，这个壁柱又沿着神庙两侧一直延伸 [voltare]（为两边的侧墙），在正面的两个壁柱之间，有两个朝外的立柱，支撑着入口上方的山墙板 [frontespicio]。另一种称作前柱廊式的类型，与第一种类型相比有更多的立柱，与两角的壁柱对齐[29]，在转角的两侧另有两根立柱，也就是说，在转折的两面各有一根。但是，如果后面的立柱和山墙板也作同样安排，这种庙宇类型就称为前后柱廊式。前两种外观的神庙如今已经不复存在，本书中也无法举出实例。而且我认为也没有必要给出图纸，因为这些在最受人尊敬的巴尔巴罗评注的维特鲁威版本中一一给出了这些外观的平面图和立面图。[30] 但是如果要为神庙建造柱廊，则要么周围环绕，要么只是在正面 [fronte]。可以把只在正立面 [facciata] 有柱廊的神庙算作前柱廊式。但是，周围环绕柱廊的样式也可以有四种。可以在主立面和背面各用六根立柱，在两侧用十一根立柱，算上角柱在内；这种类型称作围柱式（peripteral），意即有走廊环绕 [alato a torno]；柱廊环绕内殿布置，宽度[31] 为一个柱间距。我们可以在古代神庙中找到正立面 [facciata] 有六根立柱的例子，周围没有柱廊，但在内殿的外墙上有半柱，与其前方柱廊中的柱子对齐，而且装饰也相同，普罗旺斯的尼姆[32] 就有这样的例子；可以认为现为圣马利亚·埃吉齐亚卡教堂的爱奥尼式神庙[33] 就属于这种类型；建筑师这么做是为了让内殿更大，同时节约造价，因为这样的做法和围柱式从外侧看起来是一样的。或者可以在正面 [fronte] 设八根立柱，两侧包括角柱在内设十五根立柱；在这种情况下，周围有两圈柱廊，因此这种形式称为双列围柱式（dipteral），其中有两条走廊 [alato doppio]；或者还可以和前者一样，在神庙正面设八根立柱，两侧十五根；但周围的柱廊不是双重，而是撤掉了一排立柱，这样柱廊的宽度就是两个柱间距再加上一个柱径；[34] 这种外观类型称作仿双列围柱式（pseudodipteral），也就是有一个假的双重走廊 [falso alato doppio]，这是很久以前一个叫作赫莫杰尼斯（Hermogenes）的建筑师发明的，此人在神庙周围建造了宽敞而方便的柱廊，既节省了工料又不破坏外观。[35] 最后还有一种，就是两个主立面都用十根立柱，周围还像双列围柱式一样建造双重柱廊。在这些神庙的内部还有另一个柱廊，由两排 [ordine] 上下相叠的立柱组成，立柱比外面的要小；屋顶从外侧的立柱延伸到内侧的立柱上方，内侧由立柱环绕的空间则是无顶的；这种庙宇形式称作露天式 [hypaethral]，也就是无顶式。这种神庙被敬献给天空和空气之神朱庇特，圣坛安置在庭院中间。我认为这种类型的神庙在罗马的卡瓦洛山还可以见到部分遗迹。该神庙献给朱庇特・奎里纳尔（Jupiter Quirinale），由皇帝建造，因为在维特鲁威的时代（如他所言）并没有这种类型的例子。[36]

第4章　关于庙宇的五种类型

古代为庙宇修建柱廊 [portico]（如前所述）[37] 是为了方便人们，为大家提供在可供祭祀的内殿外打发时间和四处走动的场所，同时也是为了让建筑物更加庄重威严。根据柱间距 [intervallo] 的五种尺度，维特鲁威划分了庙宇的五种类型 [maniera]，分别说明如下：密柱间式，也就是立柱间距较小的 [spesse colonne]；两径间式，间距略宽；三径间式，间距更宽；阔柱间式，间距比实际需要的还要宽；以及正柱间，间距合理和方便。[38] 鉴于在前面的第一书中，我已经讨论并展示了所有这些柱间距的图纸，以及它们与柱高的比例关系 [39]，这里就不必赘述，只需点明前四种是不那么让人满意的。由于柱间距是柱径的 $1^1/_2$ 或两倍，前两种不合适是因为柱间距太小，立柱挨得过近，两个人并排就无法通过拱形游廊，而必须一前一后进入；而且门和门上的装饰也无法从远处看到；还有则是因为间距过小导致在神庙中四处走动变得困难。[40] 但如果立柱较大的话，这两种还可以接受，我们在几乎所有古代神庙中都可以见到这种情况。第三种类型因为柱间距变得相当大，也就不那么令人满意，柱间距过大的后果是导致楣梁断裂。但是为了补救，还可以在楣梁上方中楣的高度做拱券或弓形拱 [remenato] 以帮助承重，使楣梁得到放松 [libero]。至于第四种，尽管由于不用石头或大理石楣梁，而是在立柱上架木梁，因此不存在（楣梁断裂的）问题，但由于太低、太宽而不够庄重，因此也不能说是没有问题的，这种柱间距比较适合托斯卡柱式 [ordine]。因此，最美观大方的庙宇类型就是柱间距为 $2^1/_4$ 倍柱径的正柱间，因为这种类型非常实用而且结实美观。[41] 我在描述庙宇的（柱间距）类型时，用了和维特鲁威一样的名称，部分原因和上一章相同，另一部分原因是因为这些术语已经进入我们的语言，人人都明白[42]；因此我会在接下来的神庙图纸中继续使用。

第5章　关于庙宇的平面布置

虽然在任何建筑物中，人们都希望各个部分能够彼此契合，比例恰当，不会出现整体的测量尺度和其他部分无法确定的情况[43]，但对于庙宇，则更是需要极致的细心，因为庙宇是献给神的，我们必须竭尽全力保证整个结构的美观和杰出，表达对神的敬畏。由于庙宇最规则的形状就是圆形 [ritondo] 和四边形 [quadrangulare]，我想一一介绍两者的布局，然后介绍我们基督教徒使用的庙宇的一些要求。在古代，圆形庙宇有时是开放式的，也就是没有内殿，用立柱支撑圆屋顶，类似于献给朱诺·拉西尼亚（Juno Lacinia）的神庙，在中间是圣坛，点燃着不灭的圣火。[44] 这些庙宇的布局如下:整座庙宇所占空间的直径等分为三份;一份作台阶，也就是通向神庙平台 [piano] 的台阶，另两份留给庙宇和立柱，立柱建在基座上，包括柱础和柱头在内的高度与台阶内圈直径相等，柱径为自身高度的十分之一。楣梁、中楣和其他装饰性构件，以及庙宇的所有其他部分都按我在第一书中所述来建造。但那些封闭式的，也就是带有内殿的庙宇，则是在内殿周围做一圈回廊 [ala]，或者只是在正面建一个柱廊。周围廊式的庙宇具有如下特征 [ragione]：首先，周围有一圈两层的台阶，基座建在台阶上，再上面是立柱；围廊的宽度是庙宇直径的五分之一，直径根据基座中轴线而定[45]；柱高等于内殿直径，柱径为柱高的十分之一；穹顶或圆屋顶 [tribuna，cupola] 建在围廊的楣梁、中楣和檐口之上，占整个建筑高度的一半。这是维特鲁威给出的圆形庙宇布局。[46] 但是，我们在古代庙宇中没有见到基座，它们的立柱也直接矗立在地面上。我很欣赏这一点，因为基座阻挡了进入庙宇的道路，而且立柱直接矗立在地面，显得更加宏伟壮观。但如果只在圆形庙宇正面有柱廊，则柱廊的长度[47]应当和内殿的宽度相等，或者比后者短八分之一；也可以做得更短一些，但不能少于庙宇宽度的四分之三，柱廊的宽度[48]也不能超过长度的三分之一。[49] 矩形 [quadrangulare] 的神庙，正面柱廊的长度应该与这类神庙的宽度相等，如果是美丽优雅的正柱间式，应作如下安排。如果外观是四根立柱，则整个庙宇的立面 [facciata] 应当分为（不计入转角部位柱础（相对于柱身）的伸出部分）$11^1/_2$ 份，以其中 1 份为 1 个模度，以此为其余各部分的测量单位;造四根直径为 1 个模度的立柱，一共是 4 倍模度，中央（开间）的柱间距为 3 倍模度，而其余两个柱间距一共是 $4^1/_2$ 倍模度，也就是各 $2^1/_4$ 倍模度。[50] 如果正立面为六根立柱，就分为 18 个模度；如果是八根，就分为 $24^1/_2$ 个模度；如果是十根，就分为 31 个模度，总是为立柱厚度留出 1 个模度，为中央两柱的间距 [vano] 留出 3 个模度，为其余各柱的间距留出 $2^1/_4$ 个模度。柱高视柱式是爱奥尼式还是科林斯式而定。[51] 我在第一书中谈到柱间距时，详细讲解了如何安排各类庙宇的外观，也就是密柱间式、两径间式、三径间式和阔柱间式。[52] 在柱廊之后是门廊 [antitempio]，然后是内殿；庙宇的宽度分为 4 份，其长度取 8

份，其中 5 份分配给内殿的长度，包括大门所在的墙体，剩下的 3 份分配给门廊，门廊带有两道侧墙 [ala]，这两道侧墙又延伸为内殿两侧的墙，在墙的末端建有两个壁角柱 [anto]，也就是宽度与柱廊立柱相等的两个壁柱。因为侧墙 [ala] 的间距各有不同，如果宽度超过 20 尺，就必须在这些壁柱之间放置两根或两根以上的立柱，还需要把它们与柱廊立柱对齐，目的是把门廊 [antitempio] 和柱廊区分开来；壁柱之间的三个或更多的开间应当用木板或大理石栏杆隔断，同时还要留出开口，以便进入门廊；如果宽度超过 40 尺，就要在壁柱间的立柱对面再加上一些立柱，而且必须与外面的立柱等高，只是稍微细一些，因为室外的空气会在视觉上削减外部立柱的厚重感[53]，而内部的立柱由于被围合的缘故，其纤细感就不会那么明显[54]，这样它们看起来就粗细一致了。[55] 尽管刚刚描述的平面布置完全适用于四根立柱的庙宇，但这样的比例并不适用于其他的外观和类型，因为内殿的墙必须和外面的立柱相称，因此其他庙宇的内殿会多少比本例中的要大一些。维特鲁威这样告诉我们，古人建造神庙时，通常要建柱廊，以便人们抵挡日晒雨淋等恶劣的天气条件，并等待宗教节日的祭祀时刻。但是今天我们已经不再建造周围柱廊式的庙宇，而是建造类似于巴西利卡的教堂，如前所述，巴西利卡的柱廊建在内部，在我们的教堂中也是如此[56]；这是因为最初的那些献身于我们的信仰的人，受到真理感召，曾聚集于市民私人的巴西利卡中，以避开异教徒的侵袭；这一形式并未有大的变化[57]，因为他们发现巴西利卡的平面布置非常方便，圣坛庄严地位于执政官席所在的位置，唱诗坛围绕着圣坛，其余空间可供人们自由活动；因此当我们布置庙宇中的回廊时 [ala]，应该考虑在巴西利卡部分谈到的注意事项。[58] 我们的教堂还有一个增补的部分，与庙宇的剩余部分分开，称为圣器收藏室（sacristy），用来保存祈祷所需的教服、圣器和圣经等物品，牧师在这里穿上他们的长袍；在圣器收藏室的旁边，要建造挂钟的塔，以供召集人们事奉神明，为基督教所特有。牧师的住处建在庙宇附近，必须舒适，有宽敞的回廊和美丽的花园；而圣处女[59] 的区域必须格外安全，位于高处，并且远离公众的嘈杂和注目。[60] 我已经详细描述了庙宇的得体、外观、类型和平面布局，接下来将按如下顺序 [ordine] 展示多个古代神庙的图纸：首先是罗马的神庙图纸，然后是意大利其他地方的，最后是意大利以外的。为便于理解，也为了避免逐一描述所有细节可能导致的读者时间精力的浪费，我在图纸中用数字标示了所有的尺度。

以下神庙测量依据的维琴察尺在第二书第 4 页给出。

1 尺 [piede] 分为 12 寸 [oncia]，1 寸分为 4 分 [minuto]。[61]

第6章 关于罗马的某些古代庙宇的设计，首先是和平神庙

为了开个吉利的好头，就让我们从献给和平之神的庙宇开始，这个庙宇的遗迹至今仍能在萨克拉大道（Via Sacra）上的新圣母教堂（S.Maria Nova）附近看到[62]；据记载，该庙宇就位于罗穆卢斯与霍斯提利乌斯元老院的原址上；后来在这里还建造过梅尼厄斯（Menius）住宅、保西亚巴西利卡（the Basilica Portia）、恺撒的住宅，以及由奥古斯都建造并以他的妻子利维娅·德鲁西拉（Livia Drusilla）命名的柱廊，奥古斯都认为恺撒的房子太过于豪华巨大 [machina] 因此把它拆掉了。这一庙宇从克劳狄乌斯皇帝时期动工，到维斯帕先皇帝从犹太王国（Judaea）[63] 凯旋时落成；庙宇中保存了从耶路撒冷神庙带回的花瓶和珍宝。[64] 据记载，该庙宇是整个城市中最大、最壮观、最奢华的一个，而且诚实地讲，尽管经年累月只留存下一部分，仍能让我们充分想象当年竣工时的恢宏气派。在入口的前方是一个砖造的三开间 [vano] 的敞廊 [loggia]，剩余的部分是与立面同宽的连续墙体；在墙体的外部还有一排作为装饰性构件的立柱，与敞廊拱券上的壁柱 [pilastro] 相对齐，（正面的）整个墙体都延续了这一布局 [ordine]；在首层 [prima] 敞廊上方还有一个无顶的、有栏杆 [poggio] 的（平台），在每根立柱的正上方都要放一个雕像。在庙宇的室内有八根科林斯式的大理石立柱，宽 5 尺 4 寸，包括柱础和柱头在内的长度为 53 尺。楣梁、中楣和檐口的总高度为 $10^1/_2$ 尺，支撑着中心内殿的拱顶；这些立柱的柱础比柱径的一半要高，基座 [orlo] 宽度大于其自身高度的 1/3（之所以这样建造，可能是因为他们认为如此有利于承重）；（柱础的）突出部分是柱径的 1/6。楣梁、中楣和檐口上有美丽的雕刻。楣梁的檐板 [cimacio] 值得研究，因为它与众不同，而且特别典雅；这里的檐口 [cornice] 用檐口托饰 [modiglione] 替代了檐冠 [gocciolatoio]；檐口托饰之间的玫瑰花 [rosa] 镶板 [cassa] 是正方形的，根据我对古建筑的观察，这是正确的建造方式。据记载，这座神庙在康茂德皇帝时期被烧毁，但我找不到相信这一说法的理由，因为整座庙宇并无木制部件，但是有可能在地震或其他灾害中被摧毁，之后又在某一时期重建，而那时的人们对建筑学不如维斯帕先时期那么精通。我之所以相信这一点是因为观察显示，重修的工作并未像建筑学的全盛时期[65] 修建的提图斯拱门等建筑所表现出来的那样精工细作。庙宇墙体装饰有雕像和壁画，而所有拱顶都用灰泥格板 [compartimento] 建造；所有部件都做了复杂的装饰。

我为这件作品准备了三幅木刻图。
第一幅是平面图。
第二幅是正立面的室外及室内立面图 [diritto]，以及侧面的室内图。[66]
第三幅是细部图。

A 支撑中殿的立柱柱础
B 支撑中殿的立柱柱头
C 支撑中殿的立柱的楣梁、中楣和檐口
D 拱顶上的灰泥格板

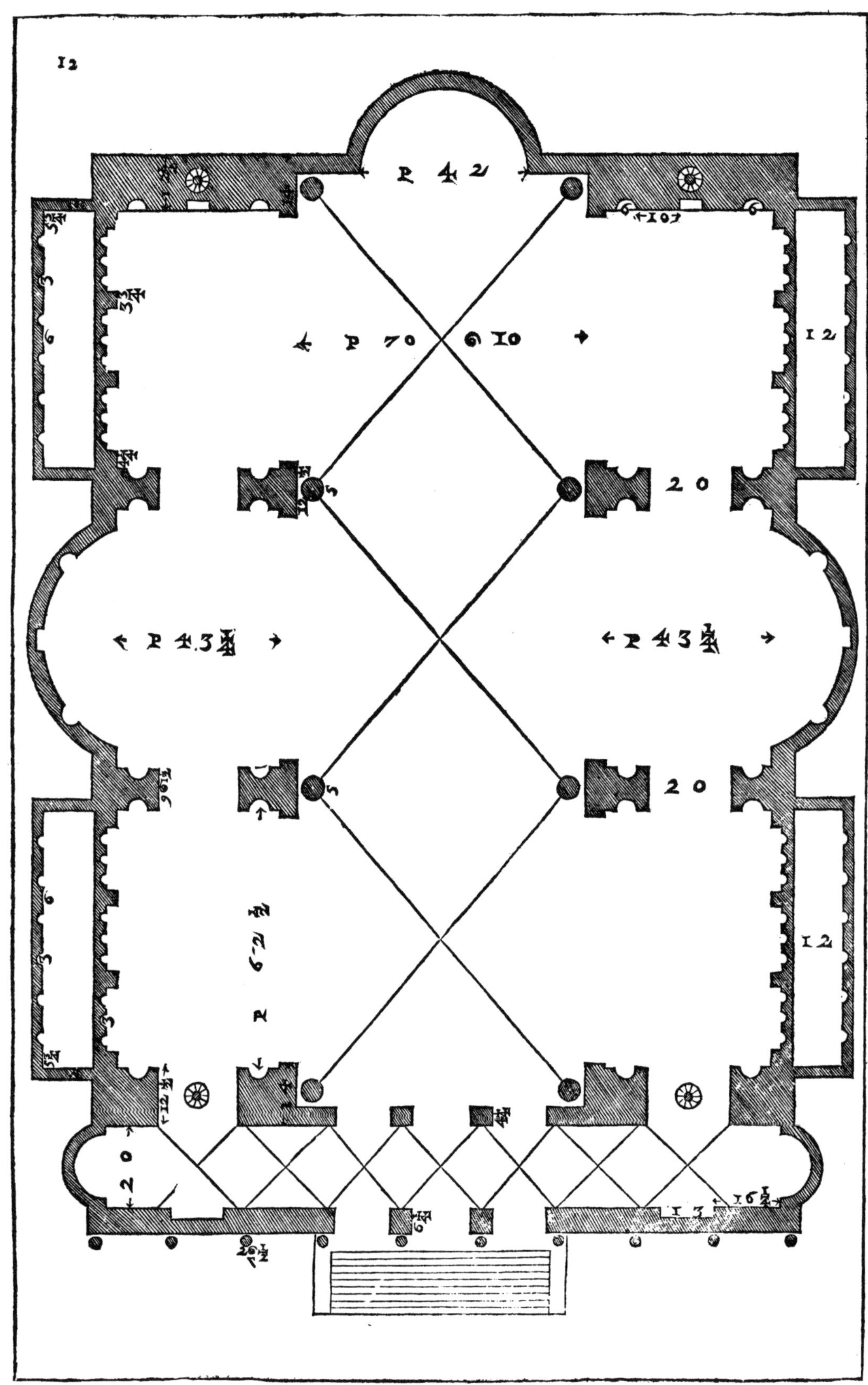

图 4-1　位于罗马的和平神庙，平面图

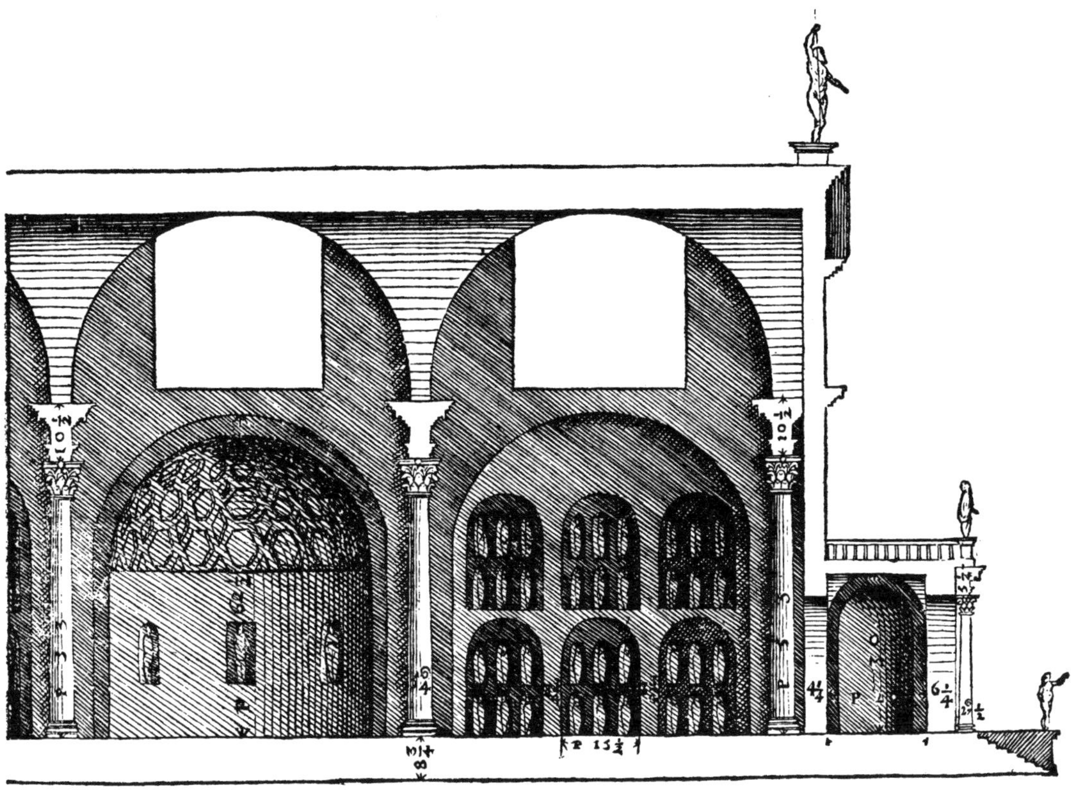

图 4-2　位于罗马的和平神庙，从正立面到室内的局部剖面，以及正立面之半与室内横剖面之半

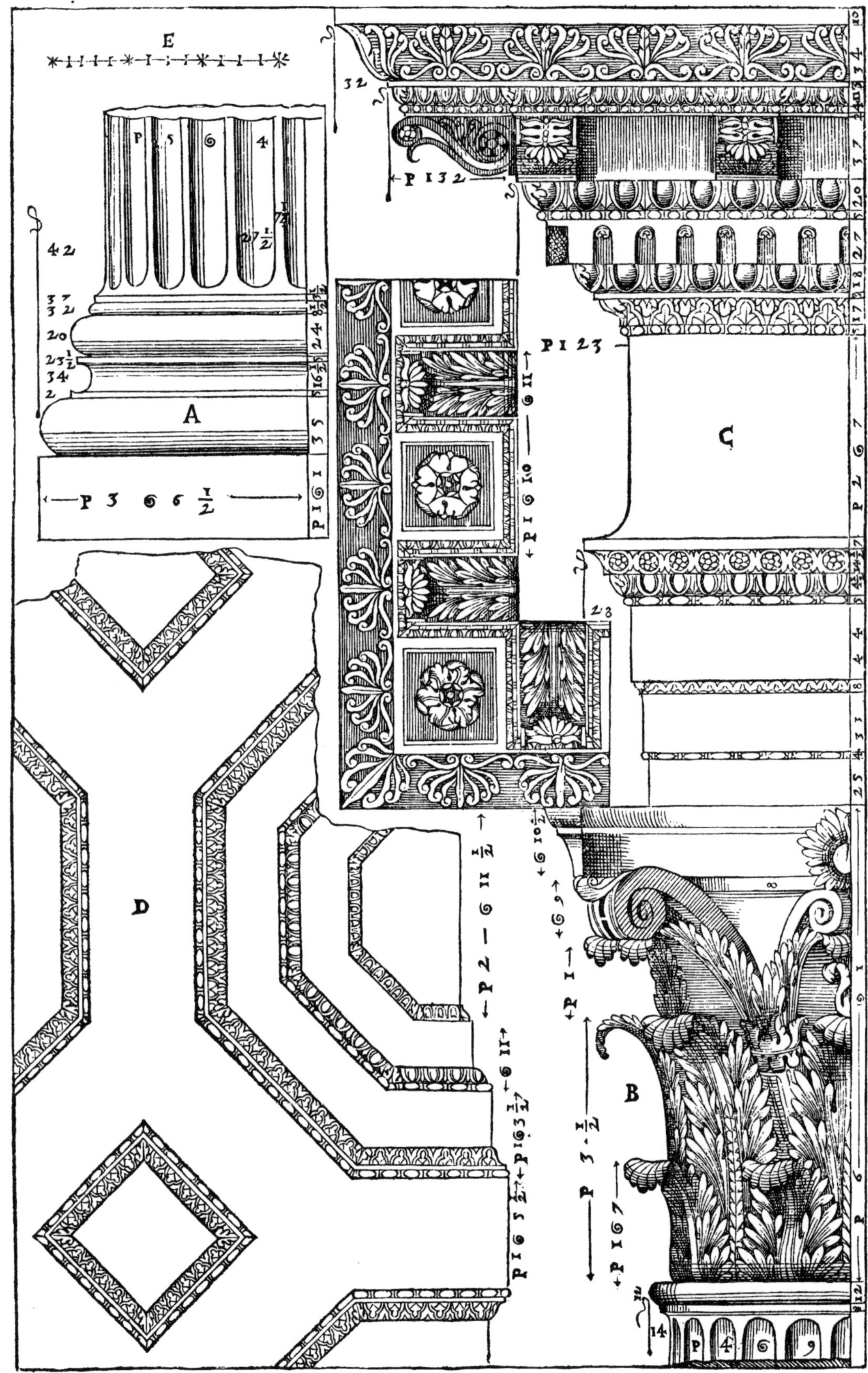

图 4-3　和平神庙装饰的细部

第7章　关于复仇者战神庙宇

在孔蒂塔（Torre de' Conti）[67]的附近可以见到最初由奥古斯都为复仇者战神兴建的庙宇遗迹，这是奥古斯都当年拿起武器为恺撒之死复仇，并和马克·安东尼一起在法萨利亚（Pharsalia）打败布鲁图（Brutus）和卡修斯（Cassius）时立誓建造的。[68]从残留下来的部分可以看出，这是一个非常华丽和了不起的作品，而前面的广场也定然让整座建筑更具震撼人的力量；据记载，胜利者回城后，把战利品拿到广场，而奥古斯都在最漂亮的地方放上了两个画板，上面画着作战和庆祝胜利的场面，还有另外两个由阿佩莱斯所作的画板，其中一张是卡斯托尔和波卢克斯、胜利女神和亚历山大大帝，另一张是战争场面和亚历山大。[69]还有两个柱廊，奥古斯都在那上面献上了所有胜利返回罗马的人的雕像。[70]现在这个广场早已荡然无存，可能庙宇两翼的侧 [ala] 墙曾经是广场的一部分，这是非常有可能的，因为在上面有很多安放雕像的地方。庙宇外观是周围有回廊的 [alato a torno] 类型，也就是前面描述过的，用维特鲁威的话来说，就是围柱式；由于内殿超过 20 尺宽，因此在门廊的两个壁角柱或壁柱之间要放柱子，与柱廊的柱子对齐，正如我在前面所说的，在这种情况下必须这么做。[71]柱廊并不环绕整个庙宇，而在外部，沿着两翼附加的侧 [ala] 墙上也看不到这样的格局 [ordine]，尽管墙上的各部分都是与室内相应部分相称的；由此我们可以推断，在后面和侧面一定曾经有公共街道，奥古斯都希望让庙宇更好地融入环境而不至于对附近居民造成不便，也不用请他们搬迁。这种庙宇采用密柱间式；柱廊和柱间距同宽；在建筑的内部，也就是在内殿里面，看不到任何痕迹或残留，或者墙上的拱心石 [morsa]，让我们确信这里有装饰或神龛；但我还是自己设计了一些，因为在当时很有可能是有的。柱廊中的立柱是科林斯式的 [opera corinthia]。柱头雕有橄榄树叶，它的柱顶板相对整个柱头的大小比例，比我们通常在这种柱式中见到的要大得多；可以看到首层的 [prima] 叶饰从根部微微鼓出，显得极为庄重典雅。这些柱廊有漂亮的拱腹 [soffito]，或者用我的话来说，镶板 [lacunare]，因此我画出了它们的侧面图，并且在单独为它们画了平面图。庙宇周围是很高的碎晶凝灰岩[72]墙，外侧为粗琢做法 [opera rustica]，在内侧则有很多神龛和放置雕像的空间。

我给出了七幅木刻图，以便读者能够很好地了解这座建筑。

第一幅是比例较小的总平面图，以及建筑内外可见部分的立面图。

第二幅是柱廊和内殿的侧立面图。

第三幅是带有庙宇正立面图的一半，带有侧面的部分墙体。

第四幅是柱廊和内殿内部的正立面图，我在上面添加了一些装饰。

第五幅是柱廊的装饰。
G　是柱头
H　楣梁、中楣和檐口
I　柱廊的镶板 [lacunare]，也就是拱腹 [soppalcho]

第六幅画的是柱廊天花板，以及它在门廊的壁角柱或壁柱处是如何转折 [voltare] 的
M　立柱间楣梁的拱腹 [soffitto]

第七幅是其他细部。
A　柱廊立柱的柱础，这种做法还延续到庙宇周围的墙体上
B　柱廊墙体底部的方格状装饰顶部的波状饰带 [cavriola]
C　内殿神龛上的装饰柱的平面图
D　柱础
E　柱头
上述的室内装饰，是我根据庙宇附近发现的古代建筑碎片所加
F　在庙宇两侧围合形成广场的两翼 [ala] 墙体上可以见到的檐口

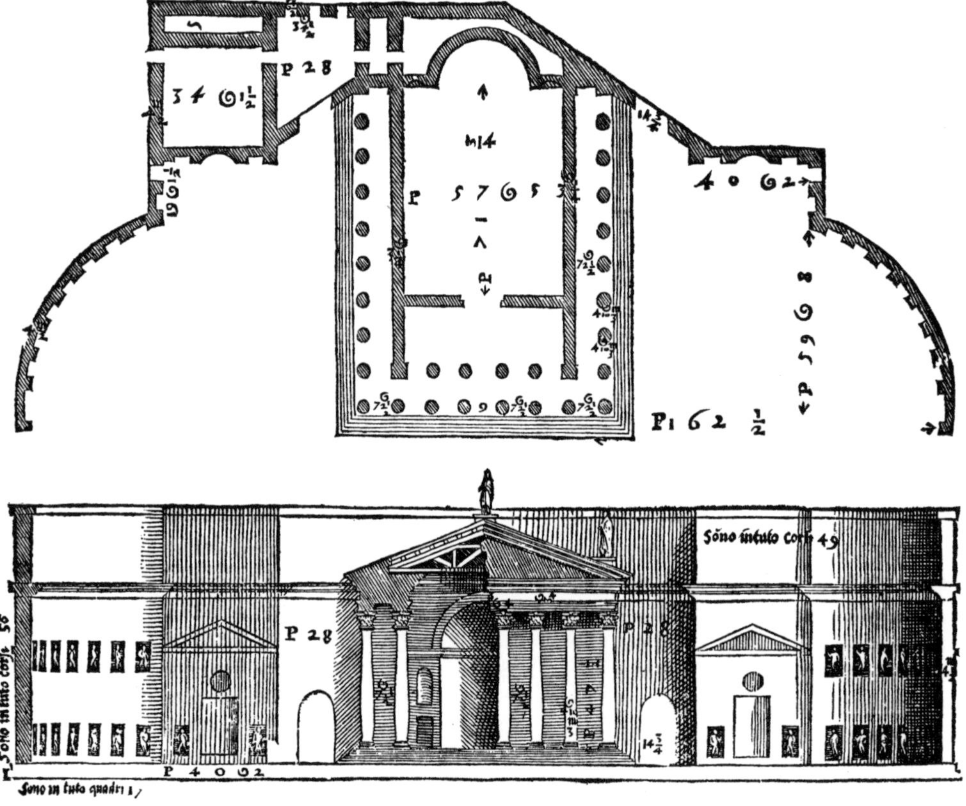

图 4–4　复仇者战神庙及其附属建筑，平面图，立面图，以及局部剖立面图

图 4-5　战神庙长剖面的局部，从门廊到室内，带有局部平面图

图 4-6　战神庙门廊立面之半，带有局部平面图

图 4-7　战神庙门廊横剖面之半，带有局部平面图

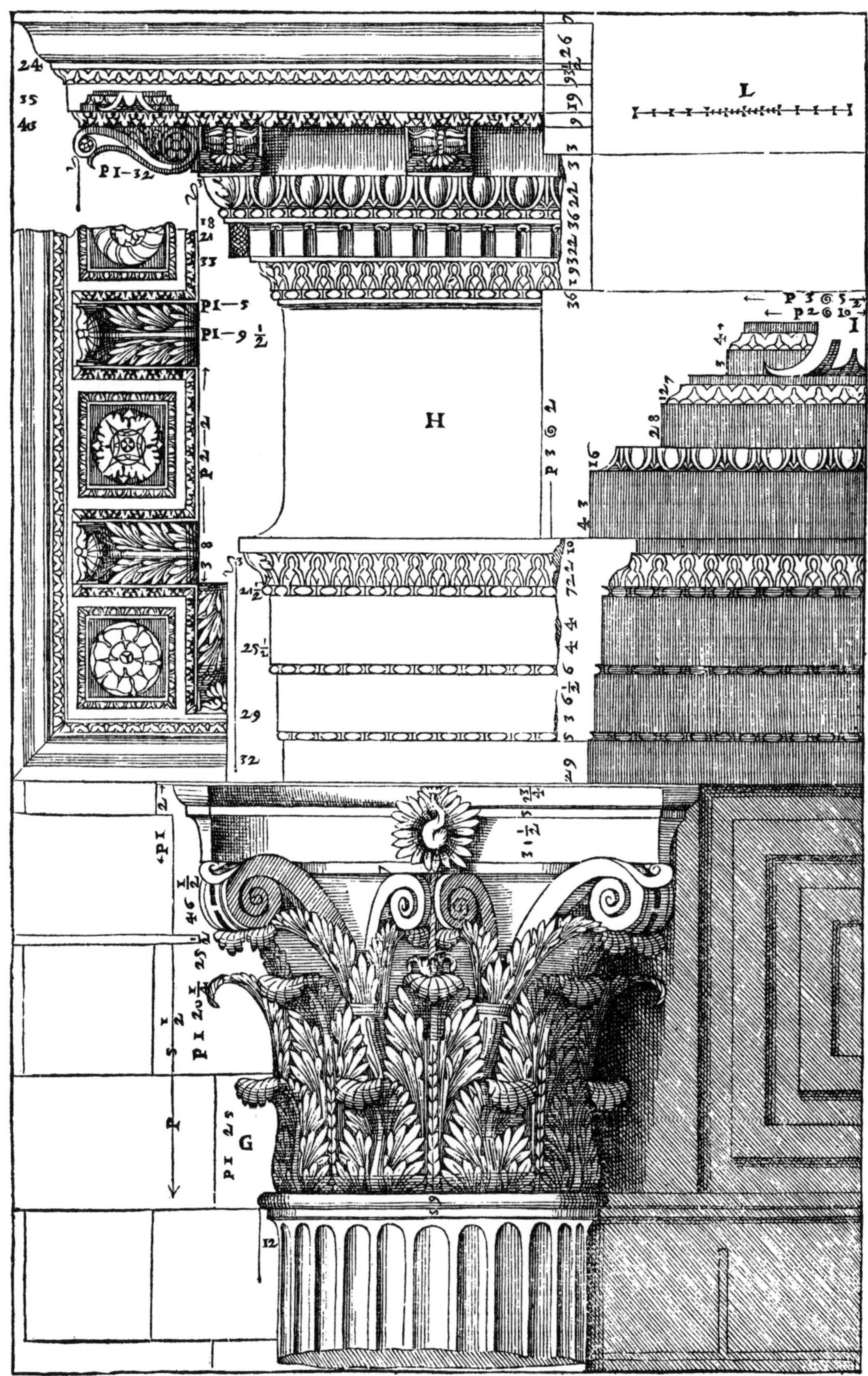

图 4-8　战神庙柱头细部、檐部以及拱腹

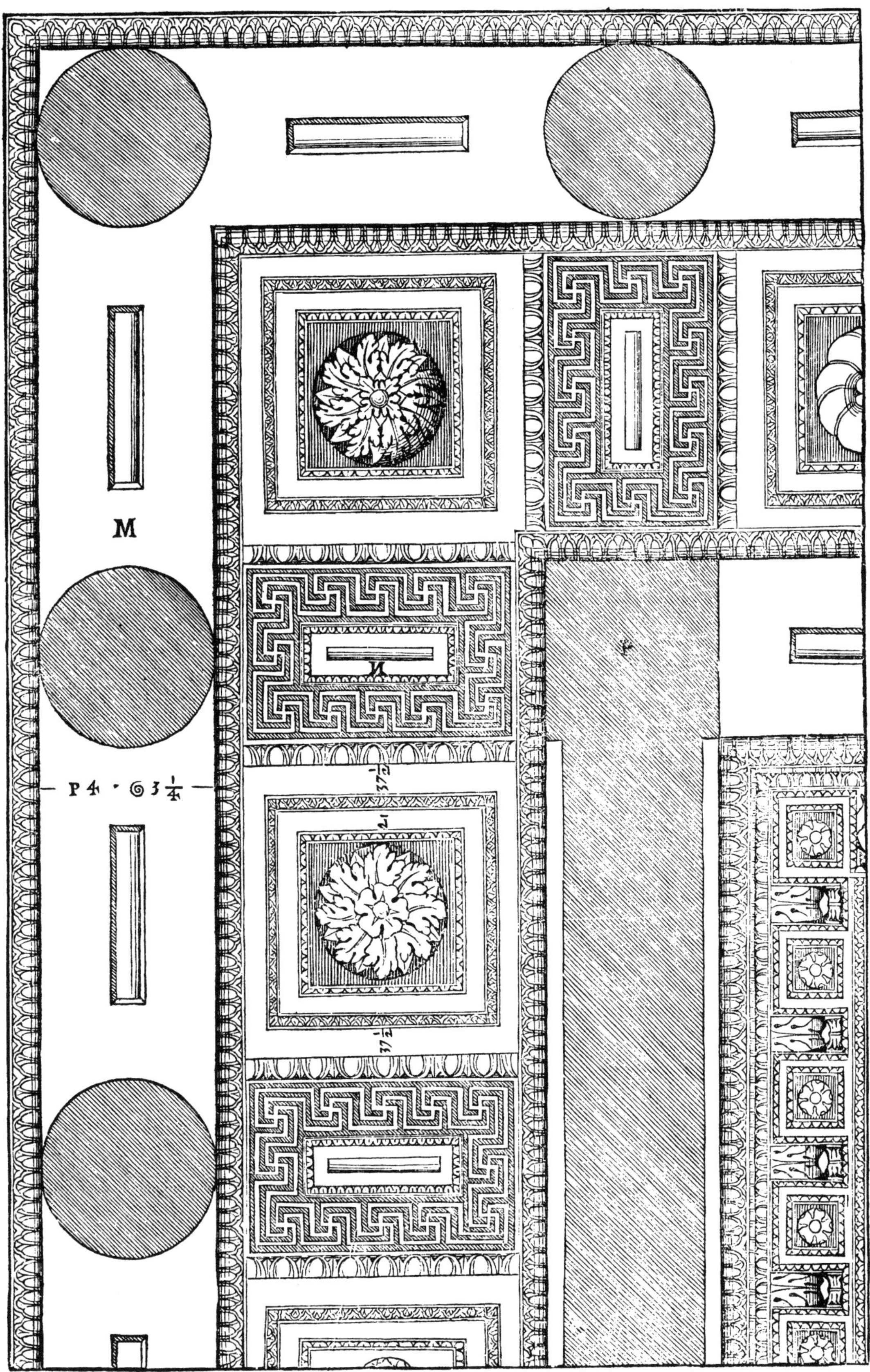

图 4–9　战神庙门廊拱腹细部，仰视图

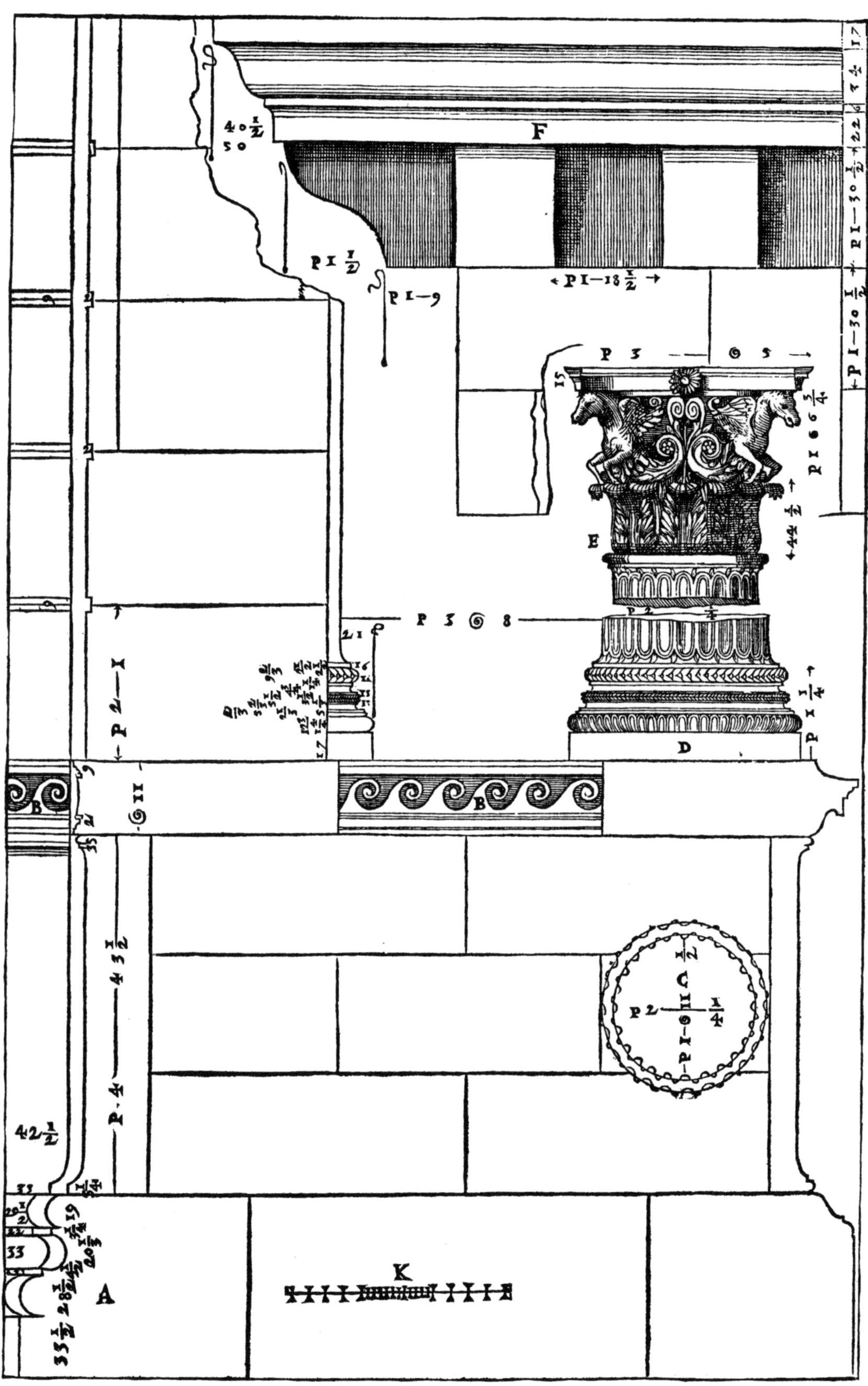

图 4-10　战神庙的柱子、墙体、檐口以及线脚的细部，平面图、轮廓图及立面图

第8章　关于涅尔瓦·图拉真神庙

在上文谈到的奥古斯都所建的神庙附近，可以看到涅尔瓦·图拉真（Nerva Trajan）神庙的遗存，外观为前柱廊式，属于柱间距较小的类型 [spesse colonne]。[73] 柱廊的长度，包含内殿在内，略小于宽度的两倍。[74] 庙宇的地面用基座垫高，整座建筑都位于基座上面，而基座还向前延伸，组成柱廊入口台阶两边的侧墩 [sponda]；在侧墩的顶上有两座雕像，也就是两边各一个。柱础为阿提卡式 [75]，但是比维特鲁威所讲以及我在第一书 [76] 中描述的多出了两个小凸圆线脚 [tondini]，一个在凹弧线脚 [cavetto] 下面，另一个在柱平缘 [cimbia] 下面。柱头的叶舌 [lingua] 雕刻橄榄树叶，以五个为一组，就像人的手指；我注意到所有这种类型的古建筑都是如此，比那些以四片为一组出现的橄榄树叶要更加优雅美丽。在楣梁上有一些精美的线脚，把不同的饰带分隔开来。这些嵌线和分隔只出现在神庙的侧面，因为在正立面上，楣梁和中楣要保持在同一平面上，以便于在上面刻字。尽管上面刻的文字大多已遭岁月侵蚀而破碎不堪，但现在还能见到以下这些字母：

IMPERATOR NERVA CAESAR AVG. PONT. MAX.
TRIB. POT. Ⅱ . IMPERATOR Ⅱ . PROCOS

檐口 [cornice] 雕刻精美，出挑部分美观又恰到好处。楣梁、中楣和檐口的总高为柱高的四分之一。墙体用碎晶凝灰岩建成，用大理石镶饰。我根据现存的遗迹做出推测，在内殿的墙上布置了神龛及雕像。在神庙前有一个广场，广场的中央是皇帝的雕像；据记载，这座雕像的装饰繁复壮丽，见之者莫不惊叹以为鬼斧神工。因此在君士坦丁大帝来到罗马时，立刻就被这座神庙的非凡形式 [77] 所吸引，然后跟他的建筑师说，他想在君士坦丁堡造一座和涅尔瓦的一样的马，以纪念自己的功勋;对于此，Ormisida（这是建筑师的名字）回答说，首先要做一个类似的马厩，朝向广场。[78] 广场周围的立柱没有基座，直接建在地面上，因此可以想象，神庙比周围的其他建筑物 [79] 都要威严；这些 [80] 也是科林斯式，在檐口上方，与这些立柱轴线对齐的位置，是小一些的壁柱 [pilastrello]，壁柱的上面肯定曾经有雕像；我在这些建筑中加上些雕像应该不会有人感到奇怪，因为我们在书上看到，当时的罗马有太多的雕像，简直像是另一部分人口。[81]

我为这座神庙准备了六幅木刻图。第一幅是神庙立面之半。　T　侧面入口

第二幅是室内立面图 [alzato]，旁边是神庙和广场的总平面图。[82]　S　图拉真雕像的位置

第三幅是柱廊的侧立面图 [diritto]，从柱子之间可以看到广场周围的柱列 [ordine]。

第四幅是神庙正对面的广场建筑立面之半。

第五幅是神庙柱廊的装饰。A　整个建筑的基座；B　柱础；C　楣梁；D　中楣；E　檐口；F　立柱间楣梁的底面

第六幅是庭院建筑上的装饰性构件。G　柱础；H　楣梁；I　中楣，上面有高浮雕的人物；K　檐口；L　小壁柱 [pilastrello]，上面是放雕像的地方；M　庭院正立面，也就是正对着神庙柱廊的立面上的大门上的装饰

图 4–11　涅尔瓦・图拉真神庙，门廊之半的立面图及局部平面图

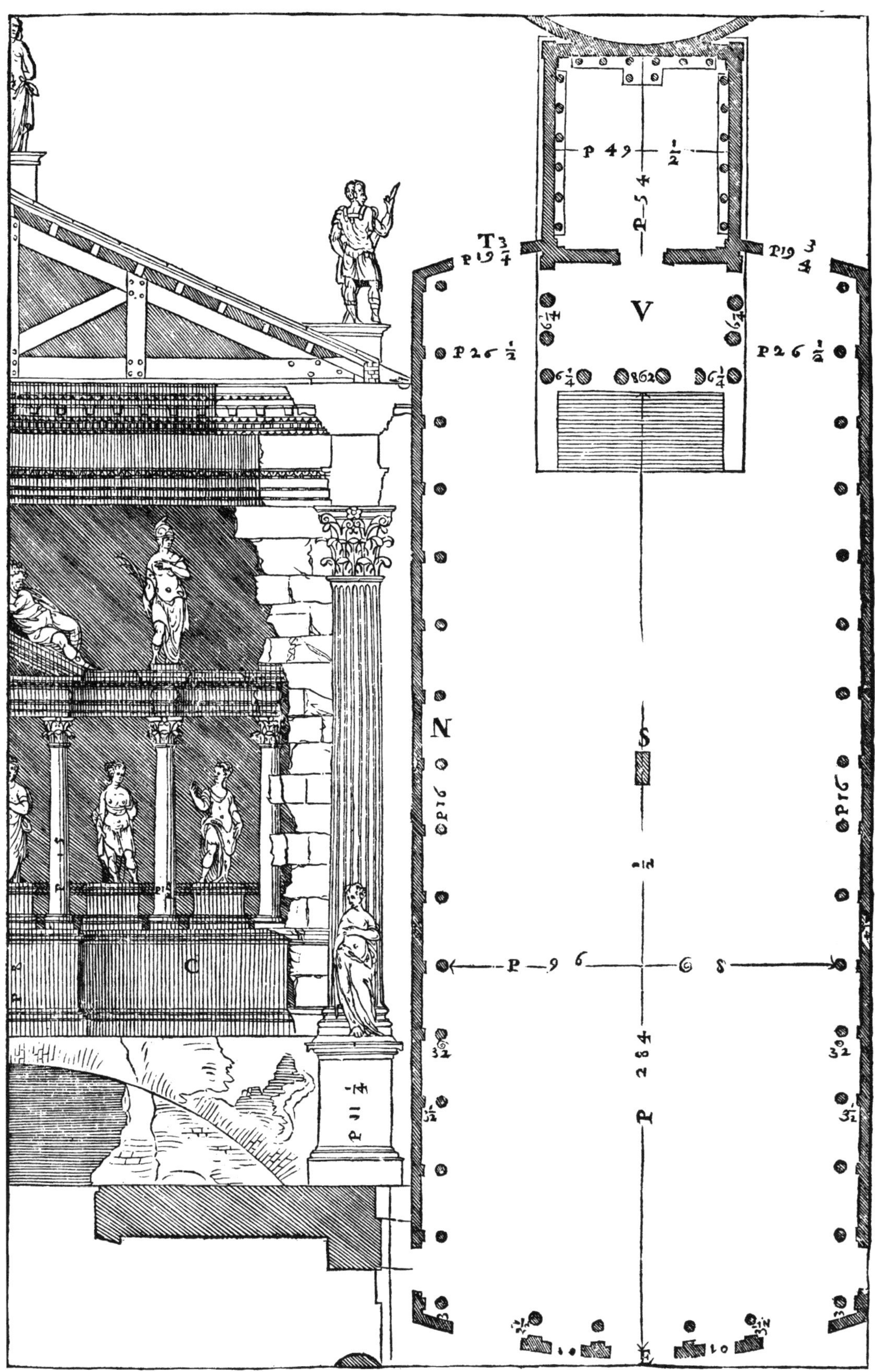

图 4–12　涅尔瓦·图拉真神庙，门廊之半的剖面图与局部平面图，旁边是神庙及其庭院的平面图

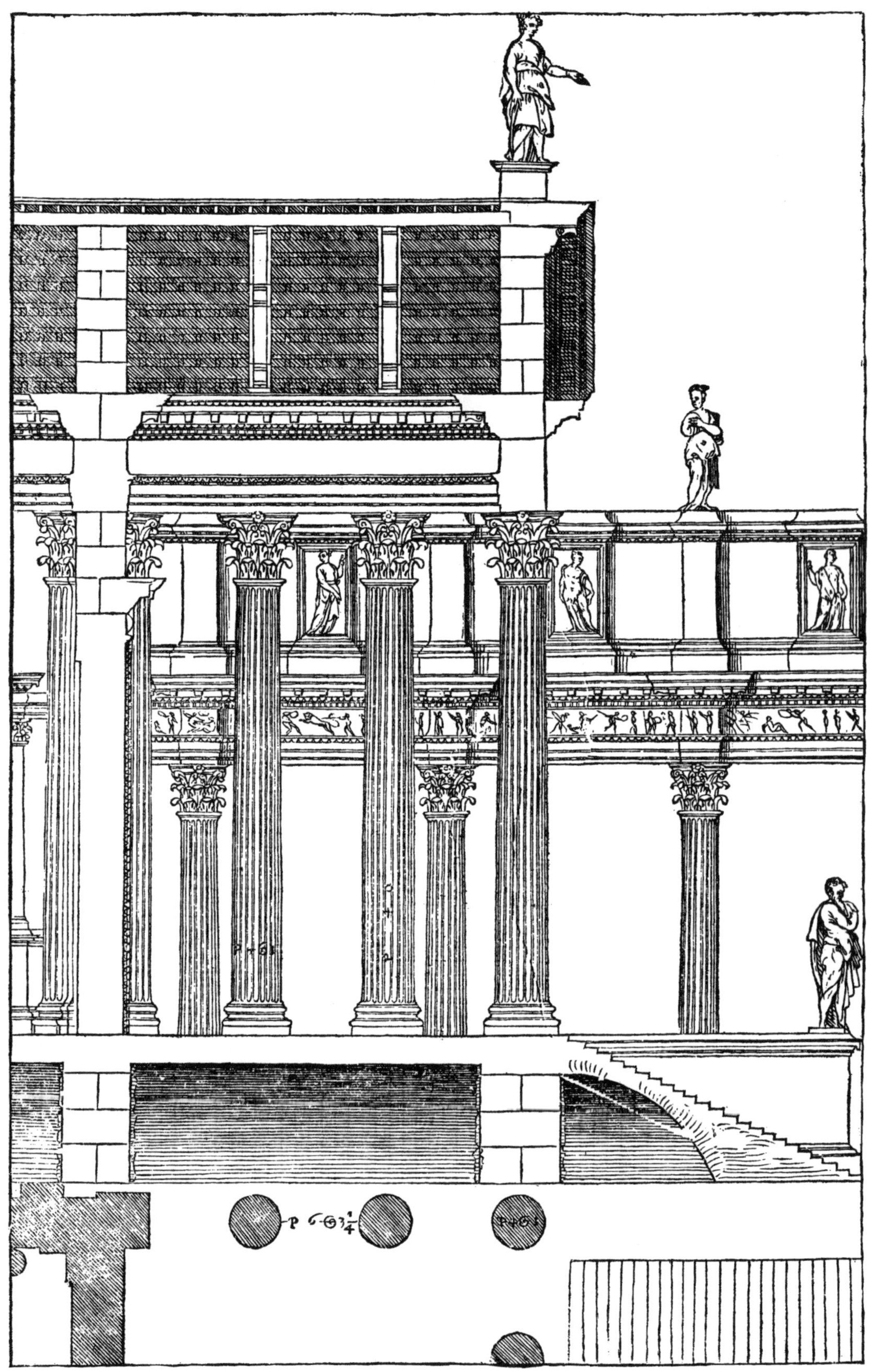

图 4–13　涅尔瓦·图拉真神庙，长向剖面图和平面图的局部，剖到门廊，也包括周围柱廊立面的一部分

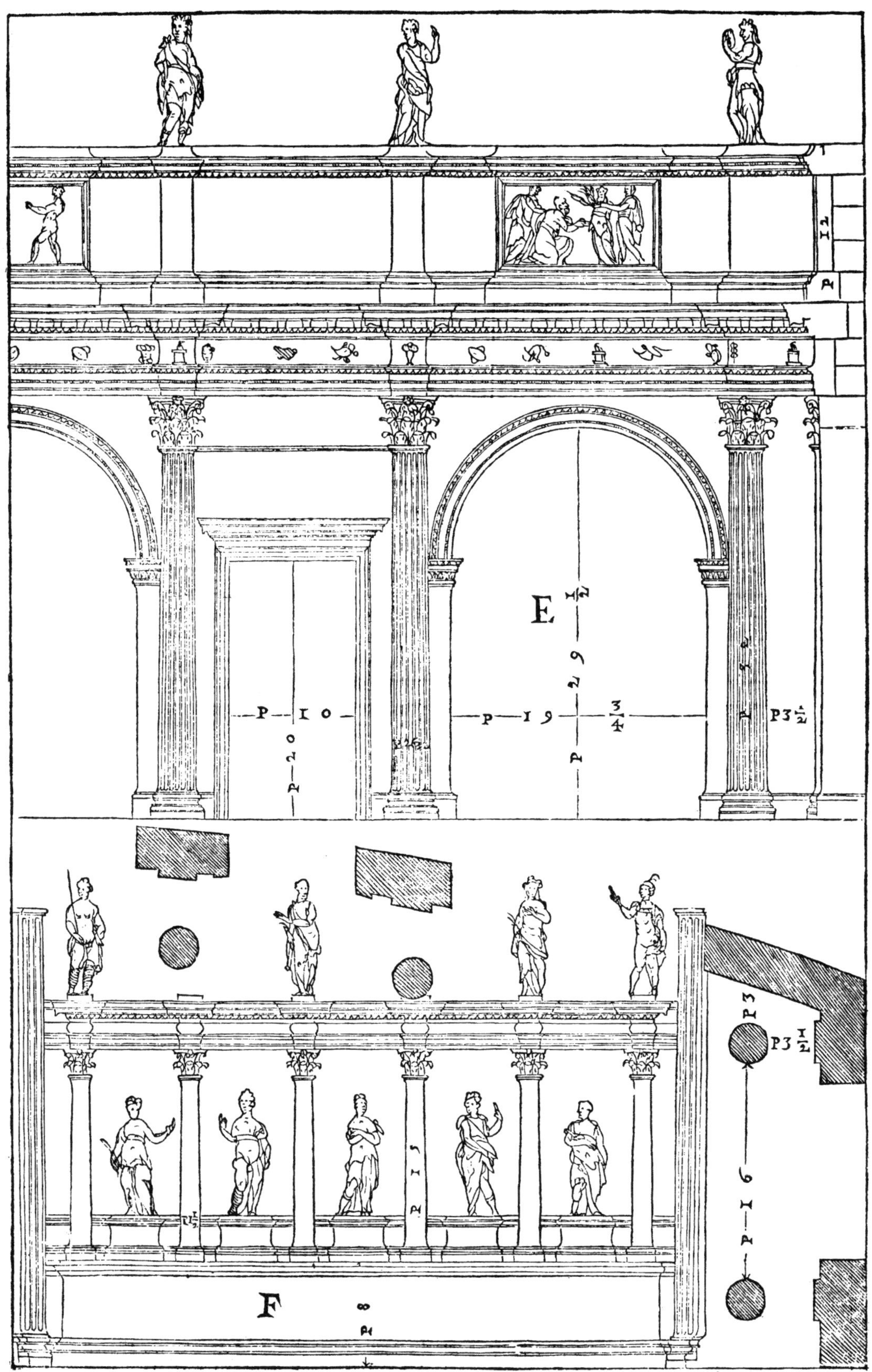

图 4-14　涅尔瓦·图拉真神庙，神殿对面的围墙的平面图和立面图之半

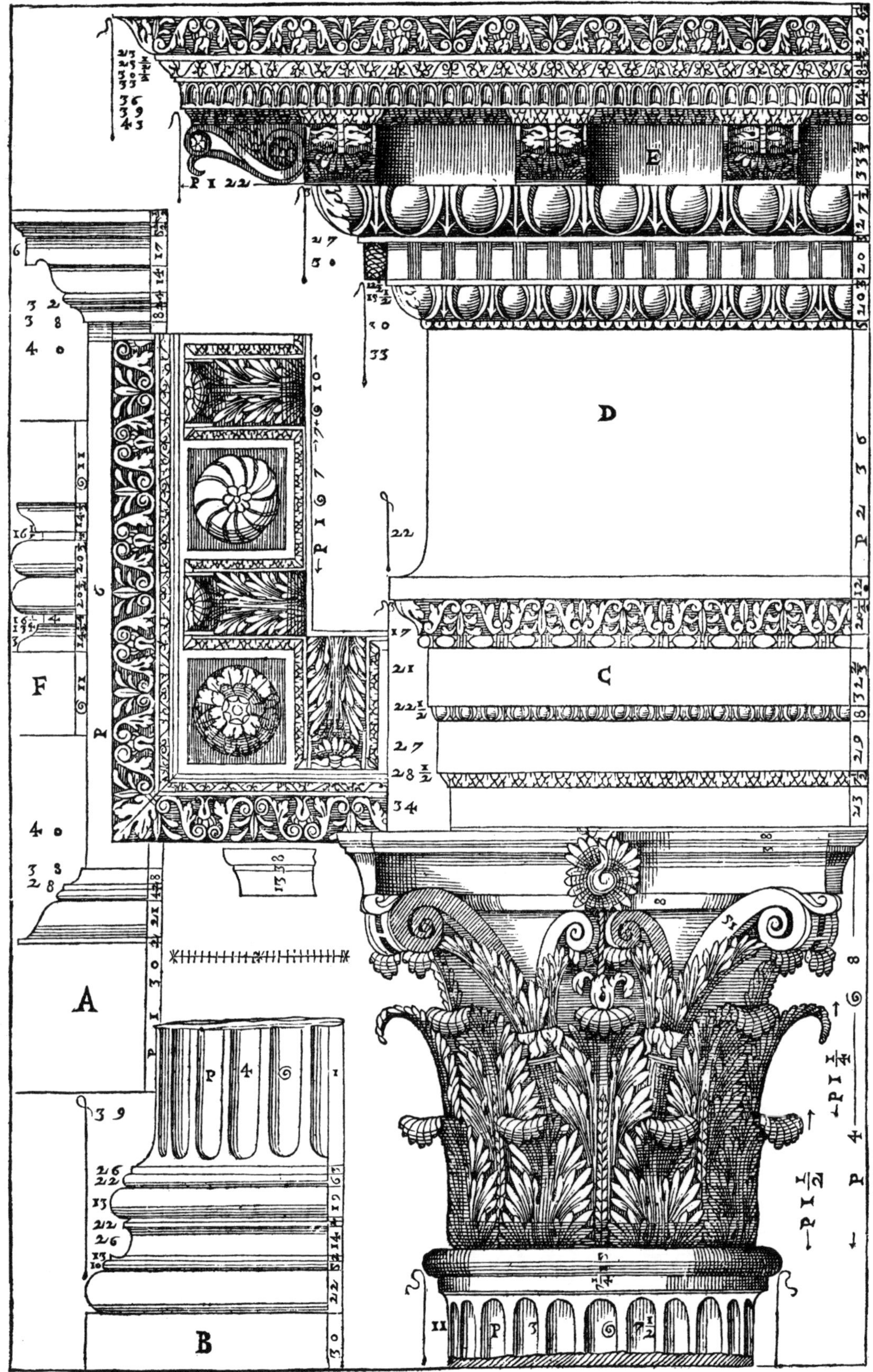

图 4–15 涅尔瓦·图拉真神庙细部，柱头、柱础、檐部及拱腹，立面图及仰视图

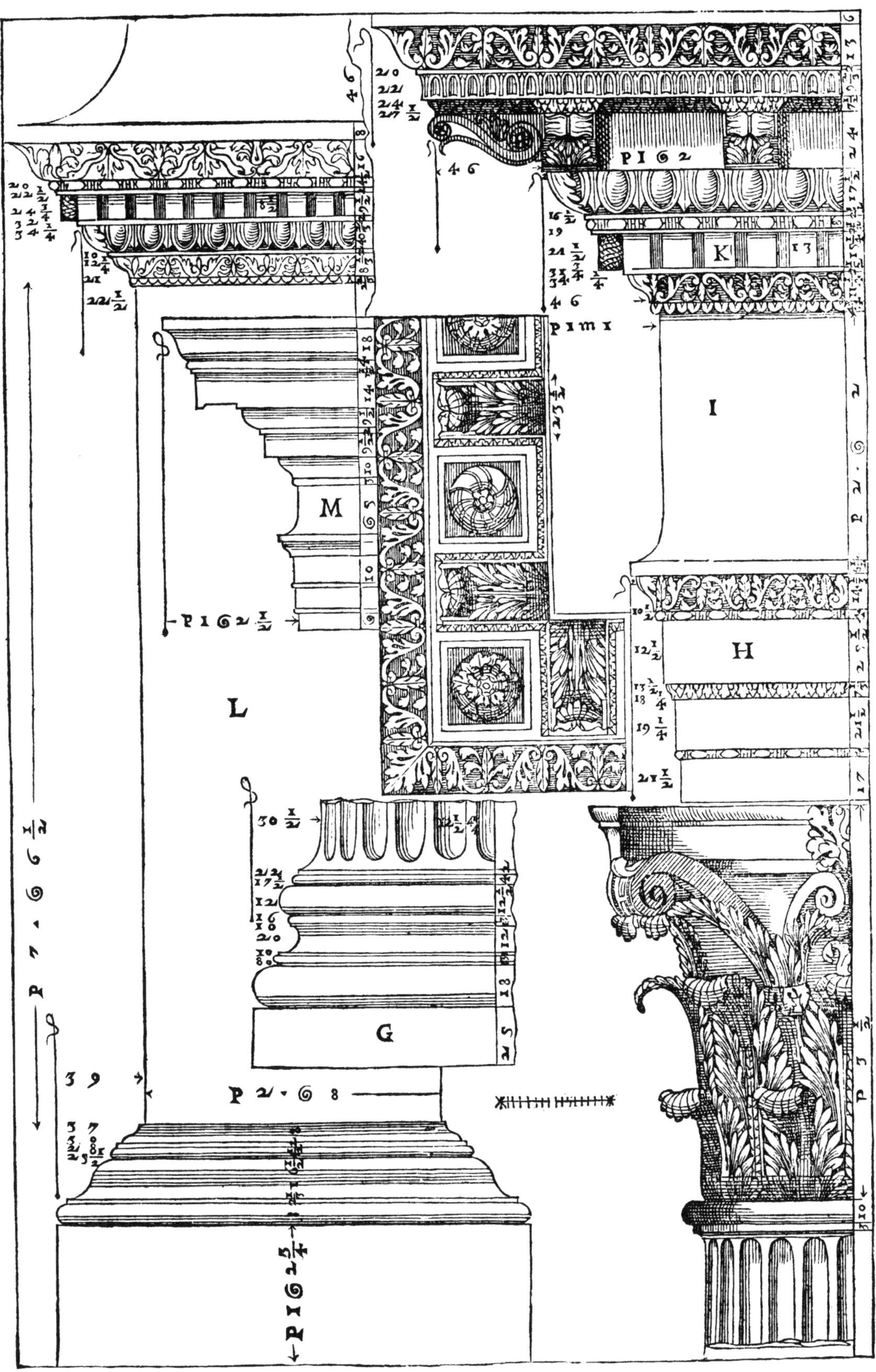

图 4–16　涅尔瓦·图拉真神庙，庭院建筑装饰立面图及仰视图

第9章 关于安东尼与福斯蒂娜神庙

在前面提到的和平神庙旁边，我们可以看见安东尼与福斯蒂娜神庙[83]，由此有人觉得应该把安东尼算作诸神中的一个，因为他有专门的神庙、萨利安牧师和专属的牧师。[84]该神庙的立面由立柱组成，为密柱间式；神庙地面或铺地比周围地面高出柱廊柱高的三分之一，人们可以拾级而上，台阶的侧墩由台基延伸而成[85]，而台基以统一的形式 [ordine] 环绕整座神庙。[86]台基的底座略高 [grosso] 于台基檐板 [cimacia] 的一半，建造方法也比檐板更简单；我注意到古代人所有的台基以及立柱下面的基座都是这样建造的，这样做的理由很充分，因为建筑的各个部分越是靠近地面，相应的就越应该坚固。在台基的末端[87]是两座雕像，与柱廊的角柱对齐，也就是在台基两端各有一个。柱础为阿提卡式[88]；柱头雕以橄榄树叶。楣梁、中楣和檐口的总高是柱高的四分之一，再加上四分之一的三分之一。[89]在楣梁上我们仍能读到以下文字：

DIVO ANTONINO ET

DIVAE FAVSTINAE EX S.C.

在中楣上雕刻有面对面的狮身鹰首兽，它们伸出爪子，放在自己面前的大烛台上，样子和祭祀用的那些一样。檐口有一个未雕琢的齿状饰 [dentello incavato][90]，没有檐口托饰 [modiglione]，但是在齿状饰 [dentello] 和檐冠 [gocciolatoio] 之间有一个较大的钟形饰 [ovolo]。[91]没人知道神庙的内部是否有装饰，但基于这些皇帝的威望，我认为肯定是有的，所以就在里面加了些雕像。在这座神庙的前面有一个庭院 [cortile]，用碎晶凝灰岩建成；在正对神庙柱廊的入口处，有漂亮的拱门，周围有立柱和各种装饰，但现在都见不到了；我去罗马的时候，曾见到他们拆除其中仅存的一部分。在神庙侧面有两个其他的开敞式入口，也就是没有拱券的入口。在庭院中央是安东尼在马背上的铜雕像，现存于卡比托利欧广场。[92]

这座神庙我作了五幅木刻图。

第一幅是侧面的外观立面图 [alzato]；从柱廊的柱间可以看到庭院周围的柱列 [ordine] 及装饰。

第二幅是神庙正立面的立面图 [diritto] 之半，以及庭院建筑的一角 [voltare]。

第三幅是柱廊和内殿内部的立面 [alzato]。
B 将柱廊和内殿隔开的墙体
我在这张图的旁边作了神庙和庭院的平面图。
A 安东尼雕像所在处
Q 位于神庙两侧的入口
R 神庙柱廊正对的入口

第四幅是面对神庙的入口之半的立面图。

第五幅是神庙柱廊的装饰。
A 台基
B 柱础
C 柱头
D 刻字的楣梁
E 中楣
F 未雕刻的齿状饰 [dentello]
G 神庙两侧建筑物外部的小檐口 [cornicietta]

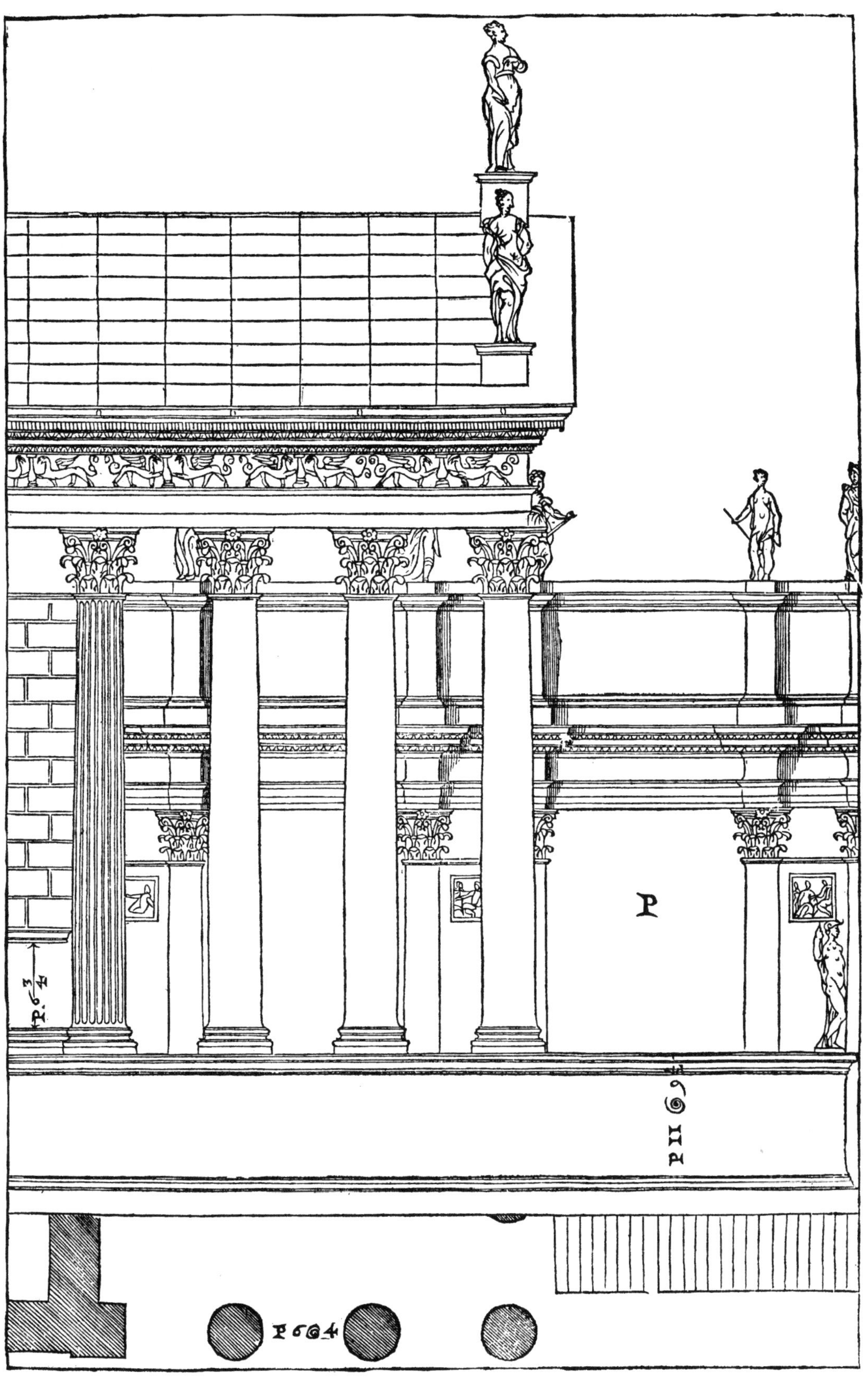

图 4-17　安东尼与福斯蒂娜神庙，门廊侧立面图及局部平面图

图 4–18　安东尼与福斯蒂娜神庙，门廊之半及庭院建筑局部的立面图与局部平面图

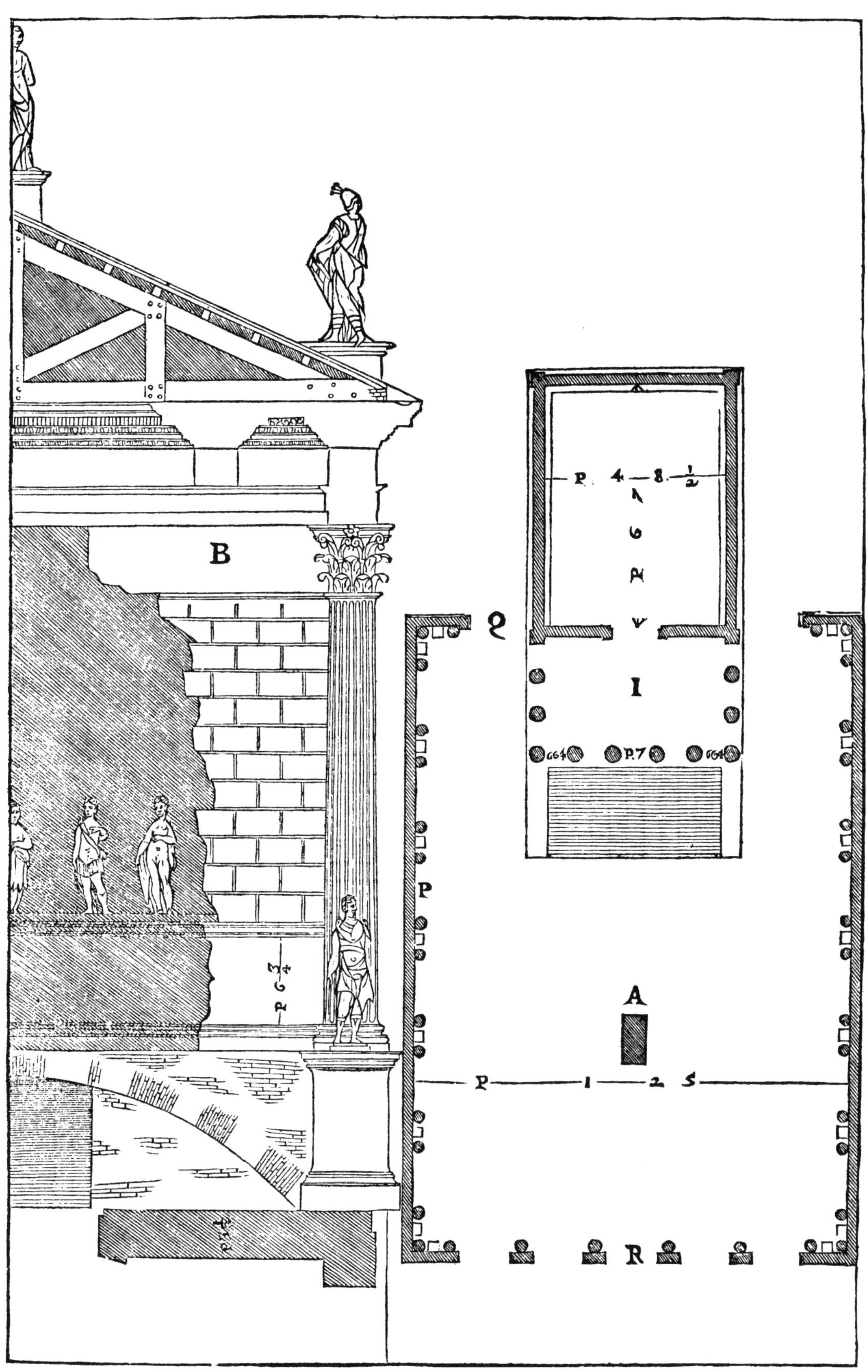

图 4–19　安东尼与福斯蒂娜神庙，门廊之半的剖面图与局部平面图，旁边是神庙及其庭院的平面图

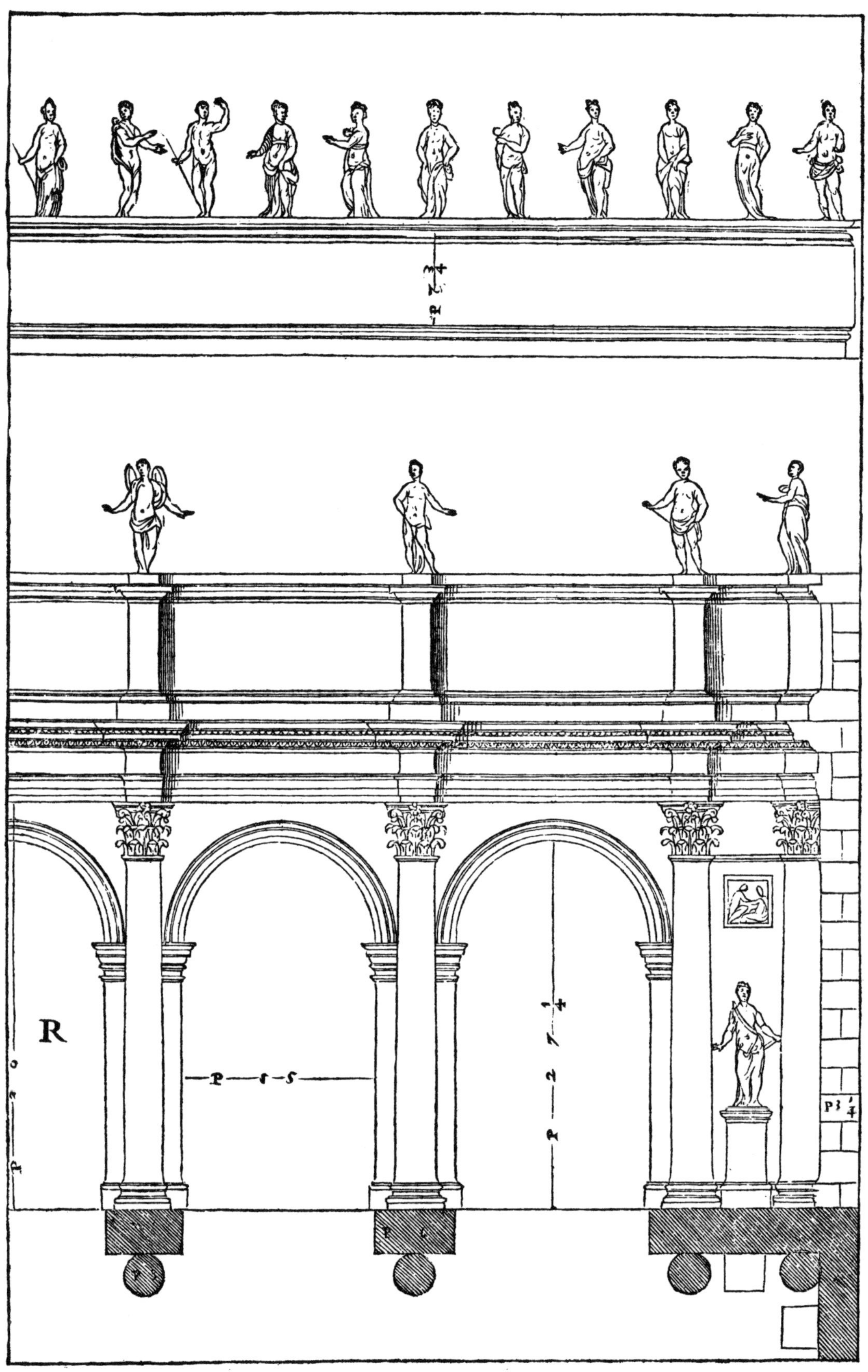

图 4-20　安东尼与福斯蒂娜神庙，神殿对面的庭院围墙之半的平面图和立面图

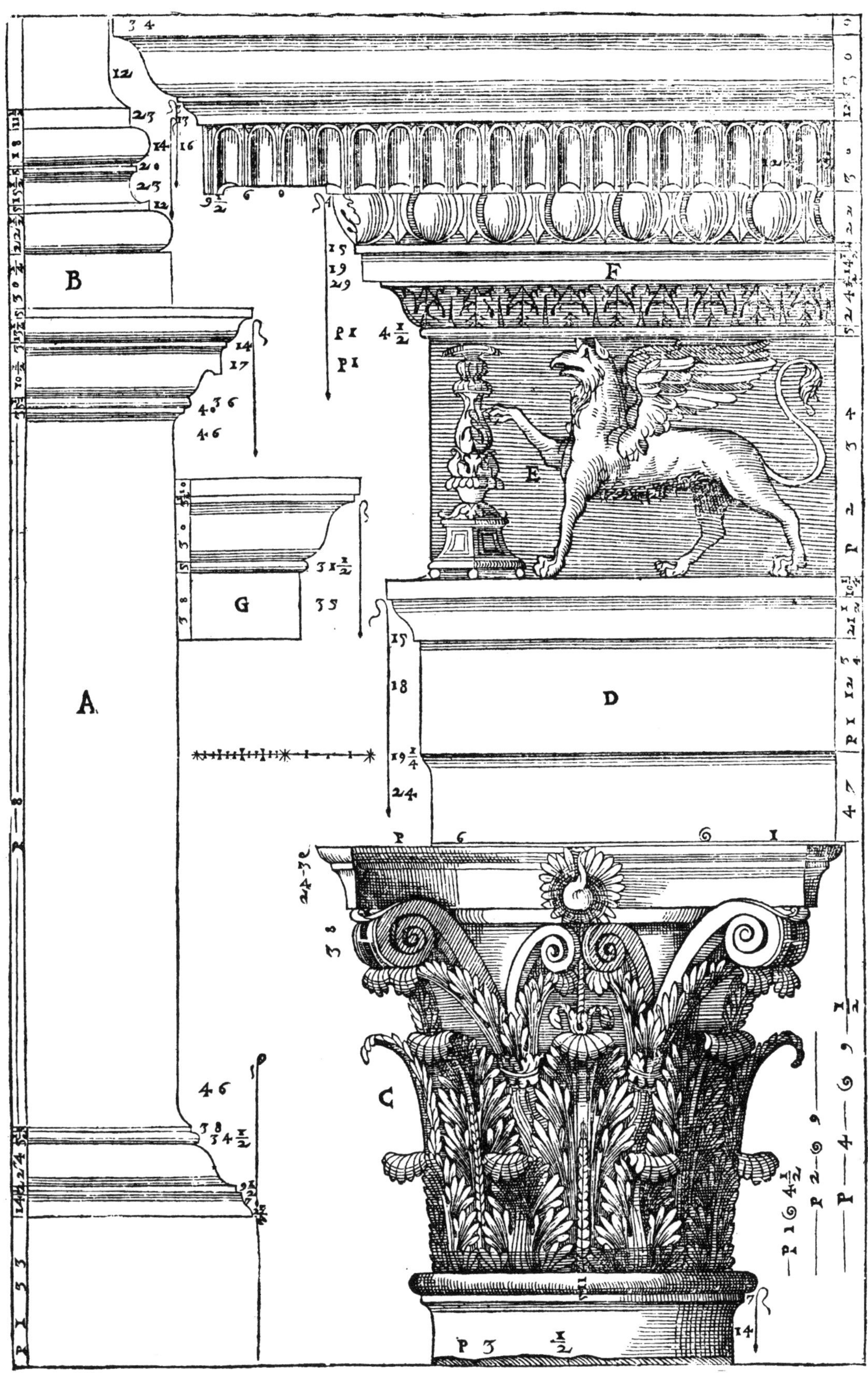

图 4-21　安东尼与福斯蒂娜神庙，柱头、柱础、基底石，以及檐部的细部立面图

第10章 关于日神庙和月神庙

在提图斯拱门附近的新圣母教堂花园中，可以看到两座形状和装饰完全相同的神庙，其中东边的一座被认为是日神庙，西边的一座被认为是月神庙。[93] 这两座神庙由罗马王提图斯·塔提乌斯建造，它们的形状接近圆形 [forma rotonda]，因为它们的长度与宽度相等，而且是根据星球在太空中运转的圆形轨迹建造。神庙入口前方的敞廊已完全毁掉了；人们在敞廊的拱顶上也见不到任何装饰，这拱顶上面还有精工细作、设计精美的灰泥隔板 [compartimento]。神庙的墙非常厚实，在两座神庙之间还可以发现一些楼梯的残迹，这些楼梯应该是通往正对入口的主祈祷室两侧的屋顶。我根据自己的想象设计了正面的敞廊及其内部的装饰，主要依据是地面上残存的部分和一点儿残留的地基。

我为这些神庙绘制了两幅木刻图。

第一幅是两座神庙的平面图，展现了二者如何连接在一起；我们还可以看到前面提到的通向屋顶的楼梯的位置。在这些平面图旁边是室外和室内的立面图 [alzato]。

第二幅图是装饰，也就是拱顶的装饰，因为其他部分已经完全破坏，难觅踪迹；我还画出了室内的侧立面图 [alzato]。

A 正对庙门的祈祷室的隔板 [compartimento]，每个里面有 12 个镶板 [quadro]
C 镶板的剖面图 [profillo] 和侧面图 [sacoma]
B 中殿的隔板，分为 9（排）正方形镶板 [quadro]
D 这些镶板的剖面图 [profillo] 和侧面图 [modano]

图 4-22　日神庙和月神庙，平面图、剖面图和立面图

图 4-23　日神庙和月神庙，长向剖面图局部，以及带有拱腹装饰的拱顶细部图

第11章　关于人们称之为加卢切的那座神庙

在马略胜利纪念柱[94]的旁边，可以见到以下圆形[figura ritonda]建筑，这是继万神庙巨构[machina]之后罗马最伟大的圆形建筑[ritondità]。[95]这一带通常被人们称为“加卢切”，因此有人认为这是奥古斯都为他的侄儿盖尤斯和卢修斯建造的带有漂亮柱廊的盖尤斯和卢修斯巴西利卡的所在地；我并不这么认为，因为这一建筑并不带有巴西利卡的特点，在第三书引述了维特鲁威的叙述之后我绘制的广场示意图中已经说明了巴西利卡的布局；因此我认为这是一座神庙。整座建筑用砖建成，应该用大理石镶饰过，现在已完全脱落。内殿在中间，呈正圆形，分为10个侧面，每个侧面都有一个祈祷室嵌入[cacciare]厚厚的墙内，只有入口处的那一面除外。侧面的两个内殿曾经应该有复杂的装饰，因为我们可以看到很多壁龛，无疑还曾经有过很多的立柱和装饰，它们和壁龛一起创造出美妙的效果。设计[ordinare]圣彼得大教堂的君主祈祷室和法国国王祈祷室的人们就以此为范本，这些建筑还可以在遗迹中见到；整座建筑极其坚固，而且历经岁月依然屹立，因为虽然周围各边没有扶壁，但代之以附属结构[membro]。因为我们无法见到任何装饰性构件（如前所述），我只作了一幅木刻图，包括平面图和室内立面图[alzato]。

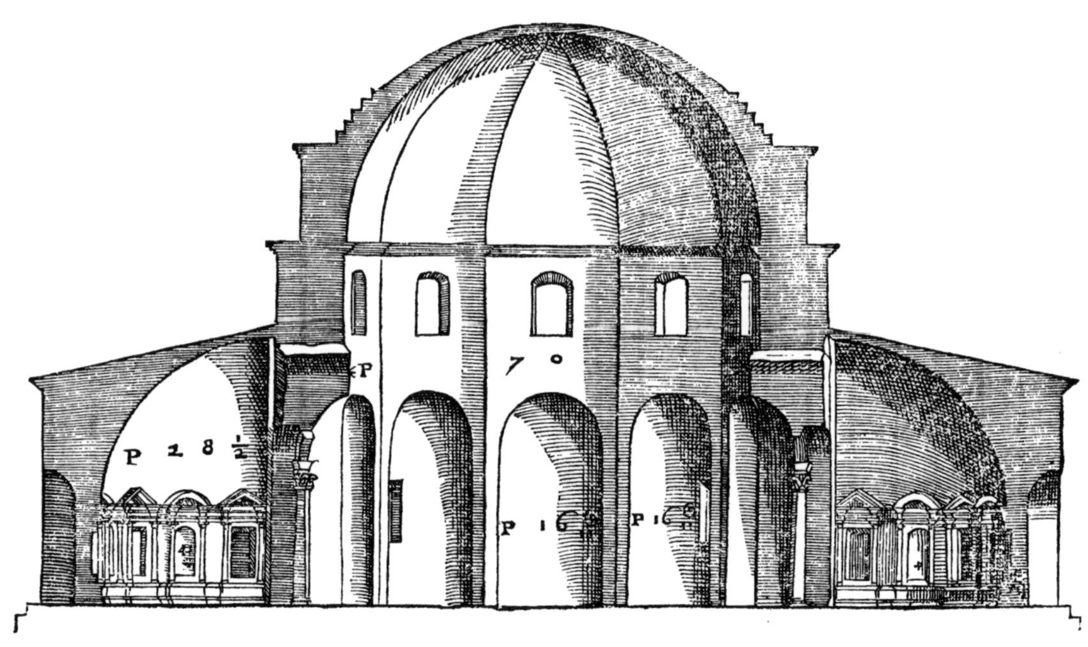

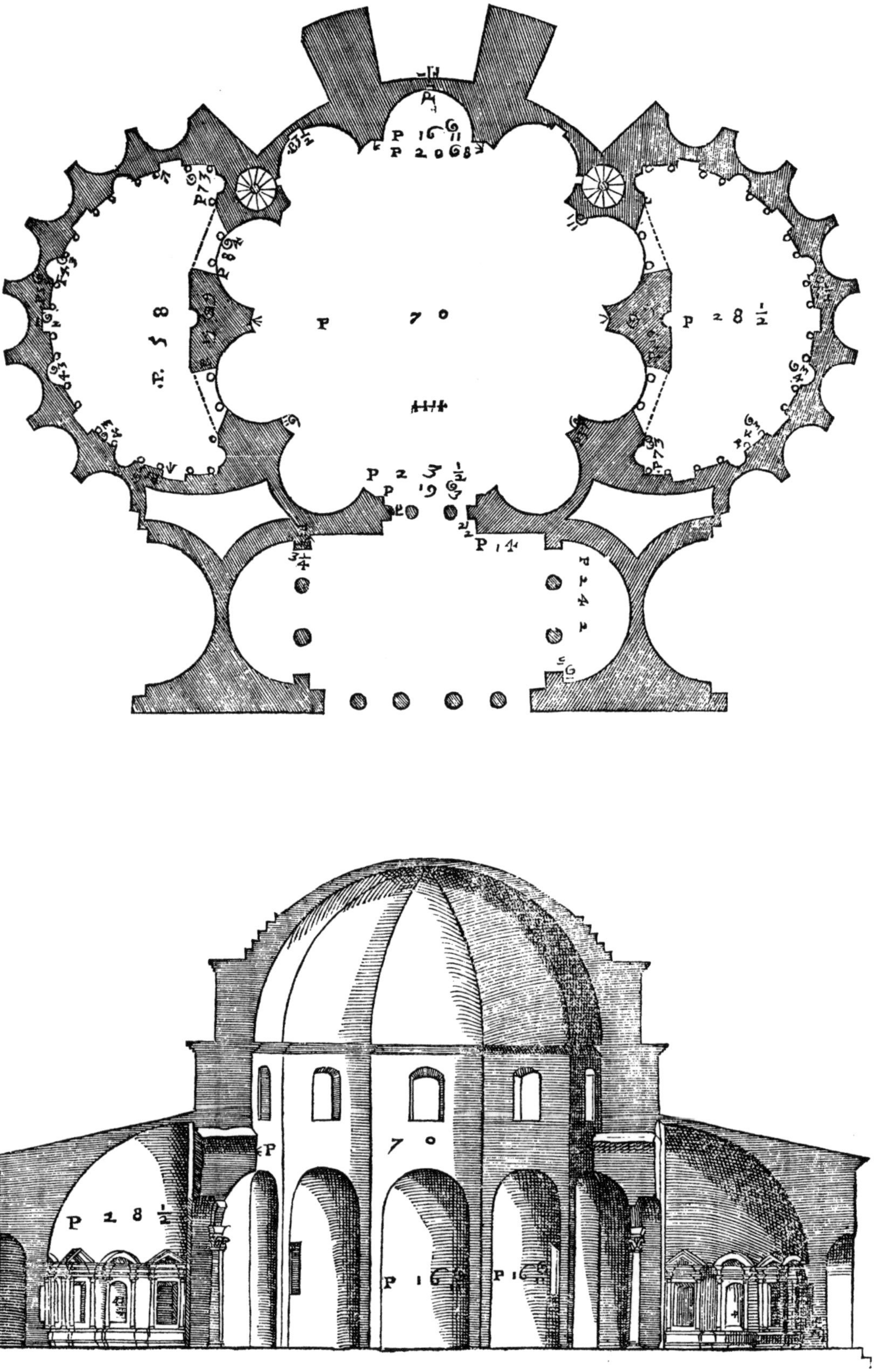

图 4–24　称之为加卢切的神庙，平面图及剖面图

第12章 关于朱庇特神庙

接下来这座被称为“尼禄的山墙”的建筑，位于奎里纳尔山，现称卡瓦洛山（Monte Cavello）的上面，克罗纳住宅的背后。[96] 有些人认为米西奈斯塔就在那里，而尼禄也正是从这里满意地眺望罗马城的熊熊大火；但这些看法其实大错特错，因为米西奈斯塔应该是在距离戴克里先浴场不远的埃斯奎利那山上。另一些人认为科涅利的住宅在那儿。在我看来，这其实是献给朱庇特的神庙。因为我在罗马的时候，曾见到人们挖掘神庙主体 [corpo] 所在的位置；结果发现了一些神庙室内所用的爱奥尼式柱头，属于敞廊的转角部位，因为我认为这座神庙的内部是无顶的。这座神庙的外观是带有假柱廊的样式，即维特鲁威所说的仿双列围柱式[97]；是柱间距较小类型 [spesse colonne]；室外柱廊的立柱为科林斯式。楣梁、中楣和檐口的总高为柱高的四分之一；楣梁的檐板 [cimacio] 设计精美；侧面的中楣雕有卷叶饰，但朝前的部分已经被毁，这里应该是刻字的地方；檐口有正方形 [riquadrato] 檐口托饰，每根立柱轴线上都有一个。山墙板上的檐口托饰是竖直的[98]，它们必须是这样的。神庙内部应该是有柱廊的，就像我的示意图中画的那样。神庙周围有庭院，用立柱和雕像装饰，正面则饰有两匹骏马，从街道上就可以看到，这正是卡瓦洛山得名的原因；两匹骏马一匹由普拉克西特列斯所造，另一匹则由菲狄亚斯所造。[99] 通往神庙的台阶非常方便，而且在我看来，这应该是罗马规模最大、装饰最多的神庙。

我作了六幅木刻图。第一幅是整座建筑的平面图，附后面带楼梯的部分，楼梯层层向上，通往神庙侧面的庭院。我在第一书讨论不同形式的楼梯时，收录了这几种楼梯的立面图，以及一张大比例平面图。[100]

第二幅是神庙外侧面。

第三幅是神庙外立面之半。

第四幅是室内，从这两幅木刻图中可以对庭院的装饰得到初步印象。

第五幅是室内侧面图。

第六幅是装饰。

A 楣梁、中楣和檐口

C 柱础

E 柱廊的立柱柱头

D 与立柱相对齐的壁柱的柱础

B 庭院周围的檐口

F 台座 [acroteria][101]

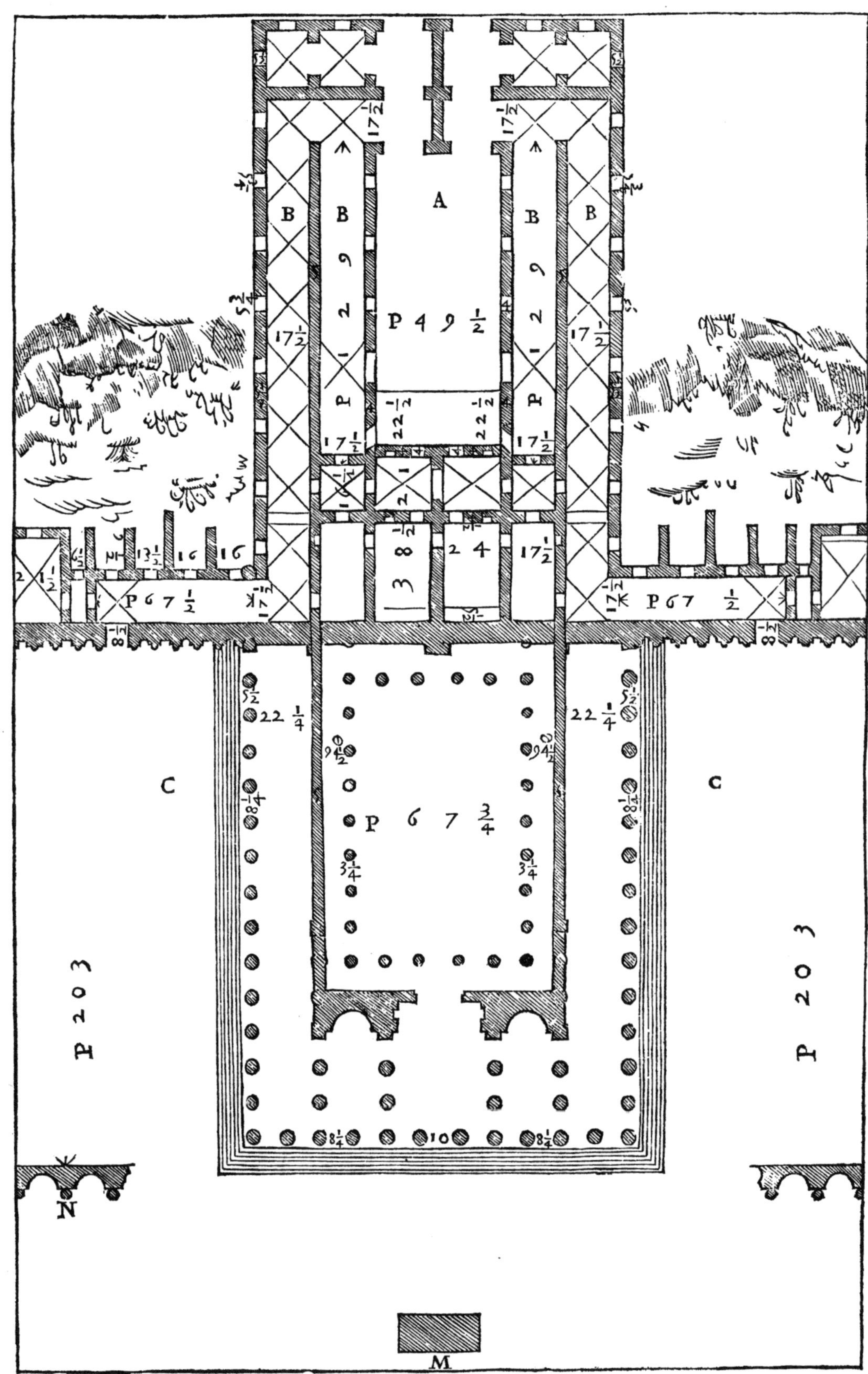

图 4-25　朱庇特神庙，平面图

图 4-26　朱庇特神庙，门廊侧立面图及局部平面图

图 4-27　朱庇特神庙，门廊之半的立面图与局部平面图

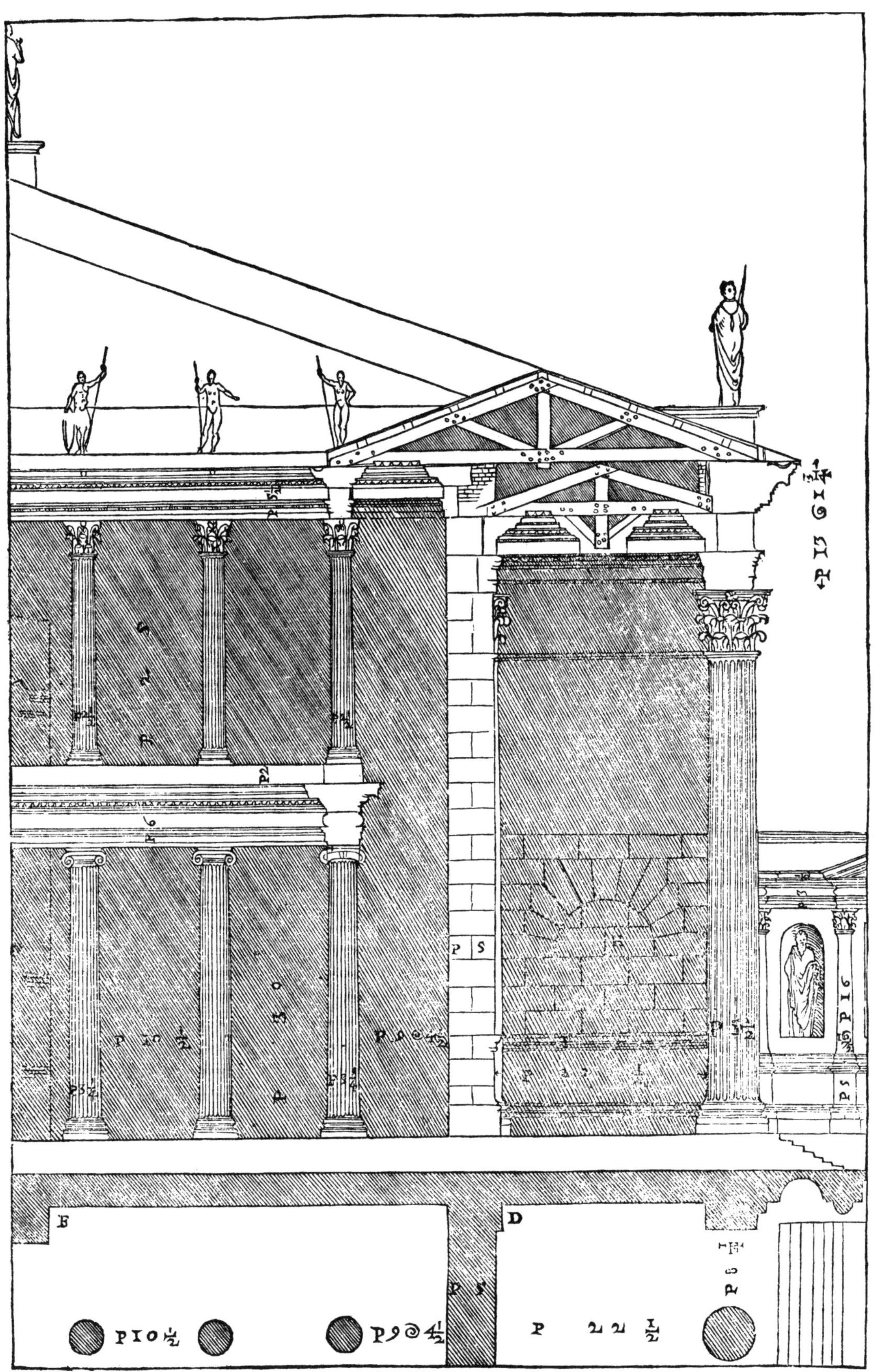

图 4-28　朱庇特神庙，室内剖面之半，以及局部平面图

图 4-29　朱庇特神庙，剖到门廊及室内局部的剖面图

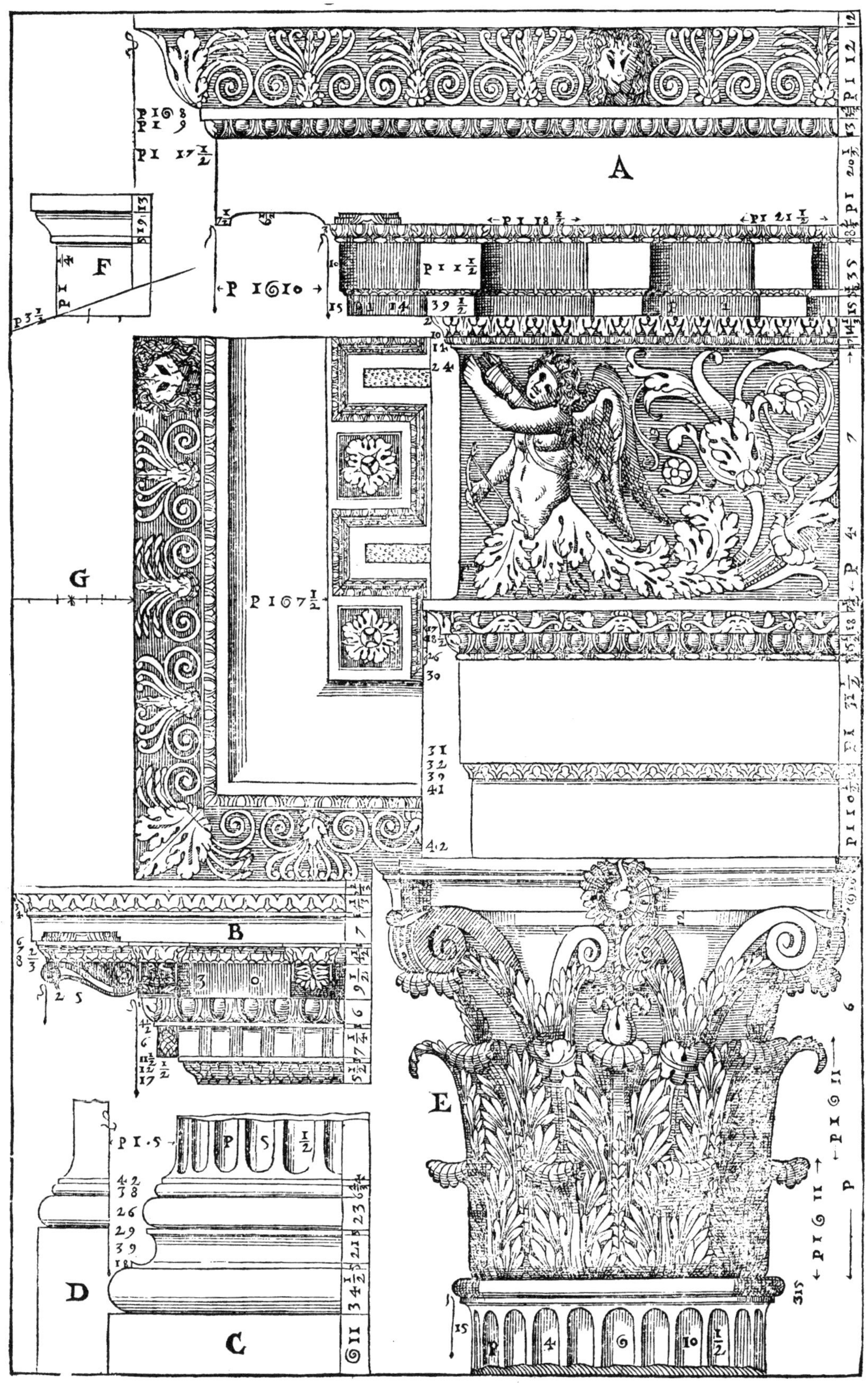

图 4–30　朱庇特神庙，柱头、柱础、檐部以及拱腹的细部，立面图及仰视图

第13章　关于雄浑的福尔图纳神庙

在现称圣马利亚桥的西纳托里厄斯桥，可以看到下面这座神庙，它实际上保存得很完整，现在是圣马利亚·埃吉齐亚卡教堂。[102]我们不确切知道它在古代的名称；有人说是献给命运女神福尔图纳的神庙；我们可以读到有关于这座神庙的一个传奇故事，据说当时一把大火烧掉了神庙中所有的东西，唯独用镀金的木头所造的赛韦尔斯·图利叶斯雕像完好无损。但是，按照规则，命运神庙应该造成圆形[ritondo]，因此有些人根据这里找到的一些题刻认为这并非神庙，而是卢修斯巴西利卡；我不同意这个说法，有一部分原因是这座建筑比较小，而巴西利卡通常需要有一定规模，因为有一大批人要在这里做事；另一部分原因则是古人通常会在巴西利卡的内部建造柱廊，而这座神庙里没有任何柱廊的遗迹；因此我确信这就是一座神庙。它的外观属于前柱廊式，在内殿的外墙上有半柱，是门廊立柱的延续，而且有着相同的装饰，因此从侧面看，有着围柱式[alato a torno]的外观。柱间距为柱径的$2^1/_4$倍，因此属于两径间式。[103]神庙的地板比周围地面高出$6^1/_2$尺，人们可以从台阶上去，而台基支撑着整座建筑，也构成了建筑的墩座[poggio]。立柱为爱奥尼式；柱础为阿提卡式，而且看上去应该和柱头一样，都是爱奥尼式；但是我们在建筑实例中找不到古代人使用维特鲁威所说的爱奥尼式柱础的证据。[104]立柱有24条凹槽。[105]柱头卷涡饰是椭圆形的，而位于柱廊和神庙本体转角部位的柱头，则有着面对相邻两边的卷涡饰[106]，这种做法我没有在其他地方见过[107]；我在很多建筑中采用了这种做法，因为我觉得这是一个美丽而优雅的创造；建造这种柱头的方法可以在我的设计图纸中找到。神庙门的装饰十分美丽，比例也很恰当。整座建筑用碎晶凝灰岩建成，然后覆以灰泥。

我为此作了三幅木刻图。第一幅是平面图，以及一部分装饰。

H　支撑整座建筑的台基的基底石[basa]
I　支撑整座建筑的台基的基座[dado]
K　支撑整座建筑的台基的顶板[cimacia]
L　位于台基上方的柱础
F　门上的装饰
G　门上卷形饰[Cartella]的正面投影图[in maest à]

第二幅为神庙正立面。

M　楣梁、中楣和檐口
O　柱头正面[108]
P　柱头平面图
Q　柱头侧面
R　不包括卷涡饰的柱头主体[vivo]

第三幅是神庙侧面。

M　中楣的一部分，以及遍布整座神庙的浮雕
S　角柱柱头的平面图，人们可以通过这张图轻松地理解它们是如何建造的

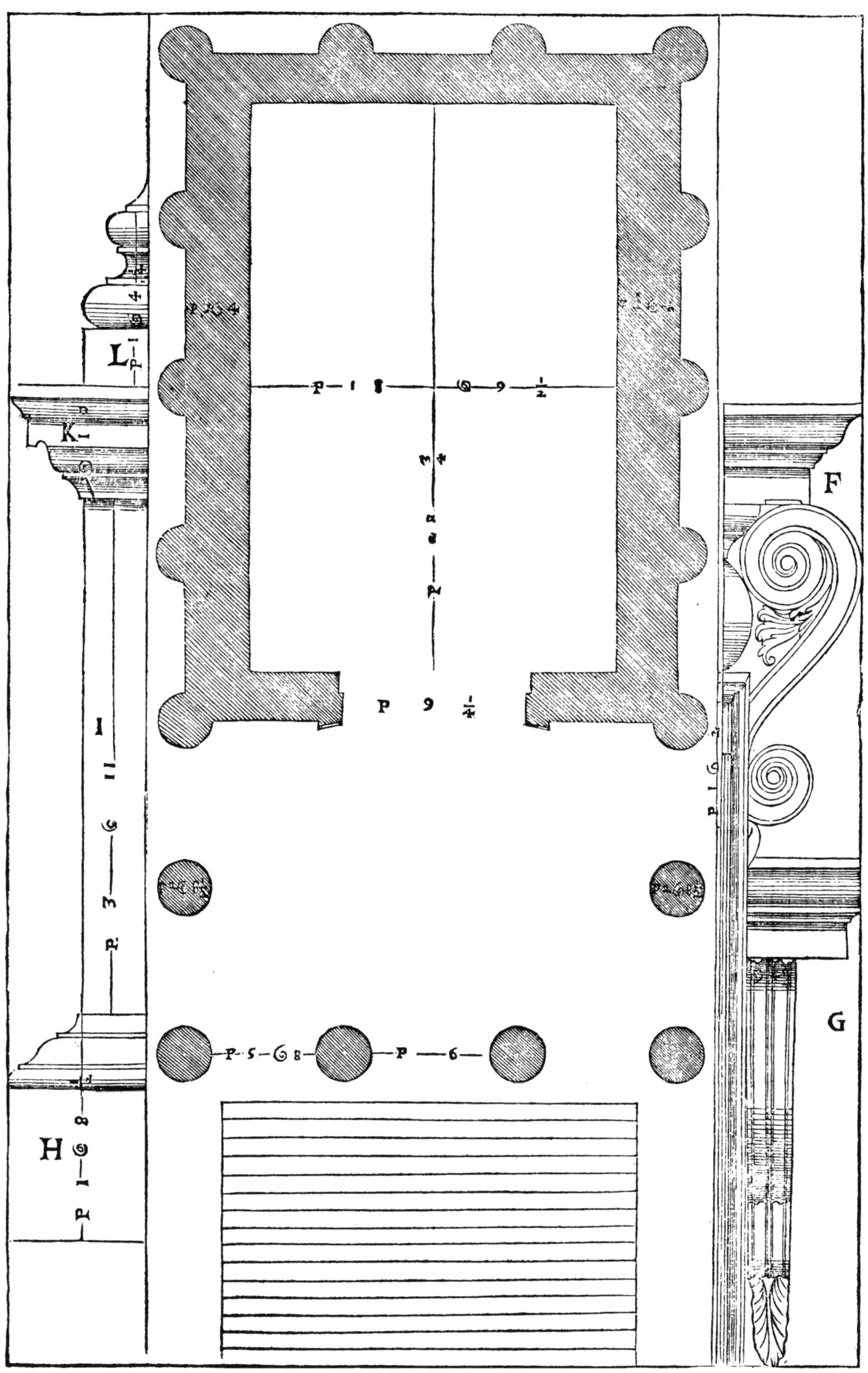

图 4-31　雄浑的福尔图纳神庙，平面图，旁边有一些装饰的图样

图 4-32　雄浑的福尔图纳神庙，正立面，及其爱奥尼式柱头和檐部的细部，平面图、立面图及轮廓图

图 4-33　雄浑的福尔图纳神庙，门廊侧面的立面图，一个角柱头的平面大样图，以及中楣立面大样图

第14章　关于维斯塔神庙

沿台伯河岸而上，在离上一座神庙不远处，还有另一座圆形神庙，现在称作圣斯特凡诺（S.Stefano）。[109] 据说由努马·庞皮利乌斯建造，献给维斯塔女神，选择圆形 [figura tonda] 是为了模仿哺育人类的地球的形状，而维斯塔被认为是主管地球的神。[110] 这座神庙为科林斯柱式。柱间距为柱径的 $1\frac{1}{2}$ 倍。立柱包括柱础和柱头在内，长 11 头 [testa]（我在别处提到过，“头” [testa] 表示在柱脚 [da piede] 部位测量的柱径）。[111] 没有础座 [zoccolo] 和基座墩身 [dado]，而这个位置代之以台阶，把所有柱子连成一体；建筑师 [ordinare] 之所以要这么做，是为了让柱廊的入口少一些阻挡，因为这座神庙属于柱间距较紧密的类型 [di spesse colonne]。包括墙体厚度在内的内殿直径与柱高相等。柱头雕有橄榄树叶；檐口已经看不到了，但我在图纸中把它加了上去；在柱廊的拱腹下表面，有一些漂亮的镶板 [lacunare]；门和窗都有着非常美丽而简洁的装饰。在柱廊的下方、神庙的内部，有一圈檐板 [cimacia] 支撑着窗户，并横贯整个室内；这些檐板支撑着墙体，而墙体的上面是圆屋顶 [tribuna]，看上去就像是一圈底座。在神庙的外部，也就是柱廊下方，这圈墙体从檐板往上直到拱腹的部分均装饰有方块，墙的内表面是光滑的，在顶部有檐口支撑着圆屋顶，其高度与柱廊的檐口相一致。

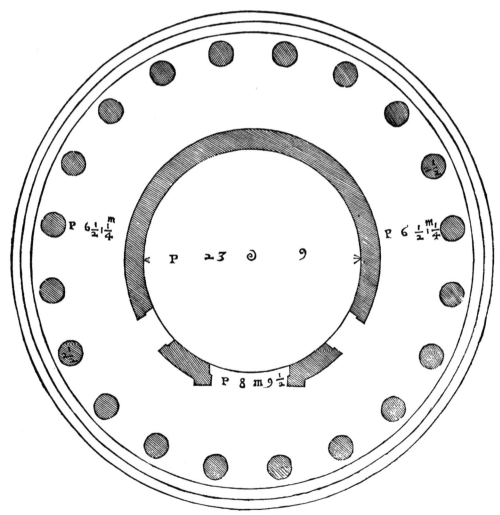

图 4–34　台伯河上的维斯塔神庙，平面图

我作了三幅木刻图来表达这座神庙。第一幅在上页，画的是平面图。

第二幅是室内和室外的立面图 [alzato]。

第三幅是细部图 [membro particolare]。

A 柱础
B 柱头
C 楣梁、中楣和檐口
D 门上的装饰
E 窗上的装饰
F 位于内殿外围，作为方块饰之上沿的小檐口 [cornicietta]
G 位于内殿内部的小檐口 [cornicietta]，其上是窗台 [soglia]
H 柱廊的拱腹

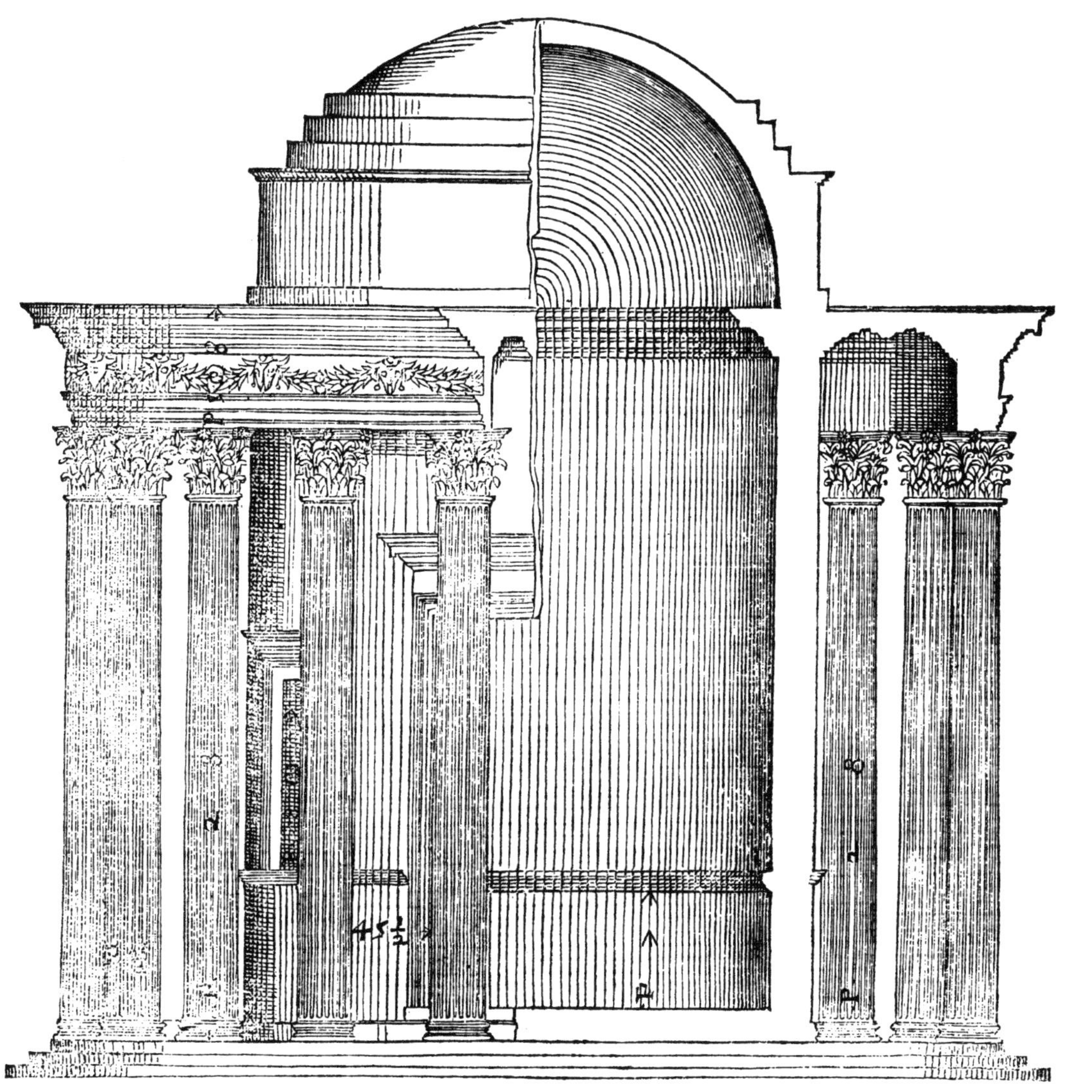

图 4–35 台伯河上的维斯塔神庙，立面之半与剖面之半

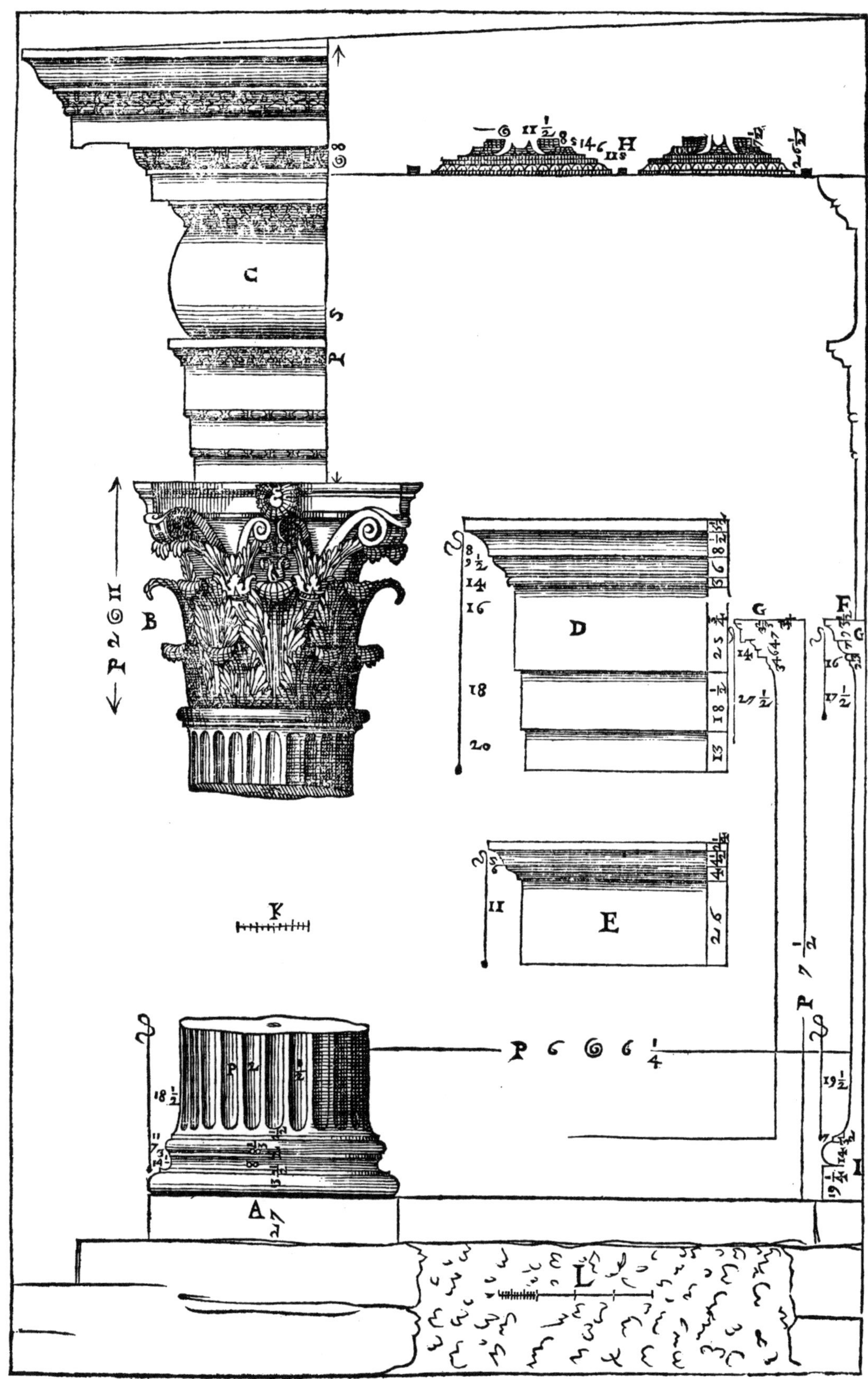

图 4–36　台伯河上的维斯塔神庙，装饰细部

第15章　关于战神庙

在从圆庙[112]到安东尼柱的途中，有一个被大家称为普雷蒂广场的地方，在这里可以看见以下的神庙遗迹，据说是安东尼皇帝建造并献给战神玛斯的。[113]它的外观是围柱式 [alato a torno]，属于柱间距较小的类型 [spesse colonne]。柱间距为 $1^1/_2$ 倍柱径。周围柱廊的宽度比一个柱间距略宽，宽出的部分相当于壁角柱从其余墙体上突出的部分 [risalita]。立柱为科林斯式。柱础为阿提卡式，在立柱平缘 [cimbia] 下方有小凸圆线脚 [bastoncino]；平缘非常细，因此也很美妙；当它与柱础圆盘饰 [toro]——又称 bastone[114]——上方的小凸圆线脚 [bastoncino] 相连时，它总是做得这么细，因为此时没有断裂的危险。柱头雕有橄榄树叶，设计精美。楣梁用半个钟形饰 [ovolo][115] 替代了上方的连锁叶饰 [intavolato] 和凹弧线脚 [cavetto]；凹弧线脚上有着非常漂亮的浮雕，与我们前面提到的和平神庙以及奎里纳尔山上的朱庇特庙有所不同。中楣向外出挑的距离为其自身高度的1/8，中间隆起。檐口有正方形的檐口托饰，在檐口托饰的上方是檐冠 [gocciolatoio]；没有齿状饰 [dentello]；维特鲁威认为在所有用到檐口托饰时都应该遵从这种布局方式，但是我们在古建筑中见到的这种样例并不多。[116]在神庙侧面的主檐口上方有一个小檐口 [cornicietta]，它朝前的表面与檐口托饰齐平；这个小檐口用来承托雕像，之所以采取这样的方式，是为了确保整座雕像都能够被看见，而他们的脚和腿等部分不会被主檐口的出挑部分所遮挡。在柱廊的内部，有一道楣梁，与外立面的楣梁同高，但不同的是，它有三个饰带；分隔饰带的部件 [membro] 是一条小型的雕有小花卉的连锁叶饰 [intavolato]，以及一段小的拱形饰 [archetto]，最小的饰带上也雕了叶子；而在刻有精美叶饰的正波纹线脚上方，还用珠盘饰 [fusaiolo] 替代了反波纹线脚 [gola riversa] 或连锁叶饰 [intavolato]。这一楣梁支撑着柱廊的拱顶。将柱高分为 $5^1/_2$ 份，楣梁、中楣和檐口的高度取其 1 份，尽管不到柱高的五分之一，仍然做得不同凡响、庄重典雅。外墙用碎晶凝灰岩建成，而在神庙内部，另外建有更加合适的砖墙，用来支撑拱顶，拱顶上饰有灰泥刷饰的美丽镶板 [quadro]。这些墙壁用大理石饰面，周围饰有壁龛和立柱。我们可以见到这座神庙一侧的大部分，但我仍然为了展现它的全貌而竭尽全力，因此根据残存遗迹和维特鲁威的记述推断，我作了五幅木刻图。

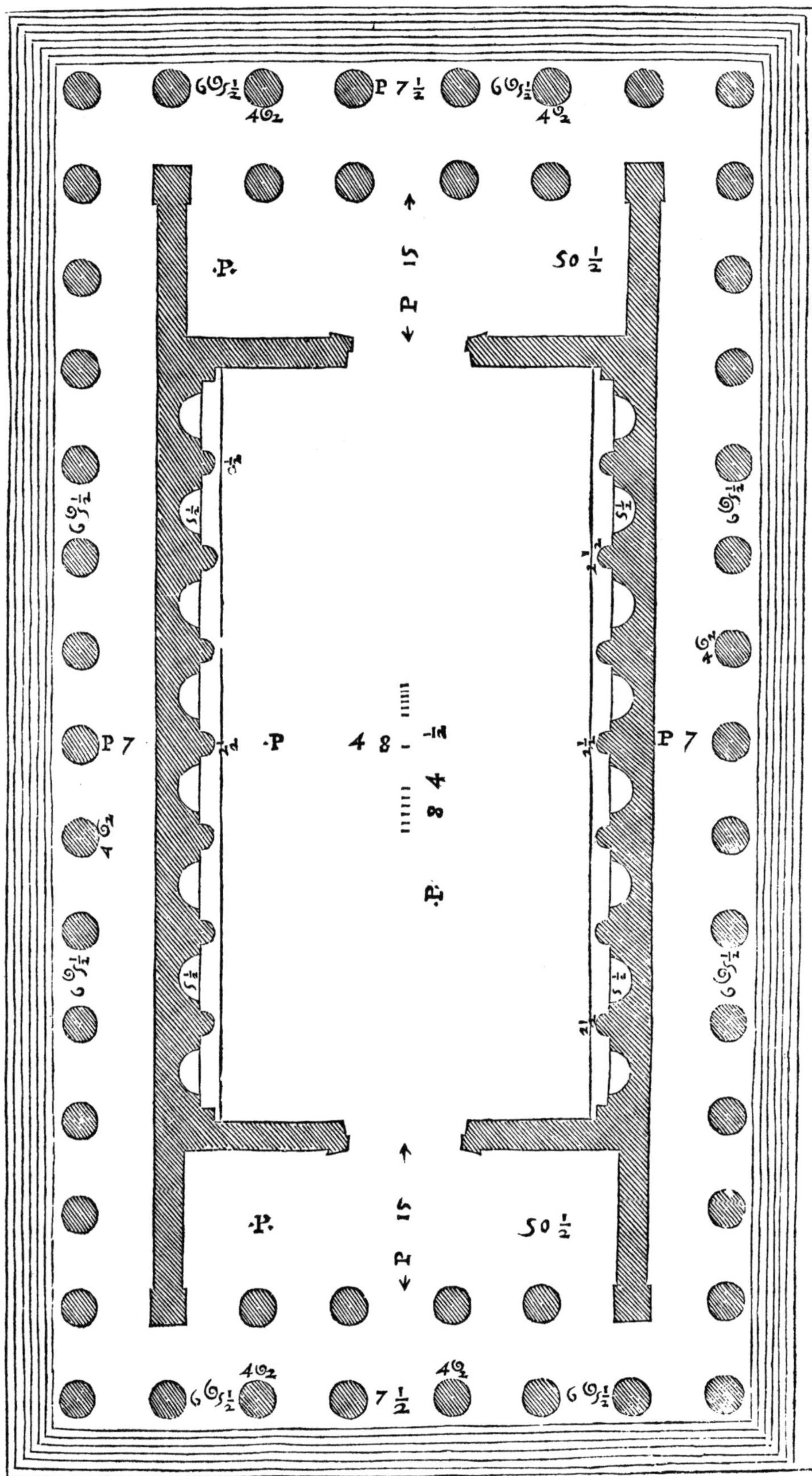

图 4–37　战神庙，平面图

第一幅在上页，画的是平面图。[117]

第二幅是正立面的投影图 [impiede]。

第三幅是外侧面的局部。

第四幅是柱廊侧面和神庙室内的局部。

第五幅是柱廊的装饰。

A　柱础
B　柱头
C　楣梁
D　中楣
E　檐口
F　作为雕像平台的小檐口 [cornicietta]
G　立柱间楣梁的拱腹
H　在柱廊内部支撑拱顶的楣梁

图 4–38　战神庙，立面图

图 4-39　战神庙，侧立面及局部平面图

图 4-40　战神庙，穿过门廊及室内局部的剖面图

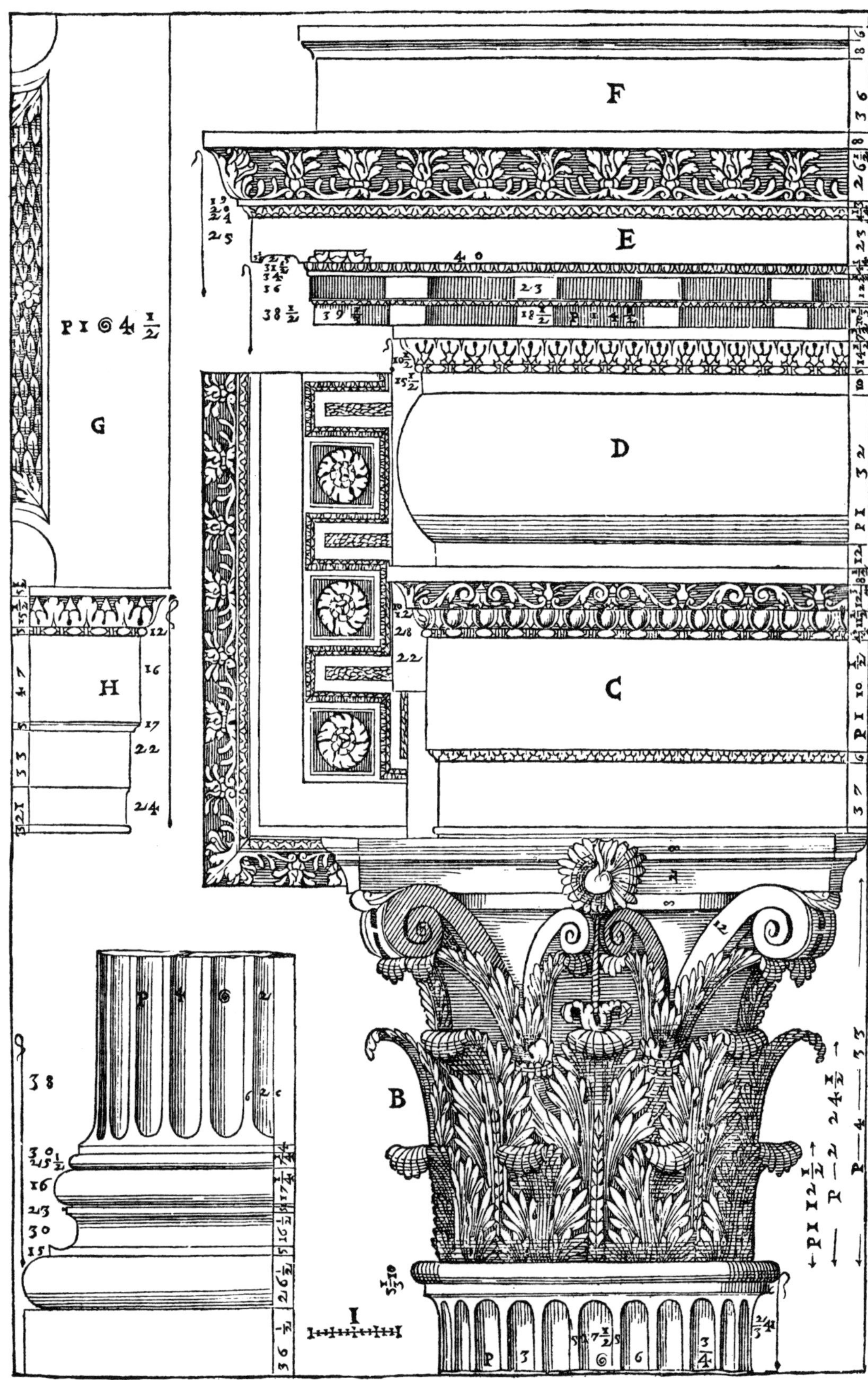

图 4–41　战神庙，门廊柱头、柱础、檐部及拱腹的细部，立面图及仰视图

第16章 关于君士坦丁洗礼堂

下图展现了位于圣约翰·拉特兰教堂的君士坦丁洗礼堂。[118] 我认为这座神庙的年代比较晚近，是在古建筑的废墟上建成的，但因为这座建筑设计雅致，雕饰精美，有很多值得建筑师值得借鉴之处，因此我觉得很有必要把它和古建筑放在一起。之所以这么做还有一部分原因，是很多人以为这也是古代所建。立柱是用斑岩所造，为混合柱式。柱础是阿提卡式和爱奥尼式的混合；有两个阿提卡式的圆盘饰 [bastone] 和两个爱奥尼式的凹弧线脚 [cavetto]，但与爱奥尼式在凹弧线脚中间安置两个小凸圆线脚 [tondini] 不同的是，这里的柱础在同样的位置只用了一个。所有这些部件都有着精美的雕饰，做得十分美妙。值得注意的是，在柱廊的柱础上方还有支撑柱身的叶形饰；立柱柱身并没有通常应有的那么长，但建筑师成功地运用了这些技巧，丝毫没有影响建筑的美感和高贵，实在值得称道。我本人在设计威尼斯的圣乔治·马焦雷教堂的大门装饰柱时也采取了这种设计；长度缩短了，但漂亮的大理石雕饰让其成为建筑不可或缺的部分。[119] 柱头为爱奥尼式和科林斯式的混合，并且带有莨苕叶饰（acanthus leaves）；我在第一书已经交待了它的建造方法。楣梁用极精细的手法雕成；其檐口 [cimacio] 用珠盘饰 [fusaiolo] 替代了上方的反波纹线 [gola riversa] 和半个钟形饰 [ovolo]。[120] 中楣则较为朴素。檐口有两个正波纹线，彼此相叠；这是较为少见的，也就是，两个相同设计的元素叠在一起，中间并没有穿插其他元素，例如平缘或阶梯形线脚 [gradetto]。在这些波纹线脚 [gola] 的上方是齿状饰 [dentello]，然后是带有连锁叶饰 [intavolato] 的檐冠 [gocciolatoio]，最后是一个正波纹线脚；在这个檐口中，人们也可以看到，建筑师因为用了齿状饰，就没有使用檐口托饰。

我为这座神庙作了两幅木刻图。第一幅是平面图，以及内部和外部的立面图 [alzato]。

第二幅是细部图。

A　柱础
B　柱头
C　楣梁、中楣和檐口
D　立柱之间楣梁的拱腹
E　1尺，分为12寸

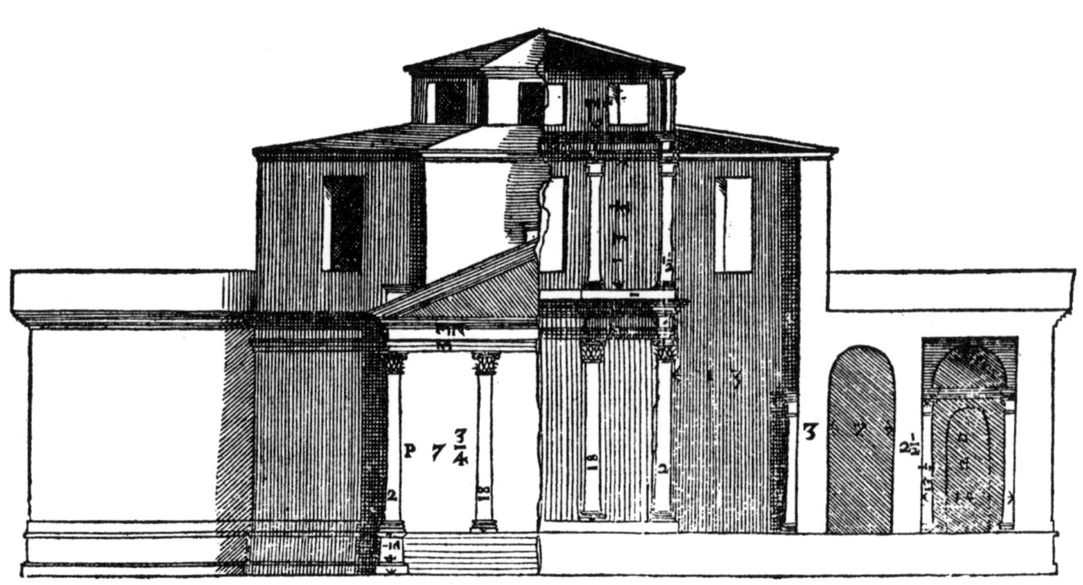

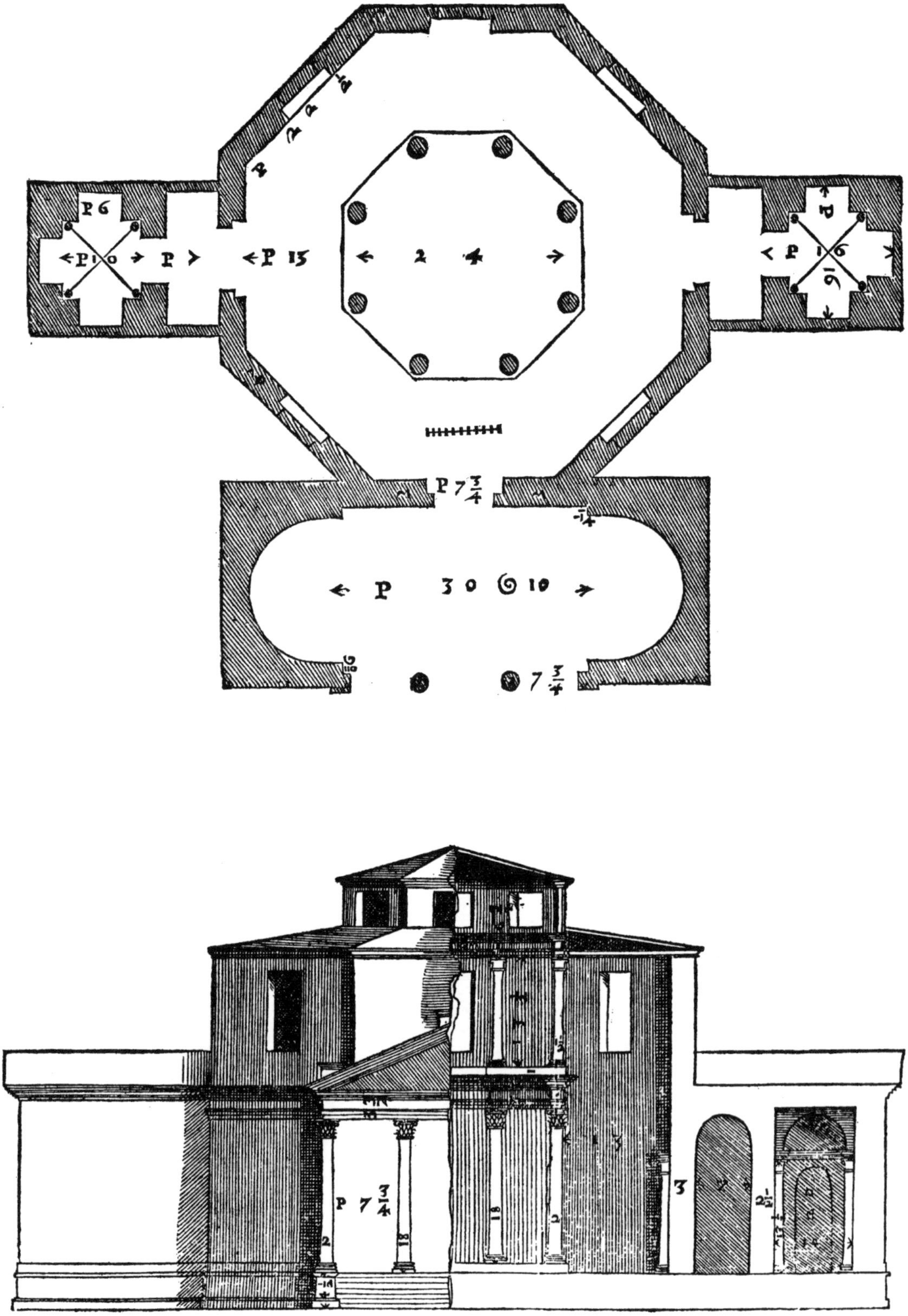

图 4-42　君士坦丁洗礼堂，平面图，立面图之半以及剖立面图之半

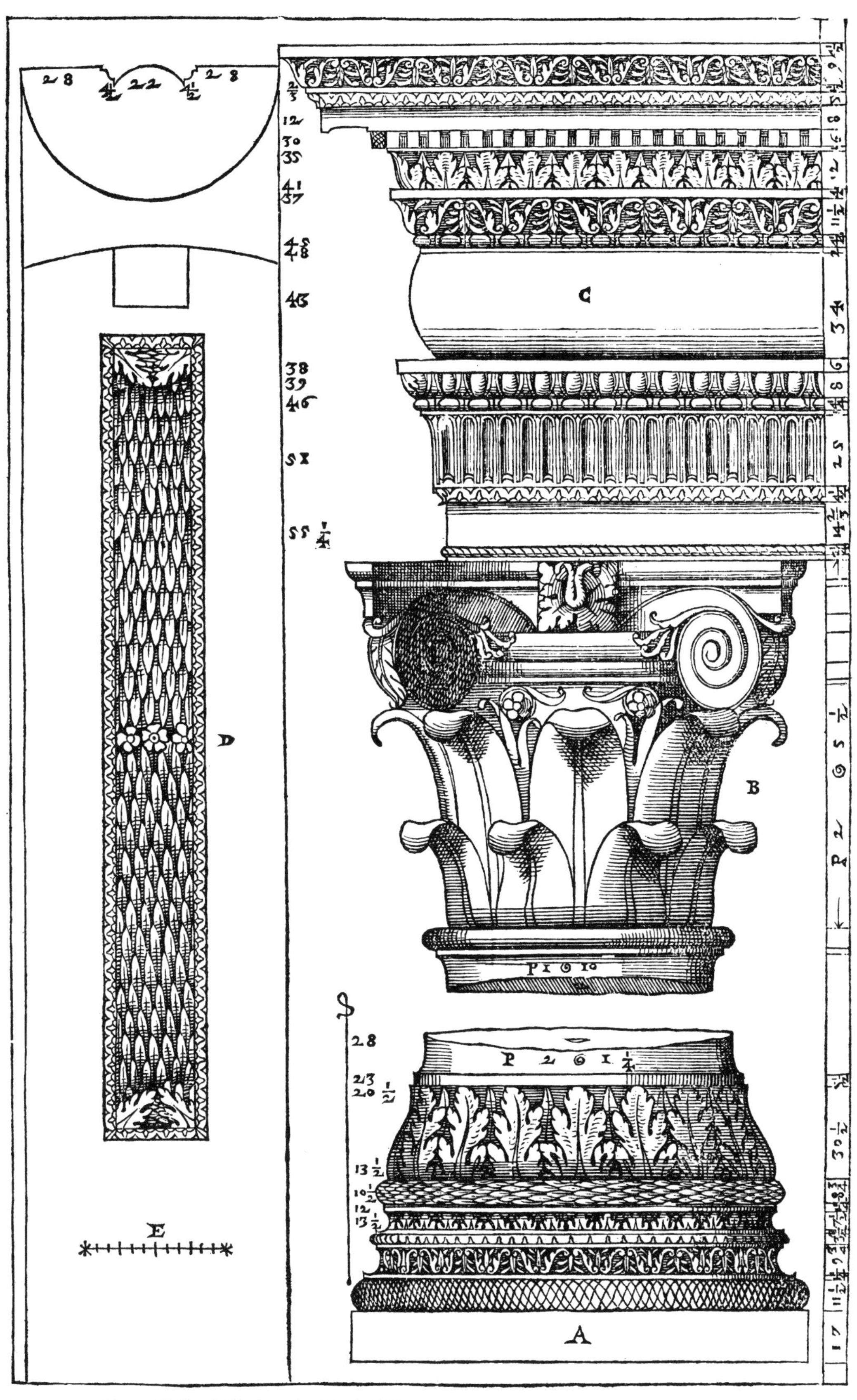

图 4-43　君士坦丁洗礼堂，装饰细部，立面图及仰视图

第17章　关于伯拉孟特的坦比哀多小礼拜堂

在罗马帝国渐渐衰落的时候，由于外族不断地攻城略地，建筑就和当时所有其他的艺术和科学一样，失去了原有的优美和精致，一步步地沦落，以至于再无优美的比例和绚丽的设计。由于人类的事物都处在永恒运动之中，事物总是有时日趋完美走向巅峰，有时又落入破败的低谷；而建筑，终于在我们父辈和祖父辈的时代，从尘封已久的阴影中拨开云雾重见天日。[121] 在教皇尤利乌斯二世任职期间，一位极具才华，又悉心研究了古代建筑的大师伯拉孟特在罗马建造出了不朽的作品；随后又出现了米开朗琪罗・博纳罗蒂、雅各布・珊索维诺、来自锡耶纳的巴尔达萨雷[122]、安东尼奥・达・桑迦洛、米凯莱・桑米凯利、塞巴斯蒂亚诺・塞利奥、乔治・瓦萨里、贾科莫・巴罗齐的维尼奥拉，以及莱奥尼骑士[123]，他们伟大的作品遍布罗马、佛罗伦萨、威尼斯、米兰和其他意大利城市；而且，大多数人还是杰出的画家、雕塑家和作家；其中一些至今仍然在世。此外还有很多为了避免冗长而没有列出的伟大人物。[124] 因此（言归正传），因为伯拉孟特是第一位让尘封已久的美好建筑重见天日的人，我认为把他的作品理应和古人的作品放在一起；相应地，我收录了下面这个他在贾尼库兰山上设计的神庙；神庙被称为蒙托里奥的圣彼得罗教堂，因为相传是为在这里被钉上十字架的门徒圣彼得所建。[125] 这一神庙在内外都是多立克式。立柱为花岗石，柱础和柱头是大理石，其余部分为石灰华。

我作了两幅木刻图。第一幅为平面图。

第二幅为室外和室内的立面图 [alzato]。

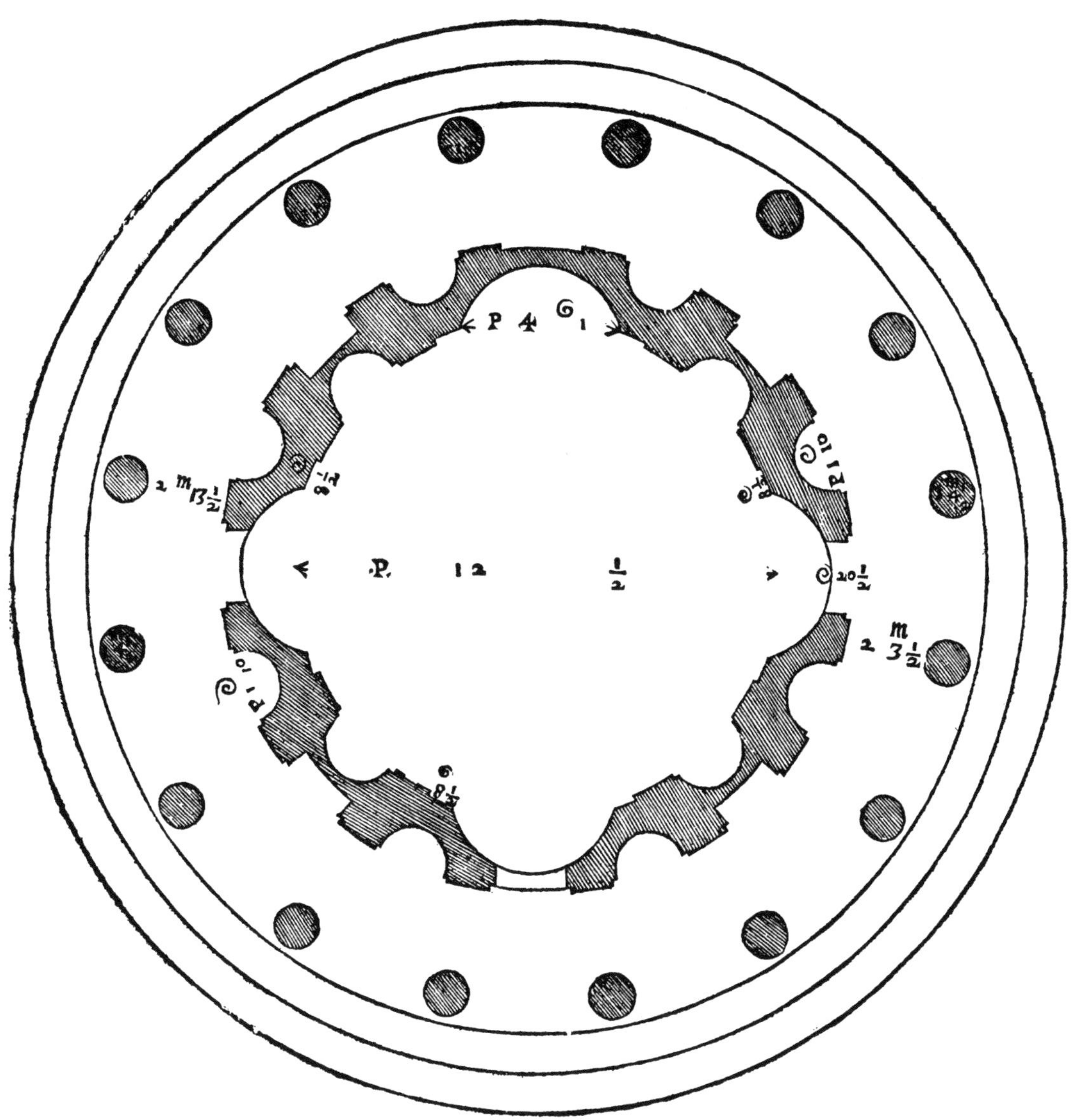

图 4-44　坦比哀多小礼拜堂，平面图

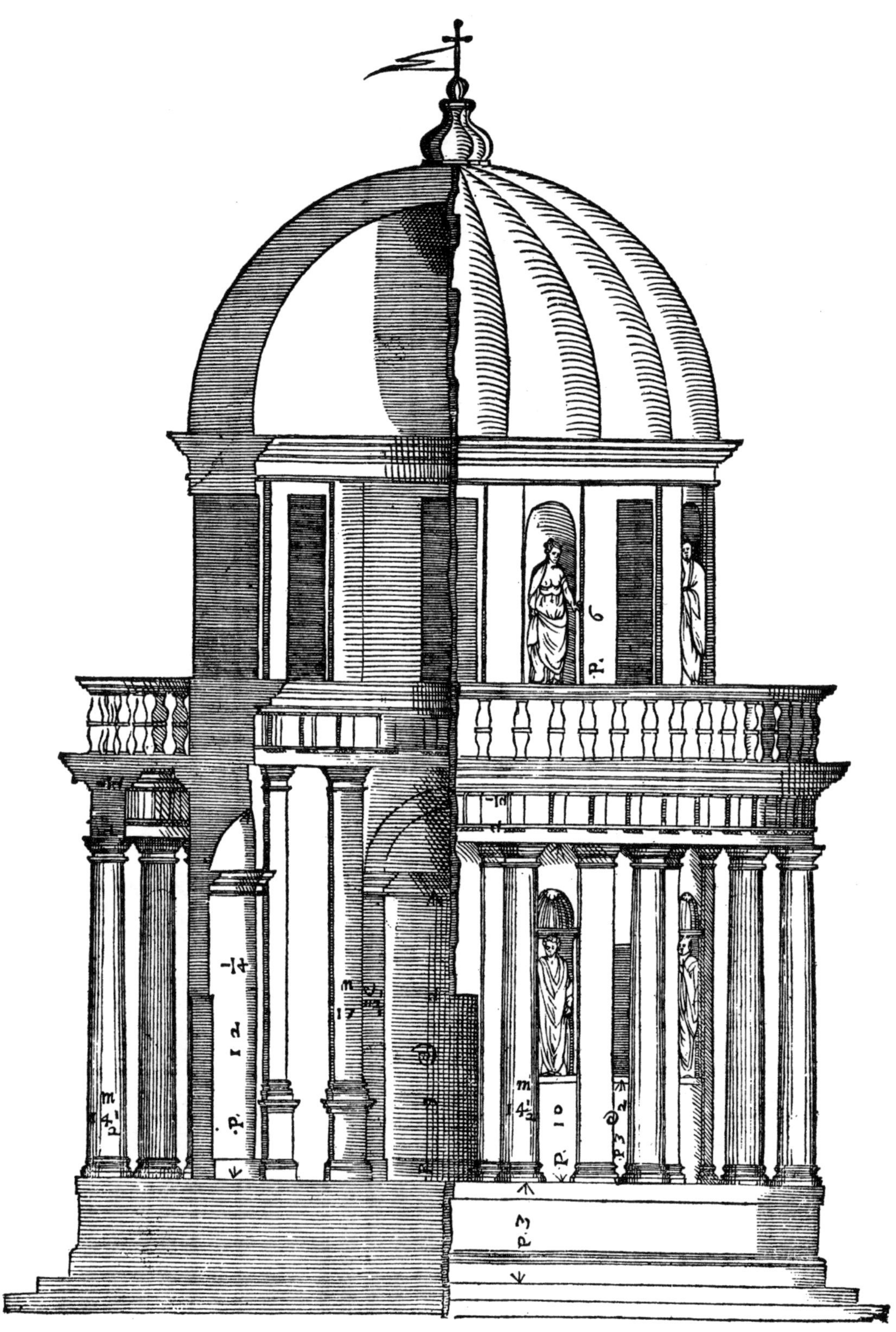

图 4-45　坦比哀多小礼拜堂，立面图之半以及剖立面图之半

第18章 关于永恒的朱庇特的神庙

在罗马广场附近，卡比托利欧山和帕拉蒂尼山（Palatine）之间可以见到三根科林斯式立柱,有人认为这是伏尔肯神庙（Temple of Vulcan）的侧面,有人认为是罗穆卢斯神庙；还有人认为属于永恒的朱庇特神庙（the Temple of Jupiter Stator）[126]；我也认为这些遗迹应该是源于罗穆卢斯立下的誓言，当时萨宾人（the Sabines）叛国并拿下卡比托利欧山及要塞，已经逼近王宫，情势危急。也曾经有人认为这些柱子沿着卡比托利欧山脚排列，属于一座桥的一部分，这座桥是卡尼古拉为了从帕拉蒂尼山通往卡比托利欧山而修建的；我认为这不符合事实，因为我们看到立柱上的装饰属于两座不同的建筑，而且卡尼古拉修建的桥是木造的，从罗马广场穿过。但是言归正传，不论这些立柱来自哪里，我还从来没见过比这更高超更精细的；每一个部件 [membro] 都构思巧妙、做工精细。我认为这座神庙的外观应该是围柱式，也就是有拱廊环绕的样式 [alato a torno]，其类型属于密柱间式。神庙的正面 [fronte] 有 8 根立柱，神庙的侧面，包括转角共有 15 根立柱；柱础为阿提卡式和爱奥尼式的混合；柱头值得细细品味，因为它的柱顶板浮雕设计得非常精美。楣梁、中楣和檐口占柱高的四分之一；檐口自身的高度略小于比楣梁和中楣的总和，这在其他神庙中我还从未见过。

我作了三幅木刻图说明这座神庙。第一幅是建筑立面。

第二幅是平面图。

第三幅是细部图。

A 柱础 C 楣梁、中楣和檐口

B 柱头 D 立柱间楣梁的拱腹局部

图 4-46 永恒的朱庇特的神庙，立面图

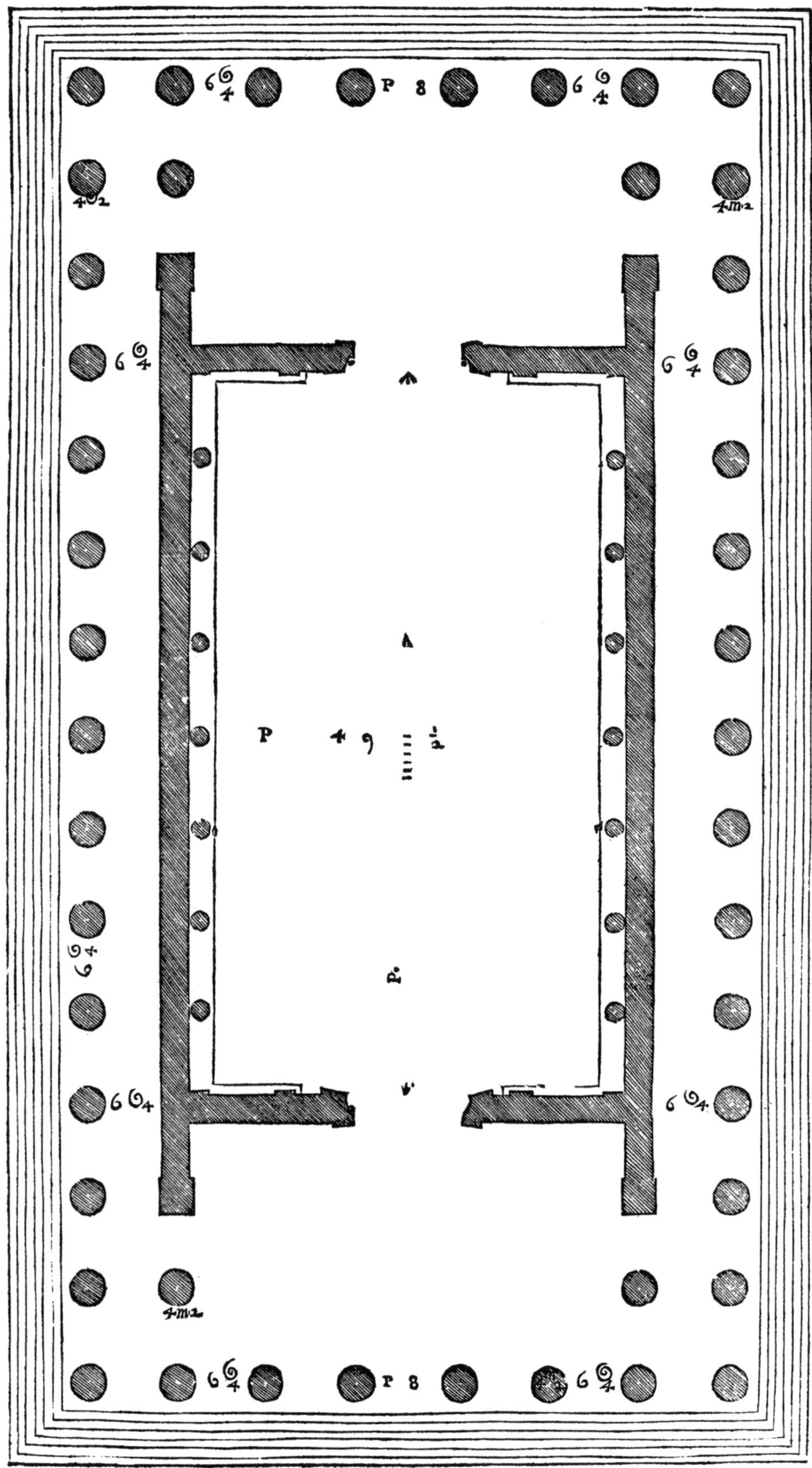

图 4-47　永恒的朱庇特的神庙，平面图

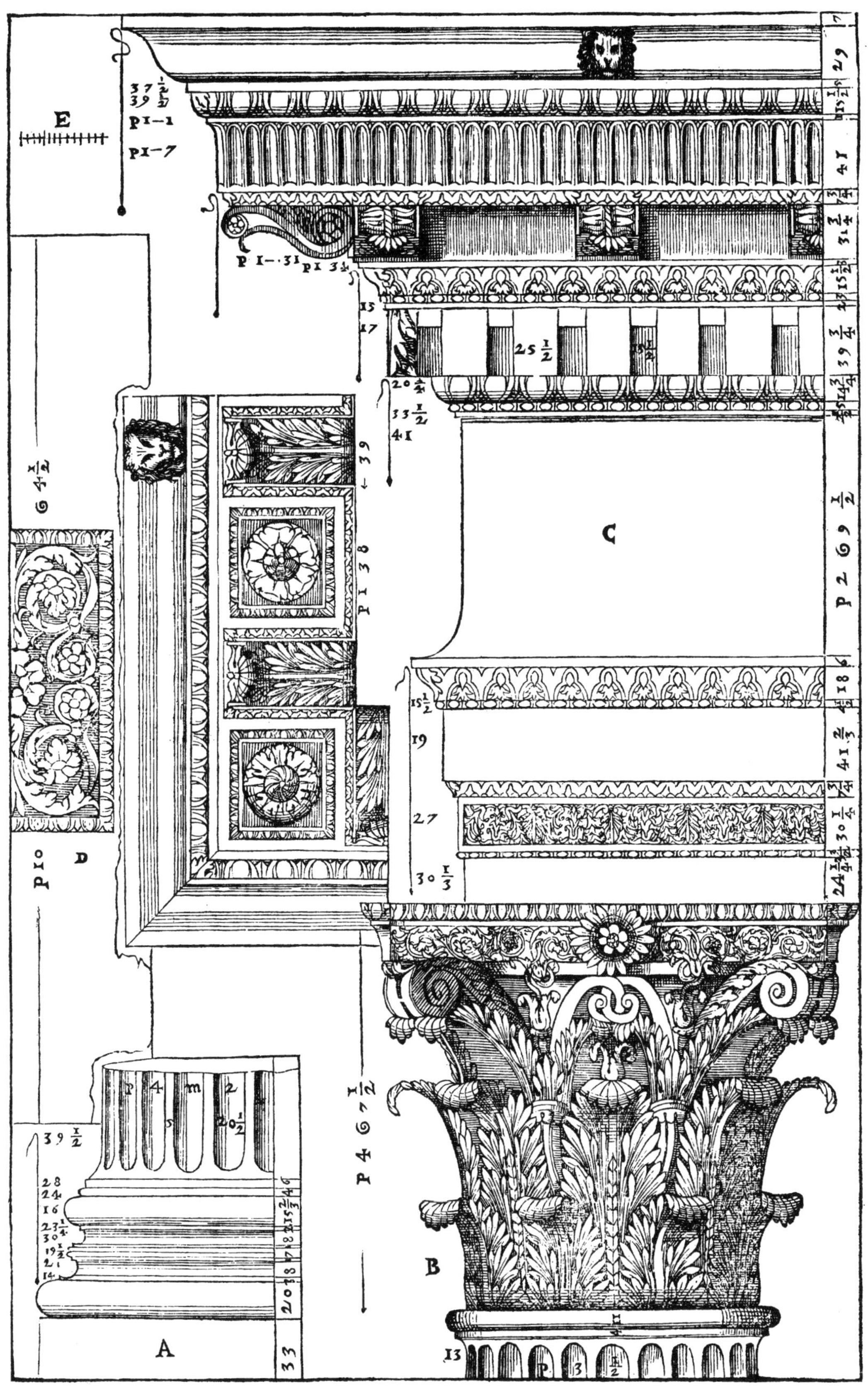

图 4-48　永恒的朱庇特的神庙，门廊之柱头、柱础、檐部拱腹细部，立面图及仰视图

第19章　关于雷神朱庇特的神庙

在卡比托利欧山脚下，人们可以看到下面这座神庙的遗迹[127]；有人说该神庙是由奥古斯都建造并献给雷神朱庇特的，因为他在坎塔布连（Cantabrian）战役中避开了雷劈之难。在夜行途中，他所在的马车遭到雷击，前排的仆人因此身亡，而奥古斯都竟毫发未伤。我对此持怀疑态度，因为这座神庙的装饰异常精美，而奥古斯都时期的建筑显然更加厚重一些，比如马库斯·阿格里帕建造的圣马利亚圆庙[128]的柱廊就非常简洁，而其他同时期的作品也是如此。[129]有人坚持认为这些立柱是卡尼古拉建造的大桥的一部分，这一观点我在前面已经证明是错误的。神庙外观是双列围柱式的，也就是，有双重柱廊[alato doppio]；的确，在朝向卡比托利欧山丘的部分没有柱廊，但根据我对山丘附近其他建筑的观察，我倾向于认为它的修建方式如图所示；也就是说，它沿着内殿和柱廊有一道非常厚的墙，而且隔着一窄条空隙就是另一道墙，这道墙带有扶壁，一直伸入山体。在这种情况下，古代人将第一堵墙修得很厚是为了阻止湿气渗入建筑内部；他们修建第二堵带有扶壁的墙则是为了对抗山体持续的推力；在两面墙之间留出空间是为了让山上流下来的水得以积聚并顺畅地排开，而不会损坏建筑本身。这一建筑的类型是密柱间式。正面楣梁和中楣处在同一平面，这样就能看到神庙上所刻的文字，其中一些字母现在还能看到。中楣上方的檐口的钟形饰[ovolo]与我所见过的所有其他实物都不同，这里在檐口部位采取了两层[mano]精美的钟形饰。檐口托饰的布局使得在柱子轴线的上方正对着的是一个空隙而非一个檐口托饰，而在一些其他的檐口中，按照规则通常是将檐口托饰放在立柱轴线的上方。

关于这座神庙我只给出了两幅木刻图，因为它的立面可以借助此前的图纸加以理解。第一幅是平面图。

A　两面墙之间的空间
B　伸入山体的扶壁
C　扶壁之间的空间

第二幅是柱廊的细部。

A　柱础
B　柱头
C　楣梁、中楣和檐口
D　立柱之间楣梁的拱腹

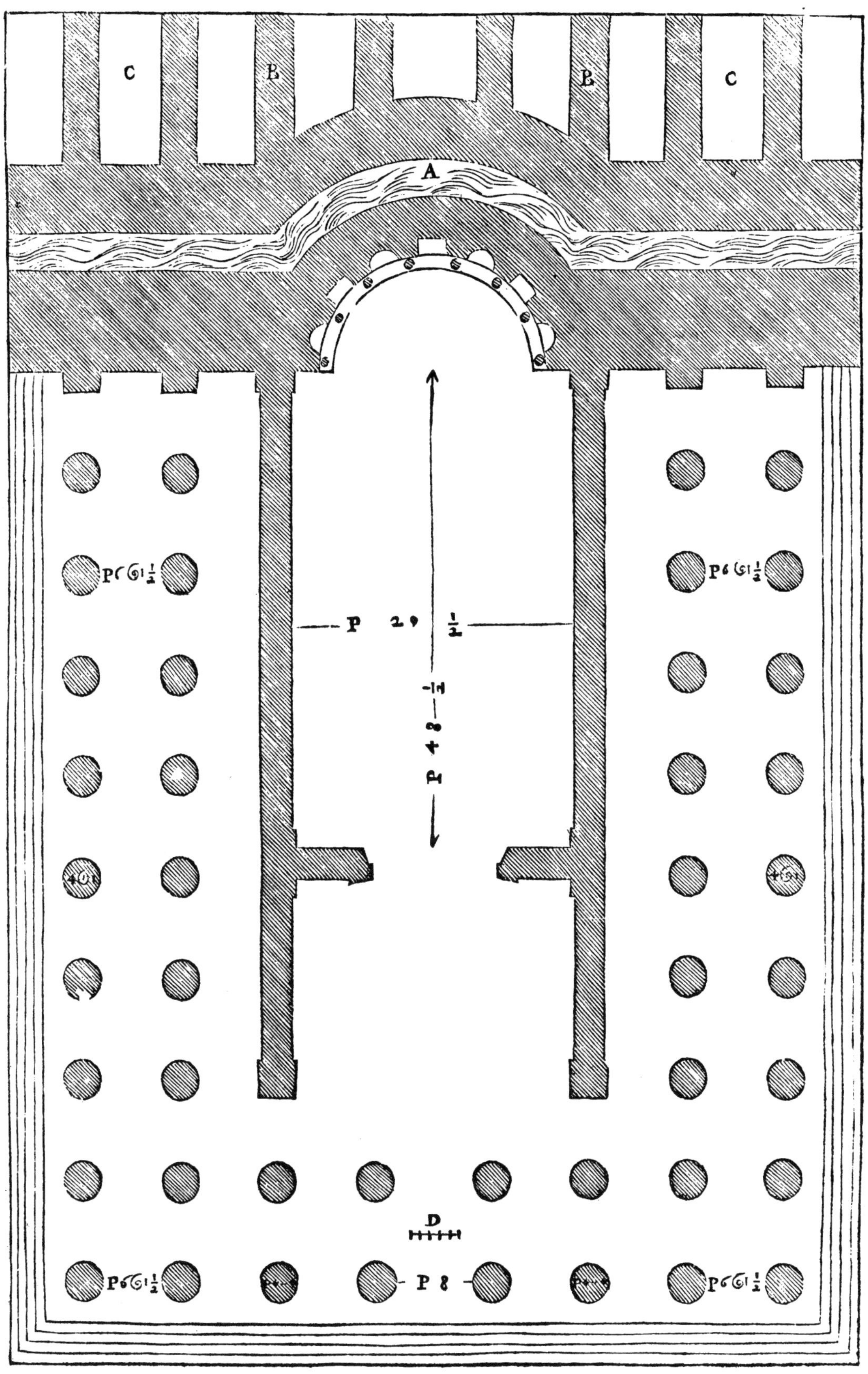

图 4-49　雷神朱庇特神庙，平面图

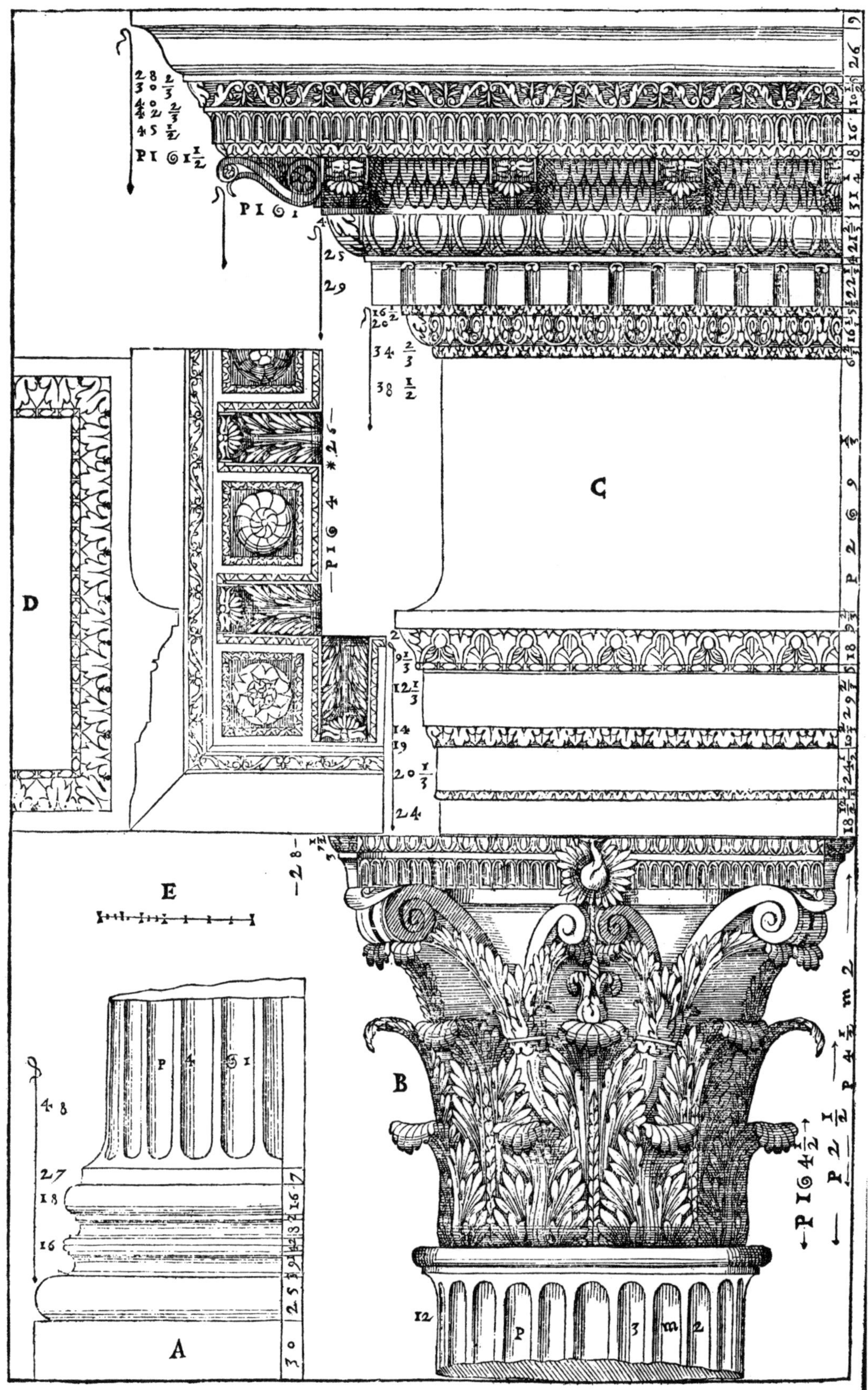

图 4–50　雷神朱庇特神庙，门廊之柱头、柱础、檐部及拱腹细部，立面图及仰视图

第20章　关于万神庙，今名圆庙

在罗马所有能够见到的神庙中，没有哪一座比今名圆庙的万神庙更有名、保存更完好。尽管在我们今天见到的万神庙中，有部分雕像和其他装饰经过破坏，但就整体结构而言，还基本上保持着最初的风貌。据说万神庙由马库斯·阿格里帕在我们的帝制十四年前后建造；但我认为从正立面上的两个山墙板 [frontespicio] 可以推断，建筑主体应该是在共和时期建成，阿格里帕只是加建了柱廊而已。[130] 万神庙的得名是因为它先是被献给朱庇特，后来又被献给所有的神，或者实际上（有人这么认为）是因为它的形状写仿世界的形状，也就是圆形，神庙从地板到顶部采光口之间的高度与横跨其室内墙体之间的直径 [131] 相等；现在人们直接走到地面或地板 [suolo，pavimento] 的高度，在古代则还需要上一些台阶。有关神庙最为著名的要数由菲狄亚斯所造的密涅瓦象牙雕像，以及另一座维纳斯雕像，雕像的耳环是克利奥帕特拉在一次宴会中为了和马克·安东尼比赛慷慨而吞下的珍珠的一半；相传仅这部分珍珠就值大约250000金达克特币。[132] 整座神庙内外均为科林斯柱式。柱础为阿提卡式和爱奥尼式的混合；柱头雕有橄榄树叶；楣梁、中楣和檐口拥有令人惊叹的完美侧面或轮廓 [sacoma，modano]，雕刻的元素很少。在神庙周围墙体的内部，有专为减少地震灾害和节省开支和材料而造的一些空腔。在神庙正面有一个美丽的柱廊，从它的中楣上可以读到如下文字：

M. AGRIPPA L. F. COS. III. FECIT

在文字下方，即楣梁的饰带上，还有另一些较小的文字，证明了在日久损坏之后，塞维鲁皇帝（Septimius Severus）和马库斯·奥勒利乌斯皇帝曾重修这座神庙：

IMP. CAES. SEPTIMIVS SEVERVS PIVS PERTINAX
ARABICVS PARTHICVS PONTIF MAX. TRIB. POT.
XI. COS. III P. P. PROCOS. ET IMP. CAES. MARCVS
AVRELIVS ANTONINVS PIVS FELIX AVG. TRIB.
POT. V. COS. PROCOS. PANTHEVM VETVSTATE
CVM OMNI CVLTV RESTITVERVNT.

神庙室内厚墙体的内部有七个祈祷室，内有壁龛，龛内应该曾有雕像，在两个祈祷室之间有神龛，一共有八个。很多人认为正对入口的中央祈祷室并非古迹，因为其拱券嵌入了二层的几根立柱 [133]，而在基督教时期，在第一个将此庙宇献给神的卜尼法斯教皇（Boniface）就职典礼之后，曾根据基督教时期的要求进行了扩建，因此有一个圣坛会比其余的大一些；但是因为我认为这部分与建筑的其余部分结合得很好，每一个部件 [membro] 也都做得精美，所以我坚定地认为这一祈祷室应当是跟其他部分同时建造。这个祈祷室有两根立柱，一边一个，从墙上凸出 [fare risalita]，柱上刻有凹槽，在凹槽之间的空隙雕刻了极其精确的小凸圆线脚 [tondini]。

因为这一神庙的每个部分都无与伦比，我给出了十幅木刻图，以使它的每一部分都能够呈现出来。第一幅是平面图。可以看见入口两侧的楼梯，经过环绕整个神庙的秘密通道，通往祈祷室的上方，人们可以从神庙外部的台阶进入，再借助一些内部的楼梯爬上建筑的顶部。我们可以看到神庙背后的那一部分建筑物，用 M 标出的，是属于阿格里帕浴场的部分。[134]

第二幅是正立面之半 [facciata davanti]。

第三幅是柱廊下方内部的立面之半。从这两幅木刻图中，我们看到神庙有两个山墙板；一个在柱廊上，一个在神庙墙壁上。在字母 T 标出的地方有一些略微突出的石头；我想不出它们有什么作用。柱廊的梁全部用青铜片包镶而成。

第四幅是从侧面看到的外部立面图。
X 是贯穿整座建筑的第二层檐口

第五幅是从侧面看到的内部立面图。

第六幅是柱廊的装饰。
A 柱础
B 柱头
C 楣梁、中楣和檐口
D 柱廊内部的立柱及壁柱上方的装饰的侧面图 [sacoma]
T 柱廊的壁柱，与立柱对齐
V 柱头卷叶茎饰 [caulicoli] 的旋转变形 [avolgimento]
X 立柱间楣梁的拱腹

第七幅是正对入口的内部立面图的局部，可以看出祈祷室和神龛的位置以及装饰，以及拱顶的镶板 [quadro] 如何布局；从留存下来的部分看，这些 [135] 很有可能用银片装饰；因为如果像前面所说过的柱廊一样是青铜的话，则无疑也会被剥掉。

第八幅的比例略大一些，是一个神龛的正面 [in maestà] 图，及其两侧露出的祈祷室局部。

第九幅是室内的立柱和壁柱的装饰。
L 柱础
M 柱头
N 楣梁、中楣和檐口
O 柱头卷叶茎饰 [caulicoli] 的旋转变形 [avolgimento]
P 壁柱的凹槽

第十幅是祈祷室之间神龛的装饰，其中可以看出建筑师精确的判断，只用了一道正波纹线就将这些神龛的楣梁、中楣和檐口结合在一起，由于祈祷室的壁柱从墙体突出的距离不够，因此无法匹配 [capire] 整个檐口的出挑，所以建筑师把余下的元素转换成了饰带。[136]
E 门上装饰的轮廓
F 门两侧花环的图纸

在介绍了这座神庙之后，我们对位于罗马的庙宇的介绍也就结束了。

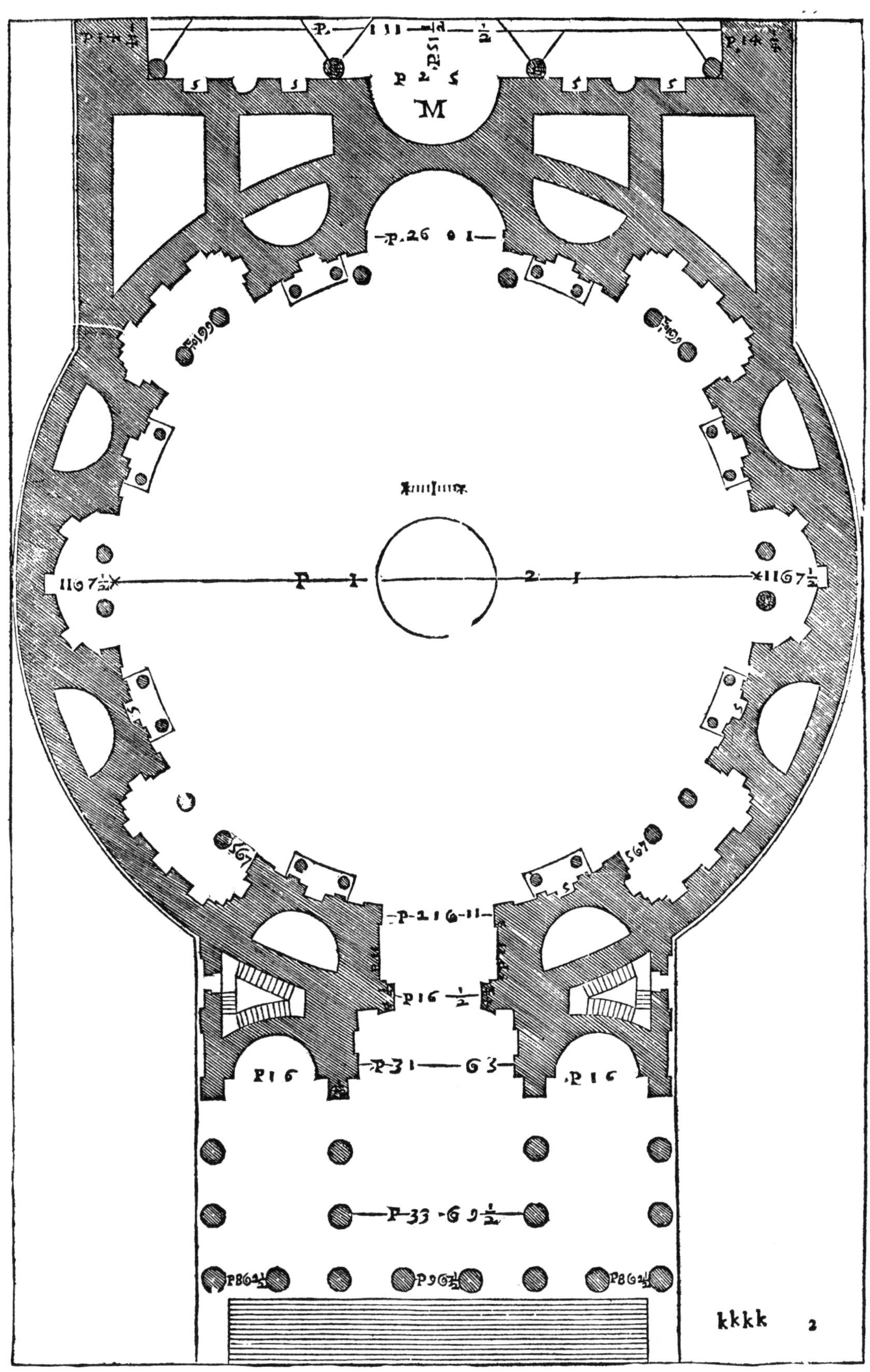

图 4-51　万神庙，平面图

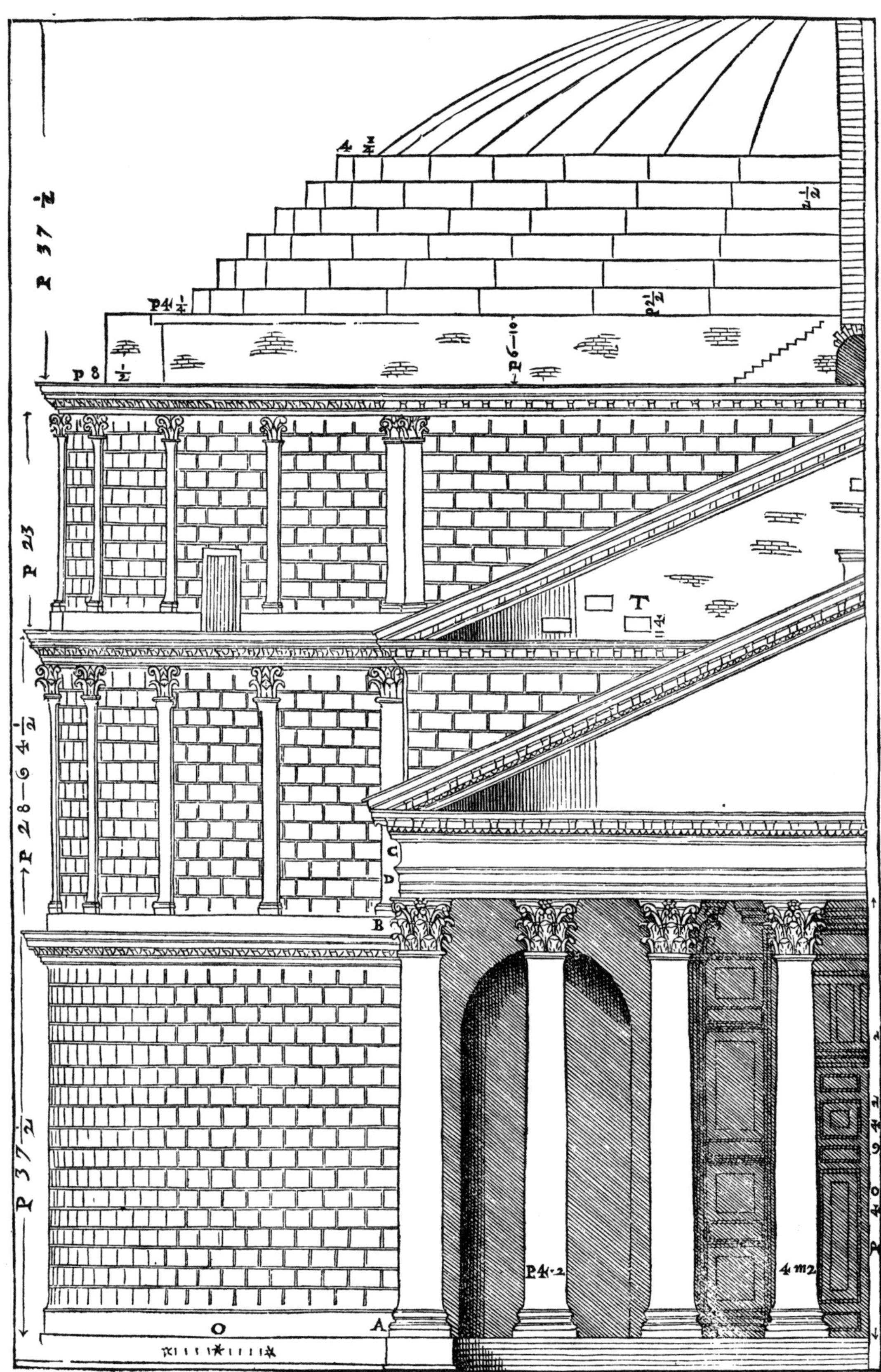

图 4-52　万神庙，门廊及殿身立面图之半

图 4-53　万神庙，带有殿身的门廊剖面图之半

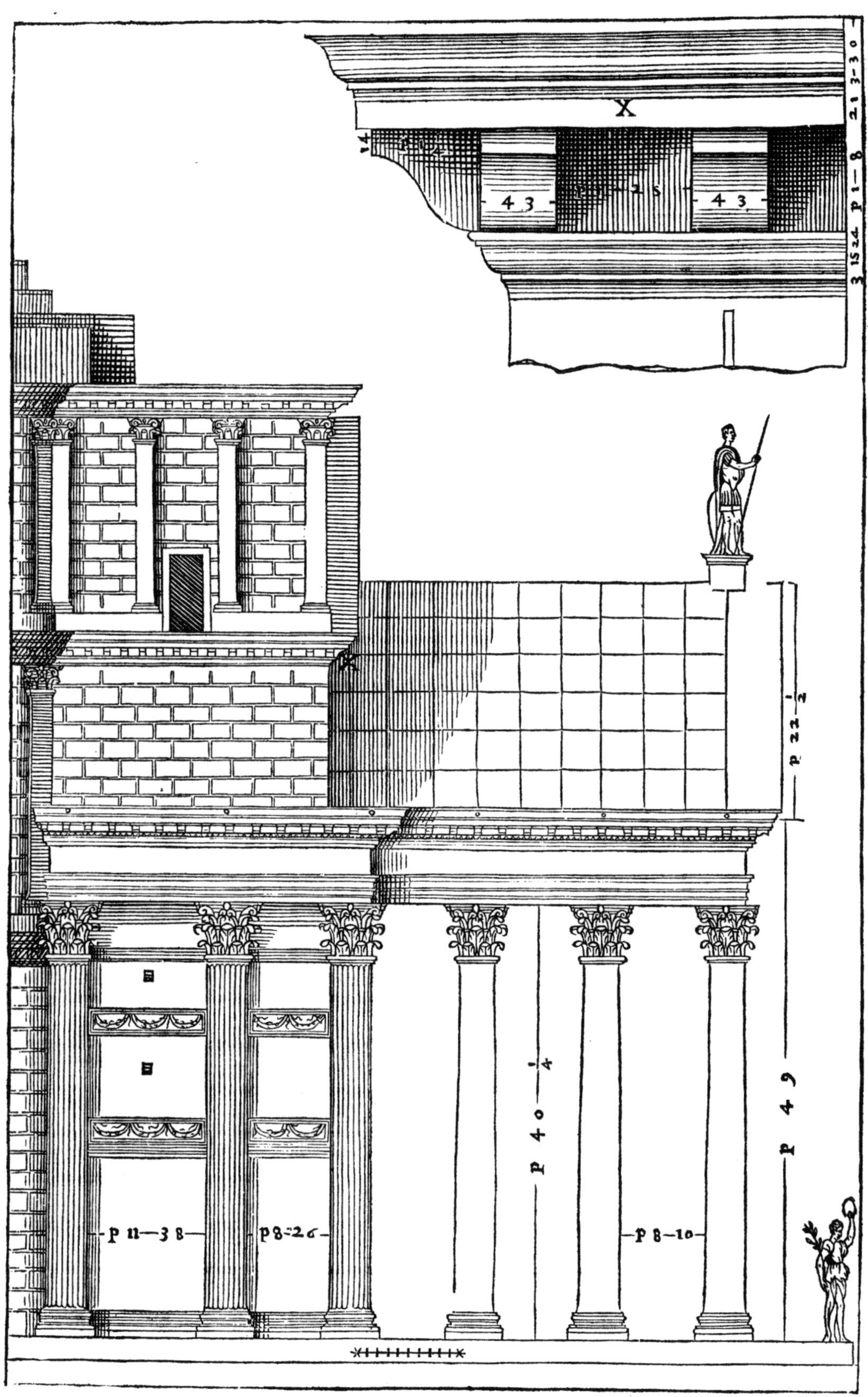

图 4-54　万神庙，门廊侧立面，以及檐口细部

图 4-55　万神庙，门廊及室内局部剖面图

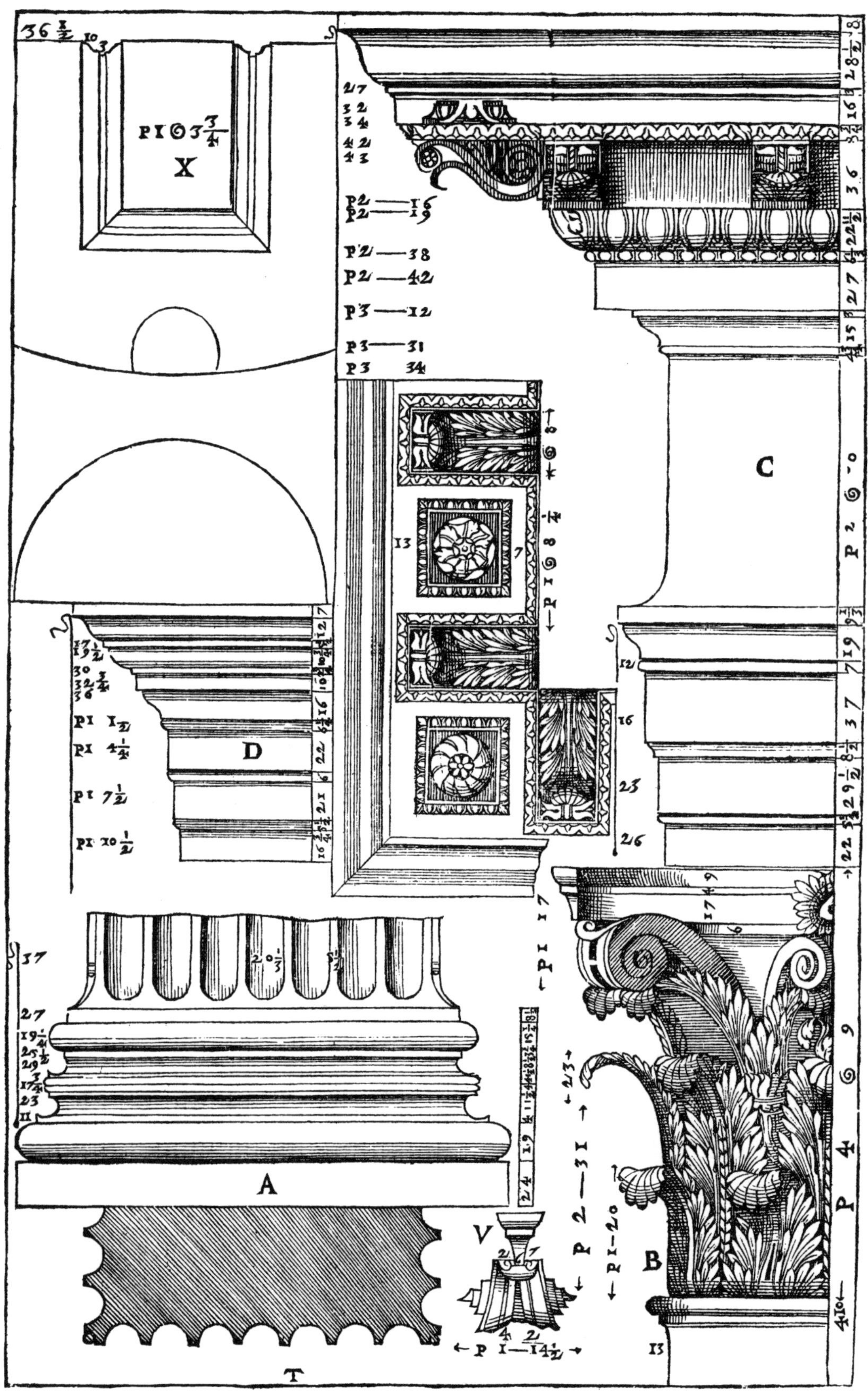

图 4–56　万神庙，门廊柱头、柱础、檐部及拱腹细部，立面图及仰视图

图 4-57　万神庙，室内剖面之半

图 4-58　万神庙，室内神龛立面图

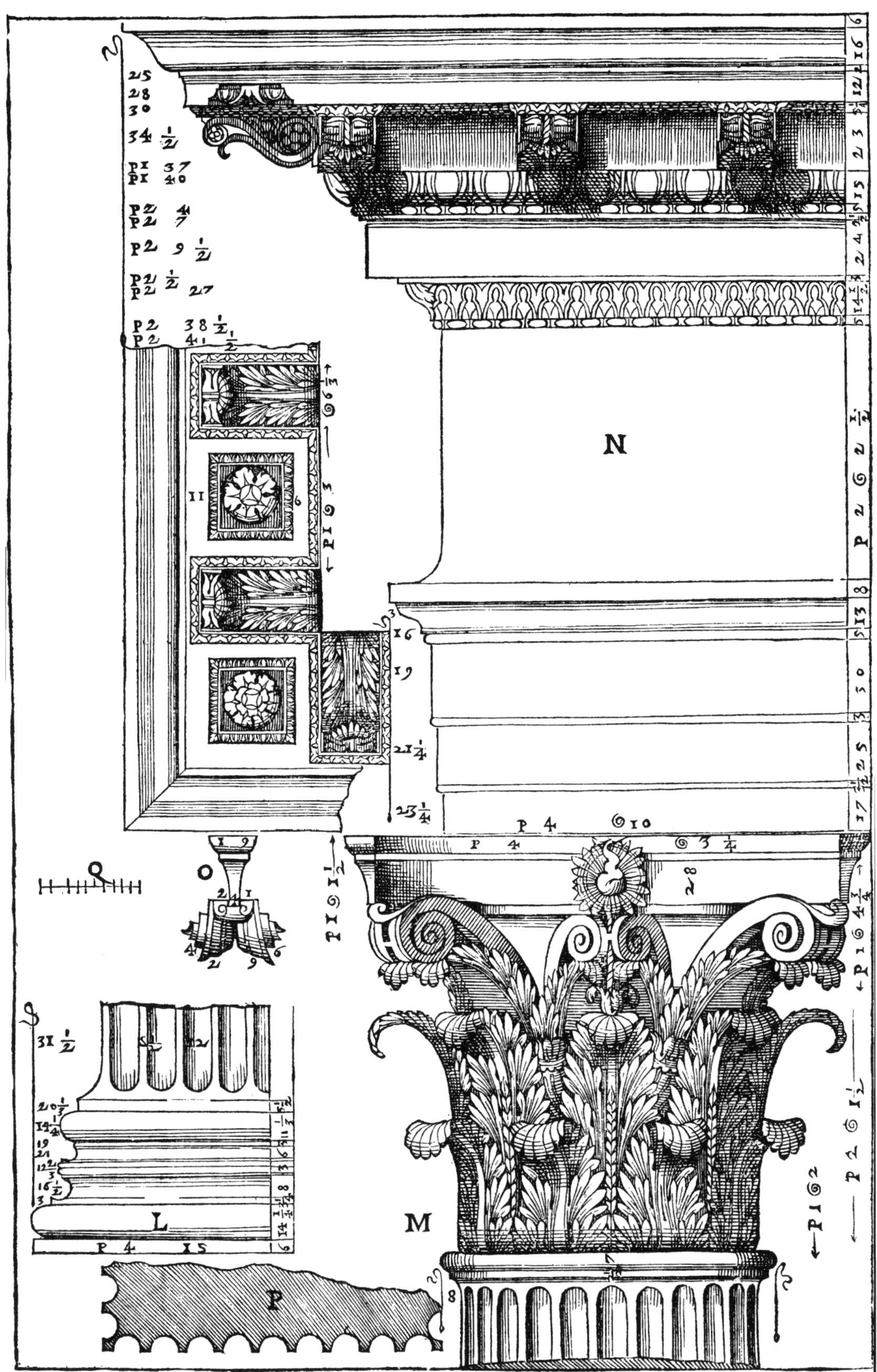

图 4-59　万神庙，室内柱头、柱础、檐部及拱腹细部，立面图及仰视图

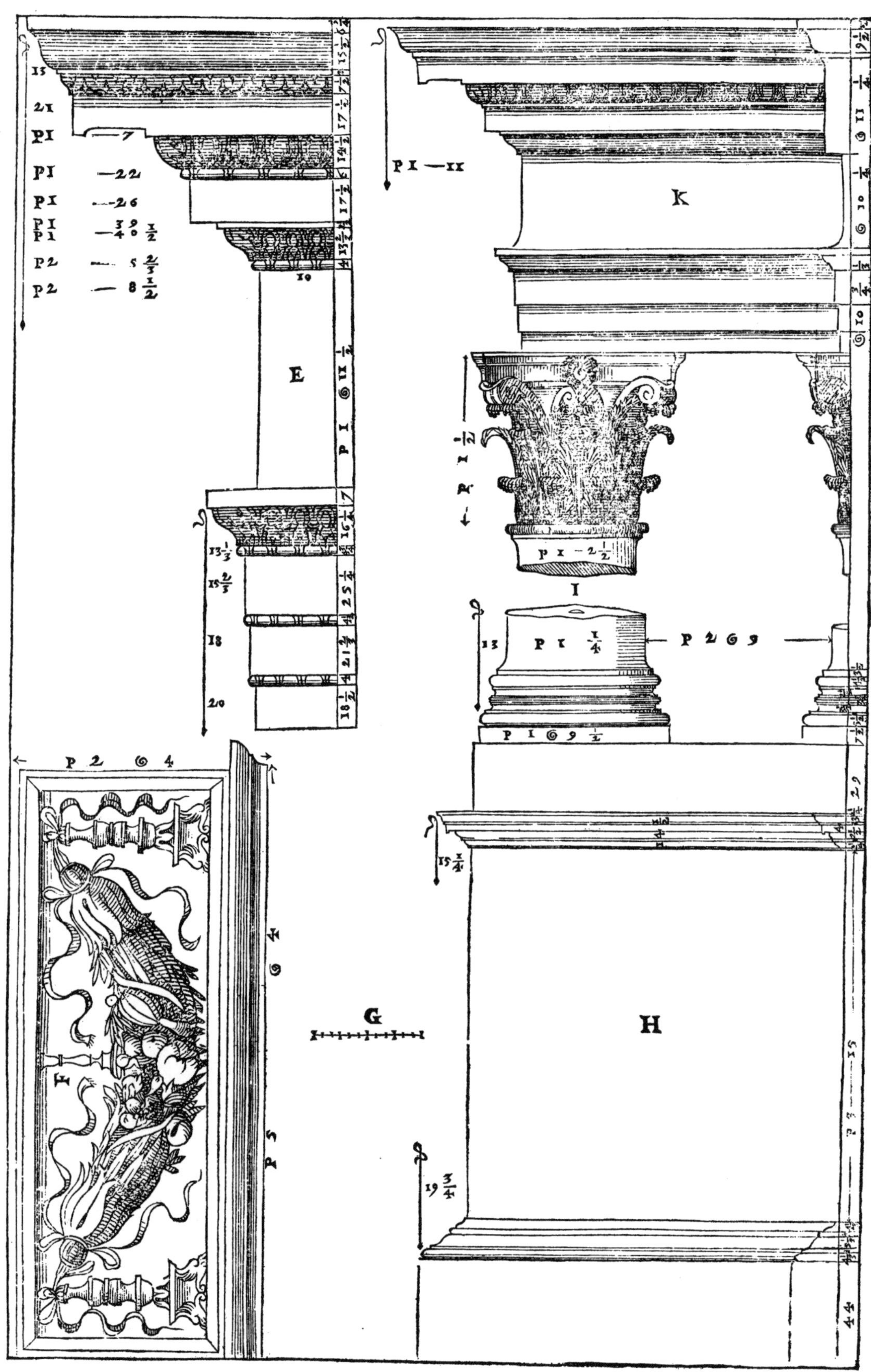

图 4–60　万神庙，祈祷室之间神龛的装饰细部，立面图，以及门旁的装饰

第21章　关于意大利境内罗马之外的一些神庙的设计，首先是巴克斯神庙

在今名圣阿涅塞（Porta S. Agnese）、古人因其所在的山丘而称之为维米那勒（Viminal）的大门以外，可以看见一座保存较为完整，献给圣阿涅塞的神庙。[137] 我认为这是一个陵寝，因为从那里找到了一个巨型斑岩石棺，上面精心雕刻着葡萄藤和收葡萄的男孩，有些人也基于这一点认为是巴克斯[138]神庙；由于这一观点已经被大家接受，而这座建筑现在又作教堂使用，所以我把它算作神庙来讨论。在柱廊前方可以见到一个椭圆形庭院的遗

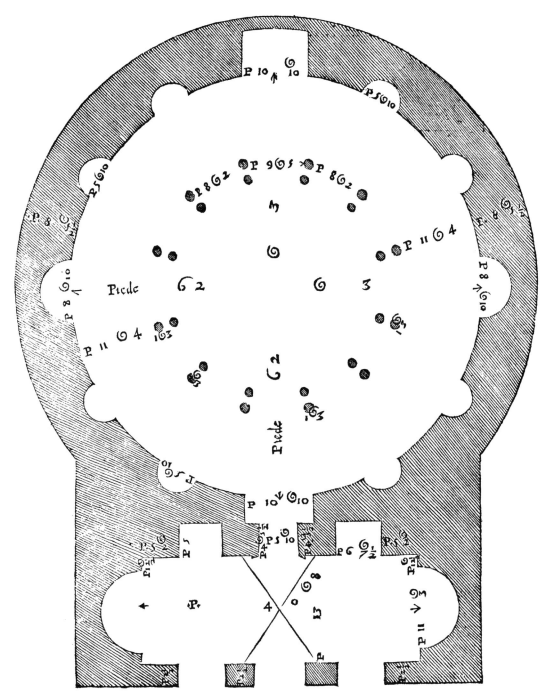

图 4–61　罗马城墙外的巴克斯神庙，平面图

迹；我认为这座庭院过去是用立柱装饰的，在柱间有壁龛，而其中必然是有雕像的。从现存的遗迹来看，神庙的柱廊是由柱墩 [pilastro] 组成的，有三个开间 [vano]。在神庙内部有立柱，两根为一组，支撑着圆屋顶 [cuba]。所有立柱都是花岗岩，而柱础、柱头和檐口是大理石。柱础是阿提卡式；柱头是混合式，精美绝伦，有一些叶形饰从玫瑰花饰 [rosa] 伸出来，卷涡饰看上去好像从中优雅地长出来。楣梁、中楣和檐口并没有特别精心地雕琢，从这一点我认为神庙的建造年代并非建筑的鼎盛时期 [139] 而是在较晚的王朝。[140] 在铺地、墙壁和拱顶上有着丰富的装饰，以及各种各样的镶板，其中一部分是漂亮的石头，一部分是马赛克。

我为这座庙宇作了三幅木刻图。第一幅为平面图。

第二幅为立面图。

第三幅显示的是立柱的设计，这些立柱支撑着拱券，再往上就是穹顶。
A　柱础
B　柱头
C　楣梁、中楣和檐口
D　拱券的起拱点 [principio]
E　这些部件 [membro] 所用的尺

图 4–62　巴克斯神庙，立面图

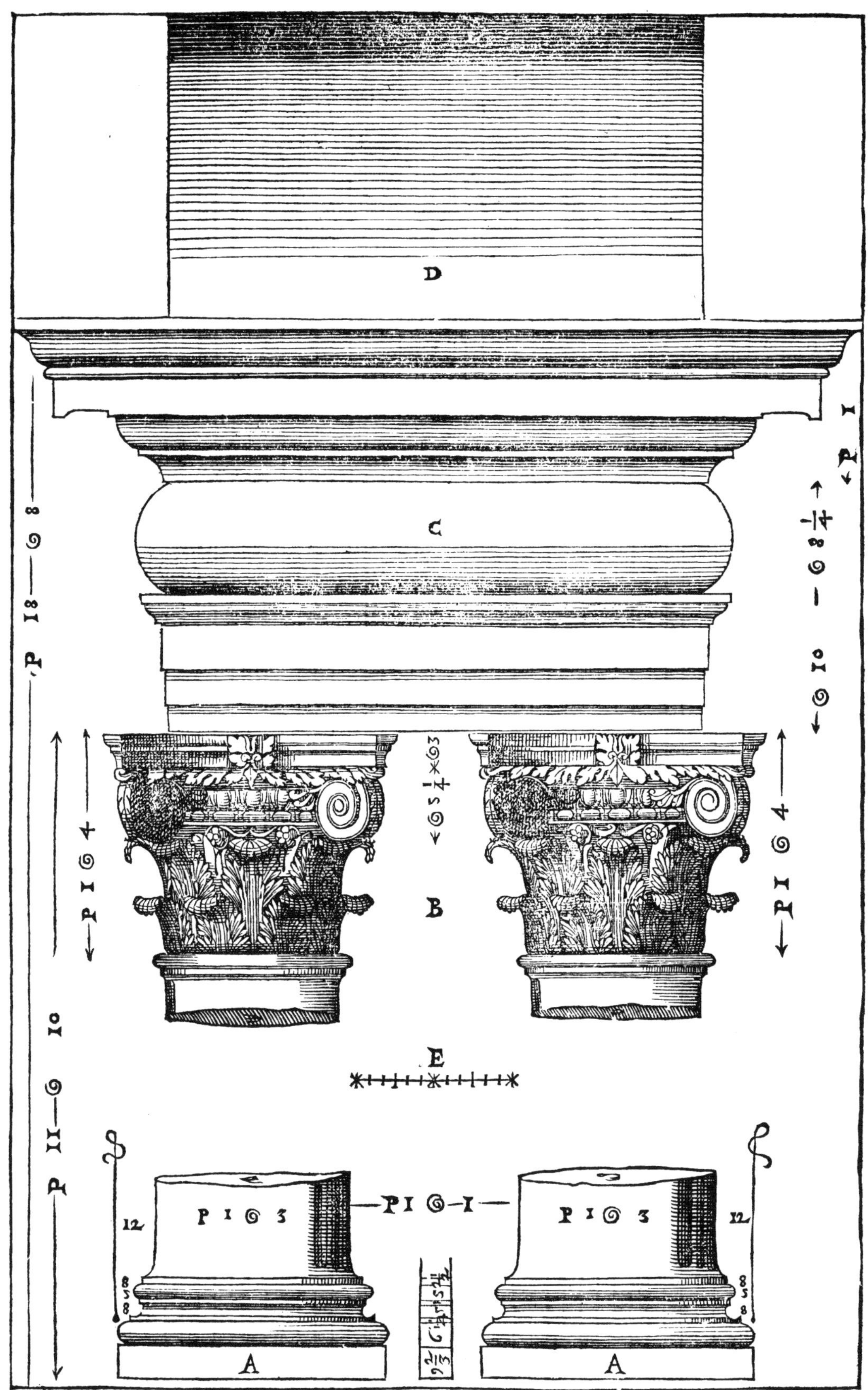

图 4-63　巴克斯神庙，立柱装饰，立面图

第22章　关于阿庇亚古道上的圣塞巴斯提亚诺教堂附近的神庙遗存

在圣塞巴斯蒂亚诺教堂门外，也就是古人所说的阿庇亚，这里因为那条世界著名的、以无比高超的技艺建成的、由阿庇乌斯·克劳狄乌斯出资的道路而得名，在这里，人们可以在圣塞巴斯蒂亚诺教堂附近见到下面这座建筑的遗迹。[141] 就我所知，该建筑全部为砖结构。庭院围廊的一部分得以保存下来。这个庭院的入口有双层柱廊，入口的两侧有一些房间，应当是为牧师所用。神庙位于庭院中央，而且从地面上现存的部分来看，神庙的地板 [suolo] 位于它的上方，这部分做得非常坚实，除了门洞和壁龛上的六扇小窗户以外，没有其他的透光孔；这种近乎黑暗的状况与几乎所有的古代神庙相符。在这座神庙的前面，正对着庭院入口的位置，是柱廊的地基，但立柱已经不存；我根据地基的情况给出了立柱的大小和间距 [distanza]。[142]

因为在这座神庙里见不到任何装饰，所以我只作了一幅木刻图，是平面图。

A　神庙的地板或地平层 [piano，suolo]，以及柱廊，其间肯定有立柱

D　神庙位于地板层以下的部分的平面图 [143]

B　庭院转角部位的壁柱

C　组成围廊的其他壁柱

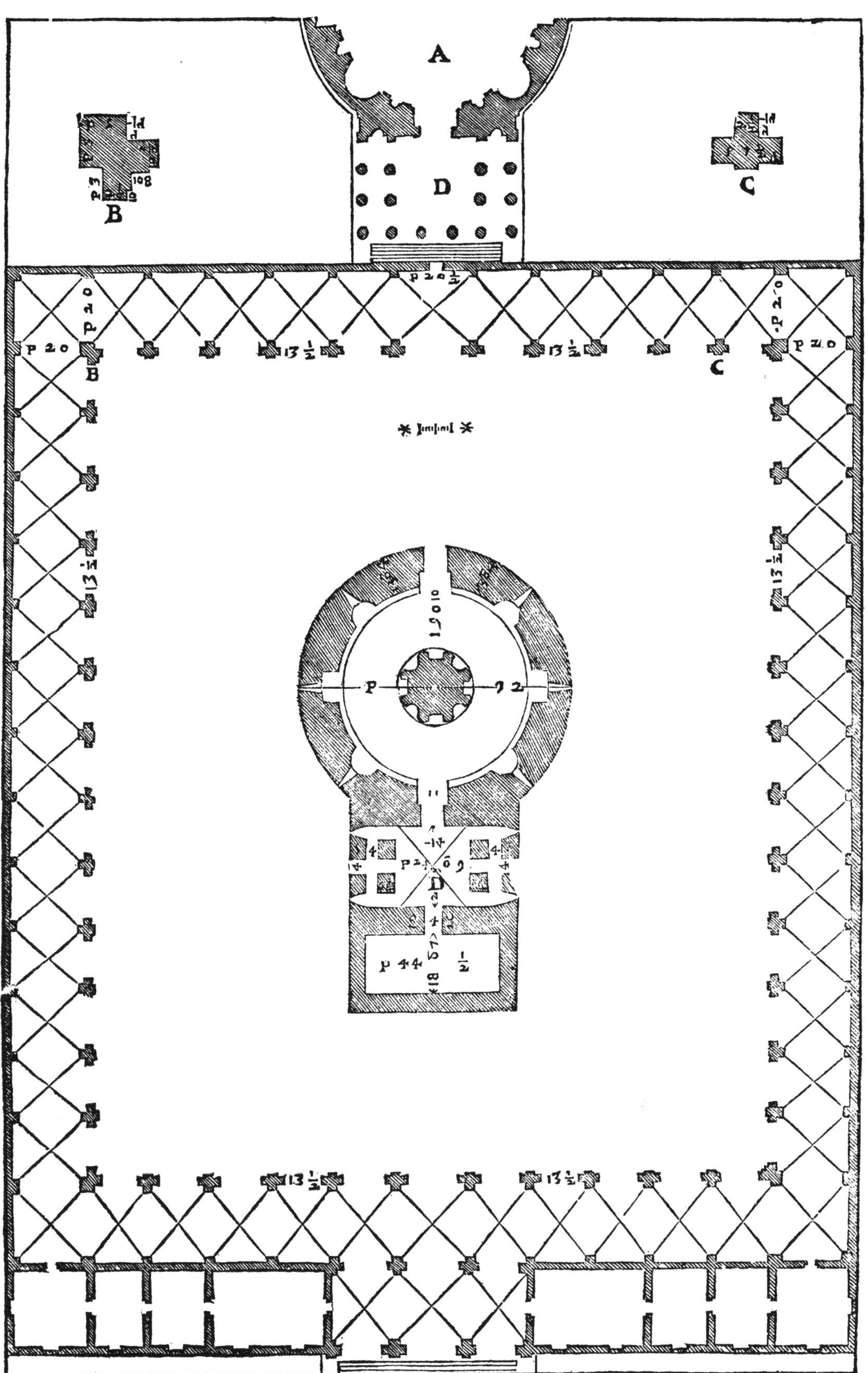

图 4-64　阿庇亚古道上的圣塞巴斯提亚诺教堂附近的神庙遗存，平面图

第23章　关于维斯塔神庙

在距离罗马16里的蒂沃利，在阿涅内河（Aniene）瀑布上游的一个现在称为泰韦罗尼（Teverone）的地方，可以看到下面这座圆形[ritondo]神庙，当地人认为这是蒂布尔蒂尼·西比尔（Tiburtine Sybil）[144]的住所[stanza]，这种猜测毫无根据；而基于前面已经给出的原因[145]，我认为这是一座献给维斯塔女神的神庙。[146]该神庙为科林斯柱式。柱间距为两倍柱径；地板比周围地面高出三分之一倍柱高。柱础没有础座[zoccolo]，这样从柱廊下面走进来的部分就更加方便和宽敞。立柱的高度与内殿宽度相等，朝向内殿墙壁倾斜，这样使得柱身[vivo]顶部的内表面位于柱身底部内表面的正上方。[147]柱头制作精美，雕有橄榄树叶，由此我认为这座神庙为鼎盛时期建造。[148]门窗上部比底部窄，符合维特鲁威在第四书第6章的说法。[149]整座神庙用石灰华建造而成，上面覆了薄薄的一层灰泥，看上去就像完全用大理石建造的一样。

我为这座神庙给出了四幅木刻图。第一幅为平面图。

第二幅为立面图。

第三幅是柱廊的组成部件[membro]。
A　贯穿整座神庙的台基
B　柱础
C　柱头
D　楣梁、中楣和檐口

第四幅展示了门窗的装饰
A　门上的装饰
B　窗户外侧的装饰
C　窗户内侧的装饰

门窗装饰的饰带[fascia]与通常的做法不同。檐板[cimacie]下面的小凸圆线脚比那些檐板[cimacie]本身出挑得还多，这一点我在别的装饰中还没见过。

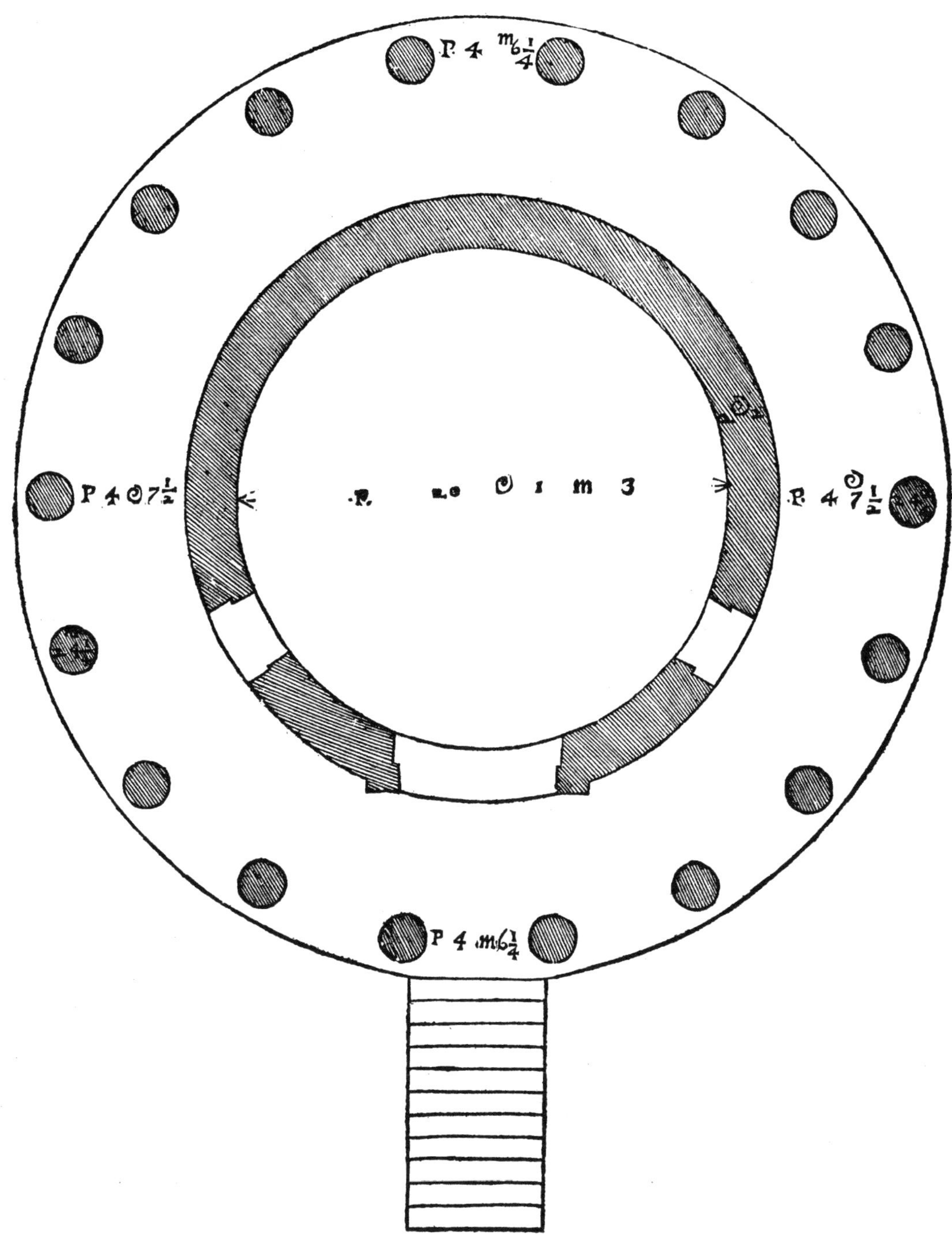

图 4–65　蒂沃利的维斯塔神庙，平面图

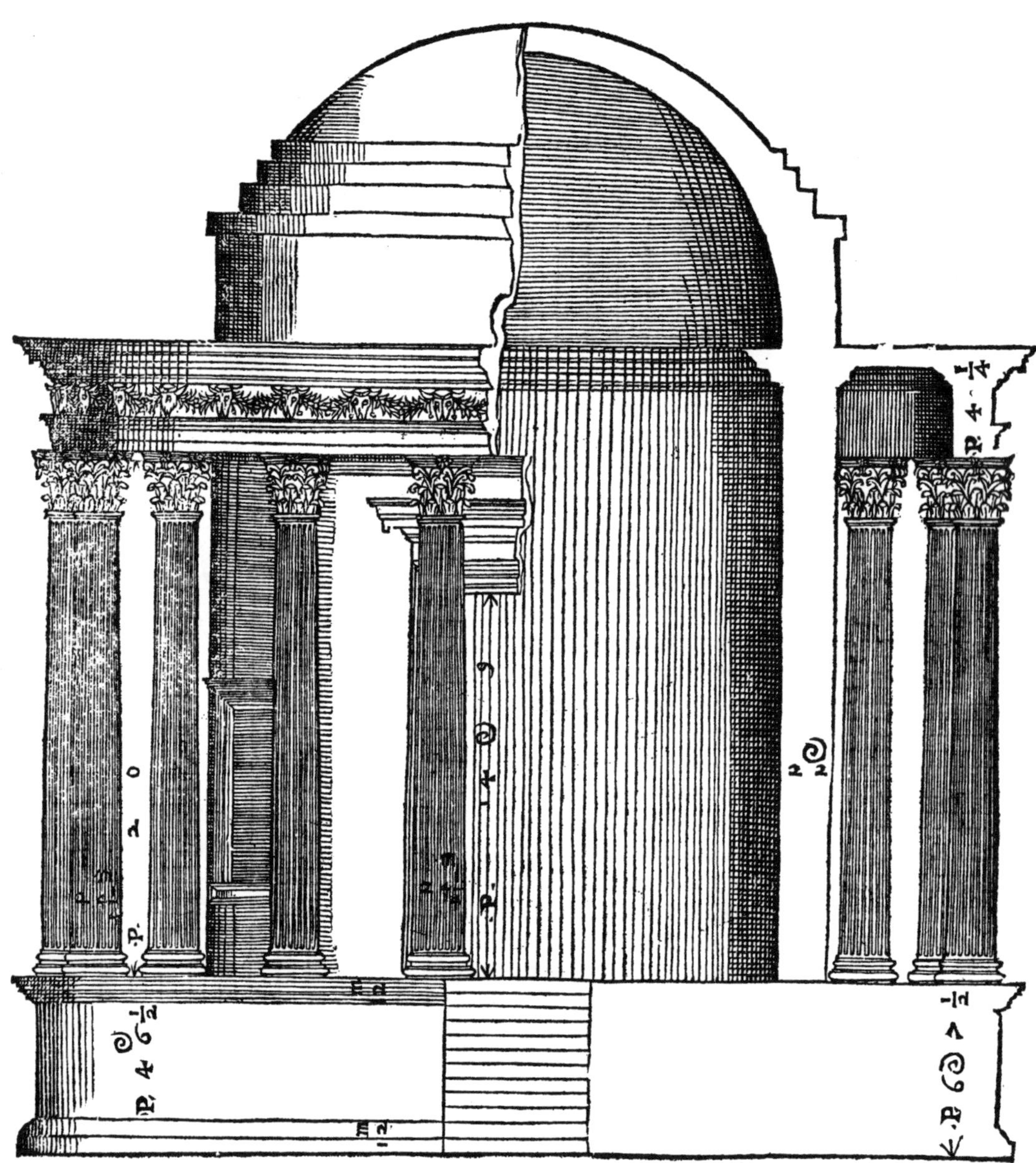

图 4-66　蒂沃利的维斯塔神庙，立面图之半与剖面图之半

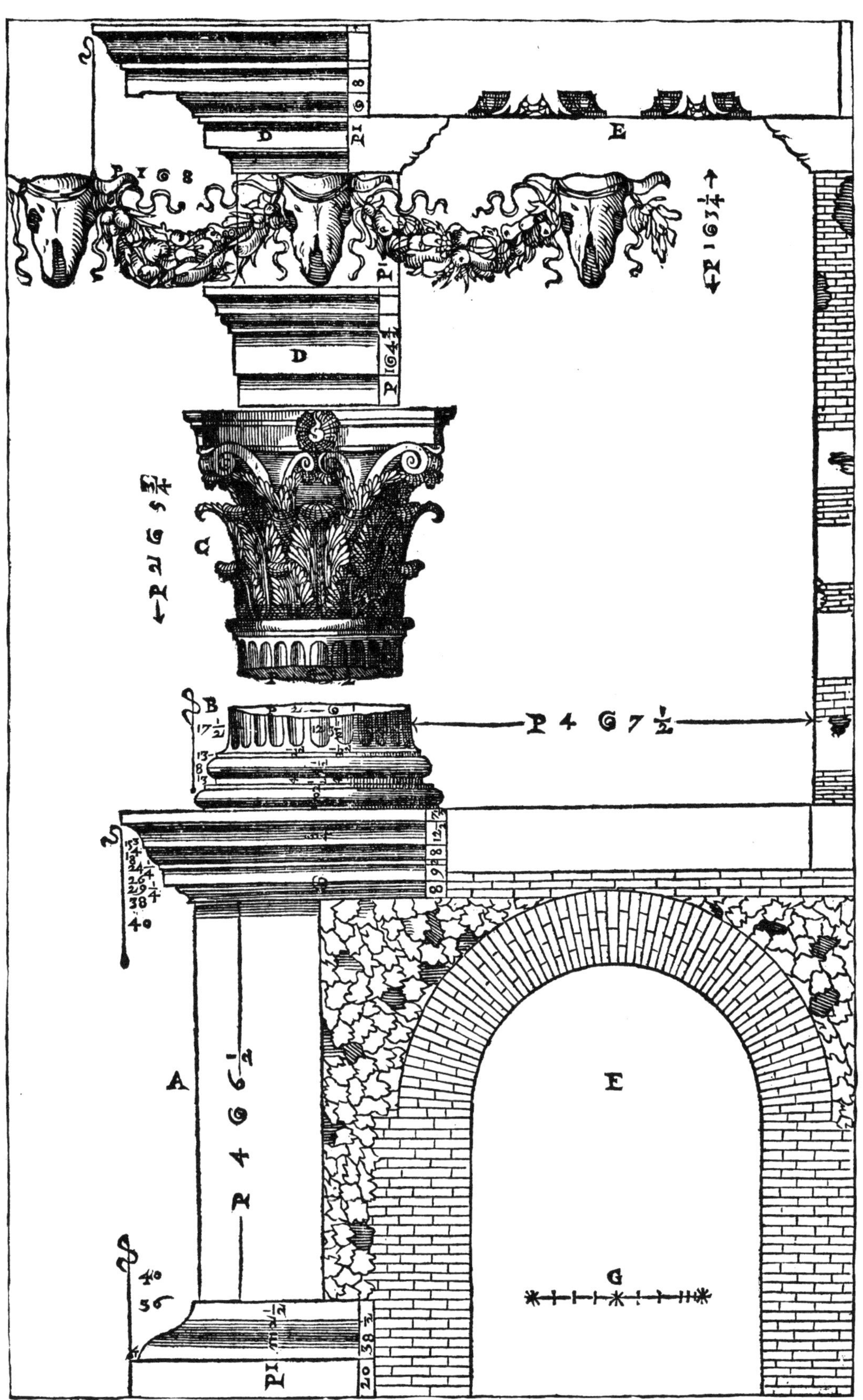

图 4–67　蒂沃利的维斯塔神庙，门廊细部

图 4-68　维斯塔神庙，门窗细部

第24章 关于卡斯托尔和波卢克斯神庙

在那不勒斯城中最美的地方之一，在城堡广场（the Piazza del Castello）和比卡里亚（Vicaria）之间，可以见到一座神庙的柱廊，这座神庙献给卡斯托尔和波卢克斯，由提比略·尤利乌斯·塔尔苏斯和奥古斯都的被解放的奴隶佩拉贡所建造[150]，这些历史由以下希腊文题刻所证实：

ΤΙΒΕΡΙΟΣ ΙΟΥΛΙΟΣ ΤΑΡΣΟΣ ΔΙΟΣΚΟΥΡΟΙΣ ΚΑΙ ΤΗΙ ΠΟΛΕΙ ΤΟΝ ΝΑΟΝ ΚΑΙ ΤΑ ΕΝ ΤΩΙ ΝΑΩΙ

ΠΕΛΑΓΩΝ ΣΕΒΑΣΤΟΥ ΑΠΕΛΕΥΘΕΡΟΣ ΚΑΙ ΕΠΙΤΡΟΠΟΣ ΣΥΝΤΕΛΕΣΑΣ ΕΚ ΤΩΝ ΙΔΙΩΝ ΚΑΘΙΕΡΟΣΕΝ

即

TIBERIVS IVLIVS TARSVS IOVIS FILIIS, ET VRBI, TEMPLVM, ET QUAE IN TEMPLO

PELAGON AVGVSTI LIBERTVS ET PROCURATOR PERFICIENS EX PROPRIIS CONSECRAVIT.

意思是说提比略·尤利乌斯·塔尔苏斯为了朱庇特的两个儿子（也就是卡斯托耳和帕洛克斯），也为了整个城市，开始修建神庙，而佩拉贡，奥古斯都的被解放的奴隶和行政长官，自己出资将其完成并敬献给神。这座神庙的柱廊为科林斯式。柱间距在 $1^1/_2$ 倍到 2 倍柱径之间。柱础为阿提卡式；柱头雕有橄榄树叶，雕工细致；玫瑰花饰下面的卷叶茎饰 [caulicoli] 设计得精美绝伦，它们相互缠绕，仿佛从上方的树叶中生长出来，而这些树叶又覆盖着另一些卷叶茎饰，那些卷叶茎饰支撑着柱头的角状物 [corno]；从这个例子，以及从本书中散布着的许多别的例子中可以看出，建筑师并非绝对不可以在某些时候放弃常规做法，只要这种变化是优雅和自然的。在山墙板上雕有祭祀场景，是一流雕刻家的高浮雕作品。有人认为这里有两座神庙，一座呈圆形，另一座呈矩形 [quadrangulare]；现在圆形神庙一点也没有保存下来，而在我看来矩形的神庙为现代所建。因此我忽略了神庙的主体 [corpo]，只在下面的第一幅木刻图中展示了柱廊立面的立面图，在第二幅中展现其部件 [membro]。

A 柱础
B 柱头
C 楣梁、中楣和檐口
D 用来测量细部的尺，分为 12 寸

图 4–69 那不勒斯的卡斯托尔和波卢克斯神庙，立面图及平面图局部

图 4-70　卡斯托尔和波卢克斯神庙，柱头、柱础、檐部及拱腹细部，立面图及仰视图

第25章　关于特莱维下游的神庙

在特莱维的下游，福利尼奥（Foligno）和斯波莱托（Spoleto）之间，可以见到以下图纸中的这座小型神庙。[151] 神庙台基高 $8^1/_2$ 尺；从神庙两侧的台阶的可以登上这一高度，台阶的上端 [mettere capo] 是两个小柱廊，从神庙两侧伸出。神庙的外观为前柱廊式，属于柱间距较小 [spesse colonne] 的类型。内殿入口正对的祈祷室装饰精美，其立柱有螺旋形凹槽 [canellatura]；此处的柱式和柱廊的一样，都为科林斯式，而且精心装饰了各种各样的浮雕作品。这座神庙和所有其他的神庙一样，清楚地证明了我在第一书中所说过的话，也就是说，在这类建筑中，尤其是在小型建筑中，古人竭尽所能把每个细节做到最好，并作尽可能多的装饰，在工艺上同样出类拔萃；而对于大型建筑，如圆形剧场或类似的建筑，则只会选择部分细节加以仔细地雕琢，其余部分则保留着较为粗糙的面目，以省出精细雕琢整座建筑所需的开支和时间 [152]，这一点在我的关于圆形剧场的书中将有进一步阐述，但愿这本书能够尽快出版。[153]

我为这座小型神庙绘制了四幅木刻图。在第一幅图里有神庙的地板层平面，标为 A。

B　地板以下的柱廊平面图

C　贯穿并支撑整座神庙的台基的基底石 [basa]

D　贯穿并支撑整座神庙的台基的顶板 [cimacia]

E　正立面的立柱柱础

F　楼梯尽端的小柱廊的立柱和壁柱的柱础

G　楼梯尽端的小柱廊的立柱和壁柱的柱头和檐口

第二幅是外部的立面图之半。

H　楣梁、中楣和檐口

第三幅为内部的立面之半。

L　柱廊的柱头

第四幅为侧面的立面图。

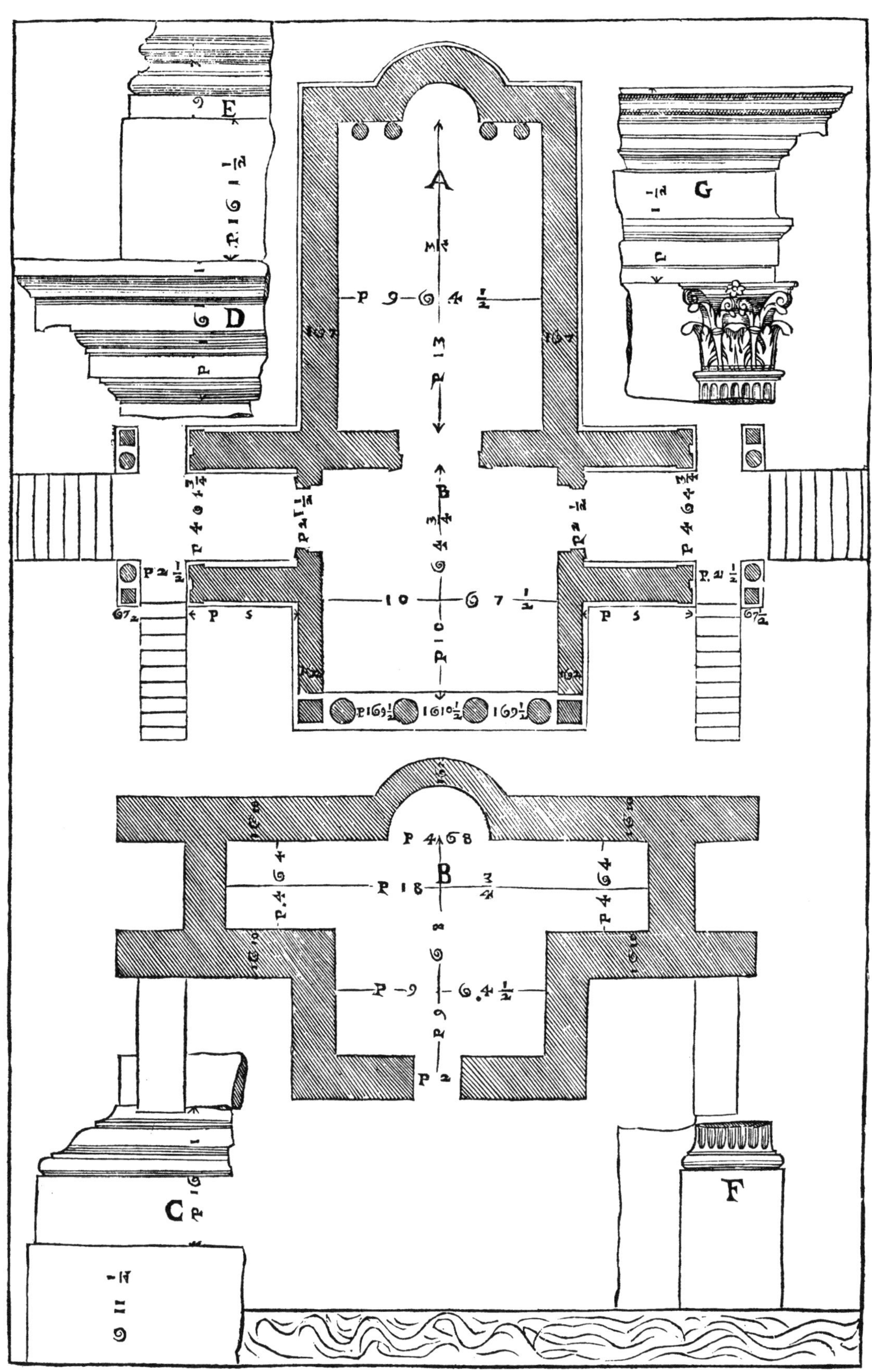

图 4-71　特莱维下游的神庙，平面图及装饰细部

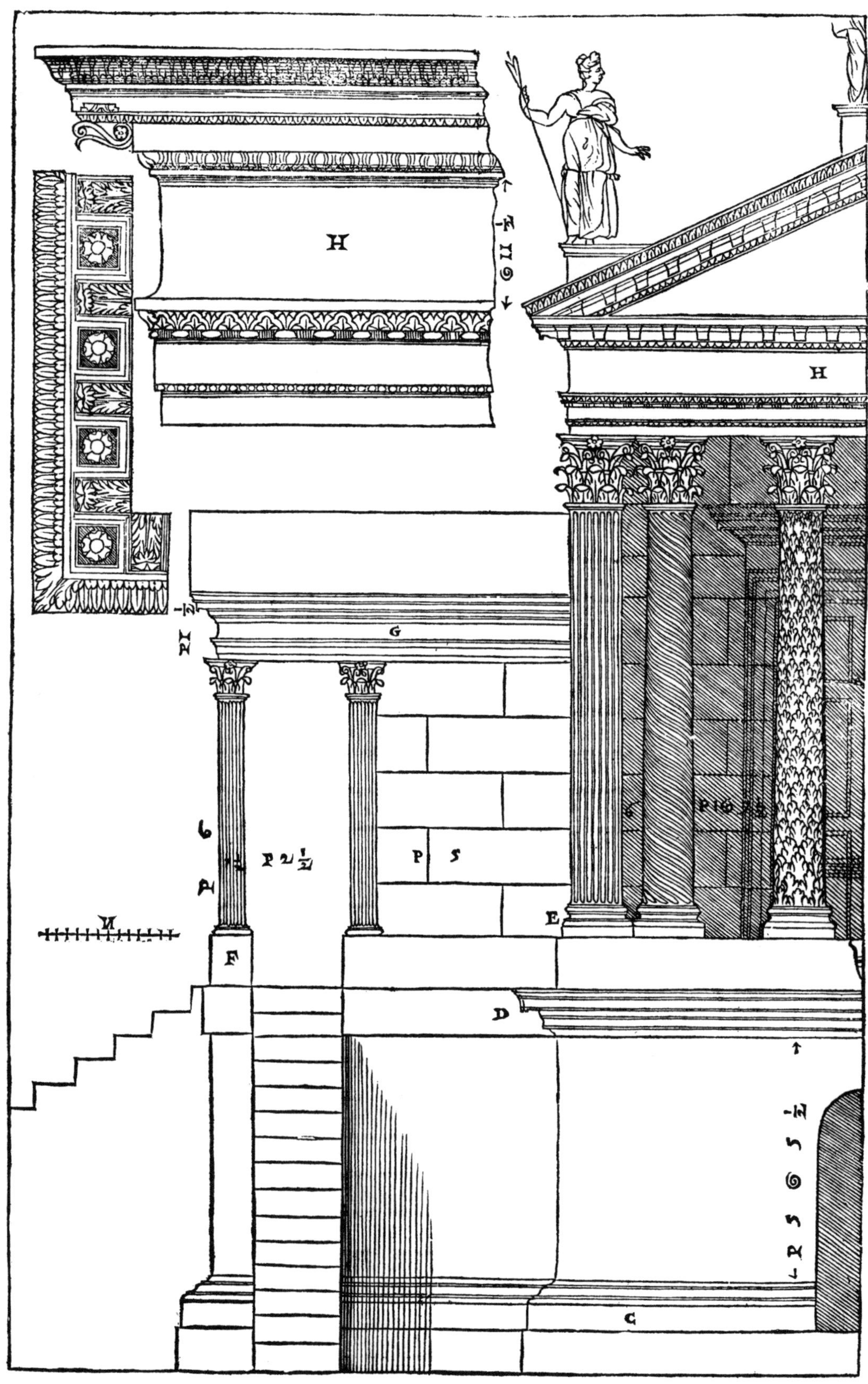

图 4-72　特莱维下游的神庙，立面图之半，以及檐口细部

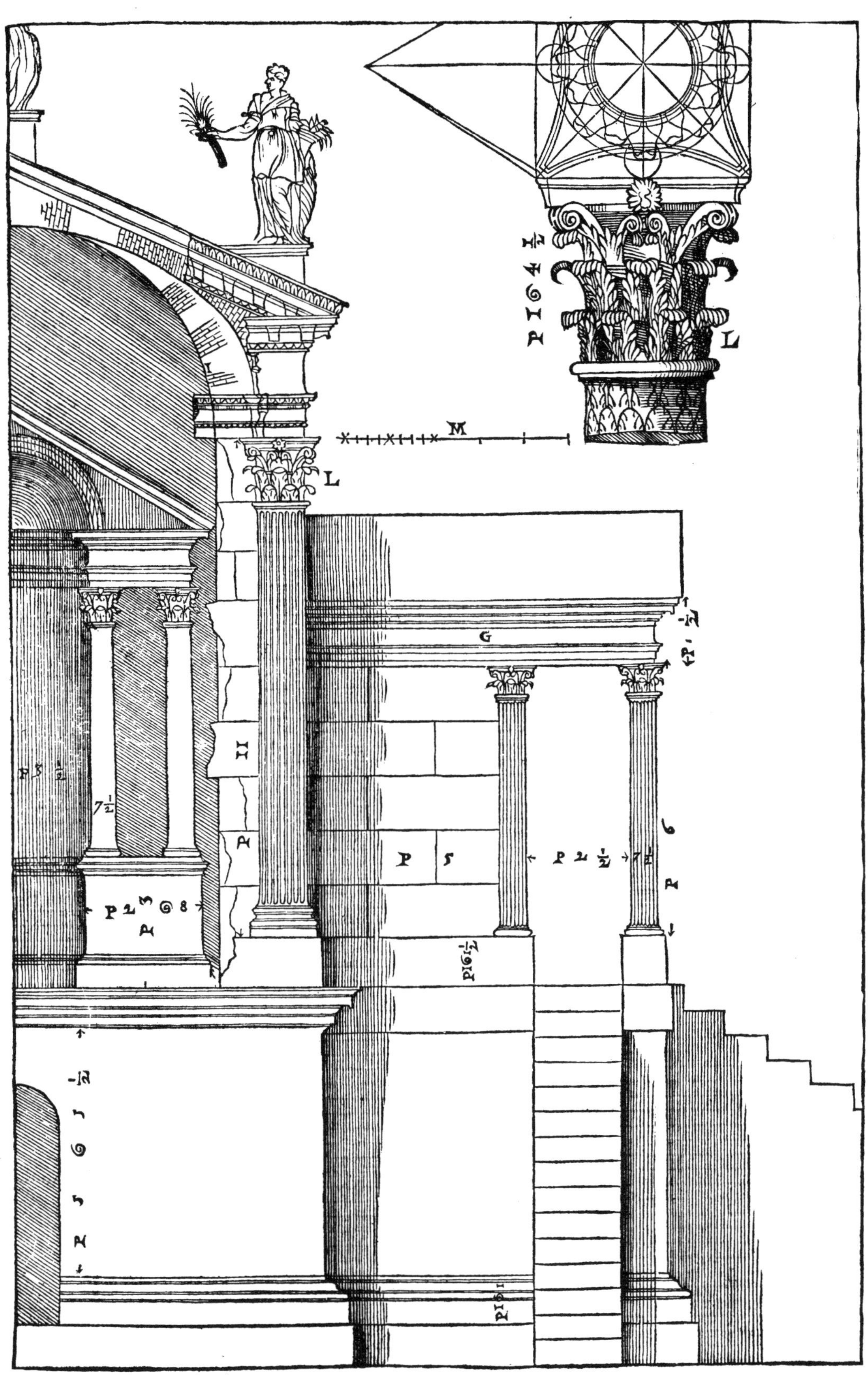

图 4-73　特莱维下游的神庙，穿过门廊及室内的剖面图之半，以及柱头细部

图 4-74　特莱维下游的神庙，侧立面局部

第26章　关于阿西西的神庙

下面这座神庙位于翁布里亚[154]的一座城市，阿西西的广场上，为科林斯式。[155]在这座神庙中，柱廊立柱下方的基座值得关注，因为如前所述，在其他的古代神庙中，柱廊立柱都是直接矗立在地面上，我还没在别处见过带有基座的。[156]在基座之间是从广场上到柱廊的台阶。基座的高度等于中央部位的柱间距，这个柱间距比其余柱间距宽 2 寸。这座神庙是维特鲁威所说的两径间式，即以双倍柱径为柱间距。楣梁、中楣和檐口加在一起比柱高的五分之一略高。组成山墙板的檐口[157]用叶形嵌线代替了檐口托饰，而其他地方的则与立柱上方的一样。神庙的内殿的长度比宽度多出四分之一。

我为这座神庙作了三幅木刻图。第一幅是平面图。

第二幅是正立面的投影图。

第三幅是装饰。
A　柱头、楣梁、中楣和檐口
B　柱子的基座和柱础
C　组成山墙板[158]的檐口
D　所用的尺，分为 12 寸

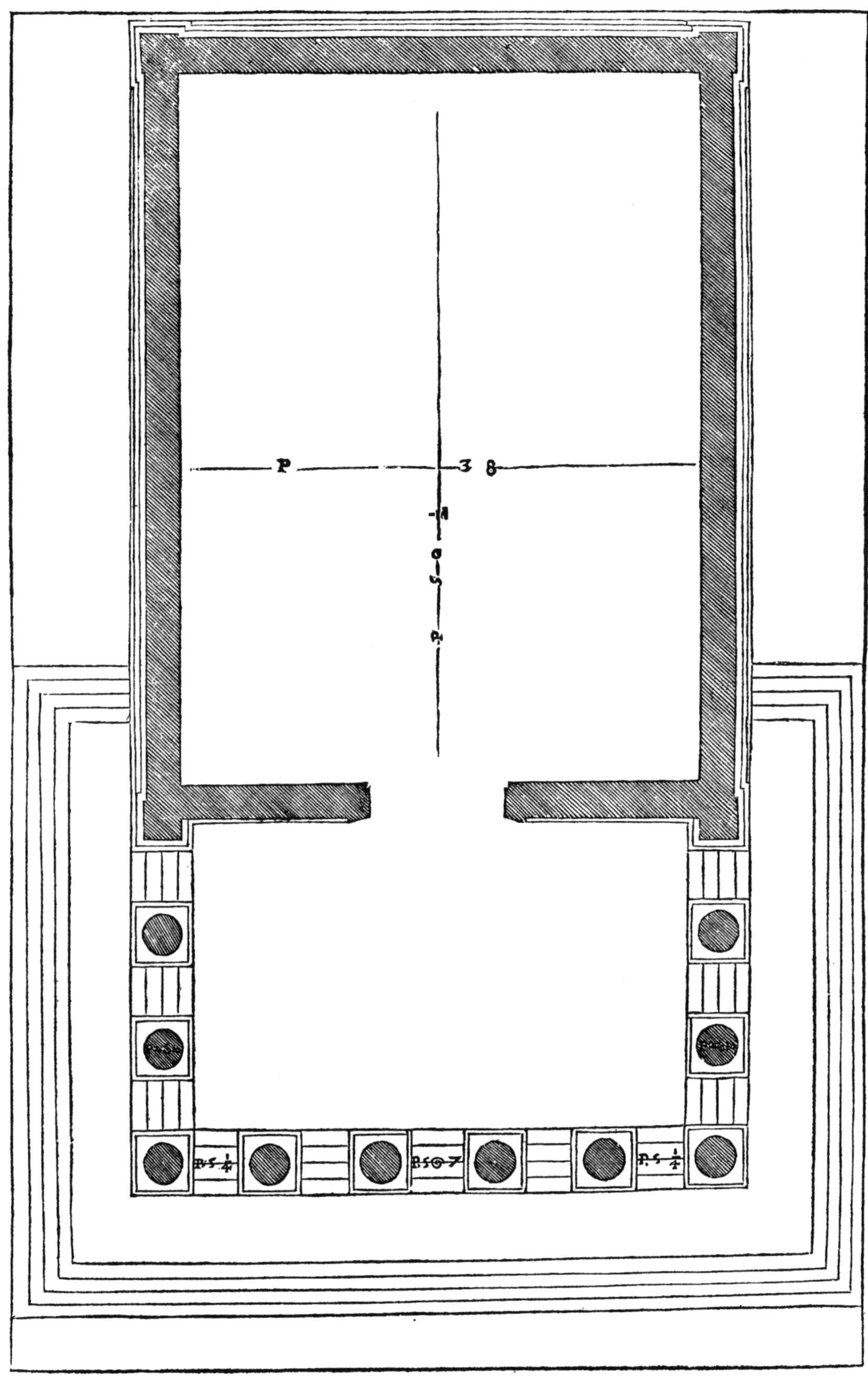

图 4-75　阿西西的神庙，平面图

图 4–76　阿西西的神庙，立面图及局部平面图

图 4–77　阿西西的神庙，柱头、柱础、基底石、檐部及拱腹细部，立面图及仰视图

第27章　关于意大利之外的一些神庙的设计，首先是普拉的两座神庙

普拉位于伊斯特利亚半岛。[159] 整座城市，以及城里的剧院、圆形剧场、拱门等所有美丽的建筑，我都会在合适的地方一一介绍。[160] 普拉有两座大小和装饰完全相同的神庙，彼此之间相距 58 尺 4 寸，位于广场的同一侧，在下面的图纸中将会介绍。[161] 神庙外观均为前柱廊式，属于维特鲁威所说的两径间式，即柱间距为双倍柱径，中央部位的柱间距 $2^1/_4$ 柱径。神庙建在台基上，台基底部与神庙底面，即我所说的地板 [suolo，pavimento] 齐平，和我们已经看过的很多神庙一样，人们从正面的 [facciata davanti] 台阶步入神庙。柱础为阿提卡式，有一个与柱础其他部分等高 [grosso] 的基底石 [orlo]。柱头雕有精致的橄榄树叶；卷叶茎饰 [caulicoli] 覆盖着一种橡树叶，其样式在别处很少见到，因此特别值得注意。楣梁也和大多数其他神庙有所不同，首层 [prima] [162] 饰带较大，第二层略小，位于檐板 [cimacio] 下方的第三层更小；这些饰带的下端向外倾斜，这样楣梁就几乎没有出挑，也不会遮挡正面中楣上刻的文字或其他部分中楣上的叶形装饰。题刻的文字如下：

ROMAE ET AVGVSTO CAESARIS INVI. F. PAT. PATRIAE.

檐口的部件 [membro] 很少，上面是普通的浮雕。门上装饰已经见不到；但我还是根据想象将其画出。内殿的长度比宽度多出四分之一。整座神庙加上柱廊，略大于两方。[163]

我为这座神庙作了三幅木刻图。第一幅为平面图。
B　柱础下面的基座

第二幅为正面的立面图。
E　楣梁、中楣和檐口
P　我创作的门上装饰

第三幅是侧面的立面图。
D　钟形柱头 [campana]
F　该柱头的平面图

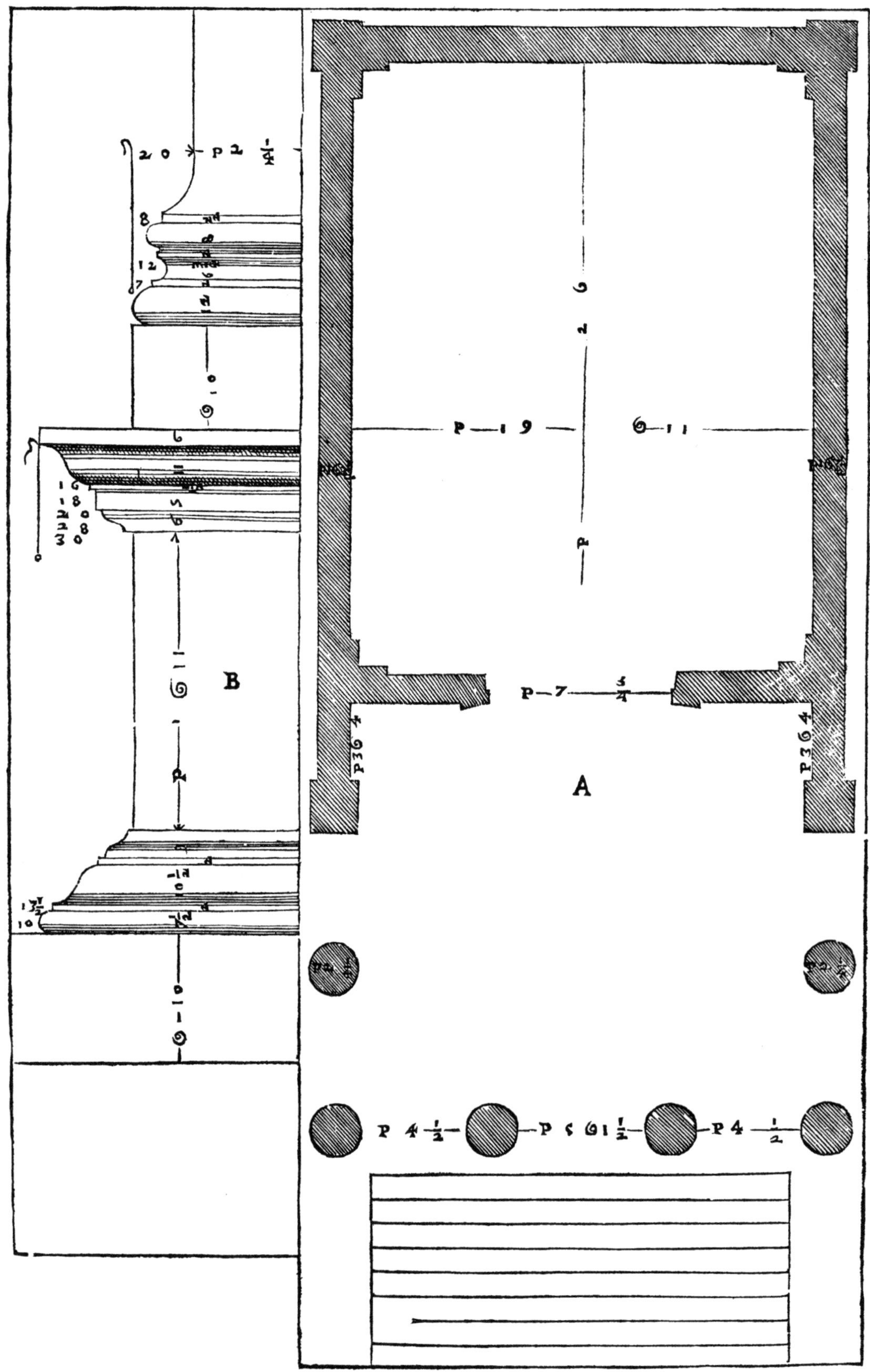

图 4-78　普拉的神庙之一，平面图，旁边是基底石和柱础的立面细部

图 4-79　普拉的神庙，正立面，以及檐部和大门细部

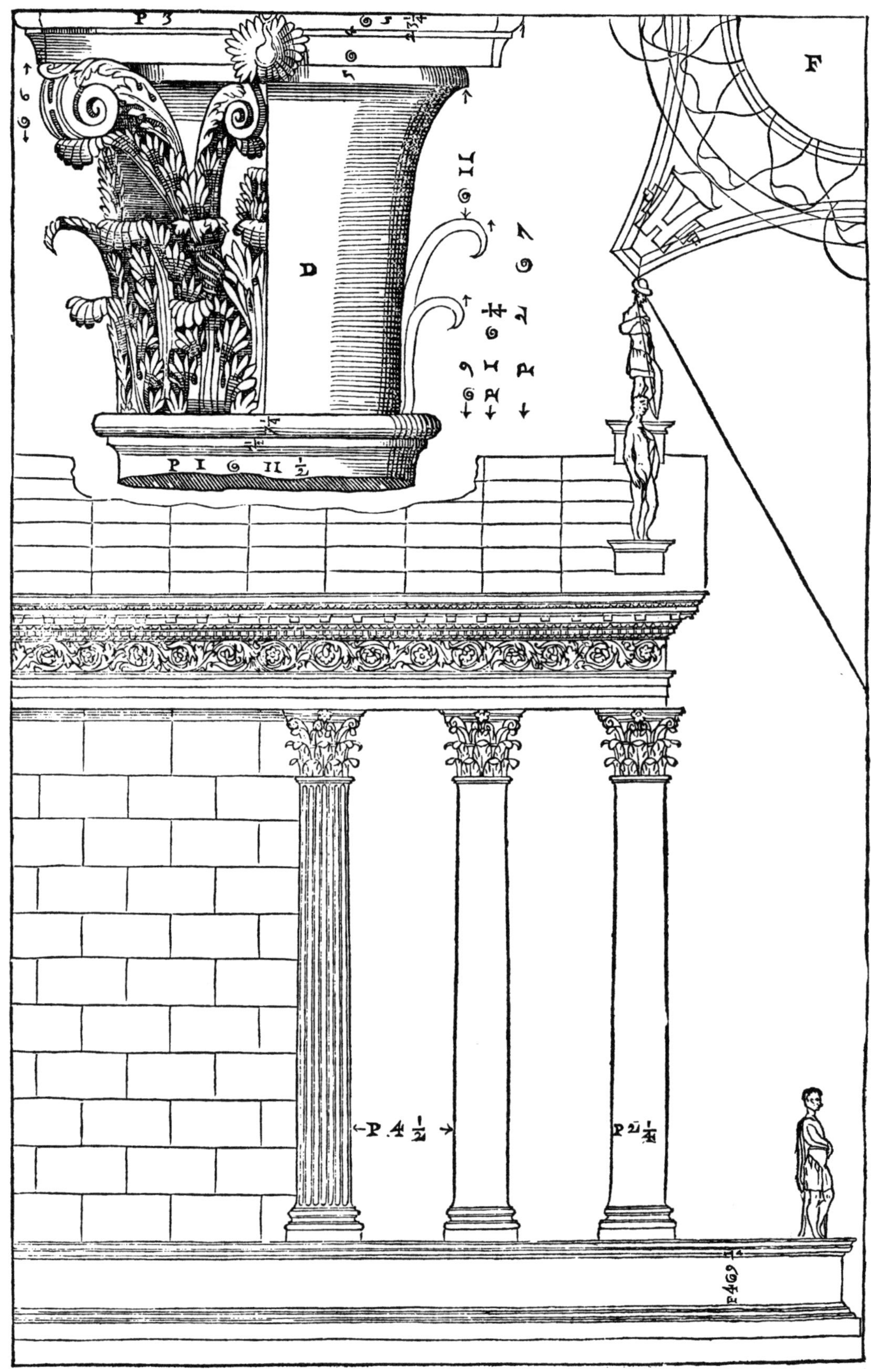

图 4–80　普拉的神庙，门廊侧立面，以及柱头细部

第28章 关于尼姆的两座神庙，首先是方形神庙

在普罗旺斯的尼姆市，也就是安东尼·庇护皇帝的故乡，在有很多其他的[164]精美古建筑之间，可以看见下面这两座神庙。第一座被当地居民称作方形神庙，因为神庙为矩形 [di forma quadrangulare][165]；人们认为这是一座巴西利卡（在第三书中我已经根据维特鲁威的记述介绍了巴西利卡是什么，有何用途，及其建造方法）[166]；但是，因为这座建筑的形状与巴西利卡不同，我认为这其实应该是一座神庙。其外观和类型很明显具有我所描述的众多神庙的特点。该神庙的地板高出地平面 10 尺 5 寸；有一个基座，相当于整座建筑的台基，在台基的顶板上方有两层台阶，上面支撑着柱础；很可能维特鲁威写第三书第 3 章时也想到了这种台阶，当时他谈到在神庙周围修建墩座 [poggio] 时，应该在柱础的下方安置高度不等的台阶 [scamilo impare]，与立柱下方基座主体的轴线对齐，而且它们应当位于柱础平面之下、基座顶板的平面之上；这段话曾经让很多人感到费解。[167] 台基的基座只有很少的元素，而且比顶板要厚，这在其他地方被当成基座的通用法则。[168] 柱础为阿提卡式，但加上了一些小凸圆线脚 [bastoncini]，因此也可以算作混合式，同时也符合科林斯式的做法。柱头雕有橄榄树叶，柱顶板也有雕饰；柱头正面中央 [fronte] 雕花 [fiore]，花形饰的高度覆盖了柱顶板和钟形柱头的平缘 [orlo]，我注意到这是所有这类古代柱头的规则。楣梁、中楣和檐口为柱高的四分之一，所有部件均精雕细琢；檐口托饰与我见过的其他例子不同，而这种变体却十分典雅；尽管柱头有橄榄树叶，檐口托饰雕刻的却是橡树叶。在正波纹线的上方雕有钟形饰 [ovolo] 而不是平缘 [orlo]，这在檐口中极少见。山墙板在其檐口以下的高度为檐口长度的九分之一，这种做法和前面引用过的维特鲁威所描述的做法完全相同。门的侧柱或壁柱 [erta, pilastrata] 的正面宽度为（柱间）净宽[169]的六分之一。门上装饰精美，雕刻细致；在门的檐板上方，与壁柱轴线对齐的位置，有两块石头，切割成类似于楣梁的样子，从檐板上挑出；上面各有一个边长 $10^1/_2$ 寸的正方形孔，我猜想他们把木梁放在这些孔里，这些木梁伸往地面，形成临时的可以拆卸或安装的小门；当时应该做成百叶窗 [gelosia] 的样子，这样站在外面的人们就能看见神庙里面的情形，同时又不会打扰牧师。

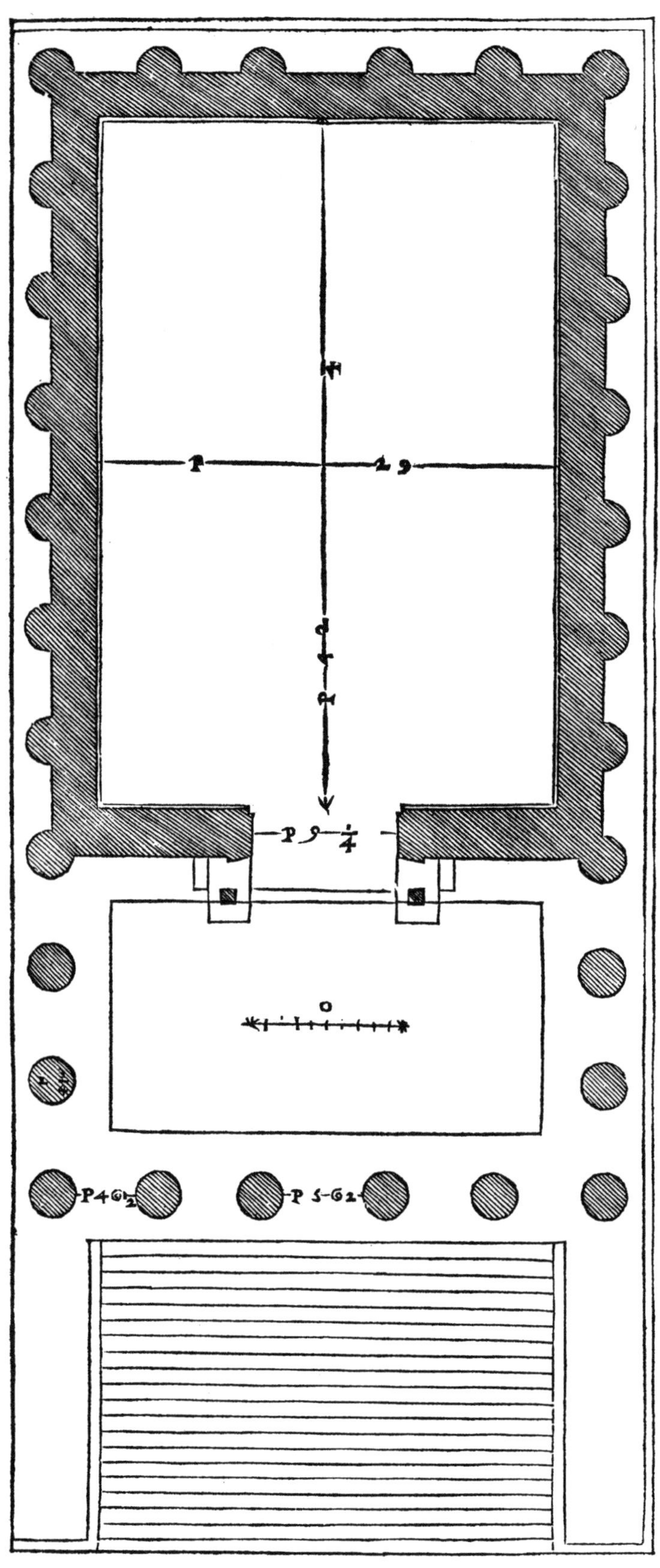

图 4–81　方形神庙，平面图

这座神庙有六幅木刻图。第一幅是平面图。

第二幅是正立面的立面图 [diritto]。

第三幅是侧面的立面图。

第四幅是一些细部。

A　柱础

B　基座顶板

C　基座的底座

旁边是四分之一个柱头的立面图 [impiè] 和平面图。

第五幅为楣梁、中楣和檐口。

第六幅为门上的装饰。上方的卷叶饰为中楣的装饰，位于立柱的上方，贯穿整座神庙。

E　那块带孔的石头，位于门的檐板上方，与壁柱轴线相对齐，比它[170]出挑得更多。

图 4-82　方形神庙，立面图及局部平面图

第四书　第 113 页

图 4-83　方形神庙，门廊侧立面及局部平面

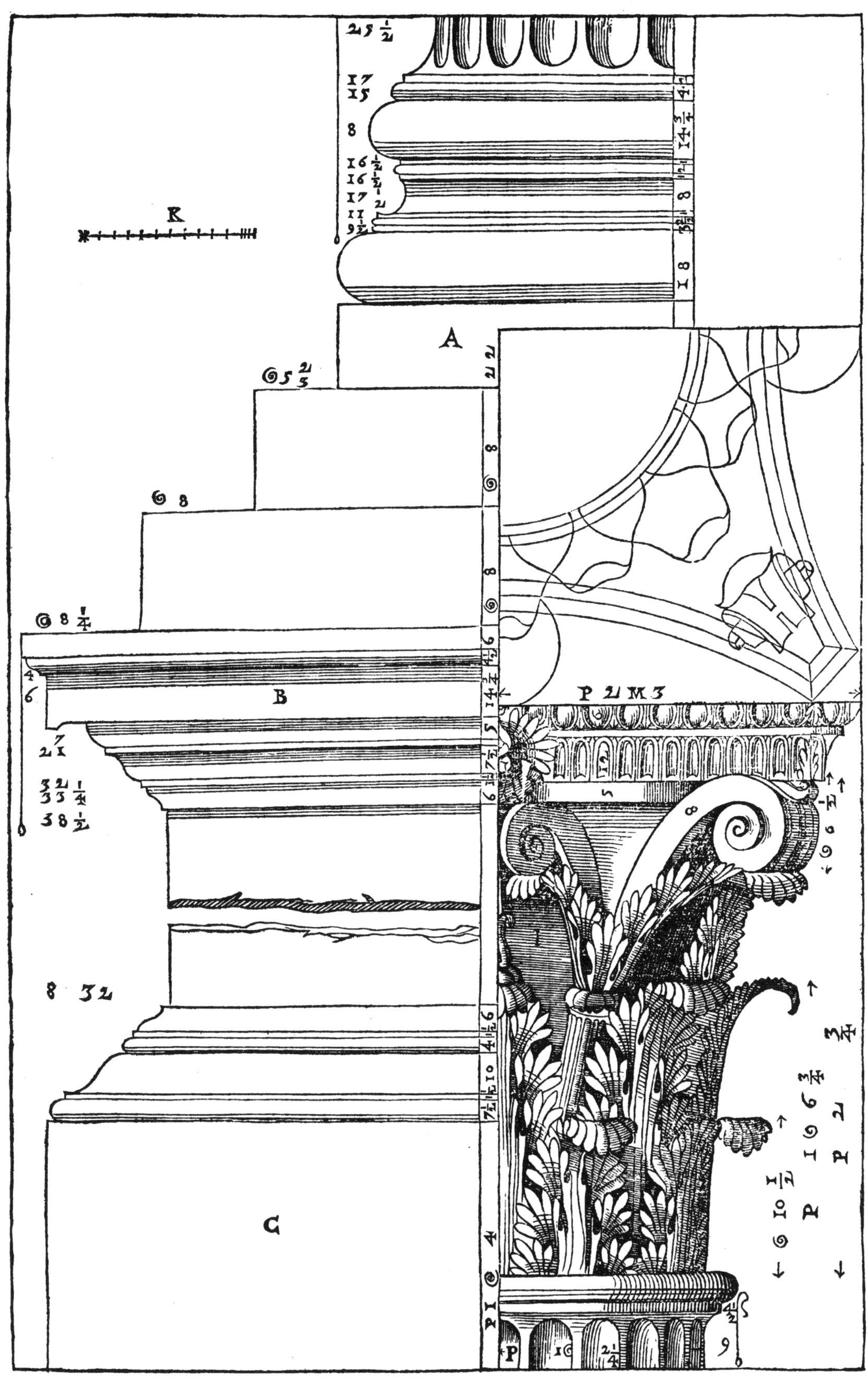

图 4-84　方形神庙，基底石、柱础与柱头细部，立面图、轮廓图及平面图

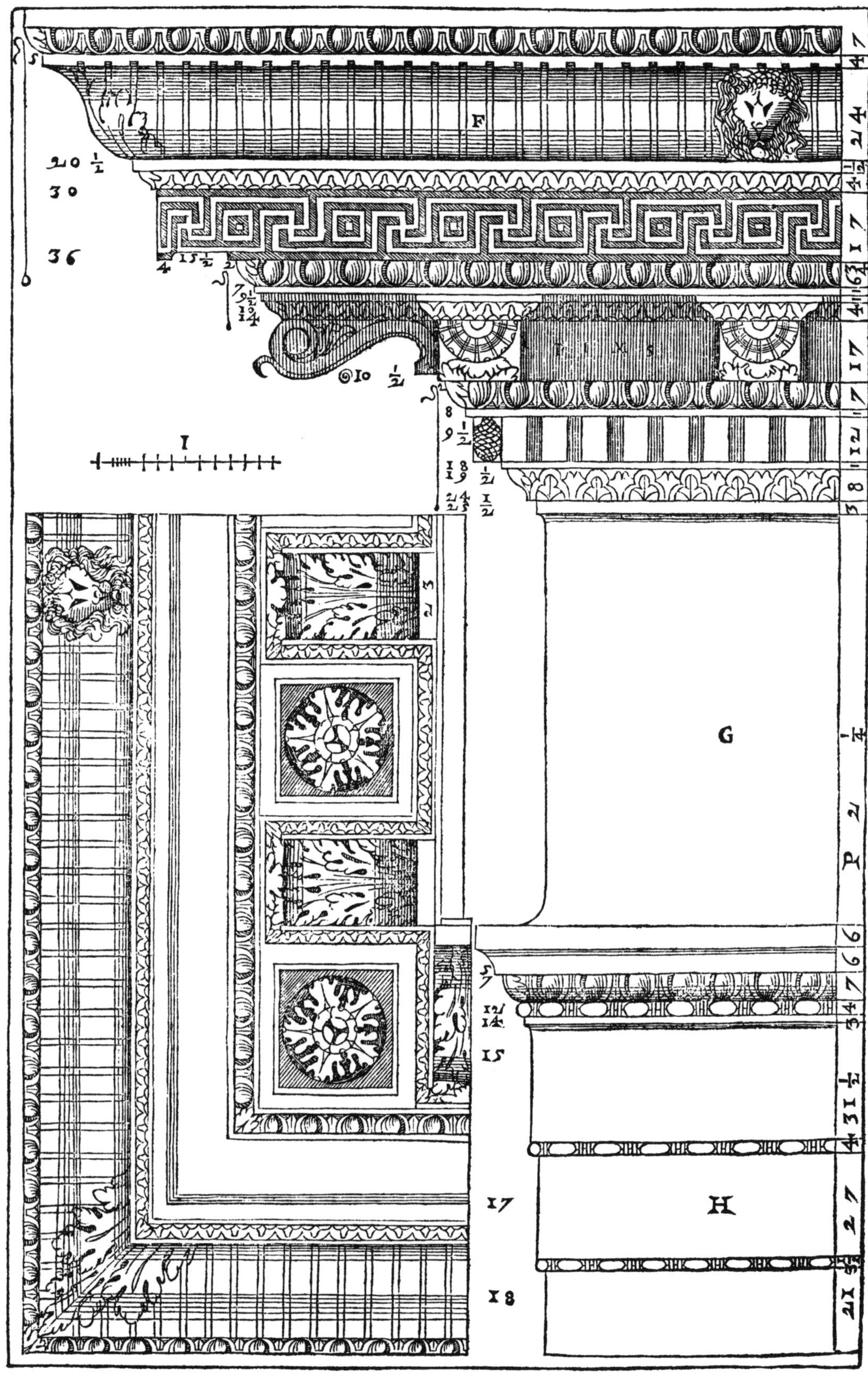

图 4-85　方形神庙，檐部及拱腹细部，立面图及仰视图

图 4-86　方形神庙，大门装饰细部，立面图

第29章 关于尼姆的另一座神庙

下面的图纸展示了尼姆的另一座神庙，当地人称之为维斯塔神庙[171]，我认为这是错误的，一是因为维斯塔神庙通常模仿女神所守卫的地球形状建成圆形，二是因为这座神庙周围的三面建有走廊 [andido]，用连续的墙体围合，在内殿两侧设门；而内殿的门在正面，这样的做法使得内殿无法得到任何方向的采光；而为维斯塔修建一座黑暗中的神庙是说不通的；因此我认为该神庙更像是献给地下神灵的庙宇。在神庙内部有神龛，里面应该曾经有雕像。正对大门的室内正立面分为三部分；中间那部分的地板 [suolo，pavimento] 和神庙其余部分处在同一平面，而另两部分的地板则与基座同高[172]；可以从两个楼梯上到这一高度，而楼梯的起点就是前面提到过的围绕神庙的走廊。基座略高于柱高的三分之一。柱础为阿提卡式和爱奥尼式混合式，轮廓 [sacoma] 非常优美；柱头也富于变化，雕工精美。楣梁、中楣和檐口没有浮雕，内殿周围神龛的装饰同样较为简单。用我们的术语来说，在正对着入口并且属于主圣坛祈祷室的立柱后面，有一些方形的壁柱 [pilastro quadro]，其柱头与立柱的柱头不同，各个柱头也不一样，因为紧挨着立柱的壁柱柱头和另两个的雕刻方法是不一样的；但是每一个的形态都优美典雅，设计精美，可以说是我所见过的最富智慧的柱头。这些壁柱承受着祈祷室的楣梁的重量，如前所述，可从侧面长廊的楼梯口上到这些祈祷室，正因如此，壁柱比立柱还要厚实，这一点值得注意。围绕内殿的立柱支撑着方整的石头 [pietra quadrata] 建成的拱门，在这些拱门之间又有一些石头，形成神庙的主拱顶。整座建筑全部用方整的石头 [pietra quadrata] 建成，上覆石板 [lasta]，以一种交错堆叠的方式砌成，以防止雨水渗入。

我为这两座神庙耗费了不少心力，因为这里有很多值得研究的地方，人们可以从中体会到那个年代的特定方式，而以这样一种方式可以在任一地点建造出好的建筑。

我为这座庙宇作了五幅木刻图。第一幅是平面图。

第二幅是正对大门的室内立面之半。

第三幅是侧面局部的立面图。

第四和第五幅是神龛、立柱和拱腹的装饰，用字母标示。在基座墩身 [dado] 旁边所画出的是壁柱上方的楣梁、中楣和小檐口的轮廓图，也就是侧立面图纸中标示 C 的那部分。

A 立柱上方的楣梁、中楣和檐口
B 柱头
P 它的平面图[173]
D 位于立柱旁边的壁柱的柱头
E 其他壁柱的柱头
F 立柱和壁柱的柱础
G 基座
H 神庙周围神龛的装饰
S 主圣坛神龛的装饰
M R 和 O 祈祷室顶部的镶板 [compartimento]

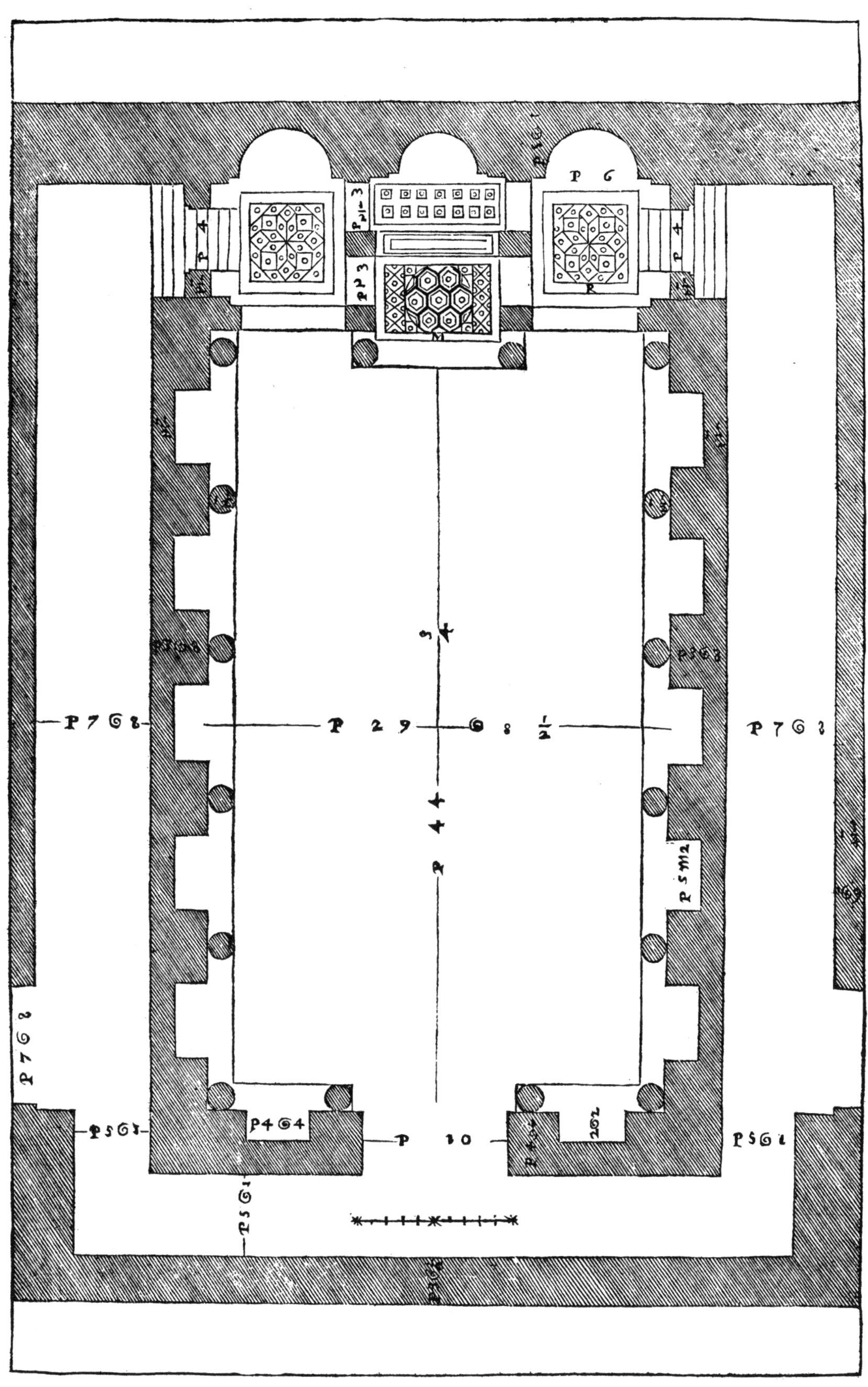

图 4-87　尼姆的另一座神庙，所谓的狄安娜神庙，平面图

图 4-88　所谓的狄安娜神庙，横剖面之半，望向端头的神龛

图 4-89　所谓的狄安娜神庙，穿过尽端神龛的剖立面

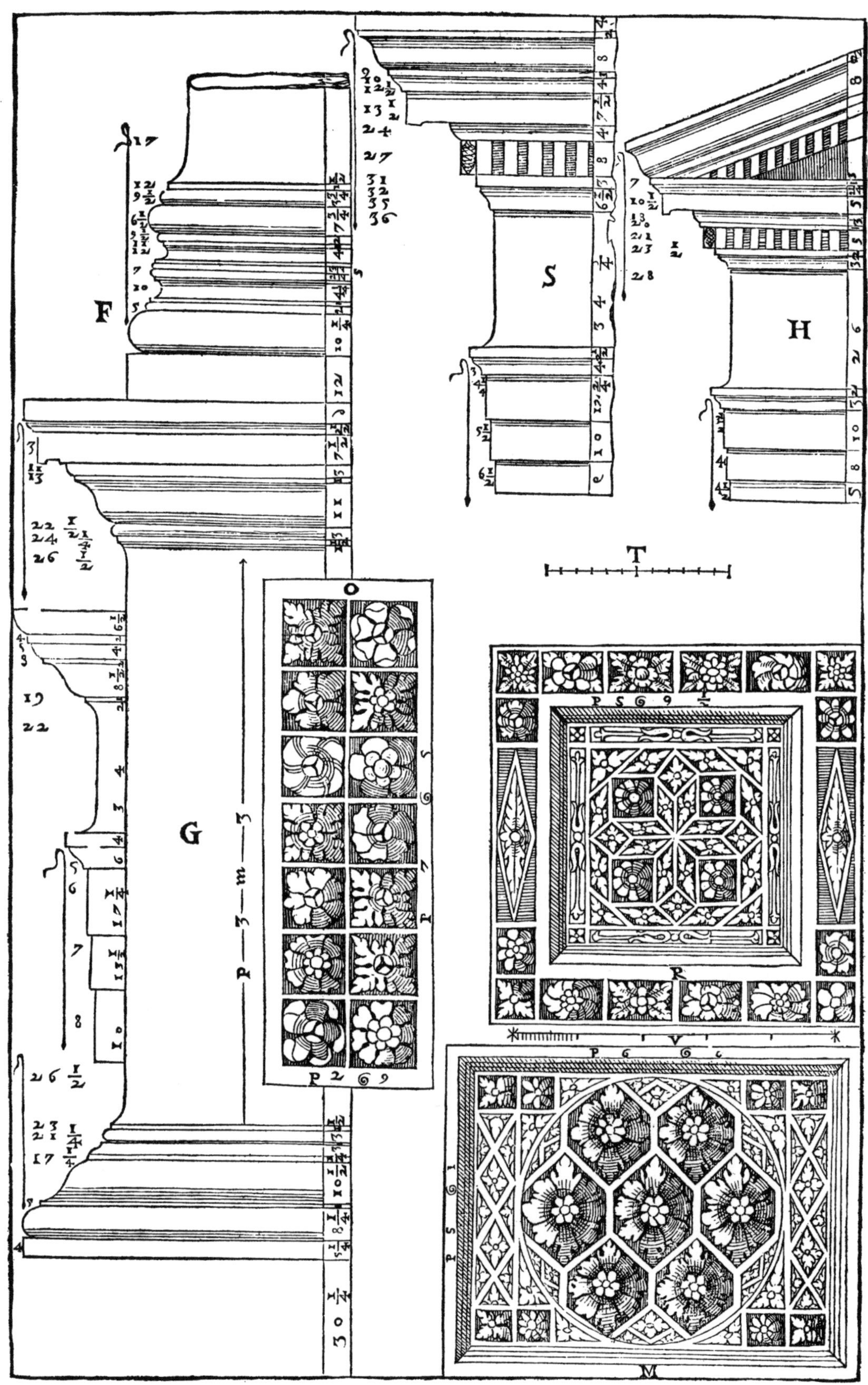

图 4–90　所谓的狄安娜神庙，神龛及拱腹细部

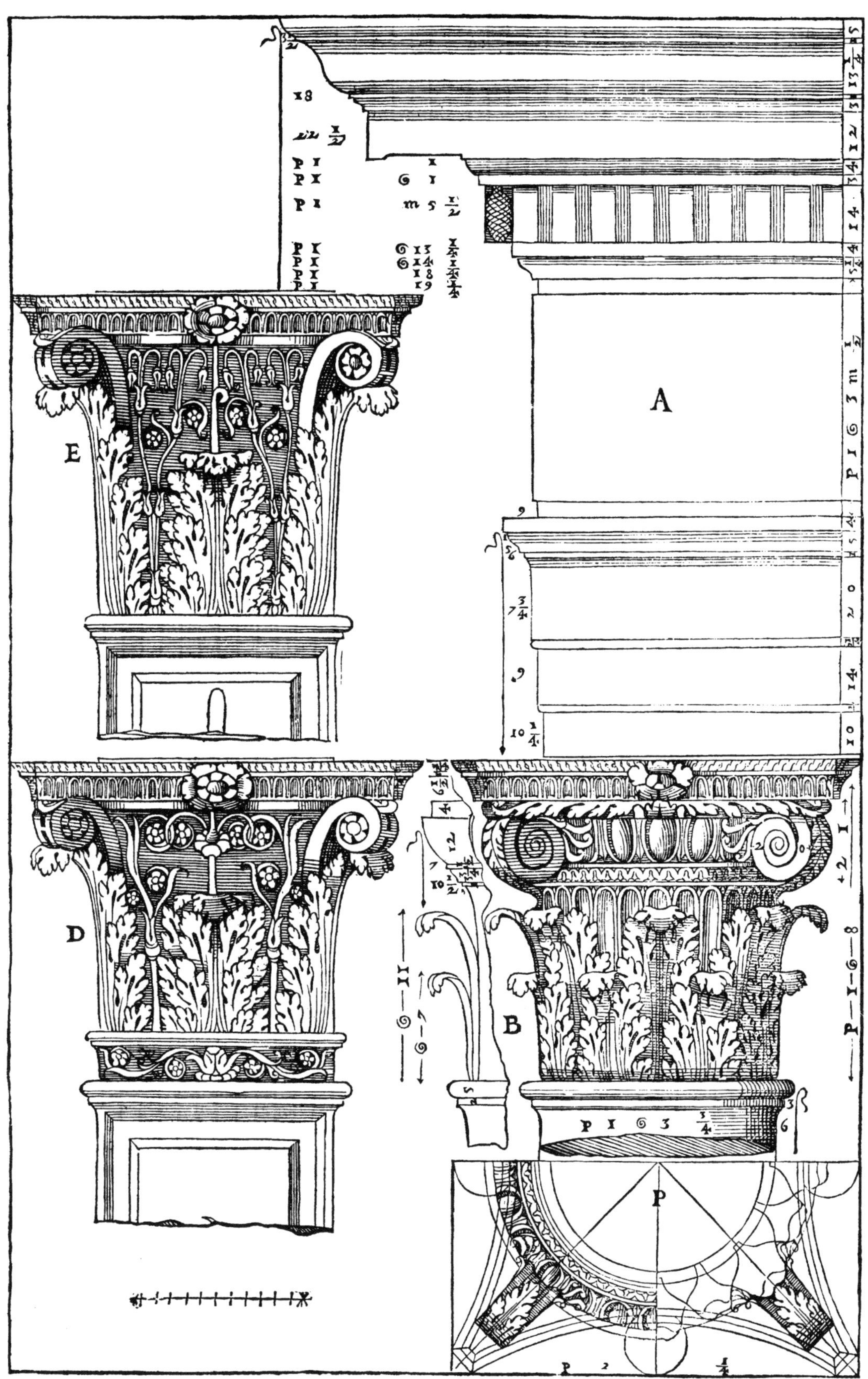

图 4-91　尼姆的另一座神庙，柱头及檐部细部

第30章　关于罗马的另外两座神庙，首先是协和神庙

在罗马的神庙除前面介绍的那些以外，在卡比托利欧山脚，塞普蒂米乌斯拱门附近，罗马广场刚刚开始的地方，还能见到下面这座神庙的立柱，该神庙源于卡米卢斯[174]的一个誓言，据说是献给协和女神[175]的。[176]在这座神庙内，经常开展关于公共事务的讨论，人们据此认为这座庙宇已经被敬献给神灵，因为牧师只允许元老院在敬献给神灵的庙宇中讨论公众事务，也只有那些建造时带有好的预兆的神庙才有可能被敬献给神灵，因此在这种情况下建造的神庙又称元老院大厅（Senate Chambers）。在装饰神庙的众多雕像中，有记载的包括拉托娜[177]怀抱孩子，阿波罗与狄安娜；阿斯克勒庇俄斯[178]和他的女儿希吉娅[179]；战神玛斯、密涅瓦、刻瑞斯[180]和墨邱利；以及位于柱廊的山墙板上的胜利女神像，这座雕像后来在马库斯·马切卢斯和马库斯·瓦莱里乌斯担任执政官期间被闪电击中。从中楣上仍然可以辨认的文字来看，这座神庙曾被烧毁，随后在元老院和罗马市民的要求下重建，因此我认为重建之后不如最初建造时优美和完善。上面的题刻如下：

S.P.Q.R. INCENDIO CONSVMPTVM RESTITVIT

意思是说，元老院和罗马市民重建了这座毁于大火的神庙。神庙的柱间距小于两倍柱径。柱础为阿提卡式和爱奥尼式混合式；和通常所见有所不同，但仍然非常典雅。柱头可以算是多立克和爱奥尼式的混合，雕刻精美。为了便于题刻，外立面的楣梁和中楣在同一平面上，没有区分；但是在内部，也就是柱廊下面，二者被分开，而且还用了线脚，在图纸中可以看到。檐口是平的，也就是说，没有用线脚。在内殿的墙上，我们无法确定有任何古代部件，它们是在后期以较低的标准重建的；尽管如此，人们还是可以想象它当年的样子。

我为这座神庙作了三幅木刻图。第一幅是平面图。

G　柱廊下面的楣梁和中楣

第二幅为神庙正面的立面图。

第三幅为细部图。

A　支撑整座神庙的台基

B　柱础

C　柱头正面

D　柱头的平面图

E　不带卷涡饰的柱头轮廓

F　楣梁、中楣和檐口

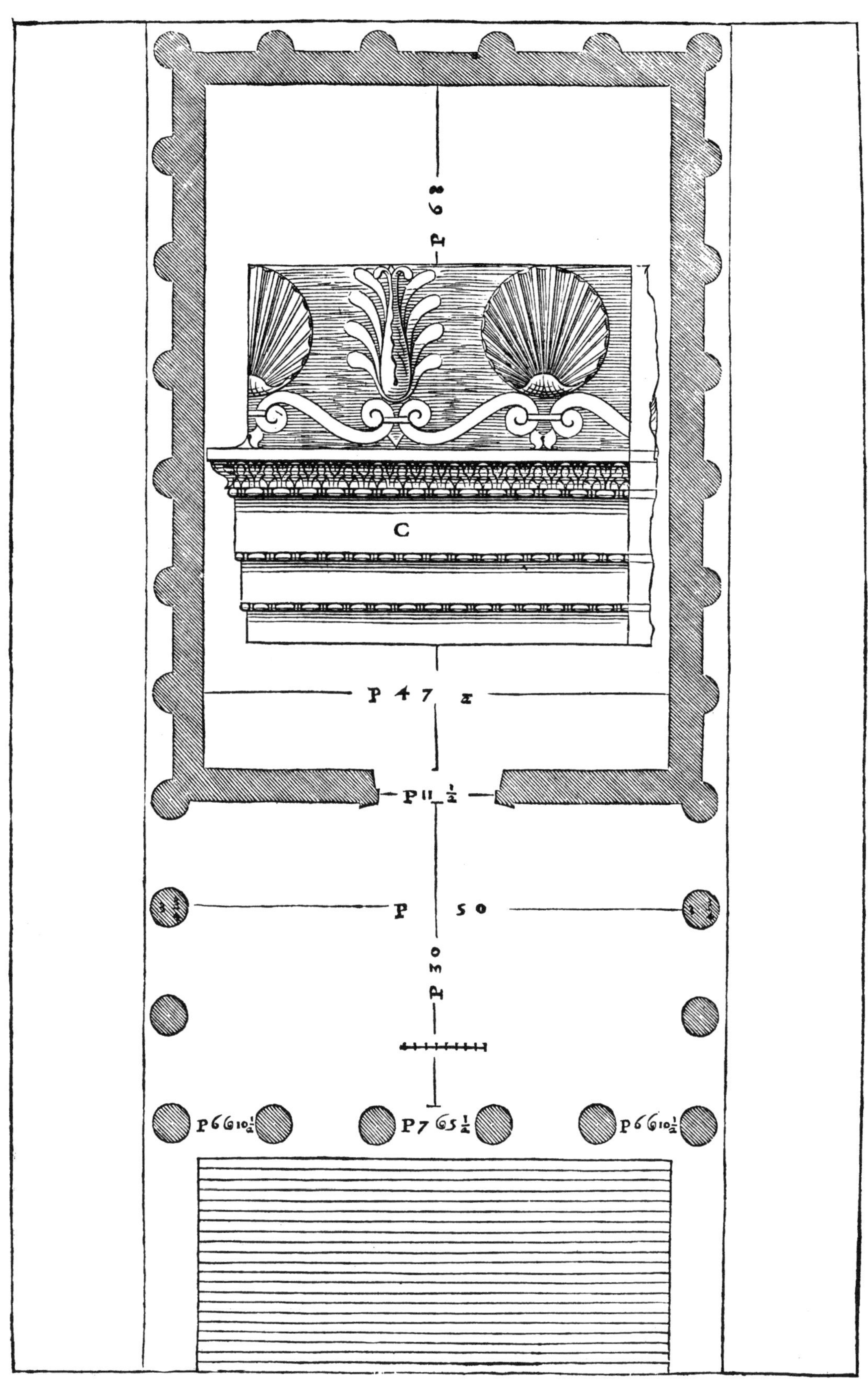

图 4-92　罗马的协和神庙，平面图，以及门廊的楣梁和中楣细部

图 4–93　协和神庙，立面图及局部平面图

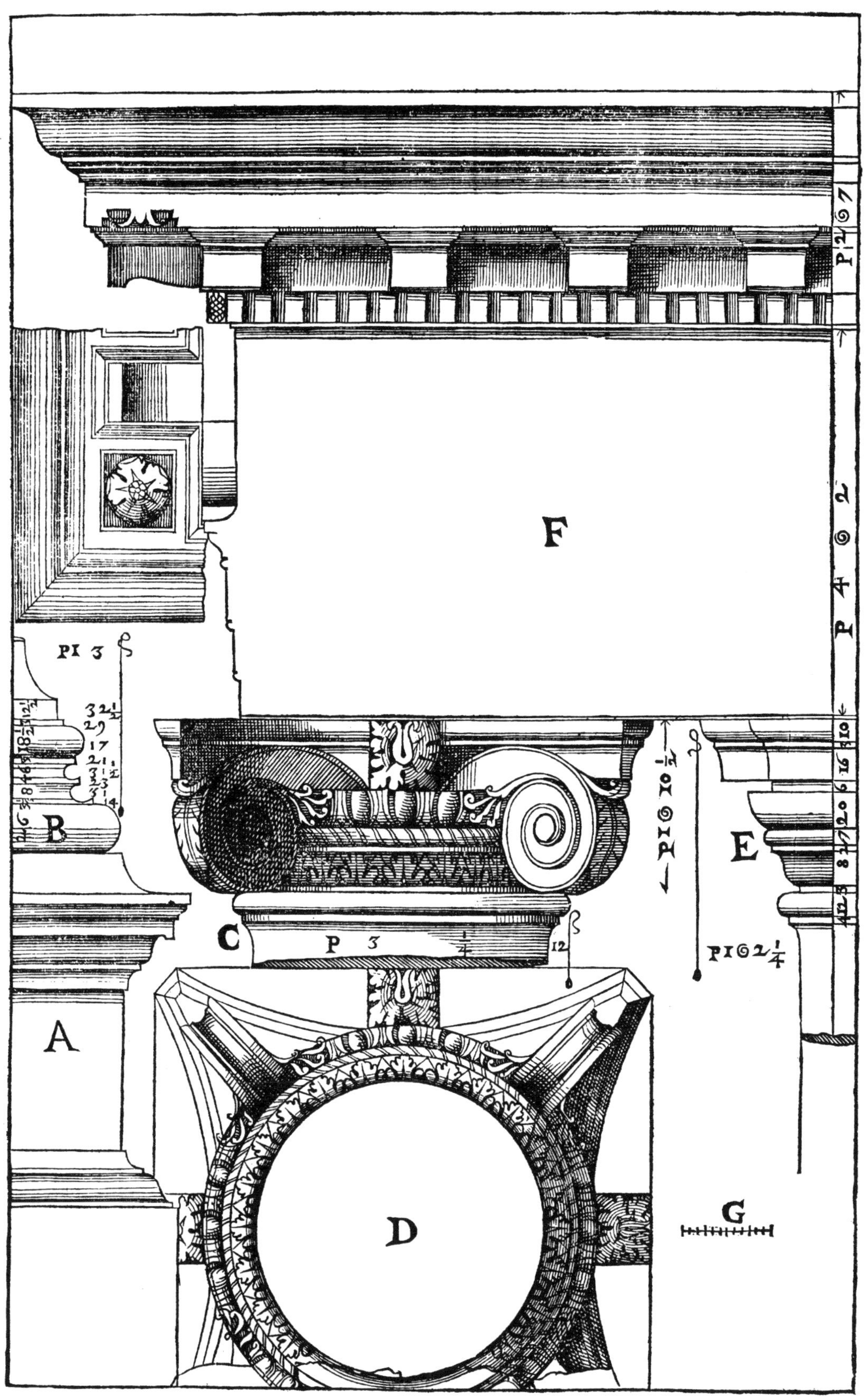

图 4-94　协和神庙，柱头、柱础、檐部及拱腹细部，立面图、平面图及仰视图

第31章　关于尼普顿神庙

在前文已经绘图介绍过的复仇者战神庙对面，在马弗里奥雕像[181]的背后，一个称为“潘塔诺”的地方[182]，在古代有以下这座神庙——在一次盖房的挖掘过程中发现了它的地基；并发掘出大量的以最高标准加工的大理石块。我们不知道这座神庙的建造者是谁，也不知道是献给哪位神灵，但从檐口的正波纹线碎片上雕刻的海豚，以及某些位置的两个海豚之间的三叉戟来看，我认为应该是献给尼普顿的。[183] 神庙外观为围柱式 [alato a torno]，柱间距较近 [spesse colonne]，比 $1^{1}/_{2}$ 倍柱径小 1/11 倍柱径，我认为这点值得注意，因为在其他古建筑中我还没有发现这么小的柱间距。神庙已经没有任何部分能够矗立在地面上，但是我们通过大量残存的遗物可以试图理解其大体的布局，也就可以得出平面图、立面图和细部图，其建造水平是十分杰出的。

我作了五幅木刻图。第一幅为平面图。

第二幅为柱廊外部正立面之半。
D　门的轮廓 [modeno]

第三幅为柱廊下方的正面立面图，也就是说，移除了首层 [primo] 立柱[184]
A　神庙内殿周围与柱廊立柱相对的壁柱的轮廓
E　内殿外墙的轮廓 [profilo]

第四幅是细部图，也就是装饰。
A　柱础
B　柱头，其上是楣梁、中楣和檐口

第五幅是内殿周围柱廊的天花板的部件和浮雕
F　镶板的剖面图 [profilo]
G　尺，等分为 12 寸
H　柱头之间楣梁的拱腹

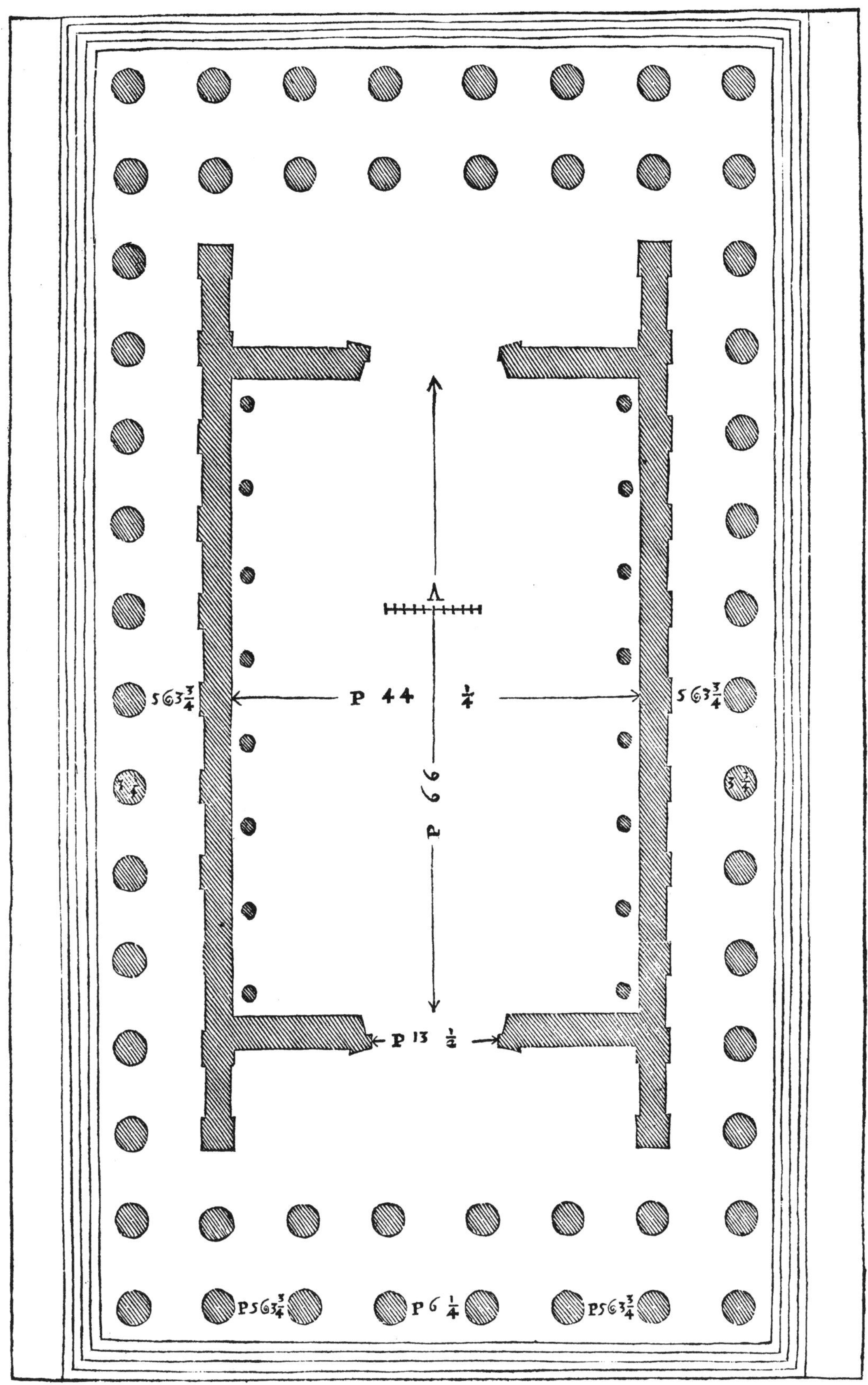

图 4-95　罗马的尼普顿神庙，平面图

图 4–96　尼普顿神庙，门廊立面图之半，以及局部平面图；旁边是入口大门的檐部细节图

图 4-97　尼普顿神庙，门廊横剖面之半，以及局部平面图，旁边是室内壁柱的细部和轮廓图

图 4-98　尼普顿神庙，柱头、柱础、檐部及拱腹的细部，立面图及仰视图

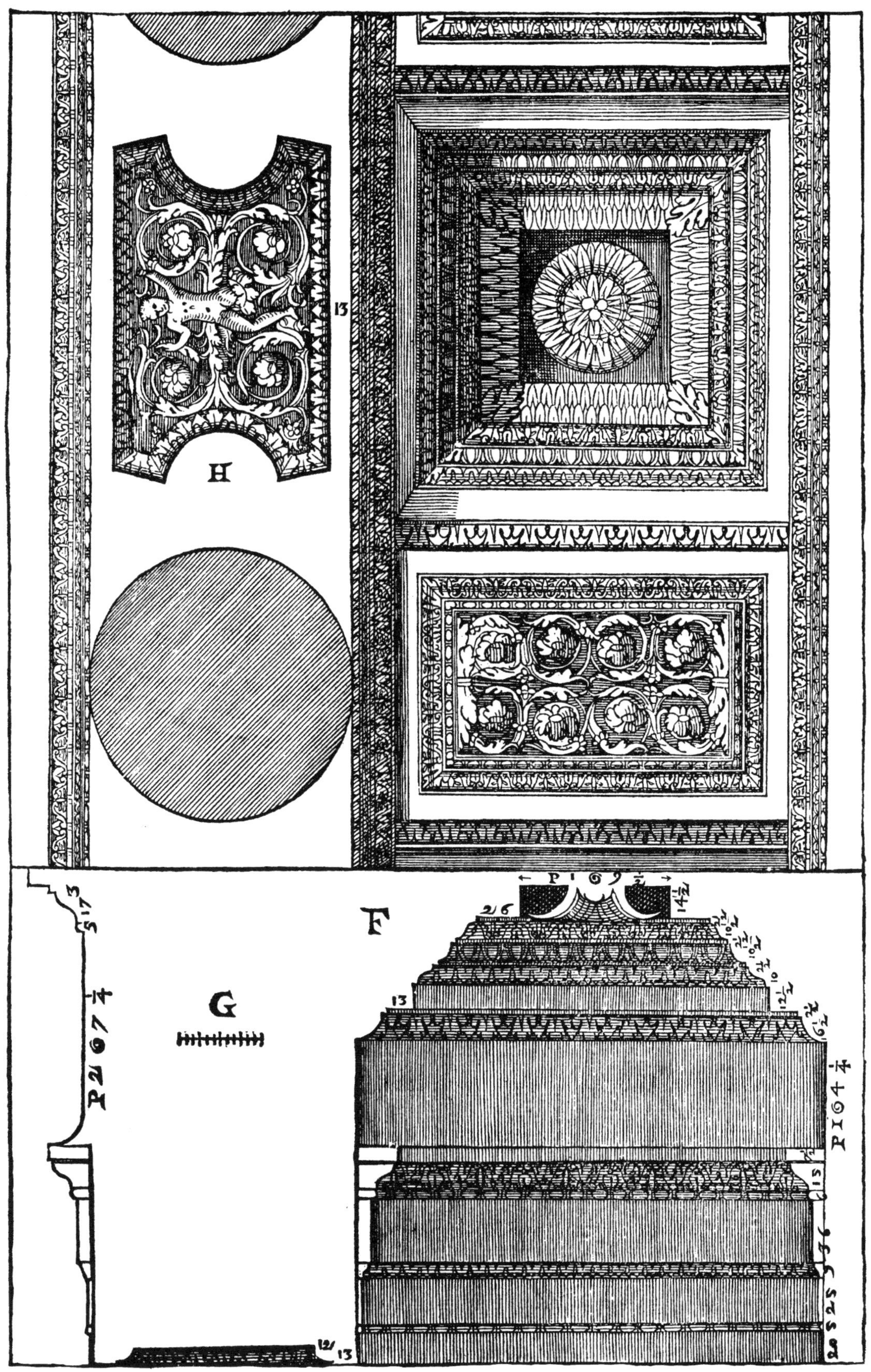

图 4-99　尼普顿神庙，门廊天花细部

安德烈亚·帕拉第奥 关于建筑的第四书结束

威尼斯，多米尼哥·迪·弗兰切斯基印刷厂，王后钧鉴

1570年

第四书译注

1 O.M.：我们不知道帕拉第奥这一缩写表示什么，有几种猜想，只是打个比方（*exempli gratia*）它可能表示“omnium magister”（万能的导师），或仿照“Jupiter Optimus Maximus”的“Optimus Maximus”（极致的）。参见帕拉第奥 2002 年，注 1。

2 关于教堂是一座城市中最为重要的建筑，参见菲拉雷特 1972 年，189 页及其后；阿尔伯蒂 1988 年，194–195 页（7.3）；卡塔尼奥 // 论文集 ,1985，289、301 对开页；佩莱格里诺 1990 年，16–17、44、142–143、194–196 页。参见帕拉第奥 2002 年，注 2。

3 “A questo grandissimo [tempio]”：即世界。参见帕拉第奥 2002 年，注 3。

4 参见帕拉第奥关于教堂比例的段落，普皮 1988 年，123 对开页。参见帕拉第奥 2002 年，注 4。

5 我们将“composerò”一词翻译成“创作”时，想要将建筑类比音乐，因为帕拉第奥随后谈到了建筑中的“比例”（proportione）；“设计”也能达意，但略显平淡。参见帕拉第奥 2002 年，注 5。

6 “Inventioni”：一词多义；有时表示“设计”（第三书，25）；有时意思更宽泛，比如，“想法”。参见帕拉第奥 2002 年，注 6。

7 帕拉第奥原文是“possa variare”：字面意思是“能变化 / 可以变化”，但是应该采用一个包含了多样（varietas）这层意思的抽象名词。参见帕拉第奥 2002 年，注 7。

8 关于选址，参见维特鲁威《建筑十书》1.7；阿尔伯蒂 1988 年，9 页及其后（I.3）。参见帕拉第奥 2002 年，注 8。

9 帕拉斯（Pallas），即帕拉斯・雅典娜（Pallas Athena），智慧女神。

10 参见维特鲁威《建筑十书》1.2.7，1.7.1；阿尔伯蒂 1988 年，194 对开页（7.3）。参见帕拉第奥 2002 年，注 9。

11 关于垒高地面建神庙，参见阿尔伯蒂 1988 年，194–195 页，198 对开页（7.3，7–5）。参见帕拉第奥 2002 年，注 10。

12 维特鲁威《建筑十书》4.5.2；巴尔巴罗注释 1987 年，182 页。参见帕拉第奥 2002 年，注 11。

13 参见维特鲁威《建筑十书》1.2.5，4.8.1—3；阿尔伯蒂 1988 年，194–197 页（7.3，7.4）。参见帕拉第奥 2002 年，注 12。

14 指维特鲁威《建筑十书》4.8.1—2；参见第四书，9–10 页下部。参见帕拉第奥 2002 年，注 13。

15 参见阿尔伯蒂 1988 年，195 页（7.3）；以及第四书，41 页下部。参见帕拉第奥 2002 年，注 14。

16 第四书，8 以及 41 页下部。参见帕拉第奥 2002 年，注 15。

17 福洛拉（Flora），罗马神话中的花神。

18 即多立克式。参见帕拉第奥 2002 年，注 16。

19 即科林斯式。参见帕拉第奥 2002 年，注 17。

20 参见维特鲁威《建筑十书》1.2.5；以及巴尔巴罗注释 1987 年，35 页；同样参见阿尔伯蒂 1988 年，194–195 页（7.3）。参见帕拉第奥 2002 年，注 18。

21 维特鲁威《建筑十书》1.2.5—7。参见帕拉第奥 2002 年，注 19。

22 关于神庙这种围绕一个中心进行布局的完美性，参见阿尔伯蒂 1988 年，196–197 页（7.4）；弗朗切斯科・迪・乔其奥 1967 年，372 页；塞利奥 1566 年，V，202 对开页右页，卡塔尼奥 // 论文集 ,1985，289 对开页；巴锡 1572 年中帕拉第奥部分；伊泽迈尔 1968 年；弗尔克 1977 年，51 页及其后佩莱格里诺 1990 年，197 页。参见帕拉第奥 2002 年，注 20。

23 参见英译本注 1。参见帕拉第奥 2002 年，注 21。

24 即教堂的十字形翼部（transepts）。参见帕拉第奥 2002 年，注 22。

25 尤其参见卡塔尼奥 // 论文集 ,1985，302 页及其后。参见帕拉第奥 2002 年，注 23。

26 参见今年出版的布歇 1994 年，182 页及其后。参见帕拉第奥 2002 年，注 24。

27 阿尔伯蒂 1988 年，194–195、220–221 页（7–3，7.10）；佩莱格里诺 1990 年，178、216、227–229 页。参见帕拉第奥 2002 年，注 25。

28 不是维特鲁威《建筑十书》1.1，而是3.2。维特鲁威的晦涩常被提及：菲拉雷特1972年，216页；阿尔伯蒂1988年，154页（6.1：巴托里1565年，160、28页）；科尔纳罗//论文集,1985，90页；卡塔尼奥//论文集,1985，295、296和363页；托洛美//论文集（Tolomei in *Trattati*），1985，52页及其后；佩莱格里诺1990年，171页。参见帕拉第奥2002年，注26。

29 即里面有更多立柱。参见帕拉第奥2002年，注27。

30 参见巴尔巴罗注释1987年，115对开页。参见帕拉第奥2002年，注28。

31 即从立柱到内殿墙壁。参见帕拉第奥2002年，注29。

32 尼姆的方形神庙：参见第四书，111页下部。参见帕拉第奥2002年，注30。

33 命运女神庙：参见第四书，48页下部，该处提及是属前柱廊式（prostyle）而不是围柱式（peripteral）。参见帕拉第奥2002年，注31。

34 即柱廊立柱和内殿墙壁之间的距离包括两个柱间距加一倍柱径,内圈柱廊不算。参见帕拉第奥2002年，注32。

35 关于赫莫杰尼斯，参见维特鲁威《建筑十书》3.2.6以及3.3.8—9，位于Magnesia的Artemis Leukophryene神庙是他的设计，为仿双列围柱式（pseudodipteral）。参见帕拉第奥2002年，注33。

36 这是农业及来世守护神塞拉皮斯神庙；参见第四书，41页下部，帕拉第奥认为是仿双列围柱式（pseudodipteral），"scoperta"是帕拉第奥用来表示露天的意大利词汇。还可参见维特鲁威《建筑十书》3.2.7，里面认为在罗马没有找到露天神庙的例子。参见帕拉第奥2002年，注34。

37 第四书，7页上部。参见帕拉第奥2002年，注35。

38 本段非常贴近维特鲁威《建筑十书》3.3.1的表述,巴尔巴罗注释1987年,123页;参见阿尔伯蒂1988年，199–200页（7.5）。参见帕拉第奥2002年，注36。

39 参见第一书，15–16页上部，帕拉第奥柱间距对应不同柱式：混合式为密柱间式（picnostyle），科林斯式为两径间式（sistyle）；爱奥尼式为正柱间式（eustyle）；多立克式为三径间式（diastyle）；托斯卡式为疏柱间式（areostyle）。参见帕拉第奥2002年，注37。

40 摘自维特鲁威《建筑十书》3.3.3–4，巴尔巴罗注释1987年，123页及其后，本章其余部分同。参见帕拉第奥2002年，注38。

41 为这里的"uso"找到一个恰当的译法很难；我们考虑采用"功能上的要求"，但似乎用在帕拉第奥的表述中显得过于现代。参见帕拉第奥2002年，注39。

42 参见术语表引言。参见帕拉第奥2002年，注40。

43 这一想法源自维特鲁威《建筑十书》3.1.9。参见帕拉第奥2002年，注41。

44 圆形柱廊神庙,根据维特鲁威《建筑十书》4.8.1.帕拉第奥混淆了Juno Lacinia神庙和Juno Lucina神庙。参见帕拉第奥2002年，注42。

45 "Pigliando il diametro nella parte di dentro dei piedestali"：意思也可能是"直径根据基座内侧得出。"参见帕拉第奥2002年，注43。

46 维特鲁威《建筑十书》4.8.I—3以及巴尔巴罗注释1987年，196对开页。相关草图，参见英国皇家建筑师协会杂志RIBA VII 6以及X 4v（施皮尔曼1966年，20对开页；佐尔齐1958年，288页）。参见帕拉第奥2002年，注44。

47 用"长度"（long）这个词，帕拉第奥似乎是指立面的长度，也就是立面宽度。参见帕拉第奥2002年，注45。

48 "Largo"：应该是指柱廊进深。参见帕拉第奥2002年，注46。

49 阿尔伯蒂1988年，199—200页（7.5）参见帕拉第奥2002年，注47。

50 即四根立柱组成的柱廊总长为11又1/2倍模度,每根立柱的宽度是1倍模度,中央的柱间距是3倍模度，两侧的柱间距各2又1/4倍模度。参见帕拉第奥2002年，注48。

51 维特鲁威《建筑十书》3.3.7：参见第一书表格，英译本注80。参见帕拉第奥2002年，注49。

52 第一书，15–16页上部。参见帕拉第奥2002年，注50。

53 英译本作"the open air will appear to diminish the thickness of those on the exterior"。

54 字面意思是"封闭空间不会让里面的立柱显得明显过细。"参见帕拉第奥2002年，注51。

55 引自维特鲁威《建筑十书》4.4.2–3。参见帕拉第奥 2002 年，注 52。

56 帕拉第奥在这里重复："come noi facciamo hora ne i tempii。"参见帕拉第奥 2002 年，注 53。

57 即基督教堂的。参见帕拉第奥 2002 年，注 54。

58 第三书，35–40 页上部。同样观点参见阿尔伯蒂 1988 年，195 页，230 页（7.3 以及 14）；佩莱格里诺 1990 年，3 页及其后。参见帕拉第奥 2002 年，注 55。

59 即修女。参见帕拉第奥 2002 年，注 56。

60 阿尔伯蒂 1988 年，127—128 页（5.7）。参见帕拉第奥 2002 年，注 57。

61 该处按照 1570 年的意大利语版本进行分段。

62 实际是由马克辛迪乌斯在 306–310 年动工，并在 313 年后由君士坦丁大帝完工的巴西利卡；同样被误当作和平神庙。参见英国皇家建筑师协会杂志 RIBA I 4，VII 5v，XV 3（佐尔齐 1958 年，170 页；施皮尔曼 1966 年，40–42 页）。这是文艺复兴建筑学家最常描绘的建筑之一：参见巴托里 1914–1922 年；布登西格 1962 年；里克瓦特和塔弗纳 1986 年，36–57 页；塔弗纳 1991 年，66 页及其后。参见帕拉第奥 2002 年，注 58。

63 犹太王国（Judaea），位于古巴勒斯坦南部，都城是耶路撒冷。公元前 63 年被罗马征服。

64 普林尼《自然史》（Pliny *NH*）36.4.27. 维斯帕先皇帝在公元 71 年和 75 年间修建了真正的和平神庙来纪念对犹太人的胜利，并将从耶路撒冷神庙中带回的战利品放在里面。该神庙建于奥古斯都广场旁，康茂德皇帝时期，这座神庙被烧毁，塞普蒂米乌斯·塞维鲁重建。马克辛迪乌斯巴西利卡建在附近的韦利亚（Velia）。参见帕拉第奥 2002 年，注 59。

65 "A i buoni tempi"，帕拉第奥的常用语之一：我们加上了"建筑的"；还可参见第四书，86 页。参见帕拉第奥 2002 年，注 60。

66 注意双山墙板与万神殿、威尼斯的圣乔治·马焦雷教堂以及 Redentore 类似，布歇 1994 年，177 页，有些人对威特科尔著名的假设表示怀疑，即帕拉第奥试图让教堂里面看起来像连环型庙宇的正面，理由是这种形态有可能来源于帕拉第奥的为教堂里面所作的正交直线设计。参见帕拉第奥 2002 年，注 61。

67 孔蒂塔（Torre de'Conti），位于罗马斗兽场附近的一座中世纪建筑，建于 1238 年。

68 修建战神庙的目的是纪念凯撒之死复仇的行动，是奥古斯都在 Philippi 立下的誓言，在公元前 2 年在奥古斯都广场敬献。神庙实际上是八根边柱，但帕拉第奥以为是九根；另有一座高台，帕拉第奥认为有六个台阶。参见英国皇家建筑师协会杂志 RIBA XI 22r–v，和 VIC，D 5r 和 24r，佐尔齐 1958 年，176–177 页；福斯曼 1965 年，170 对开页；施皮尔曼 1966 年，43 页及其后，伯恩斯 1973 年 a，151 对开页。参见帕拉第奥 2002 年，注 62。

69 普林尼《自然史》（Pliny *NH*）35.10.93–94。参见帕拉第奥 2002 年，注 63。

70 Suetonius，《奥古斯都的一生》（Life of Augustus）31.5。参见帕拉第奥 2002 年，注 64。

71 第四书，9 页上部。神庙并没有壁角柱，而屋顶为八角形，而非半圆。参见帕拉第奥 2002 年，注 65。

72 碎晶凝灰岩（peperino），或译为"白榴拟灰岩"，是一种在罗马附近发现的火山岩，因它黑色的斑点近似胡椒籽而得名。也叫作阿尔巴尼石（Albani stone）。自古典时期以来便大量地运用在建筑上。

73 涅尔瓦广场的密涅瓦神庙由图密善皇帝建造，公元 97 年由涅尔瓦皇帝敬献；1606 年保罗五世时期，建筑残余被清除。参见英国皇家建筑师协会杂志 RIBA XI 19r 和 XIV 4r；VIC，D 7r，D 21r，D 30；佐尔齐 1958 年，146 页及其后；施皮尔曼 1966 年，47 页及其后；伯恩斯 1973 年 a，151 对开页；伯恩斯等 1975 年，248 页。参见帕拉第奥 2002 年，注 66。

74 英译本作"two squares"，直译为"两个正方形"。

75 在帕拉第奥描述神庙时，多处用复数表示立柱，但用单数表示柱础。参见帕拉第奥 2002 年，注 67。

76 第一书，22 对开页上部。参见帕拉第奥 2002 年，注 68。

77 Struttura：参见术语表。参见帕拉第奥 2002 年，注 69。

78 Ammianus Marcellinus 16. 10. 16。参见帕拉第奥 2002 年，注 70。

79 Altre patti：字面意思是"其他部分。"参见帕拉第奥 2002 年，注 71。

80 即广场周围的立柱。参见帕拉第奥 2002 年，注 72。

81 Cassiodorus Var. 7.13 页及其后。参见帕拉第奥 2002 年，注 73。

82 屋顶为半圆，而非矩形。参见帕拉第奥 2002 年，注 74。

83 公元 141 年由安东尼·庇护为妻子福斯蒂娜（Faustina）修建，161 年在其本人死后由元老院下令敬献给他（《拉丁铭文集成》(Corpus Inscriptionum Latinarum) VI，1005，31224）。之后变成位于 Miranda 的圣洛伦佐教堂。帕拉第奥想象了一些部分，比如围绕神庙的广场和内殿中的布置。参见相关图纸，英国皇家建筑师协会杂志 RIBA IX 18 右页，XI 11，15 左页，16，20 左页（佐尔齐 1958 年，158 页及其后；施皮尔曼 1966 年，33 对开页，52 页；伯恩斯 1973 年 a，145）。参见帕拉第奥 2002 年，注 75。

84 *Scriptores Historiae Augusti*，Vit. Ant. XIII。参见帕拉第奥 2002 年，注 76。

85 字面意思是“其侧墙由两个底座组成。”参见帕拉第奥 2002 年，注 77。

86 矮墙在 1536 年查尔斯五世来访时（Charles V），由于地面被填高到庙门处而不复存在。参见帕拉第奥 2002 年，注 78。

87 即台阶侧墙。参见帕拉第奥 2002 年，注 79。

88 参见英译本注 67。参见帕拉第奥 2002 年，注 80。

89 “L’architrave，il fregio e la cornice sono per il quarto，e un terzo di detta quarta parte dell’altezza delle colonne”：字面意思是，檐部为“柱高的四分之一加这四分之一的三分之一。”也就是说，檐部为柱高的三分之一；这不同于第一书中给出的科林斯式理想檐部高度，即柱高的五分之一。参见帕拉第奥 2002 年，注 81。

90 “Non ha il dentello incavato”：即没有齿状饰（dentilation）。参见帕拉第奥 2002 年，注 82。即本应为齿状饰的部位，并未雕刻得像牙齿一般彼此断开。见本书《术语表》。

91 这里有一圈卵锚饰。参见帕拉第奥 2002 年，注 83。

92 指 1538 年由保罗三世下令在卡比托利欧广场建造的马库斯·奥勒利乌斯雕像。但最初是在拉特兰大教堂前：参见最近的博贝尔和鲁宾斯坦 1986 年，注释第 176；Da Pisanello 1988 年，202 页及其后。参见帕拉第奥 2002 年，注 84。

93 维纳斯和罗马神庙，由哈德良皇帝建造，136 或 137 年敬献。在一场大火之后，由马克辛迪乌斯于 307 年重修，拱顶很可能为重修时所建。相关图纸参见，英国皇家建筑师协会杂志 RIBA VIII 9 左页，XI 25（佐尔齐 1958 年，168 对开页；施皮尔曼 1966 年，560 页）。参见帕拉第奥 2002 年，注 85。

94 现在 Capitol 的栏杆上现有 Severan 喷泉的部分构件：博贝尔和鲁宾斯坦 1986 年，注释第 174a–b。参见帕拉第奥 2002 年，注 86。

95 密涅瓦医药女神庙得名是因为据说现存梵蒂冈的雅典娜与蛇的雕像就是在这里发现的。（哈斯克尔和彭妮 1981 年，269–271 页）。该建筑可能是 Horti Liciniani 的一座罗马式建筑，属于 P. Licinius Gallienus（253–268 年）。参见帕拉第奥 2002 年，注 87。

96 塞拉皮斯神庙，由卡拉卡拉皇帝所建，用一个楼梯巧妙地与战神广场相连。在文艺复兴时期有多种不同叫法，如 Frontispicium Neronis，Palace of Maecenas 等；1615 年被毁。相关图纸参见，英国皇家建筑师协会杂志 RIBA IX 18V，XI 23–24；佐尔齐 1958 年，157、153 页；施皮尔曼 1966 年，35 对开页，61 页；博尔西 1989 年；斯卡利亚 1992 年。参见帕拉第奥 2002 年，注 88。

97 帕拉第奥认为该神庙为仿双列围柱式（pseudodipteral）；在这里用的词组是“falso alato”（很可能就是“仿围柱式”（pseudoperipteral）的意思），而不是通常采用的“falso alato doppio”。参见帕拉第奥 2002 年，注 89。

98 即并未随山墙板而倾斜。参见帕拉第奥 2002 年，注 90。

99 参见博贝尔和鲁宾斯坦 1986 年，注释第 125；Da Pisanello 1988 年，196 对开页。参见帕拉第奥 2002 年，注 91。

100 第一书，64 页上部。参见帕拉第奥 2002 年，注 92。

101 英译本作 acroterium，指檐口上部放置雕像的台座，见本书术语表。

102 误称作命运女神福尔图纳神庙；根据普鲁塔克，该神庙由赛韦尔斯·图利叶斯建造；真正的名字应该是 Portunus 神庙。从 872 年起为圣马利亚·埃吉齐亚卡教堂。参见帕拉第奥 2002 年，注 93。

103 木刻图中的柱间距实际上是两倍柱径，除了中间的是 2 又 1/4 倍柱径。因此前者应称为两径间式（sistyle），后者应是正柱间式（eustyle）。参见帕拉第奥 2002 年，注 94。

104 关于文艺复兴时期建筑师的相关情况，参见德拉·托雷和斯科菲尔德 1994 年，86–87 页。参见帕拉第奥 2002 年，注 95。

105 字面意思是“有凹槽，凹槽数为 24。”参见帕拉第奥 2002 年，注 96。

106“Fanno fronte da due parti”：“在两侧 [即相邻侧面] 形成立面 / 正面。”参见帕拉第奥 2002 年，注 97。

107 德拉·托雷和斯科菲尔德 1994 年，89 页。参见帕拉第奥 2002 年，注 98。

108 即柱头涡形侧面 / 表面。参见帕拉第奥 2002 年，注 99。

109 赫尔克里斯·维克托神庙，公元前 2 世纪末建造，提比略时期重建；通常称为维斯塔神庙或 Mater Matuta 神庙。帕拉第奥重建了毁坏的台口和圆屋顶，模仿蒂沃利的维斯塔神庙：参见第四书，90 页。英国皇家建筑师协会杂志 RIBA VIII 1 右页：佐尔齐 1958 年，181 页；施皮尔曼 1966 年，62 页；伯恩斯 1973 年 a，141 对开页。参见帕拉第奥 2002 年，注 100。

110 Dionysius of Halicarnassus Ant. Rom. 2.65–66；Ovid Fasti 6.265、267、281 页。参见帕拉第奥 2002 年，注 101。

111 即柱身底部。参见帕拉第奥 2002 年，注 102。

112 即万神殿参见帕拉第奥 2002 年，注 103。

113 哈德良皇帝神庙，公元 145 年由安东尼·庇护敬献。留存下来的右侧十一根科林斯立柱，以及楣梁和内殿的一部分，位于今天的证券交易所墙内。16 世纪时，神庙遭到严重破坏：octostyle 和 peripteral，侧面十五根立柱，位于柱座之上；内殿为矩形，无壁角柱，带有 coffered barrel 穹顶。相关图纸参见：VIC，D 6 右页，D 12 右页，英国皇家建筑师协会杂志 RIBA VI 9，11 左页：佐尔齐 1958 年，124 页；施皮尔曼 1966 年，64 页及其后伯恩斯 1973 年 a，152、162 对开页。参见帕拉第奥 2002 年，注 104。

114 即大或结实的棍子（非建筑学语境）。参见帕拉第奥 2002 年，注 105。

115 即在这种情况下，带四分之三卵锚饰。参见帕拉第奥 2002 年，注 106。

116 维特鲁威《建筑十书》4.2.5。参见帕拉第奥 2002 年，注 107。

117 本页的页码应为 57，原版误作 55。

118 拉特兰大教堂洗礼堂，由君士坦丁大帝所建，17 世纪时由 Urban 八世重修。 相关图纸参见：英国皇家建筑师协会杂志 RIBA XII 3v，XIV 2 右页，XV 9 右页：佐尔齐 1958 年，182 对开页，262 页；施皮尔曼 1966 年，41–42、68 页。参见帕拉第奥 2002 年，注 108。

119 教堂内部主入口两侧的半立柱。参见帕拉第奥 2002 年，注 109。

120 即在这种情况下，带四分之三而不是一半的卵锚饰。参见帕拉第奥 2002 年，注 110。

121 关于伯拉孟特重振建筑，参见拉斐尔，写给 Leo 十世的信，Scritti rinascimentali 1978，473 页；塞利奥 1566 年，第三书，对开页 64 左页以及第四书，对开页 126 右页；佩莱格里诺 1990 年，172 页。参见帕拉第奥 2002 年，注 111。

122 佩鲁齐。参见帕拉第奥 2002 年，注 112。

123 莱昂内·莱奥尼。参见帕拉第奥 2002 年，注 113。

124 在文艺复兴文献中经常列举伟大艺术家和建筑家的名字；菲拉雷特 1972 年，170 对开页；塞利奥 1566 年，64 左页 –65 左页及其后，IV, 对开页 126 右页收入了佩鲁齐、拉斐尔和伯拉孟特；这里加上了米开朗琪罗、小安东尼奥·达·桑迦洛、Sanmichele、珊索维诺、塞利奥、瓦萨里、维尼奥拉和莱昂内·莱奥尼；令人费解的是，帕拉第奥没有提到朱利奥·罗马诺。参见佩莱格里诺 1990 年，357 对开页，该书则令人费解地忽略了小安东尼奥·达·桑迦洛。通常建筑史学家认为，16 世纪是伯拉孟特重振了古典建筑，在 15 世纪，则是伯鲁乃列斯基。参见帕拉第奥 2002 年，注 114。

125 书中收录的除帕拉第奥自己的作品以外唯一一座同时代建筑：参见霍华德 1992 年。参见英国皇家建筑师协会杂志 RIBA VIII 1 右页：施皮尔曼 1966 年，42–43 页；伯恩斯 1973 年 a，154 页；伯恩斯等 1975 年，88 页；霍华德 1992 年。参见帕拉第奥 2002 年，注 115。

126“永恒的朱庇特”。实际上是卡斯托尔和波卢克斯神庙，公元前 484 年由独裁者 Aulus Postumius Albinus 为兑现其父公元前 494 年在勒吉鲁斯湖（Lake Regillus）之战时立下的诺言而敬献。公元前 117 年由 L.

Caecilius Metellus 重修，由提比略重建。公元 6 年献给他本人和其兄弟 Drusus。保留下来的三根科林斯式立柱属于公元 6 世纪最后一次重建的一部分。神庙遭到严重破坏并隐藏，因此帕拉第奥犯了如下错误：实际上神庙是围柱式，八对十一，而非十五，而且是建在较高的底座上，并不是台阶形式的底座。参见帕拉第奥 2002 年，注 116。

127 维斯帕先神庙，由提图斯皇帝始建，公元 81 年由图密善皇帝完成，之后由塞普蒂米乌斯·塞维鲁和卡拉卡拉皇帝重修。建造地点正对古罗马档案馆（Tabularium）之墙，仅门廊右侧角落的三根立柱得以保留至今。帕拉第奥的重建非常成功，因为除立柱外没有更多冗余部分；该建筑并非四周双列柱廊式或八柱式，而是前柱廊式和六柱式；内殿宽敞，有六根前列柱，其中两根位于壁角柱前；底座并非台阶式，而是平台式。参见帕拉第奥 2002 年，注 117。

128 即万神殿；参见下一章。参见帕拉第奥 2002 年，注 118。

129 关于神庙真实日期及误认的又一个正确精准的视觉判断。参见帕拉第奥 2002 年，注 119。

130 关于建造地点，阿格里帕建造了一座朝南的神庙，时间为公元前 27 年其第三任期期间或之后；公元 80 年在一场大火后，由图密善皇帝重修。另一场大火后由哈德良皇帝彻底重建；118–119 年开始采用穹顶构造，125–128 年敬献；此时入口变成朝北。第一篇铭文为哈德良皇帝时期所刻；第二幅记录了公元 202 年塞普蒂米乌斯·塞维鲁和卡拉卡拉皇帝的重建（《拉丁铭文集成》（Corpus Inscriptionum Latinarum）VI，896 页，31196）。609 年，万神殿被献给教皇 Boniface 四世，并转变为 S. Mafia ad Martyres 教堂；拜占庭皇帝 Constans 二世在 667 年访问罗马时，去掉了青铜瓦片；Urban 八世去掉了门廊的青铜横梁。英国皇家建筑师协会杂志 RIBA VI 11，VIII 9 右页 – 左页，XIV 2 左页，XV 12 左页；VIC，D 8 左页和 D 16 右页：佐尔齐 1958 年，123 对开页，145、252、166 对开页；施皮尔曼 1906 年，第一书，72 页及其后；伯恩斯等 1975 年，106 对开页，245、255、263 页。相关文艺复兴图纸及该建筑影响，参见伯恩斯 1966 年；塔夫里 1992 年，165 对开页；德拉·托雷和斯科菲尔德 1994 年，54–57 页。参见帕拉第奥 2002 年，注 120。

131 原文如此：“横向宽幅”用来描述直径时为同义反复。参见帕拉第奥 2002 年，注 121。

132 参见普林尼《自然史》（Pliny *NH*）9.35.121。参见帕拉第奥 2002 年，注 122。

133 参见术语表 colonna 词条。参见帕拉第奥 2002 年，注 123。

134 紧靠万神殿后的废墟并不属于阿格里帕浴场，而是海神巴西利卡，由阿格里帕在公元前 25 年建造，用来纪念他的海上功勋；公元 80 年提图斯皇帝期间遭大火严重焚毁，其后由哈德良皇帝重建，很有可能与重修万神殿是同一时间。由于紧挨废墟，阿格里帕浴场的废墟在 16 世纪还可以见到。VIC，D 33 右页；英国皇家建筑师协会杂志 RIBA VII，1，2，3，4，6，IX 14 左页：佐尔齐 1958 年，136 页及其后；施皮尔曼 1966 年，79 页及其后，188 页及其后；伯恩斯 1973 年 b，176 对开页。参见帕拉第奥 2002 年，注 124。

135 镶板。参见帕拉第奥 2002 年，注 125。

136 帕拉第奥发现神龛台口与神龛旁沿墙面的台口不同；墙面上的台口没有完整的檐口，而是直线或曲线。帕拉第奥认为建筑师的考虑在于如果把两种台口做成完全一样，檐口就会比小礼拜堂的壁柱檐口伸出更多，这样可能招致非议。参见最后一幅木刻图，图中画出了侧面及右边的神龛截面、神龛和大壁柱之间的檐口，檐口的简化图非常清楚。参见帕拉第奥 2002 年，注 126。

137 为君士坦丁大帝的女儿、海伦娜以及君士坦沙（Constantia）修建的陵墓，现为圣康斯坦齐亚教堂。参见塞利奥 1566 年，III，56 左页 –58 右页及其后；英国皇家建筑师协会杂志 RIBA VIII 12 右页：佐尔齐 1958 年，257 页；施皮尔曼 1966 年，第三书。参见帕拉第奥 2002 年，注 127。

138 巴克斯（Bacchus），罗马神话人物，相当于希腊神话中的狄奥尼索斯（Dionysus），通常为司酒之神，在艺术作品中的形象多作一裸体少年，头戴用葡萄藤蔓制成的花冠，手杖上饰有松球（古代丰收的象征），有时绕以常春藤（献给酒神之物），常显醉态。

139 参见英译本注 60。参见帕拉第奥 2002 年，注 128。

140 字面意思是“但是在那些离我们最近的皇帝时期”。参见帕拉第奥 2002 年，注 129。

141 公元 309 年为马克辛迪乌斯的儿子罗穆卢斯的坟墓。参见英国皇家建筑师协会杂志 RIBA VIII I：佐尔齐 1958 年，181、316 页；施皮尔曼 1966 年，43–44 页；伯恩斯 1973 年 a，142 页；斯卡利亚 1991 年。

参见帕拉第奥 2002 年，注 130。

142 即柱间距。参见帕拉第奥 2002 年，注 131。

143 在图中可以见到两个标为 D 的位置，这里指的应该是下面的那个。

144 蒂布尔蒂尼・西比尔（Tiburtine Sybil），又称阿尔部涅亚（Albunea），罗马神话人物，居住在蒂沃利，能预言。

145 参见第四书，6 页上部。参见帕拉第奥 2002 年，注 132。

146 位于蒂沃利的所谓维斯塔神庙，建于公元前 1 世纪。神庙究竟献给谁不得而知，虽然有人认为也可能是献给赫拉克勒斯。VIC，D 4；参见佐尔齐 1958 年，18，194–195 页；施皮尔曼 1966 年，80；伯恩斯 1973 年 a，151 页；福斯曼 1973 年 b，21 对开页。参见帕拉第奥 2002 年，注 133。

147 帕拉第奥的意思是正对内殿的立柱内侧绝对垂直，无凸起，或者立柱整体上稍微倾斜，以达到同样的效果。神庙第二幅图纸似乎表明前者是正确的猜想。参见帕拉第奥 2002 年，注 134。

148 参见英译本注 60。参见帕拉第奥 2002 年，注 135。

149 维特鲁威《建筑十书》4.6.1–6；巴尔巴罗注释 1987 年，182 对开页。参见帕拉第奥 2002 年，注 136。

150 卡斯托尔和波卢克斯神庙，尼禄皇帝时期所建，现为威尼斯的圣乔治・马焦雷教堂；16 世纪时门廊得以保留下来，但被 Grimaldi 整合到了新教堂的构造之中。图纸参见：英国皇家建筑师协会杂志 RIBA XIII 18：佐尔齐 1958 年，198 页；斯特兰德贝里 1961 年；施皮尔曼 1966 年，45 页；福斯曼 1973 年 b，22 页。参见帕拉第奥 2002 年，注 137。

151 这是 Spoleto 附近较小的早期基督教堂克里图姆努斯（Clitumnus）。帕拉第奥 1545 年曾在去罗马的途中到访 Spoleto。图纸参见：VIC，D 22 左页；英国皇家建筑师协会杂志 RIBA IX 17 右页，XI 15 右页：佐尔齐 1958 年，17 页及其后；施皮尔曼 1966 年，2 页；伯恩斯 1973 年 a，153 页；伯恩斯 1973 年 b，173 页；福斯曼 1973 年 b，21 页。参见帕拉第奥 2002 年，注 138。

152 参见第一书，14 页上部。参见帕拉第奥 2002 年，注 139。

153 未兑现的承诺。参见帕拉第奥 2002 年，注 140。

154 翁布里亚（Umbria），位于意大利中部的大区。

155 该教堂建于罗马共和国晚期或帝国时代早期，16 世纪时成为 S. Maria sopra Minerva 教堂。图纸参见：英国皇家建筑师协会杂志 RIBA XI 14，XV 9 左页；安托利尼 1803 年；佐尔齐 1958 年，190 页及其后；施皮尔曼 1966 年，46 对开页，84 对开页。参见帕拉第奥 2002 年，注 141。

156 参见第四书，9 页上部，帕拉第奥指出古代人并不一定在神庙中采用基座。第一书，51 页中，帕拉第奥列出了带有基座的古代建筑，但均为全拱形。参见帕拉第奥 2002 年，注 142。

157 帕拉第奥认为山墙板的倾斜成为檐口的一部分，在英文中似乎较常见的说法应该是檐口组成山墙板的一部分，也就是其水平底座的一部分。参见帕拉第奥 2002 年，注 143。

158 参见前面的注释。参见帕拉第奥 2002 年，注 144。

159 伊斯特里亚半岛（Istria），又译伊斯特拉半岛，位于意大利的东北方向，南临地中海，今属克罗地亚。

160 帕拉第奥之后并没有相关著述问世。参见帕拉第奥 2002 年，注 145。

161 帕拉第奥在第三书，32 页已经提过。他重建了二者中保存较好的那一座，即献给奥古斯都和罗马的神庙，时间在公元 2 年到 14 年之间。参见英国皇家建筑师协会杂志 RIBA VIII 4，XI 12；VIC，D 28 右页：佐尔齐 1958 年，188 对开页；施皮尔曼 1966 年，47 对开页，87 对开页；帕万 1971 年。参见帕拉第奥 2002 年，注 146。

162 指最下面的饰带。通常科林斯柱式的台口设计为最下面的饰带为三个中最小。参见第一书，43 页上部。参见帕拉第奥 2002 年，注 147。

163 英译本作“The whole temple including the portico is larger than two squares”，结合图纸看来，应该指神庙与柱廊的总长度略大于宽度的 2 倍。

164 第一版，之后是帕拉第奥 1980 年，写作“moire alte”；读作“molte altre”。参见帕拉第奥 2002 年，注 148。

165 建于公元前 20 年到 12 年间的神庙，最初献给阿格里帕，之后献给其子盖尤斯和卢修斯。关于帕拉第奥到底有没有去过尼姆，参见波多・德阿尔比尼斯（Poldo d’Albenas）1560 年，74 页及其后；施皮尔曼 1966 年，48 页；福斯曼 1973 年 b，22 对开页。参见帕拉第奥 2002 年，注 149。

166 参见第三书，38–39 页上部。参见帕拉第奥 2002 年，注 150。

167 维特鲁威《建筑十书》3.4.4–5；参见巴尔巴罗注释 1987 年，136 对开页。关于著名的“scamilli impares”的意思，尚无能让所有考古学家满意的解读，参见坎贝尔 1980 年。参见帕拉第奥 2002 年，注 151。

168 第一书，51 页以及第四书，30 页上部。参见帕拉第奥 2002 年，注 152。

169 即门侧柱之间的宽度或空间。参见帕拉第奥 2002 年，注 153。

170 即与檐口相比。参见帕拉第奥 2002 年，注 154。

171 所谓狄安娜神庙，奥古斯都时期建造，哈德良时期重修：参见英国皇家建筑师协会杂志 RIBA XI 13，XIII 18 页；Polodo d’AIbenas 1560 年；佐尔齐 1958 年，196 对开页；施皮尔曼 1966 年，48，89 对开页。参见帕拉第奥 2002 年，注 155。

172 帕拉第奥似乎是说中间部分的地面或神龛和神庙其余部分处于同一平面，而左右两侧的隔间底部则提升至基座顶部的高度，人们可沿从长廊侧面伸出的楼梯拾级而上。这些台阶在前两幅木刻图中清晰可见，但是，从第二或第三幅图中无法看出这三部分的底部高度变化。参见帕拉第奥 2002 年，注 156。

173 即柱头的平面图——参见帕拉第奥 2002 年，夹注。

174 马库斯·富里乌斯·卡米卢斯（Marcus Furius Camillus），古罗马将军，活跃于前 4 世纪，被视为“罗慕路斯第二”——“罗马的再建者”。

175 协和女神（Concord），或译为孔科尔迪娅，又名帕克斯（Pax），罗马神话中象征国民团结的女神，其形象为左手执羊角（象征丰收），右手执橄榄枝或汤盘。

176 实际上是萨杜恩庙（Saturn）；可能是在公元前 497 年敬献；公元前 42 年由罗马执政官 Munatius Plancus 重建；在铭文中提及的大火之后于公元 283 年再次重修（《拉丁铭文集成》（Corpus Inscriptionum Latinarum）VI，937 页，31209）；平台为 Munatius 重建时修建；立柱、山墙板和铭文为 283 年重修时所作。从共和时期开始神庙为国家财产。两侧应该是十三而非十一根立柱。参见英国皇家建筑师协会杂志 RIBA VIII 14 右页，XI 11 右页以及 2 右页，20 左页：佐尔齐 1958 年，173 对开页；施皮尔曼 1966 年，91 对开页，120 页。参见帕拉第奥 2002 年，注 157。

177 拉托娜（Latona），罗马神话中阿波罗和阿尔忒弥斯的母亲。

178 阿斯克勒庇俄斯（Asclepius），希腊神话中的医药神，阿波罗 (Apollo) 之子。其所执的手杖饰以两条互相缠绕的蛇，是最初的医学标志。

179 普林尼《自然史》（Pliny *NH*）34.80。参见帕拉第奥 2002 年，注 158。

180 刻瑞斯（Ceres），相当于希腊神话中的得墨忒尔，为宙斯的姐妹，农神或谷物女神。

181 马弗里奥雕像（Marforio），是一座造于公元 1 世纪的罗马大理石雕像，为河神或海神，为罗马城市的地标之一。原位于塞维鲁拱门（Arch of Septimius Severus）附近，1588 年被西克斯图斯教皇五世（Pope Sixtus V）移至罗马的圣马可广场（Piazza San Marco），后又多次迁移，17 世纪时移至音乐宫（Palazzo dei Conservatori）的庭院中，保留至今。

182 博贝尔和鲁宾斯坦 1986 年，99 页及其后。参见帕拉第奥 2002 年，注 159。

183 实际上是 Venus Genetrix 神庙，位于凯撒广场。凯撒在法萨罗（Pharsalus）之战后发誓要为维纳斯建造一座神庙，因为据说其家族是维纳斯的传人。神庙于公元前 46 年敬献，后由图拉真皇帝重修。帕拉第奥的重修非常不准确（比如，应该是八对九，而不是八对十五），原因主要是损毁严重，且在当时大部分已经埋到地下。英国皇家建筑师协会杂志 RIBA XI 20 右页，XIV 12：佐尔齐 1958 年，174 对开页；施皮尔曼 1966 年，93 对开页。参见帕拉第奥 2002 年，注 160。

184 即正面的那些。参见帕拉第奥 2002 年，注 161。

帕拉第奥术语表

术语表目录

2 建筑形式要素

2.1 神庙样式

79 Alato a torno
80 Alato doppio
81 Amphiprostilos
82 Aspetto
83 Dipteros
84 Falso alato doppio
85 Hipethros
86 In antis
87 Peripteros
88 Prostilos
89 Pseudodipteros

2.2 柱式部件：檐部

90 Architrave
91 Cimacia/o
92 Cornice
93 Cornicia
94 Cornicietta
95 Cornicione
96 Corno
97 Corona
98 Fascia
99 Fregio
100 Gocciolatoio
101 Metopa
102 Modiglione
103 Triglifo

2.3 柱式部件：柱头与柱身

104 Abaco
105 Avolgimento
106 Campana
107 Canale
108 Canellatura
109 Capitello
110 Cartella
111 Cartoccio
112 Caulicolo
113 Collarino
114 Incanellare
115 Incanellatura
116 Incavo
117 Involgimento
118 Vivo
119 Voluta

2.4 柱式部件：柱础与基座

120 Attico
121 Basa
122 Bastone
123 Dado
124 Piedestallo; piedestilo
125 Plinto
126 Toro
127 Zocco
128 Zoccolo

2.5 线脚、装饰、轮廓形式

129 Anello
130 Archetto
131 Astragalo
132 Bastoncino
133 Benda
134 Cavetto
135 Cavriola; cauriola
136 Cimbia
137 Dentello
138 Echino
139 Fiore
140 Foglietta
141 Fusaiolo; fusarolo
142 Goccia
143 Gola diritta
144 Gola riversa
145 Gonfiezza
146 Gradetto
147 Intavolato
148 Lingua
149 Listello
150 Orlo
151 Ovolo
152 Pianuzzo
153 Procinto
154 Quadretto
155 Regolo
156 Rosa
157 Scemità
158 Tenia
159 Tondino

2.6 柱、壁柱、墩、台座

160 Acroteria
161 Anto
162 Contraforte
163 Erta
164 Parastatica
165 Pilastrata

166 Pilastrello
167 Pilastro
168 Sperone
169 Sponda

2.7 柱间距

170 Aere
171 Areostilos
172 Diastilos
173 Distanza
174 Eustilos
175 Intercolunno
176 Intervallo
177 Luce
178 Lume
179 Picnostilos
180 Sistilos
181 Spazio
182 Spesso
183 Vano

2.8 柱廊、走廊

184 Ala
185 Andido; andito
186 Antitempio
187 Arcade
188 Colonna
189 Colonnade
190 Colonnato
191 Loggia
192 Portico

2.9 屋顶、顶棚、天花板

193 Cassa
194 Colmo
195 Coperta/o
196 Gorna
197 Lacunare
198 Palcho
199 Soffitta
200 Soffittato
201 Soffitto
202 Solaro
203 Soppalcho
204 Testudine
205 Testugginato
206 Tetto
207 Travamenta

2.10 坡屋顶及山花

208 Fastigiato
209 Frontespicio
210 Piovere

2.11 拱及穹顶

211 Arco
212 Cuba
213 Cupola
214 Freccia; frezza
215 Morsa
216 Principio
217 Tribuna
218 Volto

2.12 门窗

219 Ferrata
220 Gelosia, porta posticcia fatta a
221 Soglia
222 Sopraciglio
223 Sopralimitare
224 Sottolimitare

2.13 楼梯

225 Chiocciola, scala a
226 Requie
227 Scala

3 建筑空间要素

3.1 建筑类型

228 Basilica
229 Bottegha
230 Bruolo
231 Casa
232 Casamento
233 Chiesa
234 Curia
235 Erario
236 Isola, essere in
237 Palagio
238 Palestra
239 Peridromide
240 Suburbano
241 Tempio
242 Villa
243 Xisto

3.2 建筑群、外部空间

244 Borgho
245 Calle
246 Foro

3.3 房间功能及使用者

247 Anticamera
248 Appartamento

249 Atrio
250 Camera
251 Camerino
252 Cantina
253 Cella
254 Dispensa
255 Entrata
256 Famiglia
257 Fattore
258 Gastaldo
259 Laconico
260 Luogho da liscia o bucata
261 Magazino da legne
262 Oeco
263 Postcamera
264 Sala
265 Salotto
266 Salvarobba
267 Stanza
268 Tablino
269 Tinello
270 Tribunale
271 Triclinio
272 Vestibulo

3.4 夹层

273 Amezare
274 Amezato
275 Mezato

3.5 庭院

276 Corte
277 Corticella
278 Cortile
279 Peristilio

4 建筑材料、构造、设备

4.1 墙、砌体

280 Corso
281 Mattone
282 Muro
283 Muro semplice
284 Pieno
285 Pietra cotta
286 Pietra viva
287 Pietre incerte
288 Pietre quadrate
289 Scaranto

4.2 材料

290 Calce
291 Cementi
292 Ciotoli
293 Coltello, in
294 Cuocoli
295 Ferro
296 Fiorire
297 Granito
298 Lasta di pietra
299 Sasso quadrato
300 Scandola
301 Selice
302 Smaltatura
303 Sublices
304 Tegola

4.3 楼板、地面、台阶

305 Pavimento
306 Scamil(l)o
307 Suolo
308 Terrazzato
309 Terrazzo

4.4 管道

310 Canaletto
311 Canna
312 Fistula
313 Fumaruolo
314 Tromba
315 Ventidotto

4.5 设施

316 Camino
317 Nappa

4.6 榫、钉、夹

318 Arpese
319 Arpice
320 Dorone
321 Fibula
322 Nervo

4.7 工具

323 Battipolo
324 Cat(h)eto
325 Invoglio
326 Riga
327 Squadra di piombo

4.8 工艺做法

328 Ariete
329 Armamento
330 Cacciare
331 Colonnello

332	Corrente
333	Cuneo
334	Impastare
335	Incatenare
336	Intonic(h)are
337	Intonicatura
338	Letto
339	Mano
340	Margine
341	Struttura
342	Tessire
343	Trave

术语表字母索引

序号	术语
104	Abaco
160	Acroteria
170	Aere
184	Ala
79	Alato a torno
80	Alato doppio
26	Alzato
273	Amezare
274	Amezato
81	Amphiprostilos
185	Andido; andito
129	Anello
57	Angolo
247	Anticamera
186	Antitempio
161	Anto
248	Appartamento
187	Arcade
130	Archetto
1	Architettura
90	Architrave
211	Arco
171	Areostilos
328	Ariete
329	Armamento
318	Arpese
319	Arpice
82	Aspetto
131	Astragalo
249	Atrio
120	Attico
2	Av(v)ertenza
3	Av(v)ertimento
58	Avolgere
105	Avolgimento
121	Basa
228	Basilica
132	Bastoncino
122	Bastone
323	Battipolo
133	Benda
244	Borgho
229	Bottegha
42	Braccio
230	Bruolo
330	Cacciare
290	Calce
245	Calle
250	Camera
251	Camerino
316	Camino
106	Campana
43	Campo
107	Canale
310	Canaletto
108	Canellatura
311	Canna
252	Cantina
59	Cantone
60	Capire
109	Capitello
61	Capo
110	Cartella
111	Cartoccio
231	Casa
232	Casamento
193	Cassa
324	Cat(h)eto

序号	术语
112	Caulicolo
134	Cavetto
135	Cavriola; cauriola
253	Cella
291	Cementi
233	Chiesa
225	Chiocciola, scala a
91	Cimacia/o
136	Cimbia
292	Ciotoli
113	Collarino
194	Colmo
188	Colonna
189	Colonnade
190	Colonnato
331	Colonnello
293	Coltello, in
4	Commodità
5	Compartimento
6	Compartire
162	Contraforte
7	Convenevole
8	Conveniente
195	Coperta/o
92	Cornice
93	Cornicia
94	Cornicietta
95	Cornicione
96	Corno
97	Corona
9	Corpo
332	Corrente
62	Corritore
280	Corso
276	Corte
277	Corticella
278	Cortile
212	Cuba
333	Cuneo
294	Cuocoli
213	Cupola
234	Curia
123	Dado
10	Decoro
137	Dentello
44	Diametro

序号	术语
172	Diastilos
83	Dipteros
27	Diritto
254	Dispensa
173	Distanza
320	Dorone
138	Echino
11	Edificatore
12	Edificio
255	Entrata
235	Erario
163	Erta
174	Eustilos
13	Fabrica
14	Fabricatore
28	Faccia
29	Facciare
30	Facciata
84	Falso alato doppio
256	Famiglia
98	Fascia
208	Fastigiato
257	Fattore
219	Ferrata
295	Ferro
31	Fianco
321	Fibula
139	Fiore
296	Fiorire
312	Fistula
140	Foglietta
32	Forma
246	Foro
214	Freccia; frezza
99	Fregio
33	Fronte
209	Frontespicio
313	Fumaruolo
141	Fusaiolo; fusarolo
258	Gastaldo
220	Gelosia, porta posticcia fatta a
142	Goccia
100	Gocciolatoio
143	Gola diritta
144	Gola riversa
145	Gonfiezza

序号	术语
196	Gorna
146	Gradetto
297	Granito
45	Grossezza
46	Grosso
85	Hipethros
334	Impastare
34	Impiè; impiede
86	In antis
114	Incanellare
115	Incanellatura
335	Incatenare
116	Incavo
147	Intavolato
175	Intercolunno
176	Intervallo
336	Intonic(h)are
337	Intonicatura
15	Invenzione
325	Invoglio
117	Involgimento
236	Isola, essere in
259	Laconico
197	Lacunare
298	Lasta di pietra
338	Letto
148	Lingua
149	Listello
191	Loggia
177	Luce
178	Lume
260	Luogho da liscia o bucata
47	Machina
35	Maestà; magiestà
261	Magazino da legne
16	Maniera
339	Mano
340	Margine
281	Mattone
17	Membro; membretto
101	Metopa
275	Mezato
48	Miglio
49	Minuto
36	Modano; modeno
37	Modello

序号	术语
102	Modiglione
50	Modulo
215	Morsa
282	Muro
283	Muro semplice
317	Nappa
322	Nervo
262	Oeco
51	Oncia
18	Opera corinthia; opera dorica; opera ionicha; opera reticolata; opera rustica
19	Ordinare
20	Ordine
150	Orlo
21	Ornamento
151	Ovolo
22	Padrone; patrone
237	Palagio
198	Palcho
238	Palestra
52	Palmo
164	Parastatica
53	Passo
305	Pavimento
239	Peridromide
87	Peripteros
279	Peristilio
63	Piano
38	Pianta
152	Pianuzzo
179	Picnostilos
64	Pie piano, a
54	Piede
124	Piedestallo; piedestilo
284	Pieno
285	Pietra cotta
286	Pietra viva
287	Pietre incerte
288	Pietre quadrate
165	Pilastrata
166	Pilastrello
167	Pilastro
210	Piovere
125	Plinto
65	Poggio
66	Poggiuolo

序号	术语	序号	术语
192	Portico	223	Sopralimitare
263	Postcamera	224	Sottolimitare
23	Primo; secondo; terzo	181	Spazio
216	Principio	168	Sperone
153	Procinto	182	Spesso
39	Profil(l)o	169	Sponda
88	Prostilos	327	Squadra di piombo
89	Pseudodipteros	55	Stadio
67	Quadrangulare	267	Stanza
68	Quadrato	341	Struttura
69	Quadrello	303	Sublices
154	Quadretto	240	Suburbano
70	Quadro; quadrato	307	Suolo
24	Qualità	268	Tablino
25	Ragione	77	Taglio, in
155	Regolo	304	Tegola
71	Relascio	241	Tempio
226	Requie	158	Tenia
326	Riga	308	Terrazzato
72	Riquadrato	309	Terrazzo
73	Risalita	342	Tessire
74	Ritondo; tondo	56	Testa
156	Rosa	204	Testudine
40	Sacoma	205	Testugginato
264	Sala	206	Tetto
265	Salotto	269	Tinello
266	Salvarobba	159	Tondino
299	Sasso quadrato	126	Toro
227	Scala	207	Travamenta
306	Scamil(l)o	343	Trave
300	Scandola	217	Tribuna
289	Scaranto	270	Tribunale
157	Scemità	271	Triclinio
41	Segnare	103	Triglifo
301	Selice	314	Tromba
75	Sesquialtera	183	Vano
180	Sistilos	315	Ventidotto
302	Smaltatura	272	Vestibulo
76	Smusso	242	Villa
199	Soffitta	118	Vivo
200	Soffittato	78	Voltar(e)
201	Soffitto	218	Volto
221	Soglia	119	Voluta
202	Solaro	243	Xisto
203	Soppalcho	127	Zocco
222	Sopraciglio	128	Zoccolo

引言

术语的翻译是西方古代建筑典籍翻译的重要难题，也是最有趣的问题之一。这不仅仅因为深厚的西方建筑传统与中国文化之间的巨大差异，也因为帕拉第奥的著作在时代上距离我们已有四个多世纪，在这四个多世纪中，建筑学的概念、实践和表达方式都产生了巨大的变化，帕拉第奥的一些思想和语言被传承下来，留存在现代西方语言中，另一些东西却成为连当代西方的建筑史学者都很难区分和理解的内容。

对帕拉第奥的研究和诠释，在17—18世纪曾经是古典建筑复兴运动的焦点，在1601年至1800年的两个世纪中，先后出现了拉丁语、西班牙语、法语、英语、德语和俄语的译本，其中英语版本就有七个之多。自19世纪至20世纪上半叶，随着现代建筑的运动的兴起，对帕拉第奥的翻译和出版陷入沉寂，直到20世纪中叶以后，随着人们对古典与现代之看法的再次转变，帕拉第奥又重新进入研究者的视野，在这一阶段，由于文献学和考古学的新进展，学术界对帕拉第奥术语的考证和理解也达到一个新的水平。在1945—2000年间，先后出现了五个带有注释或导言的意大利语版本[①]，1997年，时任英国巴斯大学教授的罗伯特·塔弗纳（Robert Tavernor）与意大利威尼斯大学建筑学院（IUAV）的教授理查·斯科菲尔德（Richard Schofield）在广泛吸收意大利语的注释和研究成果的基础上，合作翻译出版了第一个带有详尽注释和术语解说的现代英语译本，并在2002年以平装本的形式广泛发行。这一译本附带了一个详细的术语表，其中不但进行了术语涵义的解释，列举了帕拉第奥使用该术语的例句，还列举了帕拉第奥的文献资源[②]中对于运用相关术语的例句。这一术语表为帕拉第奥术语的中文翻译提供了很好的基础。

因此，在我们借助英译本翻译帕拉第奥术语的过程中，就会遇到两种基本的情况：可译成英语和难译成英语的情况。

在第一种情况下，帕拉第奥的术语在英语中可以较容易地找到合适的对应词汇，包括源自拉丁语、在英语中成为常用外来词的术语，如abacus、base、capital、caulicolus、echinus、torus、volute，以及在英语中有成熟对译的术语，如listello译成fillet，fusarolo译成bead-and-reel，ovolo译成egg-and-dart或echinus。这部分术语可以准确地翻译成英语，但在中文翻译的过程中仍然不是没有困难。由于中文出版物在长期以来缺乏西方建筑术语的翻译规范，我们目前所能找到的关于西方建筑术语的翻译，如《建筑图像词典》、《建筑 园林 城市规划名词：1996》等，能做到前后统一、彼此统一的译名仅占少数。在2008—2013年间，笔者参与中国建筑学会发起的《建筑学名词》重编工作时，也亲身经历了将一些名词的多种翻译进行比较、甄选和优化的过程。对于这类词汇，本书译者在现有文献的基础上，以帕拉第奥的《建筑四书》为中心，尽可能地核对了上下文及图版，对各个术语作出较为通用易懂、前后一致的中文翻译。另外需要注意的是，由于西方古建筑与中国古建筑具有一定的可比性，因此常常会出现某个中国古建筑术语可以与某个西方古建筑术语相对应的情况，例如维特鲁威《建筑十书》的中文翻译，就常采用中西方的古代建筑术语进行对译，例如用清式术语“混枭线脚”来翻译“*gola*”或“cyma”（波纹线脚），用宋式术语“卷杀”来翻译“*entasis*”（立柱轮廓的凸曲线），这一做法亦是值得讨论的。

---

① 参见本书附录《400余年来〈建筑四书〉的版本》。

② 主要包括意大利文艺复兴时期与帕拉第奥同时或更早的建筑学作者，如巴尔巴罗、巴托里、卡塔尼奥、切萨里亚诺、科尔纳罗、塞利奥等。

中西方古代建筑术语虽然在内容上有一定的相似性，但由于是各自建筑类型的专有名词，除了某些形态描述的相似之外，却有可能包含了迥然不同的根源和意义，各自的适用范围往往也有所不同。例如“卷杀”实际上指的是以直线段相接,作近似曲线的做法,与源于希腊词汇“*enteino*”,原意为“绷紧”的“*entasis*”有所不同。因此，本书的翻译尽可能避开中国古建筑的专门术语，从原文的词根和词义出发进行直译，但在相应章节采用注释的方式对中西方古代建筑术语的相似性和差异性进行了说明。

在第二种情况下，帕拉第奥的术语并非现在通行的描述古典建筑的词汇，让英译者感到困惑：

> 帕拉第奥经常用不同的词语指代形状相同，而大小和位置不同的建筑元素；同义词使用频繁。这就给译者带来了麻烦，因为很难找到对应的英语词汇，有些词义之间的差别很难说清。例如 tondino（小型凸圆线脚）和 astragalo（同样是小型凸圆线脚），这两个词在英语和意大利语中的差别都不明显；而在英语中，用“圆盘饰”（torus）或“小圆盘饰”（small torus）大体可以表示 tondino 及（或）astragalo，但无法保证这样翻译每次都准确无误，因为“圆盘饰”（torus）在英语中通常指基座上较大型的凸圆线脚，也就是帕拉第奥常用的 bastoni，或者不那么常用的 tori。同样的差别还体现在 orlo（在很多地方用了这个词，指直线轮廓的饰带）和 listello（词义相近）之间。而 anello、gradetto 和 quadretto 之间的差别甚至无从说起，或者根本就没有差别，或即使差别明显，依然很难翻译。[①]

英译者还提到，帕拉第奥的某些术语在现代英语中有对应的词汇，但其涵义却比现在所理解的更为宽泛，导致难以对译为现代英语，例如 ornamento 不能每次都译为 ornament、membro 不能每次都译为 member，而 ritondo 不能每次都译为 round。有趣的是，中文词汇常常具有比英文更大的模糊性，而这使得中文词可能具有了与帕拉第奥词汇更加接近的外延，例如 ornamento 译为“装饰”，就包含了英语中 ornament 和 decoration 等词的涵义；而 ritondo 译为“圆”，也同时包含了英语中 roundness（圆满）和 cirular（圆形）的涵义；对于 membro 也是如此，中文“部件”，包含了英语中 member（部分）或 limb（器官）的涵义。当然并不是所有的时候都能够幸运地找到中文的准确对应词汇，因此对于这种情况，我们沿用了英译本对于意大利语原文的标注，在这些术语每一次出现的时候，都用“[ ]”注出意大利语原文。另外要注意的是，由于意大利语词汇存在阴性、阳性、形容词性等不同变体，英译本译者在进行标注时统一采用了词汇的原始形态，例如 commodità（名词）的形容词形式是 commodo，标注时均还原成了“commodità”，这就给想要核对原文而又不懂意大利文的中文读者带来了不便，因此中译本在术语解说中，尽量给出了各个术语在文中出现的不同形态。

帕拉第奥的术语还有一个明显的特征，就是“通俗化”的倾向。正如帕拉第奥第一书前言中所说的：“在这几部书中，我将避免冗长的词句，简单地提供一些我认为最要紧的建议，也会尽量使用那些当今在工匠之间广为流传的术语。”在实际写作时，帕拉第奥确实尽可能使用了日常语言[②]，但他在描述古代建筑和构造细节时，不可避免地要借助巴尔巴罗翻译的维特鲁威。巴尔巴罗通常对建筑术语给出希腊语、拉丁语、意大利语，甚至法语的各个版

---

① 帕拉第奥，2002，第 380、381 页。

② 与塞利奥的做法相对照，见耶尔米尼（Jelmini），1986，尤其注意第 206 页及其后。参见帕拉第奥，2002，第 379 页。

本，但帕拉第奥则努力避开维特鲁威的希腊拉丁词汇，而尽可能使用意大利语的版本：如用 bastone 代替 toro；corte 和 cortile 代替 peristilio；frontespicio 代替 fastigio 或 timpano；gonfiezza 代替 entasis；gorna 代替 stilicidio 或 piovitorium；grossezza、piede 和 testa 代替 diametro；mattone 和 quadrello 代替 pentadoron 和 tetradoron；ovolo 代替 echino；pilastro 代替 parastatica；sala 和 salotto 代替 oeco，并且在第四书中，频繁使用 di spesse colonne 表示 picnostilos 和 alato a torno，alato doppio 和 falso alato doppio 表示 peripteros、dipteros 和 pseudo-dipteros 等等。尽管如此，帕拉第奥在很多时候还是不得不使用维特鲁威术语，例如 dipteral、peripteral、picnostyle 等，因为"这些术语已经进入我们的语言，人人都明白"（第四书第 9 页），而在涉及已经消失的或维特鲁威精确描述的结构形式时，如 palestra, peridromide, xisto 等，也只好直接沿用维特鲁威的说法。

在可能的情况下，帕拉第奥把希腊拉丁的维特鲁威词语，以及一些正式的意大利术语替换成了日常用语，这些替代用法通常用"即（人们常说的）"（volgarmente si dice）引出。比如，"colonello 即竖直放置的木块"（travi che... si pongono diritte in piedi），"dado 即 abaco"，"gocciolatoio 即 corona（檐冠）"，而 dorone，正是 chiodo 的古老俗称。

对于这类术语，中文译者也尽量采用简洁明了的词汇进行对译，必要时用"[ ]"注出意大利语原文。

在英译本术语表中，译者还录入了大量的意大利文、拉丁文例句，有的来自帕拉第奥的《建筑四书》，有的则来自其他人的著述中与帕拉第奥该用法相关的段落（如巴尔巴罗、巴托里、卡塔尼奥、切萨里亚诺、科尔纳罗、塞利奥），考虑到中译本术语表的目的是帮助无法阅读意大利文及拉丁文的中文读者尽快掌握该词的意思，及其在文艺复兴时期大概被哪些人使用过，我们删去了大多数的引文，只保留了英译本列出的文献来源。

最后，为了便于大量近义词或相关词汇的阅读和比较，中译本将术语的排序调整为按照类别排序，另附字母索引。

西方建筑术语中文翻译参考文献：

1. （美）弗朗西斯·D·K·程；高履泰、英若聪等译．建筑图像词典．北京：中国建筑工业出版社，1998.
2. （古罗马）维特鲁威；高履泰 译．建筑十书．北京：知识产权出版社，2001.
3. （古罗马）维特鲁威；陈平 译．建筑十书．北京：北京大学出版社，2012.
4. （德）汉诺 – 沃尔特·克鲁夫特；王贵祥 译．建筑理论史：从维特鲁威到现在．北京：中国建筑工业出版社，2005.
5. 建筑学名词审定委员会 编．建筑学名词．北京：科学出版社，2014.
6. 建筑 园林 城市规划名词审定委员会 编．建筑 园林 城市规划名词：1996. 北京：科学出版社，1997.
7. 李国豪 主编．中国土木建筑百科辞典·建筑．北京：中国建筑工业出版社，1999.
8. （英）丹·克鲁克香克 主编；郑时龄 主译．弗莱彻建筑史．北京：知识产权出版社，2011.

1　建筑学总论、设计方法

1.1　基本概念与原则

1. **Architettura:** 建筑学（第四书，第 6 页）或建筑学著作（第三书，第 3 页）。
2. **Av(v)ertenza:** 建议、建议的内容、说明，可成为规范、规则的一部分：明显可与 **avertimento** 互换；在第一书第 6 页，该词似乎可与“precetti”（戒律）互换；（第一书，第 51 页；第四书，第 4 页；另见第一书，第 7 页）。
3. **Av(v)ertimento:** 建议、建议的内容、说明，可成为规范、规则的一部分：明显可与 **Avertenza** 互换（第一书，标题页，第 3 页，第 7 页；第三书，第 5 页，第 11 页）。
4. **Commodità**（名词），其形容词形式是 **commodo**: 适当性、有用性、合适性，或可能性、便利性、可操作性、优势（文中各处可见）；该词含义广泛，具体意思由上下文确定。帕拉第奥有时将其用作 *l'utile* 的同义词（第一书，第 6 页；第二书，第 57 页）；可能性（第三书，第 20 页）。帕拉第奥的三要素“实用或适用”（l'utile, o commodità），“坚固”（la perpetuità），以及“美观”（la bellezza）是维特鲁威的“坚固、适用、美观”（*firmitas*、*utilitas* 和 *venustas*）的变体（1.3.2.）；相应的词语又出现在在阿尔伯蒂著作的第 12 页，则变成了“便利、坚固或持久，以及优美或悦目”（*commoditas, firmitas* 或 *perpetuitas*，以及 *gratia* 或 *amoenitas*）。（另见巴尔巴罗 ,1987.）帕拉第奥还将“**convenevole**”作为“**commodo**”的同义词使用。
5. **Compartimento:**

   [1] 隔间、划分、内部规划、布局（**Compartire** 的名词形式）（多处）。有时难以确定该词指的是建筑的规划或划分，还是指规划行为本身，这种词义的模糊性又被英文词“planning”所掩盖了（第二书，第 3 页；第一书，第 16 页；第三书，第 7 页，第 38 页；第四书，第 9 页；参见帕拉第奥 // 普皮 . 编 ,1988，第 123 页）。

   [2] 天花板中的格板或嵌板，上面通常有拉毛粉饰和应景的装饰画；帕拉第奥似乎喜欢用这个词表示比方格天花板（coffering）要浅的天花板装饰，而对于方格天花板，则用“**cassa**”、“**lacunare**”和“**quadro**”（第一书，第 53 页；第二书，第 6 页及多处）；但他对维纳斯与罗马神庙中的方格天花板却在该用后面三个词之一的时候用了 compartimento（第四书，第 36 页）。另见 **cassa [2];lacunare;quadro [2];soffittato;soffitto; soppalcho**。
6. **Compartire:** 划分、布局（第一书，第 6 页；第二书，第 4 页及多处）。
7. **Convenevole**: 相配的、合适的、适当的（书中多处可见）；被帕拉第奥用作“**commodo**”的同义词。
8. **Conveniente**（形容词形式）**, convenienza**（名词形式）：适当、方便、合适、实用（多处，例如第四书，第 5 页）；在许多情况下被用作“**commodo**”和“**commodità**”的同义词（第二书，第 3 页）。
9. **Corpo**: 人体（第二书，第 3 页）；建筑的主体、身体、体块（第二书，第 4、61 页；第四书，第 41、95 页）。
10. **Decoro**: 适当性、方便性、恰当性（第四书，第 6 页；第二书，第 3 页）。
11. **Edificatore**: 建造者，但经常被帕拉第奥用来指出资人，而不是承包商或建筑师。（第一书，第 51 页；第二书，第 4 页，第 69 页及多处）。同 **fabricatore;padrone**。

12. **Edificio**: 建筑物，同 **fabrica**。
13. **Fabrica**: 建筑物，同 **edificio**。（参见科尔纳罗 // 论文集，1985，第 91 页）。
14. **Fabricatore**: 建造者，指出资人（第二书，第 12 页）。同 **edificatore;padrone**。
15. **Invenzione:** 设计、发明、计划。
16. **Maniera**: 类型、种类。同 **qualità [1]** 和“*specie*”（第一书，第 11、22、54 页；第四书，第 8 页）。
17. **Membro; membretto**: “部件”（member）；在描述建筑或相关细部时类比于人体（corpi humani），而建筑就像人体一样，有对称的四肢，展现美的、隐藏丑的等（第一书，第 6、7 页；第二书，第 3、4 页）；这与多数文艺复兴的理论家一致，尤其是阿尔伯蒂（Alberti，1988，第 421 页）。但在许多其他场合，帕拉第奥可能不总是有意地将建筑类比于人，可以翻译成“细部”、“构件”或“元素”，例如维斯塔神庙的“**membri particolari**”（第四书，第 53 页）；将楣梁饰带相互隔开的“**membri**”（第四书，第 55 页）；万神殿的细部（第四书，第 73 页；另参见第一书，第 33、44、47、49、51、55、57 页；第二书，第 3 页；第四书，第 67、87、90、95、107 页）。帕拉第奥还在许多场合用“**membretto**”指壁柱（第一书，第 40 页；第四书，第 47 页）。
18. **Opera corinthia；opera dorica；opera ionicha；opera reticolata；opera rustica**（第四书，第 6 页；第一书，第 11 页；第二书，第 4 页；第三书，第 22 页）：分别译为：科林斯式；多立克式；爱奥尼式；网眼砌；粗琢做法。意大利语 opera 意为“做法”、“作品”，近似于中国宋代建筑术语中的“作”，或清代建筑术语中的“活”。在前三种情况中，采用“opera corinthia”与“opera dorica”表达的建筑物之间的区别主要取决于所用的柱式，直译为“具有科林斯柱式结构的”（of Corinthian work），但为了表述的方便，我们采取了简单的译法：“科林斯式”（Corinthian）、“多立克式”（Doric）等。
19. **Ordinare:**

    [1] 设计，或也有可能是安排并监督建筑项目；在文集中出现时，通常作为“**disegnare**”的同义词，但可能也意味着组织或监督（第一书，第 3、6 页；第二书，第 24、46、69 页；第三书，第 5、7、12 页）。

    [2] 该词似乎还可以指组织、建造、建成某物，而不考虑执行设计或开展行动的相关人员（第三书，第 11 页）；有时候很难说是哪种意思（第三书，第 12 页）。另参见第三书，第 19、25、32、38、41 页；第四书，第 5、39、52 页，其中的细微差别也同样难以掌握。

    在文艺复兴时期，该词似乎主要指构思或准备一个设计或项目，但还带有对相应设计或工程的执行加以人为监督的含义（瓦萨里，1878，2：416 页，432 页）。
20. **Ordine:**

    [1] 建筑的柱式，例如托斯卡式、多立克式、爱奥尼式、科林斯式或混合式（第一书，第 15、22、28、37 页；第二书，第 4、71 页；第四书，第 9 页，及多处）。

    [2] 房屋的楼层；层、排（第一书，第 15、55 页）；在桥梁结构中，指最低的水平面（第三书，第 19、25 页）；一排柱子（第四书，第 30 页）；一排窗户（第二书，第 65 页；另第四书，第 8、23 页）。

    根据帕拉第奥对该词的用法，**ordine** [2] 与 **solaro** [1] 同义（第一书，第 55 页）。“**ordine principale**”，通常是“*piano nobile*”（一个帕拉第奥在文集中未使用过的表达方式），与下面的“**cantine**”和上面的“**granari**”形成对照（第二书，第 47 页）。以下列出帕拉第奥表示法与英、美表示法的对照关系：

primo ordine（一楼）=ground floor（英国）=first floor（美国）;

secondo ordine（二楼）=first floor（英国）=second floor（美国）;

terzo ordine（三楼）=second floor（英国）=third floor（美国）。

有时候“柱式”和“排 / 层”这两个意思确实需要区分但却很难区分（第二书，第 29 页；第四书，第 7 页）。

[3] 顺序、次序、排列（第三书，第 25 页；第四书，第 10、11、15 页；第二书，第 22 页）；以及第四书，第 30 页，可能这里的意思是两个底座保持着“相同的方式”，即指在同一水平面上，或者是在整个庙宇范围内具有相同的排列方式。

21. **Ornamento**: 装饰；根据上下文，也可译为“细部”或“构件”；该术语还可用于除墙体外的几乎所有建筑构件，包括柱础、柱、柱头、檐部、窗、门，以及三角形山花等等。在这个意义上，该词等同于阿尔伯蒂所说的“装饰”（*ornamenta*）（例如，第一书，第 7、14、51、52 页；第二书，第 3、12、61？页；第三书，第 5、7？页；第四书，第 3、5、6、7 页；参见科尔纳罗 // 论文集 ,1985，第 91 页）。

帕拉第奥使用该词的频率很高，出现了数十次；在许多情况下，他似乎显然没有恪守阿尔伯蒂式的含义，而是将该词作为“**membro**”或“**membro particolare**”的同义词（词义可以理解为元素、构件、细部等）；例如他说“每种柱式都应采用恰当而适用的装饰。”（si deve à ciascun'ordine dare i suoi proprii, e convenienti ornamenti，第四书第 7 页）；托斯卡柱式“不像其他柱式那样拥有令人赞叹而美妙的装饰”（manca di tutti quegli ornamenti che rendono gli altri riguardevole e belli，第一书，第 16 页），又说“门和窗的装饰包括楣梁、中楣和檐板”（gli ornamenti che si danno alle porte e finestre sono l'architrave, il fregio e la cornice，第一书，第 55 页）；但在阿尔伯蒂的理论中，柱式和门窗都属于“建筑结构上用于增加美感的附属品”，算作建筑中的装饰（*ornamenta*）（阿尔伯蒂 1988 年，第 420 页），这些“装饰”之上如何再附加“装饰”呢？当帕拉第奥讨论柱式、城市、桥梁等时有很多这样的情况：第一书，第 22、51 页（基座）、第 55 页（门）；第二书，第 16 页（灰泥和绘画）、第 51 页（马泽尔的宁芙纪念物（nymphaeum, Maser））；第三书，第 5、8 页（城市）、第 21、25 页（桥梁）、第 31 页（广场）、第 32 页（有雕像装饰的广场；庙宇）、第 42 页（维琴察的巴西利卡）；第四书，第 8 页（半柱）等。尽管帕拉第奥在整个第四书中描述庙宇时将该词用于柱式细部（例如，第四书，第 16、23、30、36、41、48、55、74、103 页等）；有时他明确地将其作为“**membri**”或“**membri particolari**”的同义词（第四书，第 53、67、70、90 页）；而在第四书第 95、124、128 页，“**ornamenti**”和“**membri**”两个词出现在了同一页。

22. **Padrone；patrone**: 出资人（第一书，第 7、55 页；第三书，第 15 页）。帕拉第奥在文集中很少使用该词，而更喜欢使用“**edificatore**”。同 **edificatore；fabricatore**。

23. **Primo；secondo；terzo**: 第一、第二、第三。

[1] 帕拉第奥用“**primo**”来指住宅的两三个楼层中的低层、广场周围的两排柱廊中较低的一排，等等；也指科林斯柱头上成行的叶形饰，成排的砖块（第一书，第 42、49 页；第二书，第 4 页；第三书，第 32 页；第四书，第 11、15 页）。类似的还有：楣梁的“**prima fascia**”（第一道饰带），是两（或三）道饰带中位置较低的饰带，而“**seconda** and **terza fascia**”（第二、

三道饰带）则依次紧挨其上（第一书，第 26、35、56 页；第四书，第 107 页）——尽管第一书第 26 页和第一书第 35 页提到的拱顶石与这些特征相反，可能是错了。第一书第 33 页关于维特鲁威所述的爱奥尼式柱础的图纸标注，将上凹形边饰注为“**cavetto primo**”，而将下凹形边饰注为“**secondo**”。

[2] 指桥梁第一、二、三段中使用的梁，其中第一段是离两岸最近的部分（第三书，第 16、17 页）。

[3] 指庙宇柱廊最前排的柱子或第一排柱子（第四书，第 128 页）。

24. **Qualità:**

[1] 类型、类别、地位、种类。（第一书，第 6、7 页；第二书，第 3 页）。“qualità”很早就有“类型”的意思（参见菲拉雷特 ,1972，1：217 页、218 页，2：643 页、644 页）。

[2] 质量、特征、属性（第一书，第 11 页；第三书，第 7 页；第四书，第 5 页）；帕拉第奥在这些例子中使用该词的情况同卡塔尼奥的用法类似(卡塔尼奥 // 论文集 ,1985,第 326 页)。

25. **Ragione:**

[1] 道理（第一书，第 6 页；第二书，第 70 页；第四书，第 6 页）。

[2] 特征、类型（以及，从效果角度来说，形态、样式、原型）、多样性（第一书，第 6 页；第二书，第 69 页；第四书，第 9 页，参见菲拉雷特 ,1972, 1:7 页、9 页、22 页、23 页；巴尔巴罗，1987，第 199 页译文及评注、第 447 页译文）。

1.2 设计方法

26. **Alzato:** 立面图。同 **diritto**、**impiè**。（第三书，第 16、25 页；第四书，第 30、64 页及多处，另见卡塔尼奥 // 论文集，1985，第 185、231 页）。

27. **Diritto**: 显示建筑物侧面或正面的立面投影图，可包含显示室内的剖面图（第三书，第 25 页；第四书，第 11、16、23、30 页及多处，参见科尔纳罗 // 论文集 ,1985，第 92 页）同 **alzato**、**impiede**。

28. **Faccia**: 墙面，或建筑物的正立面。

29. **Facciare**: 有一个正立面，面向某物，帕拉第奥用该词来指具有某种立面类型的庙宇，例如带有壁柱或圆柱的庙宇（第四书，第 7 页）。

30. **Facciata**: 住宅、宫殿或庙宇的一个立面；不一定是主立面，不过，帕拉第奥有时用“facciata davanti”（正立面）来限定该词（第四书，第 8 页）。另见 **faccia**；**fronte**。

31. **Fianco**: 侧面，这里指桥梁的侧面（第三书，第 16 页，参见巴托里 ,1565，第 115 页第 2 行及其后）。

32. **Forma**: 图纸，可能特指轮廓图（第三书，第 13 页）。在文艺复兴时期建筑文献中，“forma”明显有图纸、模型和模板三个意思，但帕拉第奥在文集中只用过一次，表示图纸。

33. **Fronte:**

[1] 建筑物的正面、立面，有时指侧立面，有时指主立面或前立面（书中多处可见）。

[2] 柱头的“正脸”,在这种情况下是指爱奥尼式涡卷饰（第二书,第 51 页）;对科林斯式柱头，是指角状饰之间的区域（第四书，第 111 页）。

[3] 桥墩的前缘（第三书，第 21 页）。

34. **Impiè；impiede**: 立面图；可用于大的物体（例如庙宇立面）或小的物体（柱头的立面）；显然与 **alzato** 和 **diritto** 同义（第一书，第 6 页；第四书，第 57、112 页，参见科尔纳罗 // 论文集 ,1985，第 92 页）。

35. **Maestà；magiestà**: 正面投影图，相对于建筑元素的侧面（**profilo**）；在文集中，指小型或中小型构件（门的涡卷饰，万神殿的壁龛）的正面投影图（第四书，第 48 页 G 和第 74 页）。该词似乎与文中的“**alzato**”和“**diritto**”同义。（参见帕拉第奥 // 普皮 . 编 ,1988，第 121 页、123 页）。巴尔巴罗似乎认为它是没有阴影和透视的正交投影图，这就是他认为有必要使用“**profilo**”的原因（巴尔巴罗 ,1987，第 30 页评注；参见孔奇纳 ,1988，第 93 页）。

36. **Modano；modeno:**

    [1] 侧面图，明显与 **profilo** 和 **sacoma** 同义（第四书，第 36、73、128 页）。

    [2] 拱缘（archivolt）；有时帕拉第奥用“modano”来指绘制侧面图的对象，或桥拱的拱缘（第三书，第 22、24 页；另见第 28 页）。这种解释得到斯卡莫齐的支持（斯卡莫齐 ,1615，2:25 页）。

37. **Modello**: 模型；帕拉第奥提到过一次（第一书，第 7 页）。

38. **Pianta**: 地面层平面图。帕拉第奥最喜欢用该词来表示平面图；他从未在文集中用过常用词汇 **piano**。（参见帕拉第奥 // 普皮 . 编 ,1988，第 121 页）。

39. **Profil(l)o**: 侧面图 :

    [1] 建筑细部的侧面图纸，明显与“**modano**”和“**sacoma**”同义，例如方格天花板的侧面图（第四书，第 36 页）、壁柱、墙体和腹板（**soffits**）的侧面图（**profili**）。（第四书，第 128 页）。另见 **modano [1]**；**sacoma**。

    [2] 建筑物或其部分的立面图，例如巴西利卡穹顶位置横向剖断的立面投影图（第三书，第 38 页）。

40. **Sacoma**: 建筑构件的模板或侧面图（第一书，15 页柱子侧面图 , 19 页 , 55 页；第四书 , 73 页及多处）。“**sacoma**”似乎与帕拉第奥词汇中的“**modano [1]**”和“**profilo [1]**”同义（第四书，第 36、73 页，参见斯卡莫齐 ,1615，2:139 页、140 页）。

41. **Segnare**: 绘制、作图、标记（第一书，第 55、56 页）。

1.3 模数及基本参数

42. **Braccio:**

    [1] 臂尺（长度单位，指一人双手环抱的宽度）；一个“braccio da panno”（布匹度量单位）相当于 0.690 米（马蒂尼 ,1883，第 823 页；伯恩斯等 ,1975，第 209 页；祖普科 ,1981，第 40 页及其后），但这可能与用于建筑的度量单位“braccio”不完全相同。另参见 **minuto；oncia；palmo；passo；piede；stadio**。

    [2] 桥梁建造工程中使用的支柱或小型横梁。（第三书，第 15 页；参见斯卡莫齐 ,1615，第 2 卷第 344 页；孔奇纳 ,1988，第 47 页）。

43. **Campo**:

    [1] 空间，范围；帕拉第奥的书中指檐口梁托之间的方形空隙（第四书，第 70 页）。

    [2] 面积单位（第二书，第 55 页）。在威尼斯和欧加内亚（Euganea）地区使用这一单位，相当于 0.279 公顷。

44. **Diametro**: 直径（第一书，第 15 页及多处）。

45. **Grossezza**: 物体的厚度，通常指圆柱和壁柱的底部直径；帕拉第奥以“la grossezza da basso”和“la grossezza di sopra”分别指柱身底部和顶部的直径（第一书，第 15 页）。另见 **diametro；piede [2]；testa [3]**。

46. **Grosso**:

[1] 宽度、厚度；常用于圆柱，指其底径（第二书，第 29 页）。

[2] 高度，指某构件（通常为柱础）从顶部到底部的厚度（第一书，第 33 页；第四书，第 30、107 页；另参见第四书，第 11 页）。

47. **Machina**: 形容巨大的物体，世界，大的建筑物（第一书，第 15 页；第四书，第 3、11、39 页（万神殿））。在文艺复兴的文献中有很多类似的用法，例如指巨大的建筑、巨大的石块、巨大的墙壁等（参见盖伊（Gaye），1839，1:355 页；1534 年；保莱蒂，1893，第 125 页；巴托里，1565，第 24 页第 14 行、第 69 页第 11 行、第 302 页第 3 行）。

48. **Miglio**: 里（第二书，第 47 页），不是英里，而是约等于 1.5 千米（1473 米）。

49. **Minuto**:

[1] 一个“**modulo**”（模度）的六十分之一（第一书，第 16 页）。

[2] 一个“**piede**”（维琴察尺）的四十八分之一，或 0.74 厘米（第二书，第 4 页；第三书，第 6 页；关于其他城市的用法见祖普科，1981，第 158、159 页）。

50. **Modulo**: 模度（module）；以圆柱底部直径为基准的度量单位（第二书，第 16、28 页）。另见 **diametro；grossezza；piede [2]；testa [3]**。

51. **Oncia**: 寸：一“尺”（**piede**，维琴察尺）的十二分之一，可分成四“分”（**minuti**）（第一书，第 60 页）。据马蒂尼，1883，第 823 页，在维琴察和帕多瓦为 2.98 厘米。参见第二书第 4 页和第二书第 6 页带尺寸的图纸。另参见 **braccio；miglio；minuto；palmo；passo；piede [1]；stadio**。

52. **Palmo**: 掌：一种度量单位，其尺度因具体城市而异（第一书，第 16 页；参见祖普科，1981，第 183 页及其后）。另见 **braccio；minuto；oncia；passo；piede [1]；stadio**。

53. **Passo**: 帕索，长度单位；125 帕索 =1 斯塔季奥（stadio）（第三书，第 44、45 页）；另见普林尼关于“**statio**”的引文。关于现代的 **passo**，见祖普科，1981，第 187 页及其后。另参见 **braccio [1]；minuto；oncia；palmo；piede [1]；stadio**。

54. **Piede:**

[1] 维琴察尺，据马蒂尼，1883，第 823 页，1 维琴察尺 =0.357 米：等于十二“寸”（**oncie**），而一“寸”又可以分成四“分”（**minuti**）。参见第二书第 4 页和第三书第 6 页的半维琴察尺标准图。另见 **braccio [1]；minuto；oncia；palmo；passo；stadio**。

[2] da piede: 柱的底部，帕拉第奥用来描述直径（第一书，第 33、42 页；第四书，第 52 页）。另见 **diametro；grossezza；testa [3]**。

55. **Stadio**: 斯塔季奥，长度单位，等于 125 帕索（passi），或 625 罗马尺（Roman feet）（第三书，第 44—45 页）。其标准说法（*locus classicus*）见普林尼《自然史》2.23.21。

56. **Testa**:

[1] 头部（第一书，第 14 页）。

[2] 某物的端头：某物可指砖、铁块、木梁、敞廊、基座（第一书，第 9、51 页；第三书，第 13、16、18 页；第四书，第 23、30 页）；也可以说椭圆的“端点”（**testa**），大概指曲率

最大处的“端点”之一(第一书,第 61 页);可能与 **capo** 同义(参见帕拉第奥 // 普皮 . 编 ,1988,第 18、134、135 页 ;《博洛尼亚的拱廊》,1990,第 344 页)。

[3] 圆柱底端（不是上端）的直径，或“头部”的直径（第一书，第 16、28 页 ；第四书，第 52 页）。另见 **diametro ; grossezza ; modulo ; piede [2]**。

1.4 形状、位置、比例

57. **Angolo:** 房间或庙宇等的转角部位，同 **cantone**（第一书，第 11 页）。
58. **Avolgere:** 包裹某物，与某物缠在一起（第三书，第 11 页）。
59. **Cantone:** 房间或庙宇等的转角部位，同 **angolo**（第一书，第 11 页 ；第四书，第 7 页）。
60. **Capire:** 容纳，空间足以容纳某物，或某物所需的进深（第四书，第 74 页和注 126）。
61. **Capo:** 物体或结构（包括桥梁、楼梯等）的顶端（原意指头部）或末端，近似于帕拉第奥所用的 **testa [2]**（第二书，第 71 页 ；第三书，第 19、20、25 页 ；第四书，第 98 页）。在其他人的书中，该词还指钉帽（巴托里 ,1565，第 84 页第 38 行）; 拱券底径的“末端”（巴尔巴罗 ,1987，第 45 页评注）; 柱子的顶部或底部（巴托里，1565，第 24、188 页）; 梁的末端（威尼斯，1578: 洛伦齐 ,1868，第 436 页）等。
62. **Corritore**: 通道、阳台（第二书，第 11、16、33 页）。另见 **poggiuolo**。
63. **Piano:**

    [1] 各种水平面 : 楼梯的休息平台（即“**requie**”: 第一书，第 61 页）; 作为基础的坑井底部或地面（第一书, 第 11 页）;桥面;"piano o suolo”（第一书, 第 55 页;第四书, 第 30、88 页）;乡村住宅的地板（第二书, 第 18 页）;也指首层（第二书, 第 48、60 页）;庙宇地板（第四书，第 5 页）。另见 **suolo**。

    [2] 基座墩身的垂直表面（第一书，第 31、47 页）; 楣梁的垂直表面（第一书，第 58 页）。

    [3] 多立克式檐口的檐冠（**corona, gocciolatoio**）底面、下表面（第一书，第 26 页）。
64. **Pie piano, a**: 在地面上，地面层（第三书，第 41 页）。
65. **Poggio**: 原意为山丘、土墩，其动词形式 poggiare，意为停靠、休息，在本书中有两种意思 :[1] 与基座（**piedestilo**）同义，为表述上的方便，可译为墩座，也指柱廊下的支撑墙或基础（第一书，第 51 页 ；第二书，第 18、29 页 ；第三书，第 32、38 页 ；第四书，第 48 页）。**Fare poggio a**: 指用于加固或支撑的墩座（第二书，第 18、48 页）。[2] 与“**poggiuolo**”同义，指阳台，通常有栏杆，有时可单指栏杆（第二书，第 24 页 ；第四书，第 11 页）。
66. **Poggiuolo**: 阳台，通常有栏杆，可以有顶也可以无顶（第二书，第 11、16、27、33 页 ；参见威尼斯，1504 年 : 洛伦齐 ,1868，第 128 页）; 原意指带顶的阳台（巴尔巴罗 ,1987，第 208 页评注 ；参见卡塔尼奥 // 论文集 ,1985，第 94、337 页）。
67. **Quadrangulare**: 四边形，有时指正方形。在帕拉第奥讨论庙宇平面的段落中，他说 :“庙宇的形状包括圆形 [ritondo]、四边形 [quadrangulare]、六边形、八边形等——上述种种，都带有圆形的特点，即十字对称……其中又以圆形 [ritondo] 和四边形 [quadrangulare] 最为壮观和规则”（第四书，第 6 页）。在这里，“四边形”（**quadrangulare**）显然是指正方形，因为他明确提到了“十字对称”，以及“最规则”等特征。但是帕拉第奥确切地知道，古代没有正方形的庙宇（就算有的话，也至少没有出现在第四书中），而只有矩形的庙宇，而且他在文集中的其他地方对于方形物体一贯用“**quadro**”,有时用“**quadrato**”。可能他在这里用“**quadrangulare**”恰恰是利用了该词的模糊性，因为该词的意思实际上是“四边形”，既可以指矩形，也可以指方形,或任意四个角的形状。在文集的其余部分,帕拉第奥用“**quadrangulare**”指矩形，例如那不勒斯的矩形庙宇（第四书,第 95 页),以及尼姆的方形神庙（the Maison Carrée）(第四书，第 111 页)，而在这句中：“**quadrangulare** 神庙，正面柱廊的长度应该与这类神庙的宽度相等”（第四书，第 9 页)，**quadrangulare** 只能翻译成“矩形的”。

能够讨论正方形庙宇是理论上的愿望，而建造矩形建筑物则是古代的一种可见的现实做法，这种矛盾状态同样体现在阿尔伯蒂和巴托里的用法中（阿尔伯蒂和巴托里（7.4)；阿尔伯蒂,1988，第 196 页)。

68. **Quadrato:** 指经过磨平和切方的料石：意味着石块的各个角被砍削成直角，但石块并不一定是方形（第四书，第 118 页)。

69. **Quadrello:** 一种砖，比“**mattoni**”更短、更薄（第一书，第 8 页；第三书，第 8 页)。该词在文献和论文还中有许多含义，例如一种称为“方”的面积单位、小瓦片，以及绘制的小正方形等等，但是帕拉第奥在文集中坚持只用一种意思。(切萨里亚诺,1521，第 34 页正面、第 40 页反面)。

70. **Quadro [1]** 和 **quadrato**: 方形（名词和形容词)；在 15 世纪意大利的用法中，有时候不确定 **quadro/quadrato** 是指方形还是矩形，但帕拉第奥似乎一贯用该词表示方形，有时候还附以解释，以进一步明确其长宽相等的特征，例如“古人有时会做高宽相等的方形 [quadro] 基座”（第一书，第 51 页，另参见第一书，第 5、22、42、44、52、61 页；第二书，第 33、36、47、49、53、56、58、71 页；第三书，第 31、32、35、38、43 页；第四书，第 52 页。）有个问题我们还不能完满地解决：有时候帕拉第奥用了“**quadro**”或“**quadrato**”，但并不是指方形，即使是指方形也属于误用：在描述尼姆的所谓狄安娜神庙（Temple of Diana at Nîmes）时，他将马焦雷大祭台（*altare maggiore*）附近的“**pilastri**”(这里指壁柱）描述为“**quadri**”；但它的立面显然不是方形的，而且它的剖面也不是方形的，这在他的图中能更清楚的看出来（第四书，第 118 页)。或者也可以推测他是将“**colonne**”(柱子）错误地写成了“**pilastri**”(壁柱),因为短语“**colonna quadra/ato**”在其他的建筑学作者那里，有时候用来表示壁柱：但是在帕拉第奥的文集中没有运用这个短语的例子。因此，我们不能解释帕拉第奥的文字和图片之间的出入。

[2] 饰板（coffer）(第四书，第 36 页，该词可指菱形或方形的饰板；第四书，第 74 页)。另见 **cassa [1, 2]**；**compartimento [2]**；**lacunare**；**soffittato**；**soffitto**；**soppalcho**。

[3] 藻井或饰板（caisson, coffer),不一定是方形的。与“**cassa [1]**”同义（第一书,第 13 页)。

71. **Relascio**: 缩进（setback）(第一书，第 14 页)。另见 **risalita**。

72. **Riquadrato**: 同 **quadrato**。

73. **Risalita**: 突起或凹进（第四书，第 55、73 页)。帕拉第奥再次避开了巴尔巴罗所用的希腊拉丁语同义词（巴尔巴罗,1987，第 136 页评注，参见 1575: 赞博尼编的托德斯基尼集，1778，第 144 页；米兰，1602// 巴罗尼，1940，第 278 页；米兰，1604// 巴罗尼，1940，第 284 页)。另见 **relascio**。

74. **Ritondo**；**tondo**: 圆，或圆形。帕拉第奥用该术语专指庙宇和教堂之平面而非立面。有些文艺复兴时期的作者在用这个词时涵盖了各类多边形；而帕拉第奥用这些词时仅指圆形建筑，他用别的词和短语来描述多边形（第四书，第 6 页）。

这个词不仅仅有形状上的含义，还包含了柏拉图式的理想化观念，类似于中文里“圆满”之“圆”，它象征着地球的形状、上帝精妙无比的对称等等——其理想范例，圆庙，就是地球的缩影。但帕拉第奥并不总是用这个词来突出理想化或理论上的含义，有时他只是指形状上的“圆形”,例如形容滴珠饰（guttae）（第一书,第 26 页）、圆形房间（第一书,第 52 页）、（圆形）拱顶（第一书，第 54 页）、（圆形）大厅（第二书，第 18、60 页）、（圆形）维斯塔神庙（第四书，第 90 页）;但是在对加卢切神庙（第四书，第 39 页）和命运神庙（第四书，第 48 页）的描述中，这个词翻译成“圆”或“圆形”都可以说得通（参见德拉·托雷和斯科菲尔德（Della Torre and Schofield），1994，第 390 页：“Chiesa tonda”）。

75. **Sesquialtera**: 两物间的比例，例如说某物是另一物的三分之二（第一书，第 53 页）。

76. **Smusso**:

[1] 倒角（chamfering），形容科林斯柱式和混合柱式的柱头顶板的“角状物”（第一书，第 49 页）。

[2] 拱肩（spandrel）（第一书，第 54 页；参见斯卡莫齐,1615，2:320 页）。

77. **Taglio, in**: “贴边”，当标尺在柱子旁贴边放置时，是不可弯曲的，但当标尺靠着柱子水平放置时，则可弯曲（第一书，第 15 页）。

78. **Voltar(e)**

[1]（名词）: 角，转角（第二书，第 32、35 页；第四书，第 30 页）。

[2]（动词）: 在转角处转弯，转变方向（第四书，第 7、16 页）。

2 建筑形式要素

2.1 神庙样式

79. **Alato a torno:** 围柱式；周围有一圈柱廊的庙宇样式（第四书，第 8、15、55 页）。

80. **Alato doppio:** 同 **dipteros**，双列围柱式；周围有两圈柱廊的庙宇样式。

81. **Amphiprostilos:** 前后柱廊式；前后两面均有柱列的庙宇样式（第四书，第 7 页）。

82. **Aspetto:** 外观，在第一书第 16 页指柱子的外观。

该词在书中大部分地方指庙宇的“外观”或“形式”，偏向于“类型”的意思（第一书，第 3 页；第四书，多处）。帕拉第奥在第四书第 7 页中对其进行了定义：“外观，在这里是指庙宇给人的第一印象。”（aspetto s’ intende quella prima mostra che fa il tempio di se a chi a lui si avicina.）大概表明，这个词是专业术语而不是日常用语。帕拉第奥一直用它来表示庙宇的平面类型（围柱式，双列围柱式等），并用 **specie** 或 **maniera** 表示柱间距（两径间式、三径间式、正柱间式等等）（第四书，第 41 页），这与巴尔巴罗一致。无论帕拉第奥还是巴尔巴罗，都沿用了维特鲁威的用法，后者用 aspectus（形式，外观）来表示庙宇的平面（3,2,1）；用 species 表示立柱间距（3,3,1）。庙宇的七种“外观”分别是：前后柱廊式（amphiprostyle）；壁柱间式（in antis）；双列围柱式（dipteral）；露天式（hypethral）；围柱式（peripteral）；前柱廊式（prostyle）；仿双列围柱式（pseudodipteral）。另见 **alato a torno**；**alato doppio**；**amphiprostilos**；**antis，in**；**dipteros**；**falso alato doppio**；**hipethros**；**peripteros**；

prostilos ; pseudodipteros。

83. **Dipteros**: 双列围柱式 : 描述一种周围有两排柱廊的庙宇形式（第四书，第 8 页）。
84. **Falso alato doppio**: 同 **pseudodipteros**，仿双列围柱式，指庙宇的周围留有两排列柱环绕的空间，但实际上只用了外圈列柱（第四书，第 8 页）。
85. **Hipethros**: 露天式，指内殿无顶的庙宇 : "hipethros, cio è discoperto"（第四书，第 8 页）。
86. **In antis:** "壁柱间式"，一种庙宇立面样式，在左右壁柱之间设立柱，构成门廊。帕拉第奥认为这样的庙宇在当时已经不复存在。（第四书,第 7 页）。《建筑十书》的高履泰译本译为"壁柱式"。
87. **Peripteros**: 围柱式 : 指内殿周围环绕列柱的庙宇形式 ; 根据帕拉第奥的用法，特指前后各有六根圆柱，两侧有 11 根圆柱，包括角柱在内 : "peripteros, cio è alato a torno"（第四书，第 8 页）。
88. **Prostilos:** 前柱廊式，指正立面完全由柱廊构成的庙宇样式，与其相对的是壁柱间式（**in antis**）的庙宇，其内殿两侧墙体伸出作壁柱，两端壁柱之间布置柱廊，构成正立面（第四书，第 7 页，及多处）。帕拉第奥偶尔使用该术语。他强调，前柱廊式庙宇和壁柱间式庙宇都已绝迹了（第四书，第 7 页）; 但实际上他将位于涅尔瓦广场的密涅瓦神庙（Temple of Minerva in the Forum of Nerva）（第四书，第 23 页）、雄浑的福尔图娜神庙（第四书，第 48 页）和那些位于克里图姆努斯（第四书,第 98 页）和普拉（第四书,第 107 页）的神庙描述为"前柱廊式";另参见安东尼与福斯蒂娜神庙（第四书,第 30 页）和位于阿西西的神庙（第四书，第 103 页），这些神庙为六柱式（hexastyle，前廊有六柱）和前柱廊式，尽管帕拉第奥并没有这样说。
89. **Pseudodipteros**: 仿双列围柱式，这种庙宇的柱廊有两排柱的宽度，但内圈柱子被省略了（第四书，第 8 页及多处）。

2.2 柱式部件:檐部

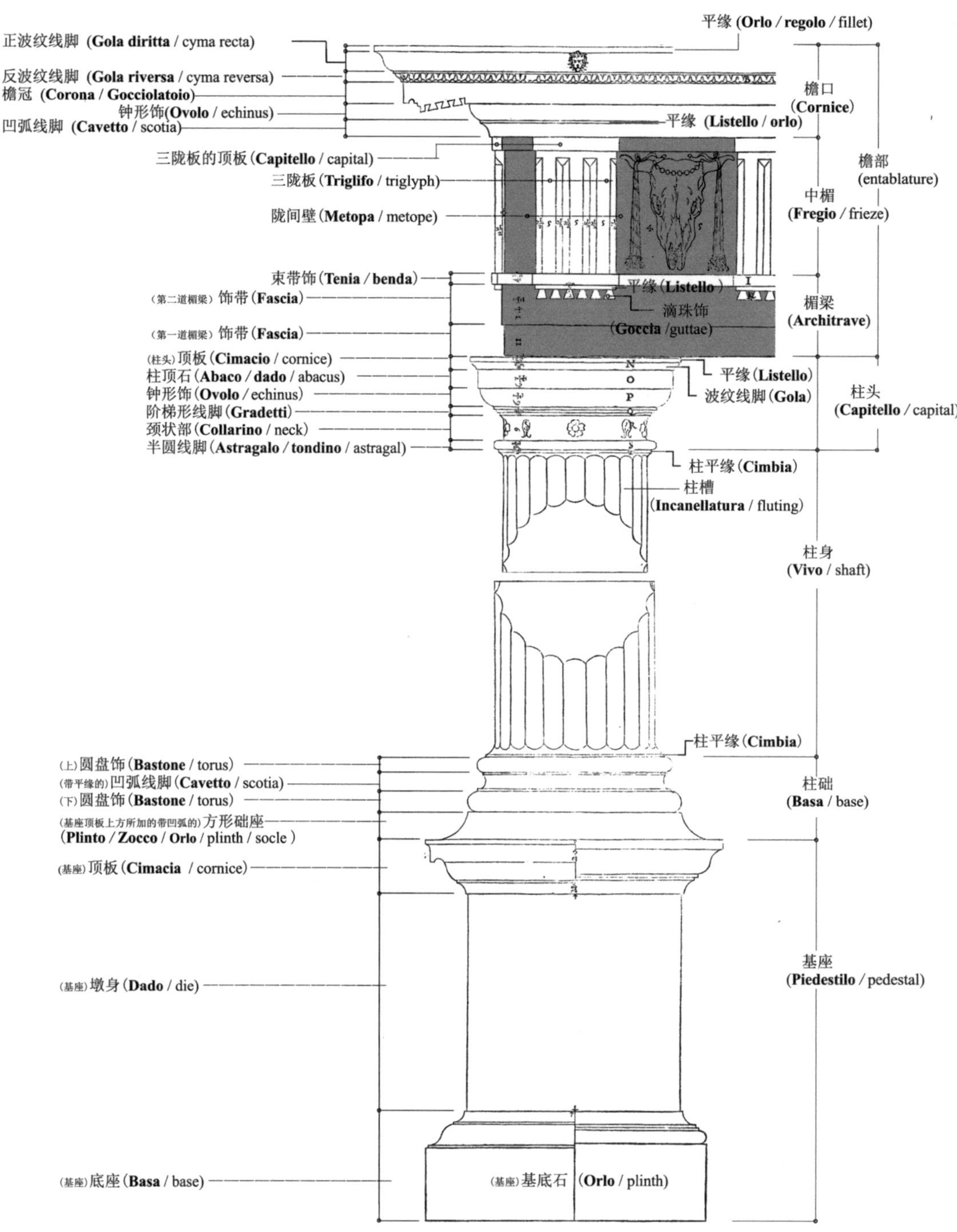

图解 1 多立克柱式的柱头及柱础[①]

① 根据帕拉第奥第一书第 25、27 页图,及意大利文、英文图注作出。图中括号中的黑体字为帕拉第奥所用的术语,英文为英译本或其他英文文献常用的英文术语。当括号中没有黑体字时,表示帕拉第奥从未表述过这个部位,例如檐部(entablature)对应的意大利词汇是 trabeazione,帕拉第奥从未用这个词表述过柱头以上的这一组构件,而是每次都表述为“楣梁、中楣和檐口”。

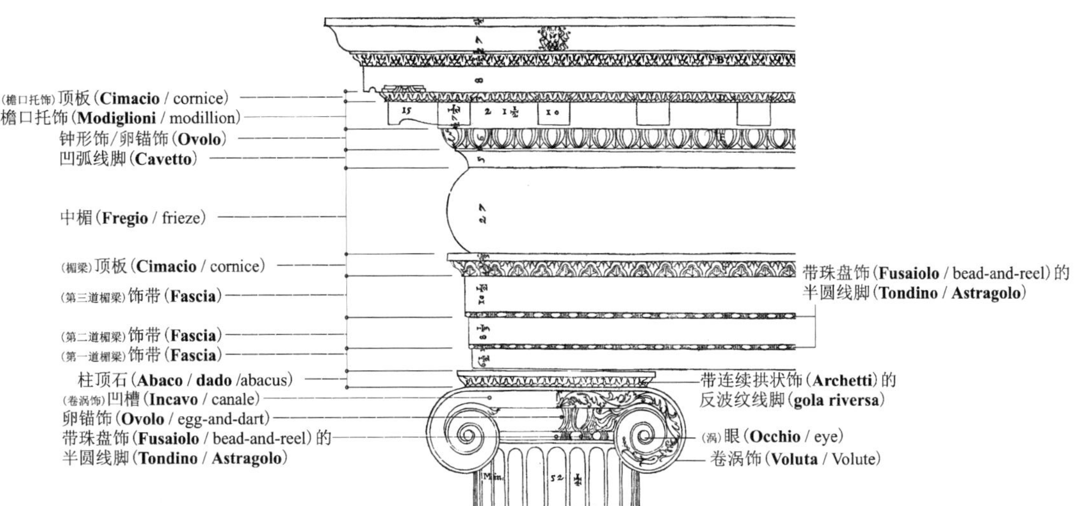

(檐口托饰)顶板(Cimacio / cornice)
檐口托饰(Modiglioni / modillion)
钟形饰/卵锚饰(Ovolo)
凹弧线脚(Cavetto)
中楣(Fregio / frieze)
(楣梁)顶板(Cimacio / cornice)
(第三道楣梁)饰带(Fascia)
(第二道楣梁)饰带(Fascia)
(第一道楣梁)饰带(Fascia)
柱顶石(Abaco / dado /abacus)
(卷涡饰)凹槽(Incavo / canale)
卵锚饰(Ovolo / egg-and-dart)
带珠盘饰(Fusaiolo / bead-and-reel)的
半圆线脚(Tondino / Astragolo)
带珠盘饰(Fusaiolo / bead-and-reel)的
半圆线脚(Tondino / Astragolo)
带连续拱状饰(Archetti)的
反波纹线脚(gola riversa)
(涡)眼(Occhio / eye)
卷涡饰(Voluta / Volute)

图解 2　爱奥尼式柱头①

齿状饰 (Dentello / dentilation)
连锁叶饰(Intavolato):
带连续叶状饰(Fogliette)的反波纹线脚(Gola riversa)
檐口托饰(Modiglioni / modilions)
底面 (Cassa / coffer / soffit)
(柱头)角状物(Corna / horns)
(柱顶石)
(柱顶石)轮廓曲线
(Curvatura / scemita)
檐口(Cornice)
带连续拱状饰(archetti)的反波纹线脚(Gola riversa),
组成(楣梁)顶缘(intavolato)
中楣
(Fregio / frieze)
花形饰(Fiore / rosa)
(铃状柱头)平缘(Orlo)
楣梁
(Architrave)
卷叶茎饰
(Caulicolo / cauliculus)
柱顶石(Abaco / abacus)
铃状(柱头)
(Campana / bell)
(第二道)莨苕叶饰(foglia / acanthus)
(第一道)莨苕叶饰(foglia / acanthus)
槽棱(Pianuzzo / arris)
柱槽(Incanellatura / fluting)

图解 3　科林斯式柱头

① 根据帕拉第奥第一书第 36 页图，及意大利文、英文图注作出，省略了与多立克柱式相同的部分。
② 根据帕拉第奥第一书第 43 页图，及意大利文、英文图注作出，省略了与多立克柱式、爱奥尼柱式相同的部分。

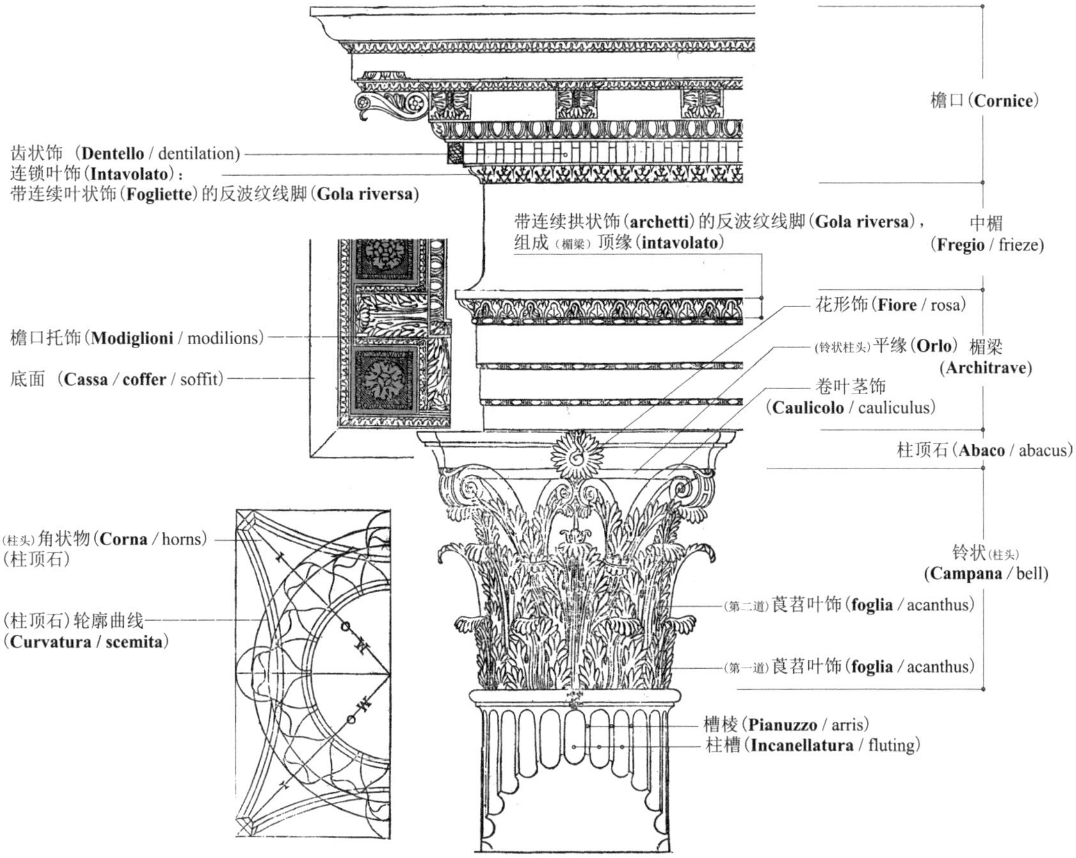

90. **Architrave:** 楣梁。

91. **Cimacia/o**: 檐板，一种小型水平装饰线脚，在不同的建筑元素上形成“檐口”；对于整座建筑的足尺檐口，帕拉第奥使用“**cornice**”。而“**cimacia**”则用于 :[1] 基座或地基的上方（第一书，第 22、31、38、40 页；第四书，第 30、38、48、98 页）；[2] 柱头的柱顶板上方（第一书，第 19、26、33 页）；[3] 檐口托饰上方，或爱奥尼式檐口上方，如“檐口托饰的檐板”（cimacio dei modiglioni，第一书，第 35 页）；[4] 楣梁顶部（第一书，第 35、56 页；第四书，第 41、61 页）；[5] 在维斯塔神庙较低的位置像檐口一样的独立装饰线脚，与其上方体量较大、上面还坐落着穹顶的檐口形成对比（第四书，第 52 页）；[6] 位于蒂沃利的维斯塔神庙的门楣的檐口（第四书，第 92 页）。另见“**cornicietta**”，该词与“**cimacia**”在某些情况下似乎同义。

92. **Cornice**: 檐口；一般指包括所有要素在内的整个檐口（第一书，第 33 页）。在帕拉第奥的用法中，该词与 **cimacia/o** 相对应，后者指类似檐口的较小构件 : 例如，他称维斯塔神庙较低的位置上类似檐口的小型独立装饰线脚为“**cimacia**”，而称其上方体量较大、上面还坐落着穹顶的大型檐口为“**cornice**”（第四书，第 52 页）。不过，他也不是完全坚持这一用法 : 只是偶然有一次，他在描述多立克式檐口时，将“**gocciolatoio**”或“**corona**”（檐冠）也表述为“**cornice**”，尽管在同一页，他又将整个檐口描述为“**cornice**”。（第一书，第 26 页）。另见 **cavetto；cimacia/o；corniciett；cornicione；corona；dentello；fusaiolo；gocciolatoio；gola diritta；gradetto；incavo；intavolato；orlo；ovolo**。

93. **Cornicia**: 附加于墙体的类似于檐口的束带层（第四书，第 52、53 页）。

94. **Cornicietta**: 类似檐口的小型装饰线脚（第四书，第 30、52、53 页）；有时与“**cimacia**”同义，有时指檐口上方用来放置雕像的连续矮墙（第四书，第 57 页，第 60 页图 F）。另见 **acroteria；pilastrello**。

95. **Cornicione**: 大型檐口（第三书，第 31 页）。

96. **Corno**（复数形式 :**corna**）: 抹斜的“角”或“角状物”，用于科林斯式和混合式柱头之柱顶板（参见第一书，第 42、49 页；第四书，第 95 页）。

97. **Corona**: 檐冠（字面意思是“冠”），位于檐口顶端的波纹线脚之下的竖直线脚。在文中，“**gocciolatoio**”经常被当作“**corona**”的同义词。

98. **Fascia**: 楣梁、窗户或门框的饰带（第一书，第 35 页；第四书，第 90 页及多处）。另见 **primo**。

99. **Fregio**: 中楣（frieze）。另见 **trave**（木梁）。

100. **Gocciolatoio**: 经常被当作“**corona**”的同义词,指位于檐口顶端的波纹线脚之下的竖直线脚。例如，讨论多立克柱式时，他说“檐冠 [corona] 或檐口 [cornice] 更常见的称呼是 **gocciolatoio**”。（第一书, 第 26 页）。有时候他用这两个词来描述门框顶部的相应构件（第一书, 第 58 页）。这种线脚的底面通常内高外低，起到避免雨水沿着建筑流下的作用，相当于现代建筑中的。“**gocciolatoio**”的原意为“脚踝”，用来指该线脚，可能与其轮廓形式有关。

中译本参照《弗莱彻建筑史》的中文译法，将 **corona** 和 **gocciolatoio** 统一译为“檐冠”，并用中括号注出原词。

例外的是，帕拉第奥在描述托斯卡式檐口时，用“**corona**”标示檐口顶端的波纹线脚之下的竖直线脚，而用“**gocciolatoio, e gola diritta**”（**gocciolatoio**，以及正波纹线脚）来指位于

“**corona**”之下的正波纹线脚（第一书，第 19 页 B 和 C，第 21 页图）；实际上他的意思可能是，B 和 C 所标示的是同一构件，该构件分为上下两部分（同一张图中位置 P 的标注（柱础的圆盘饰与波纹线脚）也是这种情况），其线脚彼此连续（这种情况仅在托斯卡柱式出现），而“**corona**”（侧重于位置）是该构件的总称，“**gocciolatoio**”（侧重于形状）则专指这一构件上半部，即除去正波纹线脚以外的滴水板部分。

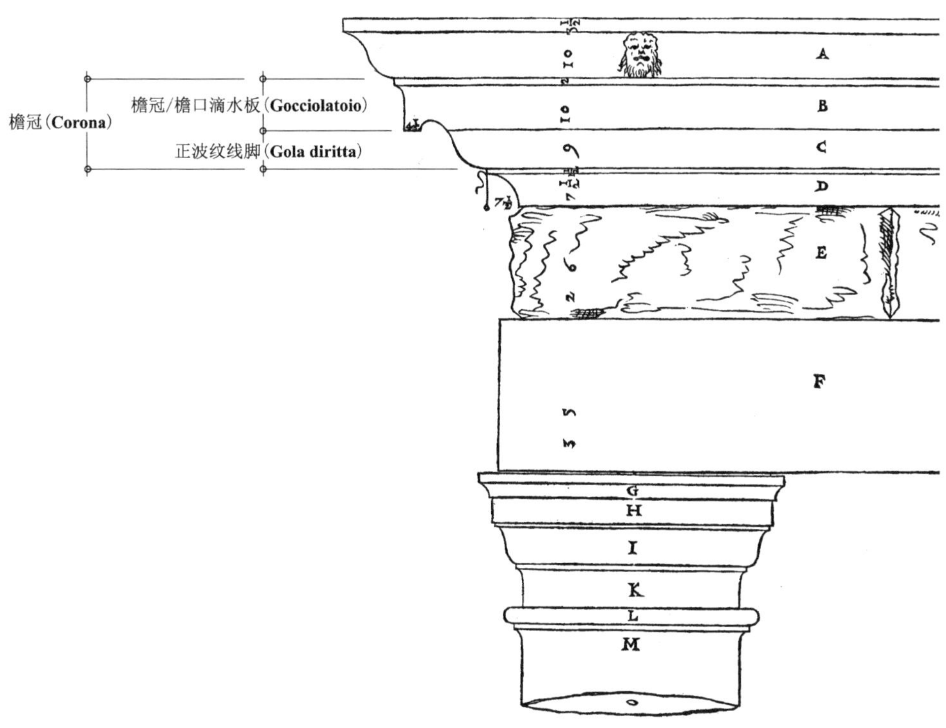

图解 4　托斯卡式柱头的檐冠构成推测图[①]

101. **Metopa**: 陇间壁（metope）（第一书，第 26 页）。

102. **Modiglione**: 檐口托饰、檐托（modillion, bracket）（第一书，第 35、51 页；第四书，第 11 页及多处）；另指支撑桥梁梁托的木梁（第三书，第 19 页）。

103. **Triglifo**: 三陇板（triglyph）（第一书，第 26 页）。参见巴尔巴罗 ,1987，第 34 页（评注）、第 145 页、第 169 页（评注）。

2.3　柱式部件:柱头与柱身

104. **Abaco:** 柱顶板，俗称骰形饰或方块形饰（第一书，第 19 页、26 页及多处）。另见 **dado**。

105. **Avolgimento:** 卷叶茎饰（**caulicoli**）的复杂化、弯曲和旋转变形（第四书，第 74 页）。另

① 根据帕拉第奥第一书第 21 页图，及意大利文、英文图注作出。

见 **involgimento**。

106. **Campana**: 钟形柱头。（第一书，第 42、49 页；第四书，第 107 页）。

107. **Canale:**

[1] 沟或凹槽，位于柱子的三陇板或爱奥尼式涡卷饰上（第一书，第 14、26、33 页）。巴托里称柱身的竖向凹槽为"**canale**"（巴托里 ,1565，第 233 页，第 6 行）；巴尔巴罗则将这个词用于三陇板的凹槽（巴尔巴罗 ,1987，第 146 页及下页，图版）以及涡卷饰的凹槽（同上，第 150 页评注）。

[2] 输水道（本意指运河）（第一书，第 10 页）。

108. **Canellatura:** 柱身凹槽（第四书，第 98 页）。

109. **Capitello:** 柱头（多处），也指三陇板的"顶部"（第一书，第 26 页）。对雄浑的福尔图娜神庙和萨雷戈别墅，帕拉第奥使用术语"角柱头"（**capitelli angolari**）（第一书，第 33 页；参见第二书，第 51 页）。

110. **Cartella:** 涡卷（scroll）（第一书，第 51 页）。另见 **cartoccio**。

111. **Cartoccio:** 涡卷（scroll）。另见 **cartella**。

112. **Caulicolo**: 卷叶茎饰（caulicolus）;在科林斯式柱头上支撑涡形饰的茎秆（第四书,第 95 页）。（参见巴尔巴罗 ,1987，第 155 页评注）。

113. **Collarino**: 颈状部，位于柱头钟形饰下方、柱身顶端的平缘或小凸圆线脚上方，类似于"中楣"（第一书，第 15、19、26 页及多处）。

114. **Incanellare**（动词）: 刻凹槽（在圆柱和壁柱上）（第一书，第 37 页；第四书，第 48 页）。

115. **Incanellatura**（名词）: 凹槽、刻凹槽（第四书，第 74 页）。

116. **Incavo**: 连续凹形装饰线脚或凹槽，可用于卷涡饰，与 **canale** 同义（第一书，第 33、35 页）;也可用于檐冠（**corona, gocciolatoio**）（第一书，第 56 页）。

117. **Involgimento**: 一种复合的形式（第一书，第 51 页）。

118. **Vivo**: 本义为活的、充满活力的，帕拉第奥主要有两种用法：

[1]（形容词）: 细的，有细密纹理的，或坚硬的，**Pietra viva** 指坚硬、致密、纹理细密的石头，即"**pietra dura**"（硬石头）,与"**pietra tenera**"（软石头）相对（第一书,第 7 页,及多处）。

[2]（名词）: 通常指柱身，同 **fusto**；也指不计装饰的柱头主体或钟形柱头（bell of capital），同 **campana**（第一书，第 49 页；第四书，第 48 页）。

119. **Voluta**: 涡卷饰（volute）；关于其构造，见第一书，第 33 页。

2.4 柱式部件:柱础与基座

120. **Attico:** 座盘（Attic），指由凹形线脚隔开的两个圆盘饰构成的柱础。（多处）

121. **Basa**: 柱子、基座、壁柱或基础部位的底座;在第二书第 59 页中,"basa"似乎指基底石(plinth)。（第一书，第 12、22 页；第四书，第 48、98 页；另书中多处可见）；另见 **orlo**。

122. **Bastone**: 柱础或基座底部的圆盘饰："toro overo bastone"（第一书，第 19 页）；"bastone di sopra"和"bastone di sotto"分别指多立克式柱础的上下圆盘饰（第一书，第 22、26 页）；而"bastoni con la sua gola"指基座底座上的圆盘饰（第一书，第 47 页）；"toro della basa detto anch'esso bastone"（第四书，第 55 页）。卡塔尼奥也有相同用法（卡塔尼奥 // 论文

集 ,1985,第 350 页)。帕拉第奥在别处还将该词定义为“建筑物上用砖制造的檐口托饰”(li modegioni nell’opera che si ha da far d'alcune prie [=prede] cotte chiamano loro bastoni，马格里尼 ,1845. 注解，xx—xxi，注 38)。另见 **bastoncino**；**gola**。

123. **Dado**: 墩，常指基座墩身，与 **basa**(基座底座) 和 **zocco**(础座) 同时使用 (第一书，22、第 31 页；第四书，第 48、52、118 页)。

也可指方块形的柱顶板 (第一书，第 19 页，此用法在文集中仅出现一次)。

124. **Piedestallo** 或 **piedestilo**: 基座。

125. **Plinto**: 础座或基底石 (plinth)，源于拉丁词 plinthus，原意为砖块或经过加工成形的石块，在建筑学中一般指柱础、基座或柱墩底部的方形石板。plinth 有多种中译，包括柱基、勒脚 (《弗莱彻建筑史》)、底座、基座 (《英汉双向建筑词典》) 或基底 (《新编英汉大词典》)，本书翻译为区别于 pedestal(基座) 和 base(柱础),将位于基座底部的或泛指基部的译为“基底石”，将位于柱础底部的译为“础座”。

Plinto 在文中仅出现一次，与 **zocco** 同义，指多立克式柱础与基座顶板之间的构件 (plinto overo zocco,第一书,第 22 页),可译为“础座”。帕拉第奥在大多数时候使用“**orlo**”或“**zocco**”来表示础座或基底石。

126. **Toro**: 柱础或基座底部的圆盘饰 (torus)，同“**bastone**”(第一书，第 19 页；第四书，第 55 页)。参见卡塔尼奥的相同用法 (论文集 ,1985，第 350 页)。帕拉第奥再次忽略了巴尔巴罗的冗长表述 (巴尔巴罗 ,1987，第 141 页评注)。

127. **Zocco**: 础座或基底石 (plinth)，可置于 :[1] 柱础之下 (第一书，第 19、31 页)；在多立克式基座图纸中，柱础的“plinto overo zocco”在文中称为 **orlo** (第一书，第 19 页和第 31 页)。**[2]** 基座的底部；在描述科林斯式基座时，帕拉第奥将其中的基底石称为 **zocco** (第一书，第 40 页)，又在图中称其为 **orlo** (第一书，第 41 页)。

128. **Zoccolo**: 础座。源于拉丁词 socculus(小鞋子) 或 soccus(袜子)。在建筑学上指小型的砌块、基底石或基座，有时候放在柱础之下 (第四书，第 90、52 页)。

2.5　线脚、装饰、轮廓形式

129. **Anello:** 多立克柱头的钟形饰下方具有直角轮廓的环形饰带或线脚，又称 **listello, gradetto** 或 **quadretto** (第一书，第 26 页)。

130. **Archetto:** 水平线脚上的小型连续拱状饰带，常用于檐口的反波纹线脚 (第四书，第 55 页)。

131. **Astragalo:** 凸圆形轮廓的小装饰线脚，与具有直线、直角轮廓的 **listello** (平缘) 相对；几乎等同于 **tondino**。当表述为“astragalo o tondino”时，指位于 **collarino** (颈状部) 下方、柱身顶部的凸圆线脚 (第一书，第 26、33、35 页)，以及基座上的小凸圆线脚，尽管帕拉第奥也把这些称作 **tondini** (第四书，第 53 页；第一书，第 31 页)。巴尔巴罗就词源给出了有趣的解释 :“astragalus 的名称源于骨头的形状，也就是脚上的关节骨，用拉丁语说就是‘ditto talus’，通常叫做 talone，但建筑师把它叫做好看的小凸圆线脚，如果你在柱础上做两个的话”(astragalus è così detto dalla forma di quell’osso, che è nella giontura del piede；latinamente è ditto talus；che volgarmente si chiama talone, ma gli architetti pure dalla forma li chiamano tondino, et nelle base se ne fanno due，巴尔巴罗 ,1987, 第 141 页评述；另见第 142

页图 D astragalus, talus, tondino, 第 183 页评述，第 190 页图 F）。

132. **Bastoncino**: 小凸圆线脚，等同于帕拉第奥的“**astragalo**”或“**tondino**”；指柱础的上圆盘饰（**bastone, toro**）上方的小凸圆线脚，也可以用 **tondino** 来表示这一部位。（第一书，第 31 页；第四书，第 55 页，另见巴托里 ,1565，第 216 页第 11 行）。

133. **Benda**: 束带饰，同“**tenia**”（第一书，第 26 页）。巴尔巴罗有相同的用法（巴尔巴罗 ,1987，第 146 页评注）。

134. **Cavetto**: 一种小凹弧形线脚；

[1] 用于檐口时通常为四分之一圆形，顶上有一个小的平缘（第一书，第 19、26、56 页）；

[2] 用于底座时形成凹形饰（scotia）（第一书，第 26 页及多处）；**cavetto primo**、**cavetto secondo** 指第一道凹形饰与第二道凹形饰（第一书，第 33 页；参见第四书，第 61 页）。

135. **Cavriola** 或 **cauriola**: 文集中仅出现一次的词语，指战神庙的一种带有著名波状图案的水平饰带（第四书，第 16 页，第 22 页图 B），意思显然是一种水平饰带或小型檐口。

136. **Cimbia**: 一般指柱身上的环状饰带或平缘，中文文献一般译为束柱带、柱箍条（《英汉双向建筑词典》、《新英汉建筑工程词典》），帕拉第奥用这个词指柱身底部或顶部的轮廓竖直的小型线脚（第一书，第 18 页图 G），也称其为“**listello**”（平缘）（第一书，第 19、26、31、33 页；第四书，第 61 页）基于此，中译本将 **cimbia** 译为“柱平缘”。

137. **Dentello**: 齿状饰（dentilation）（第一书，第 42 页），是位于檐口上的钟形饰或卵锚饰下方的装饰线脚；通常呈齿状，但在安东尼与福斯蒂娜神庙中，这一构件是未断开的（第四书，第 30 页）。

138. **Echino**: 钟形饰(echinus),同 **ovolo**,书中多处可见。(参见卡塔尼奥 // 论文集 ,1985,第 354 页)。

139. **Fiore**: 科斯林式和复合式柱头钟形饰前的花形饰。（第一书，第 49 页；第四书，第 111 页）。另见 **rosa**。

140. **Foglietta**: 水平装饰线脚上的连续叶状装饰。（第四书，第 55 页）。

141. **Fusaiolo**；**fusarolo**: 珠盘饰（bead-and-reel）;用于楣梁、檐口或柱头的一种水平装饰线脚（第一书，第 49 页；第四书，第 55、61 页）。

142. **Goccia**: 滴珠饰（gutta）;以复数形式使用,指位于三陇板下方或檐托底面的滴珠饰（第一书，第 26 页，参见巴尔巴罗 ,1567，第 163 页评注）。

143. **Gola diritta**: 正波纹线脚（cyma recta），上凹下凸的波纹线脚。在中国清式建筑中，将凹线称为混，凸线称为枭，因此正波纹线脚又译为混枭线脚。根据位置的不同，该线脚可以：**[1]** 位于檐口顶部（第一书,第 19、26、35、56 页）;**[2]** 作为柱头的钟形饰（第一书,第 19 页）;**[3]** 作为某种底座的圆盘饰（第一书，第 19 页）;**[4]** 加上平缘，作为柱顶板顶部的构件（第一书，第 26 页）。

144. **Gola riversa**: 反波纹线脚（cyma reversa），上凸下凹的波纹线脚，又译为枭混线脚。用于檐口的反波纹线脚，位于顶端正波纹线脚的下方（第一书，第 35 页）；用于楣梁的装饰线脚，也称“**intavolato**”（连锁叶饰）（第一书，第 26、33、56 页）。

145. **Gonfiezza**: 凸曲线（swelling, convex curve），指凸形中楣（pulvinate friezes）或圆柱的凸肚线（entasis）（第一书，第 15、56 页）。

146. **Gradetto**: 一种“小阶梯形”（阶梯形线脚），一种具有直角轮廓的水平装饰线脚，相当于中国古建筑的叠涩线脚。单个的“**gradetto**”可以等同于“**listello**”（平缘）（第四书，第 61

页）；但当这种元素成组出现，其效果仿佛一系列的“小阶梯”时，帕拉第奥似乎更喜欢用 **gradetto** 的复数形式 **gradetti** 来表达，例如：

[1] 多立克式柱头钟形饰下的环状物（第一书，第 26 页），文中称“anelli, ò quadretti”，在相应的木刻图版索引中标记为“Gradetti”；

[2] 位于混合式钟形柱头顶部、钟形饰的珠盘饰和卵锚饰的下方的平缘（第一书，第 49 页）；

[3] 门窗檐口的钟形饰上方的小装饰线脚（第一书，第 56 页）。

147. **Intavolato**: 连锁叶饰，一种带有连锁叶形纹样的水平连续线脚，轮廓形状通常为反波纹线（**gola riversa**）。可出现在檐口（第一书，第 42、56 页）或楣梁（第一书，第 26、56 页，第四书，第 55 页，参见巴托里 ,1565，第 217 页第 10 行）。

148. **Lingua**: 石头雕出的“舌”（原指“舌头”）,由此或在这上面雕出柱头叶饰（第四书,第 23 页）。

149. **Listello**: 平缘（fillet）；一种带有直角轮廓的小型装饰线脚，用于各种柱式的许多地方：

[1] 作为柱平缘（**cimbia**），位于柱子底端，紧挨于柱础之上，或位于柱子顶端，紧挨于小凸圆线脚（**astragalo** 或 **tondino**）之下（第一书，第 19 页）；有时候它被描述成一个“小凸圆线脚”（**tondino**），而不是平缘（fillet）；

[2] 在托斯卡柱式中，紧挨在钟形饰的下方（第一书，第 19 页）；

[3] 紧挨在凹形饰（scotia）的上方或下方（第一书，第 22 页）；

[4] 作为柱顶板顶部的元素（第一书，第 26 对开页）；

[5] 作为束带饰（taenia）与滴珠饰（guttae）之间的装饰线脚（第一书，第 26 页）；

[6] 作为檐口的装饰线脚，与“**gradetto**”（阶梯形线脚）同义（第一书，第 56 页；第四书，第 61 页）；

[7] 与波纹线脚（**gola**）合用，作为柱头的“檐口”部分（第一书，第 19、26 页）。

150. **Orlo**: 原义为“边”或“边缘”，可以指：

[1] 经过切削的石块边缘（第一书，第 14 页）；

[2] 构件顶部的平缘（rim, lip, **listello**），即一种轮廓平直的线脚，可位于檐口顶部，波纹线脚上方（第一书，第 27、56 页）；或位于楣梁和中楣的顶部（第一书，第 56 页、第四书，第 111 页）；还可以位于钟形柱头的顶部（第四书，第 111 页），在这种情况下也可以称为“**gradetto**”（第一书，第 49 页）；

[3] 柱础（base）或基座（pedestal）下方的础座或基底石（plinth），通常是没有线脚的一整块石头。在多立克柱式这一章，在文字部分提到的础座（**orlo**），在图纸中也被称为 **plinto** 或 **zocco**（第一书，第 22、40 页；第四书，第 11、107 页）；也可以指位于基座（pedestal）下方的基底石（第一书，第 31、40 页）。在描述科林斯式基座时，帕拉第奥在文字部分将基座下方的基底石称为“**zocco**”，但在图纸中称其为“**orlo**”（第一书，第 40、41 页，参见帕拉第奥 // 普皮 . 编 ,1988，第 128 页）。

151. **Ovolo**: 钟形饰（echinus），其轮廓通常是外凸的四分之一圆，也就是一种反过来的凹弧线脚（**cavetto**）。其表面通常饰有卵锚饰（egg-and-dart）。可用于柱头（第一书，第 19、26、49 页）、檐口（第一书，第 26、35、56 页；第四书，第 30 页）或楣梁（第四书，第 61 页，参见巴尔巴罗 ,1987，第 142 页评注）。

152. **Pianuzzo**: 窄饰带或边棱，圆柱或壁柱的凹槽之间隆起的棱（第一书，37 页，参见巴托里 ,1565，第 233 页，第 14 行）；巴尔巴罗给出了维特鲁威的一个同义词“*semora*”（巴尔巴罗 ,1987，第 146 页评注，第 155、156 页译文）。另见 **tondino [4]**。

153. **Procinto**: 环绕在建筑物中部的水平饰带，在某种程度上类似于檐口（第一书，第 14 页，参见巴尔巴罗 ,1987，第 83 页评注、第 85 页评注）。

154. **Quadretto**: 一种具有直角轮廓的装饰线脚，位于多立克柱头的钟形饰下方 : 也称“**anello**”，实际上，这种线脚的轮廓很难和“**gradetto**”（阶梯形线脚）或“**listello**”（平缘）相区别（第一书，第 26 页）。

155. **Regolo**: 一种轮廓平直的线脚，紧挨在楣梁较高的饰带之上，通常位于反波纹线脚（**gola riversa**）下方（第一书，第 56 页）;也作为檐口最上层的装饰线脚（第一书，第 56、57 页，参见巴托里，1565，第 226 页 , 10 页及其后）。另见 **orlo**。

156. **Rosa**: 多立克式檐口之檐冠底面的花形装饰（第一书，第 26 页）;饰板上的玫瑰饰（第一书，第 35 页 ; 第四书，第 11 页）; 科林斯式柱头顶板上的花形饰（第四书，第 95 页）。另见 **fiore**。

157. **Scemità**: 科林斯式柱顶板的凹曲度（第一书，第 42 页）。

158. **Tenia**: 束带饰（taenia），多立克柱式中将楣梁与中楣隔开的连续水平装饰线脚（第一书，第 26 页）。同 **benda**。

159. **Tondino**: 小凸圆线脚 ; 显然与“**astragalo**”同义，用于柱式各处 :

[1] 位于柱身顶端（第一书，第 26、43 页）;

[2] 位于爱奥尼柱式钟形饰下方，也称“**astragalo**”（第一书，第 33、35、52 页）;

[3] 作为将爱奥尼式柱础的凹形线脚隔开的小凸圆线脚（**astragalo**）（第一书，第 33 页 ; 第四书，第 61 页）;

[4] 作为将柱子凹槽隔开的凸线（第四书，第 73 页）; 另见 **pianuzzo** ;

[5] 位于楣梁上较高的饰带的上方（第一书，第 56 页）。

2.6 柱、壁柱、墩、台座

160. **Acroteria**:（放置雕像的）台座。（第四书，第 41 页，第 47 页图 F。）源于拉丁语 acroterium。另见 **cornicietta**（原意指较小的檐口,这里可以指檐口上方用来放置雕像的连续矮墙 : 第四书，第 57 页，第 60 页图 F）; **pilastrello**。

161. **Anto:** 壁角柱或壁柱（anta, pilaster）; 通常指从庙宇内殿伸出的墙墩末端的壁柱 ; 帕拉第奥认为这就是内殿周围墙体的末端（第二书，第 43 页 ; 第四书，第 10 页）。

162. **Contraforte**: 支墩（buttress）（第三书，第 22 页 ; 第四书，第 70 页 ; 参见帕拉第奥 // 普皮 . 编 ,1988，第 172 页）。另见 **pilastro** ; **sperone**。

163. **Erta**: 门侧柱或窗框（第一书,第 7、9、55 页;第四书,第 111 页）。这是一个常用威尼斯词语 : 参见保莱蒂，1893，第 97 页（1490）和第 124 页（1524）;洛伦齐，1868，第 410 页（1577）及第 467 页（1580）。

164. **Parastatica**: 壁柱（pilaster）（第二书，75 页）。

165. **Pilastrata**: 壁柱，这里指形成门柱或窗框的壁柱（第一书，第 55 页 ; 第四书，第 111 页）。

166. **Pilastrello**: 原意指较小的壁柱，这里指位于檐口上方、与柱轴线对齐的矮墙，其上放置雕像。（第四书，第 23 页）。另见巴尔巴罗，1987，第 146 页图 S。

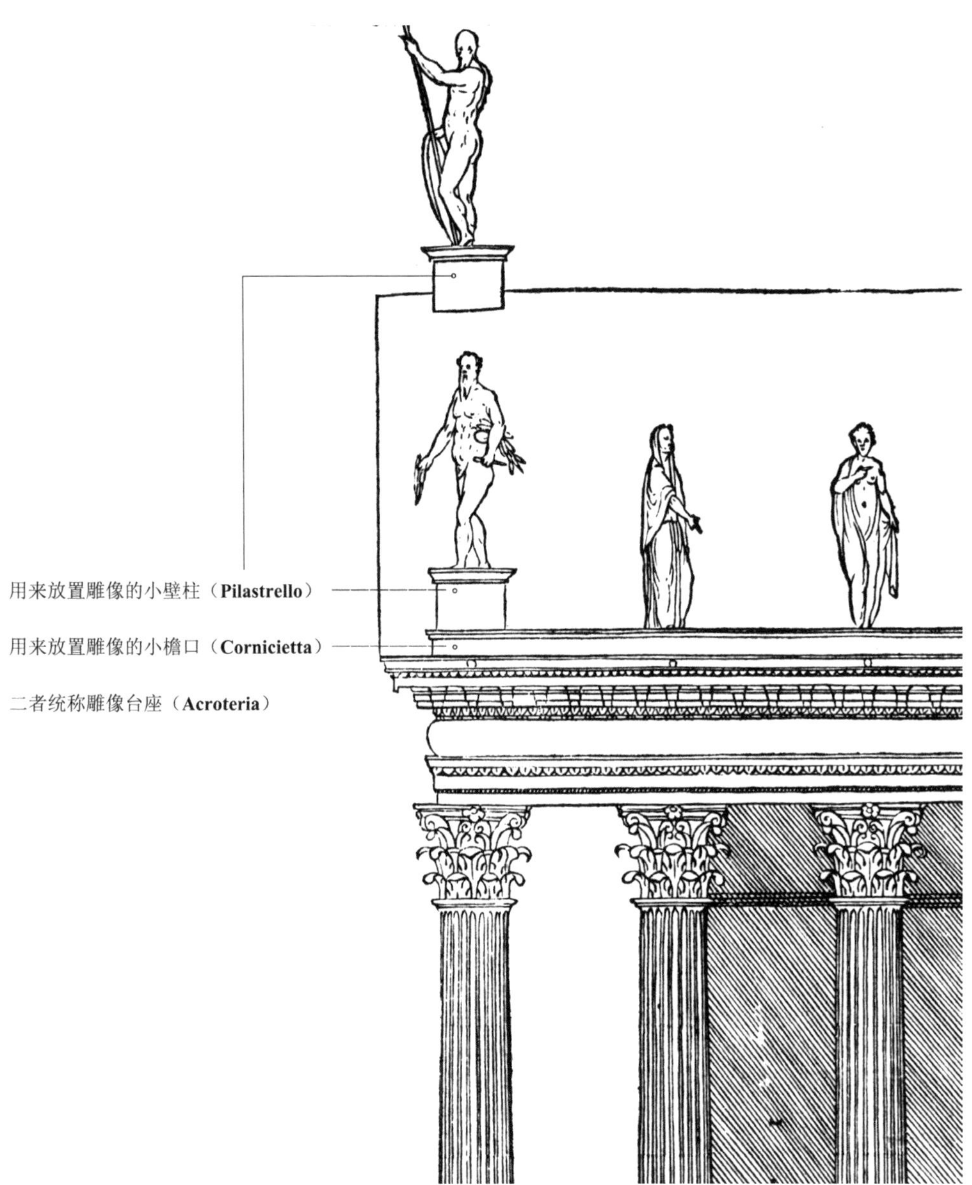

图解 5　雕像台座示意图[①]

167. **Pilastro**: 柱墩（pier）、支墩（buttress）、壁柱（pilaster），尽管有时候很难区分壁柱和柱墩；桥梁位于岸边或河中的支墩（第三书，第 16、17、20、21 页）；柱墩（第一书，第 16、22、31、37 页；第二书，第 12、29 页；第四书，第 11、86 页）；壁柱（第一书，第 7、51 页 [柱墩还是壁柱？]；第二书，第 8、66、75[?]、78 页）。当描述位于尼姆的所谓狄安娜神庙（Temple of Diana at Nîmes）时，帕拉第奥提到了"**pilastri quadri**"（方柱墩）；但是这些柱墩的截面明显呈长方形（第四书，第 118 页）；另见 **under quadro**。另见 **anto**；**contraforte**；**erta**；**parastatica**；**pilastrata**；**sperone**。

168. **Sperone**: 这里指支墩（buttress），用于保护桥梁的支撑构件不被河水冲下来的物体所损坏（第三书，第 19 页）。

① 根据帕拉第奥第四书第 58 页图作出。

169. **Sponda**: 构成庙宇或别墅正立面楼梯侧边的突出物，其上通常有雕像；帕拉第奥把它作为环绕整座建筑的基座顶端（teste）；这一术语还可以指桥面两侧或侧缘的梁，以及桥梁两侧的护墙（side parapets）（第三书，第 15、16、23、24 页；第四书，第 23 页；用法同巴托里，1565，第 287 页第 21 行；第 299 页第 42 行；第 300 页第 42 行）。

2.7 柱间距

170. **Aere:** 空间（本意为空气）："per lo molto aere che sar à tra i vani"（柱间的空气，可指间隔）（第一书，第 16 页）。另见 **distanza**；**intercolunno**；**intervallo**；**luce**；**lume**；**spazio**；**vano**。
171. **Areostilos:** 阔柱间式（aerostyle）维特鲁威所提到的最大柱间距，四倍于柱底径（第四书，第 8 页）。《建筑十书》高履泰译本译为"离柱式"。
172. **Diastilos**: 三径间式（diastyle），三倍于柱底径的柱间距（第一书，第 22 页；第四书，第 257 页）。《建筑十书》高履泰译本译为"宽柱式"。
173. **Distanza**: 距离，在第四书第 88 页用来指柱间距。
174. **Eustilos**: 正柱间式（eustyle），$2^1/_4$ 倍柱径的柱间距（第一书，第 28 页；第四书，第 9 页及多处）。《建筑十书》高履泰译本译为"正柱式"。
175. **Intercolunno**: 柱间距（intercolumniation）（第一书，第 15 页）。
176. **Intervallo**: 同 **intercolunno**，指柱间距（第四书，第 8 页）。
177. **Luce**: 原意为光线，引申为进光的地方，可用来指圆柱、壁柱、门框等之间的空白区域（第一书，第 7、28 页，等处，参见巴尔巴罗，1987，第 28 页评注，第 184 页图 C D E F）。
178. **Lume**: 同 **luce**。
179. **Picnostilos**: 密柱间式（picnostyle），指维特鲁威所说的 $1^1/_2$ 倍柱径的柱间距（第一书，第 44 页；第四书，第 10、15、30、67、70 页）；帕拉第奥通常使用本地的委婉说法"spesse colonne"来代替"picnostyle"（另见 **spesso**），但是该短语有时也指稍大（两径间式，sistyle）或稍小的柱间距。《建筑十书》高履泰译本译为"密柱式"。
180. **Sistilos**: 两径间式（systyle），两倍于柱底径的柱间距（第一书，第 37 页；第四书，第 8 对开页，第 48、107 页）。《建筑十书》高履泰译本译为"窄柱式"。
181. **Spazio**: 空间，有时被帕拉第奥用于柱间距。
182. **Spesso**: 在文集里通常以短语"**di spesse colonne**"的形式出现，意思是"柱子互相挨在一起"（第二书，第 78 页；第四书，第 23、41、52、55、98 页）。帕拉第奥通常把这个术语作为"密柱间式"（picnostyle），也就是 $1^1/_2$ 倍柱径的柱间距的通俗说法（第四书，第 8 页）。但他还用该短语表示密集但并非严格的 $1^1/_2$ 倍直径的柱间距（第三书，第 32 页；第四书，第 128 页）。
183. **Vano**: 原意为虚空，可指柱间距，也可以指位于敞廊内的隔间或空间（第四书，第 10 和 11 页，第 86 页）。

2.8 柱廊、走廊

184. **Ala:** "翼"，一种结构物或走廊，通常呈狭长型，作为一个或多个部分而附属于较大建筑的侧面；帕拉第奥用来指前庭两侧的走廊或过道（第二书，第 27、29、53 页）；神庙内殿周围的走廊（第四书，第 9 页，另参见第 10 页）；从神庙两侧伸出并结束于壁端柱的墙墩（**antae**）（第四书，第 10 页）；教堂内的侧廊（第四书，第 10 页）。巴尔巴罗也用这个词来指代庙宇中的柱廊，以及前庭两侧的空间（巴尔巴罗，1987，第 199 页及评注，第 289 页评注）。

185. **Andido, andito:** 走廊、通道（多处）。

186. **Antitempio:** 门廊（pronaos），庙宇的门廊。（第四书，第 10 页）。

187. **Arcade:** 另见 **colonnato**；**coperto[2]**；**portico**（前三词指柱廊）；**loggia**（可以指建筑外侧的柱廊，也可以是独立式的“廊亭”）。

188. **Colonna**: 柱子（书中多处可见）；也用于半柱（第二书，第 22 页；描述回廊时另见第二书，第 29 页），尽管帕拉第奥也使用术语“**meza colonna**”（第二书，第 41、60 页；第四书，第 48 页）；“**colonna semplice**”是指未连到柱墩的柱子（第一书，第 22、37 页）；在第四书第 73 页中，帕拉第奥把罗马万神殿上层的壁柱称为“colonne”；文艺复兴时期的建筑师有时称“piers/pilasters”（柱墩 / 壁柱）为“colonne quadrate/quadre”（方柱），或许他当时是省略了（quadrate/quadre）；但这个形容词又常常出现，这叫我们不得不假设帕拉第奥在这部分出错了。

189. **Colonnade:** 另见 **colonnato**；**coperto [2]**；**loggia**；**portico**。

190. **Colonnato:** 柱列、柱廊（第一书，第 16 页及多处）；与“**colonnati semplici**”（柱列）相对应的是“**loggie con gli archi**”（由采用次要柱式的柱墩和拱组成的柱廊）（第一书，第 16 页，并参见第 44 页）；“**colonnato**”（柱廊）显然在某种程度上与“**portico**”（第一书，第 33 页）同义。另见 **loggia**；**portico**。

191. **Loggia**: 敞廊。由于在英文中，“arcade”（拱廊）、“colonnade”（柱廊）、“loggia”（敞廊）和“portico”（门廊）之间的差别并非泾渭分明，可能“loggia”和“portico”比另两个的规模要小些，在翻译帕拉第奥文集中这几个词语时大都使用简单的权宜方式。某些作者认为“**loggia**”和“**portico**”意思相同（维尼奥拉，载于《论文集》（*Trattati*）1985，第 519 页；tav. x；科尔纳罗 // 论文集，1985，第 103 页）。而有些人认为这两者之间有明显的区别，例如斯卡莫齐认为“portico”由柱墩 / 壁柱之间的拱组成，而“loggia”仅由柱列组成（斯卡莫齐 ,1615，第 1 卷第 303 页）。

考察帕拉第奥用法可知 :**[1]** 通常“**loggia**”和“**portico**”之间的区别在于尺寸和其他方面（“**portico**”和“**colonnato**”之间的区别就明显没有那么大），“**loggia**”由相对较小的柱列组成；**[2]** 但是“**loggia**”偶尔有更具体的含义，即带有柱墩、半柱和拱的，一般不太长的一层建筑物，与简单的柱列形成对照，如果带有柱墩、半柱和拱，则独立柱廊（柱列）“colonnati semplici”变成带拱券的敞廊“loggie con archi”（第一书，第 16 页）；又如君士坦丁巴西利卡前的柱列。（第四书，第 11 页，另参见第一书第 12、19、52 页；第二书第 3、12 页）。

另有一些特殊的用法 :[1] 对于房屋正面或背面的敞廊，或者对于占满建筑物一侧的小柱廊，帕拉第奥一般用“**loggia**”，从不用“**colonnato**”，很少用“**portico**”；其决定因素似乎是长度和高度（第二书，第 3、18、47 页）；他确实具体谈到过，乡村住宅的敞廊“**loggie**”宽度一般不应小于 10 尺或大于 20 尺（第一书，第 52 页）。所以，在第二书 66 页所述的圣索非亚的萨雷戈别墅（Villa Sarego at S. Sofia）的庭院中，有一个由两层爱奥尼柱组成的大柱廊，柱廊上层被称为敞廊 **loggie**。**[2]** 帕拉第奥通常把别墅中从主人住处“**casa padronale**”向前伸出的单面长柱廊称为敞廊“**loggie**”；有时候他同时用两个词，“敞廊”和“门廊”（**loggie** and **portici**)(第二书，第 60、62、66 页)，有时候又称之为“廊房”(**coperti**)。**[3]** 他把有些相对较长的拱廊或柱廊描述为“**loggie**”;例如威尼斯的桥梁上面的那些(第三书,第 25 页)，以及基耶里凯蒂府邸(Palazzo Chiericati)的每个楼层上的那些(第二书，第 6 页)，都被称为“**loggie**”。对于更长或更高的柱廊，即庙宇周围和大庭院、城市街道、广场等设施中的柱廊，他最常用的是“**portico**”，有时候用“**colonnato**”。**[4]** 同时，对庙宇柱廊，帕拉第奥通常用“**portico**”，有时他将庙宇的正面门廊和庙宇庭院中的拱廊表述为“**loggie**”，它们似乎都是相对低矮的建筑：例如，君士坦丁巴西利卡(Basilica of Constantine)前方的敞廊(第四书，第 11 页)；维纳斯与罗马神庙前方的敞廊(第四书，第 36 页)；塞拉皮斯神庙(Temple of Serapis)内的敞廊，其高度为外部柱子高度的一半(第四书，第 41 页)；罗穆卢斯墓(Tomb of Romulus)前方的敞廊,及其向外伸出的拱廊所构成的庭院敞廊(第四书，第 88 页)。

关于敞廊的功能，见第一书，第 52 页。另见 **colonnato；portico**。

192. **Portico**: 柱廊(portico, colonnade)；明显与“**colonnato**”同义，但不同于敞廊(**loggia**)。对于庙宇柱廊(例如第四书，第 6、7 页)、巴西利卡内的大柱廊(第二书，第 41 页)、庭院中的大柱廊(例如第二书，24、33、47 页)、街边的长拱廊(第三书，第 8、31、32 页)，“**potico**”是帕拉第奥的标准词汇(他不常用“**colonnato**”)。他还用“**portico**”表示农场里的长柱廊(他还称之为“**coperti**”，或称 1/4 圆弧形柱廊为“**loggie**”)；对于其他较短的柱廊，他使用词语“**loggia**”。因此，“**cortili**”(建筑内外的大庭院)一般有“**portici**”或“**coperti**”(柱廊)，但很少有“**loggie**”(敞廊)，庙宇周围有“**colonnati**”和“**portici**”，有的在正面设有“**loggie**”(敞廊)，而住宅的正面设有“**loggie**”(敞廊)。另见 **colonnato；loggia**。

2.9 屋顶、顶棚、天花板

193. **Cassa:**

[1] 墙体结构所用的填充法(第一书，第 13 页)。

[2] 檐口底面的饰板(第一书，第 42 页；第四书，第 11 页)。另见 **compartimento [2]；lacunare；quadro [2]；soffittato；soffitto；soppalcho**。

194. **Colmo:**

[1](形容词)形容屋顶或道路中部凸起(第一书，第 52、67 页;用于形容道路时见第三书，第 9 页)。

[2](名词)一种三角形屋顶，帕拉第奥将其用作平屋顶(**coperti**)的反义词(第一书，第 67 页)，及多处。该词为威尼斯常用词语［保莱蒂,1893，第 102 页(1488)和洛伦齐,1868，第 18 页(1496)];巴尔巴罗用这个词指屋脊构件(*colmigno* 或 *colmignolo*)(巴尔巴罗,1987,第 70 页)。

195. **Coperta/o:**

[1] 屋顶、屋顶盖法、屋盖(第二书，第 24、33、46 页；第一书，第 67 页及多处。参见帕拉第奥 // 普皮 . 编 ,1988，第 171 页；科尔纳罗 // 论文集 ,1985，第 112 页)。

[2] 在农场，“**coperto**”是位于主人住宅(**casa dominicale**)的一侧，具有柱墩或柱廊的长型单层附属房屋；其最佳翻译可能是“柱廊”(portico)；帕拉第奥还称之为“**portici**”(第二书，第 46 页)或“**loggie**”(第二书，第 62 页)。当暗示有关构筑物的形状，而不传达长

度或形制信息时，则使用“shed”（棚屋）或“lean-to”（单坡屋）。

196. **Gorna**: 檐沟(gutter),威尼托地区的标准词语(第一书,第 67 页;参见孔奇纳 ,1988,第 82 页)。

197. **Lacunare**: 饰板（coffer）(第四书，第 16、52 页)。另见 **cassa [2]**；**compartimento [2]**；**quadro [2]**；**soffitatto**；**soffitto**；**soppalcho**。

198. **Palcho**: 天花板（第一书，第 7、51 页）。

199. **Soffitta**: 阁楼(attic);在文集中只用过一次(第二书,第 22 页;参见科尔纳罗 // 论文集 ,1985，第 92 页；斯卡莫齐 ,1615，1:250 页)。

200. **Soffittato**: 顶棚（第一书,第 53 页）。塞利奥在书中给出了方言同义词（塞利奥,1566,4:192 页反面）。另见 **palcho**；**soppalcho**；**travamenta**。

201. **Soffitto**: 天花板,有时候内有隔板或饰板;也指饰板（coffer）(第二书,第 6、41 页;另第一书,第 53 页；第四书，第 16 页）；也指多立克式檐口中檐冠（**gocciolatoio**）的底面，板上饰有 3×6 阵列的滴珠饰（guttae）和花形饰（第一书,第 26 页;参见斯卡莫齐 ,1615,2:156 页）。另见 **cassa [2]**；**compartimento [2]**；**lacunare**；**piano [3]**；**quadro [2]**；**soppalcho**。

202. **Solaro:**

[1] 楼层（第一书，第 14、53 页）；同“**ordine [2]**”（第一书，第 55 页；第二书，第 66 页；参见科尔纳罗 // 论文集 ,1985，第 92 页）。

[2] 平的木质天花板（第一书，第 7、53 页；第二书，第 43 页；参见切萨里亚诺 ,1521，第 2 页正面）。

[3] in Solaro: 指房间具有平的天花板而不是拱顶。

203. **Soppalcho**: 底面（soffit）(第四书，第 16 页)。另见 **compartimento [1]**；**lacunare**；**quadro [2]**；**soffittato**；**soffitto**；**travamenta**。

204. **Testudine**: 屋顶或屋盖；“**coperta**”的拉丁文形式（第二书，第 33 页）。

205. **Testugginato**: 带有屋顶或覆盖物的（第二书，第 24、33 页）；“**coperto**”的拉丁文形容词。有顶式前庭（**atrio testugginato**）是罗马住宅的五种前庭之一。

206. **Tetto**: 屋顶。(参见巴托里 ,1565，259, 12；科尔纳罗 // 论文集 ,1985，第 99 页)。

207. **Travamenta**: 木制品，这里指木质天花板（第一书，第 7 页；参见威尼斯，1535// 保莱蒂，1893，第 126 页；另参见塞利奥，1566，4:192 页反面“**soffittato**”下引注）。

2.10 坡屋顶及山花

208. **Fastigiato**:（屋顶）有山形墙的（第一书，第 67 页）。另见 **colmo [1, 2]**；**frontespicio**。

209. **Frontespicio**: 住宅、庙宇或门窗的山墙、山花（gable, pediment, tympanum）。帕拉第奥在文中用过一次拉丁文形容词“**fastigiato**”（第一书，第 67 页），但从未用过“*timpano*”。帕拉第奥对词语“**frontespicio**”的用法是确定的，巴尔巴罗和巴托里对该词的用法同帕拉第奥一样；但在其他文艺复兴时期建筑学来源中该词可具有“立面”（**facciata**）的意思。帕拉第奥之所以特别青睐“**frontespicio**”，是因为“山花能够强调住宅的入口，更能极大地增加建筑的庄严和华丽，使正面比其他部分更加壮丽；此外，它们还能完美地衬托那些通常放在正面中央的出资人勋章或臂章。古人也经常在建筑中使用三角形山花，这从神庙和其他公共建筑的遗迹中可以看到；正如我在第一书的导言中所述，他们非常有可能从私人建筑，亦即住宅之中借鉴了此项发明及其特征”(第二书,第 69 页;另见帕拉第奥 // 普皮 . 编 ,1988,第 88 页;巴尔巴罗 ,1987, 第 151 页评注;另参见巴托里 ,1565, 第 36 页, 第 27 行;第 240 页,第 42 行)。关于这一特征，维特鲁威的术语是“*timpano*”，巴尔巴罗又提出了两个可能的术语 :“fastigio”和“frontispicio”(巴尔巴罗 ,1987，第 145 页评注);但像往常一样，帕拉第奥回避了希腊文或拉丁文形式，而选择了意大利文形式(第一书，第 20 页 ;第二书，第 48 页 ;第四书，第 7、73 页)。

210. **Piovere**:(屋顶的)斜坡形式(第一书，第 52 页)。

2.11 拱及穹顶

211. **Arco:** 拱券(多处);**arco diminuito** 指弓形拱(segmental arch)(第三书，第 21 页)。

212. **Cuba**: 源于拉丁语 cūpa(桶、盆)，意为穹顶或拱顶，同 **cupola** [第四书，第 86 页 ;威尼斯的实例见洛伦齐，1868，第 78 页(1453);保莱蒂，1893，第 123、242 页、第 241 页，注 6(1507 和 1525);洛伦齐，1868，第 382 页(1574);曼图亚的实例见德阿尔科，1857，第 2、15 页(1480)]。

213. **Cupola**: 穹顶或圆屋顶(第四书，第 9 页)。

214. **Freccia ; frezza**: 拱高，即拱的顶点与拱的底径中点之间的垂直距离。(第一书，第 54 页 ;第二书，第 33、38、78 页 ;第三书，第 19、21、24、30 页 ;孔奇纳 ,1988，第 80 页。

215. **Morsa**: 拱心石(key);从墙上突出的、交错排列的砖，使墙体的邻接部分互相固定在一起[第四书，第 15 页 ;参见巴尔巴罗 ,1987，第 54 页评注 ;菲拉雷特 ,1972，1: 117 页 ;米兰，1508// 阿玛德奥(Amadeo), 1989, 文献第 1086 页和术语表;巴托里 ,1565, 第 73 页第 41 行;第 400 页第 30 行]。

216. **Principio**: 拱形结构的起拱点(springing point)(第四书，第 86 页)。

Tribuna: 圆屋顶或穹顶，与 **cupola, cuba** 同义(第四书，第 9、52、86 页 ;参见帕拉第奥 // 普皮 . 编 ,1988，第 39、128 页)。该词与英语词汇 tribune(论坛、看台)同源，其含义非常广泛，从 14 世纪 90 年代到 16 世纪末期意大利各地的建筑文献使用这个词语时，基本上都是指某种构造的拱顶或圆屋顶(锡耶纳，1421// 博尔盖西和班基 ,1898，第 92 页 ;佛罗伦萨，1457// 盖伊，1839，1:167 页 ;罗马，1467// 穆茨，1878—1882，2: 75 页，等等 ;也有例外，参见佛罗伦萨，1367// 瓜斯提，1887，第 194 页)。

217. **Volto**: 拱(vault)。在第一书第 54 页，帕拉第奥描述了六种拱的类型(以下第 1—6 项)，但是在论文中还有另外三种拱顶类型(以下第 7—9 项):

[1] volto a crociera: 交叉拱(cross vault)。(第一书，第 54 页);“volto a crociera di mezo cerchio”指剖面为半圆形的交叉拱(第二书，50 页);

[2] volto a fascia: 显然是一种筒形拱(barrel vault)(第一书，第 54 页 ;第二书，第 49、58、59 页);帕拉第奥从未在论著中使用更常用的表述“volto a botte”;

[3] volto a remenato: 弓形拱，指一种局部的或压低的拱，其曲线比半圆形要扁(第一书，第 54、55 页);也指门洞上方的加固件或减压拱(第一书，第 55 页);或者楣梁(第四书，9 页)。另参见 **[6]** 和 **[9]** ;

[4] volto ritondo: 底边呈圆形的拱，但剖面不一定是半圆形(第一书，第 54 页):另见 **[8]** ;

[5] volto a lunette: 一种半圆形拱（第一书，第 54 页；第二书，第 6、49、53 页）；

[6] volto a conca: 一种穹形拱，拱高是房间宽度的 1/3（第一书，54 页），同“**[9] volto a schiffo**”（另见斯卡莫齐 ,1615，2:321 页）；

[7] volto a cadino: 该短语广泛地用来指各种形式的穹隆或拱券,包括底边为圆形的穹顶（cupolas）、底边为方形的帆拱（sail vaults），或由拱肩支撑的弓形穹顶（depressed cupolas）。当表示半球形穹顶时，短语“a cadino”和“a mezo cadino”可能是同一个意思（第二书，第 52、62 页）。

[8] volto a cupola: 由拱肩支撑的拱顶，不一定是半球形（第二书，第 50 页），另见 **[4]**；

[9] volto a schiffo: 带平顶或中央隔板的弓形拱;一种穹形拱，似乎同于 **[6] volto a conca**（第二书，第 38 页，关于科林斯式厅；第二书，第 52、62、78 页）。

2.12 门窗

218. **Ferrata**: 门窗的金属条或金属网格（第一书，第 9 页）。

219. **Gelosia, porta posticcia fatta a**: 以“**gelosia**”（格子）形式制作的活动门或临时性门，即一种百叶门窗（第四书，第 111 页；参见巴尔巴罗 ,1567，第 188 页，是维特鲁威相关段落的翻译）。

220. **Soglia**: 窗台（window sill）（第四书，第 53 页）。

221. **Sopraciglio**: 门窗的过梁（第一书，第 55 页）。另见 **sopralimitare**。

222. **Sopralimitare:** 门窗的过梁（第一书，第 55 页）。另见 **sopraciglio**。

223. **Sottolimitare:** 门槛（threshold）（第一书，第 53 页）。

2.13 楼梯

224. **Chiocciola, scala a**: 螺旋楼梯（第一书，第 61 页）。同 **scala a lumaca**。

225. **Requie:** 楼梯的休息平台,同 **piano [1]**(第一书,第 61 页;另见巴尔巴罗 ,1987,第 136 页评注）。帕拉第奥还写道，“**requie**”的用处在于，如果有东西从上方滚下来，就会停在平台上；巴尔巴罗则说“**requie**”可使从楼梯跌落的人停住（巴尔巴罗 ,1987，第 350 页）；威尼斯人有时用该词表达小庭院或院子（孔奇纳 ,1988, 第 124 页），但帕拉第奥未这样用过。

226. **Scala**: 楼梯间。楼梯类型描述见第一书第 61、62 页(另见科尔纳罗《论文集》,1985,第 98 页）。

3 建筑空间要素

3.1 建筑类型

227. **Basilica**: 巴西利卡、议事厅（也兼做法律裁决）。（第三书，第 38 页及其后;另见帕拉第奥 // 普皮 . 编 ,1988, 第 23 页）。帕拉第奥给出的描述很大程度上依赖于巴尔巴罗的描述（巴尔巴罗 ,1987，第 214 页评注；巴托里 ,1565，第 250 页第 4 行及其后）。

228. **Bottegha**: 店铺（或指作坊）。（第二书，第 35 页）。

229. **Bruolo**: 花园或果园，其面积可以很大（第二书，第 45、51、58 页；参见斯卡莫齐 ,1615，第 1 卷 234 页等）。

230. **Casa:** 住宅；“casa de' particolari”、“ casa privata” 指市民私宅；“casa da villa” 指庄园建筑；“casa dominicale” 指庄园上主人的房屋（书中多处可见）。在有主人（**padrone**）的情况下，显然还指住宅内的客房（lodgings）（第一书，第 52 页）：“uscire di casa” 感觉像是一个惯用语，指住宅的出资人出现在他的房子（套房或独栋住宅）里迎接宾客。在希腊住宅中，**casa** 指独立的房屋或客用的房间（第二书，第 43 页；参见第二书，第 45 页）。

231. **Casamento**: 在帕拉第奥的论述中指城镇中的大型住宅（第二书，第 8 页；第三书，第 8 页；参见锡耶纳，1462// 博尔盖西和班基 ,1898，第 212 页；卡塔尼奥 // 论文集 ,1985，第 326 页）。在其他建筑文献中，该词具有其他含义：例如 :[1] 建在乡村的住宅（威尼斯，1517// 孔奇纳 ,1988，第 56 页）；[2] 小型或简陋的构筑物或住宅（米兰，1456// 贝尔特拉米，1894, 第 191 页；菲拉雷特，1972，1:52 页）。另见 **palagio**。

232. **Chiesa**: 教堂（第四书，第 3 页，另见文中各处）；帕拉第奥有时用“**tempio**”来指代教堂。

233. **Curia**: 元老院（Senate house）（第三书，第 31 页，及多处）。

234. **Erario**: 宝库（treasury）（第三书，第 31 页；另见帕拉第奥 // 普皮 . 编 ,1988，第 24 页；巴尔巴罗 ,1987，第 221 页评注）。

235. **Isola, essere in**: 指独立的府邸或房屋，形成自己的群落或区块（第二书，第 12 页）。

236. **Palagio**: 宫殿；城镇或乡村的豪华住宅（第一书，第 9、64 页关于商堡的描述；第三书，第 7 页）；也指一层楼的乡村住宅（位于昆托的蒂内别墅）（第二书，第 64 页）。

237. **Palestra**: 体育场、格斗学校、训练场所（第三书，第 44 对开页）。

238. **Peridromide**: 在体育场中的一种无顶步行区，位于带顶的运动场（xystus）和柱廊（porticoes）的附近（第三书，第 44、45 页）。

239. **Suburbano**（名词）: 紧邻城市的乡村地产；例如阿梅里克别墅（Villa Almerico）的建筑用地（第二书，第 18 页）。

240. **Tempio**:（古希腊的）神庙；但有时指基督教堂（chiesa）（第四书，第 3、9 页及多处）。其类型见第四书，第 7、8 页；另见 **alato a torno；alato doppio；amphiprostilos；antis, in；dipteros；falso alato doppio；hipethros；peripteros；prostilos；pseudodipteros**。

241. **Villa**: 乡村庄园或农场（第二书，第 45 页及其后，及多处；最新的讨论参见阿克曼，1990 和霍伯顿，1990，第 103—108 页）。**Casa** 和 **fabriche di villa** 都是指庄园上的房屋，但各有讲究。主人的房屋不叫“**villa**”，而是“**abitazione**”或“**casa del padrone**”、“**casa dominicale**”；帕拉第奥还把“**villa**”（农场用房）和“**casa padronale**”（主人住处）明确地区分开来（第二书，第 61、62 页；参见巴托里 ,1565，第 148 页，第 26 行及其后）。

242. **Xisto**: 运动场（第三书，第 44 对开页）。帕拉第奥将这个词语与 xystus（罗马人的带顶的运动场）等同起来，指一个有树的开敞柱廊，供训练和休闲之用。希腊人建造的 xystus 则是供运动员冬天训练的带顶柱廊；帕拉第奥根据维特鲁威 5.11.4 和 6.10.5 介绍了第一种运动场（关于 xisto 与 xystus 的差别，参见 William L. MacDonald, John A. Pinto. *Hadrian's villa and it's legacy*. Yale University Press. 1997）。

3.2 建筑群、外部空间

243. **Borgho**: 在这里不是指城镇社区，而是指一小组住宅聚落。（第一书，第 6 页）。
244. **Calle**:（特指威尼斯的）小巷、小径、狭路、通道，通常位于建筑物外或建筑物之间。帕拉第奥提到慈善修女院的“**calle**”时，似乎不同于他自己以及威尼斯人通常的用法（第二书，第 29 页）; 通常他使用“**andito**”这个词。
245. **Foro**: 广场（帕拉第奥 // 普皮 . 编 ,1988, 第 18 页；参见巴尔巴罗 ,1987，第 65 页评注，第 207 页译文）。

3.3 房间功能及使用者

246. **Anticamera:** 前室，相当于英语中的 anteroom、waiting room（接待室、前厅）(第二书，第 43 页)。关于其在文艺复兴时期的功能，另见弗罗梅尔 ,1973, I, 71 页及其后；瓦迪，1990，第 3 页及其后；桑顿，1991，第 294 对开页。另见 **appartamento；camera；postcamera**。
247. **Appartamento:** 套房。房间数自三个至十余个不等。帕拉第奥在关于古希腊住宅的章节(第二书，第 43 页）中描述的一系列房间，包括门房、马厩、接待室、餐厅、妇女工作间、画厅、图书室等，大概就是一个“套房”可能具备的内容（第二书，第 8、73、54、64 页；第一书，第 64 页；参见瓦迪 ,1990，第 3—13 页；桑顿 ,1991，第 300 页及其后。）另见 **anticamera；camera；postcamera**。
248. **Atrio:** 与维特鲁威词汇 **atrium** 相对应。罗马住宅的前庭。帕拉第奥提到了五种类型 : 四柱式“**atrio di quattro colonne**”，也就是 **tetrastilo**（第二书，第 24、27 页）; 科林斯式“**atrio corinthio**”（第二书，第 29 页）；无顶式“**atrio discoperto**”，他不打算讨论这种类型（第二书，第 24 页）;有顶式“**atrio testugginato**”（第二书，第 24、33 页）;以及托斯卡式“**atrio toscano**”（第二书，24 页）；另见巴尔巴罗 , 1987，第 288、289 页评述。《建筑十书》的高履泰译本将 **atrium** 译为“院子”。
249. **Camera**: 房间，同 **stanza;stanza mediocre**，中等大小的房间（第二书，第 43 页）。关于功能，另见弗罗梅尔 ,1973，第 1、7 页及其后；瓦迪 ,1990，第 3 页及其后；桑顿 ,1991，第 285 页。科尔纳罗认为“**camera**”与“**stanza**”同义（科尔纳罗 // 论文集 ,1985，第 91 页）。另见 **anticamera；appartamento；postcamera**。
250. **Camerino**: 小房间，即 **Camera** 加上后缀 –ino（小的），比“**stanza**”小 :a **stanza picciola**（第一书，第 53 页，及多处）:“le [stanze minori] cioè i camerini”（第二书，第 54 页）。另见 **anticamera；appartamento；postcamera**。
251. **Cantina:** 酒窖。（第二书，第 46 页，及多处）。
252. **Cella:**

    [1] 内殿，（特指古希腊）庙宇的中殿（naos）（书中多处可见）。

    [2]（僧侣的）单人间（第二书，第 29 页）。
253. **Dispensa**: 食品储藏室（Pantry）（第三书，第 3 页；参见菲拉雷特 ,1972，1:223 页；米兰，1486// 贝尔特拉米，1894，第 44 页；威尼斯，1566// 洛伦齐，1868，第 335 页；罗马，1601// 弗罗梅尔 ,1973，2:66 页；米兰 , 1617—1619// 巴罗尼，1940，第 17 页）；另见瓦迪，

1990，第 38 页："dispensing store-room"（配膳室）。

254. **Entrata**: 入口、门廊（书中多处可见）；其功能是"供那些等候主人走出住处 [casa] 的人，能够站着迎接他并与他洽谈，而且这里是任何被接见的人进入这座房子所抵达的第一个部分"（第一书，第 52 页）。

255. **Famiglia**: 家属（household）。在意大利语中，有时很难说"**famiglia**"是指主人（**padrone**）的家属还是指其仆人：该词在本文中似乎常常指"仆人"，尽管他还使用词语"massara"和"servitore"来表达（第二书，第 52、53、64 页）。在第二书第 18 页（对圆厅别墅的描述）中，似乎有理由推断"**famiglia**"就是指仆人，因为帕拉第奥特意告诉我们阿梅里克（Almerico）的亲属（对亲属他用"i suoi"表示）已经去世，而"**famiglia**"的住处在大厅和敞廊的下面一层；第二书第 47 页提到的"**famiglia**"的房间也在主楼层的下面；在第二书第 54 页，"**famiglia**"住在屋顶；在第二书第 62 页，"**famiglia più minuta**"位于其中一侧扇形区域的尽头；在第二书第 68 页，"**famiglia**"又是在主楼层的下面。

256. **Fattore**: 庄园管理者或农场管理者（第二书，第 46 页）。

257. **Gastaldo**: 庄园管家，主管家政事务。**fattore**（庄园农场管理者）也可译为庄园管家，主要负责农场事务。

258. **Laconico**: 古代浴场中的蒸汽浴室（sudatorium）（维特鲁威，5.10）（第三书，第 44、45 页，参见巴尔巴罗，1987，第 264 页评注）。

259. **Luogho da liscia o bucata**: 用碱灰和沸水漂白亚麻布及其他织物的地方，即洗衣房（第二书，第 3 页；参见 1601；佐尔齐，1969，第 208 页，注 14）。

260. **Magazino da legne**: 木材库（第二书，第 3 页）。另见 **salvarobba**。

261. **Oeco**: 大厅；希腊时期用的拉丁词，与帕拉第奥使用的"**sala**"和"**salotto**"同义。帕拉第奥的描述在很大程度上源于巴尔巴罗（巴尔巴罗，1987，第 293 页评注）。其功能、定义和类型有：科林斯式（Corinthian）（第二书，第 33、38 页）、西齐切尼式（Cyzicene）（第二书，第 33 页）；埃及式（Egyptian）（第二书，第 33、41 页）；四柱式（tetrastyle）（第二书，第 33、36 页）。

262. **Postcamera**: 位于主要房间后面的房间（第二书，第 43 页）；大概与"**stanza mediocre**"或"**camerino**"相同。关于功能，另见弗罗梅尔，1973，第 1、71 页及其后；瓦迪，1990，第 3 页及其后。另见 **anticamera**；**appartamento**；**camera**。

263. **Sala**: 大厅，住宅中等级最高的房间，在两层别墅中通常与屋顶同高。帕拉第奥偶尔将"sala"描述为"自由的"（**libera**），也就是没有柱子的（第二书，第 20、73、78 页）。实际上该词与"**oeco**"同义（第二书，第 33 页）。"**sala**"的功能，"是为了聚会或宴会而设计的，作为一个上演喜剧、举办婚礼或此类娱乐活动的场所，这样的空间必须比其他的空间要大很多，而且其形状必须是尽可能宽阔的，这样可以让很多人在里面舒服地聚会，有很好的视野"（第一书，第 52 页；另见弗罗梅尔，1973，1:66 对开页，第 71—72 页；瓦迪，1990，第 10 页及其后，及多处；桑顿，1991，第 290 对开页）。大厅的类型包括"科林斯式厅"（sale corinthie）（第二书，第 38 页）；"埃及式厅"（sale egittie）（第二书，第 41 页）[①]；"古希腊私人住宅的厅"（sale private de' Greci）（第二书，第 43 页）；"四柱式厅"（**tetrastilo**，第二书，第 36 页）。参见

① 英译本误作"sale egizzie"（I,19），据意大利文原版修正。

阿尔伯蒂 / 巴托里给出的词源（巴托里 ,1565，第 124 页第 37 行）。另见 **oeco**。

264. **Salotto**: 房间，大厅；该词的形式暗示它本该表示一种小型厅。在帕拉第奥文集中，**salotto** 在功能和尺寸上接近或等同于 **sala**。不清楚帕拉第奥是否认为 **salotto** 应该小于 **sala**，例如古希腊私人住宅图示中的 K 是 **salotto**，而 R 是 **sala**，两者面积相近（第二书，第 43、44 页；另见第二书，第 33 页）。也不清楚帕拉第奥是否认为在第二书第 72 页中提到两次的 **sale minori** 等同于 **salotti** 和 **oeci**。

在十七世纪的建筑文献中，**salotto** 的含义变得更为清晰——即指尺寸和重要性较小的大厅——但在 15 世纪，以及 16 世纪的一些时候，文献作者们则对此模棱两可（见弗罗梅尔，1973，1:66 对开页，第 71、72 页；瓦迪 ,1990，第 10 页及其后，及多处；桑顿 ,1991，第 290—291 页）。卡塔尼奥认为“**salotto**”比“**sala**”小（卡塔尼奥 // 论文集 ,1985,第 331 页）；他还将“大型厅”（sale grandi）描述为 $21^{1}/_{2}$ 乘以 30 臂尺（braccia）（卡塔尼奥 // 论文集 ,1985，第 338 页）。但巴尔巴罗把这两个词当成同义词（巴尔巴罗 ,1987，第 293 页评注；另参见斯卡莫齐 ,1615，1:304 页、305 页）。切萨里亚诺在书中对其功能作了有趣的评述（切萨里亚诺 ,1521，第 109 页正面，评注）。另见 **oeco；sala**。

265. **Salvarobba**: 储藏室（第二书，第 46、64 页）。

266. **Stanza**: 房间，包括各种尺寸和形状的房间（**maggiore、mediocre、minore、picciola**;第二书，第 4、20 页）;与帕拉第奥很少用的“**camera**”同义。“**Stanze**”的重要性及面积小于大厅（**oeci、sale、salotti**），大于“小房间”（**camerini**）和“**cantina**”、“**cucina**”、“**dispensa**”、“**mezzato**”、“**tinello**”等。按照帕拉第奥的规则，这种房间“必须分布在门厅或大厅的一侧，而且必须确保右边的房间与左边的协调并且均等”，其形状可以是圆形或正方形，或长宽比为$\sqrt{2}$、4/3、3/2、5/3 或 2 的矩形（第一书,第 52 页;参见科尔纳罗 // 论文集 ,1985,第 91 页）。“**stanza in solaro**”指平顶的房间（第一书，第 52 对开页及多处）；“**stanza in volto**”是拱顶的房间（第一书，第 52 对开页及多处）。更常见的意思是指住所（第四书，第 90 页）。

267. **Tablino**: 小画厅（tablinum）;罗马住宅的前庭与庭院之间的房间，用来存放祖先的画像（第二书，第 24、29 页）。

268. **Tinello**: 小餐厅，可能主要供仆人使用（第二书，第 3、33、50 页）；在非常大的家庭，它是作为侍从和仆人的餐厅。（参见菲拉雷特 ,1972, 1:223 页；曼图亚，1531// 德阿尔科，1857，第 13 页；威尼斯，1566// 洛伦齐 1868 年，第 335 页；罗马，1601// 弗罗梅尔 ,1973，2:66 页；另见弗罗梅尔 ,1973，1:81 页、82 页；瓦迪，1990，第 44、45 页；桑顿，1991，第 290、291 页。）

269. **Tribunale**: 半圆室（apsidal），巴西利卡的弧形端头（第三书，第 31、38 页）。帕拉第奥的参考文献还将该词用于其他含义，例如指圆形庙宇中用来登上殿堂层的空间（l'ascesa per la terza parte del suo diametro；tutto lo spatio che è da C ad A lo lascio a i gradi, e alla salita sul piano del tempio）（巴尔巴罗 ,1987，第 196 页译文、第 197 页评注和图版）；或剧场中渐次升高的部分（tribunale egli chiama tutte quelle parti, alle quali s'ascende per gradi）（同上，第 255 页评注）。

270. **Triclinio**: 餐厅（第二书,第 33、43 页;参见巴尔巴罗 ,1987,第 292 页评注和第 293 页翻译）。

271. **Vestibulo**: “**entrata**”（入口）的拉丁文名称（第二书，第 25 页）。

3.4 夹层

272. **Amezare:** 对房间进行分割、分区以建造夹层 **[(a)mezato]**（第二书，第 4、6、18 页）。
273. **Amezato:** 一个夹层房间（多处）；同 **mezato**。
274. **Mezato**: 夹层房间（第一书，第 53 页；第二书，第 12、47 页及多处）。

3.5 庭院

275. **Corte**: 庭院，比 **cortile** 或 **peristilio** 小（第二书，第 16、20、29 页）；帕拉第奥只有一次用“**corte**”表示较大的庭院，可能本应该用“**cortile**”：在安加拉诺府邸设计图中，帕拉第奥对两个庭院都称为“**corte**”，而其中一个比另一个要大（第二书，第 75 页）。
276. **Corticella**: 小庭院，比 **corte** 要小（第二书，第 43、72 页）。
277. **Cortile**:（较大的）庭院，位于庄园上的住宅内部，或主人住宅（**casa dominicale**）之前（第二书，第 3、8、11、20 页及多处）；罗德斯岛式（Rhodian）庭院（第二书，第 43 页）。另见 **corte**；**corticella**；**peristilio**。
278. **Peristilio**: 柱廊院的希腊拉丁语名称［帕拉第奥通常称其为庭院（**cortile**）］（第二书，第 24、33 页；参见巴尔巴罗 ,1987，第 301 页评注）。另见 **cortile**。

4 建筑材料、构造、设备

4.1 墙、砌体

279. **Corso**: 序列，砖列（第一书，第 11、12 页）。
280. **Mattone**: 砖：根据帕拉第奥对该词的用法，“**mattoni**”比“**quadrelli**”更宽、更长（第三书，第 8 页）。巴托里 ,1565，第 52 页，第 11 行；第 53 页，第 2 行及其后，有关于“**mattoni**”多种类型的精彩描述；另外有关的描述还有卡塔尼奥 // 论文集 ,1985，第 261 页。巴尔巴罗认为“**mattoni**”与“**quadrelli**”同义（巴尔巴罗 ,1987，第 74 页评注）。另见 **quadrello**。
281. **Muro**: 墙。关于墙的不同类型见第一书第 11—14 页 :**[1]** 网眼砌（reticolata / *opus reticulatum*），外表面呈现菱形图案的墙；**[2]** 砖或方砖砌（di terra cotta o quadrello）：砖墙；**[3]** 混凝土砌（di cementi）：由碎石或混凝土建成的墙；**[4]** 方石砌（di sasso quadrato）：用加工过的石头砌的墙；**[5]** 乱石砌（di pietre incerte）：用不规则的石块砌的墙；**[6]** 填充（la riemputa, che si dice ancho a cassa）：用碎石或混凝土填充的箱形物（caissons）所砌的墙。帕拉第奥再次有意避开了维特鲁威 2.8 和普林尼《自然史》36.51.171—173 中关于墙体类型的经典术语，如 *emplecton*、*isodomum*、*pseudisodomum*。
282. **Muro semplice**: 指墙体本身，而不包括半柱、门、窗之类的装饰性构件（第一书，第 14、51 页）。
283. **Pieno**: 实墙（第一书，第 55 页；第二书，第 27 页）。
284. **Pietra cotta**: 砖；帕拉第奥对布雷西亚大教堂（the Duomo in Brescia）使用砖和石头的相对优势作了精彩评注（帕拉第奥 // 普皮 . 编 ,1988，第 124 页）。
285. **Pietra viva**: 坚硬、致密、纹理细密的石头，即“**pietra dura**”（硬石头），与“**pietra tenera**”（软石头）相对（第一书，第 7 页）；英译本将此短语翻译成“细石”（fine stone）或“纹理细

密的石头”（finegrained stone），避免短语“pietra viva durissima”（第三书，第 41 页）中的“*durissima*”（坚硬的）产生同义反复，中译本将其译为“细纹石材”（参见塞利奥，1566，IV，第 188 页反面；斯卡莫齐，1615，2:204 页）。

286. **Pietre incerte**: 用大小不一的石头建造的石结构物；参见英文词组“crazy paving”（碎石路）（第一书，第 12 页；参见巴尔巴罗，1987，第 84 页）。

287. **Pietre quadrate**: 不一定是方形石块，而是经过磨平和切方的料石（第四书，第 118 页）；另见 **quadrate**。

288. **Scaranto:** 帕拉第奥指含有很多石头的泥土（第一书，第 10 页；第三书，第 21 页；参见孔奇纳，1988，第 55、133 页）。

4.2 材料

289. **Calce**: 石灰（第一书，第 8 页）。不同类型另见孔奇纳，1988，第 52 页。

290. **Cementi**: 细石或混凝土（rubble or concrete）。“*Cementimi*”可指砂浆 / 水泥（mortar/cement）或碎石，因此推测，在中世纪拉丁文中“cementi”指混凝土（即水泥加上细石）。帕拉第奥仅使用该词的复数形式（参见第一书第 11、12 页中仅使用词语“**ciotoli**”和“**cuocoli**”复数形式的情况）。帕拉第奥可能是指混凝土，即细石和砂浆的混合物；他并未在此提及砂浆，但后来论及其他各种墙体类型时也未提到砂浆（第一书，第 11、12 页）。还可以参见以下例子：

    [1] 砂浆 / 水泥（mortar/cement）（米兰大教堂工程记录，1877，第 2、31 页；另参见切萨里亚诺，1521，第 36 页正面，评注）；

    [2] 碎石（rubble）（切萨里亚诺，1521，第 22 页反面及评注、第 39 页正面正文及评注）；“cementi marmorei”：大理石碎块（marble rubble）（同上，第 119 页反面；另见《博洛尼亚的拱廊》，1990，第 302、303 页）。

291. **Ciotoli**（通常为复数形式）：在河里找到的砾石、小卵石、石头（gravel, pebbles, stones）。帕拉第奥还称其为“cuocoli”（第一书，第 8、12 页）。菲拉雷特将其定义为砾石（gravel）（菲拉雷特，1972，第 1 卷：第 70 页）。

292. **Coltello, in**: 帕拉第奥用来表示竖向对缝叠砌的木板或石块（第一书，第 13 页；第三书，第 19 页）。有时候表示为“per coltello”（可另见米拉内西，1854，2:254 页；巴托里，1565，第 53 页第 33 行）；斯卡莫齐将其用作名词，指木梁的薄边（斯卡莫齐，1615，2:341 页）。

293. **Cuocoli**（通常是复数形式）：沙砾、鹅卵石、小卵石（第一书，第 8、12 页；参见菲拉雷特，1972，1：70 页）。另见 **ciotoli**。

294. **Ferro**: 铁；其用法见第一书，第 9 页。

295. **Fiorire**: 指金属表面的风化（第一书，第 9 页）。

296. **Granito**: 花岗岩（granite）（第四书，第 64 页）。

297. **Lasta di pietra**: 石条、厚板（第三书，第 9 页；第四书，第 118 页）。帕拉第奥更喜欢用“lasta”而不是更常用的“lastra”（帕拉第奥 // 普皮 . 编，1988，第 132 页）。

298. **Sasso quadrato**: 经过切方或 / 并磨平的石头（第一书，第 11 页）。

299. **Scandola**: 木瓦（shingles）（第一书，第 67 页；参见《博洛尼亚的拱廊》，1990，第 332 页）。

300. **Selice**: 于此翻译成“石灰石”比较好，尽管该词还有其他意思；斯卡莫齐说该词指“**sarizzo**”，即原产于伦巴第的运用广泛的硬灰石片麻岩（gray stone gneiss）（斯卡莫齐，1615，2:199）。这个词可以具体指打火石（flint），也可以用于统称各类硬石头，可以推测，帕拉第奥是从普林尼 36.49—51.168—173 那里借用了这个术语。

301. **Smaltatura**: 这里指用于外表面的一层灰泥，与帕拉第奥的“**intonicatura**”（抹灰层或灰泥饰面层）同义（第一书，第 8 页；参见塞利奥，1566，7:98 页；切萨里亚诺，1521，第 114 页正面）。

302. **Sublices**: 帕拉第奥认为该词是沃尔西语（Volscian），指木制的，“Pons Sublicius”（苏布利休斯桥）因此而得名（第三书，第 11 页）。

303. **Tegola**: 瓦片。同“**coppo**”（第一书，第 67 页；参见巴托里，1565，第 93 页第 9—19 行）。

4.3 楼板、地面、台阶

304. **Pavimento**: 地板、铺装路面、桥面；通常与“**suolo**”同义（第一书，第 53 页；第三书，第 20、21、25 页；第四书，第 73、107、108 页）。在帕拉第奥对布雷西亚大教堂（the Duomo in Brescia）的记录中，有一段对于不同情况的有趣讨论（帕拉第奥 // 普皮 . 编，1988，124 页）。另见 **ordine [2]；piano [1]；solaro [2]；suolo；terrazzato；terrazzo**。

305. **Scamil(l)o**: 帕拉第奥用来指“台阶”（*grado*）；他将尼姆的方形神庙柱廊中的柱础下方长度不等的台阶形突起（在基座顶部，分别作 $5^2/_5$ 寸（oncie）、8 寸及 $8^1/_4$ 寸）称为“高度不等的台阶”（scamili impari）（第四书，第 111 页）；但该术语是维特鲁威著作中有名的疑难（*crux*），文艺复兴时期作者、现代考古学家或建筑史家都未能对此给出圆满的解释（另见坎贝尔，1980）。

306. **Suolo**: 桥梁的地面或铺装（第一书，第 53 页；第二书，第 46 页；第三书，第 17、19、25 页；第四书，第 30、88、107 页）。在文集中，与“**pavimento**”同义。另见 **pavimento；piano [1]；solaro [2]；terrazzato [1, 2]；terrazzo**。

307. **Terrazzato**:

[1] 水磨石（terrazzo）地面（第二书，第 46 页；第一书，第 53 页）。

[2] 平台或阳台，通常但不一定铺有水磨石（第二书，第 29、33 页）。

308. **Terrazzo**: 小块石头或大理石制成的铺地（第二书，第 46 页）。关于类型的描述见第一书第 53 页。另见 **pavimento；suolo**。

4.4 管道

309. **Canaletto:** 管道或管状物，同 **fistula**（第一书，第 9 页）。

310. **Canna**:

[1] 芦苇；用于建造屋顶，使之轻盈（第二书，第 29、54 页）。参见帕拉第奥 // 普皮 . 编，1988，第 151 页；见科尔纳罗 // 论文集，1985，第 99 页和斯卡莫齐，1615，2:327 页的精彩评注。

[2] 管道、烟囱，与 **tromba** 同义（第一书，第 60 页；参见科尔纳罗 // 论文集，1985，第 93 页）；巴尔巴罗也用这个词指墙壁中的排水管（巴尔巴罗，1987，第 283 页、第 288 页评注）。

311. **Fistula**: 管道或管状物，同 **canaletto**。
312. **Fumaruolo**: 烟囱、烟道（第一书，第 60 页）。
313. **Tromba**: 管道、烟道，有时与 **canna** 同义（第一书，第 60 页；参见巴尔巴罗 ,1987，第 263 页评注及第 344 页译文）；其他的威尼斯文献用这个词表示一种采光的孔道（威尼斯，1577// 洛伦齐，1868，第 412 页；威尼斯，1587// 洛伦齐，1868，第 501 页）。
314. **Ventidotto**: 使空气通入房间或住宅的管子或管道（第一书，第 60 页）。

4.5 设施

315. **Camino**: 壁炉（第一书，第 60 页）。
316. **Nappa**: 罩子（mantle piece），位于壁炉的炉膛之上，顶盖（*piramide*）之下（第一书，第 14、60 页）。典型的威尼斯语；科尔纳罗对词语进行了详细的定义（科尔纳罗 // 论文集 ,1985，第 93、97 页）。

4.6 榫、钉、夹

317. **Arpese:** 夹子 , 铁系扣（clamp, iron tie）。（第一书，第 9 页；第三书，第 31 页；另见巴尔巴罗 ,1987, 第 86 页评注；帕拉第奥 // 普皮 . 编 ,1988, 第 129、157 页）。
318. **Arpice:** 夹板（clamp）。（第三书，第 15 页）。
319. **Dorone**: 将多块石头锁在一起的大型铜销或铜钉（dowel）（第一书，第 9 页）。这似乎是一个帕拉第奥与自己的文献资源相悖的罕见例子，而后者一致用“**doron(e)**”来指某种类型的砖。维特鲁威讲述砖，而不是销或钉时，称之为 *didoron, pentadoron*，或 *tetradoron*，又将其词源追溯到 *doron*（2.3.3）。切萨里亚诺作出了若干描述（切萨里亚诺 ,1521，第 34 页反面，评注）。在巴尔巴罗的译文中，用该词的复数形式代指各类型的砖，而非销钉（巴尔巴罗 ,1987，第 74、75 页评注）。
320. **Fibula**: 木质或铁质的夹或钳（第三书,第 13 页）: 威尼斯扣（Venetian fibia）（孔奇纳 ,1988，第 77 页；参见切萨里亚诺 ,1521，第 163 页反面，评注）。
321. **Nervo**: 肌腱或肌肉，比喻用于加固墙体的构件（第一书，第 13 页；参见巴尔巴罗 ,1987，第 54 页图 D；1575，托德斯基尼 // 赞博尼，1778, 第 145 页；威尼斯，1578// 洛伦齐，1868，第 435 页）。

4.7 工具

322. **Battipolo**: 打桩机。（第三书，第 13 页）。
323. **Cat(h)eto**: 从柱顶板的顶板（**cimacio** of the abacus）上放下的铅垂线，用以确定爱奥尼柱头涡卷饰的出挑（第一书，第 43 页；参见巴尔巴罗 ,1987，第 149 页评注）。
324. **Invoglio**: 根据上下文，帕拉第奥用来指工具、设备（第二书，第 4 页），尽管它在现代的意思是捆扎、包裹、包装。
325. **Riga:** 尺子（第一书，第 15 页）。

326. **Squadra di piombo:** 一种可调节的铅条。根据帕拉第奥对该物用途的描述（第一书，第 9、12 页；第三书，第 9 页），这并不是一种带铅垂的 A 形架，即“archipendolo”（帕拉第奥 1980 年，第 420 页，注 7），也不是切萨里亚诺所说的“norma”和“squadra”（切萨里亚诺，1521，第 4 页反面，评注，和第 145 页正面及反面，评注）。该装置可能为一定长度的铅条，环绕在一块石头周围，并沿其转角折叠，以确定需要放在旁边的石头的形状；如果是这种情况，则很难翻译“squadra”，该词在英语中通常表示为“set square”（三角板）。斯卡莫齐把另一种功能类似的装置称为“squadre mobili”，这种装置呈“X”或“V”形，可调节，后者在某些资料中也称“squadra zoppa”（斯卡莫齐 ,1615，1:51 页）。这些装置还可在石头的转角部位自由开合，以使石匠确定前一块石头旁边要放的石头的形状或角度；但这些装置应该是木制而不是铅制的。

帕拉第奥用“**a squadra**”、“**sotto squadra**”和“**sopra squadra**”这些短语,显然指“呈直角”、“呈锐角”和“呈钝角”(第一书,第 14 页)。石头的角如果是直角（a squadra）或钝角（sopra squadra),则石头不易破碎而坚固;而石头的角如果为锐角（sotto squadra),则石头尖锐易碎。

4.8 工艺做法

327. **Ariete:** 撞槌（ram），或用来攻城的大梁木；但在本书中用来表示用以抵抗河水冲击的梁木（第三书，第 13 页；另见巴托里 ,1565，114 页 1 行）。

328. **Armamento:** 同 **colonnello**。

329. **Cacciare**: 使穿入、进入墙壁 : 针对有厚墙的小教堂（第四书，第 39 页);在河床上打桩（第三书，第 13 页）。

330. **Colonnello:** 桥梁建筑中使用的小型纵向木梁(第三书,第 15 页); 又称 **armamenti**。(第三书，第 17、18 页；参见斯卡莫齐 ,1615，2:344 页）。

331. **Corrente**: 长平梁（第三书，第 19 页）。

332. **Cuneo**: 楔（wedge）; 帕拉第奥用来指桥梁上具有楔形结构的木框架（第三书，第 18 页）。

333. **Impastare**: 混合(第一书,第 8 页;参见帕维亚,1396// 贝尔特拉米,1896,第 154 页;耶西(Iesi),1486// 博尔盖西和班基 ,1898，第 338 页）。

334. **Incatenare**: 将东西夹、绑、固定在一起（第三书，第 12 页）。

335. **Intonic(h)are**: 通常指给表面抹灰；但帕拉第奥也用来指对砖的表面进行加工或打磨（第三书，第 31 页）。

336. **Intonicatura**: 抹灰层或灰泥饰面层（第一书，第 8 页；参见帕拉第奥 // 普皮 . 编 ,1988，第 73、74 页）。

337. **Letto**: 桥梁的桥面或平台（第三书，第 15 页）。另见 **pavimento；piano [1]；suolo**。

338. **Mano**: 可能是“层”的意思，指多层饰带（第四书，第 70 页）。在其他的建筑学文献中，我们没有找到类似的用法；但提到“被精心凿刻三次以上的柱子，被凿掉了好几层”（colonne ... ben lavorate e frappate minutamente a tre mani o pi ù ）（米兰，1619// 巴罗尼，1968，第 465 页；另参见米兰，1620// 巴罗尼，1968，第 182 页）。

339. **Margine**: 铺装路面，道路一侧的路径（第三书，第 8、9 页）; 体育场柱廊中的步行道，“维特鲁威称之为 **margine**”（第三书，第 44 页）。

340. **Struttura**: 形态,(结构性的)构造(第四书,第 23 页),不是"**edificio**"(指建筑物)或"**fabrica**"(建筑物的非结构构造)的同义词。

341. **Tessire**: 将梁安装、铰接、啮合在一起(第三书,第 13 页)。

342. **Trave**: 木梁;谈到桥梁时用"第一条"(prime)、"第二条"(seconde)、"第三条"(terze travi)指代时,其次序从离岸最近的那条依次向内数,直到桥梁中央(第三书,第 16、17 页);中楣或尽端梁(fregio overo trave limitare)之所以称为尽端,是因为位于顶端的主梁环绕了庭院周围的建筑,看起来像中楣(第二书,第 25、33、34 页)。

400余年来《建筑四书》的版本

1. *I quattro libri dell'architettura di Andrea Palladio.* Venice: Dominico de' Franceschi, 1570.
《安德烈亚・帕拉第奥建筑四书》. 威尼斯：多米尼哥・迪・弗兰切斯基，1570 年 .
2. *I due libri dell'architettura di Andrea Palladio.* Venice: Dominico de' Franceschi, 1570.
《安德烈亚・帕拉第奥建筑二书》. 威尼斯：多米尼哥・迪・弗兰切斯基，1570 年 .
3. *I due primi libri dell' antichità di Andrea Palladio.* Venice: Dominico de' Franceschi, 1570.
《安德烈亚・帕拉第奥古代建筑前二书》. 威尼斯：多米尼哥・迪・弗兰切斯基，1570 年 .
4. *Paladii liber de architecture, nunc primum formis editus.* Burdigalae (Bordeaux): apud Simonem Millangium, 1580.
《帕拉第奥的建筑书第一册》. 波尔多：西蒙尼・米兰杰姆，1580 年 .
（仅包含第一书的拉丁语译本）
5. *I quattro libri dell'architettura di Andrea Palladio.* Venice: Bartolomeo Carampello, 1581.
《安德烈亚・帕拉第奥建筑四书》. 威尼斯：巴尔托洛梅奥・卡兰姆佩罗，1581 年 .
6. *I quattro libri dell'architettura di Andrea Palladio.* Venice: Bartolomeo Carampello, 1601.
《安德烈亚・帕拉第奥建筑四书》. 威尼斯：巴尔托洛梅奥・卡兰姆佩罗，1601 年 .
7. *I quattro libri dell'architettura di Andrea Palladio.* Venice: Bartolomeo Carampello, 1616.
《安德烈亚・帕拉第奥建筑四书》. 威尼斯：巴尔托洛梅奥・卡兰姆佩罗，1616 年 .
8. *Libro primero de la Architecture de Andrea Palladio ...* Valladolid: Juan Lasso, 1625.
《安德烈亚・帕拉第奥建筑第一书》. 巴利亚多利德：胡安・拉索，1625 年 .
（由弗朗切斯科・迪・普拉韦 [Francisco de Praves] 译成西班牙文，仅有第一书）
9. *L'architettura di Andrea Palladio divisa in quattro libri.* Venice: Marc'Antonio Brogiollo, 1642.
《安德烈亚・帕拉第奥的建筑四书》. 威尼斯：马克・安东尼奥・布罗焦洛，1642 年 .
（缺第 2、3、4 书卷首页的新版本）
10. *Traicté des cinq ordres d'architecture desquels se sont seruy les anciens traduit du Palladio augmenté de nouvelles inventions pour l'art de bien bastir par le Sr. Le Muet.* Paris: Langlois, 1645.
《勒米埃先生论建筑五柱式，在帕拉第奥对古代建筑测绘所得（柱式）的基础上为建筑艺术增加了新发明（的柱式）.》. 巴黎：朗格鲁瓦，1645 年 .
（皮埃尔・勒米埃将第一书节选翻译的法语版，1647 年重印。）
11. *Les quatre livres de l'architecture d'André Palladio.* Paris: Edme Martin, 1650.
《安德烈亚・帕拉第奥建筑四书》. 巴黎：埃德姆・马丁，1650 年 .
（罗兰・弗雷亚特・德・尚布雷的法语译本）
12. *The First Book of Architecture by Andrea Palladio: translated out of the Italian with diverse other designes necessary to the art of well building, by Godfrey Richards.* London: John Macock, 1663.
《安德烈亚・帕拉第奥建筑第一书：戈弗雷・理查兹自意大利语译出，并加入了优秀建筑艺术所需要的其他多种设计样式》. 伦敦：约翰・麦考克，1663 年 .
（第一书的一个完整译本，插图取自勒米埃对帕拉第奥的图解，并补充了对英国结构技术的描述。该书一直出到第 12 版，最后一次出版是 1733 年。）

13. *Die baumeisterin pallas oder der in Teutschland erstandene Palladius, das ist: des vortrefflich-Italiänischen baumeisters Andreae palladii zwey bü-cher von der bau-kunst ...* Nuremburg: Johann Andreä Endter Seel. Söhne, 1698.
《德语版帕拉第奥：意大利建筑大师帕拉第奥的建筑二书》，纽伦堡：约翰·安德烈亚·恩特尔·泽尔.泽内，1698 年.
（仅含一、二书的德语译本，由格奥尔格·安德烈亚斯·伯克勒尔 [Georg Andreas Böckler] 翻译）
14. *L'architettura di Andrea Palladio divisa in quattro libri.* Venice: Domenico Lovisa, 1711.
《安德烈亚·帕拉第奥的建筑四书》. 威尼斯：多梅尼科·洛维萨，1711 年.
（新版，附《罗马古迹》[*Le antichità di Roma*] 作为"第五书"）
15. *L'architettura di A. Palladio, divisa in quattro libri... The architecture of A. Palladio, in Four Books ... L'Architecture de A. Palladio, divisée en Quatre Livres...* by James Leoni. London: J. Watts, 1715-1720.
《帕拉第奥的建筑四书》. 詹姆斯·莱奥尼. 伦敦：瓦茨，1715—1720 年.
（带有英语和法语翻译的意大利文版，每种语言作独立的一卷；英语和法语的翻译由杜布瓦 [N. Dubois] 完成）
16. *The architecture of A. Palladio, in Four Books.* London: John Darby, 1721.
《帕拉第奥的建筑四书》. 伦敦：约翰·达比，1721 年.
（莱奥尼版本的重印，只包括杜布瓦翻译的英文部分，分为 2 卷）
17. *Architecture de Palladio, divisée en quatre livres.* The Hague: Pierre Gosse, 1726.
《帕拉第奥的建筑四书》. 海牙：皮埃尔·戈斯，1726 年.
（莱奥尼版本的重印，只包括杜布瓦翻译的法文部分，分为 2 卷）
18. *Andrea Palladio's First Book of Architecture.* London: S. Harding, 1728. Followed by a reissue, under a new title, as *Andrea Palladio's Five Orders of Architecture.* London: S. Harding, 1729.
《安德烈亚·帕拉第奥关于建筑的第一书》. 伦敦：圣哈定，1728 年。后来以新的标题重新发行，题为《安德烈亚·帕拉第奥的建筑五柱式》. 伦敦：圣哈定，1729 年.
（由科伦·坎贝尔自 1570 年的第一个意大利语版本译出，仅第一书，其中的插图是原木刻版精确的复制品）
19. *Andrea Palladio's Architecture, in Four Books.* London: Benjamin Cole, 1735. Reprinted in 1736.
《安德烈亚·帕拉第奥的建筑四书》. 伦敦：本杰明·科尔，1735 年. 1736 年重印.
（爱德华·霍普斯编辑的英文版，盗版了坎贝尔的第一书译本，以及莱奥尼版本中的第二至第四书）
20. *The Four Books of Andrea Palladio's Architecture.* London: Isaac Ware, 1738. Reprinted in 1755.
《安德烈亚·帕拉第奥的建筑四书》. 伦敦：艾萨克·韦尔，1738 年. 1755 年重印.
（由韦尔翻译的新英文版；1742 年韦尔还出版了一个八开纸大本的第一书，题为《安德烈亚·帕拉第奥建筑第一书》[*The First Book of Andrea Palladio's Architecture*]）
21. *Architettura di Andrea Palladio... di nuovo ristampata ... con le osservazioni dell' architetto N. N. e con la traduzione Francese.* Venice: Angiolo Pasinelli, 1740-1748.
《安德烈亚·帕拉第奥的建筑——再版——带有建筑师 N·N 的注释及法语译文》. 威尼斯：安焦洛·帕西内利，1740—1748 年.

（福萨蒂 [G. Fossati] 编辑，带有弗朗切斯科・穆托尼 [Francesco Muttoni] 的注释；另参见下文第 24 个版本）

22. *The Architecture of Andrea Palladio in Four Books.* London: A. Ward, S. Birt, D. Browne, C. Davis, T. Osborne and A. Millar, 1742.
《安德烈亚·帕拉第奥的建筑四书》. 伦敦:沃德,伯特,布朗,戴维斯,奥斯本和米勒,1742 年 .
（莱奥尼的第三个版本，带有从伊尼戈・琼斯评注的《建筑四书》中摘取的注释，还有一个附录，包含帕拉第奥的《罗马古迹》[*Le antichità di Roma*] 以及《论古人的炉火使用法及管道加热法》[*Discourse of the Fires of the Ancients*]）

23. *I quattro libri dell' architettura di Andrea Palladio.* Venice: Giovan Battista Pasquali, c. 1768. Reprinted c. 1780.
《安德烈亚・帕拉第奥的建筑四书》. 威尼斯：乔万・巴蒂斯塔・帕斯夸利，约 1768 年 . 约于 1780 年重印 .
（初版的复本）

24. *I quattro libri di architettura di Andrea Palladio Vicentino ... corretti e accresciuti di moltissime ed utilissime osservazioni dell'architetto N. N.* Venice: Angelo Pasinelli, 1769.
《维琴察人安德烈亚・帕拉第奥的建筑四书——修正改进版，带有建筑师 N・N 的很多有用的评注》. 威尼斯：安焦洛・帕西内利，1769 年 .
（福萨蒂 [G. Fossati] 编辑，带有弗朗切斯科・穆托尼 [Francesco Muttoni] 的注释；另参见上文第 21 个版本）

25. *I quattro libri dell'architettura di Andrea Palladio.* Siena: Alessandro Mucci, 1790.①
《安德烈亚・帕拉第奥的建筑四书》. 锡耶纳：亚历山德罗・穆奇，1790 年 .
（只有第一至第三书）

26. *Los quatros libros de Arquitectura de Andrés Paladio Vicentino.* Madrid: Imprenta Real, 1797.
《维琴察人安德烈亚・帕拉第奥的建筑四书》. 马德里：皇家印刷厂，1797 年 .
（事实上,在这个版本里有若泽·弗朗切斯科·奥尔蒂斯—桑斯的注释,仅有第一书和第二书。）

27. *Četyre knigi Palladievoj Architektuty.* St. Petersburg: Šnora, 1797.
《帕拉第奥建筑四书》. 圣彼得堡：什诺拉，1797 年 .
（俄语译本。）

28. *Lo studio dell'architettura di Andrea Palladio Vicentino contenuto ne'quattro libri da esso lui pubblicati, arricchito delle più cospique posteriori sue opere innalzate nella città di Venezia, e corredato dale osservazioni dell'architetto N. N.* Venice: 1800.
《维琴察人安德烈亚・帕拉第奥的建筑研究，由其本人发表在四书中并加入了他最后几年在威尼斯的作品，并附有建筑师 N・N 的评注校订》. 威尼斯：1800 年 .
（1769 年福萨蒂和穆托尼版本的重印本；另见上文第 24 个版本）

29. *Oeuvres complètes d'André Palladio. Nouvelle edition contenant les Quatre Livres ...* Paris: L. Mathias, 1825-1842.
《新版帕拉第奥全集，含四书》巴黎：马蒂亚斯，1825—1842 年 .

---

① 英译本对该书的出版年代注为 1791 年，但据盖蒂研究所图书馆（Research Library, Getty Research Institute）的藏本显示，该书的出版年为罗马数字 MDCCXC，相当于 1790 年。

（法语译本，带有沙皮 [Chapuy] 与科雷亚尔 [Corréard] 和勒努瓦 [Lenoir] 合作完成的评注，加入了贝尔托蒂—斯卡莫齐 1776—1783 年出版的《帕拉第奥的建筑作品与设计图纸》[*Le fabbriche e i disegni di Andrea Palladio*] 一书中的插图）

30. *Fyra Böcker om Arckitekturen av Andrea Palladio.* Stockholm: Wahlström & Widstrand, 1928.
《安德烈亚·帕拉第奥的建筑四书》. 斯德哥尔摩：瓦尔斯特伦与维德斯特兰德，1928 年 .
（埃巴·阿特布姆 [Ebba Atterbom] 翻译的瑞典语版，由马丁·奥尔松 [Martin Olsson] 撰写导言）

31. *Četyre knigi ob architekture Andrea Palladio.* Moscow: Isdatel'stvo Vsesojusnoj Akademii Architektury, 1936. Reprinted in 1938.
《安德烈亚·帕拉第奥的建筑四书》. 莫斯科：全国建筑学会出版社，1936 年 . 1938 年重印 .
（由茹乌托夫斯基 [I. V. Žoltovskij] 翻译的俄语版）

32. *I quattro libri dell'architetture di Andrea Palladio.* Milan: Ulrich Hoepli, 1945. Reprinted in 1951, 1968, 1976, 1980.
《安德烈亚·帕拉第奥的建筑四书》. 米兰：乌尔里希·何普利，1945 年 . 1951 年、1968 年、1976 年、1980 年重印 .
（初版的影印本，带有卡比亚蒂 [O. Cabiati] 的注释）

33. *Andrea Palladio cztery ksiegi o architekturze.* Warsaw: Państwowe Wydawnictwo Naukowe, 1955. Reprinted in 1966.
《安德烈亚·帕拉第奥的建筑四书》. 华沙：潘斯沃·怀多恩尼克图·瑙克沃，1955 年 . 1966 年重印 .
（由米诺尔斯基 [J. Minorski] 翻译的波兰语版）

34. *Andrea Palladio, petru carti de arhitectura.* Bucharest: Editura Tehnica, 1957.
《安德烈亚·帕拉第奥的建筑四书》. 布加勒斯特：技术出版社，1957 年 .
（由博尔代纳凯 [R. Bordenache] 翻译的罗马尼亚语版）

35. *Andrea Palladio. Četyri knihi o architekture.* Prague: Státní nakladatelství Krásné Literatury, Hudby a Umĕnì, 1958.
《安德烈亚·帕拉第奥的建筑四书》. 布拉格：国家文学、音乐、艺术出版社，1958 年 .
（由马茨科娃 [L. Macková] 翻译的捷克语版）

36. *Les quatres livres d'architecture d'Andrea Palladio.* Milan: Ulrico Hoepli Editore; Paris: Vincent, Fréal et Cie, 1960.
《安德烈亚·帕拉第奥的建筑四书》. 米兰：乌尔里希·何普利编辑，1945 年；巴黎：文森特，弗雷亚尔与切尔，1960 年 .
（1945 年意大利何普利版本的法国版，带有卡比亚蒂的同一篇导言；另见上文第 32 个版本）

37. *Andrea Palladio: The Four Books of Architecture.* New York: Dover Publications Inc., 1965.
《安德烈亚·帕拉第奥：建筑四书》. 纽约：多佛出版公司，1965 年 .
（1738 年艾萨克·韦尔译本——上文第 20 个版本——的影印本，带有普拉切克 [A. K. Placzek] 的导言）

38. *Inigo Jones on Palladio, Being the Notes by Inigo Jones in the Copy of I quattro libri dell'architettura di Andrea Palladio, 1601, in the Library of Worcester College, Oxford. 2 vols.* Newcastle-upon-Tyne: Oriel Press, 1970.

《伊尼戈·琼斯论帕拉第奥，即伊尼戈·琼斯在安德烈亚·帕拉第奥的建筑四书复本上所作的评注，1601 年，藏于牛津大学伍思特学院图书馆》. 共 2 卷 . 泰恩河畔纽卡斯尔：奥列尔出版社，1970 年 .

（上文第 6 个版本的影印本，由奥尔索普 [B. Allsopp] 编辑）

39. *I quattro libri dell'architettura di Andrea Palladio.* Hildesheim-New York: 1979.

《安德烈亚·帕拉第奥的建筑四书》. 希尔德斯海姆—纽约：格奥尔格·奥姆斯·费尔拉格 [Georg Olms Verlag]，1979 年 .

（初版的影印本，带有福斯曼 [E. Forssman] 的导言）

40. *Andrea Palladio. I quattro libri dell'architettura.* Milan: Edizioni Il Polifilo, 1980.

《安德烈亚·帕拉第奥的建筑四书》. 米兰：波利菲罗出版公司，1980 年 .

（初版 [*editio princeps*] 的影印本，带有马加尼亚托 [L. Magagnato] 和马里尼 [P.Marini] 的注释，以及马加尼亚托 [L. Magagnato] 的导言）

41. パラーディオ「建築四書」注解 , 桐敷真次郎編著 . 東京：中央公論美術出版 , 1986.

《帕拉第奥〈建筑四书〉注释》. 桐敷真次郎 编著 . 东京：中央公论美术出版 . 1986 年 .

42. *Andrea Palladio: Die vier Bücher zur Architektur.* Zurich-Munich: 1988.

《安德烈亚·帕拉第奥：建筑四书》. 苏黎世—慕尼黑：1988 年 .

（安德烈亚斯·拜尔 [Andreas Beyer] 和乌尔里希·许特 [Ulriche Schütte]）

43. *Andrea Palladio. I quattro libri dell'architettura.* Pordenone: Edizioni Studio Tesi, 1992.

《安德烈亚·帕拉第奥：建筑四书》. 波代诺内：论文工作室出版，1992 年 .

（初版木刻本的影印本，带有马可·比拉吉 [Marco Biraghi] 的导言和注释）

44. *Andrea Palladio. The Four Books on Architecture.* Cambridge, Mass: The MIT Press, 2002.

《安德烈亚·帕拉第奥：建筑四书》. 剑桥，马萨诸塞州：麻省理工学院出版社，2002 年 .

（该版本初版于 1997 年，2002 年发行平装本，由罗伯特·塔弗纳 [Robert Tavernor] 和理查·斯科菲尔德 [Richard Schofield] 翻译的现代英语译本，带有罗伯特·塔弗纳的导言）

45. 安德烈亚·帕拉第奥：《建筑四书》. 李路珂、郑文博 译，北京：中国建筑工业出版社，2015 年 .

英译本参考文献*

在近三十年中，帕拉第奥可能是受到研究最多的文艺复兴建筑师。我们最低限度地从中选出与这个译本相关的参考文献。最近由布歇（B. Boucher）出版了一部用英语写作的关于帕拉第奥建筑的调查，参考了大量此前的相关文献；我们在注释中频繁地引用此书，还有普皮（L. Puppi）所作的最完整的帕拉第奥在意大利的建筑作品目录，该目录有两卷，第一次出版时是 1973 年，1986 年又再版，我们引用的是普皮 1986 年的版本，因为这个版本最容易得到。我们还参考了佐尔齐（G. G. Zorzi）的多部著作，这些著作构成了现代大部分关于帕拉第奥作品研究所依靠的文献基础。

最近关于帕拉第奥著作的考察包括普皮和阿克曼（J. Ackerman）的《关于安德烈亚 · 帕拉第奥的新文献》(Andrea Palladio: nuovi contributi)（沙泰尔（A. Chastel）与切韦塞（R. Cevese）出版，米兰，1990 年），70 对开页和 122 对开页，以及霍华德的《四百年来关于帕拉第奥的文献》，载于《建筑历史学会会刊》39 期（1980 年），224–241 页。(D. Howard, "Four Centuries of Literature on Palladio", Journal of the Society of Architectural Historians, 39(1980), 224–241.)

关于帕拉第奥的论文，目前还没有带注释的英文出版物。我们经常要引用波利菲罗出版公司（Polifilo）的带有丰富注释的版本，由马加尼亚托（L. Magagnato）和马里尼（P. Marini）于 1980 年在米兰出版；另一个带注释的版本由比拉吉（M. Biraghi）出版于 1992 年。遗憾的是，一个由哈特与希克斯出版公司（Hart and Hicks）出版的塞利奥《建筑五书》(Tutte le opere, libri I–V) 的最新译本（纽黑文，1996 年）因为出版得太迟而未能列入我们的这份参考文献清单。

中文译者按：

在本书多次引用的一些文献来源中，出现了很多中国读者不熟悉的缩略语，注释如下：

CISA：全称为"Centro Internazionale di Studi di Architettura Andrea Palladio"，即"安德烈亚·帕拉第奥国际研究中心"，官方网站为 http://www.cisapalladio.org/。

RIBA：全称为"Royal Institute of British Architects"，即"英国皇家建筑师学会"，官方网站为 http://www.architecture.com/。书中引用文献以 RIBA 开头的是里指英国皇家建筑师学会收藏的帕拉第奥绘制的图纸。目前从 http://www.ribapix.com/ 可以检索到帕拉第奥的一些图纸，但编号方式完全不同。

英译本的参考文献采用著者—出版年制著录，与文内注释相统一。中译本参见中华人民共和国家标准《文后参考献著录规则》(GB/T 7714—2005) 译出，同时保留原文，以便于读者查找原始文献。为使注释译文阅读流畅，引文中的英文姓名若未出现多人姓氏相同的情况，则在译文中略去名字的简写，例如"Ackerman, J. S."统一译为"阿克曼"，而不是"J · S · 阿克曼"。

---

* 此为中文版译者在吸收了麻省理工学院出版社 2002 年版参考文献的基础上整理的。——编者注

Ackerman, J. S. 1966. *Palladio*. Harmondsworth.

阿克曼 ,1966. 帕拉第奥 . 哈蒙兹沃思 .

Ackerman, J. S. 1967a. *Palladio's Villas*. New York.

阿克曼 ,1967a. 帕拉第奥的别墅 . 纽约 .

Ackerman, J. S. 1967b. "Palladio's Vicenza: A Bird's-Eye Plan of c. 1571" In *Studies in Renaissance and Baroque Art Presented to Anthony Blunt*, 53-61 London.

阿克曼 ,1967b. 帕拉第奥的维琴察：约 1571 年的鸟瞰总平面 // 文艺复兴与巴洛克艺术研究，献给安东尼・布伦特 , 53—61, 伦敦 .

Ackerman, J. S. 1972. *Palladio*. Turin.

阿克曼 ,1972. 帕拉第奥 . 都灵 .

Ackerman, J. S. 1990. *The Villa: Form and Ideology of Country Houses*. Princeton.

阿克曼 ,1990. 别墅：乡村住宅的形式与观念 . 普林斯顿 .

Alberti, L. B. 1988. *On the Art of Building in Ten Books*. Trans. J. Rykwert, N. Leach, and R. Tavernor. Cambridge, Mass.

阿尔伯蒂 ,1988. 关于建筑艺术的十书 . 里克瓦特、林奇和塔弗纳译 . 剑桥，马萨诸塞州 .

Allsopp, B. 1970. *Inigo Jones on Palladio, Being the Notes by Inigo Jones in the Copy of I quattro libri dell'architettura di Andrea Palladio, 1601, in the Library of Worcester College, Oxford*. 2 vols. Newcastle-upon-Tyne.

奥尔索普 ,1970. 伊尼戈 · 琼斯论帕拉第奥，即牛津大学伍斯特学院图书馆藏《安德烈亚・帕拉第奥建筑四书》1601 年复本上的伊尼戈 · 琼斯评注 . 2 卷 . 泰恩河畔的纽卡斯尔 .

Andrea Palladio, La Rotunda. 1990. Various authors. Milan.

安德烈亚・帕拉第奥的圆厅别墅 , 1990. 多位作者 . 米兰 .

Annali della fabbrica del Duomo di Milano. 1877-1885.

米兰大教堂工程记录 , 1877—1885.

Antolini, G. 1803. *Il tempio di Minerva in Assisi confrontato colle tavole di Andrea Palladio*. Milan.

安托利尼 ,1803. 阿西西的密涅瓦神庙与安德烈亚·帕拉第奥 [建筑四书中] 的木刻插图之比较 . 米兰 .

Bandini, F.1989. *In Storia di Vicenza*, ed. F. Barbieri and P. Preto. Vicenza.

班迪尼 ,1989. 维琴察的历史 , 巴尔别里与普雷托编 . 维琴察 .

Barbaro, D. 1556. *I dieci libri dell'architettura di M. Vitruvio, tradotti e commentati da Daniele Barbaro*. Venice.

巴尔巴罗 ,1556. 维特鲁威《建筑十书》，达尼埃莱 · 巴尔巴罗译注 . 威尼斯 .

Barbaro, D. 1987. *Vitruvio, i dieci libri dell'architettura tradotti e commentati da Daniele Barbaro, 1567*. Ed. M. Tafuri and M. Morresi. Milan.

巴尔巴罗 ,1987. 维特鲁威《建筑十书》,达尼埃莱·巴尔巴罗译注 1567 年版 , 塔夫里与莫雷西编 . 米兰 .

Barbieri, F. 1962. "Il Palazzo Chiericati sede del Museo Civico di Vicenza." In *Il Museo Civico di Vicenza*. Vicenza.

巴尔别里 ,1962. 基耶里凯蒂府邸暨维琴察博物馆 // 维琴察博物馆 . 维琴察 .

Barbieri, F. 1964a. "Palladio e il manierismo." *Bollettino del CISA*, 6, 2, 49-63.

巴尔别里 ,1964a. 帕拉第奥与手法主义者 . CISA 会刊 , 6, 2, 49—63.

Barbieri, F.1964b. "Palladios Lehrgebäude' di Erik Forssman." *Bollettino del CISA*, 6, 2, 323-333.

巴尔别里 ,1964b. 埃里克・福斯曼建筑所传承的帕拉第奥 . CISA 会刊 , 6, 2, 323—333.

Barbieri, F.1965. “Belli Valerio.” In *Dizionario Biografico degli Italiani*, 7:680-682. Rome.

巴尔别里 ,1965. 贝利・瓦莱里奥 // 意大利人物生平词典 , 7:680—682. 罗马 .

Barbieri, F. 1967. “Il primo Palladio.” *Bollettino del CISA*, 9, 24-36.

巴尔别里 ,1967. 帕拉第奥第一书 . CISA 会刊 , 9, 24—36.

Barbieri, F. 1968. *La basilica palladiana.* Vicenza.

巴尔别里 ,1968. 帕拉第奥的巴西利卡 . 维琴察 .

Barbieri, F. 1970. “Palladio in villa negli anni Quaranta: da Lonedo a Bagnolo.” *Arte Veneta*, 24, 63-80.

巴尔别里 ,1970. 帕拉第奥 1540—1550 年间的别墅：从洛尼多到巴尼奥洛 . 威尼托艺术 , 24, 63—80.

Barbieri, F. 1971. “Palladio come stimolo all’architettura neoclassica: lo ‘specimen’ della villa di Quinto.” *Bollettino del CISA*, 13, 43-54.

巴尔别里 ,1971. 帕拉第奥作为新古典建筑风格的引发者：昆托别墅的“范本”意义 . CISA 会刊 , 13, 43—54.

Barbieri, F. 1972. “Il valore dei Quattro Libri.” *Bollettino del CISA*, 14, 63-79.

巴尔别里 ,1972. 建筑四书的价值 . CISA 会刊 , 14, 63—79.

Barioli, G. 1977. *La moneta romana nel Rinascimento vicentino*. Vicenza.

巴廖利 ,1977. 文艺复兴时期维琴察的罗马钱币 . 维琴察 .

Baroni, C. 1940 and 1968. *Documenti per la storia dell’architettura a Milano nel Rinascimento e nel Barocco.* 2 vols. Florence and Rome.

巴罗尼 ,1940 和 1968. 关于文艺复兴与巴洛克时期米兰建筑历史的资料 . 2 卷 . 佛罗伦萨与罗马 .

Bartoli, A. 1914-1922. *I monumenti antichi di Roma nei disegni degli Uffizi di Firenze.* Rome.

A・巴托里 ,1914—1922. 佛罗伦萨乌菲齐美术馆馆藏素描中的罗马古代建筑遗迹 . 罗马 .

Bartoli, C. 1565. *L’Architettura di Leonbatista Alberti*.... Venice.

C・巴托里 ,1565. 莱昂・巴蒂斯塔・阿尔伯蒂的建筑……. 威尼斯 .

Bassi, E. 1971. *Il Convento della Carità*. Vicenza.

E・巴锡 ,1971. 慈善修女院 . 维琴察 .

Bassi, E. 1978. “La scala ovata del Palladio nei suoi precedenti e nei suoi conseguenti.” *Bollettino del CISA*, 20.

E・巴锡 ,1978. 帕拉第奥椭圆形楼梯设计的先例与继承 . CISA 会刊 , 20.

Bassi, M. 1572. *Dispareri in materia d’architettura, et perspettiva*. Brescia.

M・巴锡 ,1572. 建筑材料的误差，以及透视 . 布雷西亚 .

Beltrami, L. 1894. *Il Castello di Milano.* Milan.

贝尔特拉米 ,1894. 米兰的城堡 . 米兰 .

Beltrami, L. 1896. *Storia documentata della Certosa di Pavia,* 1389-1402. Milan.

贝尔特拉米 ,1896. 切尔托萨—迪帕维亚的文献记录 , 1389—1402. 米兰 .

Bertotti-Scamozzi, O. 1776-1783. *Le fabbriche e i disegni di Andrea Palladio raccolti ed illustrati.* 4 vols. Vicenza.

贝尔托蒂 - 斯卡莫齐 ,1776—1783. 插图版安德烈亚・帕拉第奥建筑作品与设计图纸集 . 4 卷 . 维琴察 .

Bettini, S. 1949. "*La critica dell'architettura e l'arte del Palladio.*" *Arte Veneta*, 3, 55-69.

贝蒂尼 , 1949. 帕拉第奥建筑与艺术之批评 . 威尼托艺术 , 3, 55—69.

Bober, P. P., and R. Rubinstein. 1986. *Renaissance Artists and Antique Sculpture*. London.

博贝尔和鲁宾斯坦 ,1986. 文艺复兴艺术家与古代雕塑 . 伦敦 .

Bora, G. 1971. "Giovanni Demio." *Kalòs*, 2, 4.

博拉 , 1971. 乔瓦尼 · 德米奥 . 卡洛斯 , 2, 4.

Bordignon Favero, G. P. 1970. *La Villa Emo di Fanzolo.* Vicenza.

博尔迪尼翁・法韦罗 ,1970. 梵佐罗的埃莫别墅 . 维琴察 .

Bordignon Favero, G. P. 1978. "Una precisazione sul committente di Villa Emo a Fanzolo." *Bollettino del CISA*, 20.

博尔迪尼翁・法韦罗 ,1978. 对于梵佐罗埃莫别墅的业主的说明 . CISA 会刊 , 20.

Borelli, G. 1976-1977. "Terre e patrizi nel XVI secolo: Marcantonio Serego." *Studi storici veronesi Luigi Simeoni*, 26-27, 43-73.

博雷利 , 1976—1977. 16 世纪的土地与贵族 : 马克安东尼奥・萨雷戈 . 路易吉 · 西梅奥尼维罗纳历史研究 , 26，27, 43—73.

Borghesi, S., and L. Banchi. 1898. *Nuovi documenti per la storia dell'arte senese*. Siena.

博尔盖西和班基 ,1898. 锡耶纳艺术史的新文献 . 锡耶纳 .

Borsi, S. 1989. "La fortuna del Frontespizio di Nerone nel Rinascimento." In *Roma, Centro ideale della cultura dell' antico nei secoli XV e XVI*, ed. S. Danesi Squarzina, 390-400. Milan.

博尔西 ,1989. 文艺复兴时期尼禄传记卷首页的流传 // 罗马，15、16 世纪理想中的古代文化中心 . 达内西・斯夸尔其娜 , 390—400. 米兰 .

Boucher, B. 1994. *Andrea Palladio: The Architect in His Time.* New York and London.

布歇 ,1994. 建筑师安德烈亚・帕拉第奥与他的时代 . 纽约与伦敦 .

Buddensieg, T. 1962. "Die Konstantinbasilika in einer Zeichnung Francescos di Giorgio und der Marmorkolossos Konstantins des Grossen." *Münchner Jahrbuch der bildenden Kunst*, 13, 37-48.

布登西格 ,1962. 弗朗切斯科・迪乔治与大马默尔克洛索斯・康士坦丁的一幅建筑素描中的康士坦丁巴西利卡 . 慕尼黑建筑艺术年鉴 , 13, 37—48.

Burns, H. 1966. "A Peruzzi Drawing in Ferrara." *Mitteilungen des Kunsthistorischen Instituts in Florenz*, 12, 245-270.

伯恩斯 ,1966. 藏于费拉拉的一幅佩鲁齐的建筑素描 . 佛罗伦萨艺术史研究所 * 通讯 , 12, 245—270.

Burns, H. 1973a. "I disegni." In *Palladio*, exhib. cat., 133-154. Venice.

伯恩斯 ,1973a. 建筑设计图 // 帕拉第奥 , 展览目录 , 133—154. 威尼斯 .

Burns, H. 1973b. "I disegni di Palladio." *Bollettino del CISA*, 15, 169-191.

伯恩斯 ,1973b. 帕拉第奥的建筑设计图纸 . CISA 会刊 , 15, 169—191.

Burns, H., B. Boucher, and L. Fairbairn. 1975. *Andrea Palladio 1508-1580: the Portico and the Farm-*

* 指马克斯・普朗克（Max-planck）学院艺术史研究所。——中译本注

yard. London.

伯恩斯，布歇与费尔贝恩 ,1975. 安德烈亚・帕拉第奥 1508—1580：门廊与庄园 . 伦敦 .

Campbell, I. 1980. “Scamilli inpares: A Problem in Vitruvius.” *Papers of the British School at Rome,* 48,17-22.

坎贝尔 ,1980. Scamilli inpares: 维特鲁威书中的一个问题 . 罗马不列颠学院论文集 , 48,17—22.

Carboneri, N. 1971 “Il convento della Carità’ di E. Bassi.” *Bollettino del CISA*, 13, 361-366.

卡尔博内里 ,1971. E · 巴锡的慈善修女院 . CISA 会刊 , 13, 361—366.

Carpeggiani, P. 1974. “Domenico Brusasorzi.” In *Maestri della pittura veronese*, 217-226. Verona.

卡尔佩贾尼 ,1974. 多梅尼科 · 布鲁萨佐尔齐 // 维罗纳绘画大师 , 217—226. 维罗纳 .

Ceretti, F. 1904. *Memorie storiche della città e dell’antico ducato della Mirandola*. Mirandola.

切雷蒂 ,1904. 米兰多拉城市与古代公国的历史记忆 . 米兰多拉 .

Cesariano, C. 1521. *Di Lucio Vitruvio Pollione de Architectura libri dece*. Como. Reprint, Milan 1981, ed. A. Bruschi.

切萨里亚诺 , 1521. 维特鲁威建筑十书 . 科莫 . 重印 , 米兰 1981, 布鲁斯基编 .

Cessi, F. 1961. *Alessandro Vittoria architetto e stuccatore*. Trento.

切西 ,1961. 亚历山德罗・维多利亚：建筑师与雕塑家 . 特伦托 .

Cessi, F. 1964. “L’attività di Alessandro Vittoria a Maser.” *Studi Trentini di Scienze Storiche*, 43, I, 3-18.

切西 ,1964. 亚历山德罗・维多利亚在马泽尔的艺术活动 . 特伦托历史学研究 , 43, I, 3—18.

Cevese, R. 1952. *I Palazzi dei Thiene*. Vicenza.

切韦塞 ,1952. 蒂内家族的府邸 . 维琴察 .

Cevese, R. 1964. “‘Le opere pubbliche e i palazzi privati di Andrea Palladio’ di Gian Giorgio Zorzi.” *Bollettino del CISA*, 6, 2, 334-359.

切韦塞 ,1964. 詹乔治・佐尔齐的“安德烈亚・帕拉第奥的公共建筑与私人府邸”.CISA 会刊 , 6, 2, 334—359.

Cevese,R.1965. “Appunti palladiani.” *Bollettino del CISA*, 7, 2, 305-315.

切韦塞 ,1965. 帕拉第奥笔记 . CISA 会刊 , 7, 2, 305—315.

Cevese, R.1968. “Una scala convessa a villa Pojana.” *Bollettino del CISA*, 10, 313-314.

切韦塞 ,1968. 波亚纳别墅的一座螺旋楼梯 . CISA 会刊 , 10, 313—314.

Cevese, R.1971. *Le ville della provincia di Vicenza*. Milan.

切韦塞 , 1971. 维琴察省的别墅 . 米兰 .

Cevese, R. 1972. “Porte e archi di trionfo nell’arte di Andrea Palladio.” *Bollettino del CISA*, 14, 309-326.

切韦塞 ,1972. 帕拉第奥作品中的城门与凯旋门 . CISA 会刊 , 14, 309—326.

Cevese, R. 1973. “L’opera del Palladio.” In *Palladio*, exhib, cat., 45-130. Venice.

切韦塞 ,1973. 帕拉第奥的作品 // 帕拉第奥 , 展览目录 , 45—130. 威尼斯 .

Cevese, R. 1976. *I modelli della mostra di Palladio*. Venice.

切韦塞 , 1976. 帕拉第奥展览中的模型 . 威尼斯 .

Chastel, A. 1965. “Palladio et l’escalier.” *Bollettino del CISA*, 7, 2, 11-22.

沙泰尔 ,1965. 帕拉第奥与楼梯设计 . CISA 会刊 , 7, 2, 11—22.

Chastel. A., and J. Guillaume, eds. 1985. *L'Escalier dans l'architecture de la Renaissance.* Paris.

沙泰尔和纪尧姆 , 编 , 1985. 文艺复兴建筑中的楼梯设计 . 巴黎 .

Cittadella, L. N. 1868. *Documenti ed illustrazioni riguardanti la storia artistica ferrarese.* Ferrara.

齐塔德拉 ,1868. 有关费拉拉艺术史的文献与图像 . 费拉拉 .

Concina, E. 1988. *Pietre. Parole. Storia. Glossario della costruzione nelle fonti veneziane (secoli XV-XVIII).* Venice.

孔奇纳 ,1988. 威尼斯喷泉的石材、铭文、历史及筑造术语（15—18 世纪）. 威尼斯 .

Corpus Inscriptionum Latinarum. 1893—. Berlin.

古拉丁铭文集 . 1893—. 柏林 .

Cosgrove, D. 1989. "Power and Place in the Venetian Territories." In *The Power of Place: Bringing Together Geographical and Sociological Imaginations*, ed. J. Agnew and J. Duncan. Boston.

科斯格罗夫 ,1989. 威尼斯公国的权力与场所 // 场所的权力 : 结合地理学与社会学的想象 , 阿格纽与邓肯编 . 波士顿 .

Crosato, L. 1962. *Gli affreschi nelle ville venete del Cinquecento*. Treviso.

克罗萨托 ,1962. 16 世纪威尼托别墅中的壁画 . 特雷维索 .

Dalla Pozza, A. M. 1943-1963. "Palladiana VIII, IX." *Odeo Olimpico*, 4, 99-131.

达拉波扎 ,1943—1963. 帕拉第奥第八、第九 . 奥林匹卡学院学刊 , 4, 99—131.

Dalla Pozza, A. M. 1964—1965. "Palladiana X, XI, XII." *Odeo Olimpico*, 5, 203-238.

达拉波扎 ,1964—1965. 帕拉第奥第十、十一、十二 . 奥林匹卡学院学刊 , 5, 203—238.

Da Pisanello alla nascita dei Musei Capitolini. L'antico a Roma alla vigilia del Rinascimento. 1988. Milan and Rome.

从皮萨内洛到议会山博物馆的诞生，文艺复兴前夜的罗马古迹 . 1988.

D'Arco, C. 1857. *Delle arti e degli artefici di Mantova*. Reprint, Bologna 1975.

德阿尔科 , 1857. 曼托瓦的艺术与手工艺 . 重印 , 博洛尼亚 ,1975.

Da Schio, G. "Memorabili." Manuscript, Biblioteca Bertoliana, Vicenza.

达斯基奥 . 纪念物 . 手抄本 , 贝尔托利亚那图书馆 , 维琴察 .

De Angelis d'Ossat, G. 1956. "Un palazzo veneziano progettato da Palladio." *Palladio*, 4, 158-161.

德安杰利斯・德奥萨 ,1956. 帕拉第奥设计的一座威尼斯府邸 . 帕拉第奥 , 4, 158—161.

De Fusco, R. 1968. *Il codice dell'architettura. Antologia di trattatisti*. Naples.

德富斯科 ,1968. 建筑法规，论文选 . 那不勒斯 .

Della Torre, S., and R. Schofield. 1994. *Pellegrino Tibaldi architetto e il S Fedele di Milano. Invenzione e costruzione di una chiesa esemplare*. Como.

德拉・托雷和斯科菲尔德 ,1994. 米兰建筑师佩莱格里诺 · 蒂巴尔迪与圣费代莱 . 一座典范教堂的设计与建造 . 科莫 .

Denker Nesselrath, C. 1990. Die Säulenordnungen bei Bramante. Worms.

登克尔・内塞纳夫 ,1990. 伯拉孟特的柱式 . 沃尔姆斯 .

Fagiolo, M. 1972. "Contributo all'interpretazione dell'ermetismo in Palladio." *Bollettino del CISA*, 14, 357-380.

法焦洛 ,1972. 帕拉第奥对于隐逸派解读的贡献 . CISA 会刊 , 14, 357—380.

Ferrari, D., ed. 1992. *Giulio Romano. Repertorio di fonti documentarie*. 2 vols. Rome.

费拉里 , 编 ,1992. 朱利奥・罗马诺文献全集 . 2 卷 . 罗马 .

Filarete,1972. *Antonio Averlino detto il Filarete. Trattato di Architettura.* Ed. A. M. Finoli and L. Grassi. Milan.

菲拉雷特 ,1972. 安东尼奥・阿韦利诺・菲拉雷特论建筑 . 菲诺里与格拉西编 . 米兰 .

Forssman, E. 1962. "Palladio e Vitruvio." *Bollettino del CISA*, 4, 31-42.

福斯曼 ,1962. 维特鲁威和帕拉第奥，CISA 会刊 , 4, 31—42.

Forssman, E.1965. *Palladios Lehrgebäude*. Stockholm, Göteborg, and Uppsala.

福斯曼 ,1965. 帕拉第奥式建筑 . 斯德哥尔摩，哥德堡，以及乌普萨拉 .

Forssman, E.1967. "Tradizione e innovazione nelle opere e nel pensiero di Palladio." *Bollettino del CISA*, 9, 243-256.

福斯曼 ,1967. 帕拉第奥作品与思想中的传统与创新 . CISA 会刊 , 9, 243—256.

Forssman, E. 1969. "'Del sito da eleggersi per le fabriche di villa'. Interpretazione di un testo palladiano." *Bollettino del CISA*, 11, 149-162.

福斯曼 ,1969. "别墅建筑的选址"，一个帕拉第奥式的解读，CISA 会刊 , 11, 149—162.

Forssman, E. 1971. "'Corpus Palladianum': il Convento della Carità." *Arte Veneta*, 25, 308-309.

福斯曼 ,1971. "帕拉第奥作品集"：慈善修女院，威尼托艺术 , 25, 308—309.

Forssman, E. 1973a. *Il Palazzo Da Porto Festa di Vicenza*. Vicenza.

福斯曼 ,1973a. 维琴察费斯塔的波尔蒂府邸 . 维琴察 .

Forssman, E.1973b. "Palladio e l'antichità" In *Palladio*, exhib, cat., 17-26. Venice.

福斯曼 ,1973b. 帕拉第奥与古迹 // 帕拉第奥 , 展览目录 , 17—26. 威尼斯 .

Forssman, E. 1973c. *Visible Harmony: Palladio's Villa Foscari at Malcontenta.* Stockholm.

福斯曼 ,1973c. 可见的和谐：帕拉第奥位于马尔孔滕塔的弗斯卡里别墅 . 斯德哥尔摩 .

Forssman,E.1978. "Palladio e le colonne." *Bollettino del CISA*, 20.

福斯曼 ,1978. 帕拉第奥与柱 . CISA 会刊 , 20.

Francesco di Giorgio. 1967. *Francesco di Giorgio Martini. Trattati di architettura, ingegneria e arte militare.* Ed.C. Maltese and L. M. Degrassi. Milan.

弗朗切斯科・迪乔治 ,1967. 弗朗切斯科・迪乔治・马蒂尼，建筑、工程与防御工事著述 . 马尔泰塞与德格拉西编 . 米兰 .

Frommel, C. L. 1973. *Der Römische Palastbau der Hochrenaissance.* Tübingen.

弗罗梅尔 ,1973. 文艺复兴盛期的罗马府邸建筑 . 蒂宾根 .

Gallo, R. 1956. "Andrea Palladio e Venezia ..." *Atti del XVIII Congresso Internazionale di Storia dell'Arte*, Venice, 398-402.

加洛 ,1956. 安德烈亚・帕拉第奥与威尼斯…….第十八届艺术史国际会议论文集 . 威尼斯 , 398—402.

Gaye, G. 1839. *Carteggio inedito d'artisti dei secoli XIV-XVI.* 3 vols. Florence.

盖伊 ,1839. 14 至 16 世纪艺术家未出版的信件 . 3 卷 . 佛罗伦萨 .

Gioseffi, D. 1972. "Il disegno come fase progettuale dell'attività palladiana." *Bollettino del CISA*, 14, 45-62.

焦塞菲 ,1972. 标志帕拉第奥设计阶段的图纸 . CISA 会刊 , 14, 45—62.

Giulio Romano. 1989. Milan.

朱利奥・罗马诺 . 1989. 米兰 .

Gualdo, P. 1958-1959. "La vita di Andrea Palladio." Ed. G. G. Zorzi. *Saggi e Memorie di Storia dell'Arte*, 2, 91-104.

瓜尔多 ,1958—1959. 安德烈亚・帕拉第奥的生平 . 佐尔齐编 . 艺术史文章与回忆录 , 2, 91—104.

Guasti, C. 1887. *Santa Maria del Fiore*. Florence.

瓜斯提 ,1887. 花之圣母大教堂 . 佛罗伦萨 .

Günther, H. 1981. "Porticus Pompej. Zur archaeologischen Erforschung eines antiken Bauwerkes in der Renaissance und seiner Rekonstruktion im dritten Buch des Sebastiano Serlio." *Zeitschrift für Kunstgeschichte*, 44, 358—398.

金特 ,1981. 庞贝的柱廊，塞巴斯蒂亚诺・塞利奥第三书中记载的文艺复兴时期对一座古建筑的考古发现与重建 . 艺术史期刊 , 44, 358-398.

Harris, E. 1990. *British Architectural Books and Writers*, 1556-1785. Cambridge.

E・哈里斯 ,1990. 1556—1785 年间英国的建筑类书籍与作者 . 剑桥 .

Harris, J. 1971. "Three Unrecorded Palladio Designs from Inigo Jones' Collection." *Burlington Magazine*, 34-37.

J・哈里斯 ,1971. 伊尼戈・琼斯藏品中的三幅未曾记录的帕拉第奥设计图 . 伯灵顿杂志 , 34—37.

Haskell, F., and N. Penny. 1981. *Taste and the Antique*. New Haven and London.

哈斯克尔和彭尼 ,1981. 品味与古物收藏 . 纽黑文与伦敦 .

Hemsoll, D. 1988. "Bramante and the Palazzo della Loggia in Brescia." *Arte Lombarda*, 86-87, 167-179.

赫穆索尔 ,1988. 伯拉孟特与布雷西亚的柱廊府邸 . 伦巴第艺术 , 86，87, 167—179.

Hemsoll, D. 1992-1993. "Le piazze di Brescia nel medioevo e nel Rinascimento; lo sviluppo di piazza della Loggia." *Annali di Architettura*, 4-5, 178-189.

赫穆索尔 , 1992—1993. 中世纪与文艺复兴时期布雷西亚的广场，柱廊广场的发展 . 建筑学年鉴 , 4，5, 178—189.

Hofer, P. 1969. *Palladios Erstling. Die Villa Godi Valmarana in Lonedo bei Vicenza*. Basel and Stuttgart.

霍费尔 ,1969. 帕拉第奥的青年时代，维琴察附近洛尼多的格蒂・瓦尔马拉纳别墅 . 巴塞尔和斯图加特 .

Holberton, P. 1990. *Palladio's Villas: Life in the Renaissance Countryside*. London.

霍伯顿 ,1990. 帕拉第奥的别墅 : 文艺复兴时期的乡村生活 . 伦敦 .

Howard, D.1992. "Bramante's Tempietto: Spanish Royal Patronage in Rome." *Apollo*, 136, 211-217.

霍华德 , 1992. 伯拉孟特的坦比哀多 : 西班牙王室在罗马的资助项目 . 阿波罗 , 136, 211—217.

Howard, D., and M. Longair. 1982. "Harmony and Proportion and Palladio's *Quattro Libri*." *Journal of the Society of Architectural Historians*, 41, 116-143.

霍华德和隆盖尔 ,1982. 和谐、比例，以及帕拉第奥的《建筑四书》. 建筑史家学会会刊 , 41, 116—143.

Huse, N. 1974. “Palladio und die Villa Barbaro in Maser: Bemerkungen zum Problem der Autorschaft.” *Arte Veneta*, 28, 106-122.

休斯 ,1974. 帕拉第奥与位于马泽尔的巴尔巴罗别墅：作者身份问题刍议 . 威尼托艺术 , 28, 106—122.

Isermeyer, C. 1967. “Die Villa Rotonda von Palladio.” *Zeitschrift für Kunstgeschichte*, 207-221.

伊泽迈尔 ,1967. 帕拉第奥的圆厅别墅 . 艺术史期刊 , 207—221.

Isermeyer, C. 1968. “Le chiese del Palladio in rapporto al culto.” *Bollettino del CISA*, 10, 42-58.

伊泽迈尔 ,1968. 帕拉第奥的教堂与礼拜仪式的关系 . CISA 会刊 , 10, 42—58.

Jelmini, A. 1986. *Sebastiano Serlio. Il Trattato d'Architettura*. Locarno.

耶尔米尼 ,1986. 塞巴斯蒂亚诺・塞利奥，论建筑 . 洛卡尔诺 .

Kubelik, M. 1974. “Gli edifici palladiani nei disegni del magistrato veneto dei Beni Inculti.” *Bollettino del CISA*, 16, 445-465.

库布利克 ,1974. 威尼托遗产保护署收藏图纸中的帕拉第奥建筑 . CISA 会刊 , 16, 445—465.

Kubelik, M. 1975. *Andrea Palladio*. Exhib. cat. Zurich.

库布利克 ,1975. 安德烈亚・帕拉第奥 , 展览目录 . 苏黎世 .

Lewis, D. 1972. “La datazione della villa Corner a Piombino Dese.” *Bollettino del CISA*, 14, 381-393.

刘易斯 ,1972. 位于皮奥姆彼诺 - 德斯的科尔纳罗别墅的年代问题 . CISA 会刊 , 14, 381—393.

Lewis, D. 1973. “Disegni autografi del Palladio non pubblicati: le piante per Caldogno e Maser, 1548-1549.” *Bollettino del CISA*, 15, 369-379.

刘易斯 ,1973. 未出版的帕拉第奥亲笔草图：卡尔多诺与马泽尔别墅的平面图，1548—1549. CISA 会刊 , 15, 369—379.

Lewis, D. 1981. *The Drawings of Andrea Palladio*. Washington, D.C.

刘易斯 ,1981. 安德烈亚・帕拉第奥的设计图 . 华盛顿 .

Lorenzi, G. 1868. *Monumenti per servire alla storia del Palazzo Ducale di Venezia*. Venice.

洛伦齐 ,1868. 威尼斯总督府的历史纪念物 . 威尼斯 .

Lotz, W. 1961. “La Libreria di S. Marco e l'urbanistica del Rinascimento.” *Bollettino del CISA*, 3, 85-88.

洛茨 ,1961. 圣马可图书馆与文艺复兴时期的城市空间 . CISA 会刊 , 3, 85—88.

Lotz, W. 1962. “Osservazioni intorno ai disegni palladiani.” *Bolletino del CISA*, 4, 61-68.

洛茨 ,1962. 关于帕拉第奥设计图的评注 . CISA 会刊 , 4, 61—68.

Lotz, W. 1966. “La trasformazione sansoviniana di piazza S. Marco e l'urbanistica del Cinquecento.” *Bollettino del CISA*, 8, 2, 114-122.

洛茨 ,1966. 16 世纪珊索维诺对圣马可广场与城市空间的改变 . CISA 会刊 , 8, 2, 114—122.

Lotz, W. 1967. “Palladio e Sansovino.” *Bollettino del CISA*, 9, 13-23.

洛茨 ,1967. 帕拉第奥与珊索维诺 . CISA 会刊 , 9, 13—23.

Lotz, W. 1977. *Studies in Italian Renaissance Architecture*. Cambridge, Mass.

洛茨 ,1977. 意大利文艺复兴建筑研究 . 剑桥 , 马萨诸塞州 .

Lupo, G. 1991. “Platea magna communis Brixiae, 1433-1509.” In *La piazza, la chiesa, il parco: saggi di storia dell' architettura (XV-XIX secolo)*, ed. M. Tafuri, 56-95. Milan.

卢波 ,1991. 布雷西亚的公共街道 , 1433—1509.// 广场、教堂、公园:建筑史文集（15—19 世纪）, 塔夫里编 , 56—95. 米兰 .

Magagnato, L. 1966. *Palazzo Thiene*. Vicenza.

马加尼亚托 ,1966. 蒂内府邸 . 维琴察 .

Magagnato, L. 1968. "I collaboratori veronesi di Andrea Palladio." *Bollettino del CISA*, 10, 180.

马加尼亚托 ,1968. 安德烈亚・帕拉第奥的维罗纳合作者 . CISA 会刊 , 10, 180.

Magagnato, L., ed. 1974. *Cinquant'anni di pittura veronese*, 1580-1630. Exhib. cat. Verona.

马加尼亚托 , 编 , 1974. 维罗纳绘画的五十年，1580—1630// 帕拉第奥 , 展览目录 , 维罗纳 .

Magagnato, L. 1979. "Un sito notabilissimo in Verona." In *Progetto per un Museo II*, exhib, cat., ed. L. Magagnato. Verona.

马加尼亚托 ,1979. 维罗纳的一处重要场地 // 第二博物馆方案 , 展览目录 , 马加尼亚托编 . 维罗纳 .

Magagnò [G. B. Maganza]. 1610. *Rime rustiche*. Venice.

马加诺 [玛干扎],1610. 粗狂样式 . 威尼斯 .

Magrini, A. 1845. *Memorie intorno la vita e le opere di Andrea Palladio.* Padua.

马格里尼 ,1845. 关于安德烈亚・帕拉第奥生平与作品的记录 . 帕多瓦 .

Magrini, A. 1869. *Reminiscenze vicentine della Casa di Savoja.* Vicenza.

马格里尼 ,1869. 维琴察的萨沃亚住宅旧事 . 维琴察 .

Mantese, G. 1964. "Tristi vicende del Can. Paolo Almerico munifico costruttore della villa 'Rotonda'." In *Studi in onore di Antonio Bardella*, 161-186. Vicenza.

曼泰塞 ,1964. 关于圆厅别墅慷慨的建造者保罗・阿梅里克伯爵的不幸事件 // 献给安东尼奥・巴尔代拉的研究 , 161—186. 维琴察 .

Mantese, G. 1967. "La Rotonda." *Vicenza*, 9, I, 23-24.

曼泰塞 , 1967. 圆厅别墅 . 维琴察 , 9, I, 23—24.

Mantese, G. 1968-1969. "Tre capelle gentilizie nelle chiese di S. Lorenzo e di S. Corona." *Odeo Olimpico*, 7, 225-258.

曼泰塞 , 1968—1969. 圣洛伦佐教堂和圣科罗纳教堂中的三个贵族小祈祷堂 . 奥林匹卡学院学刊 , 7, 225—258.

Mantese, G. 1969-1970. "La famiglia Thiene e la Riforma protestante a Vicenza nella seconda metà del secolo XVI." *Odeo Olimpico*, 8, 81-186.

曼泰塞 , 1969—1970. 蒂内家族与 16 世纪后半叶维琴察的新教改革 . 奥林匹卡学院学刊 , 8, 81—186.

Mantese, G. 1970-1973. "Lo storico vicentino p. Francesco da Barbarano O.F.M. Cap.* 1596-1656 e la sua nobile famiglia." *Odeo Olimpico*, 9-10, 27-137.

曼泰塞 , 1970—1973. 维琴察历史学家、嘉布遣会修士弗朗切斯科・达・巴尔巴拉诺（1596—1656）及其贵族家世 . 奥林匹卡学院学刊 , 9，10, 27—137.

Martini, A. 1883. *Manuale di metrologia.* Turin. Reprint, Turin 1976.

马蒂尼 ,1883. 度量衡手册 . 都灵 . 重印 , 都灵 1976.

* O.F.M. Cap. 为罗马天主教的一个托钵修士会,"嘉布遣会"(Order of Friars Minor Capuchin)的简称——中译本注。

Marzari, G. 1604. *La historia di Vicenza*. Vicenza.

马尔扎里 ,1604. 维琴察的历史 . 维琴察 .

Milanesi, G. 1854. *Documenti per la storia dell'arte senese*. 3 vols. Florence.

米拉内西 ,1854. 锡耶纳艺术史档案 . 3 卷 . 佛罗伦萨 .

Moresi, M. 1994. "Giangiorgio Trissino, Sebastiano Serlio, e la villa di Cricoli: ipotesi per una revisione attributiva." *Annuali di Architettura*, 6, 116-134.

莫雷西 1994. 詹乔治・特里西诺、塞巴斯蒂亚诺・塞利奥与克里科利别墅：关于别墅作者身份的新猜测 . 建筑学年鉴 , 6, 116—134.

Morsolin, B. 1878. *Giangiorgio Trissino, o monografia di un letterato nel secolo XVI*. Vicenza.

莫索里 ,1878. 詹乔治・特里西诺，关于一位 16 世纪学者的专著 . 维琴察 .

Morsolin, B. 1894. *Giangiorgio Trissino. Monografia d'un gentiluomo letterato nel secolo XVI*. Florence.

莫索里 ,1894. 詹乔治・特里西诺，关于一位 16 世纪贵族学者的专著 . 佛罗伦萨 .

Müntz, E. 1878-1882. *Les Arts à la cour des Papes*. 3 vols. Paris.

穆茨 , 1878-1882. 罗马教皇宫廷艺术 . 3 卷 . 巴黎 .

Oberhuber, K. 1968. "Gli affreschi di Paolo Veronese nella villa Barbaro." *Bollettino del CISA*, 10,188-202.

奥贝尔于贝 ,1968. 维罗纳的保罗为巴尔巴罗别墅所作的壁画 . CISA 会刊 , 10,188—202.

Onians, J. 1988. *Bearers of Meaning: The Classical Orders in Antiquity, the Middle Ages, and the Renaissance*. Princeton.

奥奈恩斯 , 1988. 意义的载体：古代、中世纪和文艺复兴时期的古典柱式 . 普林斯顿 .

Palladio, A. 1980. *Andrea Palladio. I quattro libri dell'architettura.* Ed. L. Magagnato and P. Marini. Milan.

帕拉第奥 ,1980. 安德烈亚・帕拉第奥建筑四书 . 马加尼亚托和马里尼编 . 米兰 .

Palladio, A. 2002. *The Four Books on Architecture.* Trans. R. Tavernor and R. Schofield . Cambridge, Mass.

帕拉第奥 , 2002. 建筑四书 . 塔弗纳和斯科菲尔德译 . 剑桥，马萨诸塞州 .

Pallucchini, R. 1960. "Gli affreschi di Paolo Veronese." In *Palladio, Veronese e Vittoria a Maser*. Milan.

帕卢基尼 ,1960. 维罗纳的保罗的壁画 // 帕拉第奥、维罗纳的保罗与（亚历山德罗・）维多利亚在马泽尔 . 米兰 .

Pallucchini, R. 1968. "Giambattista Zelotti e Giovanni Antonio Fasolo." *Bollettino del CISA*, 10, 203-228.

帕卢基尼 ,1968. 贾姆巴蒂斯塔・泽洛蒂与乔瓦尼 · 安东尼奥・法索洛 . CISA 会刊 , 10, 203—228.

Pane, R.1961. *Andrea Palladio*. 2d ed. Turin.

帕内 ,1961. 安德烈亚・帕拉第奥 . 第 2 版 . 都灵 .

Paoletti, P. 1893. *L'architettura e scultura del Rinascimento a Venezia*. Venice.

保莱蒂 ,1893. 威尼斯文艺复兴时期的建筑与雕塑 . 威尼斯 .

Pavan, G. 1971. "Il rilievo del tempio d'Augusto di Pola." In *Atti e Memorie della Società Istriana di Archeologia e Storia Patria*, vol. 19. Trieste.

帕万 ,1971. 位于普拉的奥古斯塔斯神庙的浮雕 // 伊斯特拉国家考古与历史学会的会议记录 , 卷 19. 的里雅斯特 .

Pée, H. 1941. *Die Palastbauten des Andrea Palladio*. 2d ed. Würzburg and Aumühle.

佩厄 ,1941. 安德烈亚・帕拉第奥设计的府邸 . 第 2 版 . 维尔茨堡与奥米勒 .

Pellegrino, 1990. *Pellegrino Pellegrini. L'architettura*. Ed. G. Panizza and A. Buratti Mazzotta. Milan.

佩莱格里诺 ,1990. 佩莱格里诺 · 佩莱格里尼的建筑作品 . 帕尼扎与布拉蒂・马佐塔编 . 米兰 .

Poldo d'Albenas, J. 1560. *Discours historial de l'antique et illustre cité de Nismes*. Lyons. *I portici di Bologna e l'edilizia civile medievale*. 1990. With glossary, by Amedeo Benati. Bologna.

波多・德阿尔比尼斯 ,1560. 关于古代名城尼姆的历史辩争 . 莱昂斯 . 博洛尼亚的拱廊与中世纪的市政建筑 . 1990. 及其术语表 . 阿梅迪奥・贝纳蒂 . 博洛尼亚 .

Prinz, W. 1969. "La 'sala di quattro colonne' nell'opera di Palladio." *Bollettino del CISA*, II, 370-386.

普林兹 ,1969. 帕拉第奥作品中的"四柱厅". CISA 会刊 , II, 370—386.

Puppi, L. 1966. *Palladio*. Florence.

普皮 , 1966. 帕拉第奥 . 佛罗伦萨 .

Puppi, L. 1971. "Un letterato in villa: Giangiorgio Trissino a Cricoli." *Arte Veneta*, 25, 72-91.

普皮 ,1971. 住在别墅里的学者 : 詹乔治・特里西诺在克里科利 . 威尼托艺术 , 25, 72—91.

Puppi, L. 1972. *La Villa Badoer di Fratta Polesine*. Vicenza.

普皮 ,1972. 弗拉塔 - 波莱西的巴多尔别墅 . 维琴察 .

Puppi, L. 1973a. *Andrea Palladio*. 2 vols. Milan.

普皮 , 1973a. 安德烈亚・帕拉第奥 . 2 卷 . 米兰 .

Puppi, L. 1973b. "Bibliografia e letteratura palladiana." In *Palladio*, exhib, cat., 173-190. Venice.

普皮 , 1973b. 关于帕拉第奥的文献与著作 // 帕拉第奥 , 展览目录 , 173—190. 威尼斯 .

Puppi, L. 1973c. "La storiografia palladiana dal Vasari allo Zanella." *Bollettino del CISA*, 15, 327-339.

普皮 , 1973c. 关于帕拉第奥的历史编纂，从瓦萨里到扎内拉 . CISA 会刊 , 15, 327—339.

Puppi, L. 1973d. *Scrittori vicentini d' architettura del secolo XVI*. Vicenza.

普皮 , 1973d. 16 世纪维琴察的建筑学作者 . 维琴察 .

Puppi, L. 1978. "Verso Gerusalemme." *Arte Veneta*, 32, 73-78.

普皮 ,1978. 走向耶路撒冷 . 威尼托艺术 , 32, 73—78.

Puppi, L. 1986. *Andrea Palladio. Opera completa. Milan.* (Reprint in one volume of Puppi 1973a.)

普皮 ,1986. 安德烈亚・帕拉第奥作品全集 . 米兰 .（普皮 1973a 重印的单卷本 .）

Puppi, L., ed. 1988. *Andrea Palladio, scritti sull'architettura* (*1554–1579*). Vicenza.

普皮 . 编 ,1988. 安德烈亚・帕拉第奥，建筑论著（1554—1579）. 维琴察 .

Puppi, L. 1989. *Andrea Palladio: The Complete Works*. London.

普皮 ,1989. 安德烈亚・帕拉第奥 : 作品全集 . 伦敦 .

Rearick, W. R. 1958-1959. "Battista Franco and the Grimani Chapel." *Saggi e Memorie di Studi dell'Arte*, 2, 105-139.

瑞艾瑞克 ,1958—1959. 巴蒂斯塔・弗朗哥与格里马尼小祈祷堂 . 艺术研究论文与回忆录 , 2,

105—139.

Ridolfi, C. 1648. *Le maraviglie dell'arte*. Venice.

里多菲 ,1648. 艺术奇观 . 威尼斯 .

Rupprecht, B. 1971. "L'iconologia nella villa veneta." *Bollettino del CISA*, 10, 229-240.

鲁普雷希特 ,1971. 关于威尼托别墅的图像学研究 . CISA 会刊 , 10, 229—240.

Rusconi, G. A. 1590. *Della architettura ... libri dieci*. Venice.

鲁斯科尼 ,1590. 建筑……十书 . 威尼斯 .

Rykwert, J., and R., Tavernor. 1986. "Sant'Andrea, Mantua." Architects' Journal, 183, 21, 36-57.

里克瓦特和塔弗纳 ,1986. 曼图瓦的圣安德鲁教堂 . 建筑师的杂志 , 183, 21, 36—57.

Saccomani, E. 1972. "Le grottesche di Bernardino India e di Eliodoro Forbicini." *Arte Veneta*, 26, 59-72.

萨可曼尼 ,1972. 伯纳迪诺・因迪亚与埃利奥多罗・福尔比奇尼的奇异风格 . 威尼托艺术 , 26, 59—72.

Sartori, A. 1976. *Documenti per la storia dell'arte a Padova*. Vicenza.

萨尔托里 ,1976. 关于帕多瓦艺术史的文献 . 维琴察 .

Scaglia, G. 1991. "The 'Sepolcro Dorico' and Bartolomeo de Rocchi da Brianza's Drawing of It in the Aurelian Wall between Porta Flaminia and the River Tiber." *Arte Lombarda*, 96-97, 107-116.

斯卡利亚 ,1991. "弗拉米尼门与台伯河之间的奥勒利安墙上的多立克式圣迹龛" 与巴尔托洛梅奥・德罗基・达布里安扎的相关草图 . 伦巴第艺术 , 96，97, 107—116.

Scaglia, G. 1992. "Il Frontespizio di Nerone, la casa Colonna e la scala di età romana antica in un disegno nel Metropolitan Museum of Art di New York." *Bollettino d'Arte*, 72, 35-63.

斯卡利亚 ,1992. 纽约大都会艺术馆藏的一幅素描中的尼禄传记卷首页，有柱廊的住宅与古罗马时期的楼梯 . 艺术会刊 , 72, 35—63.

Scamozzi, V. 1615. *L'idea dell'architettura universale*. Venice.

斯卡莫齐 ,1615. 普适建筑观 . 威尼斯 .

Schofield, R. V., J. Shell, and G. Sironi, eds. 1989. *Giovanni Antonio Amadeo: i documenti*. Como.

斯科菲尔德，谢尔赫和西罗尼 , 编，1989. 乔瓦尼 · 安东尼奥 · 阿马德奥 ：文献 . 科莫 .

Scritti rinascimentali di architettura. 1978. Milan.

文艺复兴时期的建筑文集 . 1978. 米兰 .

Semenzato, C. 1968. *La Rotonda di Andrea Palladio*. Vicenza.

塞门扎托 ,1968. 安德烈亚・帕拉第奥设计的圆厅别墅 . 维琴察 .

Serlio, S. 1566. *Tutte l'opere d' architettura e prospettiva*. Venice.

塞利奥 ,1566. 建筑与透视论著全集 . 威尼斯 .

Serlio, S. 1994. *Sebastiano Serlio. Architettura civile. Libri sesto settimo e ottavo nei manoscritti di Monaco e Vienna*. Ed. T. Carunchio and P. Fiore. Milan.

塞利奥 ,1994. 塞巴斯蒂亚诺・塞利奥，市政建筑，藏于慕尼黑和维也纳的手抄本中的第六、第七和第八书 . 卡伦基奥与菲奥雷编 . 米兰 .

Serlio, S. 1996. *Sebastiano Serlio on Architecture: Books I-V of "Tutte l'opere d'architettura et prospettiva" by Sebastiano Serlio*. Trans. V. Hart and P. Hicks. New Haven and London.

塞利奥 ,1996. 塞巴斯蒂亚诺・塞利奥论建筑：即塞利奥“建筑与透视论著全集”第一至第五书 . 哈特与希克斯译 . 纽黑文和伦敦 .

Spielmann, H. 1966. *Andrea Palladio und die Antike*. Munich and Berlin.

施皮尔曼 ,1966. 安德烈亚・帕拉第奥与古迹 . 慕尼黑和柏林 .

Strandberg, R. 1961. "Il tempio dei Dioscuri a Napoli. Un disegno inedito di Andrea Palladio nel Museo Nazionale di Stoccolmo." *Palladio*, n.s., II, 1，2, 31-40.

斯特兰德贝里 ,1961. 那不勒斯的狄俄斯库里神庙，斯德哥尔摩国家博物馆藏安德烈亚・帕拉第奥的一幅未发表的建筑素描 . 帕拉第奥 , 未署名 . II, 1，2，31—40.

Tafuri, M. 1966. *L'architettura del Manierismo nel Cinquecento europeo*. Rome.

塔夫里 ,1966. 欧洲 16 世纪的手法主义建筑 . 罗马 .

Tafuri, M. 1969a. "Committenza e tipologia nelle ville palladiane." *Bollettino del CISA*, II, 120-136.

塔夫里 ,1969a. 帕拉第奥别墅的业主及其种类 . CISA 会刊 , II, 120—136.

Tafuri, M. 1969b. *Jacopo Sansovino e l'architettura del '500 a Venezia*. Padua.

塔夫里 ,1969b. 雅各布・珊索维诺与威尼斯 16 世纪的建筑 . 帕多瓦 .

Tafuri, M. 1973. "Sansovino 'versus' Palladio." *Bollettino del CISA*, 15, 149-165.

塔夫里 ,1973. 珊索维诺与帕拉第奥之比较 . CISA 会刊 , 15, 149—165.

Tafuri, M. 1992. *Ricerca del Rinascimento. Principi, città, architetti*. Turin.

塔夫里 ,1992. 文艺复兴研究：君主、城市与建筑师 . 都灵 .

Tavernor, R. 1991. *Palladio and Palladianism.* London.

塔弗纳 ,1991. 帕拉第奥与帕拉第奥主义 . 伦敦 .

Temanza, T. 1778. *Vite dei più celebri architetti, e scultori veneziani che fiorirono nel secolo decimosesto.* Venice.

泰曼扎 ,1778. 活跃于 16 世纪威尼斯的卓越建筑师与雕塑家的生平 . 威尼斯 .

Thornton, P. 1991. *The Italian Renaissance Interior 1400-1600*. London.

桑顿 ,1991. 1400—1600 年意大利文艺复兴的室内设计 . 伦敦 .

Trattati. 1985. *Pietro Cataneo. Giacomo Barozzi da Vignola. Trattati*. Milan.

论文集 ,1985. 彼得罗・卡塔尼奥 . 贾科莫・巴罗齐的维尼奥拉 . 论文集 . 米兰 .

Vasari, G. 1878. *Le vite de' più eccellenti pittori, scultori ed architetti.* Ed. G. Milanesi. Florence.

瓦萨里 ,1878. 卓越画家、雕塑家与建筑师的生平 . 米拉内西编 . 佛罗伦萨 .

Venturi, L. 1928. "Emanuele Filiberto e l'arte figurativa." In *Studi pubblicati dalla Regia Università di Torino*. Turin.

文图里 ,1928. 伊曼纽尔・菲利贝托与造型艺术 // 都灵皇家学院出版的研究 . 都灵 .

Viola Zanini, G. 1629. *Della architettura libri due*. Padua.

维奥拉・扎尼尼 , 1629. 建筑二书 . 帕多瓦 .

Voelker, C. E. 1977. *Charles Borromeo's "Instructiones fabricae et supellectilis ecclesiasticae," 1577: A Translation with Commentary and Analysis*. Ann Arbor.

弗尔克 ,1977. 查尔斯・博罗梅奥的“教堂布局与器物摆设指南”, 1577：一个带评注和分析的译本 . 安阿伯 .

Waddy, P. 1990. *Seventeenth-Century Roman Palaces: Use and the Art of the Plan*. Cambridge, Mass.

瓦迪 ,1990. 17 世纪的罗马府邸：功能与设计手法 . 剑桥 , 马萨诸塞州 .

Wittkower, R.1977. *Architectural Principles in the Age of Humanism*. Reprint of 3d ed. London.

威特科尔 ,1977. 人文主义年代的建筑原则 . 3 版重印 . 伦敦 .

Zamboni, B. 1778. *Memorie intorno alle pubbliche fabbriche più insigni della città di Brescia*. Brescia.

赞博尼 ,1778. 关于布雷西亚城中最著名的公共建筑的记录 . 布雷西亚 .

Zocconi, M. 1972. "Tecniche costruttive nell'architettura palladiana." *Bollettino del CISA*, 14, 271-289.

佐科尼 ,1972. 帕拉第奥建筑中的建造技术 . CISA 会刊 , 14, 271—289.

Zorzi, G. G. 1937. "Contributo alla storia dell'arte vicentina nei secoli XV e XVI. Il preclassicismo e i prepalladiani" In *Miscellanea di Studi e Memorie della Regia Deputazione di Storia Patria delle Venezie* 3: 1-186. Venice.

佐尔齐 ,1937. 对 15、16 世纪维琴察艺术史研究的贡献，前古典主义与前帕拉第奥式建筑 // 对于威尼斯历史上皇家代表团的各项研究与回忆录 3: 1—186. 威尼斯 .

Zorzi, G. G. 1951. "Alessandro Vittoria a Vicenza e lo scultore Lorenzo Rubini." *Arte Veneta*, 5, 141-157.

佐尔齐 ,1951. 维琴察的亚历山德罗・维多利亚与雕塑家洛伦佐・鲁比尼 . 威尼托艺术 , 5, 141—157.

Zorzi, G. G. 1955. "Contributo alla datazione di alcune opere palladiane." *Arte Veneta*, 9, 95-122.

佐尔齐 ,1955. 关于帕拉第奥某些作品年代的研究 . 威尼托艺术 , 9, 95—122.

Zorzi, G. G. 1958. *I disegni dell'antichità di Andrea Palladio*. Vicenza.

佐尔齐 ,1958. 安德烈亚・帕拉第奥的古迹素描 . 维琴察 .

Zorzi, G. G. 1965. *Le opere pubbliche e i palazzi privati di Andrea Palladio*. Vicenza.

佐尔齐 ,1965. 安德烈亚・帕拉第奥的公共建筑与私人府邸 . 维琴察 .

Zorzi, G. G. 1966. *Le chiese e i ponti di Andrea Palladio*. Vicenza.

佐尔齐 ,1966. 安德烈亚・帕拉第奥的教堂与桥梁设计 . 维琴察 .

Zorzi, G. G. 1968. *Le ville e i teatri di Andrea Palladio*. Vicenza.

佐尔齐 ,1968. 安德烈亚・帕拉第奥的别墅与剧场设计 . 维琴察 .

Zupko, R. E. 1981. *Italian Weights and Measures from the Middle Ages to the Nineteenth Century*. Philadelphia.

祖普科 ,1981. 意大利从中世纪到 19 世纪的度量衡 . 费城 .

索引